配电线路检修技术基础

韩文光 主 编
韩 琪 周 兵 邓育轩 副主编

中国水利水电出版社
www.waterpub.com.cn
·北京·

内容提要

本书的内容是架空配电线路和配电电缆线路的基本检修和施工技术，但侧重于架空配电线路的检修技术。

本书为模块结构，由3个模块组成，分别是安全知识模块、基础知识模块和专业知识模块。共有10个学习单元：安全知识模块包括电气人身安全基础知识、配电线路检修作业的安全措施2个学习单元；基础知识模块包括配电线路的主要构造、班组管理知识和常用管理制度、力学的一般知识3个学习单元；专业知识模块包括配电线路常用的材料设备金具、配电线路检修常用的几种起重工具及其选择、配电线路检修作业的单项作业技能、配电线路检修作业的综合作业技能、配电线路的运行标准及验收知识5个学习单元。每个模块的思考与问答题学习单元可供读者复习时使用。

本书既可作为从事配电线路和架空送电线路检修工作的技工、工程技术人员及管理者的读本，也可作为高校相关专业师生的参考用书。

图书在版编目（CIP）数据

配电线路检修技术基础 / 韩文光主编. -- 北京：中国水利水电出版社，2025.5. -- ISBN 978-7-5226-3370-1

Ⅰ．TM726

中国国家版本馆CIP数据核字第2025GF3520号

书　名	配电线路检修技术基础 PEIDIAN XIANLU JIANXIU JISHU JICHU
作　者	主　编　韩文光 副主编　韩琪　周兵　邓育轩
出版发行	中国水利水电出版社 （北京市海淀区玉渊潭南路1号D座　100038） 网址：www.waterpub.com.cn E-mail：zhiboshangshu@163.com 电话：（010）62572966-2205/2266/2201（营销中心）
经　售	北京科水图书销售有限公司 电话：（010）63202643、68545874 全国各地新华书店和相关出版物销售网点
排　版	北京智博尚书文化传媒有限公司
印　刷	三河市龙大印装有限公司
规　格	185mm×260mm　16开本　28.25印张　651千字
版　次	2025年5月第1版　2025年5月第1次印刷
定　价	98.00元

凡购买我社图书，如有缺页、倒页、脱页的，本社营销中心负责调换

版权所有·侵权必究

前　言

在快速发展的现代社会中，电力作为推动经济活动和日常生活不可或缺的重要能源，其稳定性和安全性直接关系社会的整体运行效率和民众的生活质量。配电线路，作为电力传输与分配的关键环节，其直接影响电力供应的可靠性和安全性。

本书正是在这样的背景下应运而生。本书旨在为广大从事配电线路检修工作的技工、工程技术人员和相关专业的学生提供一本全面、系统、实用的技术指南。通过深入浅出的讲解和丰富翔实的案例，帮助读者掌握配电线路检修的基本原理、操作技能和安全规范。

本书精心设计了模块化的结构，将内容巧妙地划分为安全知识、基础知识和专业技术三大模块。这既符合读者的认知规律，又便于读者根据自身需求进行有针对性的学习。每个模块下的学习单元，内容翔实、条理清晰，为读者构建起全面而稳固的知识体系。每个模块结束后都设有思考与问答环节，引领读者深入思考所学内容，促进知识的吸收。通过这些问题的探讨与解答，读者不仅能够加深对知识点的理解和记忆，还能在思考的过程中锻炼自己的思维能力，提升解决问题的能力。

本书具有以下特点：

（1）有较广的检修知识涵盖面，需要配电线路检修人员了解和掌握的知识，在本书中都有涉及。

（2）理论与实践相结合，介绍技能时力求做到使读者不仅知道如何做，还知道为什么这样做。

（3）所介绍的技能都是简单实用且成熟的技能。

（4）本书的内容涵盖配电线路和送电架空线路施工与检修作业时经常用到的最基本的理论知识和专业技术技能。在专业技术模块中的单项作业技能、综合作业技能分别是初级工和高级工的基本技能，而其中的组合图形截面抱杆的设计和水泥杆的多起吊点起立方案的设计则是更为高级的技能。

配电线路的检修工作是一项长期而艰巨的任务。随着电力工业的不断发展和技术的不断进步，新的检修问题和挑战将不断涌现。因此，期望本书能够成为电力工作者的得力助手，为他们在实际工作中提供有力的支持和帮助。同时，也期待广大读者能够积极反馈使用心得和宝贵意见，共同推动配电线路检修技术的不断进步和发展。

本书共10章，3部分。第1部分安全知识模块由韩文光编写；第2部分基础知识模块由周兵、邓育轩编写；第3部分由韩琪编写。

由于作者的经验与理论水平有限，书中难免有错误和疏漏，敬请广大读者予以批评指正。

作 者

2024年7月

目 录

前言

第1部分 安全知识模块

第1章 电气人身安全基础知识 ... 3

1.1 触电与触电急救 ... 3
- 1.1.1 触电的定义与触电方式 ... 3
- 1.1.2 触电电流对人体的伤害 ... 4
- 1.1.3 与触电伤害程度有关的因素 ... 5
- 1.1.4 安全电流和安全电压 ... 5
- 1.1.5 触电急救 ... 7
- 1.1.6 心肺复苏法 ... 9
- 1.1.7 防止触电的基本措施 ... 16

1.2 创伤与创伤急救 ... 18
- 1.2.1 创伤 ... 18
- 1.2.2 创伤急救 ... 18

第2章 配电线路检修作业的安全措施 ... 23

2.1 架空配电线路检修作业的安全措施 ... 23
- 2.1.1 作业人员应具备的基本条件 ... 23
- 2.1.2 配电线路巡视的安全措施 ... 23
- 2.1.3 电气操作的安全措施 ... 24
- 2.1.4 测量工作的安全措施 ... 27
- 2.1.5 砍伐树木的安全措施 ... 29
- 2.1.6 开挖坑洞的安全措施 ... 30
- 2.1.7 立杆和撤杆的安全措施 ... 31
- 2.1.8 在高处和杆塔上作业的安全措施 ... 35
- 2.1.9 在架空导线上作业的安全措施 ... 38
- 2.1.10 放线、紧线与撤线作业的安全措施 ... 39
- 2.1.11 爆破作业的安全措施 ... 42
- 2.1.12 起重与运输的安全措施 ... 43
- 2.1.13 在配电设备上作业的安全措施 ... 47
- 2.1.14 邻近带电体作业的安全措施 ... 48

2.2 电力电缆施工与检修作业的安全措施 ………………………………………… 51
2.2.1 电力电缆施工与检修作业的一般要求 …………………………………… 51
2.2.2 在有电缆沟的电力电缆线路上施工与检修的安全措施 ………………… 51
2.2.3 在高压跌落式熔断器与电缆终端之间作业的安全措施 ………………… 52
2.2.4 在无电缆沟的电缆线路上施工与检修时的安全措施 …………………… 53
2.2.5 电力电缆电气试验的安全措施 …………………………………………… 53
安全知识模块的思考与问答题 ……………………………………………………… 54

第 2 部分 基础知识模块

第 3 章 配电线路的主要构造 ………………………………………………………… 61

3.1 配电线路的分类 …………………………………………………………………… 61
3.2 架空配电线路的主要构造 ………………………………………………………… 61
3.2.1 架空配电线路的主要构件 ………………………………………………… 61
3.2.2 杆塔 …………………………………………………………………………… 61
3.2.3 绝缘子 ………………………………………………………………………… 63
3.2.4 线路金具 …………………………………………………………………… 63
3.2.5 导线 …………………………………………………………………………… 64
3.2.6 架空地线 …………………………………………………………………… 65
3.2.7 基础 …………………………………………………………………………… 65
3.2.8 防雪设备 …………………………………………………………………… 65
3.2.9 接地装置 …………………………………………………………………… 65
3.2.10 架空配电线路的配电设备 ……………………………………………… 65
3.3 电力电缆线路的构造 ……………………………………………………………… 65
3.3.1 地下式电力电缆线路的主要构件 ………………………………………… 65
3.3.2 电力电缆的基本结构 ……………………………………………………… 66
3.3.3 电力电缆线路地下通道的构造 …………………………………………… 67

第 4 章 班组管理知识和常用管理制度 ……………………………………………… 71

4.1 班组管理知识 ……………………………………………………………………… 71
4.1.1 班组领导的主要工作职责 ………………………………………………… 71
4.1.2 班组管理的常用方法 ……………………………………………………… 71
4.2 线路检修班安全管理的基本制度 ………………………………………………… 72
4.2.1 例行安全工作制度 ………………………………………………………… 72
4.2.2 现场勘察制度 ……………………………………………………………… 75
4.2.3 "二票三制"制度 ………………………………………………………… 75
4.2.4 其他安全管理制度 ………………………………………………………… 77

第5章 力学的一般知识 ... 80

5.1 静力学的一般知识 ... 80
5.1.1 静力学的基本概念 ... 80
5.1.2 静力学的基本公理 ... 81
5.1.3 约束及约束反作用力 ... 82
5.1.4 平面力系 ... 83

5.2 材料力学的一般知识 ... 95
5.2.1 材料力学的基本概念 ... 96
5.2.2 拉伸与压缩的应力计算 ... 98
5.2.3 梁弯曲时的内力、剪力与弯矩 ... 105
5.2.4 梁弯曲时的应力 ... 111
5.2.5 梁弯曲时的剪应力计算 ... 117

5.3 钢筋混凝土梁弯曲时的极限弯矩计算 ... 119
5.3.1 矩形截面钢筋混凝土梁弯曲时的极限弯矩计算 ... 119
5.3.2 环形截面钢筋混凝土电杆弯曲时的极限弯矩计算 ... 121

5.4 圆木、钢管、组合图形截面抱杆的稳定许用承载力计算 ... 125

基础知识模块的思考与问答题 ... 133

第3部分 专业知识模块

第6章 配电线路常用的材料设备金具 ... 139

6.1 配电线路导线的型号规格表示法与参数 ... 139
6.1.1 裸导线型号规格表示法与参数 ... 139
6.1.2 架空绝缘电缆型号规格表示法 ... 140
6.1.3 电力电缆型号规格表示法与主要参数 ... 143

6.2 架空配电线路绝缘子的型号规格表示法与主要参数 ... 145
6.2.1 针式和蝶式绝缘子的型号规格表示法 ... 145
6.2.2 陶瓷横担的型号规格表示法 ... 146
6.2.3 悬式绝缘子的型号规格表示法 ... 146
6.2.4 绝缘子的主要参数 ... 147

6.3 10kV配电设备的型号规格表示法与主要参数 ... 147
6.3.1 配电变压器的型号规格表示法与主要参数 ... 147
6.3.2 高压断路器的型号规格表示法与主要参数 ... 148
6.3.3 高压隔离开关的型号规格表示法与主要参数 ... 149
6.3.4 高压熔断器的型号规格表示法与主要参数 ... 149
6.3.5 重合器与分段器的基本功能 ... 150
6.3.6 智能故障指示器的基本功能 ... 150

6.4 架空配电线路电力金具型号表示法 ... 151

6.4.1　选用电力金具的原则 ·· 151
　　6.4.2　编制电力金具型号的方法 ·· 151
　　6.4.3　裸导线架空配电线路常用金具及其型号 ····························· 155
　　6.4.4　绝缘导线架空配电线路常用金具及其型号 ························· 164

第7章　配电线路检修常用的几种起重工具及其选择 ························ 168

7.1　纤维绳的选择 ·· 168
7.2　钢丝绳的选择 ·· 169
7.3　起重滑车的选择 ··· 172
7.4　深埋式地锚、板桩式地锚、钻式地锚的选择 ····························· 177
　　7.4.1　深埋式地锚的选择 ··· 177
　　7.4.2　板桩式地锚的选择 ··· 180
　　7.4.3　钻式地锚的选择 ·· 189
7.5　抱杆的选择 ·· 189
　　7.5.1　抱杆的用途 ·· 189
　　7.5.2　制作抱杆的材料 ·· 190
　　7.5.3　抱杆的构造 ·· 190
　　7.5.4　抱杆工作时的受力分析 ··· 190
　　7.5.5　抱杆的稳定许用承载力的计算 ····································· 192
　　7.5.6　选择抱杆时要注意的事项 ·· 193
7.6　其他起重工具的选择 ··· 193

第8章　配电线路检修作业的单项作业技能 ································ 197

8.1　架空配电线路基本的单项作业技能 ······································ 197
　　8.1.1　几种常用绳扣的打结法 ··· 197
　　8.1.2　砍树剪枝的作业 ·· 199
　　8.1.3　钢丝绳套的编制方法 ·· 200
　　8.1.4　用汽车运输混凝土电杆的方法 ···································· 202
　　8.1.5　用汽车运输线盘的方法 ··· 204
　　8.1.6　皮尺分坑法 ·· 205
　　8.1.7　开挖基坑的方法 ·· 206
　　8.1.8　将预制的底盘和拉盘安放到基坑内的方法 ······················ 208
　　8.1.9　基坑操平的方法 ·· 210
　　8.1.10　水泥杆的排杆方法 ·· 214
　　8.1.11　起立整基水泥杆单杆的现场布置 ································ 217
　　8.1.12　使竖立的单电杆在原地转动的方法 ····························· 218
　　8.1.13　为放线现场准备放线电线的方法 ································ 220
　　8.1.14　中压架空电线承力直线接续管的制作方法 ···················· 222
　　8.1.15　中压架空配电线路的划印与耐张线夹安装方法 ··············· 244

8.1.16 中压架空配电线路导线的补修 …………………………………… 247
8.1.17 临时地锚的安装与使用 ………………………………………… 251
8.1.18 绞磨与转向滑车的安装地点 …………………………………… 255
8.1.19 临时拉线的安装 ………………………………………………… 255
8.1.20 各种永久性拉线的制作及其安装方法 ………………………… 257
8.1.21 电杆卡盘的安装 ………………………………………………… 266
8.1.22 观测档的弧垂与观测弧垂的方法 ……………………………… 267
8.1.23 将导线绑扎在直线绝缘子上的绑扎方法 ……………………… 269
8.1.24 架空配电线路的附件安装 ……………………………………… 278
8.1.25 接地沟开挖与接地极安装 ……………………………………… 282
8.2 电力电缆线路检修的基本技能 ……………………………………… 283
8.2.1 电力电缆线路敷设知识简介 …………………………………… 283
8.2.2 直埋式电缆工程施工前的现场勘察 …………………………… 284
8.2.3 电缆工程中施放电缆的方法 …………………………………… 285
8.2.4 在工地现场短距离搬运电缆的方法 …………………………… 287

第9章 配电线路检修作业的综合作业技能 …………………………… 288

9.1 架空配电线路的综合作业技能 ……………………………………… 288
9.1.1 不使水泥杆起立时产生超限裂缝的方法 ……………………… 288
9.1.2 起立水泥杆和窄基铁塔的常用方法 …………………………… 299
9.1.3 展放导线的常用方法 …………………………………………… 311
9.1.4 紧线的常用方法 ………………………………………………… 316
9.1.5 人力抬运水泥电杆的方法 ……………………………………… 329
9.1.6 将变压器吊装到10kV H形变压器台架上的方法 …………… 337
9.1.7 撤除架空配电线路中旧导线的方法 …………………………… 343
9.1.8 撤除架空配电线路上旧水泥杆的方法 ………………………… 346
9.1.9 短距离滑移整基直线水泥杆的方法和安全注意事项 ………… 348
9.1.10 调正歪斜的直线门型杆的方法 ………………………………… 350
9.1.11 10kV交联电缆附件的制作 …………………………………… 352

9.2 电力电缆配电线路检修作业的综合作业技能 ……………………… 382
9.2.1 10kV交联电缆附件的应用简介 ………………………………… 382
9.2.2 10kV交联电缆户内与户外热缩终端的制作 …………………… 383
9.2.3 10kV交联电缆冷缩终端的制作 ………………………………… 398
9.2.4 10kV交联电缆绕包型接头的制作 ……………………………… 401
9.2.5 10kV交联电缆热缩接头的制作 ………………………………… 406
9.2.6 10kV交联电缆冷缩接头的制作 ………………………………… 411

第10章 配电线路的运行标准及验收知识 …………………………… 417

10.1 架空配电线路运行标准 ……………………………………………… 417

- 10.1.1 杆塔与基础的运行标准 …………………………………………………… 417
- 10.1.2 导线与地线的运行标准 …………………………………………………… 418
- 10.1.3 绝缘子的运行标准 ………………………………………………………… 423
- 10.1.4 金具的运行标准 …………………………………………………………… 424
- 10.1.5 接地装置的运行标准 ……………………………………………………… 424

10.2 配电电力电缆线路的运行标准 …………………………………………………… 425
- 10.2.1 电力电缆线路应满足的基本要求 ………………………………………… 425
- 10.2.2 电力电缆本体的运行标准 ………………………………………………… 426
- 10.2.3 电缆附件的运行标准 ……………………………………………………… 427
- 10.2.4 电缆线路辅助设施的运行标准 …………………………………………… 427
- 10.2.5 电缆分支箱的运行标准 …………………………………………………… 427
- 10.2.6 电缆排管、沟道的运行标准 ……………………………………………… 427
- 10.2.7 电缆线路防火和防腐蚀的运行标准 ……………………………………… 428

10.3 配电设施和设备的运行标准 ……………………………………………………… 428
- 10.3.1 双柱式 H 形油浸式变压器台架的运行标准 …………………………… 428
- 10.3.2 油浸式配电变压器的运行标准 …………………………………………… 428
- 10.3.3 户内配变站的运行标准 …………………………………………………… 429
- 10.3.4 柱上油断路器和负荷开关的运行标准 …………………………………… 429
- 10.3.5 隔离开关和跌落式熔断器的运行标准 …………………………………… 430
- 10.3.6 无功补偿电容器的运行标准 ……………………………………………… 430

10.4 配电线路验收 ……………………………………………………………………… 430
- 10.4.1 架空配电线路的验收 ……………………………………………………… 430
- 10.4.2 配电电缆线路的验收 ……………………………………………………… 431

专业知识模块的思考与问答题 …………………………………………………………… 433

参考文献 ………………………………………………………………………………… 441

第1部分 安全知识模块

第1部分 文学中的莫言

第1章 电气人身安全基础知识

1.1 触电与触电急救

1.1.1 触电的定义与触电方式

1. 触电的定义

电流流经人体或动物，称为人体或动物触电。通常所称的触电是指人体的触电。

2. 触电方式

触电方式可归纳为两种：直接触电和间接触电。

（1）直接触电。直接接触或接近原生带电体而造成的触电，称为直接触电。

原生带电体是指与发电机相连接、由发电机供给电荷且对地绝缘的导电体，自然界大气中自然形成聚集大量电荷且对地绝缘的雷云，与蓄电池直接相连接的对地绝缘的导电体等物体。例如，与运行中的发电机、电网相连接的与大地绝缘的导线和电气设备、大气中的雷云等。

属于直接触电的形式如下。

1）单相触电。由三相交流电路中的一相导体造成的触电称为单相触电。单相触电分为电源中性点直接接地系统的单相触电和电源中性点非直接接地系统的单相触电。

单相触电的形式有两种。

第一种是人体同时接触单相导线和大地，触电电流的流通途径是单相导线、人体、大地（或与大地连接的导电体）。

第二种是人体（两手）同时接触断开的单相导线的两个断头，触电电流的流通途径是同相导线断头的一端、人体、同相导线断头的另一端。这时人体成为相电流的导体，全部负荷电流（或电容电流）流经人体。发生这种触电时往往是电流经左手（或右手）、人体、右手（或左手），是一种非常危险的触电形式，因为除了避免发生这种触电形式，现有的触电保护装置都是保护不了的。

2）两相触电。人体接触或接近三相交流电中的两相导电体造成的触电称为两相触电。两相触电是三相交流电路中最危险的触电形式之一，因为触电电流最大。

3）直接雷击触电。直接雷击触电就是雷云直接通过人体对地放电，巨大的雷电流直接流经人体。

（2）间接触电。由次生带电体造成的触电，称为间接触电。

次生带电体是指原生带电体因绝缘损坏而对金属外壳或对地放电时，使金属外壳或与金属外壳相连接的导电体和接地体及接地体周围的地面产生电位，这些带有电位的导电体和接地体及地面就是次生带电体。此外，原生带电体停电后因仍有剩余电荷而形成的带电体、处于原生带电体的附近的导电体因受原生带电体的感应而形成的带电体,以及雷击大地时雷击点附近地面产生电位而形成的带电体等也是次生带电体。

例如,在电气设备正常运行时不带电位,但当电气设备绝缘损坏时便带有电位的电气设备金属外壳及与电气设备金属外壳相连的接地导线和接地体、在接地体周围有电位差的地面、绝缘架空地线、与带电线路相邻的已停电的线路导线、停电后未对地放电的电力电缆导线等,都是次生带电体。

属于间接触电的形式如下。

1)接触电压触电。当电气设备(线路)故障接地或雷电击中电气设备和其他物体对地放电时,人站立在对地放电点附近且人手(或身体)等接触到带电位的设备的外壳等,由接触电压引发的触电就是接触电压触电。

2)跨步电压触电。当电气设备(线路)故障接地或雷电击中电气设备和其他物体电流流入大地时,在电流入地点周围的地面不同点出现不同电位,使处于接地点危险范围之内的人的两脚之间出现跨步电压,由这种电压造成的触电就是跨步电压触电。

3)感应电压触电。当人体接触或接近有感应电压的导电体时,感应电荷经人体流入大地所引发的触电就是感应电压触电。

容易产生感应电压的导电体有全绝缘或半绝缘的架空地线(半绝缘是指一个耐张段内的绝缘架空地线,在耐张段的一端将架空地线接地而另一端不接地的架空地线)、同杆多回路线路中的停电线路、邻近高压线路的停电线路、有雷云或雷电活动时的停电线路等。

1.1.2 触电电流对人体的伤害

触电电流对人体的伤害有两种:电击和电伤。有时这两种伤害同时发生。

1. 电击

电击是电流通过人体时对人体内部组织器官所造成的伤害,为内伤,在人体外部不留下明显的伤害痕迹。电击是触电伤害中最危险的一种伤害。

2. 电伤

电伤是电流通过人体或不经过人体时由电流的热效应、化学效应、机械效应等对人体的体表造成的伤害,为外伤。与电击相比,电伤属于局部伤害。

常见的电伤形式有电烧伤、电烙印、皮肤金属化、电光眼、机械损伤。

(1)电烧伤。电烧伤有两种:电流灼伤和电弧烧伤。

电流灼伤是人体与带电体接触,电流通过人体时电能转换为热能对人体造成的伤害。电流灼伤一般发生在低压触电时。

电弧烧伤是弧光放电时对人体造成的烧伤。电弧烧伤又分为直接电弧烧伤和间接电弧烧伤两种。带电体对人体产生弧光放电时电弧对人体造成的烧伤称为直接电弧烧伤。在发生直接电弧烧伤时,因电弧电流通过人体往往同时发生电击。当人体接近高电压导电体,其接近距离小于安全距离时容易发生直接电弧烧伤。间接电弧烧伤往往发生于带负荷拉隔离开关造成隔离开关短路时。这时隔离开关的金属部件被电弧熔化而溅落伤人,但短路电流并不通过人体。在高电压和低电压系统中人体都可能发生电弧烧伤。

(2)电烙印。电烙印是电流通过人体后,在人体与电流的接触部位留下的轻微烧伤斑痕。

(3) 皮肤金属化。皮肤金属化是指在人体与带电体之间发生电弧时，带电体的金属微粒（如铜、黄铜）渗入皮肤，使皮肤粗糙、硬化。

(4) 电光眼。电光眼是指弧光放电产生的红外线、可见光、紫外线等对眼睛的伤害，其表现为眼睛发生角膜炎或结膜炎。

(5) 机械损伤。机械损伤是指电流流经人体时人体肌肉不自主地剧烈收缩造成的伤害，包括组织断裂、关节脱位及骨折等。但这种伤害不包括因触电而引起的人体坠落、碰撞等伤害。

1.1.3　与触电伤害程度有关的因素

触电造成的伤害程度与以下因素有关。

(1) 电流的种类。在相同情况下，直流电流、高频电流、脉冲电流及静电电荷对人体的伤害比工频交流电流的伤害轻，其中 25~300Hz 的交流电对人体的伤害最严重。

(2) 电流的大小。人体触电造成的伤害与通过人体的电流大小有关，电流越大，伤害越重。实践证明，通过人体的交流电（频率为 50Hz）超过 10mA，直流电超过 50mA 时，触电者就不容易自己脱离电源。

(3) 电压高低。人体的触电伤害程度与电压高低有关，电压越高，伤害越严重。

(4) 触电时间的长短。人体触电的伤害程度与触电时间的长短有关，触电时间越长，后果越严重。

(5) 人体的电阻。人体触电的伤害程度与人体的电阻大小有关，人体电阻越小，触电伤害越大。影响人体电阻的因素很多，例如皮肤的干燥程度、带电体与皮肤的接触面积大小及接触紧密程度、触电电流的大小、触电电压的高低等。因为人体电阻主要集中在皮肤角质层，所以在上述情况中，人体皮肤的干燥程度对人体电阻影响较大，皮肤潮湿或出汗时人体电阻较小，皮肤干燥时人体电阻较大。

(6) 电流通过人体的途径。首先，触电电流通过人体大脑是最危险的，可导致立刻死亡。其次，科学实验证明，触电电流自右手流至脚的途径对人体的伤害最严重，因为这种情况下流经心脏的电流占流经人体的总电流的比例最大；同时大多数人是右手最灵活有力，习惯用右手工作，右手触电概率最大。各种途径流经心脏的电流占流经人体的总电流的比例如下：

1) 从手到手的途径，通过心脏的电流占总电流的 3.3%。
2) 从左手到脚的途径，通过心脏的电流占总电流的 3.7%。
3) 从右手到脚的途径，通过心脏的电流占总电流的 6.7%。
4) 从脚到脚的途径，通过心脏的电流占总电流的 0.4%。

1.1.4　安全电流和安全电压

1. 安全电流

安全电流是指人体触电后能自主摆脱带电体而解除触电的允许通过人体的最大电流。安全电流是依据科学实验的数据确定的。在电流作用下人体表现的特征见表 1.1-1。

表 1.1-1　电流作用下人体表现的特征

电流/mA	50~60Hz 交流电	直流电
0.6~1.5	手指开始感觉发麻	无感觉
2~3	手指感觉强烈发麻	无感觉
5~7	手指肌肉感觉痉挛	手指感到灼热和刺痛
8~10	手指关节与手掌感觉痛，手已难以脱离电源，但尚能摆脱电源	感到灼热增加
20~25	手指感到剧痛，迅速麻痹，不能摆脱电源，呼吸困难	灼热更增，手的肌肉开始痉挛
50~80	呼吸麻痹，心脏开始震颤	强烈灼痛，手的肌肉开始痉挛，呼吸困难
90~100	呼吸麻痹，持续3s或更长时间后，心脏麻痹，心脏停止跳动	呼吸麻痹

由表 1.1-1 可见，通过实验得出的长时间触电情况下 50~60Hz 交流电的安全电流是 10mA，直流电的安全电流是 50mA。但我国一般取触电时间不超过 1s 的 30mA（50Hz 交流电）电流为安全电流值，或称安全电流值为 30mA。因为触电伤害除与电流大小、触电时间长短有关之外，还与触电时的环境、电器的种类等因素有关。为此，在实际应用时还应根据具体情况来确定不同情况下的安全电流值。例如，不同情况下安装的交流电末级剩余电流动作保护器（简称"电流型末级漏电保护器"）就采用不同的动作电流值。通常根据以下使用条件来选定电流型漏电保护器的动作电流值。

（1）家用电器、固定安装的电器、移动式电器、携带式电器以及临时用电设备的漏电保护器的动作电流为 30mA，末级漏电保护器最大分断时间为 0.2s。

（2）手持式电动器具的漏电保护器动作电流为 10mA；在特别潮湿的场所，漏电保护器动作电流为 6mA；末级漏电保护器最大分断时间为 0.2s。

2. 安全电压

安全电压是指不致使人直接致死或致残的电压。交流安全电压（简称"安全电压"）是参照交流电的电压高低对人体的影响情况来确定的。电压高低对人体的影响情况见表 1.1-2。

表 1.1-2　电压对人体的影响情况

接触时的情况		接近时的情况	
电压/V	对人体的影响	电压/kV	可接近的最小安全距离/cm
10	全身在水中时，跨步电压的界限为 10V/m	3	15
		6	15
20	为湿手的安全界限	10	20
30	为干燥手的安全界限	20	30
50	对人的生命没有危险的界限	30	45
100~200	危险性急剧增大	60	75
200 以上	使人的生命发生危险	100	115
3000	被带电体吸引	140	160
10 000 以上	有被弹开而脱险的可能	270	300

安全电压是分等级的，应根据生产和作业场所的特点及用电器具的种类来选择相应等级的安全电压。GB/T 3805—2008《特低电压（ELV）限值》规定，我国安全电压额定值的等级为42V、36V、24V、12V、6V。我国规定的不同环境与使用条件下的交流有效值的安全电压额定值如下：

(1) 在无高度触电危险的建筑物中使用手持电动工具等为42V。

(2) 在有高度触电危险的建筑物中使用行灯等为36V。

(3) 在有特别触电危险的建筑物中人体可能偶然触及带电设备带电体时为24V、12V、6V。

(4) 一般环境条件下允许持续接触的"安全特低电压"是50V。

1.1.5 触电急救

触电急救的基本原则是动作迅速、操作正确。具体原则：一是在确保施救者安全的原则下使触电者尽快脱离电源（如果已脱离电源则无此步骤）；二是迅速对症抢救。

1. 脱离电源

脱离电源就是把触电者接触的那一部分带电设备的断路器、隔离开关或其他开关设备断开，或设法将触电者与带电设备脱离。

在使触电者脱离电源的过程中，施救者既要救人，也要注意保护自己，要确保自身不触电和不发生其他伤害，为此应遵守以下安全和急救事项。

(1) 在触电者未脱离电源之前，施救者不得直接用手触及触电者。

(2) 在确保施救者安全的前提下，要使触电者尽快脱离电源，越快越好。

(3) 如果是由于触电者触及或接近断落在地面的高压线而造成触电时，在线路仍带电或未确证线路已无电的情况下，施救者在采取安全措施之前不得进入断线落地点8m内。只有在采取安全措施（如穿绝缘靴、戴绝缘手套等）方可进入上述范围内，并采用相应的脱离电源的措施使触电者脱离电源。当触电者已脱离电源，但未确证线路已无电情况下，要将触电者转移到断线落地点8m以外的范围后才能对触电者进行触电急救。只有在确证断线线路已无电且已将线路可靠接地后，方可就地立即对触电者进行触电急救。

(4) 施救者在现场使触电者脱离电源时，最好只用一只手进行。

(5) 施救者在施救过程中，要始终注意使自己与周围带电体保持必要的安全距离。

(6) 在夜间或暗处进行触电抢救之前应准备临时照明，以利于现场抢救。

(7) 应根据现场的具体情况采用正确的脱离电源的方法和措施使触电者脱离电源。

(8) 使受低压触电的触电者脱离低压电源的常用方法如下。

1) 施救者立即自行拉开低压电源开关，如拉开电源开关、拔出电源插头等。

2) 采用绝缘工具，如干燥的木棒、木板、绳索等不导电的东西将电线挑开。

3) 抓住触电者干燥而不贴身的衣服，将其拖离触电电源。但要切记：施救者在抓拖触电者时不要碰到触电者裸露的身躯。

4) 施救者戴绝缘手套或用干燥衣物将手包裹起来，使手绝缘后再施救触电者。

5) 施救者站在绝缘垫上或干木板上将自己对地绝缘后再施救触电者。

6) 当低压触电者的手紧握电线和触电电流通过触电者身体入地时，施救者可设法用干燥木板塞到触电者身下，使触电者与地隔离而中断触电，然后用恰当的方法将触电者的手与电线分开；也可用干木把的斧子或有绝缘柄的钳子剪断电线，剪断电线时要分相剪断，一根一根地剪断电线，并尽可能站在绝缘物体或干燥木板上剪断电线。

（9）使受高压触电的触电者脱离高压电源的常用方法如下。

1）立即自行拉开高压电源开关，但事后需立即报告领导。

2）与调度或变电值班员联系，迅速切断电源。

3）采用适合该电压等级的绝缘工具及绝缘防护（如戴绝缘手套、穿绝缘靴、使用绝缘棒）施救触电者，如将电线挑开。

4）将一端已可靠接地的，有足够截面和适当长度的金属软导线抛挂在线路导线上，使线路短路，造成开关跳闸而切断电源。但抛掷短路线时，应注意防止电弧伤人或断线危及人员安全。

（10）从电杆上或高处将触电者解救下来的常用方法如下。

1）施救者迅速登杆并采取措施使触电者迅速脱离电源。施救者发现杆上有人触电时，应携带必要工具（含绝缘工具）、牢固的绳索等迅速登杆（登高），在采取确保自身安全的措施之后，根据具体情况采用恰当的方法使触电者脱离电源。

2）采取防止触电者坠落的措施。具体方法视现场情况确定。

3）将触电者从高处下放到地面。将触电者脱离电源后，应按图 1.1-1 所示的方法将触电者下放至地面。可用吊绳作为下放触电者的绳索。绳索总长约 25m，其中 1 端长度约 2m，用来拴触电者；2 端长度约 22m，为下放高度的 2 倍，由施救者把持，慢慢松出绳索将触电者缓慢下放到地面。然后进行救治。

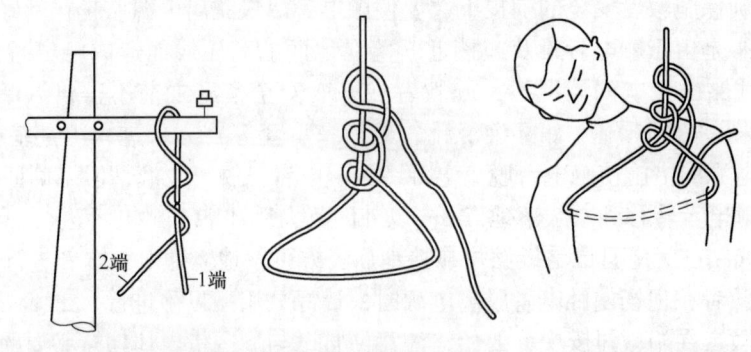

(a) 绳索在电杆上的固定方法　　(b) 绳扣的拴法步骤1　　(c) 绳扣的拴法步骤2

图 1.1-1　将触电者从高处下放至地面的方法

2. 对症抢救

当将触电者脱离电源，并将其转移到安全场所，置于地面或硬板上，呈仰卧位之后，施救者须立即对触电者进行对症抢救。具体步骤如下。

（1）判断触电者触电后的症状。

1）判断触电者的意识。施救者用 5s 时间轻拍触电者双肩，并对双耳呼叫"喂，你怎么了"，或直呼其名字。如果触电者有反应，表明触电者神志清醒，则让触电者继续平躺，暂时不让其站立或走动，并严密观察，根据情况进行对症救治。如果没有反应，表明触电者神志不清，意识丧失，须立即设法拨打"120"急救电话并进行下一步的判断。

2) 判断意识不清的触电者的呼吸心跳情况。当触电者意识丧失时，应用看、听、试的方法判定触电者是否有自主的呼吸和心跳（详见1.1.6小节）。

通过看、听、试，即可判定触电者的呼吸和心跳状态，判定触电者状态属于下列四种状态中的哪一种：神志清醒且有呼吸和心跳，神志不清有呼吸但无心跳、无呼吸但有心跳、无呼吸和无心跳。

（2）对症抢救。对症抢救就是针对触电者的症状进行相应的抢救。

对症抢救的具体方法如下。

1) 对于有呼吸有心跳及神志清醒的触电者，应使其就地躺平，严密观察，暂时不要让触电者站立或走动。在观察过程中，如发现触电者的自主呼吸或心跳很不规则甚至停止时，应迅速设法抢救。

2) 对于神志不清有自主呼吸而无心跳的触电者，须立即采用胸外（心脏）按压（人工循环）法进行抢救（详见1.1.6小节）。

3) 对于神志不清无呼吸而有自主心跳的触电者，须立即采用口对口（或鼻）的人工呼吸法抢救（详见1.1.6小节）。

4) 对于神志不清无自主呼吸和心跳的触电者，须立即采取心肺复苏法进行抢救（详见1.1.6小节）。

施救者将触电者脱离电源并判断患者已丧失意识及已出现需现场进行胸外心脏按压或人工呼吸或心肺复苏抢救症状情况之后，施救者在进行现场对症抢救的同时，须请他人帮助呼救，请协助者拨打"120"急救电话（若无协助者时，则自己先拨打"120"电话，后进行抢救），启动医疗急救系统。在医务人员未接替救治之前，施救者不应放弃现场抢救，更不能只根据没有呼吸或脉搏而擅自判定患者死亡，放弃抢救。只有医生才有权做出患者死亡的诊断。

1.1.6 心肺复苏法

1. 心肺复苏法概述

这里所说的心肺复苏法是指早期心肺复苏法或徒手心肺复苏法。

早期心肺复苏法是指目击者在现场对心跳呼吸停止的触电者（或患者，简称"患者"）实施心肺复苏，即按规定的救治项目的顺序连续、重复地进行胸外心脏按压和口对口人工呼吸的救治方法。因为是在现场实施心肺复苏，而在现场通常缺少专业复苏设备和技术条件，只能徒手用人工方法进行心肺复苏，所以早期心肺复苏法又称为徒手心肺复苏法。

心肺复苏法按年龄段，可分为成年人心肺复苏法、儿童心肺复苏法、婴儿心肺复苏法三种。心肺复苏的操作分为单人操作和双人操作两种。

2. 成年人心肺复苏法

包括触电在内的由任何原因导致的心跳呼吸骤停，均应及时进行心肺复苏急救。对成年人的现场徒手心肺复苏急救，可分为单施救者和双施救者急救两种。现将由单施救者对成年人患者进行现场徒手心肺复苏急救的完整步骤介绍如下。

（1）对急救现场的周围环境进行安全性评估。评估结论：环境安全。施救者要从事发现场的外面观察现场周围的环境，要观察现场的上下、左右环境，然后进行评估。如果认为事发现场的环境对施救者和患者都不会产生伤害，则认为现场环境是安全的，此时，施救者就将左、右手的手掌心朝上并将两手向身体两侧平伸，表示现场环境是安全的，允许进入现场对患者进行救治。之后，施救者立即进入现场。

（2）判断患者是否昏迷。判断结论：患者昏迷。施救者进入急救现场后，首先将患者摆放成仰卧位，置于地面或硬板上（在以后的心肺复苏步骤中，患者均处于仰卧位，不再另行说明）；其次走到患者的一个侧面（如患者的右侧，下同），面对患者面部轻拍患者双肩并呼唤患者。患者的体位摆放如图 1.1-2 所示。如果施救者认识患者，则轻拍其双肩并直呼其名和发问，例如："李红，你怎样了？"如果施救者不认识患者，则轻拍其双肩并做如下发问："喂，你怎样了？"在 5s 的时间内对患者做几次轻拍和呼唤，若患者均无任何回应，则表明患者已昏迷，失去知觉，此时施救者应立即转入呼救步骤。

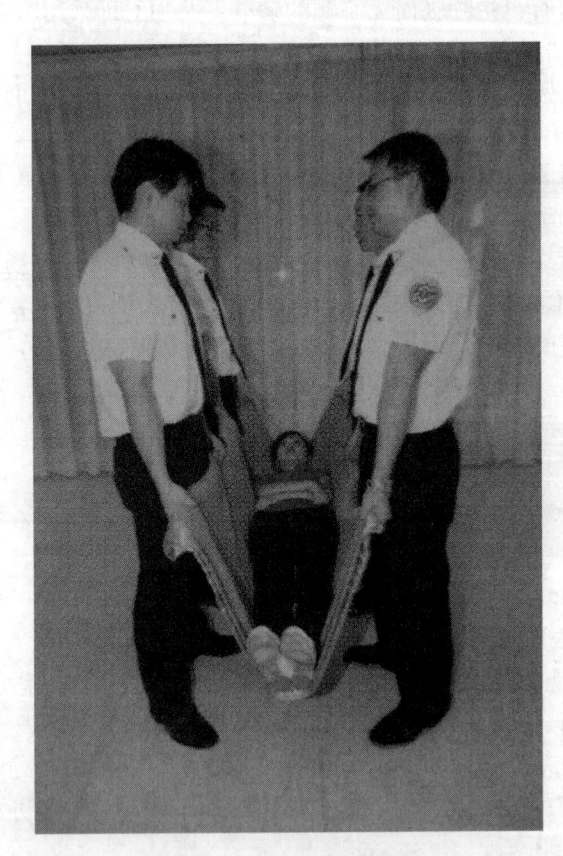

图 1.1-2　患者的体位摆放

（3）向急救中心发出呼救。当判断患者已处于昏迷状态后，须立即向急救中心发出呼救，等待其前来救援，然后立即自行进入判断患者有无心跳和呼吸步骤。

有两种发出呼救的方式：其一，当急救现场还有其他人员时，施救者则手指当中的某人，明确地请他（她）给予协助说：你快打"120"急救电话，打完电话后赶快回来帮我；接着，施救者对患者做有无心跳、呼吸的判断。其二，当急救现场只有施救者一人时，则由施救者先打"120"急救电话，再做有无心跳、呼吸的判断。

打"120"电话的人要准确、精练地告诉"120"接话人以下内容，使之成为有效的急救电话，才能使急救人员及时、准确地赶到急救现场。

患者的姓名、性别、年龄，引发危情的原因（如触电、车祸、烧伤、中毒、溺水、胸痛、突然倒地），患者现在最危急的状况（如大出血、昏迷、无心跳无呼吸），患者现在的位置（区名、路名、小区名、门牌号、房间号、附近的标志物、救护车可以到达的地点），联系患者家属的电话，打"120"电话人的姓名、电话等。

急救心肺骤停患者的基本原则是在现场尽快地启动救治和运用正确的救治方法来救治，简而言之，就是要尽快地用心肺复苏法对患者进行救治。尽快救治与正确的救治方法对于挽救患者的生命具有非常重要的意义。其意义如下

1）尽快地启动心肺复苏，对于挽救患者生命具有重要意义。患者心跳和呼吸骤停后，其大脑就得不到供血供氧；若不及时给大脑供血供氧，大脑将因缺血缺氧而死亡。此时能使大脑及时得到供血供氧的方法，在现场条件下，只能是采用由胸外心脏按压和人工呼吸法组成的心肺复苏法人为地为患者的大脑供血供氧。大量的实践表明，用心肺复苏法抢救生命的黄金时间是4min，就是说在患者心肺骤停后的4min内开始对患者进行心肺复苏法救治，其救活率将达到50%，这是最高的救活率。而在心肺骤停后的4～6min开始进行心肺复苏，其救活率将骤降至10%，而且即使将其救活，也会由于大脑缺血缺氧的时间过长而造成大脑不可逆的损伤；在心肺骤停后的6min之后才开始心肺复苏，其救活率仅4%；在心肺骤停后的10min之后才开始心肺复苏，其救活率就很小了。由此可见，要提高心肺骤停患者的救活率，除了要采用心肺复苏法之外，心肺复苏的开始时间更是关键因素，越早地开始心肺复苏，其救活率就越高。

2）运用创新的心肺复苏法对于挽救患者的生命也具有重要意义。首先将心肺复苏法中使用的急救操作项目的代号A、B、C的含义介绍如下。

A（airway）是保持呼吸道通畅，B（breathing）是进行有效的人工呼吸，C（circulation）是建立有效的人工循环（即建立有效的胸外心脏按压）。

随着医学抢救技术的进步，现场徒手心肺复苏法也在创新。如前所述，心肺复苏法是在急救现场用于抢救心肺骤停患者的有效方法。对于在现场发生的心肺骤停的患者，传统的心肺复苏法的操作项目的顺序是A、B、C。创新后现在的心肺复苏法的操作项目顺序是C、B、A。显然传统的和创新后的心肺复苏法在操作项目的顺序上是不同的，创新后的操作项目顺序对患者的救治效果更好。下面介绍的心肺复苏法是创新后的心肺复苏法。

（4）判断患者有无心跳。判断结论：患者无心跳。判断患者有无心跳的方法：施救者用食指与中指找到患者的喉结后，就从喉结的旁边起向下滑动手指2～3cm，在喉结旁边凹陷处轻按颈部来寻找颈动脉搏动的感觉。若没有感觉到搏动，表明患者已无心跳。用于寻找颈动脉搏动的时间为5～10s。

（5）判断患者有无自主呼吸。判断结论：患者无自主呼吸。判断患者有无自主呼吸的方法：一看、二听、三试。

一看：注视患者的胸腹部察看其有无起伏。看到有起伏，表示患者有呼吸；看不到起伏，表示患者无呼吸。

二听：施救者将耳贴近患者口鼻处，听其有无呼吸的气息声。有气息声，表示患者有呼吸；否则为无呼吸。

三试：施救者用手指靠近患者鼻孔，用于感觉患者的呼吸气流。若有气流的感觉，表

示患者有呼吸；否则为无呼吸。

当上述三种方法之一显示患者有自主呼吸迹象时，表明患者有自主呼吸。当上述方法之一显示患者无自主呼吸时，应改用另一方法进一步确认。当两种方法或上述三种方法同时显示无自主呼吸迹象时，就可确认患者已无自主呼吸。用于判断患者有无自主呼吸的时间为5~10s。用看判断患者有无自主呼吸如图1.1-3所示。施救者将耳贴近患者鼻孔处，听其有无呼吸的气流声，同时用眼注视患者的胸腹部，看其有无起伏迹象。

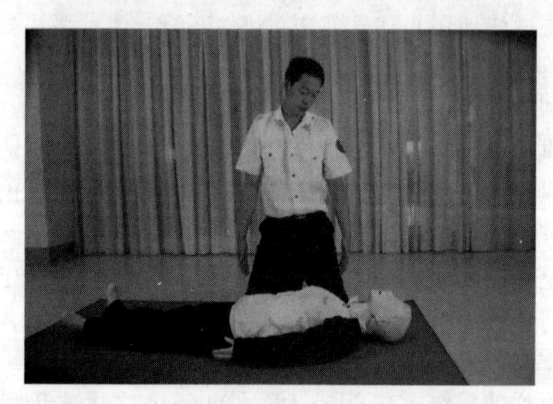

图1.1-3 用"看"判断患者有无自主呼吸

（6）对患者进行第一个30次胸外心脏按压。当施救者判断患者确无心跳和自主呼吸后，必须尽早对患者进行胸外心脏按压（即人工循环）。进行胸外心脏按压之前必须知道按压部位、按压频率与一个人工循环的按压次数、按压深度。

按压部位：这里介绍两个确定按压部位的方法。

第一个确定按压部位的方法：施救者跪在仰卧位患者的右侧，首先用右手指找出左肋弓、右肋弓（肋弓是指胸廓最下面胸骨两侧弓形的肋骨）与胸骨（胸廓正中间由上向下的那块骨头）结合处的两个点，再找这两个点连线的中点（称为切迹中点）；其次并拢右手的中指和食指，将中指尖置于切迹中点上，食指尖置于胸骨上；最后将左手掌贴在患者胸廓上，施救者拇指靠拢右手的食指边，左手掌的掌根置于患者的胸骨中线上面。此时，左手掌根在患者胸骨上的位置，就是正确的按压位置，如图1.1-4所示。

第二个确定按压部位的方法：当乳房垂直于胸廓时，两乳头的连线与胸骨中线的交叉点，就是正确的按压部位。

按压频率与一个人工循环的按压次数：按压频率为100~120次/min，一个人工循环次数为连续按压30次。

按压方法：施救者双膝同肩宽跪地于患者按压部位处的右侧之后，首先，如图1.1-5所示，施救者的两肩位于患者胸骨正上方；其次，如图1.1-6所示，将左手的掌根置于患者的按压位置上，五个手指尽量上翘，再将右手的掌根叠在左手的手掌上面，五个手指紧扣入左手掌的指缝中；再次，将两只手的肘关节伸直固定不动，使两只手伸直；最后，施救者以髋关节为支点，连续、重复使上身下压、复位，使患者的胸廓相应地连续、重复压陷（压陷深度5~6cm）、复位，这就是施救者对患者做胸外心脏按压的方法。

施救者对患者做胸外心脏按压时，要一边数数进行按压，一边察看患者的脸部。在按压过程中，若患者有自主反应，应停止按压；若患者无自主反应，则继续连续按压至30

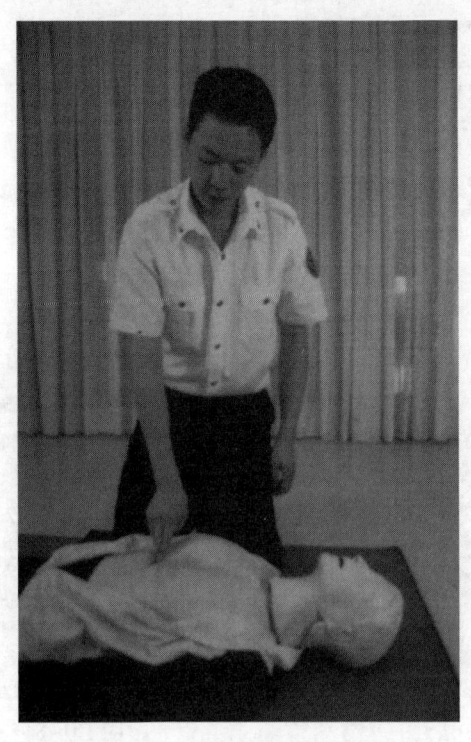

图1.1-4 寻找正确的按压位置

次为止，并立即转入气道畅通步骤。

施救者为了控制按压频率和一个人工循环的按压次数（30次），施救者必须跟随自己发出的1、2、…、30的数数声音同时对患者进行胸外按压（即胸外心脏按压）。

(7) 气道畅通。气道畅通步骤包括两项操作：其一，使患者的头部后仰，使患者可能后坠的堵塞着气管的舌头离开气管；其二，清除患者口腔内的异物。

1) 使患者的头部后仰。使患者头部后仰的方法有多种，其中的仰头举颏法如下。

患者仰头平卧，施救者于患者头部右侧双膝跪地。施救者首先将左手掌置于患者前额；其次将右手的中指置于患者头部的下颏处；最后左手掌按压前额，右手中指上抬下颏，如图1.1-7所示，使患者头部后仰，患者可能后坠的堵塞着气管的舌头就离开气管了。

2) 清除患者口腔内的异物。将患者的头部后仰后，就可查看患者口腔内是否有异物（如假牙、呕吐物、口痰、血液等）。如果患者口腔内有异物，施救者在使患者头部为后仰状态下，用右手食指将患者口腔内的异物掏出；如果患者口腔内无异物，则不必做此操作。

(8) 进行口对口人工呼吸两次。人工呼吸的频率为12~20次/min。施救者使心肺骤停患者的气道畅通后，须接着对患者做口对口人工呼吸两次。口对口人工呼吸法如下。

与使患者头部后仰时一样，施救者双膝跪地于患者头部右侧。首先，施救者以左手掌按住患者头部前额，同时以左手食指、中指捏住患者鼻翼，右手的中指上抬患者的下颏，使患者头部保持后仰。其次，施救者用其口全包住患者的口（有条件时应事先用盖口巾

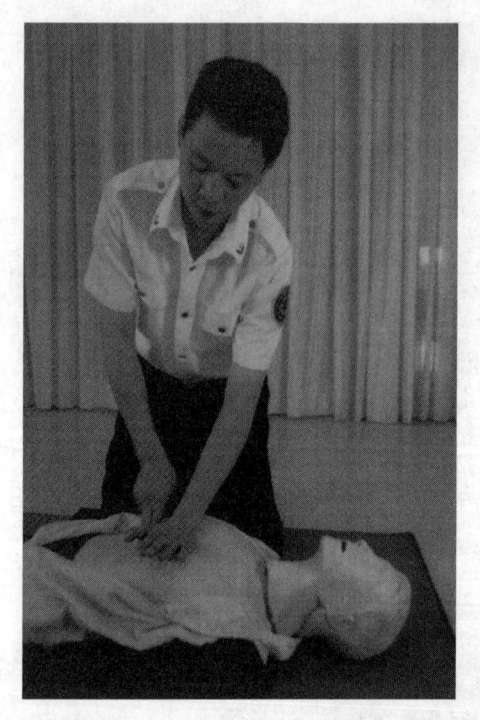

图1.1-5 胸外按压的手法之一

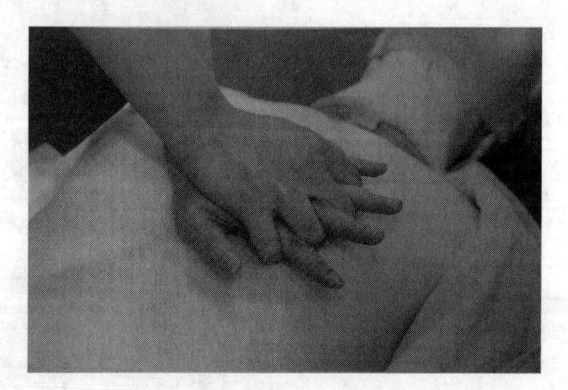

图1.1-6 胸外按压的手法之二

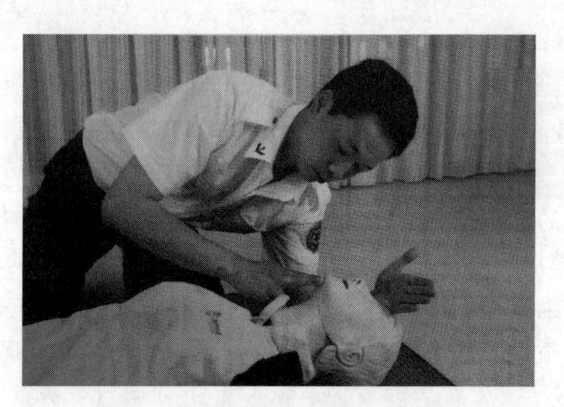

图1.1-7 仰头举颏法使头部后仰

盖住患者的口），向患者口内吹气。吹气的时间应超过1s（有效地吹气时可见到患者的胸廓隆起）。吹完气后就松开鼻翼和口离开口。以上的操作过程就是一次口对口人工呼吸。口对口人工呼吸如图1.1-8所示。在第一次人工呼吸后相隔5s时，再次捏鼻翼、口对口吹气、松开鼻翼、口离开口，完成第二次口对口的人工呼吸。至此就完成了两次口对口人工呼吸。就是说从开始完成的30次胸外按压起，到现在完成的两次人工呼吸为止，就完成了胸外按压与人工呼吸次数的比例为30∶2的第一个心肺复苏救治，以及其中的在30次胸外按压后进行的气道畅通的一次操作。但须说明，在以后进行的胸外按压和人工呼吸次数比例为30∶2的每一个心肺复苏中，均不再有气道畅通的操作。

（9）继续重复进行4个胸外按压与人工呼吸次数比例为30∶2的徒手心肺复苏。在

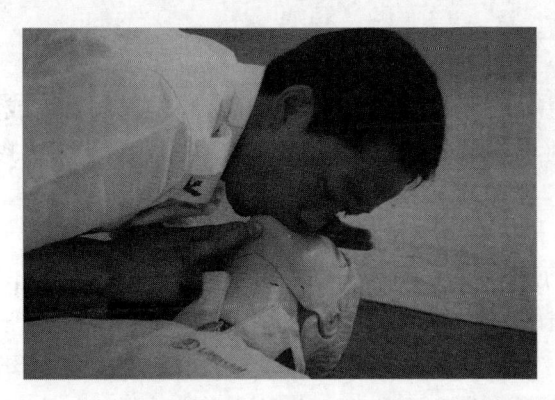

图 1.1-8　口对口人工呼吸

进行第一个胸外按压与人工呼吸次数比例为 30∶2 的心肺复苏救治之后（以下将一个 30∶2 的心肺复苏简称为一个 30∶2，如果患者仍不复苏，那么在第一个 30∶2 之后再接着进行 4 个 30∶2 的操作。当将后面的 4 个 30∶2 操作进行完毕后，那么从第一个 30∶2 操作算起，大约耗费了 2min。到此时须暂停 30∶2 的操作而转向复检步骤。

（10）复检。复检就是对进行心肺复苏法救治的患者是否恢复心跳与自主呼吸所进行的再判断。复检的方法与 1.1.6 小节所述的方法相同，在每进行 2min 5 个 30∶2 的操作之后，都要进行一次复检。每次复检所用的时间为 5~10s。现场施救者应根据复检结果和患者在心肺复苏救治过程中是否显示出复苏的有效性（详见表 1.1-3）来决定在下一步中应对患者采取哪些救治措施。

表 1.1-3　心肺复苏有效性判别指标

观察项目	有　　效	无　　效
面色	转为红润	转为灰白或紫绀
自主呼吸	恢复	无
颈动脉搏动	恢复	无
意识与循环征象	可出现眼球转动、睫毛活动或手脚的轻微活动	无任何自主活动
瞳孔	由大变小	无变化或由小变大

在复检时，如果判断患者已恢复心跳和自主呼吸，施救者应立即宣告"患者已恢复心跳和呼吸，心肺复苏成功"。

在复检时，如果仍判断患者无心跳和呼吸，则应继续按 2min 内 5 个 30∶2 的心肺复苏和一个复检为一个周期进行循环救治。除非现场徒手心肺复苏成功而中止救治之外，在"120"急救人员来接替救治之前，现场施救者不得放弃现场抢救。现场心肺复苏的抢救时间一般应持续 30min（在我国可将持续时间延长到 40min），超过这个持续时间之后，无心跳无呼吸的患者被救活的可能性就很小了，但不是不可能，例如在我国的触电抢救史中，曾有过经 1.5h 心肺复苏抢救成功的实例（发生于 1981 年 5 月 2 日）和经过 6 个多小时的人工呼吸将触电休克者救活的实例。

1.1.7 防止触电的基本措施

在防止触电方面主要采用以下三种基本措施：在电气设备上或电路中安装防触电设施；在电气设备上作业时采取防触电措施；开展安全宣传教育，查找并消除安全隐患的防触电措施。

1. 在电气设备上或电路中安装防触电设施

（1）保护接地。为预防与带电设备金属外壳等接触时发生触电事故，最可靠和最有效的措施就是采用保护接地。

保护接地是指电气装置的金属外壳、配电装置的构架和线路杆塔等，由于绝缘损坏有可能带电，为防止其危及人身和设备的安全而设的接地。以上是 DL/T 621—1997《交流电气装置的接地》的关于保护接地的定义。换言之，保护接地就是为了保护人身和设备的安全而将电气设备在正常情况下不带电，但绝缘损坏时可能带电的金属部分与接地体做良好的金属连接。

在电气设备的金属外壳等安装了接地电阻符合要求的保护接地之后，一旦绝缘损坏而使金属外壳带电时，金属外壳的对地电压就被控制在安全电压值以下。若此时恰好有人接触到这种带电的金属外壳，因为接触到的是安全电压就不会发生人身触电事故。

保护接地的具体做法是按规程规定用接地导线将发电机、变压器、电器、配电板等的金属底座和外壳、架空线路金属性杆塔、电缆的接线盒和电缆的金属外皮等与接地体连接起来，如图 1.1-9 所示。

（2）保护接中性线。将配电变压器的中性点与接地体相连接后，由该中性点引出的导体称为中性线（也称为零线）。为了安全运行，一般应将中性线重复接地。将中性线上的一点或多点与地再做金属的连接，称为重复接地。将低压用电设备的金属外壳与中性线连接起来称为保护接中性线（也称为接零），如图 1.1-10 所示。

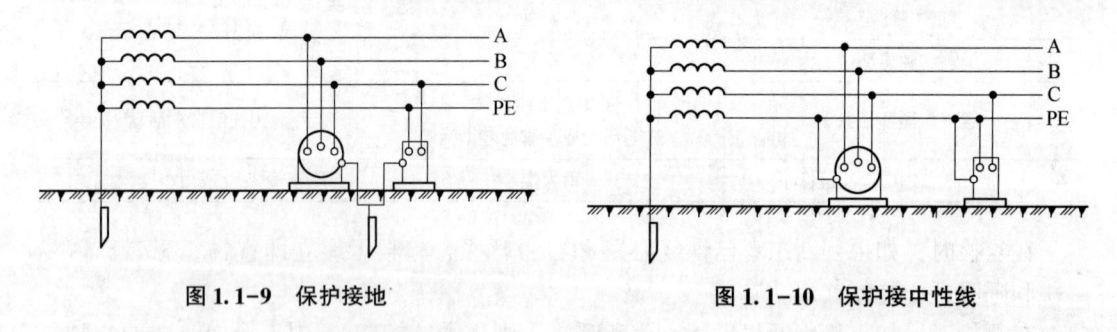

图 1.1-9 保护接地　　图 1.1-10 保护接中性线

采用保护接中性线措施的目的是当电气设备发生碰壳时，变成单相短路故障，在短时间内使熔断器熔丝熔断或使线路保护装置动作，断开故障线路的电流，使用电设备金属外壳上不带电从而避免触电事故。

特别警示：不允许在同一个低压配电网中同时采用保护接地和保护接中性线。因为当保护接地的电气设备单相接地时，将使保护接中性线的电气设备的金属外壳带上危险的电压。

（3）安装漏电保护器。国内外的经验证明，在低压电网中安装漏电保护器是防止人身触电伤亡、电气火灾及电器损坏的有效防护措施。

漏电保护器分为电压型和电流型两种漏电保护器。现在大多数采用电流型漏电保护器，如剩余电流动作保护器。

漏电保护可设有三级保护：总保护（又称一级保护），装设在配电网的电源处；中级保护（又称二级保护），装设在配电网电源的大分支处；末级保护（又称三级保护），装设在终端用户配电箱处。末级保护是必需的，而中级保护和总保护则根据需要和配电网的具体情况来确定。

（4）同时安装漏电保护器和保护接中性线。这是广泛应用于终端用户的防触电措施。

2. 在电气设备上作业时采取防触电措施

DL 408—1991《电业安全工作规程（发电厂和变电所电气部分）》、DL 409—1991《电业安全工作规程（电力线路部分）》、《云南电网公司配电网电气安全工作规程（2011年版）》等介绍了防止在电气设备上作业时发生触电事故的措施。按是否填用工作票来分类，这些措施分为两种。

（1）不需填用工作票的作业的防触电措施。在下列线路运行和维护工作中不需填用工作票只按口头或电话命令开展工作：线路事故巡视、故障抢修、紧急处理、线路测温和杆塔接地电阻测量工作、修剪树枝、检查杆根地锚、打绑桩、杆塔基础上的工作、安装标示牌、补装塔材、工作位置在最下层导线水平面以下工作中与带电体有足够安全距离的工作等。

在进行上述工作时必须遵守《电业安全工作规程》（简称《安规》）中相应的安全规定。

另外，事故紧急处理不填工作票，但应履行许可手续，做好安全措施。

（2）需填用工作票才能工作的防触电措施。在从事填用工作票的工作时必须遵守以下保证安全的组织措施和技术措施。

1）保证安全的组织措施。停电作业需填用第一种工作票。第一种工作票的组织措施有工作票制度、工作许可制度（严禁约时停、送电）、工作监护制度、工作间断制度、工作终结和恢复送电制度。

带电作业需填用第二种工作票。第二种工作票的组织措施有工作票制度、工作监护制度、工作间断制度及工作许可制度（不要求停用重合闸的带电作业不需履行工作许可制度、工作终结和恢复送电制度，但带电作业工作负责人在带电作业开始前应与调度联系，工作结束后应向调度汇报。要求停用重合闸的带电作业，工作负责人在带电作业前应与调度联系，必须履行工作许可制度，且工作结束后应向调度汇报，严禁约时停用或恢复重合闸）。

2）停电作业防触电的技术措施。停电作业时防触电的技术措施是停电、验电、挂接地线（包括工作结束后的拆除接地线），具体做法详见《安规》要求。

3）带电作业的防触电技术措施。为防止带电作业时发生触电事故，在采取技术措施时要考虑以下主要因素：天气、作业监护、屏蔽服或绝缘服的完好性与正确穿戴、绝缘工具最小有效绝缘长度、允许荷载及试验合格期、最小安全空气间隙长度、水冲洗作业时的水柱长度和水阻率、导地线的最小规格和完好性、断接引线截面、分流导线截面、良好绝缘子最少片数等。具体要求详见《安规》和 GB/T 18857—2008《配电线路带电作业技导则》的相关规定。

3. 开展安全宣传教育，查找并消除安全隐患的防触电措施

（1）将防触电、安全用电与贯彻《电力设施保护条例》结合起来进行宣传。

（2）采用多种形式，如广播、电视、报纸、展览、安全月活动等进行全方位的宣传，使安全思想深入人心。

（3）查找并消除安全隐患，装设安全标示牌。例如检查保护接地、电气设备围墙、护栏、带电体对地高度，在易发生触电的地方装设安全标示牌，清除违反电气安全的建筑与施工等。

1.2 创伤与创伤急救

1.2.1 创伤

创伤是伴有体表组织破裂的一种损伤，如割伤、刺伤、火器伤等。严重创伤可引起休克，并常伴有内部损伤。

损伤是身体某部位受到外力作用而使组织器官的结构遭受破坏或其功能发生障碍。严重损伤常伴有局部和全身症状，但由于身体各部在解剖和生理上的差异，损伤的表现也随部位的不同而不同。机械性损伤一般分为开放性和闭合性两大类型。前者有体表的破裂，即创伤。后者俗称为内伤，轻者仅为软组织受挫，严重的可有骨折、内出血，以及内脏的破裂和有腔器官的穿孔等。

1.2.2 创伤急救

1. 创伤急救的基本要求

（1）创伤急救的原则是先抢救、后固定、再搬运，并注意采取措施，防止伤情加重或污染。先抢救是指先采取包括心肺复苏、止血、包扎等技术对伤员进行救治。需要送医院救治的，应立即做好保护伤员措施后送医院救治。

（2）抢救前要对伤员进行基本检查。抢救前先使伤员安静躺平，判断全身情况和受伤程度，如判断有无出血、骨折和休克等。

（3）外观出血时应立即采取止血措施，防止失血过多而休克。外观无伤，但呈休克状态，神志不清或昏迷者，要考虑胸腹部内脏或脑部受伤的可能性。

（4）为防止伤口感染，应用清洁布片覆盖伤口。施救人员不得用手直接接触伤口，更不得在伤口内填塞任何东西或随便用药。

（5）搬运时应使伤员平躺在担架上，腰部束在担架上，防止跌下。平地搬运时伤员头部在后。上楼、下楼、下坡搬运时头部在上。搬运中应严密观察伤员，防止伤情突变。常用的搬运担架种类如图1.2-1所示。

2. 止血

（1）伤口渗血时，用比伤口稍大的消毒纱布数层覆盖伤口，然后进行包扎。若包扎后仍有较多渗血，可再加绷带适当加压止血。因止血带操作不慎会导致肢体坏死，故只有

(a) 制式软担架　　(b) 毛毯替代软担架　　(c) 硬担架

图 1.2-1　常用的搬运担架种类

在万不得已的情况下方可用止血带止血。

（2）当伤口出血呈喷射状或鲜红血液涌出时，立即用清洁手指压迫出血点上方（近心端），使血流中断，并将出血肢部抬高或举高，以减少出血量。

（3）用橡皮止血带或弹性较好的布带等止血时，应用柔软布片或伤员的衣袖等折叠数层垫在止血带的下橡皮面，再扎紧止血带，以刚使肢端动脉搏动消失为度。

注意：前臂和小腿一般不适用止血带，实际上应用止血带的部位只能是大腿或上臂上1/3处。用止血带的时间越短越好，一般不超过1h，若必须延长，则应每隔1h左右放松1~2min，且总时间一般最长不超过3h，扎好止血带后，必须做出显著标志，注明扎止血带的时间。用橡皮止血带止血的步骤如图1.2-2所示。具体说明如下。

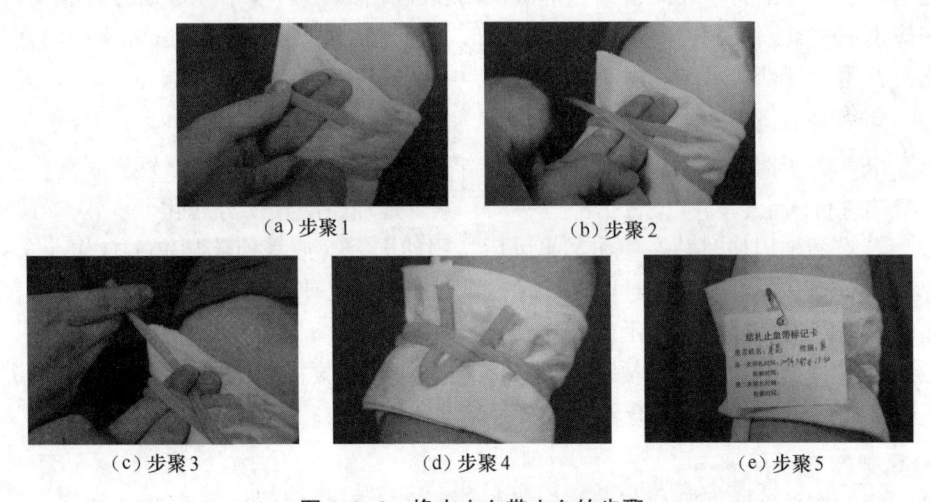

(a) 步聚1　　(b) 步聚2

(c) 步聚3　　(d) 步聚4　　(e) 步聚5

图 1.2-2　橡皮止血带止血的步骤

步骤1：在结扎止血带之前，须在手臂的出血点处（以下简称伤口）加衬垫。加衬垫就是用消毒过的或干净的棉纱、绷带、衣物、布片等在伤口处包缠手臂。加衬垫后才能在伤口附近的近心端的衬垫上开始结扎止血带。具体的结扎方法是：首先，用左手的掌心朝上且并拢在一起的食指、中指等两指和大姆指捏住长条形的止血带的一小段的首端，并将两指的背面贴在伤口处的衬垫上。此时止血带的首端在两指的右侧，止血带的尾端在两指的左侧。其次，将右手从受伤手臂的右侧下方伸向手臂左侧抓住止血带的尾端。最后，右手以适当的力量拉紧止血带从受伤手臂左侧下方第一次将其拉到手臂右侧、手臂上方两指处的附近。

步骤2：首先接着用右手将图1.2-2（a）中所示的尾端止血带绷紧，继续向左拉，使之从左手的两指、大姆指之间的缝隙间通过和伸到手臂左侧，再用两指、大姆指同时摁紧两根止血带。其次，将右手从手臂右下方伸到手臂左下方，抓住已处于手臂左侧的尾端止血带，在止血带绷紧的状态下第二次将它从手臂下方拉到手臂右侧上方并稳住尾端止血带，接着松开左手大姆指。

步骤3：用右手的食指、中指夹住图1.2-2（b）中所示的尾端止血带，将它绷紧并向左手两指方向拉，使它不仅从左手的食指、中指之间穿过，而且还超出两指一段距离之后，再用左手的两指夹紧该尾端止血带。至此就完成了步骤3的操作。

步骤4：首先将图1.2-2（c）中夹住尾端止血带的右手的两指松开，接着将右手移到图1.2-2（c）中夹住止血带的左手两指的右侧，然后用右手的手指同时捏紧该处的首端止血带和其他止血带。其次，将图1.2-2（c）中的左手两指及其夹住的止血带从之前已结扎的压着该两指的止血带的下方抽出，使尾端止血带的一小段从已结扎的止血带下方穿出来并形成V形状。至此便完成了步骤4的操作。

步骤5：在已结扎的伤口橡皮止血带上系上《结扎止血带标志卡》。一般用别针将标志卡别在衬垫上面。标志卡须标示患者姓名、性别、第一次结扎时间等项目并填写相应的具体内容。同时标示备用和待用的两个项目：第二次结扎时间、松解时间。

（4）高处坠落、撞击、挤压时，可能有胸腹内脏破裂出血。外观伤员无出血，但出现面色苍白、脉搏细弱、气促、冷汗淋漓、四肢厥冷、烦躁不安，甚至神志不清等休克状态时，应迅速使其躺平，抬高下肢，保持温暖，速送医院救治。若送医院途中时间较长，可给伤员饮用少量糖盐水。

3. 骨折急救

（1）肢体骨折时，可用夹板或木棍、竹竿等将断骨上、下方两个关节固定；也可利用伤员身体进行固定，以避免骨折部位移动，减少疼痛，防止伤势恶化。

（2）疑有颈椎损伤时，在使伤员平卧后，用沙土袋（或其他代替物）放置头部两侧，使颈部固定不动。必须进行口对口呼吸时，只能用抬颏法使气道畅通，不能再将头部后仰移动或转动，以免引起截瘫或死亡。

（3）腰椎骨折时，应将伤员平卧在硬木板上，并将腰椎躯干及两侧下肢一同进行固定，预防瘫痪；搬动时应数人合作，保持平稳，不能扭曲。

4. 颅脑外伤的急救

（1）应使伤员采取平卧位，保持气道畅通。若有呕吐，应扶好头部和身体，使头部和身体同时侧转，防止呕吐物造成窒息。

（2）耳鼻有液体流出时，不要用棉花堵塞，只可轻轻拭去，以利于颅内压力的降低；另外，也不可用擤鼻方法排出鼻内液体，或将液体再吸入鼻内。

（3）颅脑外伤时，病情可能复杂多变，禁止给予饮食，速送医院诊治。

5. 烧伤急救

（1）电灼伤、火焰烧伤或高温气、水烫伤时，均应保持伤口清洁。伤员的衣服鞋袜用剪刀剪开后除去。伤口全部用清洁布片覆盖，防止污染。四肢烧伤时，先用清洁冷水冲洗，然后用清洁布片或消毒纱布覆盖并送医院。

（2）强酸或强碱灼伤时，应立即用大量清水彻底冲洗，迅速将被浸蚀的衣物剪去。为防止酸、碱残留在伤口内，冲洗时间一般不少于10min。

（3）未经医务人员同意，不宜在灼伤部位敷搽任何东西和药物。

（4）送医院途中，可给伤员多次少量口服糖盐水。

6．冻伤急救

（1）冻伤使肌肉僵直，严重者深及骨骼，在救护搬运冻伤者过程中动作要轻柔，不要强使肢体弯曲活动，以免加重损伤。应使用担架将伤员平卧，并抬至温暖室内救治。

（2）将冻伤员身上潮湿的衣服剪去后，用干燥柔软的衣物覆盖伤员，不得烤火或搓雪。

（3）全身冻伤者呼吸和心跳有时十分微弱，不应误认为死亡，应努力抢救。

7．动物咬伤急救

（1）毒蛇咬伤急救。被毒蛇咬伤后，不要惊慌、奔跑、饮酒，以免加速蛇毒在人体内扩散。咬伤处大多在四肢，应迅速从伤口上端（近心端）向下方反复挤出毒液，然后在伤口上方（近心端）用布带扎紧，将伤肢固定，避免活动，以减少毒液的吸收。有蛇药时可先服用，再送医院救治。

（2）犬咬伤急救。犬咬伤后应立即用浓肥皂水冲洗伤口，同时用挤压法自上（近心端）而下将残留伤口内唾液挤出，然后用碘酒涂搽伤口。有少量出血时，不要急于止血，也不要包扎或缝合伤口。要尽量设法查明该犬是否为"疯狗"，这对医院制订治疗计划将有较大帮助。

8．溺水急救

（1）发现有人溺水时应设法迅速将其从水中救出，对呼吸心跳停止者用心肺复苏法坚持抢救。曾接受过水中抢救训练的施救者在水中即可开始抢救。

（2）口对口人工呼吸时，若因异物阻塞而又无法用手指除去异物时，可用两手相叠，置于脐部稍上正中线上（远离剑凸）迅速向上猛压数次，使异物退出，但也不可用力太大。

（3）溺水死亡的主要原因是窒息缺氧。由于淡水在人体内能很快循环吸收，而气管能容纳的水很少，因此在抢救溺水者时不应"倒水"而延误抢救时间，更不应仅"倒水"而不用心肺复苏法进行抢救。

9．高温中暑急救

（1）烈日直射头部、环境温度过高、饮水过少或出汗过多等都可以引起中暑，其症状一般为恶心、呕吐、胸闷、眩晕、嗜睡、虚脱，严重时抽搐、惊厥，甚至昏迷。

（2）应立即将病员从高温或日晒环境转移到阴凉通风处休息。用冷水擦浴，湿毛巾覆盖身体，电扇吹风，或在头部置冰袋等方法降温，并及时给病人口服盐水。严重者送医院治疗。

10．有害气体中毒急救

（1）气体中毒，开始时有流泪、眼痛、呛咳、咽部干燥等症状，应引起警惕；稍重时，会出现头痛、气促、胸闷、眩晕；严重时，会引起惊厥昏迷。

（2）怀疑可能存在有害气体时，应立即将人员撤离现场，转移到通风良好处休息。抢救人员进入危险区必须戴防毒面具。

（3）已昏迷病员应保持气道畅通，有条件时给予氧气吸入。呼吸心跳停止者，按心肺复苏法抢救，并联系医院救治。

（4）迅速查明有害气体的名称，供医院及早对症治疗。

11. 野象袭击急救

近年来野象袭人的事件时有发生。在野外工作时要尽量避开野象活动区域。

人被野象袭伤后将造成严重外伤（包括骨折、内脏出血、昏迷等），甚至死亡。

对伤者的救治原则首先是及时使伤者离开野象袭击范围，然后按照外伤救治原则（止血、包扎、固定、搬运）处理伤者。对呼吸、心跳消失者立即进行现场心肺复苏。需送医院救治的立即做好保护措施后送往医院。

12. 熊袭击急救

熊一般不会主动袭人，但当人袭熊未遂或遭遇曾受人袭击过或遭遇带崽或处于繁殖交配期的熊时，熊可能主动袭人。熊爪很锋利，袭人时多用掌爪进行抓扑，力量很大，熊能给被袭者造成多种外伤，包括头皮撕脱、骨折、挤压伤等。

对伤者的救治原则首先是及时使伤者离开熊的袭击范围，其他同野象袭击救治。

第 2 章　配电线路检修作业的安全措施

配电线路检修作业的安全措施是以 GB 26859—2011《电力安全工作规程 电力线路部分》（简称《国家标准安规》）、《国家电网公司电力安全工作规程（线路部分）》（简称《国家电网公司安规》）、Q/CSG 510001—2015《中国南方电网有限责任公司电力安全工作规程》（简称《南方电网公司安规》）、《云南电网公司配电网电气安全工作规程（2011 版）》（简称《云南电网公司安规》）为依据。

2.1　架空配电线路检修作业的安全措施

2.1.1　作业人员应具备的基本条件

（1）经医师鉴定、无妨碍工作的病症（体格检查至少每两年一次，但高处作业人员应每年检查一次）。

（2）具备必要的安全生产知识和技能，从事电气作业的人员应掌握触电急救等救护法。

（3）具备必要的电气知识和业务技能，熟悉电气设备及其系统。熟悉《国家电网公司安规》的相关部分，作业人员每年应接受一次安规考试并考试合格。

2.1.2　配电线路巡视的安全措施

（1）架空配电线路巡线工作应由有电力线路工作经验的人员担任。配电设备巡视员应熟悉设备内部结构和设备接线情况。

（2）单独巡线人员应经考试合格并经工区（公司、所）分管生产领导批准。

（3）每个巡线组的人数应不少于以下规定的人数。

1）电缆隧道、偏僻山区和夜间巡线应由两人进行。

2）汛期、暑天、雪天等恶劣天气巡线，必要时由两人进行，危险地段不得单人巡视。

3）在发生灾害时或之后（火灾、地震、台风、冰雪、洪水、泥石流、沙尘暴等），若需特殊巡线，至少两人一组，并与派出部门保持通信联络。

（4）单独巡线时禁止攀登电杆和铁塔。

（5）恶劣天气下巡线、事故巡线、山区巡线，应根据实际情况配备必要的防护用具、自救器具和药品。

（6）夜间巡线应沿线路外侧进行，并携带足够的照明工具。

（7）大风时巡线宜沿线路上风侧进行，以免万一触及断落的导线。

（8）事故巡线应始终认为线路带电，即使明知该线路已停电，亦应认为线路随时有恢复送电的可能。

（9）发生灾害时或发生灾害之后，若需进行特殊巡线，应制定必要的安全措施，并得到设备运行管理单位分管领导的批准。特殊巡线应注意选择路线，防止洪水、塌方、恶劣天气对人的伤害。巡线时禁止涉渡。

（10）雷雨、大风天气或事故巡线，巡线人员应穿绝缘鞋或绝缘靴。巡线人员发现导线、电缆线路断落地面或悬挂空中，应设法防止行人靠近断线点 8m 以内，以免跨步电压伤人，并迅速报告调度和上级，等候处理。高压电气设备发生接地时，室内不得靠近故障点 4m 以内，室外不得靠近故障点 8m 以内；进入上述范围人员必须穿绝缘靴，接触设备的外壳和构件时应戴绝缘手套。

（11）线路巡线人员巡线时应穿防护鞋。防护鞋的类型应根据巡线时的天气、巡线时的环境、发生灾害的类型等因素决定。

（12）巡线检查设备时，不准越过遮栏或围墙。进出配电设备室（箱）应随手关门。巡视完毕应上锁。单人巡视时禁止打开配电设备柜门、箱盖。

（13）雷雨天气需要巡视室外高压电气设备时，应穿绝缘靴，禁止打伞、手机，不得靠近避雷器、避雷针。

（14）开关站、配电站的钥匙至少有三把，由运行值班人员负责保管、按值移交。一把专供紧急时使用，一把专供值班人员使用，其他的钥匙可借给经批准的高压电气设备人员或经批准的检修施工队伍的工作负责人使用，但应登记签名。巡视或当日工作结束后交还。

2.1.3 电气操作的安全措施

1. 电气操作指令的发布与接收

电气操作人应在接到发令人的操作指令并复诵无误后才能进行电气操作。

（1）电气操作（倒闸操作）应使用电气操作票。电气操作人根据值班调度员（工区值班员），即根据发令人发布的电气操作指令（口头、电话或传真、电子邮件的指令）并复诵无误后填写或打印电气操作票。

（2）调度员（发令人）发布操作指令。发令人发出的操作指令应准确、清晰，应使用规范的操作术语和设备名称（设备双重名称）。受令人接令后，应复诵无误后执行。发布和接受操作指令时，必须互报单位、姓名。发令人发布指令的全过程（包括对方复诵指令和发令人听取对方执行指令后的报告）都应录音并做好记录。

（3）电气操作有就地操作和遥控操作两种方式。

（4）电气操作分为监护操作和单人操作两类。监护操作是指有人监护的操作。有人监护的操作由两人进行，一人操作，一人监护。

单人操作是指一人进行的操作。

（5）事故紧急处理和拉合断路器的单一操作可不使用操作票。事故紧急处理是指发生危及人身、电网及设备安全的紧急状况或发生电网和设备事故时，为迅速解救人员、隔离故障设备、调整运行方式，以便迅速恢复正常运行的操作过程。

在线路上的以下操作属于拉合断路器的单一操作。

1）单一台变。

2）单台柱上开关（带隔离开关的柱上开关除外）的停、送电操作。

3）拉、合跌落式熔断器的操作。

（6）电气操作票所列人员的安全责任。

1）监护人的安全责任。

负责审查并确保操作票所填的操作项目的内容、顺序满足电气操作时应遵守的操作技术原则。

负责按操作票中操作项目的顺序逐项向操作人发布操作指令并对操作人监护。

负责对操作人的操作结果进行核实确认。

2）操作人的安全责任。

负责填写操作票。

负责执行监护人的操作指令。

负责对操作结果进行核实确认。

正确使用安全工器具和劳动保护用品。

2. 正确填写与使用操作票

（1）操作票。操作票是线路和配电设备操作前填写操作内容和顺序的规范化票式，可包括编号、操作任务、操作顺序、操作时间以及操作人和监护人等内容。操作票的格式见表 2.1-1（摘自《国家标准安规》附录 G）。

表 2.1-1 操作票格式

单位			编号	
发令人		受令人	发令时间	年 月 日 时 分
操作开始时间 年 月 日 时 分			操作结束时间 年 月 日 时 分	
（ ）监护操作			（ ）单人操作	
操作任务：				
顺序		操作项目		√
备注				
操作人：	监护人：		值班负责人（值长）：	

（2）操作票由操作人填用，每张票填写一个操作任务。操作任务是为同一个操作目的而进行的一系列相互关联、依次连续进行的电气操作过程。

（3）操作票应用黑色或蓝色钢（水）笔或圆珠笔逐项填写。用计算机开出的操作票应与手写操作票格式票面统一。操作票票面应清楚、整洁，不准任意涂改。操作票中应填写设备双重名称（即设备名称和编号）。

（4）应根据模拟图或接线图逐项填写操作票。电气操作人、监护人应在操作前根据模拟图或接线图核对填写在操作票中的操作项目顺序与内容，并经审核签名。

（5）操作票应事先连续编号。计算机生成的操作票应在正式出票前连续编号。操作票按编号顺序使用。作废的操作票应注明"作废"字样，未执行的应注明"未执行"字样，已操作的应注明"已执行"字样。操作票应保存一年。

3. 电气操作的基本条件

（1）具有与实际运行方式相符的一次系统模拟图或接线图。

（2）被操作设备应有明显的标志，包括命名、编号、设备相色等。

（3）高压配电设备应有防止误操作闭锁功能，必要时加挂机械锁。

（4）电气操作人必须经设备所属单位培训、考试合格，并经批准在指定的设备范围内进行电气操作。

检修人员经过设备所属单位考试合格，主管部门认定具有操作资格后，可在指定的设备范围内进行电气操作。

4. 电气操作的基本要求

（1）停电操作应按照"断路器—负荷侧隔离开关—电源侧隔离开关"的顺序依次进行。送电操作按相反的顺序进行。禁止带负荷拉、合隔离开关。

（2）电气操作前，应按照操作票填写的操作项目的顺序逐项在模拟图或接线图上预演，以核对操作票是否填写正确。

如果预演核对操作票是正确的，那么操作人要根据发令人的事先声明来执行操作：如果发令人事先声明只发布一次操作指令就可执行时，此时操作人即可进行操作。如果发令人事先声明要发布两次操作指令后才能执行时，此时操作人不能立即执行，要等待发令人的第二次操作指令。操作人在得到发令人的第二次正式操作指令后才能执行操作。

（3）电气操作应由两人进行，一人操作，一人监护，并认真执行唱票复诵制（允许单人进行操作的除外）。

监护人发布指令和操作人复诵指令都应严肃认真，使用规范的操作术语，准确清晰。操作时应按操作票中操作项目的顺序依次逐项操作。每操作完一项，应检查核对该项操作是否正确。当确认正确无误后，监护人就在该项的尾部做一个"√"记号。操作中产生疑问时，不准擅自更改操作票，应向操作发令人（值班调度员）询问清楚无误后再进行操作。操作完毕，受令人应立即向发令人汇报。

在进行每项操作的前后，操作监护人和操作人都应检查核对该项操作的现场设备的名称、编号和断路器（开关）、隔离开关（刀闸）的断合位置。电气操作后的检查应以设备实际位置为准。无法看到实际位置时，可通过设备的机械指示位置、电气指示、仪表及各种遥测遥信信号指示的变化，且至少有两个及以上的指示已同时发生对应变化，才能确定该设备已操作到位。

（4）雷雨天气时禁止进行电气操作，禁止更换熔丝工作。

（5）操作机械传动的断路器、隔离开关和跌落式熔断器，应使用合格的绝缘操作棒进行操作。操作跌落式熔断器时要戴绝缘手套，操作柱上断路器时要有防止断路器爆炸的伤人措施。

（6）将高压侧配有跌落式熔断器，低压侧配有刀闸的配电变压器停电或更换其跌落式熔断器熔丝的操作顺序,是先减变压器负荷后拉开低压刀闸,再拉开高压侧跌落式熔断器。恢复配电变压器供电的顺序与变压器停电的操作顺序相反。

中国南方电网公司 Q/CSG 10006—2004《电气操作导则》规定如下。

拉开三相水平排列的高压侧跌落式熔断器的顺序是先拉开中相、后拉开两边相。合上高压侧三相跌落式熔断器的顺序与拉开的顺序相反。

拉开三相垂直排列的高压侧跌落式熔断器的顺序是应从上到下拉开跌落式熔断器,合上的顺序与拉开的顺序相反。

当跌落式熔断器的熔丝管已脱离熔断器的上桩头挂在下桩头上,若将熔丝管从下桩头取下或将已取下的熔丝管挂到下桩头上时应使用绝缘棒来操作。

(7) 雨天操作室外高压设备时应使用有防雨罩的绝缘棒并穿绝缘靴,戴绝缘手套。

(8) 装卸高压熔断器,应戴护目镜和绝缘手套必要时使用绝缘钳,并站在绝缘物或绝缘台上。

(9) 高压开关柜手车开关拉至"检修"位置后,应确认隔离板已封闭。

2.1.4 测量工作的安全措施

1. 在配电线路和配电设备上进行测量时的安全措施

(1) 在直接接触电气设备的情况下进行电气测量工作的安全措施。

1) 直接接触电气设备的电气测量工作,至少应由两人进行,一人操作,一人监护。夜间进行电气测量工作,应有足够的照明。

2) 测量人员应了解仪表的性能、使用方法和正确接线,应熟悉测量的安全措施。

(2) 测量杆塔、配电变压器和避雷器的接地装置的接地电阻,可以在线路和设备带电的情况下进行。断开或恢复带电的杆塔、配电变压器和避雷器的接地引下线时,应戴绝缘手套。不要直接接触与地断开的接地线。

(3) 用钳形电流表测量低压线路和配电变压器低压侧的电流时,不应使钳形电流表触及其他带电部分,以防相间短路。

(4) 可使用测量仪或绝缘工具测量线路导线的垂直距离(导线对地、交叉跨越距离)。禁止使用皮尺、普通绳索、线尺等非绝缘工具进行测量。

2. 在 10kV 及以下配电网中使用携带型仪器进行电气测量的安全措施

(1) 除使用特殊仪器之外,所有使用携带型仪器的测量工作,均应在电流互感器和电压互感器的二次侧进行。

(2) 电流表、电流互感器及其他测量仪器的接线和拆卸,需要断开高压回路者,应将与此高压回路所连接的设备或仪器全部停电后,才能进行。

(3) 电压表、携带型电压互感器和其他高压测量仪器的接线和拆卸,无须断开高压回路者,可以带电工作;但应使用耐高压的绝缘导线,导线的长度应尽可能缩短,不得有接头,并应连接牢固,以防发生接地或短路。必要时,用绝缘物将作连接用的绝缘导线加以固定。

使用中压互感器进行工作时,应先将低压侧所有接线接好,然后用绝缘工具将电压互感器一次侧的绝缘导线接到高压线路上。工作时操作人员应戴绝缘手套和护目镜,站在绝缘垫上,并有专人监护。

(4) 用于电流互感器二次侧电流回路的导线截面,应适合所测电流的数值。用于电压互感器二次侧电压回路的导线截面不得小于 1.5mm² (《云南电网公司安规》规定为 2.5mm²)。

(5) 非金属外壳的仪器应与地绝缘,金属外壳的仪器和变压器外壳应接地。

(6) 用于测量仪表、升压设备等的测量用装置,必要时应对其装设遮栏或围栏,并在遮栏或围栏上装设"止步,高压危险!"标示牌,仪器的布置应使工作人员距带电部位不小于设备不停电时安全距离的要求,见表 2.1-2。

表 2.1-2　设备不停电时的安全距离

电压等级/kV	安全距离/m	备　　注
10 及以下	0.7	
20、35	1.0	《国家标准安规》只规定到此电压等级
66、110	1.5	

3. 在 10kV 及以下配电网中使用钳形电流表测量电流的安全措施

(1) 在高压回路上使用钳形电流表进行电流测量时,不应用导线从钳形电流表另接表计测量。

(2) 用钳形电流表测量低压熔断器和水平排列低压母线电流时,测量前应将各相熔断器和母线用绝缘材料加以包护隔离,以免引起相间短路,同时应注意不得触及其他带电部分。

(3) 用钳形电流表测量高压电缆各相电流时,电缆头线间距离应在 300mm 以上,且绝缘良好、方便测量时,方可进行。当电缆有一相接地时,不应测量高压电缆电流。

(4) 使用钳形电流表测量电流时,应注意钳形电流表的电压等级与所测回路的电压等级相适应。测量时,测量人员应戴绝缘手套,站在绝缘垫上,测量人员及钳形电流表不得触及其他设备,以防短路或接地。观测表计时,要注意头部与带电部分保持表 2.1-3 所示的安全距离。

表 2.1-3　工作人员工作中正常活动范围与带电设备的安全距离

电压等级/kV	安全距离/m	备　　注
10 及以下	0.35	
20、35	0.6	《国家标准安规》只规定到此电压等级
66、110	1.5	

(5) 钳形电流表应保存在干燥的室内,使用前要擦拭干净。

4. 使用绝缘电阻表(兆欧表)测量电气设备绝缘的安全措施

(1) 使用绝缘电阻表测量电气设备绝缘,应由两人进行,一人测量,一人监护。

(2) 测量用的导线(即绝缘电阻表引线),应使用相应绝缘水平的绝缘导线,其端部应有绝缘套。

(3) 测量电气设备绝缘时,必须将设备各方面的进出线电路断开,验明电气设备确无电压和证实设备上无人工作后,方可进行。测量中不应让他人接近被测设备。在测量绝缘的前、后,应将被测设备对地放电。

(4) 测量电力线路绝缘电阻，若被测电力线路停电后仍有感应电压，应将相关线路同时停电，取得许可，通知对侧后方可进行。雷电时，严禁测量电力线路绝缘。

(5) 在带电设备附近测量电气设备绝缘电阻时，测量人员和绝缘电阻表的位置必须选择适当，要与带电设备保持安全距离，避免绝缘电阻表引线或临时固定引线的支持物触碰带电部分。移动引线时必须注意监护，防止工作人员触电。

2.1.5 砍伐树木的安全措施

在电力线路通道或保护区内砍伐树木应遵守以下安全措施：

(1) 在砍伐树木之前，工作负责人应向全体工作人员交代安全措施。

1) 在砍伐线路通道或保护区内的树木时，工作负责人应向全体工作人员交代砍伐树木的安全措施。具体的安全措施详见后面的条款。

2) 砍剪靠近带电架空线路的树木时，工作负责人应向全体人员交代砍剪树木的安全措施和交代线路有电，要求人员、绳索、树木和砍剪倒落的树木应与导线保持安全距离。具体的安全距离详见表 2.1-4。

(2) 砍伐靠近带电架空线路的树木时，人员、绳索、树木倒落过程中应与导线保持表 2.1-4 的安全距离。

表 2.1-4　邻近或交叉其他电力线路工作的安全距离

电压等级/kV	安全距离/m	电压等级/kV	安全距离/m
10 及以下	1.0	220	4.0
20、35	2.5	330	5.0
63（66）、110	3.0	500	6.0

(3) 砍剪树木时，应有专人监护。监护人应阻止其他人员进入危险区范围内和监护砍剪人员遵守安全规定。在砍剪树木的下方和倒树（树枝）高度的 1.2 倍距离内的范围为危险区范围。在该区范围内不得有人逗留，在城区和人口密集区内的危险区的周边应装设围栏，以防倒落的树木伤人。

(4) 使用油（液压）锯、电锯及其他传动力的机械锯设备进行作业时，应由熟悉该设备机械性能和操作方法的人员操作。使用前应检查所能锯到的范围内有无金属物或其他硬物（如铁钉、铁丝），以防锯到金属物时金属物飞出伤人。

(5) 为了防止被砍剪的树木倒落在导线上或接近导线至危险距离以内，应设法用绳索将其拉向离开导线的方向。绳索应有足够的强度和长度，避免绳索被拉断而控制不了树木的倒落方向或因绳索长度不够长而使拉绳人被倒落的树木砸伤。砍剪山坡上的树木时应做好防止倒落树木向山下弹跳接近树木下方导线的措施。

(6) 砍剪树木时，应防止马蜂等昆虫或动物伤人。上树时不应攀抓脆弱和枯死的树枝，不应攀登已锯过或砍过的未断的树木。在树上应使用安全带。不准将安全带系在将要砍剪断口的附近和在断口的上方，以防安全带被砍断、砍伤和防止因安全带系在倒落的树木（树枝）上面，当树木倒落时把砍剪树木的人同时拖拉下去。

(7) 当树木接触或接近高压带电导线时，在将高压线路停电之前或用绝缘工具将树木远离带电导线之前，人体不得接触该树木。

（8）无论电力线路是否带电，砍剪靠近并高出导线的树木时，必须采取防止树木倒落向导线的具体措施。

（9）风力超过5级（大于10.7m/s）时，禁止砍剪靠近、高出导线的树木。下雨及潮湿天气，不得进行砍剪树木的工作。

2.1.6 开挖坑洞的安全措施

在架空电力线路上开挖坑洞时应遵守以下安全措施：

（1）开挖坑洞前应确认地下设施的确切位置，并采取保护地下设施的措施。

1）开挖坑洞前，应联系地下管道、电缆等地下设施的有关主管部门，向其了解坑洞处地下设施的敷设情况，并请明确地下设施的位置。在开挖前应在地面上标示地下设施的名称、位置和制定相应的保护地下设施的安全措施并进行交代，施工时加强监护。

2）组织外来人员进行坑洞开挖施工时，应在施工前将地下设施的名称、在地面上的位置标示、保护与处理地下设施的注意事项向外来施工人员交代清楚，并在施工时加强监护。

（2）在基坑内作业时，应防止物体回落坑内，并采取临边防护措施。

1）挖坑时，应将放置于坑外的挖坑工具、材料放置稳妥，及时清除坑口附件的浮土、石块，禁止外人在坑边逗留；要防止工具材料、土石回落坑内。

2）在超过1.5m深的基坑内继续作业，在向坑外抛掷、运送土石时应采取防止土石回落坑内的措施，并做好临边的防护工作。

3）作业人员不准在坑内休息。

（3）在土质松软处挖坑，应采取加挡板、撑木等防塌方的措施，不应在已挖出的基坑的下部掏挖土层。

1）在土质松软处挖坑时，应根据土质和开挖深度采取相应的必要的防止塌方措施，如加挡板、撑木等。

2）不准（不得）站在挡板、撑木上传送土石或在挡板、撑木上放置工具。

3）禁止在已挖出的软土质基坑的下部处掏挖土层。

（4）在可能存在有毒有害气体的场所挖坑时，应采取以下防毒措施。

1）在下水道、煤气管线、潮湿地、垃圾堆或有腐质物等附近挖坑时，应设监护人。

2）在上述地区的挖深超过2m的坑内工作时，应采取戴防毒面具，向坑内送风和持续检测有毒有害气体等防毒措施；监护人应密切关注挖坑人员的身体状况，防止发生煤气、沼气等中毒事故。

（5）在居民区及交通道路附近开挖基坑，应采取以下安全措施：

1）在居民区及交通道路上或在道路附近开挖基坑，在施工前应制定防止发生交通事故的安全措施。

2）在施工期内，在施工区域周边应用坚固的封闭围栏围封或装设普通围栏、加挂警示牌、在开挖的坑口上加坑盖、派专人看守和在夜间设置警示光源等，以防行人、车辆误入施工区或掉入坑内。

（6）用开挖方法检查有四个塔脚的铁塔的塔脚时，在不影响铁塔稳定的情况下，可以在对角线的两个塔脚上同时挖坑。这种开挖塔脚坑的目的一般是检查塔脚地下部分的锈蚀情况。

(7) 进行石坑、冻土坑的打(炮)眼或进行打桩时的安全措施。

1) 抡锤打眼或打桩前,应检查锤把、锤头、锤把与锤头的连接及钢钎(打炮眼用)的完好情况,有问题的工具不准使用。

2) 作业时全部作业人员应戴安全帽。扶钎(或桩)人应站在打锤人的侧面。打锤人不得戴手套。

3) 钢钎的钎头有开花现象时应及时修理或更换。

4) 若遇哑炮需重新打眼时,深眼要离原眼 0.6m,浅眼要离原眼 0.3~0.4m,并与原眼方向平行。

(8) 给木杆架空配电线路电杆和木杆 H 形变压器台架挖绑桩杆洞、打绑桩时的安全措施。

1) 给木杆架空配电线路电杆挖绑桩杆洞、打绑桩时的安全措施。

在未对相邻的两基需打绑桩的木电杆的与之相邻的前与后面的直线木杆增设横线方向稳定电杆的"人"字型抗风临时拉线之前,不得同时给相邻的两基木杆开挖绑桩杆洞和打绑桩。在给木杆承力杆开挖绑桩杆洞和打绑桩之前,应在该承力杆上采用防止倒杆的措施。

2) 在给木杆 H 形变压器台架开挖绑桩杆洞和打绑桩时,不准在构成 H 形变压器台架的两根木杆上同时进行开挖杆洞和打绑桩。在使用铁钎或插橇(给钎头装上长木把用于开挖杆洞的工具称为插橇)开挖 H 形变压器木杆的杆洞时,要注意保持铁钎或插橇至台架上的导线有足够的安全距离,这是因为变压器台架上的导线对地面的距离都比较小。

说明:木电杆的腐朽一般发生在杆根处靠近地面的地下部分。如果发现木杆的杆根腐朽了,就必须恢复木杆杆根处的强度。恢复杆根处的强度的常用方法是给杆根打绑桩。打绑桩的方法:一是在杆根的左侧或右侧,紧贴着木杆开挖一个圆洞。圆洞的直径稍大于绑桩圆木的直径,洞深大于 1.0m。二是将一根长约 2.0m 的圆木(绑桩)插入洞中,露出地面的圆木约 1.0m。三是在露出地面的圆木上,分别在靠近地面处和顶部处各加一道捆绑线,将原木杆与绑桩捆绑在一起。一般用 ϕ4mm 的镀锌铁线作捆绑线。每道捆绑线由 6 个匝线组成,首先用绑线同时将原木杆和绑桩围绕起来,然后用扳手插入捆绑线和拧绞捆绑线,收紧捆绑线,将原木杆和绑桩牢固地捆绑在一起。以上的做法就是打绑桩。

2.1.7 立杆和撤杆的安全措施

除特别的说明之外,在下列安全措施中所写的杆、电杆、水泥杆、杆塔统指钢筋混凝土拔梢杆或窄基铁塔,所写的施工统指施工或检修。

2.1.7.1 立、撤杆的一般安全要求

(1) 立、撤杆应设专人统一指挥。开工前应交代立、撤杆的施工方法、指挥信号和安全组织、技术措施,要明确作业人员的分工,要求作业人员密切配合、服从指挥。要求在居民区、交通道路附近立、撤杆时应编制相应的交通组织方案,并在作业区设置围栏、警告标示,必要时派人看守阻止行人接近施工作业区。

（2）立、撤杆时所使用起重设备（如抱杆、吊车、叉杆、钢丝绳、抱杆绞磨、地锚、滑车等）和临时拉线（临时的钢丝绳拉线、钢丝绳或棕绳的揽风绳）等，工作人员要熟悉其使用方法和许用强度。使用前应仔细检查，必要时应提前做强度试验。禁止过载使用起重设备。立、撤杆时要采取措施防止抱杆脚下沉。

（3）在立、撤杆过程中，基坑（杆洞）内禁止有人工作。在施工范围内，除立、撤杆指挥人和指定人员之外，其他工作人员应在距基坑为杆高1.2倍距离以外的地方。

（4）在电杆起立的过程中，应用预先安装在电杆上的揽风绳控制电杆，防止电杆发生向左或向右侧倾斜的情况。

（5）当在立杆现场已布置好电杆却又要移动电杆修整杆坑时，应采用拉绳、挡木块等措施来稳住电杆，防止电杆发生意外滚动的情况。

（6）在起立电杆的过程中，在电杆的下方、受力钢丝绳的折转处的内侧禁止有人。

（7）在立、撤杆工作现场的工作人员，要戴好安全帽。在杆上工作时要使用安全带。

（8）用顶叉杆法（简称"顶杆法"）立杆时，只能起立8m及以下的拔梢水泥杆。立杆前应在杆坑口开好"马道槽"。立杆时工作人员要分立在电杆两侧，不准用铁锹、桩柱等代替顶杆和叉杆。

2.1.7.2 用倒落式人字抱杆法起立电杆时的安全措施

倒落式人字抱杆法是根据运用人字抱杆起立电杆时，在主牵引钢绳的牵引下人字抱杆和电杆会同时绕其自身的支点转动而使电杆逐渐起立起来，但当电杆起立到60°~70°时人字抱杆就失效而自行从抱杆帽中脱落这个特点而命名。

在用倒落式人字抱杆法起立电杆时，除需遵守"立、撤杆的一般要求"外，还应采取以下安全措施：

（1）进行立杆现场布置时，应按主牵引钢绳、抱杆顶、尾绳、电杆结构中线在一条直线上的要求进行立杆现场布置。

其中的尾绳是指自戴在抱杆顶上的抱杆帽至电杆起吊点之间的起吊钢绳或者是多根起吊钢绳的合力线。

电杆的起吊点要选择在电杆任一长度点处产生的截面弯矩均小于相应长度点处的初裂弯矩的地方。

（2）在电杆起立之前就要给电杆安装好揽风绳（即临时拉线）和杆根制动钢绳（在起立10kV架空线路电杆时一般不安装杆根制动钢绳，而在杆洞内安放挡棒，用挡棒代替制动钢绳）。

揽风绳的上端固定在横担下方的电杆上，揽风绳的下端固定在可靠的地锚上，不得固定在可能移动的物体上。一般用作10kV电压线路电杆的揽风绳是棕绳，用作35kV及以上电压线路电杆的揽风绳是钢绳。揽风绳的安装和在起立电杆的过程中为防止电杆发生向左或向右倾斜而对揽风绳的控制要由有经验的人员担任。

（3）为保证电杆能够安全正确地起立，所选用的人字抱杆及其安装应满足以下要求：

1）人字抱杆的长度约为所起立电杆的1/2杆高或稍短一些也可以。

2）人字抱杆的临界承载力应大于起立电杆时施加在人字抱杆上的最大动态下压力。

3）人字抱杆的杆脚位置至杆洞的距离为杆高的 20%~25%。

4）两抱杆脚应相等地分立于起立方向线的两侧，安放抱杆脚的两处地面应一样高。如果土质松软，要采取防止抱杆脚下沉的措施，例如在抱杆脚上系上一根圆短木。

5）起立电杆初始，抱杆应向杆顶方向倾斜，抱杆对地的夹角约为 60°（50°~70°）。

（4）当杆顶离地 0.5~0.8m 时，应暂停起立，然后对所起立的电杆做一次冲击试验，以检查起立系统中各受力点是否安全可靠。试验无问题再继续起立，若有问题须处理妥当后再继续起立。

做冲击试验的常用方法是一个工作人员站在杆梢处闪动几次电杆。

（5）当电杆起立至 60°~70°时，抱杆将自行脱帽跌落地面，应在抱帽脱帽之前减缓牵引起立速度。当电杆起立至 80°时应完全停止牵引电杆，此后用按压主牵钢绳的方法使电杆立正以及加用左、右、后侧揽风绳调正电杆。

（6）在电杆杆洞填土夯实或安装完毕永久拉线之前，即在电杆没有真正稳固之前，严禁登杆作业和解除揽风绳与主牵引钢绳。当揽风绳的下端被解除之后即认为揽风绳已被解除。

2.1.7.3　用固定式抱杆撤除电杆的安全措施

（1）用固定式抱杆撤除无拉线电杆的安全措施。

1）在已确认无拉线电杆是稳定的条件下，工作人员才能登杆进行以下工作：在杆上拴起吊钢丝绳、在杆上拴临时拉线上把、撤除杆上的导线。

检查电杆是否稳定的方法：检查木杆杆根的腐朽情况和电杆埋深，检查水泥杆的埋深情况。若发现电杆不稳定，应用撑杆撑稳电杆后才能登杆工作。

2）在电杆上已安装好稳定电杆的临时拉线或撑杆，或者是固定抱杆的牵引钢丝绳已使拴在电杆上的起吊钢丝绳稍微受力后，才能掏挖杆洞的泥土和拆除附加在杆根上的障碍物（如卡盘）。

3）在满足以下条件之后，才能用固定抱杆的牵引钢丝绳将电杆从杆洞中拔出：杆上已无工作人员，杆上的导线已解除，安装在电杆上的临时拉线已撤除（解除拉线的下把就等于撤除拉线），已掏清杆洞中的泥土和已拆除杆根上的障碍物。

（2）用固定式抱杆撤除有拉线电杆的安全措施。

在 10kV 架空配电线路中有拉线的水泥杆，主要有以下几种杆型：直线转角杆、转角耐张杆、直线耐张杆、终端杆、T 接杆。

1）当解除杆上的导线后会发生倒杆情况时，应在杆上加设稳定电杆的临时拉线之后才能登杆解除杆上的导线。

2）撤除有拉线电杆的其他安全措施与撤除无拉线电杆的安全措施相同。

2.1.7.4　利用已有电杆立撤杆的安全措施

已有电杆是指经过长时间运行的老旧架空配电线路中的直线单水泥杆（简称"旧杆"）和利用旧杆而被刚刚起立的直线单水泥杆（简称"新杆"）。

在这里，旧杆的用途是用它起立新杆，新杆的用途是用它撤除旧杆。利用已有电杆立、撤杆的方法有两种：直吊法和扳转法。

在两种方法中都利用已有电杆作为固定独抱杆，都在固定独抱杆的顶部悬挂一个铁质单滑车，接着将一根牵引钢丝绳穿过单滑车，将钢丝绳的一端拴在要立、撤电杆的吊点上，将钢丝绳的另一端经过拴在独抱杆杆根处的转向滑车连接在牵引设备（如绞磨）的滚筒上，最后用牵引设备驱动牵引钢丝绳对要立撤的电杆进行直吊法或扳转法的立撤电杆作业。于是，当牵引钢丝绳使电杆做垂直方向的向上或向下移动而达到立、撤电杆目的时，这种立、撤杆的方法即是直吊法。当牵引钢丝绳使平放于地面的电杆的一端着地、另一端绕着地点向上移动直至电杆垂直于地面，或牵引钢丝绳使垂直的电杆的一端着地、另一端绕着地点向下倾斜转动直至电杆平置于地面而达到立、撤电杆的目的时，这种立、撤杆方法即是扳转法。在利用已有电杆立、撤直线水泥杆时，使用哪种方法应根据具体情况而定。下面介绍利用已有电杆立、撤直线水泥杆的安全措施。

（1）用旧杆起立新杆的安全措施。

用旧杆起立新杆时，除应遵守立、撤杆时的一般性的安全要求之外，还应采取以下的安全措施：

1) 须将旧杆的架空配电线路停电。

2) 将要起立的电杆顺线路方向线摆放，杆根朝旧杆杆洞。

3) 在攀登旧杆安装起吊系统为起立电杆做准备工作之前，应检查旧杆的强度、杆根的腐朽程度、电杆的埋深和拉线的情况，判断旧杆是否坚固和稳固。必要时需增设临时拉线或采取其他的补强措施。

4) 在立杆的过程中不得解脱旧杆上的导线。

5) 应在要起立的直线水泥杆上安装左、右、后侧揽风绳，以便控制新杆在起立过程中的状态。

6) 起吊新杆时要确保新杆各长度点处的截面弯矩均小于相应长度点处新杆的初开裂弯矩。

7) 在新杆杆洞已回填夯实稳固或需安装的拉线已安装完毕之后才能攀登新杆。

8) 在对旧杆采取可靠的撤杆措施之后，才能解脱旧杆上的导线和拆除安装在旧杆上的起吊系统以及将导线改装在新杆上。

（2）用新杆撤除旧杆的安全措施。

1) 在完成用旧杆起立新杆之后，应及时用新杆撤除旧杆。

2) 在新杆上另装起吊系统，将其撤杆用的牵引钢丝绳拴在旧杆的起吊点上和在旧杆上重新安装好必要的揽风绳稳固旧杆之后，才能撤除原先用于稳定旧杆的措施和掏挖旧杆的杆洞。

3) 在撤除原先的稳定旧杆的措施和掏挖旧杆杆洞、拆除杆根上的障碍物之后，才能用新杆的起吊系统撤除旧杆。

2.1.7.5 在带电设备附近立、撤杆的安全措施

（1）在带电设备附近立、撤杆时要设专人统一指挥，在立、撤杆之前要交代说明旁边的电气设备有电，要明确分工、相互协作、服从指挥。

（2）在立、撤杆过程中，要采取防止电杆倾斜接近带电导线的措施。

（3）要加强监护，要严格监护起重机械、抱杆、临时揽风绳、牵引钢丝绳、吊绳、电杆等至电气设备的距离，不得小于表 2.1-5 的规定值。

表 2.1-5　邻近或交叉其他电力线路工作的安全距离

电压等级/kV	安全距离/m	电压等级/kV	安全距离/m
10 及以下	1.0	220	4.0
20、35	2.5	330	5.0
63（66）、110	3.0	500	6.0

2.1.7.6　使用吊车立、撤杆的安全措施

（1）吊车（汽车吊）的额定吊重大于电杆重量，吊臂的高度满足起吊高度的要求。

（2）要选择适当的停放吊车的位置，用吊车立、撤杆时停放吊车的位置应满足以下要求：

1）地基牢固。

2）无妨碍作业或危及作业的设备或建筑物等。

3）能方便、安全地进行立、撤杆作业。

（3）在起吊电杆进行立、撤杆作业之前须将吊车的四个脚支架伸出车身，在支架下方垫上厚板，调高与调平四个支架使车轮离地，以防起吊电杆时发生吊车下沉、倾斜的不安全情况。

（4）在起吊电杆时要在电杆上选择合适的起吊点。所选择的起吊点应满足以下要求：

1）电杆应平衡提升或降落，不会发生突然倾倒的不安全情况。

2）在电杆任一长度点处产生的截面弯矩均小于相应长度点处的初裂弯矩（在立杆时）。

（5）起吊电杆时，吊车的吊绳要垂直于电杆的起吊点上，吊钩口要封好。

（6）撤杆前应将杆洞中的泥土彻底掏清和拆除附在杆根上的障碍物后再起吊电杆。如果不掏清杆洞中的泥土，应了解杆洞内的电杆上确无障碍物后再进行试吊，不得蛮吊。

2.1.8　在高处和杆塔上作业的安全措施

架空电力线路杆塔分为有电线路杆塔和无电线路杆塔。无电线路杆塔是指在建的或新建的但仍未投入运行的线路的杆塔以及已投入运行的但又停了电的线路的杆塔。本单元所称的在杆塔上作业是指在无电线路杆塔上作业。

1. 在杆塔上作业是高处作业中的一种作业

凡在高度基准面的上方 2m 及以上有可能发生坠落的地方进行的作业，都视为高处作业。例如在坝顶、陡坡、屋顶、悬崖、杆塔、架空电线、吊桥、树木、梯子上所进行的作业以及在其他危险物的边沿处所进行的作业，都视为高处作业。高度基准面就是上述作业处下方的地面。

2. 对高处作业人员的身体条件要求

（1）高处作业人员应每年进行一次体检。

（2）患有精神病、癫痫病，以及经县级或二级甲等及以上医疗机构鉴定，患有高血

压、心脏病等不宜从事高处作业的人员，不应参加高处作业。

（3）凡发现工作人员有饮酒、精神不振的情况时，应禁止登高作业。

3. 登杆塔时的安全措施

（1）登杆塔作业前，应核对线路名称和工作地点的杆塔号是否正确。

（2）攀登杆塔前应检查杆根、基础和拉线是否牢固，遇有冲刷、起土、上拔或导（地）线、拉线松动的杆塔，应先培土加固，打好临时拉线或支好架杆后，再行攀登。

（3）新立杆塔在杆基未完全牢固或未做好临时拉线，不应攀登。

（4）登杆塔前，应检查登杆工具、设施，如脚扣、升降板、安全带、梯子等是否完整牢靠。不应利用绳索、拉线上下杆塔或顺杆下滑。

（5）攀登有覆冰、积雪的杆塔时，应采取防滑措施。

（6）攀登杆塔及塔上移位过程中，应检查脚钉、爬梯、防坠装置、塔材是否牢固。

4. 在高处和杆塔上作业时防止作业人员高空坠落的安全措施

在这里将在高处作业和在杆塔上作业统称为在高处作业。防止在高处作业的工作人员发生高空坠落事故的安全措施有两类：一是在高处设置保护装置防止工作人员坠落的安全措施；二是由工作人员采取的防坠落的自我保护安全措施。防止工作人员发生高空坠落的安全措施如下。

（1）在高处和在杆塔上装设防坠落的保护装置，否则应使用安全带。

1）在坝顶、陡坡、屋顶、悬崖、杆塔、吊桥及其他危险的边沿处进行作业，应在临空的一面装设安全网或保护栏；否则作业人员应使用安全带。

2）使用安全带在高处作业的人员在作业过程中应随时检查安全带是否拴牢。高空作业人员在转移作业位置时不准失去安全带保护。拴安全带时要防止安全带从杆顶脱出或被锋利物损坏。

3）在钢管杆塔、30m及以上的杆塔和220kV及以上线路的杆塔上宜设置工作人员上、下杆塔和在杆塔上做水平移动时的防止工作人员坠落的安全保护装置。上述新建线路的杆塔必须装设上述防止工作人员坠落的安全保护装置。

（2）在高处和杆塔上作业时对安全带的要求。

1）在杆塔上作业时应使用有后备绳或速差自锁器的双背带式安全带。当后备绳超过3m时应使用缓冲器。

2）后备绳（即后备保护绳）不准对接使用。

3）在电焊作业或其他有火花、熔融源等场所使用的安全带或安全绳应有隔垫防磨套。

（3）要正确系挂安全带。

1）安全带应挂在牢固的构件上或专为挂安全带而设置的钢架或钢丝绳上，禁止将安全带系挂在移动或不牢固的物件上。系挂安全带后应检查安全带的扣环是否扣牢。

2）安全带不准低挂高用，应高挂低用。

3）要防止安全带从杆顶脱出或被锋利物损坏。安全带和保护绳应分别挂在杆塔上不同部位的牢固的构件上。工作人员上横担之前应将安全带系在主杆或牢固的构件上。

（4）在高处或杆塔上作业必须戴安全帽。

5. 在高处放置工具、器材

在高处作业时应使用工具袋放置工具和器材。较大的工具应用绳索拴在牢固的构件上。施工中使用或剩余的工件、边角余料应放置在牢靠的地方或用钢丝扣牢并有防止坠落的措施，不准随便乱放，以防高空坠落发生事故。

6. 当在高处或在杆塔上有人作业时应在高处作业点下方采取的安全措施

（1）在作业点下方的现场作业人员应戴安全帽。除有关人员之外，其他人员不准在高处作业点的下方通行和停留。

（2）杆上作业人员应防止掉东西。在杆塔上无法避免上、下垂直交叉作业时，应采取防落物伤人的措施，作业时要相互照应、密切配合。

（3）在行人道口或人口密集地区从事高处作业，在高处作业地点的下面应在坠落半径边界处设置围栏，防止他人进入危险区或者装设其他保护措施，例如装设栅格式平台和在平台上铺设木板，以防落物伤人。

（4）在高处或杆塔上作业点下方的地面上有孔洞、沟槽时，应在孔洞、沟槽的上面加设盖板或在孔洞、沟槽的四周装设围栏和设置安全警告标志，夜间还应设红灯警示。

7. 在高处作业平台上作业的安全措施

（1）在高空作业车、带电作业车、高处作业平台等平台（或吊斗）上进行高空作业时，要保证作业平台处于稳定状态。

（2）高空作业车、带电作业车、装有高处作业平台的车辆，在车辆行驶、移动时平台（或吊斗）上不准载人。

8. 在架空电力线路上采用梯子载人作业的安全措施

用于架空电力线路上作业的梯子分为绝缘梯子和非绝缘梯子。在带电线路上采用的梯子是绝缘梯子。在停电线路和新建未投运的线路等无电线路上采用的梯子是非绝缘梯子，但很多时候也将绝缘梯子借用于无电线路作业上。

在每类的梯子中又分为硬质梯子和软质梯子（软梯）。在硬质梯子中又分为硬质直梯、挂梯、人字梯、平梯等。在顶部装设有挂钩的硬质直梯是挂梯。

（1）硬质梯子和软质梯子应坚固，有缺陷的梯子不得使用。硬质梯子的支柱须能承受作业人员与所使用的工具、携带材料的总质量。硬质梯子的每个梯阶的脚踩横担应嵌在支柱上，梯阶的距离应不大于40cm，并在距直梯顶的1m处设限高标志（即不准踩在1m内的横担上）。严禁使用有变形、腐朽等缺陷的硬质梯子。不宜将硬质梯子绑接使用。

构成软质梯子的绳索（绝缘的和非绝缘的）应有足够强度，每个脚踩横担的连接须牢靠。

（2）采用硬质直梯作业时，梯脚应有防滑装置；直梯须搁置稳固，与地面的夹角为60°左右，要有人扶梯或将直梯与固梯物绑牢。人字梯应有限制开度的措施。

（3）严禁两人及以上在同一梯子上工作。人在硬质直梯、人字梯子上工作时禁止移动梯子。

（4）在杆塔上使用水平梯子时，应使用由高强度比重小的材料特制的梯子。工作前应将梯子的两端固定在杆塔上可靠的构件上，只允许一人在梯子上工作。

（5）用软梯、挂梯或挂梯的梯头钩挂在导线上，在导线上进行移动作业时，只准一人在软梯等上工作。作业人员攀登到达梯头时或使梯头滑动前,应将梯头的封口封闭,否则应使用保护绳拉住梯头,以防梯头脱离导线。

9. 在高处或在杆塔上作业时对天气的要求

(1) 作业时气温不宜过低或过高。在低温或高温环境下进行高处作业,应采取保暖或降温措施,且作业时间不宜过长。

(2) 在线路上作业应在良好天气下进行,遇有恶劣天气时应停止作业。在6级以上(13.8m/s)大风、暴雨、雷电、冰雹、大雾、沙尘暴等恶劣天气下应停止露天高空作业。在特殊情况下确需在恶劣天气下进行抢修时,应组织人员充分讨论必要的安全措施,经本单位分管生产的领导(总工程师)批准后方可进行。

2.1.9 在架空导线上作业的安全措施

1. 作业人员只能在符合下列规定的导线、地线上作业

(1) 当连续档的架空导线、地线的截面大于等于下列截面积时,才可将挂梯(或飞车)挂在导线、地线上进行作业。

1) 钢芯铝绞线 120mm^2。
2) 铝合金 120mm^2。
3) 铜绞线 70mm^2。
4) 钢绞线 50mm^2。

(2) 属于下列情况之一的导线、地线,经验算合格并经本单位分管生产的领导(总工程师)批准后,才可将挂梯(或飞车)挂在导线、地线上进行作业。

1) 在孤立档导线、地线上的作业。
2) 在有断股的导线、地线和锈蚀的地线上的作业。
3) 在截面积比钢芯铝绞线或铝合金线 120mm^2、钢绞线 50mm^2 小的其他截面的导线、地线上的作业。
4) 两人以上在同档同一根导线、地线上的作业。

2. 在无电的导线、地线上进行作业的安全措施

(1) 工作人员用挂梯、沿绝缘子串、飞车、滑轮或其他方法进入导线、地线上进行作业之前,应检查作业本档两端杆塔处导线、地线的紧固情况。

(2) 工作人员进入停电的或无电的导线上面之后,导线及在导线上的人身与被跨越的电力线的安全距离应比表 2.1-6 中的数值大 1m。

表 2.1-6 跨越档上方不带电导线及人身对下方带电体的安全距离

电压等级/kV	10	35	63 (66)	110	220	330	500
距离/m	0.4	0.6	0.7	1.0	1.8 (1.6)[①]	2.2	3.4 (3.2)[②]

注:本表摘自《国家电网公司安规》的表 10-1 和《南方电网公司安规》的表 2,但只摘录其中部分电压等级的数据。

① 220kV 带电作业安全距离因受设备限制达不到 1.8m 时,经单位分管生产负责人或总工程师批准,并采取必要的措施后,可采用括号内 1.6m 的数值。

② 海拔 500m 以下,取 3.2m,但不适用 500kV 紧凑型线路;海拔在 500~1000m 时,取 3.4m。

(3) 禁止在瓷横担线路的导线上挂梯作业。在转动横担线路的导线上挂梯作业前应

将转动横担固定。

（4）在导线、地线上作业时应采取防止线上作业人员坠落的后备保护措施。在相分裂导线上工作，安全带可挂在一根子导线上，后备保护绳应挂在整组相导线上。

3. 在架空配电线路绝缘导线上作业的安全措施

（1）架空绝缘导线不应视为绝缘设备，不应直接接触或接近，工作人员与绝缘导线之间的安全距离应符合表 2.1-7 的要求。架空绝缘导线线路停电作业的安全要求与裸导线线路停电作业的安全要求相同。

表 2.1-7　工作人员工作中正常活动范围与带电设备的安全距离

电压等级/kV	10 及以下	35	110	220	500
安全距离/m	0.35	0.60	1.50	3.00	5.00

注：本表数据摘自《云南电网公司配电网电气安全工作规程》（2011 年版）的表 6-1。

（2）应在架空绝缘导线的适当位置上设立验电接地挂环或其他验电装置，以满足检修时对导线的验电与接地的需要。

（3）在绝缘导线线路的停电作业中，如果将在被断开或接入的绝缘导线线路上工作而该线路又接近或平行接近其他带电线路时，那么在断开或接入该绝缘导线线路之前，应对将被断开或接入的绝缘导线线路采取防感应电的措施。

（4）在同杆架设多回线路的杆塔上，当停电线路在上方，带电的绝缘导线线路在下方时，工作人员不应穿越未停电接地或未采取隔离措施的带电绝缘导线线路到上方的停电线路上工作。

2.1.10　放线、紧线与撤线作业的安全措施

展放导线、地线（简称"放线"）的方法一般有三种：拖地放线（非张力放线）、张力放线、不停电的跨越放线。在拖地放线中分为人力放线、畜力放线、固定机械牵引绳（一般为细钢丝绳）放线。在架空配电线路施工、检修时主要采用人力放线。下面介绍人力放线的安全措施。

1. 在放线、紧线与撤线之前应做好准备工作

（1）要事先确定放线、紧线与撤线的方法与方案。

（2）要事先确定作业指挥人，提前进行以下工作：

1）准备与检查施工或检修所需的导（地）线、所需机械设备与工具、通信设备等。

2）清除线路走廊内的障碍物。

3）明确作业分工。

4）明确指挥与联络信号。

5）交代施工或作业方法和安全措施。

6）如果在施工或检修线路的下方有被跨越物（如电力线路、铁路、公路、通信线路等），由有关部门或作业指挥人事先与被跨越物的主管部门联系，征得他们对作业时所采取的跨越措施的同意。常采用的跨越措施是将被跨越电力线路停电并搭建跨越架，在被跨越物旁边搭建跨越架，对通航河流实行临时封航，对公路实行临时限行的交通指挥。

7）安排重要跨越架的搭建工作。

（3）将放线、紧线、撤线时所需要的基本条件全部准备完毕。

1）新建或技改工程线路放线时需要的基本条件：放线耐张段的杆塔已完成组立工作，放线时所需要的电线（线盘、线卷）已按放线方案送达现场，线盘已安放在放线架上，被跨越的电力线路已停电，需要搭建的跨越架已搭建完毕，无须搭建跨越架但需派人看守的跨越点已派人负责，负责连接电线的人员已到位，可能磨损电线和挂卡电线的地点已派人守护，需要悬挂的放线滑车已悬挂完毕，负责通信联络的人员已做了安排等。

2）新建或技改工程线路紧线时需要的基本条件：紧线耐张段内的放线工作和电线接续工作与电线上的缺陷处理工作已结束；耐张段两端的固定杆和操作杆在紧线时受力侧反向的耐张横担头处已打好临时拉线；已将被紧线的电线挂在固定杆的挂线点上；操作杆处的牵引系统已安装完毕，系统的机械强度符合要求、性能良好；观测弧垂人员已在观测档处安装好弧度板；牵引系统的牵引钢丝绳已与被紧线的电线可靠连接；紧线时各岗位的工作人员均在岗位上等。

3）撤线时需要的基本条件：撤线前已检查撤线电力线路，杆塔的杆根、电杆埋深、拉线、基础都进行了相应处理，确认电杆上已不存在或经处理（如加装临时拉线或撑杆）后已不存在引起倒杆威胁登杆安全的缺陷；对撤线后可能引起倒杆危及杆上作业人员安全的电杆（如耐张杆、转角杆）已加设稳定电杆的临时拉线；被跨越的需要停电的电力线路已停电；需在被跨越物处（如铁路、公路）搭建跨越架的已搭建跨越架；不需在被跨越物处搭建跨越架但需派人看守处理的已派专人去看守处理；在线路上需安装撤线滑车的杆塔已装上撤线滑车；在操作杆处用于撤线的牵引系统已安装完毕，牵引系统的牵引钢丝绳与需撤除的电线已连接牢固；撤线时需要的通信联络手段已具备等。

2. 放线、紧线、撤线作业时的安全措施

（1）放线时的安全措施。

1）放线时应设专人统一指挥，统一信号，保持通信联络畅通。

2）放线前应检查沿线影响放线的障碍物。如果有障碍物应予以清除，如果不能清除应采取保护电线措施，防止放线时损伤电线或挂卡电线。放线前应检查安放线盘的放线架是否安装稳固，电线是否从线盘上方出线，线盘是否转动灵活，是否能可靠地制动。

3）放线时要注意观察电线接续管（接头）通过放线滑车、横担、树枝、房屋时的情况，是否存在被卡压情况。如发现电线被卡压，应停止拖线和使电线失去张力，然后处理被卡压的电线。处理时，操作人员站在卡线处电线转角的外侧，禁止用手直接拉、推被卡压的电线，只能采用工具、大绳等撬、拉被卡压的电线。

4）禁止用机动车牵引被展放的电线。

5）放线时，工作人员不应站在或跨在以下位置处，以防意外跑线抽伤工作人员。

a. 已受力的牵引绳、电线的内角侧或正上方。内角是指受力的牵引绳等在通过转向滑车处或被障碍物卡住处使牵引绳产生转向后所形成的夹角。

b. 牵引绳或架空电线的垂直下方。

c. 电线及牵引绳的圈内。圈是指线圈状的电线被牵引展放时还未展放出去的线圈。

6）放线时应采取措施防止电线摆（跳）动或由于其他原因使放线的电线与其邻近或被交叉的电力线路的带电导线之间的距离小于表2.1-5的规定值。

7）同杆架设的多回线路或交叉档内，下层线路带电时，上层线路不应进行放线作业；上层线路带电，在下层线路放线时，上、下层线路导线间的距离应不小于表2.1-5的规定值。

8) 放线时，当电线受力离地升空后，不论是为了何种目的（如为了处理某点的电线卡压问题而又不想将受力升空的电线松落到地面时），都不应直接用人力压线（如用多人的脚将电线踩压在地面上产生摩擦力）来阻止电线落地，以防电线弹伤压线人员或将压线人员弹带至空中。

(2) 紧线作业时的安全措施。

1) 紧线时要设专人统一指挥，统一信号，保持通信联络畅通。

2) 紧线前要检查电线是否被障碍物卡挂住，电线上是否有树枝等异物，如果有，则应处理或予以清除。紧线前要检查承力杆塔、拉线、桩锚、基础和紧线用的牵引设备的安装是否牢固可靠，必要时要进行加固和在承力电杆上加设临时拉线。紧线前应检查紧线工具、设备、紧线系统的安装，牵引系统的牵引钢丝绳与被紧电线的连接是否良好。

3) 紧线时要关注接续管（接头）以及电线通过放线滑车、横担、树枝、房屋等处时的情况，是否有卡压情况。如出现卡压时，应先停止紧线和将受力的电线松弛，然后处理被卡压的接头或电线，处理完毕后再继续紧线。在处理电线被卡压问题时，操作人员应站在卡线处电线转角的外侧，禁止用手直接拉、推被卡压的电线，只能采用工具、大绳等撬、拉被卡压的电线。

4) 禁止用机动车进行牵引电线的紧线作业。

5) 紧线作业时，工作人员不应站在或跨在以下位置处，以防意外跑线抽伤工作人员。

a. 已受力的牵引钢丝绳、电线的内角侧及正上方。

b. 牵引钢丝绳或架空电线的垂直下方。

c. 电线或牵引钢丝绳的圈内。

6) 紧线作业时，应防止电线发生摆（跳）动或由于其他原因使被紧电线与其邻近或被交叉的电力线路的带电导线之间的距离小于表2.1-5的规定值。

7) 同杆架设的多回路线路或交叉档内，下层线路带电时，上层线路不应进行紧线作业；上层线路带电，在下层线路紧线时，上、下层线路导线间的距离应不小于表2.1-5的规定值。

8) 紧线时，当电线受力离地升空后，不论是为了何种目的（如为了处理某点的电线卡压问题而又不想将受力升空的电线松落到地面时），都不应直接用人力压线（如用多人的脚将电线踩压在地面上产生摩擦力）来阻止电线落地，以防电线弹伤压线人员或将压线人员弹带至空中。

(3) 撤线时的安全措施。

1) 撤线时要设专人统一指挥，统一信号，保持通信联络畅通。

2) 撤线前应检查杆根、拉线、基础、桩锚是否牢靠和撤线后电杆是否仍保持稳定，以防止登杆时和撤线后发生倒杆情况。必要时要对电杆采取加固措施或加设临时拉线。撤线前应检查撤线工具、设备，撤线时采用的牵引系统是否处于良好状态。

3) 撤线前应落实被跨越的电力线路已停电，需要搭建的跨越架已搭建，不需搭建跨越架但需派人看守的被跨越处已安排专人负责。

4) 禁止采用剪断有张力的架空电线的突然松线方法。

5) 禁止采用机动车进行牵引电线的撤线工作。

6) 撤线作业在使架空线受力松线时，工作人员不应站在或跨在以下位置处，以防意外跑线抽伤工作人员。

a. 已受力的牵引钢丝绳、电线的内角侧及正上方。

b. 牵引钢丝绳或架空电线的垂直下方。

c. 电线或牵引钢丝绳的线圈内。

7) 撤线作业时应采取措施防止电线摆（跳）动或由于其他原因使被撤电线与其邻近或被交叉的电力线路的带电导线之间的距离小于表 2.1-5 的规定值。

8) 同杆架设的多回路线路或交叉档内，下层线路带电时，上层线路不应进行撤线作业；上层线路带电，在下层线路撤线时，上、下层线路导线之间的距离应不小于表 2.1-5 的规定值。

3. 搭建跨越架的安全措施

(1) 搭建跨越架时应设专人监护。

(2) 在搭建放线、紧线、撤线使用跨越架时，应采用坚固无伤相对较直的木杆、竹竿、金属管，它们应具有承受跨越电线质量的强度，否则应采用双杆合并或单杆加密（即缩单杆立柱之间的距离）的方法。

(3) 跨越架的中心应在放线或撤线线路的中心线上，跨越架的宽度应超出放、撤线线路两边线各 2.0m。架顶的两侧应装设外伸羊角。在被跨越的电力线路带电的情况下搭建跨越架时，搭建完成的跨越架的架面（包括跨越架中的拉线）与被跨越的电力线路的导线之间的距离应不小于表 2.1-5 的规定值。如果跨越架架面至被跨越电力线路导线之间的距离小于表 2.1-5 的规定值，应将被跨电力线路停电后才能搭建跨越架。

(4) 跨越架应经验收合格，每次使用前应检查合格后方可使用。强风、暴雨过后应对跨越架进行检查，确认合格后方可使用。

(5) 在各类交通道口的跨越架的拉线上和跨越架在路面上部封顶部分上应悬挂醒目的警告标志牌。

2.1.11　爆破作业的安全措施

1. 要遵守国家关于爆破作业安全管理的规定

(1) 线路施工需要进行爆破作业时应遵守《民用爆炸物品安全管理条例》等国家有关规定。

(2) 爆破人员应经过专门培训。

(3) 爆破作业应有专人指挥。

2. 打炮眼时的安全措施

进行石坑、冻土坑打眼（打眼即打炮眼）或打桩时，应检查锤把、锤头及钢钎。作业人员应戴安全帽，扶钎人应站在打锤人的侧面。打锤人不准戴手套。钎头有开花现象时应及时修理或更换钢钎。

3. 运输、携带和存放炸药、雷管的安全措施

(1) 炸药和雷管应分别运输、携带和存放，严禁和易燃物放在一起，并有专人保管。

在运输车辆不足的情况下，允许同车携带少量的炸药（不超过10kg）和雷管（不超过20个）。携带雷管人应坐在驾驶室内，车上炸药应有专人管理。

（2）运输中雷管应有防震措施，炸药不得受到强烈挤压。

（3）携带电雷管时必须将引线短路。电雷管和电池不得由同一人携带。雷雨天不得携带电雷管。

4. 在爆破作业现场进行爆破作业时的安全措施

（1）在雷雨天应停止电雷管的爆破作业。在强电场附近不得使用电雷管。

（2）往炮眼内装填炸药时，不得使炸药受到强烈挤压，严禁使用金属物往炮眼内推送炸药，应使用木棒轻轻捣实。

（3）电雷管的接线和点火起爆必须由同一人进行。火雷管的导火索长度应能保证点火人离开危险区范围。点火者点燃导火索后应立即离开危险区。

（4）爆破基坑时应根据土壤性质、药量、爆破方法等规定危险区，一般的钻孔闷炮危险区半径为50m；土坑开花炮危险区半径为100m；石坑危险区半径为200m；裸露药包爆破的危险区半径应不小于300m。如用深孔爆破加大药力时，应按具体情况扩大危险区范围。

（5）爆破现场的工作人员都应戴安全帽。准备起爆时，除点火人以外，其余人员都必须离开危险区进行隐蔽。

起爆前要再次检查危险区内是否有人停留，并设人警戒。放炮过程中严禁任何人进入危险区。

（6）如需在坑内点火起爆时，应事先考虑好点火人能迅速安全地离开坑内的措施。

（7）火雷管和导火索连接时，应使用专用钳子夹住雷管口。严禁碰雷汞部分，严禁用牙咬雷管。

（8）如遇哑炮时，应等20min后再去处理。不得从炮眼中抽取雷管和炸药。重新打眼时，深眼要离原眼0.6m；浅眼要离原眼0.3~0.4m，并与原眼平行。

（9）爆破时应考虑对周围建筑物、电力线、通信线等设施的影响，如有砸碰可能时，应采取特殊措施。

2.1.12 起重与运输的安全措施

1. 起重作业的一般要求

（1）汽车吊、桁车吊等特殊起重设备须经检测机构监督检验合格，并在特种设备安全监督管理部门登记。

（2）起重设备应有铭牌，标明工作荷重，应定期检查检验合格。常用起重设备的定期检查试验周期、质量标准请见安全工作规程附录《登高、起重工具试验标准表》。

（3）钢丝绳应定期浸油，遇有下列情况之一者应予报废：

1）钢丝绳在一个节距内的断丝根数达到表2.1-8的规定值。

表2.1-8　钢丝绳断丝根数

最初的安全系数	钢丝绳结构							
	6×19=114（+1）		6×37=222（+1）		6×61=366（+1）		18×19=342（+1）	
	逆捻	顺捻	逆捻	顺捻	逆捻	顺捻	逆捻	顺捻
小于6	12	6	22	11	36	18	36	18

续表

最初的安全系数	钢丝绳结构							
	6×19=114（+1）		6×37=222（+1）		6×61=366（+1）		18×19=342（+1）	
	逆捻	顺捻	逆捻	顺捻	逆捻	顺捻	逆捻	顺捻
6~7	14	7	26	13	38	19	38	19
大于7	16	8	30	15	40	20	40	20

2）钢丝绳断股者（常用的钢丝绳由6股钢丝束和一股麻芯组成）。

3）钢丝绳的钢丝磨损或腐蚀达到原来钢丝直径的40%及以上，或钢丝绳受过严重退火或局部电弧烧伤者。

4）钢丝绳压扁变形及表面起毛刺严重者。

5）钢丝绳断丝数量不多，但断丝增加很快者。

(4) 起重时起重钢丝绳的安全系数应不小于下列规定：

1）用于固定起重设备时为3.5。

2）用于人力起重时为4.5。

3）用于机动起重时为5~6。

4）用于绑扎起重物时为10。

5）用于供人升降用时为14。

(5) 起重工作应由有相应经验的人员负责，并应明确分工，统一指挥、统一信号，做好安全措施。工作前，工作负责人应对起重工具进行全面检查。

(6) 遇有雷雨天、大雾、照明不足，指挥人员看不清工作地点或起重操作人员未获得有效指挥时，应不进行起重工作。遇有6级以上大风（13.8m/s以上）时，禁止露天进行起重工作。当风力达到5级以上（10.7m/s以上）时，不宜起吊受风面积较大的物体。

(7) 在厂站带电区域或邻近带电体的起重作业，应遵守以下规定：

1）针对现场实际情况选择合适的起重机械。

2）工作负责人应专门对起重机械操作人员进行电力相关安全培训和交代作业安全注意事项。

3）作业全程，设备运维单位应安排专人在现场监督。

4）起重机械应安装接地装置，接地线应用多股软铜线，截面应不小于16mm^2，并满足接地短路容量的要求。

(8) 各式起重机应根据相关规范装设过卷扬限制器、过负荷限制器、起重臂俯仰限制器、行程限制器、连锁开关等安全装置。

(9) 起重机吊臂的最大仰角以及起重设备、吊绳具和其他起重工具的工作负荷，不准超过制造厂铭牌规定。

(10) 凡属下列情况之一，应制定专门的起重作业安全技术措施并经设备运维单位审批，作业时应有专门技术负责人在场指导。

1）质量达到起重设备额定负荷的90%及以上。

2）两台及以上起重设备抬吊同一物件。

3）起吊重要设备，精密物件，不易吊装的大件或在复杂场所进行大件吊装。

4）爆炸品、危险品必须起吊时。

（11）起吊物应绑牢，吊钩悬挂点应与吊物重心在同一垂线上，吊钩钢丝绳应垂直，严禁偏拉斜吊；落钩时应防止吊物局部着地引起吊绳偏斜；吊物未固定好严禁松钩。起吊物若有棱角或特别光滑的部分时，在棱角和滑面与绳子接触处应加以包垫。

（12）使用开门滑车时，应将开门钩环扣紧，防止绳索自动跑出。

（13）起重机作业时，遵守下列规定：

1）起重臂及吊件下方必须划定安全区。

2）受力钢丝绳周围，吊件和起重臂下方不应有人逗留和通过。

3）吊件吊起10cm时应暂停，检查悬吊、捆绑情况和制动装置，确认完好后，方可继续起吊。

4）吊件不应从人或驾驶室上空越过。

5）起吊臂及吊件上不应有人或浮置物。

6）吊挂钢丝绳间的夹角应不大于120°。

7）吊件不应长时间悬空停留；短时间停留时，操作人员、指挥人员不应离开现场。

8）起重机运转时，应不进行检修。

9）工作结束后，起重机的各部应恢复原状。

（14）起吊成堆物件时，应有防止滚动和翻倒的措施。钢筋混凝土电杆应分层起吊，每次起吊前，剩余电杆应用木楔掩牢。

（15）任何人不得在起重机的轨道上站立或行走。特殊情况需在轨道上进行作业时，应与起重机操作人员取得联系，起重机应停止运行。

（16）禁止作业人员利用吊钩上升或下降。

（17）禁止用起重机起吊埋在地下的物件。

（18）禁止与工作无关人员在起重工作区域内行走或停留。

（19）没有得到起重机驾驶员的同意，任何人不得登上起重机。

（20）起重机上应备有灭火装置，驾驶室内应铺橡胶绝缘垫，禁止存放易燃物品。

（21）更换绝缘子和移动导线的作业，当采用单吊线装置时，应采取防止导线脱落时的后备保护措施。

（22）使用机械牵引电杆上山时，应将电杆绑牢，钢丝绳不准触磨岩石和坚硬地面，牵引线路两侧5m以内不准有人逗留或通过。

（23）对在用起重机械，应当在每次使用前进行一次常规检查并做好记录。起重机械每年至少做一次全面技术检查。

2. 移动式起重机作业的安全措施

（1）使用移动式起重机在道路上施工时，应设围栏并设适当的警示标志牌。

（2）移动式起重机停放时，其车轮、支腿或履带的前端或外侧与沟、坑边缘的距离不得小于沟、坑深度的1.2倍；否则应采取防倾、防坍塌措施。行驶时应将臂杆放在支架上，吊钩挂在挂钩上并将钢丝绳收紧，禁止车上操作室（即操作臂杆的操作室）坐人。

（3）移动式起重机作业前，应将支腿支在坚实的地面上，必要时使用枕木或钢板增加接触面积。机身倾斜度应不超过制造厂的规定，不应在暗沟、地下管线等上面作业。作业完毕后应先将臂杆放在支架上，然后方可起腿。

（4）汽车式起重机除设计具有吊物行走性能者外，均不应吊物行走。

（5）起重臂不应跨越带电设备或线路进行作业。在邻近带电体处吊装作业时，起重机臂架、吊具、辅具、钢丝绳及吊物等与带电体的距离不得小于表 2.1-9 的规定值。

（6）移动式起重机长期或频繁地靠近架空线路或其他带电体作业时，应采取隔离防护措施。

表 2.1-9 起重机械及吊件与带电体的安全距离

电压等级/kV	10 及以下	35~66	110	220	500
最小安全距离/m	3.00	4.00	5.00	6.00	8.50

注：1. 数据按海拔 1000m 校正。
2. 表中未列电压等级的安全距离按高一挡电压等级的安全距离执行。

3. 机动车运输的安全措施

（1）装运超长、超高或重大物件时遵守以下规定：

1）物件重心与车厢承重中心应基本一致。

2）易滚动的物件顺其滚动方向必须用木楔卡牢并捆绑牢固。

3）采用超长架装载超长物件时，其尾部（即超长物件的尾部）应设置警告标志；超长架与车厢固定，物件与超长架及车厢必须捆绑牢固。

4）押运人员应加强途中检查，防止捆绑松动；通过山区或弯道时应防止超长部位与山坡或行道树等碰剐。

（2）牵引机、张力机转运时（即运输牵引机、张力机时），运输道路、桥梁或涵洞的承载能力应满足牵引机、张力机及运输车辆的总荷重及其高度要求。

（3）运载大型物件之前应对经过的道路、桥涵、隧道情况进行勘察，落实其宽度、高度、转弯半径、承载能力，必要时应进行加固和征得道路等主管单位的同意。

（4）禁止客货混装。

4. 非机动车运输的安全措施

（1）装车前，应对车辆进行检查，车轮和刹车装置必须完好。

（2）下坡时应控制车速，不得任其滑行。

（3）货运索道严禁载人。

5. 人工运输和装卸的安全措施

（1）在山地陡坡或凹凸不平之处进行人工运输，应预先制订运输方案，采取必要的安全措施。夜间搬运应有足够的照明。

（2）人工运输的道路应事先清除障碍物，在山区抬运笨重物件或钢筋混凝土地杆时，其道路宽度不宜小于 1.2m，坡度不大于 1∶4。

（3）重大物件不得直接用肩扛运，搬运时应步调一致，同起同落并应有人指挥。

（4）人工运输的工器具应牢固可靠，每次使用前应进行检查。

（5）雨雪后抬运物件时应有防滑措施。

（6）用跳板或圆木装卸滚动物件时，应用绳索控制物件。物件滚落前方严禁有人。

（7）用管子滚动搬运应遵守以下规定：

1）应有专人负责指挥。

2) 管子承受重物后，管子两端各露出重物约 30cm，以便调节重物转向。手动调节管子时注意防止手指被压伤。

3) 上坡时应用木楔垫牢管子，以防管子滚下；上、下坡时均应对重物采取防止下滑的措施。

2.1.13 在配电设备上作业的安全措施

1. 关于进行配电设备停电作业时使用工作票的规定

配电设备〔包括高压配电室、箱式变电站、配电变压器台架、低压配电室（箱）、环网柜、电缆分支箱〕停电检修时，应使用第一种工作票；在同一天内对几处高压配电室、箱式变电站、配电变压器台架进行同一类型的停电检修工作时，可使用同一张第一种工作票。向配电设备送电的高压线路不停电，配电设备停电，在配电设备上进行停电检修作业时，工作负责人应向全体人员说明给配电设备送电的高压线仍有电，并加强对在配电设备上工作的人员的监护。

2. 进行配电设备停电时电气操作的安全规定

（1）进行高压配电室等停电时电气操作的安全规定。

在高压配电室、箱式变电站、配电变压器台架上的停电工作，不论上述配电设备连接的电力线路是否停电，应首先减去配电设备的低压侧负荷和拉开低压侧刀闸，其次拉开配电设备高压侧隔离开关（刀闸）或跌落式熔断器，最后在停电配电设备的高、低压引线上验电、接地。进行配电设备停电的以上电气操作可不使用工作票，在工作负责人监护下进行。

说明：拉开上述配电设备低压侧刀闸后，再拉开配电设备高压侧隔离开关（刀闸）或跌落式熔断器，就是用隔离开关或跌落式熔断器拉开配电设备中的空载配电变压器。电气操作导则规定隔离开关可以拉合空载配电变压器。

（2）雷雨天气时不宜进行电气操作（即倒闸操作），不应就地电气操作。

3. 在停电的配电设备上进行检修作业时应采取的安全措施

在停电的配电设备上进行检修作业之前，应断开可能送电到待检修设备、配电变压器各侧的所有线路（包括用户线路）的断路器（开关）、隔离开关和熔断器，并在待检修的配电设备的各侧进行验电、接地后，才能在该停电的配电设备上进行检修工作。

4. 在停电的电容器上进行作业时，应采取的安全措施

在停电的电容器上进行作业之前，首先应断开电容器的电源，然后将电容器充分放电，接地后，才能在该停电的电容器上进行作业。

5. 防止双电源和有自备电源的用户单位向已停电线路、设备上反送电的安全措施

为防止具有双电源和有自备电源的用户向已停电的电力线路、设备反送电，应在具有高压双电源和有自备电源的用电单位的高压接入点没有明显的断开点，应在具有低压双电源和有自备电源的用电单位的电源切换点上采用机械或电气联锁等措施。

电力部门在对与有双电源和有自备电源的用电单位相连的电力线路、设备进行停电操作之前，应提前通知双电源和有自备电源的用电单位断开并网点的线路断路器、隔离开关且监督用电单位断开并网点的断路器。

供电部门在上述停电线路、设备上进行作业之前，应检查确认具有双电源和有自备电源的用电单位已采取了机械或电气联锁等反送电的强制性技术措施，确保该用电单位在高压接入点处已有明显的断开点；供电部门要检查确认低压有两回及以上电源和有自备电源的低压用电单位已在电源切换点处采取了机械和电气联锁措施。供电部门在确认用电单位已采取反送电措施之后即应做好记录。

6. 在低压屏（柜）内的低压出线处停电作业时，防止低压出线向低压屏（柜）内的低压出线停电作业处反送电的措施

需要在低压屏（柜）内低压出线处停电作业时，应断开屏（柜）内相应的出线空气开关，并在低压出线电缆头上验电、装接地线，以防止连接在低压出线上的用电单位向低压屏（柜）内低压出线停电作业点反送电。

7. 配置有继电保护和自动装置的配电设备，在它们投运之前应采取的安全措施

配置有继电保护和自动装置的配电设备，原则上不允许无保护运行。在一次设备带电之前，继电保护及自动装置应功能完好，整定值正确、传动良好，保护投退指示（连接片）在规定位置上。

8. 在配电设备上作业时的其他安全措施

（1）环网柜、电缆分支箱等箱式配电设备宜设置验电、接地装置。

（2）两台及以上配电变压器低压侧共用接地引下线，其中一台停电检修时，其他配电变压器也应停电。

（3）进行高压配电设备验电时，应戴绝缘手套。如无法直接验电，可进行间接验电，即可以通过设备的机械指示位置、电气指示、带电显示装置、仪表及各种遥测、遥信等信号的变化来判断。判断时，应有两个及以上的指示，且所有指示均已同时发生对应的变化，才能确认该设备已无电。如果任一指示有电，则禁止在该设备上工作。

（4）配电设备中使用的普通型电缆接头，禁止带电插拔。可带电插拔的肘型电缆接头，不宜带负荷操作。

（5）配电设备应有防误闭锁装置。防误闭锁装置不准随意退出运行。倒闸操作（即电气操作）过程中禁止解锁。如需解锁，应履行批准手续。解锁工具（钥匙）使用后应及时封存。

（6）配电设备接地电阻不合格时，应戴绝缘手套方可接触箱体。

（7）取下、装上高压熔断器，应戴绝缘手套和护目镜，必要时使用绝缘钳并站在绝缘垫或绝缘台上。

（8）运行人员根据口头或电话命令在配电设备区进行清洁、维护等不触及运行设备的工作时，必须加强监护，保持工作过程中与带电部位有足够的安全距离，并采取防止误碰配电设备的可靠措施。

2.1.14 邻近带电体作业的安全措施

邻近带电体（导线）的作业主要包括在带电线路杆塔上的作业、邻近或交叉其他电力线路的作业、同杆塔多回线路中部分线路停电的作业。

2.1.14.1 邻近带电体作业时的一般要求

(1) 在带电设备周围不应使用钢卷尺、皮卷尺、线尺（夹有金属丝的测绳）进行测量工作。

(2) 登杆塔、台架作业前，应校对线路名称、杆塔号及位置。

(3) 在带电设备和线路附近使用的作业机具应接地。

(4) 具体的邻近带电体的专项作业的安全措施，详见下面本单元的内容。

2.1.14.2 在带电线路杆塔上作业的安全措施

(1) 在带电线路杆塔上进行测量、防腐、巡视检查、校紧螺栓、清除异物等工作时，工作人员活动范围及其所携带的工具、材料等，与带电导线最小距离不得小于表2.1-10的规定值。

表2.1-10 杆塔上人员活动范围及其所携带的工具、材料与带电导线的最小距离

电压等级/kV	安全距离/m	电压等级/kV	安全距离/m
10及以下	0.7	330	4.0
20、35	1.0	500	5.0
63（66）、110	1.5	750	8.0
220	3.0	1000	9.5

(2) 风力大于5级（10.7m/s）时，应停止在带电线路杆塔上的作业。

(3) 在10kV及以下的带电杆塔上进行工作，工作人员距下层高压带电导线垂直距离不得小于0.7m。

(4) 在带电线路杆塔上的作业中的一般性的安全措施请见本单元"1."中的相关规定。

2.1.14.3 邻近或交叉其他电力线路作业的安全措施

(1) 工作人员和工器具与邻近或交叉的带电线路的距离不得小于表2.1-11的规定值。

表2.1-11 邻近或交叉其他电力线路作业的安全距离

电压等级/kV	10及以下	20、35	66、110	220	/500
安全距离/m	—	2.5	3	4	6

注：1. 未列电压等级的安全距离按高一挡电压等级的安全距离执行。
  2. 表中数据是按海拔1000m校正的。

(2) 与带电线路平行、邻近或交叉跨越的线路停电检修，应采取以下措施防止误登杆塔：

1) 每基杆塔上都应有线路名称和杆号。

2) 经核对检修线路的名称、杆号、位置无误，验明线路确已停电并装设接地线，方可开始工作。

(3) 停电检修的线路如与另一带电线路相交叉或接近，以致工作人员和工器具可能

和另一导线接触或接近表 2.1-11 安全距离以内,则另一线路也应停电并接地,接地线可以只在工作地点附近安装一处。工作中应采取防止损伤另一线路的措施。

(4) 在邻近带电线路的停电线路上进行检修工作时,如有可能接近带电导线至表 2.1-11 规定的安全距离以内,且该邻近的带电线路无法停电时,应采取以下措施:

1) 采取有效措施,使人体、导(地)线、工器具等与带电导线的距离符合表 2.1-11 的规定,牵引绳索和拉绳与带电导线的距离符合表 2.1-12 的规定。

表 2.1-12　起重机械及吊件与带电体的安全距离

电压等级/kV	10 及以下	35~66	110	220	500
最小安全距离/m	3.00	4.00	5.00	6.00	8.50

注: 1. 表中数据是按海拔 1000m 校正的。
　　2. 未列电压等级的安全距离按高一挡电压等级的安全距离执行。

2) 作业的导(地)线应在工作地点接地,绞车等牵引工具应接地。

3) 在交叉挡内松紧、降低或架设导(地)线的工作,只能在停电检修线路在带电线路下方时方可进行,并应采取措施防止导(地)线产生跳动或过牵引而与带电导线的距离小于表 2.1-11 规定的安全距离。

4) 停电检修的线路如在另一带电线路的上方,且须在另一线路不停电情况下进行放松或架设导(地)线以及更换绝缘子等工作时,应采取安全可靠措施。安全措施应经工作班组充分讨论后,经线路运维单位技术主管部门批准执行。措施应能保证:

a. 检修线路的导(地)线、牵引绳索与带电线路导线的安全距离符合表 2.1-11 的规定。

b. 要有防止导(地)线脱落、滑跑的后备保护措施。

5) 邻近或交叉其他电力线路的工作,应设专人监护,以防误登带电线路杆塔。

(5) 在邻近或交叉其他电力线路作业中的一般性安全措施请见本单元 "1." 中的相关规定。

2.1.14.4　同杆塔多回路中停电线路作业的安全措施

(1) 同杆塔多回线路中部分线路停电检修时,在停电检修线路上的工作人员及其工具至带电导线的距离应符合表 2.1-10 规定的安全距离。同杆塔架设的 10kV 及以下线路带电时,当符合表 2.1-11 的安全距离且采取安全措施情况下只能进行下层线路的登杆塔检修工作。

(2) 风力大于 5 级(10.7m/s 以上)时,不应在同杆塔多回路线路中进行部分线路检修工作。

(3) 在停电线路地段装设的接地线,应牢固可靠且防止摆动。在停电线路地段内断开引线时,应在断引线的两侧接地。

(4) 防止误登同杆塔多回路中的带电线路。应采取以下措施来防止误登同杆多回线路中的带电线路:

1) 每基杆塔应标设线路名称及杆号和识别标记(色标、识别标记等)。

2) 工作前应发给工作人员相对应线路的识别标记。

3) 经核对停电检修线路的识别标记和线路名称、杆号及位置无误,验明线路确已停电并装设接地线后,方可开始工作。

5) 登杆塔至横担处,应再次核对识别标记与线路名称及位置,确认无误后方可进入检修线路侧横担。

(5) 在同杆塔多回路线路杆塔上工作时,不应进入带电侧横担或在该侧横担上放置任何物件。

(6) 绑线要在下面绕成小盘再带上杆塔使用,不应在杆塔上卷绕绑线或放开绑线。

(7) 向杆塔上吊起或向下放落工具、材料等物件时,应使用绝缘无极绳索传递。物件至带电导线的安全距离应不小于表 2.1-11 的规定值。

(8) 绞车等牵引工具应接地,放落和架设导线过程中导线不应接地。

(9) 在同杆多回线路中的停电线路上工作时,还应遵守本单元"1."中的相关规定。

2.2　电力电缆施工与检修作业的安全措施

2.2.1　电力电缆施工与检修作业的一般要求

(1) 在电力电缆线路的电缆沟开挖、电缆敷设、运行、检修、维护和试验等作业中,其作业环境都要满足安全要求。

(2) 检修作业前应详细核对电缆标志牌标示的名称是否与工作票中书写的名称相符,安全措施是否正确可靠,核对无误后方可开始工作。

(3) 电缆隧道、电缆井内应有充足的照明,并有防火、防水、通风的措施。

(4) 进入电缆井、电缆隧道前,先用吹风机排除浊气,再用气体检测仪检测井内或隧道内的易燃易爆及有毒气体的含量。

(5) 在电缆隧道内工作时,通风设备应保持常开,以保证空气流通。在通风条件不良的电缆隧道内进行长距离巡视时,工作人员应携带便携式有害气体检测仪及自救呼吸器。

2.2.2　在有电缆沟的电力电缆线路上施工与检修的安全措施

(1) 电缆沟施工前应先查清图纸,再开挖足够数量的样洞和样沟,查清已运行电缆的位置及地下管线的分布情况。

(2) 沟槽开挖应采取防止土层塌方的措施。

(3) 开挖电缆通道沟槽时,不应使用大型机械,破碎硬路的面层时可使用小型机械设备,但应有专人监护,破碎面层时不得深入土层。若要使用大型机械设备时,应履行相应的报批手续。

(4) 掘路施工电缆沟槽时应制订相应的交通组织方案,做好防止交通事故的安全措施。施工区域应用标准路栏等严格分隔,并设有明显标记,夜间施工人员应佩戴反光标志,施工地点应加挂警示灯。

(5) 开挖电缆沟槽时,挖出的泥土堆置处和沟槽之间应保留人行道供施工人员正常行走。在堆置物堆起的斜坡上不应放置工具材料等器物。

(6) 敷设电缆的过程中,应有专人指挥。在展放的电缆移动时严禁用手搬动展放电缆的放线滑轮。

（7）充油电缆施工时，应做好电缆油的收集工作，对散漏在地面上的电缆油要立即覆上黄沙或沙土，及时清除，以防行人滑跌或车辆滑倒。

（8）制作环氧树脂电缆头和调配环氧树脂工作过程中，应采用有效的防毒和防火措施。

（9）检修电缆线路时，挖到电缆保护层后，应由有经验的人员在场指导和监护后方可继续进行开挖工作。电缆保护层就是覆盖在直埋电缆的电缆沟上面的混凝土板、石板或砖块等。

（10）如果需挖空被挖掘出的电缆或接头盒下方的土层，应采取悬吊电缆或电缆接头盒的保护措施。电缆悬吊应每隔 1~1.5m 吊一道；接头盒悬吊时应平放，不得使接头盒受到拉力；若电缆接头无保护盒，应做好充分的保护措施后方可悬吊。

（11）移动电缆接头一般应停电进行。如需带电移动电缆接头时，应先调查该电缆接头的历史记录，然后对电缆接头采取固定保护措施，由有经验的施工人员在专人统一指挥下平正移动。

（12）断开电缆前，必须将该电缆与敷设电缆的图纸进行核对，经核对无误并使用专用仪器确定待断开的该电缆已停电后，再用接地的带绝缘柄的铁钎或电缆试扎装置扎入电缆芯内方可进行断开电缆的作业。扶铁钎绝缘柄的人必须戴绝缘手套和护目镜与站在绝缘垫上，并采取防灼伤措施。

（13）禁止带电插拔普通型电缆终端接头，不得带负荷操作可带电插拔的肘型电缆终端接头。带电插拔肘型电缆终端接头时应使用绝缘操作棒并戴绝缘手套、护目镜。

（14）开启高压电缆分支箱（室）门应两人进行，接触电缆设备前应验明电缆确无电压并接地。在高压电缆分支箱（室）内工作时，应将所有可能来电的电源全部断开。

（15）开启电缆井井盖、电缆沟盖板及电缆隧道人孔盖时，开盖人应使用专用工具和注意开盖时所站立位置，以防开盖时专用工具滑脱伤人。开启后应用标准路栏将电缆井井口、电缆沟沟槽围起，并派人看守。工作人员撤离电缆井或隧道后，应立即用盖板盖好，以免行人碰盖后摔跌或不慎跌入井内。

（16）开启电缆沟、井的盖板后，应让电缆沟、井自然通风一段时间，然后经气体检测合格后方可进入沟、井内工作。在电缆井内工作时，禁止只打开一个井盖（单眼井盖除外）。

（17）有电缆沟的电力电缆线路在施工与检修时除遵守上述的安全规定之外，还应遵守 2.2.1 小节中的一般安全要求。

2.2.3 在高压跌落式熔断器与电缆终端之间作业的安全措施

在城市配电网中，经常采用从架空配电线路的 T 接杆上用 T 接法接出一条电力电缆分支线路，用以向用电单位的高压配电室（或共用配电变压器台架、箱式变电站）供电的供电方式。

（1）在电缆头（即电缆终端）上宜加装过渡连接装置（即电缆头的引出线），以便作业人员在电缆头上作业时至跌落式熔断器上桩头的距离保持安全距离。

（2）当跌落式熔断器上桩头带电，需在跌落式熔断器下桩头上连接、调换电缆头引出线时，应在跌落式熔断器的上、下桩头之间加装绝缘隔离板并在下桩头上加装接地线。

（3）在跌落式熔断器下桩头以下部位进行作业时，作业人员应站在低位，伸手不得超过跌落式熔断器的下桩头并设专人监护。

（4）禁止在雨天进行以上作业。

2.2.4　在无电缆沟的电缆线路上施工与检修时的安全措施

（1）在无电缆沟的电缆线路上进行施工之前，应首先探明该线路对各种管线及设施的相对位置。

（2）要确认该电缆线路通道至各种管线及设施之间具有足够的安全距离。

（3）在该电缆线路从道路地下穿过时，应及时对施工区域采取灌浆等措施，防止路基沉陷。

（4）将水底电缆提起放在船上工作时，应使船体平衡，船上应有足够的救生圈，工作人员应穿救生衣。

2.2.5　电力电缆电气试验的安全措施

（1）电力电缆试验要拆除安装在工作地点上的接地线时，应征得工作许可人的许可（根据调度命令装设的接地线，应征得调度员的许可）方可拆除。试验工作完毕后立即恢复接地线。

（2）电缆耐压试验前，加压端应做好安全措施，防止人员误入试验场所。耐压试验电缆的另一端应设置围栏并挂上警告标示牌。如另一端是上杆的或者是锯断电缆处，应派人看守。

（3）电缆试验前后以及更换试验引线时，应对被试验电缆（或试验设备）充分放电，进行放电的作业人员应戴绝缘手套。

（4）电缆耐压试验分相进行时，另两相电缆应短路接地。若同一通道敷设有其他停运或未投运电力电缆，也应将其短路接地。

（5）电缆试验结束，应对被试电缆进行充分放电，并在被试电缆上加装临时接地线，待电缆尾线接通后方可拆除临时接地线。

（6）电缆故障声测定点时，不得直接用手触摸电缆外皮或冒烟小洞。

安全知识模块的思考与问答题

1. 人在什么情况下称为人触电？
2. 按触电方式划分，可分为直接触电和间接触电两种。试问：什么样的触电称为直接触电？什么样的触电称为间接触电？
3. 在直接触电中哪两种工频交流电的触电形式是非常危险的触电形式？
4. 电流对人体的伤害有电击和电伤两种。试问：哪种伤害属于电击？哪种伤害属于电伤？
5. 常见的电伤形式有电烧伤、电烙印、皮肤金属化、电光眼、机械损伤。其中的电烧伤又分为直接电烧伤和间接电烧伤。试问：哪种电烧伤属于直接电烧伤？哪种电烧伤属于间接电烧伤？
6. 电流流经人体是有危害的。科学实验证明，电流通过人体的途径不同，通过人体心脏的电流大小也不同，对人体的危害程度也不同；流经心脏的电流越大，危害程度越大。试问：在下面电流流经人体的途径中，哪种途径流经心脏的电流最大？危害最大？
   （1）从手到手的途径。
   （2）从左手到脚的途径。
   （3）从右手到脚的途径。
   （4）从脚到脚的途径。（答案：此途径流经心脏的电流最大）
7. 多大的电流是安全电流？我国规定 50~60Hz 电流在不同使用条件下的安全电流值是多少？
8. 多大的电压是安全电压？我国规定的不同环境与使用条件下 50~60Hz 交流电的安全电压有效值是多少？在一般环境条件下允许持续接触的"安全特低电压"是多少？
9. 发生 50~60Hz 交流电触电时人体触电伤害程度与哪些因素有关？
10. 通常要求家用电器的漏电保护器的漏电整定电流不大于多少毫安？手持式电器的漏电保护器的整定电流不大于多少毫安？在特别潮湿场所使用的漏电保护器的整定电流不大于多少毫安？
11. 触电急救的基本原则是什么？
12. 使受低电压触电者脱离电源时常用哪些方法？
13. 使受高压触电的触电者脱离电源时常用哪些方法？
14. 将在电杆上或在高处上触电的触电者从电杆上或高处上解救下来常用什么解救方法？
15. 将触电者脱离触电电源后，触电者可能出现下列四种之一的状态：神志清醒且有呼吸和心跳、神志不清有呼吸但无心跳、无呼吸但有心跳、无呼吸无心跳。针对上述四种状态的触电者，应分别采用哪些对应的救治方法？
16. 在什么场合下进行的心肺复苏称为早期心肺复苏或徒手心肺复苏？

17. 按患者的年龄划分，徒手心肺复苏分为成年人（8岁以上）、儿童（1～8岁）、婴儿（1岁以下）三种心肺复苏；从施救者的人数划分，徒手心肺复苏分为单施救者和双施救者两种心肺复苏法。从心肺复苏的操作项目顺序划分，分为传统心肺复苏法和创新后的心肺复苏法。请简述由单施救者进行的创新后的成年人徒手心肺复苏法的步骤与方法。

18. 尽快地对心肺骤停者起动心肺复苏法救治有何重要意义？

19. 传统的心肺复苏法的操作项目顺序是A、B、C，其代号含义分别为：A是保持气道通畅，B是进行有效的人工呼吸，C是建立有效的人工循环（即有效的胸外按压）；而创新后的操作项目顺序是C、A、B，其代号的含义同上。在创新后的心肺复苏法中把代号C调到最前面，你认为是什么原因？

20. 为防止触电事故的发生，所采取的三种基本的防触电措施是什么措施？

21. 通常在电气设备上或电路中安装的防触电措施有哪些？

22. 请简述创伤的定义。

23. 对创伤患者进行创伤急救时，应遵守哪些基本要求？

24. 参与配电线路检修作业的人员应具备哪些基本条件？

25. 参与架空配电线路巡视的人员应遵守哪些安全规定？

26. 安全工作规程规定，事故紧急处理和拉合断路器的单一操作可不使用操作票。请问：在发生哪些情况时属于事故紧急处理范畴？在配电线路上的哪些电气操作属于单一操作？

27. 哪些配电线路检修人员可以在指定的设备范围内进行电气操作？

28. 对高压侧配有跌落式熔断器，低压侧配有刀闸的配电变压器进行停复电操作或更换其高压侧跌落熔断器的熔丝而对配电变压器进行电气操作时，应按什么样的操作顺序进行操作？应按什么样的操作顺序拉、合水平排列和垂直排列的三个相的跌落式熔断器？

29. 在配电线路和配电设备上进行测量时应遵守哪些安全规定？

30. 在10kV及以下配电网中使用携带型仪器进行电气测量时应遵守哪些安全规定？

31. 在10kV及以下配电网中使用钳形电流表测量电流时应遵守哪些安全规定？

32. 使用绝缘电阻表测量电气设备绝缘时应遵守哪些安全规定？

33. 工作负责人率领工作班（组）成员在带电架空线路的附近砍剪树木之前，工作负责人应向工作班（组）成员交代哪些安全措施？

34. 在有地下设施的地区开挖电杆基坑时应采取哪些专门的安全措施？

35. 在有可能存在有毒有害气体的场所挖坑时应采取哪些防毒措施？

36. 在居民区及交通道路开挖基坑时，应采取哪些安全措施？

37. 进行石坑、冻土坑的打（炮）眼或打桩时应遵守哪些安全规定？

38. 给木质架空配电线路和木质H形配电变压器台架开挖绑桩、杆洞和打绑桩（即安装绑桩）时应遵守哪些安全规定？

39. 立、撤杆时应遵守哪些一般安全规定？

40. 安全工作规程规定叉杆法只能竖立8m（《云南电网公司安规》规定为10m）以下的水泥杆，你认为对电杆长度进行限制是什么原因？

41. 用抱杆立杆时，在电杆起立之前要在电杆上拴临时拉线（即揽风绳，下同）。安全工作规程规定临时拉线的绑扎工作应由有经验的人担任。你认为具备什么条件的人才算是有经验的人？

42. 用抱杆立杆时，当电杆起立后要求电杆在符合什么条件下才能撤除拴在拉线电杆上的临时拉线和拴在非拉线电杆上的临时拉线？（注：拉线电杆是设置永久拉线的电杆，非拉线电杆是不设置永久拉线的电杆）

43. 用抱杆撤除非拉线电杆时应遵守哪些安全规定？

44. 用抱杆撤除拉线电杆时应遵守哪些安全规定？

45. 用架空线路上的旧杆作为抱杆起立新杆时应遵守哪些安全规定？

46. 用旧杆起立好后的新杆作为抱杆撤除旧杆时应遵守哪些安全规定？

47. 使用汽车吊立、撤杆时应遵守哪些安全规定？

48. 将用什么样的方法使电杆起立，称为倒落式拖杆立杆法？

49. 使用倒落式人字抱杆起立电杆时应遵守哪些安全规定？

50. 分解组立螺栓型铁塔时一般用哪两种方法？

51. 在处理杆塔缺陷时应遵守哪些安全规定？

52. 在带电设备附近立、撤杆时应遵守哪些安全规定？

53. 在怎么样的地方进行作业称为在高处作业？

54. 在高处从事作业的人员应具备哪些身体条件？

55. 登杆作业时应遵守哪些安全规定？

56. 在高处和在杆塔上应设置哪些保护装置来防止在高处或杆塔上工作的人员发生高空坠落？

57. 工作人员在高处和杆塔上作业时应采取哪些防止高空坠落的自我保护器具？

58. 在高处和杆塔上作业时要求工作人员要正确系挂安全带，其中规定不准低挂高用安全带，可以高挂低用安全带。你认为这样规定的理由是什么？

59. 在高处和杆塔上暂时存放工具器材时，应采取防止其坠落的安全措施。在高处和杆塔上作业，工作人员应如何传递工具器材？

60. 在高处和杆塔上有人工作时，应采取哪些保护高处作业点下方工作人员的安全措施？

61. 在高处作业平台上作业时，应遵守哪些安全规定？

62. 在架空电力线路上采用梯子载人作业时应遵守哪些安全规定？

63. 在高处或杆塔上作业时对天气有何要求？

64. 在架空配电线路绝缘导线上作业时应遵守哪些安全规定？

65. 展放架空电线（即放线）时应遵守哪些安全规定？

66. 进行架空线路紧线作业时应遵守哪些安全规定？

67. 进行架空线路撤线作业时应遵守哪些安全规定？

68. 在架空线路上进行爆破作业时应遵守哪些安全管理的规定？

69. 在架空线路上进行爆破作业的打炮眼作业时应遵守哪些安全规定？

70. 运输、携带和存放炸药、雷管时应遵守哪些安全规定？

71. 在爆破作业现场进行爆破作业时应遵守哪些安全规定？

72. 进行起重作业时应遵守哪些一般性的安全要求？

73. 使用移动式起重机进行起重作业时，应遵守哪些安全规定？

74. 使用机动车运输物件时应遵守哪些安全规定？
75. 使用非机动车运输物件时应遵守哪些安全规定？
76. 使用人力运输和装卸物件时应遵守哪些安全规定？
77. 进行配电设备停电的电气操作应遵守哪些安全规定？为什么在拉开配电设备低压侧的刀闸后，规定就可用高压侧的隔离开关或跌落式熔断器拉开配电设备而不是用断路器拉开配电设备？
78. 在停电的配电设备上作业时应遵守哪些安全规定？
79. 在停电的电容器上作业时应遵守哪些安全规定？
80. 为防止有双电源和有自备电源的用电单位向与之连接的停电线路设备反送电，应在用电单位的什么地方采用什么措施？
81. 在低压屏（柜）内的低压出线处停电作业时，应采取什么措施来防止低压出线的用电单位向低压屏（柜）内的低压出线处停电作业反送电？
82. 配置有继电保护装置和自动装置的配电设备在投运之前，要求配电设备在继电保护和自动装置方面应满足哪些要求？
83. 在带电线路杆塔上作业时应遵守哪些安全规定？
84. 在邻近或交叉其他电力线路的线路上作业时应遵守哪些安全规定？
85. 在同杆塔多回线路中部分线路停电作业时应遵守哪些安全规定？
86. 有电缆沟的电力电缆施工与检修时应遵守哪些安全规定？
87. 在高压跌落式熔断器与电缆头之间进行电缆头作业和进行电缆头与跌落式熔断连接作业时应遵守哪些安全规定？
88. 非开挖电缆沟槽的电力电缆施工与检修时应遵守哪些安全规定？
89. 进行电力电缆电气试验时应遵守哪些安全规定？

第 2 部分　基础知识模块

第２部分　基础知识概述

第3章 配电线路的主要构造

3.1 配电线路的分类

配电线路就是将供电企业的电能配送给电力用户的电力线路。

按线路产权，可将配电线路划分为公用配电线路、共用配电线路和专用配电线路。

按线路电压等级，可将配电线路划分为高压配电线路（35kV、110kV、220kV 配电线路）、中压配电线路（6kV、10kV、20kV 配电线路）、低压配电线路（220V、380V 配电线路）。

按线路构造和敷设方法，可将配电线路划分为架空配电线路（简称"架空线路"）和电力电缆线路（简称"电缆线路"）。

按供电区域，可将配电线路划分为城网配电线路和农网配电线路。

按杆塔上回路数量，可将配电线路划分为单回路架空线路和同杆多回路架空线路。

说明：

1）公用配电线路产权属于供电企业，一般的构成形式是架空干线加若干的架空、电缆分支线。公用配电线路的产权属于线路上多个用电户共有。专用配电线路的产权属于单独使用该线路的用电户所有。

2）在某种特殊条件下，有时会在架空线路中串入一段电缆线路。

3.2 架空配电线路的主要构造

3.2.1 架空配电线路的主要构件

不论是何种架空配电线路，例如单回路架空线路、同杆多回路架空线路、钢筋混凝土杆（水泥杆）或铁塔架空线路等，都是由杆塔、绝缘子、线路金具、导（地）线、基础、防雷设备、接地装置、配电设备等构件组成。

3.2.2 杆塔

杆塔分为直线杆塔（包括普通直线杆、直线转角杆、直线型配电变压器台架）和承力杆塔（如转角耐张、耐张、T接分支、终端杆塔），拉线属于杆塔构件的一部分。

10kV 单回路水泥直线杆和耐张杆（塔）图形分别如图 3.2-1 和图 3.2-2 所示。

(a) 普通直线杆　　　　　(b) 直线型配电变压器台架

图 3.2-1　10kV 单回路水泥直线杆图

Q/CSG 10012—2005《中国南方电网城市配电网技术导则》规定：城区中压架空配电线路（即 6kV、10kV、20kV 架空线路）宜采用 12m 或 15m 水泥杆，必要时也可采用 18m 水泥杆。水泥杆应按最大受力条件进行校验。城区架空配电线路的承力杆（耐张杆、转角杆、终端杆）宜采用窄基塔或钢管杆。DL/T 5131—2015《农村电网建设与改造技术导则》规定：在农村一般选用不低于 10m 的混凝土电杆，集镇内宜选用不低于 12m 的混凝土电杆。低压电杆宜采用不低于 8m 的混凝土电杆。

(a) 水泥杆耐张单杆　　　　　(b) 耐张塔

(c) 90°转角耐张杆　　　　　(d) T 接分支杆

图 3.2-2　10kV 单回路耐张杆（塔）图（一）

(e) T接分支塔　　　　　　　　(f) 水泥杆单杆终端杆

(g) 铁塔终端塔　　　　　　　　(h) 耐张型双台配电变压器台架

续图 3.2-2　10kV 单回路耐张杆（塔）图（二）

3.2.3　绝缘子

直线杆绝缘子分为针式绝缘子、蝶形绝缘子（低压架空线）、瓷横担绝缘子。

耐张杆绝缘子分为槽形悬式绝缘子、球形悬式绝缘子、复合绝缘子、蝶形绝缘子（用于小导线的低压架空线路）。

Q/CSG 10012—2005《中国南方电网城市配电网技术导则》规定：城区 10kV 架空线路直线杆宜选用额定电压为 10kV 的防污绝缘子；重污区及沿海地区，10kV 架空线路直线杆绝缘子的绝缘水平，当采用绝缘导线时应取额定电压为 15kV，采用裸导线时应取额定电压为 20kV 的绝缘子。

3.2.4　线路金具

线路金具一般分为六类。

（1）支持金具。如悬垂线夹，用于 35kV 及以上电压等级的架空线路上，用来支持导线和地线，使导（地）线固定在悬垂绝缘子串或地线挂具上。

（2）紧固金具。如导线用的耐张线夹和地线用的楔型线夹，用来紧固导线和地线终端，将导线固定在耐张绝缘子串上，将地线固定在非直线杆塔上。

（3）接续金具。如压接管、补修管、并沟线夹，用来接续导线和钢绞线。

（4）连接金具。如 U 形挂环、平行挂板、直角挂板，用来将悬式绝缘子及其他金具连成串和将绝缘子串悬挂在杆塔横担上，以及将拉线金具与杆塔连接。

(5) 保护金具。如机械保护金具防振锤，用来保护导线等。

(6) 拉线金具。如 UT 线夹、楔型线夹、U 形环、钢卡子和压块等，主要用来制作和安装拉线。

3.2.5 导线

1. 城市配电网架空线路的导线

（1）10kV 城市架空线路的导线。在一般地区，可采用架空钢芯铝绞线或铝绞线。在下列地区应采用电缆线路：

1) 线路走廊狭窄，裸导线架空线路与建筑物净距不能满足安全要求时。
2) 高层建筑群地区。
3) 人口密集，繁华街道区。
4) 风景旅游区及林带区。
5) 重污秽地区。

上述地区不具备采用电缆线路条件时，则应采用 JKLYJ 系列架空铝芯交联聚乙烯绝缘线或 JKYJ 系列架空铜芯交联聚乙烯绝缘线。

依据 Q/CSG 10012—2005《中国南方电网城市配电网技术导则》中关于城网中压配电网的导线截面选择规定，在选择导线截面和型号时应遵守以下要求：

10kV 架空线路导线截面，按线路计算负荷、允许电压损失和机械强度选择，并留有适当的裕度；正常负荷电流宜控制在导体安全载流量 2/3 以下，超过时应采取分路措施选择导线截面。10kV 架空线的允许电压损失为额定电压的 5%（引自 DL/T 5220—2021《10kV 及以下架空配电线路设计规范》）。

10kV 架空线路的导线宜选用 LGJ 系列钢芯铝绞线、JKLYJ 系列铝芯交联聚乙烯绝缘线或 JKYJ 系列铜芯交联聚乙烯绝缘线。线路主干线的截面不宜小于 185mm^2，次干线的截面不宜小于 95mm^2，分支线的截面不宜小于 50mm^2。

（2）380V、220V 城市架空配电线路的导线。架空低压配电线路宜采用塑料铜芯绝缘线，如铜芯聚氯乙烯（即 PVC）绝缘线、铜芯聚乙烯（即 PE）绝缘线。

低压配电线路按 10 年规划确定计算电流并满足末端电压要求的原则选择导线截面。换言之，就是按 10 年规划确定线路计算负荷、允许电压损失来选择导线截面。允许电压损失为低压额定电压（380V、220V）的 4%（依据 Q/CSG 10012—2005《中国南方电网城市配电网技术导则》规定）。

低压架空配电主干线铜芯绝缘线的截面不宜小于 120mm^2，支线截面宜采用 70mm^2 或 35mm^2。低压三相四线制供电系统，中性线与相线截面相同；单相制的，中性线与相线截面相同。

2. 农网架空线配电网的导线

依据 DL/T 5131—2015《农村电网建设与改造技术导则》，农网架空导线的选择原则如下。

（1）10kV 农网配电网架空线的导线。在一般地区，应选用钢芯铝绞线；在城镇或特殊地段可采用绝缘导线。按经济电流密度选择导线截面，并按允许电压损失进行校验。允许电压损失为 10kV 电网额定电压的 5%（引自 DL/T 5220—2021《10kV 及以下架空配电线路设计规范》)。

10kV农网配电网主干线钢芯铝绞线截面不得小于35mm²。

(2) 380V、220V农网低压架空线的导线。在一般地区，应选用铝绞线。但在集镇内，为保证用电安全，可采用铜芯绝缘导线。低压线路导线截面不得小于25mm²（铝绞线）。

农网架空低压线路的导线截面应按经济电流密度选择，并按电压损失来校验。允许电压损失为低压额定电压的4%（引自DL/T 5220—2021《10kV及以下架空配电线路设计规范》)。

农网架空低压三相四线制供电系统，中性线与相线截面相同；单相制的，中性线与相线截面相同。

接户线采用绝缘线，铝芯线截面应不小于6mm²，铜芯线截面应不小于2.5mm²。

3.2.6 架空地线

10kV及以下架空线路，一般不装设架空地线。只有35kV及以上架空线路才装设架空地线，但35kV架空线路一般只在变电站进出线端1~2km范围内装设架空地线。

3.2.7 基础

钢筋混凝土电杆线路的基础包括底盘、卡盘、拉线盘，俗称三盘。
铁塔线路的基础分为有钢筋的混凝土基础和无钢筋的混凝土基础。

3.2.8 防雷设备

在10kV和380V、220V架空配电线路上使用的防雷设备，主要是阀型避雷器和氧化锌避雷器。

3.2.9 接地装置

接地装置是接地体和接地线的总和。
接地体分为水平接地体和垂直接地体两种。

3.2.10 架空配电线路的配电设备

架空配电线路的主要配电设备有柱式变压器台架、配变站、开关站（开闭所）、柱上断路器、负荷开关、隔离开关和跌落式熔断器、重合器、分段器、故障指示器、电容器等。

3.3 电力电缆线路的构造

按电力电缆的敷设场所，可将电力电缆线路划分为地下式、水下式、架空式电力电缆线路。在这里只介绍地下电力电缆线路的构造。

3.3.1 地下式电力电缆线路的主要构件

地下式电力电缆线路主要由电力电缆线路的地下通道（直埋、排管、电缆沟、隧道)、电力电缆、电力电缆附件、电力电缆分支箱等构件组成。

电力电缆的种类很多,有用于架空线路导线的10kV及以下的单芯架空绝缘电缆和主要用于敷设于地下的多芯电力电缆。有关电力电缆种类的知识,可参阅第8章中的有关内容。

3.3.2 电力电缆的基本结构

常用三芯电力电缆结构剖面示意图如图3.3-1所示。

电力电缆由线芯、绝缘层、屏蔽层、保护层及填料五个部分组成。现依据图3.3-1将电力电缆的基本结构分述如下。

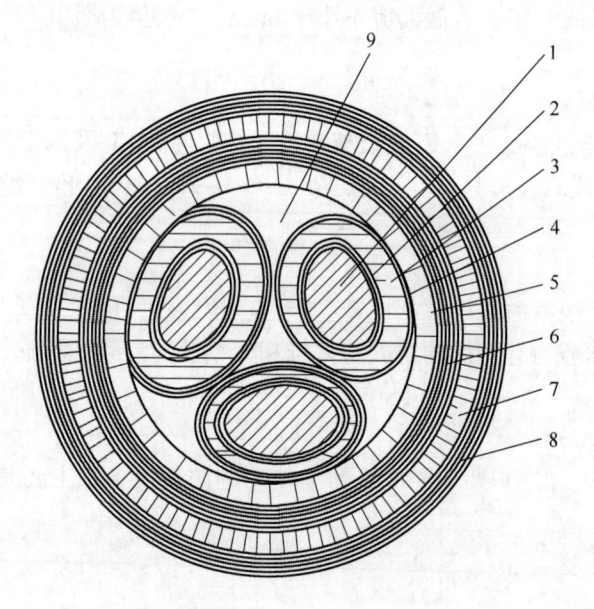

图3.3-1 常用三芯电力电缆剖面示意图
1—线芯；2—导体屏蔽层；3—绝缘层；4—绝缘屏蔽层；
5—内护套；6—内衬层；7—铠装层；8—外被层或外护套；9—填料

(1)线芯。图3.3-1中的图标1是线芯。线芯就是电缆的导体。线芯的作用是导电。用来制造线芯的材料是铜或铝。

电力电缆中的线芯数量决定着电力电缆的用途。各种线芯数量的电力电缆及用途如下：单芯电缆主要用于直流线路,也用于三相系统中的单相线路；双芯电缆用于直流、交流单相线路；三芯电缆用于交流三相线路；四芯电缆用于交流低压三相四线制线路；五芯电缆用于交流低压三相五线制线路。

(2)绝缘层。图3.3-1中的图标3是绝缘层(线芯的绝缘)。绝缘层的作用是使线芯对地绝缘和线芯之间绝缘。用作线芯绝缘的材料有油浸纸、橡胶、聚氯乙烯、聚乙烯、交联聚乙烯。

说明：统包型电缆(即不滴漏油浸纸带绝缘型电缆)的绝缘层由线芯绝缘层和统包绝缘层组成。统包绝缘层就是在多个线芯绝缘和内护套之间增加一个绝缘层,这个绝缘层将多个线芯绝缘一起包绕起来。

（3）屏蔽层。图 3.3-1 中的图标 2 导体屏蔽层和图标 4 绝缘屏蔽层就是电缆的屏蔽层。其中，导体屏蔽层的作用是使线芯（导体）与线芯的绝缘层良好接触，降低导体外表毛刺处的电场强度和将导体的电场屏蔽起来；绝缘屏蔽层的作用是使导体绝缘层与金属内护套有良好的接触和屏蔽导体的电场。

说明：不是所有种类的电缆都有屏蔽层，或同时都有导体屏蔽层和绝缘屏蔽层。有些电缆完全无屏蔽层，有些电缆只有导体屏蔽层，有些电缆只有绝缘屏蔽层。

用作导体屏蔽层的材料：用于油纸绝缘电缆时，它是金属化纸带；用于塑料绝缘电缆或橡胶绝缘电缆时，它是半导电塑料或半导电橡皮。

用作绝缘屏蔽层的材料：用于油纸绝缘电缆时，它是半导电纸带；用于塑料绝缘电缆或橡胶绝缘电缆时，它是半导电塑料或半导电橡皮；用于无金属内护套的塑料绝缘电缆或橡胶绝缘电缆时，它是半导电塑料或半导电橡皮并再外包绕屏蔽铜带或铜丝。

（4）保护层。图 3.3-1 中的图标 5 内护套、图标 6 内衬层、图标 7 铠装层、图标 8 外被层或外护套是电缆的保护层。保护层的作用是防止水分浸入电缆和防止电缆受外力损坏。其中：

内护套有金属内护套（铅内护套和铝内护套）和非金属内护套（聚氯乙烯内护套和聚乙烯内护套）两种。内护套的作用是将电缆的线芯、线芯绝缘层、导体屏蔽层、绝缘屏蔽层密封起来，起防腐作用。

内衬层是包绕在内护套外面的涂上沥青的麻布带或塑料带。内衬层的作用是防止内护套受腐蚀和防止电缆弯曲时内护套被铠装层的钢带损伤。

铠装层是包绕在内衬层外面的钢带或铜丝。铠装层的作用是防止外力损伤内护套。

外被层或外护套是电缆最外面的一层保护层，是包绕在铠装层外面的一层保护物。这种保护层有两种构成方法：一种是用涂上沥青的麻布带包绕在铠装层的外面而构成的保护层，这种保护层称为外被层；另一种是用聚氯乙烯或聚乙烯以形成护套的形式挤塑在铠装层的外面而形成的保护层，这种护套形式的保护层称为外护套。现在的电缆的最外层都做成外护套。外被层或外护套的作用是防止铠装层被外界环境腐蚀。

（5）填料。图 3.3-1 中的图标 9 是填料。填料是无潮麻绳或纸绳，用于填充电缆线芯绝缘层之间的空隙，提高电缆的电气性能。

3.3.3　电力电缆线路地下通道的构造

电力电缆线路一般分为三种通道：地下、水下、架空通道。

按地下通道的构造形式，电力电缆线路可划分为直埋、排管、暗沟（电缆沟与隧道）式电力电缆线路。现将各种地下电力电缆线的构成及其通道构造介绍如下。

（1）直埋式电力电缆线路。直埋式电缆线路就是将电力电缆直接敷设在预先挖好的泥土沟槽的底部内，它主要由地下直埋通道、电力电缆、电缆附件、电缆分支箱等构件构成。

地下直埋式电缆通道的构造示意图如图 3.3-2 所示。

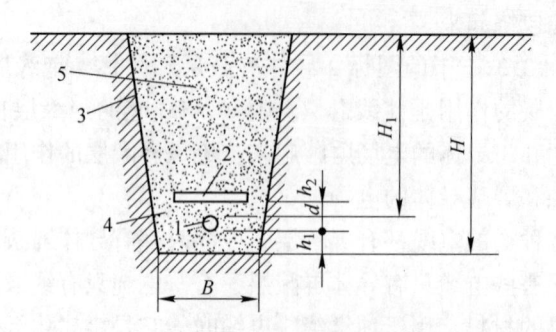

图3.3-2 地下直埋式电缆通道的构造示意图

1—电缆；2—电缆盖板；3—电缆沟槽；4—软土或黄沙；5—沟槽的回填土；
B—沟底宽度；d—电缆外径；H—沟槽深度；H_1—电缆顶面至沟顶深度；h_1、h_2—软土或黄沙厚度10cm

现将一条直埋式电力电缆线路的通道结构说明如下。

1）泥土沟槽的深度H：为避免电缆受到机械损伤，在一般地区由地面至沟底的深度不小于0.8m，以保证敷设电缆后从地面至电缆顶部的距离不小于0.7m；在农田和车行道处，其深度不小于1.2m，以保证敷设电缆后由地面至电缆顶部的距离不小于1.0m。

2）敷设在电缆上、下的软土或黄沙的厚度h_1和h_2：$h_1 = h_2 = 10cm$。

3）电缆盖板（即电缆保护板）：可用混凝土板、石板、砖块做电缆盖板。敷设电缆盖板时要求盖板的中央位于电缆的中轴线上，盖板之间应相互衔接良好。

4）电缆顶部至电缆沟顶的距离H_1：在一般地区，$H_1 \geq 0.7m$；在农田或车行道处，$H_1 \geq 1.0m$。

5）电缆沟底部的宽度B：电缆沟内只敷设一根电缆时，沟底部的宽度为0.4~0.5m；敷设2根电缆时，沟底宽度为0.6m；敷设2根以上电缆时应相应加宽沟底的宽度。

GB 50168—2018《电缆线路施工及验收规范》规定：在一条直埋式电缆通道内敷设几根电缆时，10kV及以下电压直埋电缆之间的平行净距不小于0.1m。

直埋式电缆与铁路路轨、电气化铁路（交流）路轨、公路、城市街道路面、电杆基础（边线）、建筑物基础（边线）、排水沟平行时，其净距（m）分别为3.0、3.0、1.5、1.0、1.0、0.6、1.0；直埋电力电缆与上述设施交叉时，其净距（m）分别为1.0、1.0、1.0、0.7、—、—、0.5。

（2）排管式电力电缆线路。一般在电力电缆穿越铁路、电气化铁路、公路、城市街道、街道旁边的人行道等处所和在无条件建造电缆沟、电缆隧道时采用排管（电缆管）式电缆线路的敷设方法。排管式电力电缆线路就是以埋在地下的电缆排管作为电缆线路通道的电缆线路。

排管式电力电缆线路由电缆排管通道、电缆井（工作井）、电缆附件、电缆分支箱等构件组成。

制作排管（电缆管）的材料：应选用对电缆金属保护层不起化学作用的材料作为制作排管的材料，为此常用排管是混凝土管、陶土管、石棉水泥管、波纹塑料管和红泥塑料管。

对排管孔内径的要求：排管孔内壁须光滑；排管（电缆管）的内径与电缆的外径之

比应不小于1.5，且排管的内径不得小于100mm。

对排管电缆线路转弯半径的要求：应不小于该穿管电缆的最小允许弯曲半径（详见GB 50168—2018《电缆线路施工及验收规范》之表5.1.7 电缆最小弯曲半径）。例如对于聚氯乙烯绝缘电缆，最小的弯曲半径不得小于10D（注：D 为电缆外径，下同）；对于交联聚乙烯绝缘多芯电力电缆，不得小于15D。

对电缆排管的敷设要求：敷设混凝土管、陶土管、石棉水泥管的地基应坚实、平整、不应有沉陷；排管的敷设深度应不小于0.7m，敷设在人行道下面时深度应不小于0.5m；电缆排管应有不小于0.1%的排水坡度。

(3) 电缆沟式电缆线路。电缆沟式电缆线路由电缆沟通道、电缆井、电力电缆、电缆分支箱、电缆附件等构件组成。

现将电缆沟结构和电缆分支箱结构介绍如下。

1) 电缆沟结构。电缆沟结构示意图如图3.3-3所示。

电缆沟由沟底、沟墙、沟盖板及沟内的支架、接地线等构成。

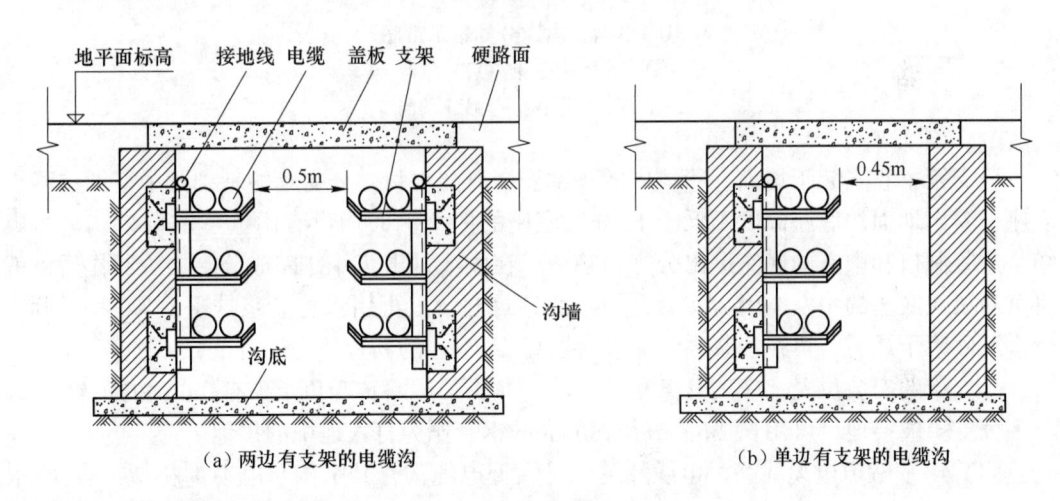

(a) 两边有支架的电缆沟　　(b) 单边有支架的电缆沟

图3.3-3　电缆沟结构示意图

电缆沟本体由沟底、沟墙、沟盖板构成。沟底是一层混凝土。沟墙一般是砖墙，墙面上抹水泥砂浆层，有时也用混凝土做沟墙。沟盖板是预制钢筋混凝土板，每块质量不宜超过两人的抬重，约60kg。

沿着电缆沟长方向，一般在每隔0.4m（用于全塑型电力电缆）、0.8m（用于除全塑型之外的中低压电力电缆）、1.5m（用于35kV及以上电力电缆）的沟墙上安装以水平方式安放电缆的电缆支架（在沟墙的两边或单边安装一层或多层水平支架）。电缆沟内的金属支架等金属构件应镀锌或涂防锈漆。电缆沟内应装设具有全沟长的接地装置（接地线和接地极）。电缆支架、电缆的金属护套、电缆的铠装钢带（有绝缘要求的除外）应与电缆沟内的接地线连接。电缆均应考虑分段排水，每隔50m长左右应设置一个集水井，电缆沟底应向集水井倾斜，应有不小于0.5%的坡度。

2) 电缆分支箱结构。电缆分支箱（简称"分支箱"）是内装电缆分支接头的箱子，一般用于10kV及以下电缆线路上。分支箱的外观样式如图3.3-4所示。

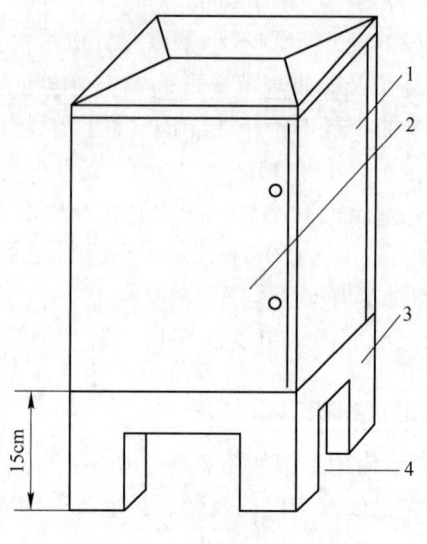

图 3.3-4 电缆分支箱示意图
1—箱体；2—前（后）门；
3—混凝土底座；4—底座上的洞口

分支箱垂直安装于地面。箱体内的顶部安装有防水板。分支箱的基础是中空的混凝土底座，露出地面的底座高度不低于 15cm。底座的四个侧面均设有门框形的洞口，电力电缆从这些洞口和中空的底座进出分支箱箱体。在电缆进出箱体并完成分支接头制作后，就将黄沙填入底座的中空空间，然后先用砖块砌封洞口，再用水泥砂浆抹平底座四个侧面。待水泥砂浆干燥后，再在沙浆表面涂上一层厚 2~3cm 的沥青。

分支箱的安装位置，应离开停车站、消防龙头、道路转弯角至少有 3m 远的距离。

分支箱应接地，可用长 2m、直径 50mm 的钢管作为打入地中的接地极。

（4）电缆隧道电缆线路。电缆隧道就是大型电缆沟，其结构与电缆沟相似，有 40 根以上电力电缆通过时采用。电缆隧道净高不宜小于 1.9m，在与其他沟道交叉段的局部电缆隧道净高不得小于 1.4m。电缆隧道内道壁上两侧支架之间的净通道宽度不得小于 1.0m，单列支架与隧道壁之间的通道宽度不得小于 0.9m。

电缆隧道应设置出入口。当隧道长度小于 7m 时，设置一个出入口；长度大于 7m 时，隧道的两端都应设置出入口；两个出入口之间的距离大于 75m 时，应在中间增加出入口。出入口的直径应不小于 0.7m。

隧道内的金属构件应镀锌或涂防锈漆。隧道的全长应设有接地装置。电缆支架、电缆的金属护套、电缆的铠装钢带应接地。隧道内应设有照明，照明电压应不超过 36V。隧道内应设置通风装置、排水装置、排水沟、集水井。沟底在横断面方向应向排水沟侧倾斜，应有不小于 0.5% 的坡度；沟底在隧道长度方向应向集水井方向倾斜，应有 0.3%~0.5% 的坡度。在隧道与变电所的连接处应设置带门的耐火隔墙。在长距离的隧道中，每隔 100m 处也应设置带门的耐火隔墙。

第4章 班组管理知识和常用管理制度

4.1 班组管理知识

4.1.1 班组领导的主要工作职责

班组领导是指班长、副班长、技术负责人。

班长的主要工作职责：班长是班组安全生产第一责任人和组织完成班组生产任务的第一责任人，对本班的思想政治、职业道德和班组建设管理、生产计划管理、安全管理、技术管理、业绩考核与评比等负全面责任；领导与监督副班长、技术负责人及班组成员按各自的职责、工作标准履行职责，组织全班组成员按时按质完成生产任务、质量目标、安全目标等各项工作任务。

副班长的主要工作职责：在班长领导下协助班长开展班组管理工作，并分管班组人身安全工作；班长因公外出时为代理班长。

技术负责人的主要工作职责：在班长领导下协助班长开展班组管理工作并分管组技术管理工作。

4.1.2 班组管理的常用方法

在长期的电力生产实践中，电力职工围绕安全第一这个安全生产工作方针从事生产活动，积累了许多具有电力行业特点的班组管理方法。为便于线路检修班的班组领导了解、学习、借鉴与掌握这些管理方法，现将部分管理方法介绍如下。

(1) 抓住中心，带动其他的管理方法。这种管理方法来源于抓住主要矛盾和矛盾的主要方面的原理。它的优点在于抓住根本，抓住安全第一，抓住工作的关键。

结合配电线路检修工作的特点，可将上述方法分解成两个具体方法。

1) 以安全第一为中心，统领线路检修工作的管理方法。这个管理方法的核心是"安全为了生产，生产必须安全"的辩证关系，就是坚持"安全第一，预防为主，综合治理"的安全生产工作方针。

2) 以例行安全工作为中心，不断深入与创新安全管理工作的管理方法。例行安全工作包括班前会与班后会、安全日活动、安全分析会、安全检查（如春季或秋季安全大检查、专题检查、设备状态评价、安全性评价）等工作。

例行性的安全工作是构建安全基础的基石，把安全基础筑牢了，才能筑高、筑牢安全大厦。

(2) 以"法治"代替"人治"的管理方法。班组的"法"就是以岗位责任制为核心的各种行政规章制度。班组岗位责任制是明确班长、副班长、技术负责人、工作成员的职责、权利与义务的书面规定。它的优点是岗位责任制及其配套的其他管理办法使每个人及彼此都知道应该做什么；做与不做，好与坏，一对照就明白。

（3）按计划安排工作的管理方法。按计划安排工作有以下好处：1）突出某段时间的工作重点，把最重要的事情先做好。2）按计划安排工作，使工作完成有保障。因为在制订计划时已统筹全局兼顾局部；在确定计划项目的同时，对实施计划所需的财力、物力、人力及安全措施已做了相应安排。

（4）按规定程序开展工作的管理方法。在班组管理工作中，按规定程序开展工作的事项很多。例如停电作业，在计划停电作业之前，首先提交停电申请、填写与签发工作票，然后经工作许可后按作业指导书的流程开展停电检修等。

（5）以人为本，构建和谐班组的管理方法。处理人际关系是一门高深的艺术。班组的团结和谐使班组有力量，班事才会兴。班组领导在构建和谐班组的过程中，要以人为本，要理顺四个方面的关系：

1）以负责的态度处理好与上级的关系。
2）以民主作风处理好与下级的关系。
3）以团结的精神处理好与同级的关系。
4）以诚实的友谊处理好与外部的关系。

（6）因人施用，调动全班积极性的管理方法。一个班有许多成员，各有特长，就像人的五指有长有短，各有强项弱项。班组领导根据每个人的特长，施以恰当的工作就意味着尊重每个人和善用个人的特长，既保证了安全及工作质量，又调动了个人的积极性和潜能，形成互补优势，使班组能量得到最大限度的发挥。

4.2 线路检修班安全管理的基本制度

班组的管理制度包括行政业务管理制度和安全管理制度。这里只介绍安全管理制度。

线路检修班安全管理的基本制度，主要有例行安全工作制度、现场勘察制度、"二票三制"制度、安全监护制度、危险确认制度、"三检"制度等。现将上述安全管理的基本制度分别介绍如下。

4.2.1 例行安全工作制度

主要的例行安全工作制度是班前会、班后会、安全日活动、安全分析会、安全检查（春季或秋季安全大检查、专题检查、设备状态评价、安全性评价）等。

1. 班前会制度

在通常情况下，班前会是当天检修作业前，由班长（或工作负责人）召开的由班长布置当天工作任务，同时布置当天作业的安全措施和安全注意事项的工作会议。在特殊情况下，班前会也是一个动员会。

为了开好班前会，班长或工作负责人（简称为"主持人"）应掌握以下要点和要做好的工作。

（1）要掌握班前会的特点。班前会的主要特点是会议时间短、内容集中、针对性强，它既区别于事故分析会，又不同于安全日活动。

（2）要掌握班前会的会议内容。班前会的主要内容是主持人交代"当天"的工作任务、施工方法、施工工具、分工、分组负责人、专门监护人、需特别关注的危险点和防范措施。

所谓当天是指完成一个任务所需的一段时间。这个一段时间可能是工作任务在一个工作日内完成的时间，也可能是需连续数日才能完成任务的时间。

（3）切实做好班前会的准备工作。做好准备工作是使工作布置符合现场实际、正确采用施工方法和安全措施的前提。为此，主持人在班前会之前要做好以下工作：

1）工作负责人要参加现场勘察，了解工作任务和现场作业环境，为确定施工方法、采取安全措施与为准备施工机械、材料、人员提供可靠依据。必要时还应组织本班有关人员到现场勘察。

2）预先考虑各分组作业的人选。在考虑分组作业人选时应根据每个成员的技术素质、特长进行合理分工搭配。

3）预先考虑作业的安全措施。在选择、确定安全措施时应充分运用"风险辨识库"的信息，以保证安全、技术措施完备、正确。

风险辨识库是存储容易产生各种事故风险，存在隐患的危险源的名称和种类，控制处置风险的方法措施，预控风险的最新研究成果等信息的信息库或信息集合。风险辨识库的作用是方便查找各种作业的相应的安全措施和为设想风险预案、控制风险提供信息支持。风险辨识库应由配管所建立。风险辨识库的信息资源主要来自安全工作规程、各种标准、典型事故汇编、事故通报、反事故措施、预控风险的最新研究成果、作业指导书的措施等。

4）根据不同的工作任务，准备不同的班前会内容。

5）要提前将班前会的内容写入会议记录本中。

做记录是为了备查和自身总结。记录的内容包括班组名称、会议主题、主持人、时间、参加人员、主持人的讲话内容。参加班前会的成员要确认已明白主持人交代的危险点、防护措施。

2. 班后会制度

班后会就是在当天的工作结束后，主持人召集全体工作成员就当天工作任务完成情况、工作质量和安全情况进行简要总结的会议。

为了开好班后会，主持人应注意四点。

（1）要掌握班后会的特点。班后会有三个特点。

1）班后会是班前会的延续，是班前会布置工作的总结。

2）班后会的内容少、时间短。

3）主持人讲话的方式与班前会的讲话方式不同。

在班前会上，主持人讲话用布置、交代、动员口吻。在班后会上，主持人讲话用讲评、肯定或否定的口吻，表扬与批评均是指名道姓，直接提出。

（2）主持人要紧扣当天的工作内容与安全措施进行总结。为了工作总结有据有理，在作业过程中主持人要对在班前会上布置的安全措施进行跟踪验证。当发现措施不完备时要及时纠正补充，同时要关注工作成员执行任务、落实安全措施的情况。

主持人要重点对违章作业、监护不到位、不文明生产情况进行点评，并对存在的安全隐患提出整改意见。

(3) 主持人的讲评要有理有据有说服力。

(4) 要做好班后会记录。做记录的目的是为了备查和便于自身总结，班后会的记录内容包括班组名称、时间、班后会主题、主持人、参加人员、班后会上的讲评内容、整改意见。事后，应将对今后有借鉴作用的整改意见纳入班组的风险辨识库中。

3. 安全日活动制度

安全日活动是国家（电力企业）为保障生产一线员工的安全，为提高其安全意识和提高预防事故的能力，用制度形式明确于每周（或一个轮值）都固定给供电企业安排一个工作日用作专门安全活动的日子，每周这个工作日就是安全日。在安全日内开展的安全活动就是安全日活动。安全日活动的主要内容是学习安全工作规程、安全文件、事故通报、进行安全分析、安全工作总结、安全培训、安全知识问答等。为了组织好安全日活动，班组领导应注意抓好以下五点：

(1) 每次的安全日活动都应有具体目的、活动主题。一般将安全日固定在每周的周末，如周五；每次活动时间不少于半个工作日，并可视需要适当延长。

(2) 思想上，班组领导要把安全日活动作为大事来抓，不能流于形式。

1) 班组领导要不断提高安全日活动重要性的认识。班组领导要加强学习，提高安全意识与安全能力，不断提高对安全日活动重要性的认识与理解。起码应认识到人的生命是最宝贵的，保护生命责无旁贷；时间是金钱，时间是财富，国家电力企业固定地将宝贵的时间交给供电企业、车间、班组开展安全日活动，本身就表明安全日活动的价值远大于给出时间的价值。

2) 班组领导要重视安全日活动的实践。要从中学习与不断提高领导艺术，提高驾驭水平，引导大家积极参与安全日活动并不偏离活动主题。

(3) 班长要注意发扬民主，要坚持群众路线，要调动大家参加安全日活动的积极性。要发扬民主，就是不要搞"一言堂"，要搞"群言堂"，要让大家共同关心企业安全大事、班组安全大事，共同建言献策将大家的事办好。要坚持群众路线，就是要相信全班成员、依靠全班成员、依靠全体的智慧、依靠全体的力量，开展好安全日活动，夯实班组的安全意识基础，把安全重要性植入每个成员的心中。

(4) 要注意和善于汲取其他班组安全日活动的经验。博采众长、取长补短、虚心学习无疑是拓展思路、扩大视野、使人进步的好方法。

(5) 每次安全日活动都要有活动记录。做活动记录的目的是准备领导检查和提供自身分析与对比总结。

安全日活动记录的内容包括班组名称、活动时间、活动主题、主持人、参加人员、发言记录等。

4. 安全分析会制度

安全分析是综合性分析（包括安全分析、经济分析、管理分析）中的一种分析。《安全生产工作规定》明确供电企业应每月召开一次安全分析会，由此可见安全分析会也是例行安全工作制度之一。安全分析会是运用定性、数理量化方法对一个工作期间内（如一个月）的人身、电网安全、设备安全等方面的安全情况进行分析的会议。对于线路检修班而言安全分析的重点是对班组人身安全的分析，但也可能涉及电网安全、设备安全的分析，因检修质量、检修时间长短等也间接涉及电网与设备的安全。

检修班组要开好安全分析会，应做好有关资料的准备工作和掌握安全分析的基本原则。

应准备的有关资料是班组的人身事故与人身未遂事故记录，事故分析记录，"两票"合格率记录，班前会、班后会记录，安全日活动记录、安全检查记录、"三检"记录等。

安全分析的基本原则：事故处理的"三不放过"原则（事故原因不清楚不放过、事故责任者和应受教育者没有受到教育不放过、没有采取防范措施不放过）。

班组进行安全分析后，应形成文书报告。

5. 安全检查制度

安全检查制度，按检查时间，可划分为定期性检查制度（如定期开展春季或秋季检查制度）和非定期性检查制度（如临时安排的检查）。按检查内容，可划分为综合性检查制度（如春季或秋季安全检查制度）和专项检查制度（如防雷检查、防冰检查、防风检查制度）。

4.2.2 现场勘察制度

现场勘察制度是线路检修班必须认真执行的一种重要制度。

现场勘察制度是关于准备在电网设备上进行作业的单位根据工作任务事先组织有关人员到电网电气设备现场进行勘察并填写"现场勘察记录单"，或外单位在电网电气设备上进行作业之前根据工作任务组织有关人员进行现场勘察和填写勘察记录单等的有关规定。

进行现场勘察的目的是为制定确保安全生产的组织措施、技术措施、安全措施提供依据。为此，现场勘察时应查看检修（或施工）线路的路径和通道或在线路上进行作业的具体位置，地形、交通情况，应落实作业任务的难度与工作量、线路是否需全线停电、若非全线停电时继续带电的部位或地段、在停电线路上验电接地的地点，应落实是否有可能向停电检修线路反送电的有多电源与自备电源的用电单位、是否有对停电检修作业有危害的其他的平行、邻近的线路与交叉跨越线路、其他被跨越物（铁路、公路、湖泊、河流、通信线等）以及影响作业的其他危险点。

4.2.3 "二票三制"制度

"二票"是指工作票和操作票。"三制"是指交接班制、巡回检查制、设备定期试验与轮换制。对于线路检修班而言，在"二票三制"中主要执行的是工作票，其次是操作票，基本不执行"三制"。"三制"主要在变电方面执行。

1. 工作票制度

《南方电网公司安规》规定：工作票是为电网发电、变电、配电、调度等生产作业安全有序实施而设计的一种组织性书面形式控制依据。

在电气设备上或生产场所工作时，线路检修班组领导人应根据工作性质选用以下相应的电气工作票、检修申请单或规范性书面记录：

(1) 线路第一种工作票。
(2) 线路第二种工作票。
(3) 低压配电网工作票。
(4) 带电作业工作票。
(5) 紧急抢修工作票。
(6) 书面形式布置和记录。

2. 操作票制度

电气操作票（简称"操作票"）是为改变电气设备及相关因素的运用状态进行逻辑操作和有序沟通而设计的一种组织性书面形式控制依据。

操作票制度是关于在电网上进行电气操作时应使用操作票的有关规定。

(1) 操作票的种类。电气操作分为监护操作（须有人进行监护的操作）和单人操作（只由一人单独完成的操作）两类。操作时应采用何种形式的操作票，要根据具体的操作任务而选用。

进行操作时可供选用的操作票种类有以下五种：

1) 调度逐项操作命令票。
2) 调度综合操作命令票。
3) 现场电气操作票。
4) 书面形式命令和记录。
5) 新（改）建设备投产方案。

对于配电线路检修班而言，需要他们进行的现场电气操作一般是事故紧急处理或单一操作（注意：单一操作不是单人操作）和空载配电变压器及空载配电架空线路的停、送电操作。架空线路上的单一操作是指对断路器、熔断器等进行单一步骤的操作，不再有其他相关联的操作。《南方电网公司安规》第9、4、2、5条规定事故紧急处理或单一操作可不填用操作票。但应填写书面形式命令或记录。

断路器的停电操作顺序是：断路器—负荷侧隔离开关—电源侧隔离开关。断路器的送电操作顺序与停电操作顺序相反。

跌落式熔断器的停电操作，当其为水平方式排列时，其停电操作顺序是：中相——个边相—另一个边相；送电的操作顺序与停电的操作顺序相反。当跌落式熔断器为垂直式排列时，停电的操作顺序是：上相—中相—下相；送电的操作顺序与停电的操作顺序相反。

说明： 禁止用隔离开关（跌落式熔断器属于非三联式的隔离开关）拉、合带负荷设备和带负荷线路，但可投、切空载电流不超过2A的10kV空载配电变压器和不超过50km的10kV空载架空线路。

(2) 在配电线路上进行电气操作的注意事项。线路检修班在配电线路上进行电气操作时应遵守以下规定：

1) 应遵守"两个禁止"：禁止在雷电时进行户外电气操作（远方操作除外），禁止不具备资格的人员进行电气操作。

2) 手动操作机械传动的断路器或隔离开关时，应戴绝缘手套。若断路器或隔离开关金属外壳的接地电阻不合格时，还应加穿绝缘靴。

3) 手动操作没有机械传动的断路器或隔离开关,在晴天时应使用合格的绝缘棒和戴护目镜(操作隔离开关时戴护目镜);在雨天时应使用有防雨罩的绝缘棒、戴绝缘手套、穿绝缘靴、戴护目镜(操作隔离开关时戴护目镜)。登杆进行电气操作时应检查电杆稳定性,戴安全帽和使用安全带。

4) 摘、挂跌落式熔断器的熔丝管时,应使用适合于晴天或雨天的绝缘棒,应戴绝缘手套和穿绝缘靴。装、卸高压熔断器熔丝管时,应戴绝缘手套、穿绝缘靴,还应戴护目镜和站在绝缘物上。

5) 单人操作时不应登高或登杆。登杆监护操作时应检查电杆的稳定性,戴安全帽、使用安全带、戴护目镜(操作隔离开关时戴护目镜)。

6) 更换配电变压器高压侧跌落式熔断器熔丝管时,应先拉开低压侧断路器,后拉开高压侧跌落式熔断器。拉、合高压侧跌落式熔断器时,应使用适合于晴天或雨天的绝缘棒、戴绝缘手套、穿绝缘靴、戴护目镜,派人监护。摘、挂跌落式熔断器熔丝管时,应使用适合于晴天或雨天的绝缘棒、戴绝缘手套、穿绝缘靴,并派人监护。

7) 将高压开关柜的手车开关拉至"检修"位置后,应确认柜内的隔离板已封闭柜内的带电导体部分。

3. 交接班制度、巡回检查制度、设备定期试验与轮换制度

这三种制度主要适用变电部分,在线路检修班内基本不使用,故不做介绍。

4.2.4 其他安全管理制度

线路检修班除执行上述的安全管理制度之外,还应执行的其他安全管理制度有:安全监护制度、危险确认制度、"三检"制度、反事故演习制度、技术培训与问答制度等。

1. 安全监护制度

安全监护制度(简称"监护制")是关于从事电力建设、生产、供应与使用电力的企业,在电力建设施工、店里设备检修、运行、试验等各种工作中,企业或企业部门的工作票签发人指派工作负责人和由工作负责人再指派监护人对现场工作人员(包括参加现场工作的外单位人员或临时工等)进行安全监护的规定。

监护制度包含三个层次的内容:一是从上而下的监护。工作票签发人给工作班指派的工作负责人就是工作班的监护人;工作负责人给分组工作指派的分组负责人是分组监护人;对有触电危险和复杂施工等容易发生事故的工作项目指派的监护人是专责监护人,专责监护人不能参与任何工作;两人在一起工作时,高级工就是低级工的监护人。二是平行关系的监护,即工作成员之间的相互监护。三是自下而上的监督。工作成员要对工作负责人进行监督,应监督工作负责人遵守规程,制止其违章指挥。

监护的含义就是监视、监督和看护、保护。监护人的责任就是监督被监护人执行安全规程、操作规程,执行现场安全、技求措施,纠正、制止其不安全的行为。

班组领导、工作负责人、专责监护人等在执行监护制度时应注意以下六个问题:

(1) 班组领导担任工作负责人时,不仅要大胆、认真监护,而且要教育其他监护人增强责任感,切实履行监护责任。

(2) 当工作班需分组工作时,班组领导(要用分组派工单——《南方电网公司安规》规定)要明确各分组负责人,明确监护内容和责任。

（3）班组领导担任工作负责人后，在下列情况下可参加工作班工作：在线路或设备全部停电情况下，在部分停电但安全技术措施安全可靠、人员集中在一个工作点，无误碰带电部分可能的情况下。

（4）监护人在监护过程中不许出现空缺。工作负责人始终要在工作现场进行监护。工作负责人如需临时离开，要指定临时负责人，并通知全体工作成员和向委派其工作的上级领导报告。临时负责人除负责现场的监护工作之外，不得兼任其他工作。

（5）班组领导平时要积极开展安全培训教育，树立安全观念，引导班组成员学习安全规程和专业技术，使每个班组成员都成为安全作业的明白人。

（6）班组领导要努力营造"齐抓共管"安全氛围，构建人人自觉相互监护的群众性监护局面。

2. 危险确认制度

危险确认制度是关于工作成员要完全知晓作业任务、作业范围、作业现场和作业过程中存在的各个危险点，所采取的安全、防范措施并对知晓进行确认的规定。对知晓情况进行确认的形式有两种：一是口头确认，二是签名确认。

工作负责人在一个作业任务中，执行危险确认制度时一般要经过四个步骤。

（1）填写工作票（包括分组派工单）、送签工作票。

（2）在班前会上告知危险点等，工作成员对知晓做口头确认。

（3）在工作现场进行告知，工作成员对知晓做签名确认。

在现场告知让工作成员知晓就是在现场开工前宣读工作票，明确作业部位或作业范围、作业项目、危险点（如仍保留的带电部位）、采取的安全防范措施等，然后工作成员在工作票上签名对知晓确认。

（4）在工作负责人监护下落实各项安全措施。

3. "三检"制度

"三检"制度是关于工作负责人要对工作前、工作中、工作后的情况进行检查的规定。

（1）工作负责人在工作前的检查内容。工作负责人在工作之前的检查包括两种检查：一是从驻地向现场出发之前的在驻地进行的检查；二是到现场后允许工作成员开始工作之前的检查。这里检查的含义主要是向有关成员进行询问和落实。但在电源侧线路上的验电、挂接地线工作，工作负责人要亲临监督执行。

出发之前的检查内容。

1）检查各工作成员自用的工具、防护用具是否带齐，如自用的登杆工具、安全帽、安全带、个人保安线等。

2）检查在停电线路上使用的防护用具是否带齐，如验电笔、成套接地线及数量、绝缘操作棒、绝缘手套等。

3）检查作业时所需工具、专用工具是否带齐和完好，如立杆作业时所需的抱杆、机动绞磨及燃油、起吊电杆的钢丝绳（三角绳或尾绳）、钢丝绳滑轮组、总牵引钢绳、杆根制动钢丝绳、抱杆帽、地锚、揽风绳等。

4）检查检修施工所用的材料，金具的型号规格、数量是否符合要求、是否足够。

在工作现场允许开始工作之前的检查内容。

1）检查确认停电线路验电已无电，也无感应电。
2）检查确认停电线路各个接地点已良好接地；确认连接在停电线路上有自备电源的客户已断开客户侧开关，有双电源的停电线路的联络开关已断开；检查确认需配合停电的被跨越电力线路邻近电力线路已停电并挂接地线。
（2）工作负责人在工作中的检查内容。
1）检查确认停电线路各个接地点一直处于良好接地状态，工作中断后恢复工作之前接地点的接地仍完好。
2）检查确认没有外人及与工作无关的工作成员进入作业危险区。
3）检查确认为安全工作设立的临时围栏完好，警示牌、警示灯齐配，防止外人进入围栏的看守人员不离岗；检查确认用于跨越电力线路、铁路、公路等的安全措施仍完备可靠。
4）检查确认在雷雨时和出现 5 级大风（10.7m/s）以上时应无人在杆塔、电线上工作。
5）检查确认每个工作成员均遵章作业，并不失监护。
（3）工作负责人在工作后的检查内容。
1）撤除停电线路上各组接地线之前，要检查确认所有工作成员已撤离杆塔或已撤离电气设备。
2）撤除接地线时，先撤除停电线路工作地段末端及其他可能反送电的支线上的接地线，最后由工作负责人亲自监督撤除电源侧线路上的接地线。
3）撤除接地线（包括个人保安线）后，禁止（或制止）任何人再登杆塔和接触停电线路、电气设备。
4）检查确认线路停电时所采用的防护措施（如安装在停电检修线路上的接地线、安装在配合停电的其他线路上的接地线、跨越架、围栏、遮栏、临时拉线等）已全部撤除，并确认杆塔上、电线上已无妨害线路恢复送电的异物。
5）检查确认为检修施工所临时开挖的地锚坑洞已填埋，施工用火已熄灭，施工机具、用具已收拾妥当，达到工完场清、文明施工、安全用火的要求。
6）检查重要施工机具使用后的情况，若有缺陷应登记，收工后及时安排修复。
4. 反事故演习制度
反事故演习一般采用反事故预案的方式进行。经常利用安全日的时间开展。开展反事故演习的目的是提高班组对事故性质的判断能力和提高紧急处理事故的能力。
5. 技术培训与技术问答制度
技术培训与技术问答是提高班组员工技能的手段。技术培训是上级机构或班组领导人对班组员工的培训；技术问答是班组内员工之间的技术交流，是以书面问答形式的交流。

第5章 力学的一般知识

在电力线路施工、检修中经常要用到理论力学（其中的静力学）和材料力学知识。在解决物体的平衡问题时，要用到静力学知识；在解决物体的内力问题时，要用到静力学和材料力学的知识。

5.1 静力学的一般知识

通常将理论力学划分为三个部分：静力学、运动学、动力学。

因为在电力线路施工、检修工作中，主要需要解决的问题是如何保持物体平衡问题，而静力学是研究作用在物体（刚体）上力系的平衡问题的科学，所以在这里只介绍理论力学中的静力学的基础知识。

5.1.1 静力学的基本概念

1. 刚体的概念

在静力学中所研究的物体都被看作刚体。

刚体：是指物体中各点之间的距离在任何情况下都保持不变的物体，或者说能永远保持本体的几何形状的物体即为刚体。

在自然界中，所谓的刚体是不存在的，因为任何物体在外力的作用下都会发生或多或少的几何形状的变形，但是只要这种变形是很小的可忽略不计时，我们就把此物体认为是刚体。

在这里值得注意的问题，是刚体的微小变形则是材料力学所要研究的范畴，材料力学所研究的问题正是固体物体因微小变形而在物体中产生的内力。

2. 力的概念

力的概念是力学基本概念之一。

力是一个物体使另一物体改变运动状态的作用，这种作用就是力。

力的作用效果取决于力的三个因素，即力的作用点、力的方向、力的大小。此三个因素称为力的三要素。力是矢量，因为力不仅有大小，而且有方向。力所在的直线，称为此力的作用线。

力的法定计量单位是牛顿（简称为"牛"），单位的符号是 N（曾经用公斤作为力的计量单位，其符号是 kg 或 kgf，1kg 约等于 9.8N。现已废除千克这种力的计量单位）。力的大小是以具有多少个力的单位来衡量。

表示力的方法有两种：一种是在图解中使用的表示方法，另一种是在论述中使用的表示方法。力在图解中使用的表示方法是用一段有方向的线段来表示，例如图 5.1-1 所示的 F 力线段。此线段的始点 A 是力在物体上的作用点，线段的长度表示力的大小（按照某一比例来画线段长短，用线段长度表示力的大小，例如用 1cm 的线段代表 1000N，若该线段长 2cm，则表示该力为 2000N），线段末端箭头所指方向是力的方向。

力在论述中使用的表示法：用黑体的英语字母（如 **F**）或在顶上加短箭的白体英语字母（如 $\vec{F}$）来表示。如果只用白体英语字母（如 F）来表示，则它表示的是力的大小（即矢量力的模），不表示力的方向。

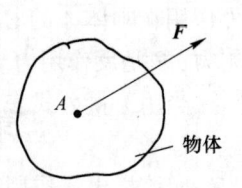

图 5.1-1 力的图解表示法

3. 力系、平衡力系、互等力系、合力

力系：作用在物体上的力群称为力系。

平衡力系（合力等于零的力系）：如果物体在已知力系的作用下保持静止，则此力系称为平衡力系或合力等于零的力系。

互等力系：如果作用于已知物体上的力系可以用另外一力系来代替，而不改变该物体的运动或静止状态，则这两个力系称为互等力系。

合力：如果已知力系上一力互等，则此力称为该力系的合力。

5.1.2 静力学的基本公理

公理 1：欲使作用于同一刚体上的两力平衡，其必要与充分条件为：此两力大小相等，并在两作用点的连线上而方向相反。通常将此公理称为二力平衡公理。

公理 2：在已知力系上附加一任意平衡力系，或从中取出任意平衡力系，新力系对物体的作用效果与原已知力系对物体的作用效果相同。通常将此公理称为加减平衡力系公理。

公理 3：作用于刚体某点的两力，其合力的大小和方向，由这两力所组成的平行四边形的对角线表示之。而这合力作用线，则通过该二力的作用点。通常将此公理称为平行四边形公理。

当用矢量图表示公理 3 时，如图 5.1-2 所示。
当用矢量公式表示时，其合力的表示式为

$$\boldsymbol{R} = \boldsymbol{F}_1 + \boldsymbol{F}_2 \tag{5.1-1}$$

合力 **R** 的模表示为

$$R = \sqrt{F_1^2 + F_2^2 + 2F_1 F_2 \cos\alpha} \tag{5.1-2}$$

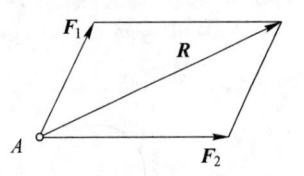

图 5.1-2 F_1 与 F_2 合力 R 的平行四边形表示法

式中　F_1、F_2——分别为 F_1、F_2 的模；
　　　α——F_1、F_2 两力的夹角。

公理 4：不论任何作用，总是同时有与之大小相等、方向相反的反作用存在。通常将此公理称为作用与反作用公理。公理 4 可用图 5.1-3 来表示。

在图 5.1-3 中，C 点是刚体 A、刚体 B 的相互作用点。当刚体 A 以 F 力作用在刚体 B 的 C 点上时，刚体 B 就以大小相等但与 F 力方向相反的 F' 作用在刚体 A 的 C 点上，此时 F 是作用力，F' 就是 F 的反作用力。反过来，如果刚体 B 以 F'

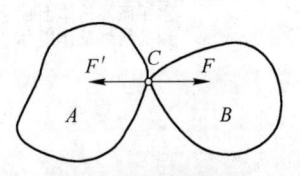

图 5.1-3 作用力与反作用力示意图
A—刚体 A；B—刚体 B

力作用在刚体 A 的 C 点上，同样地刚体 A 也以 F 力作用在刚体 B 的 C 点上，此时 F' 是作用力，F 是反作用力。

当用矢量公式表示作用力和反作用力时，两者的关系式为

$$F' = -F \quad (5.1-3)$$

应该指出：作用力与反作用力永远是施加于两个不同的物体上的两个力。绝不能把作用力与反作用力的大小相等但方向相反的概念与公理 1 中两力平衡的概念相混淆。两力平衡是指两力作用在同一刚体上，两力大小相等，两力的作用线在同一直线上，两力方向相反。

公理 5：如果变形体（非刚体或可变质点系）在已知力作用下处于平衡状态，则在将此变形体变为刚体后，其平衡不受影响。通常将此公理称为硬化公理。

5.1.3 约束及约束反作用力

1. 自由体与不自由体

自由体：如果已知刚体在空间可以任意位移，则此刚体称为自由体。

不自由体：如果已知刚体受到某种限制，使刚体在某些方向的位移变成不可能时，则此刚体称为不自由体。

2. 约束与约束反作用力

约束：阻碍刚体运动的限制，在静力学中称为约束。

约束反作用力：由约束施加在刚体上，阻碍刚体在其方向产生运动的力，称为此约束的反作用力。约束反作用力的方向与约束阻碍刚体运动的方向刚好相反。

3. 约束的种类

静力学所研究的刚体平衡问题，几乎都是不自由体的平衡问题。不自由体所受到的约束，最常见的是以下三种：

（1）光滑面约束。光滑面约束如图 5.1-4 所示。

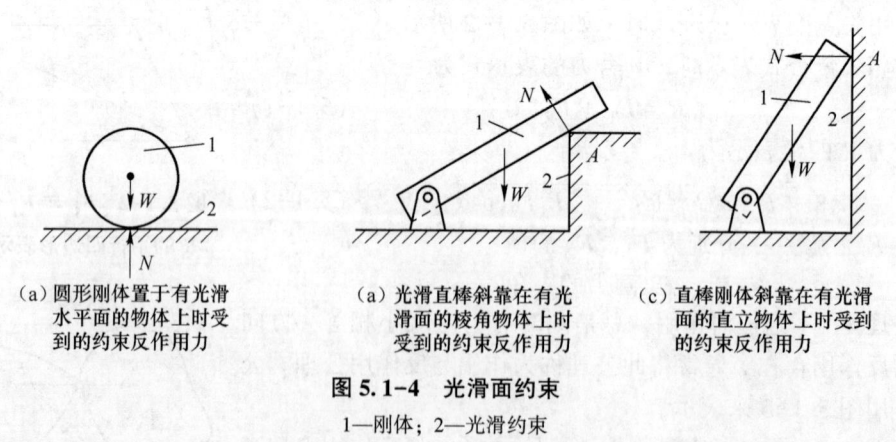

(a) 圆形刚体置于有光滑水平面的物体上时受到的约束反作用力

(a) 光滑直棒斜靠在有光滑面的棱角物体上时受到的约束反作用力

(c) 直棒刚体斜靠在有光滑面的直立物体上时受到的约束反作用力

图 5.1-4 光滑面约束
1—刚体；2—光滑约束

光滑面约束是指约束的表面是绝对光滑的约束。

在图 5.1-4（a）和（c）中，约束是光滑约束，就不会阻碍刚体在其表面上运动，在光滑约束的表面上就不会产生约束反作用力，所以两图中的光滑约束对刚体的约束反作

用力的方向，只能是该光滑面的法线方向，即图 5.1-4 中的 N 是约束反作用力及其方向，N 垂直于光滑表面，N 的方向就是光滑表面的法线方向。

在图 5.1-4（b）中，刚体与约束的接触出现在约束的棱角处，就可以确定约束反作用力一定发生在棱角处，但在没有确定约束的类型之前是无法确定约束反作用力的方向的。但在这里，我们已确定刚体在棱角处的接触是光滑面约束，故可以确定约束反作用力方向是被约束刚体的法线方向，如图 5.1-4（b）中 N 所示的方向。

（2）柔软约束。柔软约束是指用柔软物体（如线、绳、钢丝、链条等）形成的约束。现假设约束是软绳。图 5.1-5 中的两根软绳是约束，重物是被约束的刚体；约束反作用力施加在软绳与刚体相连的 A 和 B 的连接点上，约束反作用力的作用线沿着软绳，并且约束反作用力 T_a 和 T_b 是对刚体的拉力，约束反作用力的方向背离刚体。

（3）铰链约束。铰链约束是指用铰链造成的约束。铰链的形式有很多种，通常的铰链是由一个固定在一物体上的圆环与一个适合穿入圆环的圆形销子组成。铰链上被约束的刚体的连接方式也有很多种，铰链与被连接刚体的连接的通常方法是将刚体上已准备好的圆孔对准铰链上的圆环孔，然后用铰链上的圆形销子穿入两个圆孔中，将铰链与刚体连接起来，如图 5.1-6 所示。

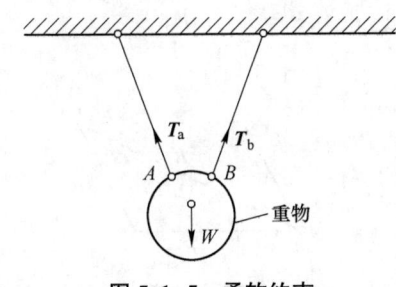

图 5.1-5 柔软约束

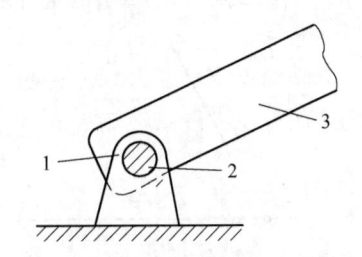

图 5.1-6 铰链约束
1—铰链圆环；2—铰链圆形销子的截面、铰链中心；3—被约束的刚体

通常认为铰链的圆环内表面，圆形销子的表面是绝对光滑的，因而铰链约束的约束反作用力的作用线在与圆形销子垂直的平面内，并且通过铰链的中心，但其约束反作用力的方向不能预先确定。

5.1.4　平面力系

因为平面力系包括平面汇交力系、平面平行力系、力偶系等分力系，所以平面力系的平衡条件涵盖上述各分力系的平衡条件。为了简化起见，就直接从平面力系的平衡条件入手来进行有关知识的介绍。

5.1.4.1　平面汇交力系的合成

在静力学的基本概念中介绍过，力系是作用在物体上（将刚体简称为"物体"）的一群力。一群力包括两个力、诸力（两个以上的力）等多个力。当力系（一群力）不平衡时，力系的合力是一个力或是一个力偶；当力系平衡时，其合力等于零。

平面力系是指作用在物体上的一群力都在同一个平面内。平面汇交力系是指这样的一种力系：第一，这些力的作用线都位于同一平面内；第二，这些力的作用线或其延长线都汇交于一点。

所谓力系的合成就是求力系或几个分力的合力。下面分别介绍几何法和分析法求合力的方法。

1. 用几何法求平面汇交诸力的合力

先介绍求解平面汇交二力的合力，后介绍求解平面汇交诸力的合力的方法。

(1) 用几何法求平面汇交二力合力。几何法就是作图法。求平面汇交二力合力的几何法有两种：一是力的平行四边形法（公理3的方法），二是力的三角形规则法。

1) 用力的平行四边形法求平面汇交二力合力 R 的方法。

设 F_1、F_2 为已知大小与方向且是平面汇交的二力，如图5.1-7（a）所示，现用几何法求此二力的合力 R 如下。

因为力具有可传性的性质，即将作用在物体上的已知力的作用点在力的作用线上移动，不会改变此力对该物体的作用效果的性质，所以可以将 F_1、F_2 两力移到两力作用线的汇交点 A 上，于是就可直接根据公理3画出力的平行四边形，如图5.1-7（b）所示，图中 $\overrightarrow{AB}=F_1$，$\overrightarrow{AC}=F_2$，$\overrightarrow{AD}=R$。R 的矢量表达式为 $R=F_1+F_2$。

(a) 平面汇交的二力　　　(b) 平行四边形法

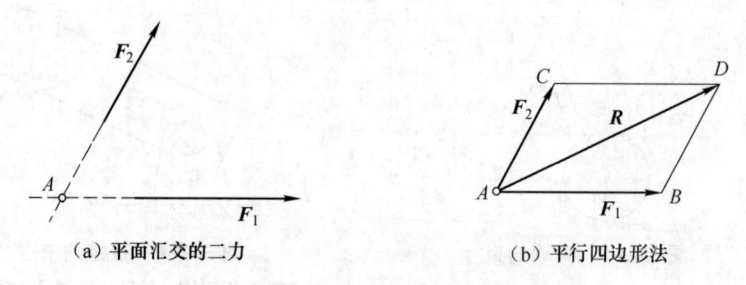

图5.1-7　平行四边形法求二力的合力

2) 用力的三角形规则求平面汇交二力的合力 R 的方法。

已知 F_1、F_2 为平面汇交二力，如图5.1-8（a）所示，现用三角形规则法求其合力如下。

首先，在平面上的 A 点起画出一段平行、等于其中的一个已知力，例如首先在平面上的 A 点起画出一个平行、等于图5.1-8（a）中 F_1 的矢量 $\overrightarrow{AB}$。

其次，在 $\overrightarrow{AB}$ 末端 B 处接着画一个平行、等于图5.1-8（a）中 F_2 的矢量 $\overrightarrow{BD}$，得到一条折线 ABD。

最后，从 A 向 D 作一矢量 $\overrightarrow{AD}$。这个矢量 $\overrightarrow{AD}$ 就是 F_1、F_2 汇交二力的合力 R。R 的矢量表达式为 $R=F_1+F_2$。

上述作图过程如图5.1-8（b）所示。

(2) 用几何法求平面汇交诸力的合力。可以用力的平行四边形公理法、力的三角形规则法、力的多边形规则法三种几何法来求平面汇交诸力的合力。但因为力的三角形规则法和力的多边形规则法是同类的方法，所以只分别介绍求平面汇交诸力的合力 R 的平行

(a) 平面汇交的二力　　　　(b) 三角形规则法

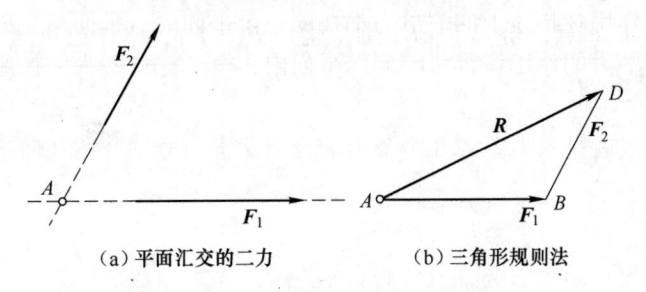

图 5.1-8　用三角形规则求二力的合力

四边形公理法和力的多边形规则法。

1) 用力的平行四边形公理法求平面汇交诸力合力 R 的方法。设 F_1、F_2、F_3、F_4 是一个平面内的汇交于 A 点的四个力，如图 5.1-9（a）所示。现用力的平行四边形公理法求其合力 R，如图 5.1-9（b）所示。

具体的作图步骤：首先，做以 F_1、F_2 为边的平行四边形，其对角线 $\overrightarrow{AC}$ 就是 F_1、F_2 的合力，即 $\overrightarrow{AC} = F_1 + F_2$。其次，做以 $\overrightarrow{AC}$、F_3 为边的平行四边形，其对角线 $\overrightarrow{AD}$ 就是 $\overrightarrow{AC}$、F_3 的合力，即 $\overrightarrow{AD} = \overrightarrow{AC} + F_3 = F_1 + F_2 + F_3$。最后，做以 $\overrightarrow{AD}$、F_4 为边的平行四边形，其对角线 $\overrightarrow{AE}$ 就是 $\overrightarrow{AD}$、F_4 的合力，即 $\overrightarrow{AE} = R = \overrightarrow{AD} + F_4 = F_1 + F_2 + F_3 + F_4$。

说明：在作图求诸力合力的过程中，可以改变求两力之间合力的顺序，如在这里是从求 F_1、F_2 二力的合力开始，然后依次求其余二力的合力。但是也可以从求 F_2、F_4 二力的合力开始，直至求出所有二力的合力。总之，最后的合力结果都是相同的。

(a) 平面汇交的诸力　　　　(b) 平行四边形法

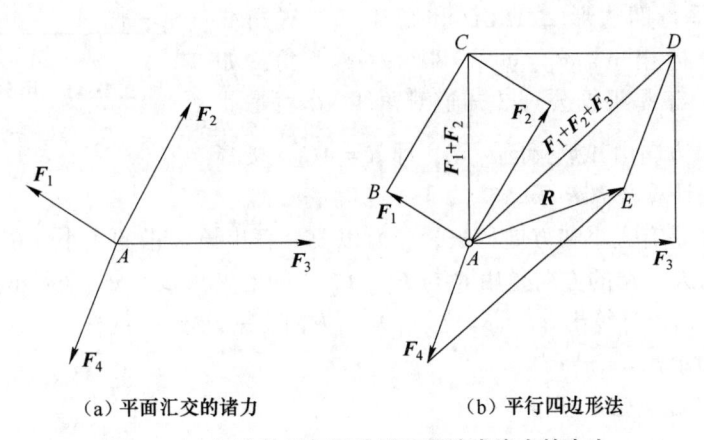

图 5.1-9　用力的平行四边形公理法求诸力的合力

2) 用力的多边形规则求平面汇交诸力的合力 R 的方法。设 F_1、F_2、F_3、F_4 是一个平面内的汇交于 A 点的四个力，如图 5.1-10（a）所示。现将用力的多边形规则求其合力 R，如图 5.1-10（b）所示。

具体的作图方法：从汇交点 A 画矢量 $\overrightarrow{AB}$。$\overrightarrow{AB}$ 平行、等于 F_1。接着从 B 点起，画矢量 $\overrightarrow{BC}$。$\overrightarrow{BC}$ 平行、等于 F_2。按照此法继续画平行、等于余下的 F_3、F_4 力的矢量 $\overrightarrow{CD}$、

$\overrightarrow{DE}$，最后连接 A、E 两点，得矢量 $\overrightarrow{AE}$。$\overrightarrow{AE}$ 就是 F_1、F_2、F_3、F_4 四个力的合力 R，即 $R = F_1 + F_2 + F_3 + F_4$。

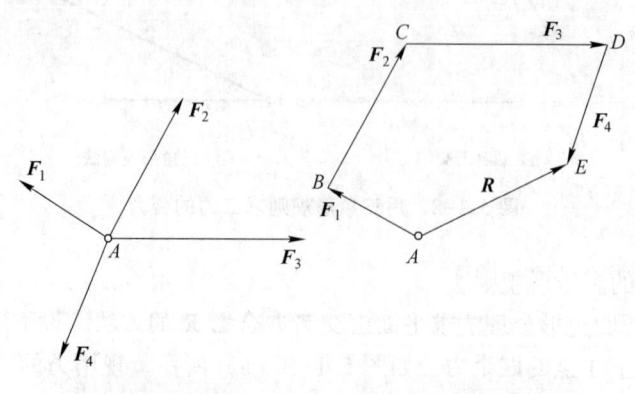

（a）平面汇交的诸力　　　　（b）多边形规则法

图 5.1-10　用力的多边形规则求平面汇交诸力的合力

2. 用分析法求平面汇交诸力的合力

先介绍用分析法求解平面汇交二力的合力，后介绍求解平面汇交诸力的合力的方法。

（1）用分析法求平面汇交二力的合力。设 F_1、F_2 是已知大小和方向的汇交于 A 点的平面汇交二力，α 是 F_1 与 F_2 之间的夹角。为了用分析法计算出此二力的合力 R，首先要根据力的平行四边形公理（公理 3）画出由此二力组成的平行四边形 $\square ABCD$ 和经 A 点的对角线 AC，并在图上标出 α、φ_1、φ_2、$180° - \alpha$ 等角，如图 5.1-11 所示。于是根据公理 3 知道对角线 AC 就是此

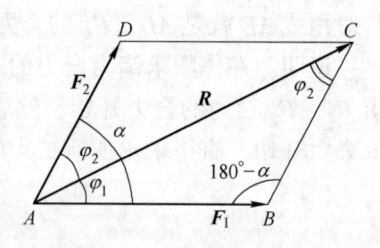

图 5.1-11　用分析法求合力

二力的合力 R，方向由 A 点指向 C 点，即 $R = \overrightarrow{AC}$。接着就可以用分析法计算合力 R 了。

因为合力 R 是有大小和方向的矢量，所以要计算出该矢量的大小（矢量的模）和方向才能确定合力 R。R 的方向是用 R 与 F_1、F_2 之间的夹角 φ_1、φ_2 来表示的。因 F_1、F_2 是已知方向的，所以计算出 φ_1、φ_2 之后，R 的方向也就确定了。

1) 计算 R 的模。

根据 $\triangle ABC$ 和余弦定理得
$$R^2 = F_1^2 + F_2^2 - 2F_1F_2\cos(180° - \alpha)$$

因而
$$R = \sqrt{F_1^2 + F_2^2 + 2F_1F_2\cos\alpha} \tag{5.1-4}$$

式中　F_1、F_2 ——已知力 F_1、F_2 的模；

　　　R ——合力 R 的模；

　　　α ——F_1、F_2 二力的夹角。

2) 计算 R 的方向。

根据 $\triangle ABC$ 和正弦定理得

$$\frac{F_1}{\sin\varphi_2} = \frac{F_2}{\sin\varphi_1} = \frac{R}{\sin(180° - \alpha)}$$

因而

$$\left.\begin{aligned}\sin\varphi_1 &= \frac{F_2\sin(180° - \alpha)}{R} = \frac{F_2\sin\alpha}{R} \\ \sin\varphi_2 &= \frac{F_1\sin(180° - \alpha)}{R} = \frac{F_1\sin\alpha}{R}\end{aligned}\right\} \quad (5.1\text{-}5)$$

由此得 $\varphi_1 = \arcsin\varphi_1$，$\varphi_2 = \arcsin\varphi_2$。

式中的各符号含义同式（5.1-4）的符号含义。

【例 5.1-1】 已知 $F_1 = 4\text{kN}$，$F_2 = 3\text{kN}$，F_1 与 F_2 的夹角 $\alpha = 60°$，F_1 平行于地平线，请分别用几何法和分析计算法求上述平面汇交二力的合力。

解：用 1cm 等于 1kN 的比例尺，根据力的平行四边形公理（公理 3）画出由 F_1、F_2 二力组成的平行四边形 $\square ABCD$，及其通过汇交点 A 的对角线，如图 5.1-12 所示。

1）用几何法求解：

用尺子量得 $\overrightarrow{AC}$ 长度为 6cm，故 $R = 6\text{kN}$，用量角器量得 $\varphi_1 = 25.2°$，$\varphi_2 = 35°$。

2）用分析法求解：

根据式（5.1-4）得合力的模为

$$\begin{aligned}R &= \sqrt{F_1^2 + F_2^2 + 2F_1F_2\cos\alpha} \\ &= \sqrt{4^2 + 3^2 + 2 \times 4 \times 3 \times \cos 60°} \\ &= \sqrt{16 + 9 + 24 \times 0.5} \\ &= 6.08(\text{kN})\end{aligned}$$

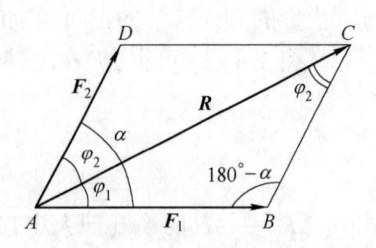

图 5.1-12 例 5.1-1 图
注：比例尺 1cm = 1kN

根据式（5.1-5）分别得 F_1、F_2 与 R 的夹角为

$$\sin\varphi_1 = \frac{F_2\sin\alpha}{R} = \frac{3 \times \sin 60°}{6.08} = 0.4273$$

$$\sin\varphi_2 = \frac{F_1\sin\alpha}{R} = \frac{4 \times \sin 60°}{6.08} = 0.5697$$

由此得 $\varphi_1 = 25.296°$，$\varphi_2 = 34.729°$。

比较几何法和分析法可知：几何法的求解简便，分析法的求解较准确，两者计算结果误差不大，能满足工程上的精度要求。

(2) 用分析法中的投影定理法求平面汇交诸力的合力。毫无疑问，不管平面汇交力有多少个，都可以用平面汇交二力的分析法来求解平面汇交诸力的合力。其求解法是先用分析法求解第一个、第二个力的合力，得第一个二力的合力（得出大小与方向），再用第一个合力和第三个力求出第二个合力，如此继续求出后面的力与前面的合力的合力，直至求出最后一个力与前面的合力的合力。最后一个合力就是所有平面汇交力的合力。显然，用这种二力的分析法求解平面汇交诸力的合力的方法是非常麻烦的。因而需要另找其他的较简单的求解方法。

下面介绍的投影定理法就是求解平面汇交诸力合力的较简单的一种方法。

因为在投影定理中要用到力在轴上投影这个代数量，所以首先介绍投影这个代数量如下。

设有一力 F 位于具有正、负方向的 x—y 直角坐标系中，F 力的始点在坐标系的原点 O 上，α 是 F 与 x 轴的正向夹角，如图 5.1-13 所示。

图 5.1-13 中的 B 点是 F 的末端的垂线在 x 轴上的交点，线段 OB 是 F 在 x 轴上的投影，该投影用 F_x 表示。图 5.1-13 中的 C 点是 F 的末端的水平线在 y 轴上的交点，线段 OC 是 F 在 y 轴上的投影，该投影用 F_y 表示。在这里，将力在 x 轴、y 轴上的投影视为无向代数量，即有正（+）、负（-）号的数。

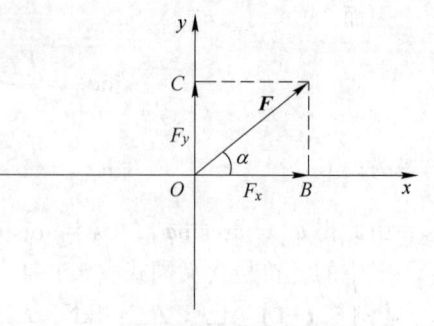

图 5.1-13 F 力在 x、y 轴上的投影

无向代数量+、-号的确定规则为：投影的方向与轴的正向一致时，该代数量取"+"号；投影的方向与轴的正向相反时，该代数量取"-"号。

从图 5.1-13 可得，F 在 x 轴和 y 轴投影的表达式为

$$\left.\begin{array}{l} F_x = F\cos\alpha \\ F_y = F\sin\alpha \end{array}\right\} \quad (5.1\text{-}6)$$

式中　　F——F 的模（即大小）；

　　　　α——F 与 x 轴正向间的夹角；

　　　　F_x——F 在 x 轴上的投影；

　　　　F_y——F 在 y 轴上的投影。

下面介绍投影定理。

投影定理：合力在任一轴上的投影，等于诸分力在此轴上投影的代数和。

在知道了投影的定义和投影定理之后，就可用投影定理来求平面汇交诸力的合力了，它就是求这合力的较简单的分析法，其具体求法如下。

设 F_1、F_2、F_3、F_4 是平面汇交力，汇交于 x—y 直角坐标系的原点 O 上，其中 F_{1x}、F_{2x}、F_{3x}、F_{4x} 分别是 F_1、F_2、F_3、F_4 在 x 轴上的投影；F_{1y}、F_{2y}、F_{3y}、F_{4y} 分别是 F_1、F_2、F_3、F_4 在 y 轴上的投影。R_x 是合力 R 在 x 轴上的投影，R_y 是合力 R 在 y 轴上的投影。

现根据投影定理得

$$\left.\begin{array}{l} R_x = F_{1x} + F_{2x} + F_{3x} + F_{4x} = \sum F_x \\ R_y = F_{1y} + F_{2y} + F_{3y} + F_{4y} = \sum F_y \end{array}\right\} \quad (5.1\text{-}7)$$

进而得合力的大小（模）为

$$\left.\begin{array}{l} R = \sqrt{R_x^2 + R_y^2} \\ R = \sqrt{\left(\sum F_x\right)^2 + \left(\sum F_y\right)^2} \end{array}\right\} \quad (5.1\text{-}8)$$

或

R 与 x 轴正向夹角 α 的正切为

$$\tan\alpha = \frac{R_y}{R_x} = \frac{\sum F_y}{\sum F_x} \qquad (5.1-9)$$

在求出合力 R 的大小、R 与 x 轴正向夹角 α，并知道合力通过 x—y 坐标系的原点 O 之后，合力 R 就确定了。

下面用一个算例来说明应用投影定理的分析法求解平面汇交诸力合力的方法。

【例 5.1-2】 设有 F_1、F_2、F_3、F_4 4 个力的平面汇交力系如图 5.1-14（a）所示，请分别用几何法和投影定理分析法求该力系的合力。

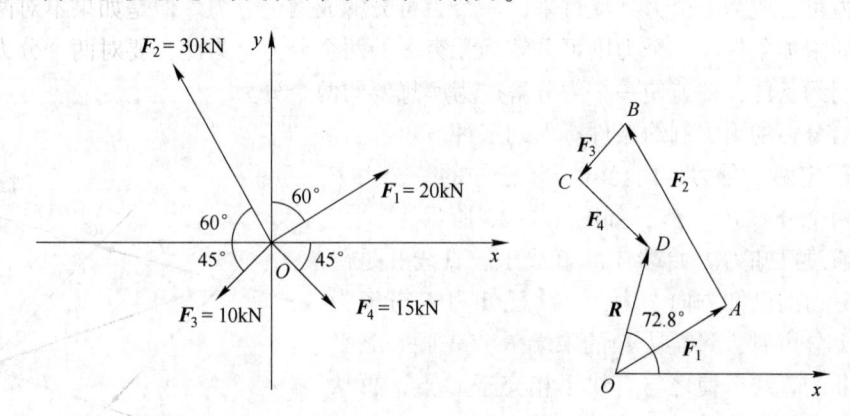

(a) 平面汇交力系　　　　(b) 用多边形规则求力系的合力 R

图 5.1-14　例 5.1-2 的平面汇交力系图

注：比例尺 1cm = 10kN

解： 1) 用几何法求解合力 R，如图 5.1-14（b）所示。

现从 x—y 坐标的原点 O 起，按力的多边形规则作该力系的合力图，得力的多边形 $OABCD$，其中 $\overrightarrow{OD}$ 为合力 R。

接着测量合力 $\overrightarrow{OD}$ 线段的长度，得 $\overrightarrow{OD} = 1.9$ cm；于是得知 $R = 19$ kN；量得 α 角为 $72.8°$，α 为 R 与 x 轴正向的夹角。

2) 用投影定理分析法求力系的合力 R。

根据式 (5.1-6) 和式 (5.1-7)，得

$$R_x = \sum F_x = F_1\cos 30° - F_2\cos 60° - F_3\cos 45° + F_4\cos 45°$$
$$= 20 \times \frac{\sqrt{3}}{2} - 30 \times \frac{1}{2} - 10 \times \frac{\sqrt{2}}{2} + 15 \times \frac{\sqrt{2}}{2} = 5.856$$

$$R_y = \sum F_y = F_1\sin 30° + F_2\sin 60° - F_3\sin 45° - F_4\sin 45°$$
$$= 20 \times \frac{1}{2} + 30 \times \frac{\sqrt{3}}{2} - 10 \times \frac{\sqrt{2}}{2} - 15 \times \frac{\sqrt{2}}{2} = 18.303$$

又根据式 (5.1-8) 和式 (5.1-9) 得

$$R = \sqrt{R_x^2 + R_y^2} = \sqrt{5.856^2 + 18.303^2} = 19.22$$

$$\tan\alpha = \frac{R_y}{R_x} = \frac{18.303}{5.856} = 3.126$$

$$\alpha = \arctan\alpha = 72.26°$$

比较两种算法的计算结果,可知两种算法的结果接近,其中分析法的计算结果较准确。

5.1.4.2 力的分解

两个力可合成为一个力。反过来,一个力可分解成两个分力。但是如果不对两个分力给予一定的附加条件,一个力则可分解为无穷多的两个分力。为此,要对两个分力予以一定的附加制约条件,才能使一个力分解成为所想要的两个分力。

通常给分力的附加制约条件有下列三种。

(1) 假定两个分力方向已知,将已知的一个力 F 分解成为两个分力 F_1、F_2,如图 5.1-15 所示。

假设通过已知力 F 始端 A 的直线Ⅰ、直线Ⅱ是待求的两个分力的已知方向。为此,将已知力 F 分解为预定的两个分力时,只需从 F 的末端 B 点先画一条平行于直线Ⅱ的直线,使之与直线Ⅰ相交于 C 点,再从 B 点画一条平行于直线Ⅰ的直线,使之与直线Ⅱ相交于 D 点,得一个平行四边形 $\square ADBC$,则四边形中的 $\overrightarrow{AC}$ 和 $\overrightarrow{AD}$ 的两条边,即是待求的两个分力 $\overrightarrow{AC}$ 和 $\overrightarrow{AD}$,$\overrightarrow{AC} = F_1$,$\overrightarrow{AD} = F_2$。

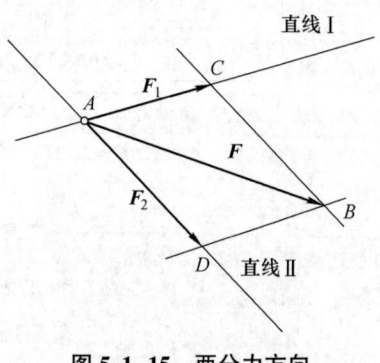

图 5.1-15 两分力方向已知时一个力的分解

(2) 假设两个分力的大小已知时,将一个已知力 F 分解成两个分力 F_1、F_2,如图 5.1-15 所示。

设 F_1 线段、F_2 线段分别为待求的 F_1、F_2 分力的大小(模)。此时欲将自 A 点至 B 点的已知力 F 分解为上述两个分力时,将有两种分解方法,即有两个答案。

第一种分解方法如图 5.1-16 (a) 所示。

首先,以 A 点为圆心以 F_1 线段为半径,另以 B 点为圆心以 F_2 线段为半径,在 F 的一侧(如在 F 的上侧)分别画两个圆弧相交于 C 点。其次,以 A 点为圆心以 F_2 线段为半径,另以 B 点为圆心以 F_1 为半径在 F 的另一侧(如在 F 的下侧)分别画两个圆弧相交于 E 点。最后,用线段将 A、E、B、C 四个点连接起来形成平行四边形 $\square AEBC$。在这平行四边形中,$\overrightarrow{AC}$、$\overrightarrow{AE}$ 是从 A 点接出的两条边,$\overrightarrow{AB}$ 是四边形在 A 点的对角线,于是因 $\overrightarrow{AB} = F$,$\overrightarrow{AC} = F_1$,$\overrightarrow{AE} = F_2$,$F_1$、$F_2$ 就是其大小分别等于 F_1、F_2 的分解 F 得出的两个分力。

第二种分解方法如图 5.1-16 (b) 所示。

掉转圆心 A、圆心 B 的半径顺序,将半径 F_1 改为 F_2,将半径 F_2 改为 F_1,仿照第一种分解方法画图,得出一个平行四边形 $\square ADBK$。此时 $\overrightarrow{AB} = F$,$\overrightarrow{AK} = F_2$,$\overrightarrow{AD} = F_1$,$F_1$、$F_2$ 就是其大小分别等于 F_1、F_2 的分解 F 得出的两个分力。

(3) 设已知一个分力 F_1 的大小与方向,将一个已知力 F 分解成 F_1 和 F_2 两个分力。

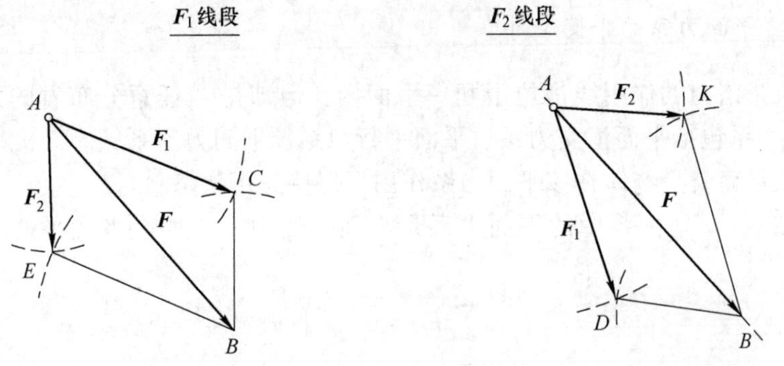

第5章 力学的一般知识

(a) 第一种作图分解法　　　　(b) 第二种作图分解法

图 5.1-16　两个分力大小已知时一个力的分解

F 和 F_1 的大小与方向及将 F 分解成两个分力 F_1 和 F_2 后的情形如图 5.1-17 所示。A 是 F 的始端，B 是 F 的末端。

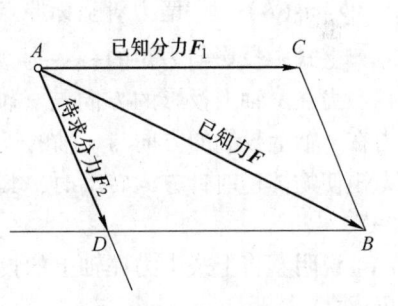

按上述已知约束条件将力 F 分解成两个分力 F_1、F_2 的方法如下。

首先从 F 的 A 点画一直线 $\overrightarrow{AC}$，$\overrightarrow{AC}$ 平行且等于 F_1 的模。接着将 F 的 B 点与 $\overrightarrow{AC}$ 的 C 点连接，得线段 $\overrightarrow{CB}$。

其次，从 F 的 A 点画一平行于 $\overrightarrow{CB}$ 的直线，再从 F 的 B 点画一平行于 $\overrightarrow{AC}$ 的直线，两直线相交于 D 点。至此就画出一个符合已知约束条件的平行四边形 $\Box ADBC$。在此平行四边形中，对角线是已知力 F，$\overrightarrow{AB} = F$；$\overrightarrow{AC} = F_1$，是已知力 F 的一个已知分力；$\overrightarrow{AD} = F_2$ 是已知力 F 的另一个待求分力。

图 5.1-17　大小与方向已知时一个力的分解

5.1.4.3　力矩合成定理

在用静力学知识解题时经常会用到力矩合成定理。

力矩合成定理：平面力系如有合力，则其合力对平面内任一点的力矩等于诸力对同点的力矩的代数和，其分析表达式为

$$m_0(\boldsymbol{R}) = \sum m_0(\boldsymbol{F}) \tag{5.1-10}$$

式中　$\boldsymbol{R}$ ——诸力的合力；

　　　$\boldsymbol{F}$ ——诸力中的一个力；

$\sum m_0(\boldsymbol{F})$ ——诸力对平面内任一点的力矩的代数和，其中使物体逆时针转动的力矩取 "+" 号，使物体顺时针转动的力矩取 "-" 号；

$m_0(\boldsymbol{R})$ ——合力 $\boldsymbol{R}$ 对同一点的力矩，其+、-号等于 $\sum m_0(\boldsymbol{F})$ 的总结果的+、-号。

5.1.4.4 平面力系的平衡条件

平面力系是诸力的作用线都位于同一平面内，但却是"任意分布着的力群（力群即力系）。平面力系包括平面汇交力系、平面平行力系、平面力偶系等。

平面力系平衡就是物体在该平面力系作用下保持静止状态。

现假设在 $x-y$ 坐标系中的平面力系是平面平衡力系，那么平面平衡力系的平衡条件为

$$\left.\begin{array}{r}\sum F_x = 0 \\ \sum F_y = 0 \\ \sum m_0(F) = 0\end{array}\right\} \quad (5.1-11)$$

式中 $\sum F_x$ ——诸力在 x 轴上投影的代数和；

$\sum F_y$ ——诸力在 y 轴上投影的代数和；

$\sum m_0(F)$ ——诸力对坐标原点 O 的力矩的代数和。

上式中投影与力矩的+、-号规定如下。

力在 x 轴上投影的方向与 x 轴的正向同向时，其投影取"+"号；反之取"-"号。力在 y 轴上投影的方向与 y 轴的正向同向时，其投影取"+"号；反之取"-"号。$m_0(F)$ 力矩使物体逆时针方向转动时，其力矩取"+"号；使物体顺时针方向转动时，其力矩取"-"号。

说明：将上式中力在轴上的投影改写为力在轴上的分力时，其公式，即式（5.1-11）仍成立。

其中，平面汇交力系的平衡条件是

$$\left.\begin{array}{r}\sum F_x = 0 \\ \sum F_y = 0\end{array}\right\} \quad (5.1-12)$$

平面平行力系的平衡条件是

$$\left.\begin{array}{r}\sum F_y = 0 \\ \sum m_0(F) = 0\end{array}\right\} \quad (5.1-13)$$

下面举几个应用例子说明上式的应用。

【例 5.1-3】 平面汇交平衡力系分析法平衡条件应用的举例：设水平梁可绕铰链 O 转动，其一端挂一重物，其重 $P = 0.98\text{kN}$。梁由绳索 BC 维持平衡，绳索 BC 系于 C 点上而与水平梁成 $\alpha = 30°$ 角，如图 5.1-18 所示。现已知水平梁长度 $OA = 3\text{m}$ 及 $AB = 1\text{m}$，梁本身的质量不计，试求绳索的张力 T 与铰链的反作用力 N。

解：取 x—y 坐标如图 5.1-18 所示。

梁 OA 上的力系由重物的重力 $P = 0.98\text{kN}$、绳索 CB 的拉力 T、铰链 O 的约束反作用力 N 三个力组成。从图 5.1-18 上可看出 T 的作用线和 P 的作用线汇交于 D 点，T 与 P 二力的合力 R 通过 D 点。今知施加在梁上的力系是平面平衡力系，故知约束反作用力 N 的大小必定等于合力 R 的大小，方向与 R 方向相反，N 的作用线与 R 的作用线重合且通过 D

点。为此可判定此力系是平面三力汇交平衡力系。于是，便可根据平面汇交平衡力系的分析法的平衡条件来求解作用于梁上的力 T 和力 N。

下面是用分析法求解力 T 和 N 的过程。

（1）根据图中的几何关系求 φ 角。

从 $\triangle ABD$ 得

$$\mathrm{tg}\alpha = \frac{AD}{AB}，因为 AB = 1\mathrm{m}，所以 \tan\alpha = \frac{AD}{1}$$

从 $\triangle AOD$ 得

$$\tan\varphi = \frac{AD}{AO}；因为 AO = 3\mathrm{m}，$$

$AD = \tan\alpha$，所以 $\tan\varphi = \dfrac{\tan\alpha}{3}$

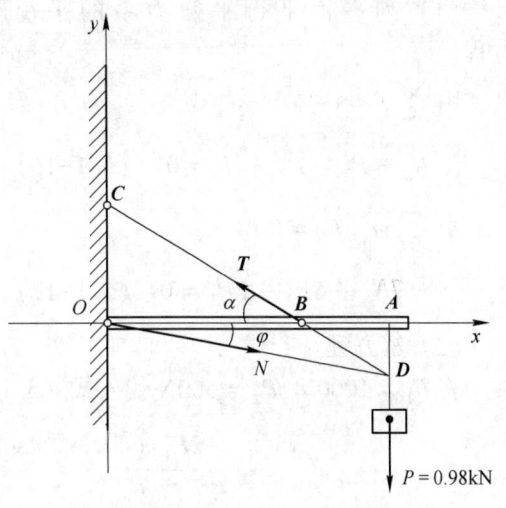

图 5.1-18　例 5.1-3 图

已知 $\alpha = 30°$，所以 $\tan\varphi = \dfrac{\tan 30°}{3} = 0.1925$，因而 $\varphi = 10.896°$。

（2）列平面汇交平衡力系的方程式。

T 的投影：$T_x = -T\cos 30°$，$T_y = T\sin 30°$

N 的投影：$N_x = N\cos 10.896°$，$N_y = -N\sin 10.896°$

由 $\sum F_x = 0$ 得

$$-T\cos 30° + N\cos 10.896° = 0 \quad (5.1\text{-}14)$$

由 $\sum F_y = 0$ 得

$$T\sin 30° - N\sin 10.896° - P = 0 \quad (5.1\text{-}15)$$

（3）解方程。

由式（5.1-14）得

$$N = \frac{T\cos 30°}{\cos 10.896°} = 0.882T$$

将 $N = 0.882T$ 和 $P = 0.98\mathrm{kN}$ 代入式（5.1-15），得

$$T\sin 30° - 0.882T\sin 10.896° - 0.98 = 0，$$

$$T = \frac{0.98}{\sin 30° - 0.882 \times \sin 10.896°} = 2.940(\mathrm{kN})$$

$$N = 0.882T = 0.882 \times 2.940 = 2.593(\mathrm{kN})$$

【例 5.1-4】　平面平行平衡力系分析法平衡条件应用的举例。

AB 梁的受力如图 5.1-18 所示。试求梁端 A、B 处的反作用力 N_a 和 N_b。

解：从图 5.1-18 可看出，施加在梁上的外力 P_1 和 P_2 是竖直向下的力，同时也可看出梁 B 处的约束是滚轴，它不会阻碍梁在水平方向的移动，故在梁上无水平向的反作用力，只有竖直向上的反作用力 N_b。另外，因梁无水平方向的受力，故梁 A 端的铰链约束也只有竖直向上的反作用力 N_a。由此可知施加在梁上的力系是由四个平行力组成的平面平行平衡力系，为此可用平面平行平衡力系的平衡条件来求解反作用力 N_a 和 N_b。

(1) 列平面平行平衡力系的平衡方程。

由 $\sum F = 0$ 得

$$N_a - P_1 - P_2 + N_b = 0 \quad (5.1-16)$$

由 $\sum m_A(F) = 0$ 得

$$7N_b - 5P_2 - 2P_1 = 0 \quad (5.1-17)$$

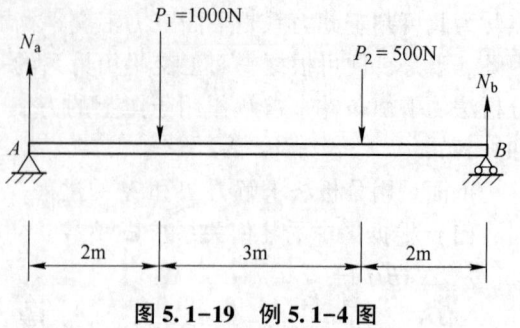

图 5.1-19 例 5.1-4 图

(2) 解方程。

将 $P_1 = 1000N$，$P_2 = 500N$ 代入式（5.1-17），得

$$N_b = \frac{2P_1 + 5P_2}{7} = \frac{2 \times 1000 + 5 \times 500}{7} = 642.9$$

将 $N_b = 642.9N$ 代入式（5.1-16），得

$$N_a = P_1 + P_2 - N_b = 1000 + 500 - 642.9 = 857.1(N)$$

结论：$N_a = 857.1N$，$N_b = 642.9N$，两力的方向均向上。

【例 5.1-5】平面力系平衡条件应用的举例。

如图 5.1-20 图所示：梯子 AB 长度为 $2a$，重力为 P，倚靠在光滑的地面和光滑的竖直墙面上。在梯子的 E 处站立一个人，其重力为 Q。为防止梯子倾倒，用绳子 OD 将梯子系在墙角 O 点处。现知梯子与地面夹角为 α，绳子与地面夹角为 β，$BE = b$。试求 A、B 两点的反作用力 N_a、N_b 和绳子的张力 T。

解：在本例题中，在梯子上有 A、B 和 D 三个约束。B 处的约束是竖直光滑的墙面，A 处的约束是光滑的地面，两者都是光滑约束，故两个约束的反作用力 N_a 和 N_b 的力作用线在 A 点、B 点光滑面的法线方向上，其方向背离光滑面。梯子上 D 点的约束是绳子，是柔软约束。该柔软约束的反作用力 T 的作用点在梯子的 D 点，其作用线沿着 DO 绳子，是拉力。

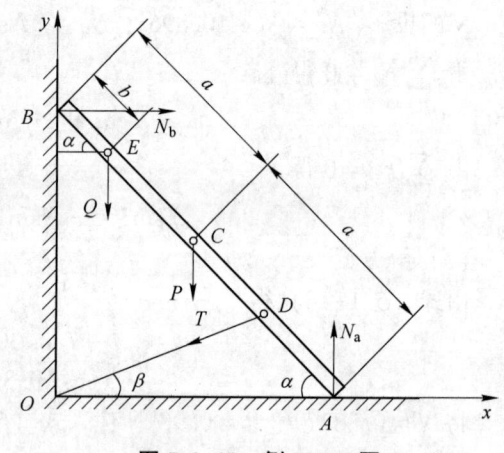

图 5.1-20 例 5.1-5 图

因为施加在梯子上的各个外力（反作用力也是外力）都在同一平面内，且方向不同，并知梯子是平衡的，因此加在梯子上的是平面力系的平衡力系，故可用平面力系平衡条件求解该平衡力系的反作用力 N_a、N_b 和 T。

(1) 选取 $x-y$ 坐标轴和求各外力的投影及投影对 O 点的矩。

所选 $x-y$ 轴如图 5.1-20 所示。各外力在 x、y 轴上的投影及投影对 O 点的矩见表 5.1-1。

第 5 章 力学的一般知识

表 5.1-1 例 5.1-5 表

参数	N_a	N_b	T	P	Q
在 x 轴上的投影	0	N_b	$-T\cos\beta$	0	0
在 y 轴上的投影	N_a	0	$-T\sin\beta$	$-P$	$-Q$
m_0	$+2aN_a\cos\alpha$	$-2aN_b\sin\alpha$	0	$-aP\cos\alpha$	$-bQ\cos\alpha$

(2) 列平面力系的平衡方程。

由 $\sum F_x = 0$ 得

$$N_b - T\cos\beta = 0 \tag{5.1-18}$$

由 $\sum F_y = 0$ 得

$$N_a - T\sin\beta - P - Q = 0 \tag{5.1-19}$$

由 $m_0(F) = 0$ 得

$$2aN_a\cos\alpha - 2aN_b\sin\alpha - aP\cos\alpha - bQ\cos\alpha = 0 \tag{5.1-20}$$

(3) 解方程。

由式 (5.1-18) 得

$$N_b = T\cos\beta$$

由式 (5.1-19) 得

$$N_a = P + Q + T\sin\beta$$

将 N_a、N_b 的值代入式 (5.1-20),得

$$2a\cos\alpha(P + Q + T\sin\beta) - 2aT\cos\beta\sin\alpha - aP\cos\alpha - bQ\cos\alpha = 0$$

$$2aP\cos\alpha + 2aQ\cos\alpha + 2aT\sin\beta\cos\alpha - 2aT\cos\beta\sin\alpha - ap\cos\alpha - bQ\cos\alpha$$

$$= 0 - 2aT(\sin\alpha \cdot \cos\beta - \cos\alpha \cdot \sin\beta) = -2aP\cos\alpha - 2aQ\cos\alpha + ap\cos\alpha + bQ\cos\alpha -$$

$$2aT(\sin\alpha \cdot \cos\beta - \cos\alpha \cdot \sin\beta) = -ap\cos\alpha - 2aQ\cos\alpha + bQ\cos\alpha$$

$$2aT(\sin\alpha \cdot \cos\beta - \cos\alpha \cdot \sin\beta) = (aP + 2aQ = bQ)\cos\alpha$$

因为

$$\sin(\alpha - \beta) = \sin\alpha \cos\beta - \cos\alpha \sin\beta$$

所以

$$2aT\sin(\alpha - \beta) = (ap + 2aQ - bQ)\cos\alpha$$

$$T = \frac{ap + 2aQ - bQ}{2a} \cdot \frac{\cos\alpha}{\sin(\alpha - \beta)} = \left(\frac{P}{2} + \frac{2a-b}{2a}Q\right)\frac{\cos\alpha}{\sin(\alpha - \beta)}$$

将 T 值分别代入式 (5.1-18) 和式 (5.1-19),得

$$N_a = P + Q + \left(\frac{P}{2} + \frac{2a-b}{2a}Q\right)\frac{\cos\alpha \cdot \sin\beta}{\sin(\alpha - \beta)}$$

$$N_b = \left(\frac{P}{2} + \frac{2a-b}{2a}Q\right)\frac{\cos\alpha \cdot \cos\beta}{\sin(\alpha - \beta)}$$

5.2 材料力学的一般知识

在解决材料力学中的力学问题时,往往需要同时运用理论力学中的静力学知识和材料

力学中的专门知识。

5.2.1 材料力学的基本概念

1. 材料力学是研究什么问题的科学

材料力学是研究固体在弹性阶段的强度、刚度及稳定问题的科学。

所谓弹性阶段是指固体在比例极限的限度以下的外力作用下发生微小变形，当撤除其外力后固体又恢复原状的阶段。

在材料力学中要研究的问题有静载荷问题和动载荷问题。在下面我们只介绍其中的静载荷问题的材料力学的一般知识。

2. 内力

材料力学中所称的内力不是指物体中固有的物体内部的一部分与其他部分之间相互作用的内力，而是指物体在外力作用下使物体产生微小变形后而在物体内部产生的附加内力。下面将这种附加内力统称为内力。

3. 截面法

截面法是求解物体在外力作用下物体某截面上内力的基本方法，是研究物体的强度、刚度、稳定问题的基本方法。

截面法的基本内容如下。

（1）某物体在外力作用下处于平衡状态，如图 5.2-1（a）截面法原理示意图所示。

（2）设想在该平衡物体的 mn 处用一个平面横切该物体，将物体切开成 A、B 两个部分，如图 5.2-1（b）所示。

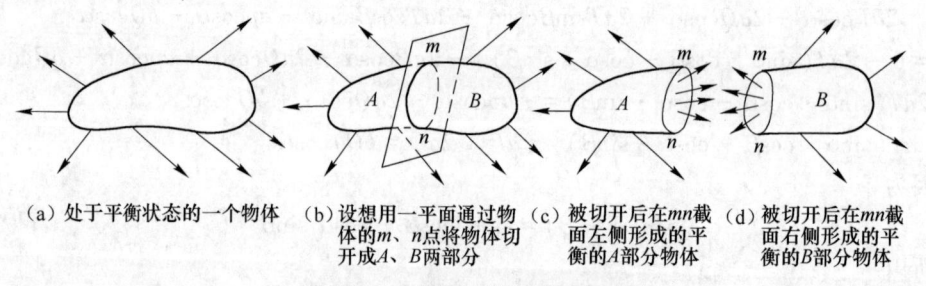

(a) 处于平衡状态的一个物体　(b) 设想用一平面通过物体的 m、n 点将物体切开成 A、B 两部分　(c) 被切开后在 mn 截面左侧形成的平衡的 A 部分物体　(d) 被切开后在 mn 截面右侧形成的平衡的 B 部分物体

图 5.2-1　截面法的原理示意图

（3）在被切开后形成的 A 部分和 B 部分的 mn 截面上加上物体的内力，使 A 部分和 B 部分分别成为新的平衡物体，如图 5.2-1（c）、（d）所示。

原物体被切开后，分别保留在 A 部分和 B 部分上的原外力是不能使 A 和 B 部分保持平衡的，即保留在 A 和 B 部分上的原外力不能组成平衡力系。为此，应分别在 A 和 B 部分的 mn 截面上加上实际存在的内力。此时 A 和 B 部分上的原外力和内力就分别组成了平衡力系，分别使 A 和 B 部分成为新的平衡物体。对于 A 部分而言，加在 mn 截面上的内力是 B 部分对 A 部分的作用力；同样根据作用力与反作用力公理，加在 B 部分 mn 截面上的内力是 A 部分对 B 部分的作用力。

（4）任取处于平衡的 A 或 B 部分之一进行物体平衡的分析。进行 A 或 B 部分的平衡分析就是求出加在 mn 截面上，使 A 或 B 部分保持平衡的内力的合力，而加在 mn 截面上的内力是根据物体的相关变形（如拉伸、弯曲）得出的。

须注意，选 A 或选 B 部分进行研究，所得结论是相同的。一般来说，截面 mn 上的合力是一个力及一个力偶。但有时其合力可能只是一个力或一个力偶。

4. 应力

应力是单位面积上的内力。现以图 5.2-2 的平衡物体为例，用以说明截面 mn 上的平均应力、全应力及正应力、剪应力的概念如下。

（1）平均应力 P_m。

设在截面 mn 上的 M 点处取一块微面积 ΔF，作用在 ΔF 内的内力为 ΔP，则 M 点处面积 ΔF 的平均应力如图 5.2-2 所示，其表达式为

$$P_m = \frac{\Delta P}{\Delta F} \tag{5.2-1}$$

式中　P_m——截面的平均应力，N/cm^2。

（2）全应力 P_0。

因为在截面 mn 上的应力不一定是均匀分布的，所以各点的应力将与所取的 ΔF 面积的大小有关。现为了消除截面 mn 上 M 点处的 ΔF 面积大小对其应力大小的影响，须将 ΔF 面积尽量缩小，以便得到 M 点处 ΔF 面积为极限情况下的应力，这个应力称为 M 点的全应力 P，如图 5.2-3 所示，其表达式为

$$P = \lim_{\Delta F \to 0} \frac{\Delta P}{\Delta F} = \frac{dP}{dF} \tag{5.2-2}$$

式中　P——截面上的全应力，N/cm^2。

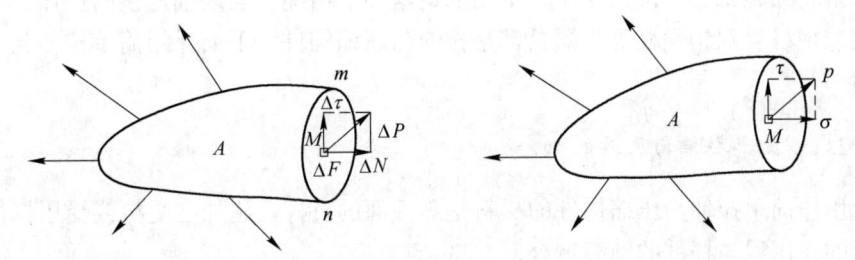

图 5.2-2　M 点的平均应力　　　图 5.2-3　M 点的全应力

现根据一个力可分解为两个分力的法则，将全应力分解成在 M 点 dF 截面法线方向的分量和在截面 mn 平面内的分量。在截面 dF 法线方向上的分量称为 M 点的正应力，用 σ 表示。在截面 mn 内的分量称为 M 点的剪应力（或切应力），用 τ 表示，如图 5.2-3 所示。P、σ、τ 三个矢量的大小（模）之间的关系式为

$$P^2 = \sigma^2 + \tau^2 \tag{5.2-3}$$

式中　P——截面上的全应力；
　　　σ——截面上的正应力；
　　　τ——截面上的剪应力。

P、σ、τ 的计算单位为 N/cm^2。

5. 杆件变形的基本形式

材料力学所研究的构件，一般为杆件、板及壳，但主要的构件是杆件，而且大多数是

直杆。

在外力的作用下，杆件将产生变形。这些变形有些比较简单，有些比较复杂。但这些复杂变形常常是以下几种基本变形的组合：

(1) 拉伸或压缩变形。

(2) 扭转变形。

(3) 弯曲变形。

6. 求解受力物体截面 mn 上应力的基本方法

求解受力物体内部应力的基本方法是截面法。用截面法求解应力的基本步骤如下：

(1) 在受力物体的有关部位处用假想的截面 mn 将物体切割成为分开的 A 部分和 B 部分。

(2) 从 A、B 两个部分中任取一个部分作为研究对象，计算出该部分 mn 截面上的内力。但是一般选取其中的 A 部分作为研究对象（不管是选 A 部分还是选 B 部分，研究所得的结论都是相同的）。

因为已知 A 部分在外力和截面 mn 上的内力（此时内力也看作外力）的作用下，其力系是平衡力系。因而可根据力系的平衡条件求出作用在 A 部分上的外力和截面 mn 上的内力。

(3) 根据求出的内力计算相应的应力。

5.2.2 拉伸与压缩的应力计算

在架空线路施工、检修工作中，常用的钢丝绳、吊绳、与地锚连接的拉棒、起吊重物的人字架、抱杆、双钩丝杠等工器具都是拉伸与压缩构件。下面介绍简单拉伸与压缩的应力计算。

5.2.2.1 简单拉伸与压缩的概念

假设用作简单拉伸与压缩构件的材料是等截面的直杆，施加在受拉或受压杆件上的外力，其力的作用线与杆件的轴线重合。

在上述条件下，当作用在杆件上的外力的方向是离开杆件时，就称为杆件的简单拉伸。当作用在杆件上的外力是指向杆件时，就称为杆件的简单压缩（或轴向压缩）。

5.2.2.2 简单拉伸与压缩的应力

应力是单位截面积上的内力。应力的名称、大小及其方向与所截得的截面方向有关。按截取的截面方向划分，可划分为横截面和斜截面两种截面。

(1) 简单拉伸与压缩时横截面上的应力。横截面是指与杆件轴线相垂直的截面，如图 5.2-4 中的 mn 截面所示。假设杆件在已知大小相等、方向相反、作用在杆件轴线上的两个力 P 作用下，杆件受简单拉伸并保持平衡，如图 5.2-4（a）所示。

取横截面 mn 左侧的 A 部分作为研究对象，假设在 A 部分的 mn 截面上加上内力 N 后 A 部分是平衡的，并设横截面上的应力为均匀分布，如图 5.2-4（b）所示。

于是由 $\sum F = 0$ 得

$$-P + N = 0, \quad N = P$$

再根据正应力的定义得

$$\sigma = \frac{N}{F} \text{ 或 } \sigma = \frac{P}{F} \quad (5.2-4)$$

式中　σ——横截面上的正应力，N/cm²；
　　　P——加在拉伸杆件上的拉力，N；
　　　N——横截面 mn 上的内力，N。

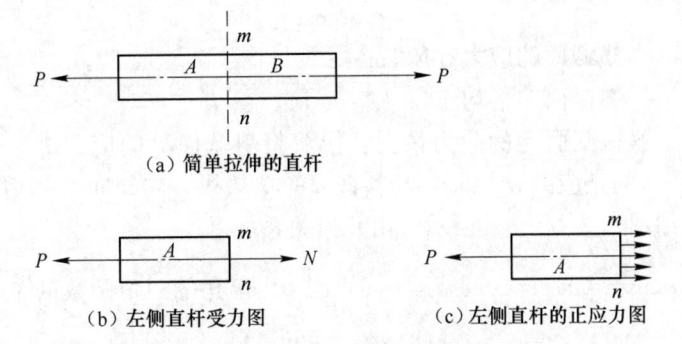

(a) 简单拉伸的直杆

(b) 左侧直杆受力图　　(c) 左侧直杆的正应力图

图 5.2-4　简单拉伸时横截面上的内力与应力

说明：式 (5.2-4) 适用于拉伸或压缩时的正应力计算。

对于拉伸情况，N 和 σ 取"+"号；对于压缩情况，N 和 σ 取"-"号。

(2) 简单拉伸与压缩时斜截面上的应力。斜截面是指与横截面 mk 有 α 夹角的截面 mn，如图 5.2-5 (a) 所示。

(a) 简单拉伸直杆受力图

(b) 左侧直杆的受力图

(c) 斜截面上平均应力 P_α 的分解图

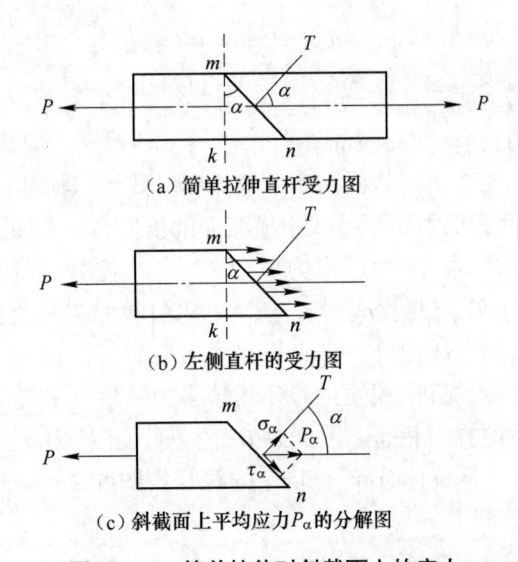

图 5.2-5　简单拉伸时斜截面上的应力

现以 mn 截面左侧的 A 部分为研究对象，并设横截面的面积为 F_1，斜截面的面积为 F_α，斜截面上的应力 P_α 均匀地分布在斜截面上，如图 5.2-5 (b) 所示，由此得斜截面的内力为：$N_\alpha = F_\alpha \cdot P_\alpha$。

于是，根据 A 部分的平衡条件，得

$$N_\alpha = P = F_\alpha \cdot P_\alpha$$

$$P_\alpha = \frac{P}{F_\alpha}$$

再以横截面 F 与斜截面 F_α 的关系 $F_\alpha = F/\cos\alpha$ 代入上式，得

$$P_\alpha = \frac{P}{F_\alpha} = \frac{P}{F}\cos\alpha$$

$$= \sigma \cdot \cos\alpha$$

式中　$\sigma = P/F$ ——横截面的应力（N/cm^2）；

　　　P_α ——斜截面的平均应力（N/cm^2）。

为了进一步了解斜截面上的应力情况，接着将斜截面上的应力 P_α 分解为两个分应力：在斜截面 F_α 上的正应力 σ_α（σ_α 与斜截面的 T 法线方向同向）和剪应力 τ_α（τ_α 在 mn 斜截面内），如图 5.2-5（c）所示。由几何关系可得

1）$\sigma_\alpha = P_\alpha \cdot \cos\alpha = \sigma\cos\alpha \cdot \cos\alpha = \sigma\cos^2\alpha$，由倍角的三角函数可知：$\cos^2\alpha = \frac{1}{2}(1 + \cos2\alpha)$，为此

$$\sigma_\alpha = \sigma\cos^2\alpha = \frac{\sigma}{2}(1 + \cos2\alpha) \qquad (5.2-5)$$

式中　σ_α ——斜截面的正应力，N/cm^2；

　　　σ ——横截面的正应力，N/cm^2。

2）$\tau_\alpha = P_\alpha \cdot \sin\alpha = \sigma\cos\alpha \cdot \sin\alpha$，即

$$\tau_\alpha = \frac{\sigma}{2}\sin2\alpha \qquad (5.2-6)$$

式中　τ_α ——斜截面的剪应力，N/cm^2；

　　　σ ——横截面的正应力，N/cm^2。

式（5.2-5）和式（5.2-6）是根据简单拉伸和斜截面与横截面夹角为 α 时推导出来的。对于压缩而言，上两式仍然适用。式中横截面的正应力 σ 的+、-号规定：拉伸时，σ 为拉应力取"+"号；压缩时，σ 为压应力取"-"号。按公式计算斜截面的正应力 σ_α 时，若计算结果是正值（+），表示 σ_α 是拉应力；若计算结果是负值（-），表示 σ_α 是压应力。当公式计算斜截面的剪应力 τ_α 时，若计算结果为正值（+），表明 τ_α 的方向与斜面外法线顺时针旋转 90°后的方向相同；若计算结果为负值（-），表明 τ_α 的方向与斜面外法线顺时针旋转 90°后的方向相反。图 5.2-6 是斜截面正应力 σ_α 和剪应力 τ_α 的+、-号表示规则，图 5.2-6（a）是拉伸时 σ_α 和 τ_α 的符号，图 5.2-6（b）是压缩时 σ_α 和 τ_α 的符号。

从式（5.2-5）和式（5.2-6）可知：

当 $\alpha = 0°$ 时，斜截面等于横截面，斜截面上的正应力最大值，等于横截面的正应力，即

$$(\sigma_\alpha)_{max} = \sigma$$

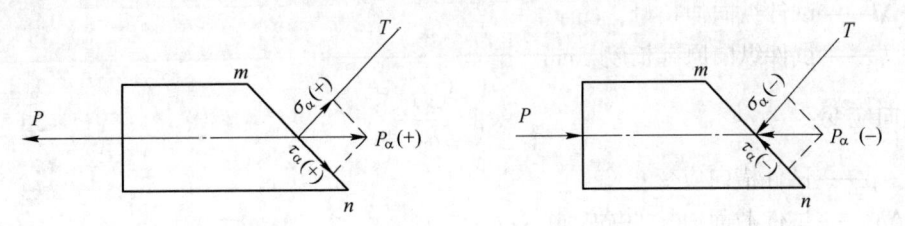

(a) P为拉力时斜截面正向平均应力$P_\alpha(+)$分解图　　(b) P为压力时斜截面负向平均应力$P_\alpha(-)$分解图

图 5.2-6　斜截面上正应力、剪应力+、-号规则

式中　$(\sigma_\alpha)_{max}$——斜截面的最大正应力，N/cm^2；

　　　σ——横截面的正应力，N/cm^2。

当 $\alpha = 45°$ 时，斜截面上的剪应力最大，为正应力的一半，即

$$(\tau_\alpha)_{max} = \frac{\sigma}{2}$$

式中　$(\tau_\alpha)_{max}$——斜截面的最大剪应力，N/cm^2；

　　　σ——横截面的正应力，N/cm^2。

5.2.2.3　简单拉伸与压缩时的变形

1. 简单拉伸与压缩的应变

下面介绍简单拉伸的应变。

假设用作拉伸的试件为正方形等截面，虚线轮廓是拉伸前塑性材料试件的外形；实线轮廓是拉伸后试件的外形，其外形与有关符号含义如图 5.2-7 所示。

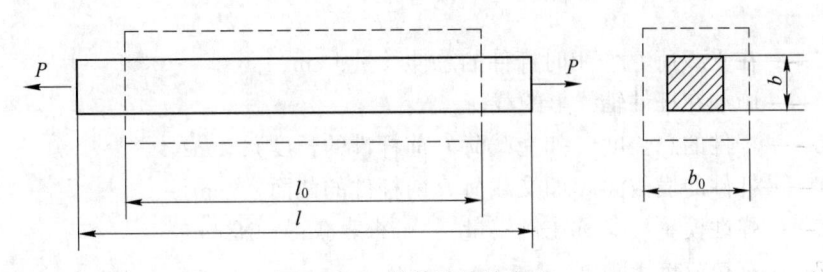

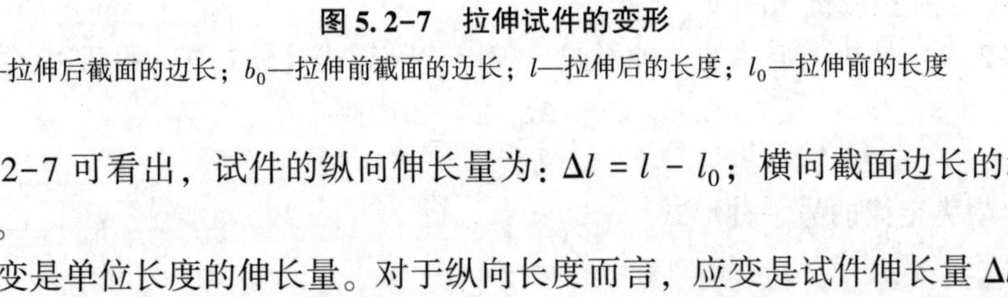

图 5.2-7　拉伸试件的变形

b—拉伸后截面的边长；b_0—拉伸前截面的边长；l—拉伸后的长度；l_0—拉伸前的长度

从图 5.2-7 可看出，试件的纵向伸长量为：$\Delta l = l - l_0$；横向截面边长的缩短量为：$\Delta b = b - b_0$。

因为应变是单位长度的伸长量。对于纵向长度而言，应变是试件伸长量 Δl 与试件长度 l_0 的比值；或是对横向长度而言，应变是截面边长的缩短量 Δb 与边长 b_0 的比值，为此得

纵向应变：　　　　　　　　　　　$\varepsilon = \dfrac{\Delta l}{l_0}$　　　　　　　　　　(5.2-7)

式中　ε——试件纵向应变；

Δl——试件纵向伸长量，cm；
l_0——试件纵向原有长度，cm。

横向应变：
$$\varepsilon_1 = \frac{\Delta b}{b_0} \qquad (5.2-8)$$

式中 ε_1——试件横向应变；
  Δb——试件截面边长的缩短量，cm；
  b_0——试件截面的原边长，cm。

式（5.2-7）和式（5.2-8）是根据拉伸试验得出的应变公式，但同样适用于压缩时的应变计算，只是应变的+、-号不同：

拉伸时：ε 为正值，ε_1 为负值；
压缩时：ε 为负值，ε_1 为正值。

2. 胡克定律

在对塑性材料杆件施加的拉力载荷小于某限度（其应力小于比例极限）之前的逐步加大拉力载荷的过程中，当拉力载荷等于 P 时，杆件的伸长量 ΔL 与拉力载荷 P、杆件的原长度 L_0、杆件的原截面 F_0 之间存在以下关系

$$\Delta L \propto \frac{PL_0}{F_0}$$

上述关系即在拉力载荷为 P 时杆件的总伸长量 ΔL 与载荷 P、杆件原总长度 L_0 成正比，而与杆件的原截面 F_0 成反比。在不计杆件受载荷前或后两者的总长度、总截面的差异所引起的误差并将上述关系式写成等式后，就得出以下称为胡克定律的表达式

$$\Delta L = \frac{PL}{EF} \qquad (5.2-9)$$

式中 ΔL——在受载荷 P 作用时杆件的总伸长量，cm；
  P——施加在杆件轴线上的载荷，N；
  L——杆件的总长度（如受载荷 P 前杆件的长度），cm；
  F——杆件的横截面（如受载荷 P 前杆件的截面），cm²；
  E——弹性模量（又称比例模量），可查表获得，N/cm²；
  EF——抗拉或抗压刚度，N。

式（5.2-9）是胡克定律的一种形式。现以 L 除等式（5.2-9）的两边，并令

$$\varepsilon = \frac{\Delta L}{L}, \quad \sigma = \frac{P}{F}$$

就得出胡克定律的另一种形式

$$\sigma = E\varepsilon \qquad (5.2-10)$$

式中 σ——杆件的正应力，N/cm²；
  E——弹性模量，N/cm²；
  ε——杆件的应变（无量纲）。

应当指出：
（1）上述胡克定律是根据拉伸试验得出的，但同样适用于压缩情况。

(2) 胡克定律用于塑性材料（如低碳钢、铜、铝等）时相当准确，相当准确地反映应力与应变的关系。但胡克定律只能近似地反映脆性材料（如铸铁、混凝土、木材等）的应力与应变关系。

表 5.2-1 是几种常用材料弹性模量 E 的约值。

表 5.2-1 几种常用材料弹性模量 E 的约值

材料名称		$E/(10^6 \text{ N/cm}^2)$
钢		19.6
铸铁（灰、白）		11.3~15.7
球墨铸铁（退火）		15.7
铜及其合金（青铜、黄铜）		9.8
铝及硬铝		6.86
木材	顺纹	0.98~1.18
	横纹	0.05~0.10
橡胶		0.000 78
混凝土	200 号	2.84
	300 号	3.33

5.2.2.4　许用应力与安全倍数及强度条件

1. 许用应力与安全倍数

许用应力是在杆件的强度和耐久性得到保证下的应力最大值，它等于材料的毁坏应力 σ^0 除以安全倍数 k。许用应力常用符号 $[\sigma]$ 表示。

$$[\sigma] = \frac{\sigma^0}{k} \tag{5.2-11}$$

式中　$[\sigma]$ ——许用应力，N/cm^2。

　　　σ^0 ——材料的毁坏应力，N/cm^2。脆性材料的 $\sigma^0 = \sigma_B$（材料的强度极限），塑性材料的 $\sigma^0 = \sigma_T$（材料的流动限或屈服限）。

　　　k ——安全倍数；脆性材料用 k_B 代表安全倍数，塑性材料用 k_T 代表安全倍数。

安全倍数是许用应力比毁坏应力小多少倍的数值。进行设计计算时通常采用相关规程推荐的安全倍数。

从脆性材料的拉伸应力—应变曲线和压缩应力—应变曲线来看，脆性材料是没有流动限 σ_T 的，只有强度极限 σ_B。在强度极限方面，拉伸时脆性材料的强度极限很小，压缩时脆性材料的强度极限却很大。因此，脆性材料的毁坏应力 σ^0 采用强度极限 σ_B。

从塑性材料的拉伸和压缩的应力—应变曲线来看，两者都有相同的流动限 σ_T。当施加在材料的应力在流动限 σ_T 之内时，材料的变形是弹性变形；但当材料的应力大于流动限 σ_T 之后，材料就有了残余变形。另外，在拉伸时塑性材料过了流动限之后，虽然有残余变形，但继续加大拉力后仍能有强度极限 σ_B；而在压缩时是无法找到塑性材料的强度极限 σ_B 的。因此塑性材料的毁坏应力 σ^0 只能采用流动限 σ_T。为此，脆性材料的许用应

力公式为

$$[\sigma] = \frac{\sigma_B}{k_B} \quad (5.2\text{-}12a)$$

塑性材料的许用应力公式为

$$[\sigma] = \frac{\sigma_T}{k_T} \quad (5.2\text{-}12b)$$

表 5.2-2 是几种材料的许用应力 $[\sigma]$ 的约值。

表 5.2-2　几种材料的许用应力 $[\sigma]$ 的约值　　单位：N/cm²

材料名称		许用应力	
		拉　伸	压　缩
灰铸铁		3130~7840	11760~14700
钢	2	13700	13700
	3	15680	15680
铜		2940~11760	2940~11760
铝		2940~7840	2940~7840
松木（顺纹）		686~980	980~1176
橡木（顺纹）		880~1270	1270~1470
混凝土		9.8~68.6	98~880

2. 拉伸或压缩的强度条件

为了保证受拉或受压构件能安全、持久地工作，其构件的材料、尺寸与受力情况应满足以下的强度条件

$$\sigma = \frac{P}{F} \leqslant [\sigma] \quad (5.2\text{-}13)$$

式中　σ——构件受力时的应力，N/cm²；
　　　P——施加在构件上的拉力或压力，N；
　　　F——构件的横截面面积，cm²；
　　　$[\sigma]$——构件材料的许用应力，N/cm²。

根据这个强度条件，就可以进行以下三个方面的计算：

（1）进行构件的强度校核。如果已知构件的 $[\sigma]$、施加在构件上的载荷 P 和构件的横截面面积，则可用下式计算出受拉或受压构件的应力 σ：

$$\sigma = \frac{P}{F} \quad (5.2\text{-}14)$$

如果 $\sigma \leqslant [\sigma]$，则表明构件的强度满足强度要求；
如果 $\sigma > [\sigma]$，则表明构件强度不满足强度要求。

（2）进行构件截面面积计算。如果已知受拉或受压构件的 $[\sigma]$ 和施加在构件上可能的最大载荷，则可用下式计算出构件所需的最小横截面面积：

$$F = \frac{P}{[\sigma]} \quad (5.2\text{-}15)$$

(3) 进行许用载荷计算。如果已知构件的横截面面积 F 和构件材料的许用应力 $[\sigma]$，则可用下式进行该构件的许用载荷 $[P]$ 计算：

$$[P] \leqslant [\sigma] \cdot F \qquad (5.2\text{-}16)$$

3. 许用载荷计算举例

【例 5.2-1】 许用载荷计算举例。

图 5.2-8 是一部起重机的简化图形。牵索 AB 是一根钢丝索，横截面面积 F 为 500mm²。若钢丝索的许用应力 $[\sigma]$ = 3kN/cm²，问根据牵索的强度条件，起重机的最大许用载荷 $[Q]$ 为多大？

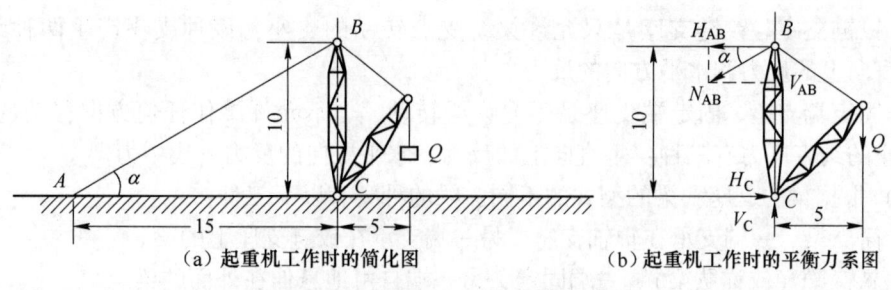

(a) 起重机工作时的简化图　　(b) 起重机工作时的平衡力系图

图 5.2-8　例 5.2-1 图（单位：m）

解：(1) 由题给条件得知，AB 牵索的应力 $[\sigma]$ = 3kN/cm²，截面 F = 500/100 = 5cm²；AB 牵索的许用承载力 $[N_{AB}]$ = 3 × 5 = 15kN。
$\tan\alpha$ = 10/15 = 0.667，$\alpha = \tan^{-1}0.667 = 33.7°$。

(2) 将 $[N_{AB}]$ 分解成水平分力 $[H_{AB}]$ 和垂直分力 $[V_{AB}]$，得

$$[H_{AB}] = [N_{AB}]\cos 33.7° = 15 \times 0.832 = 12.5(\text{kN})$$

$$[V_{AB}] = [N_{AB}]\sin 33.7° = 15 \times 0.555 = 8.32(\text{kN})$$

(3) 当 AB 牵索达到许用承载力 $[N_{AB}]$ 时，起重机就到许用载荷 $[Q]$，为此根据图 5.2-8 (b) 对图中 C 点列平衡方程式：

$$[H_{AB}] \times 10 - [Q] \times 5 = 0$$

$$[Q] = \frac{[H_{AB}] \times 10}{5} = \frac{12.5 \times 10}{5} = 25(\text{kN})$$

5.2.3　梁弯曲时的内力、剪力与弯矩

5.2.3.1　弯曲的概念

梁：以弯曲变形为主的杆件称为梁。

弯曲变形：当力偶或外力以垂直于梁的轴线方向作用在梁轴线平面内时，梁将发生变形，这种变形称为弯曲变形。

平面弯曲：外载荷作用在梁的一个纵向对称面内而引起的梁的弯曲，这种弯曲称为平面弯曲。

5.2.3.2 静定梁的种类及支座

按约束反力的数目来划分，将梁划分为静定梁和超静定梁。

静定梁：仅由静力学的平衡条件就能决定梁约束反力的梁，称为静定梁。

超静定梁：约束反力的数目多于静力方程的数目，不能单由静力方程就能求得梁的约束反力的梁，称为超静定梁。

(1) 支座就是静力学中的约束。梁的支座有以下三种：

1) 辊轴支座。辊轴支座是允许梁做水平方向移动和围绕支点转动的支座，该支座的约束反力是垂直向上的反力。

2) 铰链支座。铰链支座是只允许梁绕支点转动的支座，该种支座产生两种约束反力：垂直向上的反力和水平方向的反力。

3) 固定端支座。固定端支座是不允许梁转动，也不允许梁作任何方向移动的支座，该种支座的约束反力有三种：垂直向上的反力、水平方向的反力、集中力偶。

(2) 根据梁的支座和梁的型式的不同，梁的种类有以下三种：

1) 简支梁。一端支承在辊轴支座，另一端支承在铰链支座上的梁。

2) 悬臂梁（或称肱梁）。一端固定，另一端自由地悬伸在外面的梁。

3) 外伸梁。一端是辊轴支座，另一端是铰链支座，但梁的一端或两端伸出支座之外。

以上三种梁都是静定梁，因为它们未知的约束反力都不超过三个，都可以只用静力平衡方程就能求出全部未知约束反力。

5.2.3.3 梁弯曲时的内力、弯矩和剪力

作用在处于平衡状态的一根梁上的外力包括施加在梁上的外力和由梁的支座产生的反力（约束反作用力）。

1. 用截面法计算梁弯曲时的内力——弯矩和剪力

可用截面法来计算处于平衡状态的一根梁的内力——弯矩和剪力。

计算梁的内力，要经过两个步骤：一是用静力学的平衡方程求出梁中所有的支座反作用力；二是在已知外力（支座反作用力也是外力）的条件下，应用截面法求梁的内力——弯矩和剪力。

设有一根处于平衡状态的简支梁 AB，如图 5.2-9 (a) 所示，其中 l 是梁的长度，P_1、P_2、P_3 是垂直地施加在梁轴线平面内的载荷，它们至梁 A 端的距离分别为 a、b、c 长度，A、B 分别是梁两端支座的反力。以此梁为例，将梁的内力计算方法介绍如下。

(1) 计算简支梁 AB 两端支座的反作用力。因为梁是简支梁而且作用在梁上的 P_1、P_2、P_3 三个外力是垂直向下的力，因此支座反力 A 与 B 是垂直向上的力，于是可根据平面平行平衡力系的方程式求出 A 与 B 的值。

(2) 用截面法计算梁上任意一个截面处的内力——剪力与弯矩。现假设在外力 P_1、P_2 之间在距左端支座为 x 处的截面是 AB 梁上的任意一个截面，于是在该截面处以假设的 mn 截面将梁截成左、右两段，并在两段的 mn 截面上各加一个数值相等但方向相反的内力，使左、右两段都成为一个平面平衡体。

第5章 力学的一般知识

下面从左、右两段中任取一段作为研究对象，寻找出计算该段 mn 截面上内力的方法。应当指出不论取左段或右段作为研究对象，两个 mn 截面上的内力的计算结果，在数值上都是相同的，但方向是相反的。

下面以左段为研究对象，要找出左段 mn 截面上内力的计算方法。为了计算左段 mn 截面上具体的内力，首先将内力分解成两个分力——一个在 mn 截面内的力 Q（即剪力）和一个力偶 M，如图 5.2-9（b）所示。

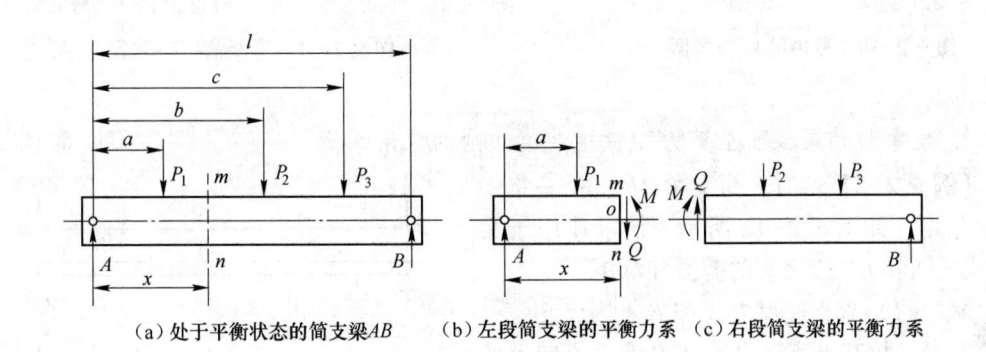

（a）处于平衡状态的简支梁AB　（b）左段简支梁的平衡力系　（c）右段简支梁的平衡力系

图 5.2-9　用截面法求梁的内力

其次，运用理论力学中静力学中的将已知的一个力向一点简化而简化后的力不改变对物理的作用的方法，将左段中的 A 和 P_1 两个力分别向 mn 截面的形心 o 点简化，便可得到 A 和 P_1 向 mn 形心简化后的一个在数值上相等于 Q 的力和一个在数值上等于 M 的弯矩，但方向是相反的，就是说的 mn 的形心处，简化后的力与 Q 是平衡的，简化后的弯矩与 M 是平衡的，就是说左段是平衡的。于是根据平面平行平衡力系的公式便可得到 mn 截面处的剪力 Q 和弯矩 M 的计算公式如下：

$$Q = A - P_1$$
$$M = Ax - P_1(x - a)$$

现将梁弯曲时任意截面处的剪力计算法则和弯矩计算法则归纳如下。

1）计算剪力的法则：剪力在数值上等于作用于梁截面左边或右边部分各外力的代数和。

2）计算弯矩的法则：弯矩在数值上等于作用于梁截面左边或右边部分各外力对这截面形心的力矩代数和。

3）各外力对于截面的剪力和弯矩的+、-号取值的规定。

剪力 Q 的+、-号取值规定：

从梁上截出一段长度为 dx 的单元体，如图 5.2-10 所示。

促使单元体 dx 作顺时针方向转动的剪力取"+"号，如图 5.2-10（a）所示。促使单元体 dx 作逆时针方向转动的剪力取"-"号，如图 5.2-10（b）所示。

弯矩 M 的+、-号取值的规定：

使梁发生向下凸出弯曲的弯矩取"+"号，如图 5.2-11（a）所示。使梁发生向上凸出弯曲的弯矩取"-"号，如图 5.2-11（b）所示。

(a) 使单元体顺时针转动的剪力取+号 (b) 使单元体逆时针转动的剪力取-号

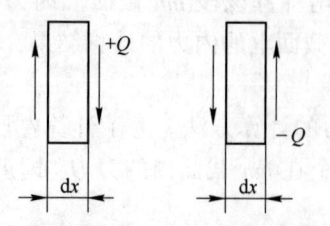

图 5.2-10　剪力的+、-号图

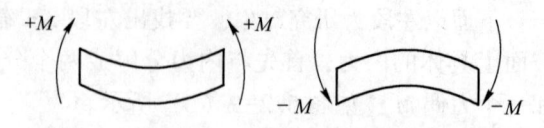

(a) 使梁向下凹的弯矩取+号 (b) 使梁向上凸的弯矩取-号

图 5.2-11　弯矩的+、-号图

3. 梁弯曲时梁截面上剪力和弯矩数值法则的应用举例

【例 5.2-2】　有一简支梁 AB，受一集中力 P 作用，如图 5.2-12 所示。请求作用于梁 AC 段之间和 CB 段之间的剪力和弯矩。

解：(1) 求支座反力 A 和 B。因已知该梁是简支梁，故其支座反力 A 和 B 是垂直向上的反力。又知集中力 P 是垂直向下的力，因而作用在梁上的力系是平面平行平衡力系，为此，应用平面平行平衡力系的平衡条件来求支座反力 A 和 B。

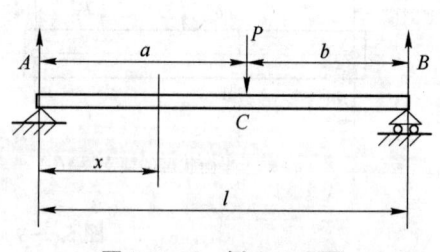

图 5.2-12　例 5.2-2 图

由 $\sum F_y = 0$ 得　　　　　　　　$A - P + B = 0$

从而　　　　　　　　　　　　　　$A = P - B$

由 $\sum M_A(F) = 0$ 得　　　　　　$-aP + lB = 0$

从而　　　　　　　　　　　　　　$B = \dfrac{aP}{l}$

将 $B = \dfrac{aP}{l}$ 代入 $A = P - B$，得

$$A = P - B = P - \frac{aP}{l} = P - \frac{(l-b)P}{l} = \frac{bP}{l}$$

(2) 求作用于梁截面上的剪力 Q 和弯矩 M。

1) 求在 C 点以左距左端支座为 x 处（$0 \leq x \leq a$）截面上的剪力 Q_1 和弯矩 M_1。

根据截面的剪力数值法则得

$$Q_1 = A = \frac{bP}{l}$$

根据截面的弯矩数值法则得

$$M_1 = Ax = \frac{bPx}{l}$$

2) 求 C 点以右 B 点稍左处（$a \leq x \leq l$）截面的剪力 Q_2 和弯矩 M_2。

根据截面的剪力数值法则和弯矩数值法则得

$$Q_2 = A - P = \frac{bP}{l} - P = \frac{(l-a)P}{l} - P = -\frac{aP}{l}$$

$$M_2 = Ax - P(x-a) = \frac{bPx}{l} - P(x-a)$$

$$= \frac{(l-a)Px - Plx + Pla}{l} = \frac{Pa}{l}(l-x)$$

5.2.3.4 剪力图与弯矩图

梁在横截面上的剪应力和正应力的大小分别与梁横截面上的剪力 Q 与弯矩 M 的大小有关。在等截面的梁中，剪力和弯矩为最大值的截面分别是梁的剪力危险截面和弯矩危险截面。在一般情况下剪力危险截面的位置与弯矩的危险截面的位置不会重合在一处。为了能直观、快捷地判断，找出梁上的危险截面位置，较简易的方法就是利用剪力图和弯矩图来进行判断。

剪力图（或弯矩图）就是画在坐标图中表示剪力（或弯矩）沿梁的横向长度变化的图形，一般画在梁的示意图的下方；对应于梁的左端的点为坐标的原点，按选定的比例尺以梁的长度为横坐标，以剪力（或弯矩）的大小（原点以上的值为正值，原点以下的值为负值）为纵坐标。

现以例 5.2-3 和例 5.2-4 两例的剪力图和弯矩图的画法为例，用以说明剪力图和弯矩图的一般画法。

【例 5.2-3】 画出例 5.2-2 的剪力图和弯矩图。

解：在求解例 5.2-2 所示的梁的 A 端、B 端的反作用力和 P 力作用点 C 点以左与以右的梁上的剪力与弯矩时，已得出以下结果：

反作用力：$A = \frac{Pb}{l}$，$B = \frac{Pa}{l}$，

Q 与 M 如下。

（1）C 点以左的距梁左端为 x 处（$0 \leq x \leq a$）的 Q_1 和 M_1 分别为

$$Q_1 = \frac{Pb}{l}$$

$$M_1 = Ax = \frac{Pbx}{l}$$

当 $x = 0$，$M_1 = 0$；$x = a$，$M_1 = \frac{Pab}{l}$。

（2）在 C 点以右 B 点以左处（$a \leq x \leq l$）截面的剪力 Q_2 和弯矩 M_2 为

$$Q_2 = -\frac{Pa}{l}$$

$$M_2 = \frac{Pa}{l}(l-x)$$

当 $x = a$ 时，$M_2 = \frac{Pab}{l}$；当 $x = l$ 时，$M_2 = 0$。

现根据已求出的特殊点的 Q 值和 M 值画 Q 图和 M 图，如图 5.2-13 所示。

从画出的 Q 图可看出 CB 段的梁的剪力最大，剪力危险面在 CB 段。从 M 图可看出，在 C 点的弯矩最大，C 点处是弯矩的危险面，$M_{max} = \dfrac{Pab}{l}$。

【例 5.2-4】 设简支梁 AB 受均布载荷 q 作用，请画该梁的剪力图和弯矩图。

解：不难看出，该梁上的力系是平面平行平衡力系。根据 $\sum F_y = 0$，不难求出支座反力 $A = B = \dfrac{ql}{2}$。现求距梁左端为 x 处截面的剪力和弯矩如下。

（1）$Q = A - qx = \dfrac{ql}{2} - qx$。

当 $x = 0$，$Q = \dfrac{ql}{2}$；当 $x = \dfrac{l}{2}$，$Q = 0$；当 $x = l$，$Q = -\dfrac{ql}{2}$。

（2）$M = Ax - \dfrac{x}{2}qx = \dfrac{ql}{2}x - \dfrac{qx^2}{2} = \dfrac{qx}{2}(l - x)$。

从上式可看出 M 曲线是抛物线。

当 $x = 0$，$M = 0$；当 $x = \dfrac{l}{2}$，$M = \dfrac{ql^2}{8}$；当 $x = l$，$M = 0$。

根据上述计算结果画 Q 图和 M 图，如图 5.2-14 所示。

从 Q 图可看出，梁两端的剪力最大，是剪力的危险面，$Q_{max} = \dfrac{ql}{2}$。梁中间的剪力最小，$Q = 0$。

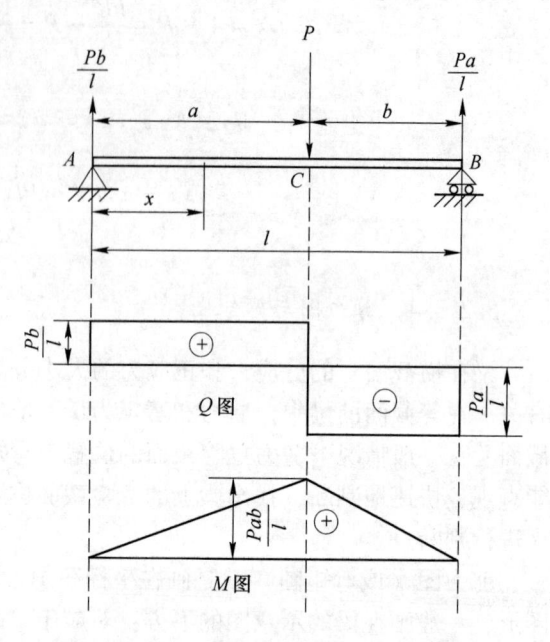

图 5.2-13 例 5.2-3 的剪力与弯矩图

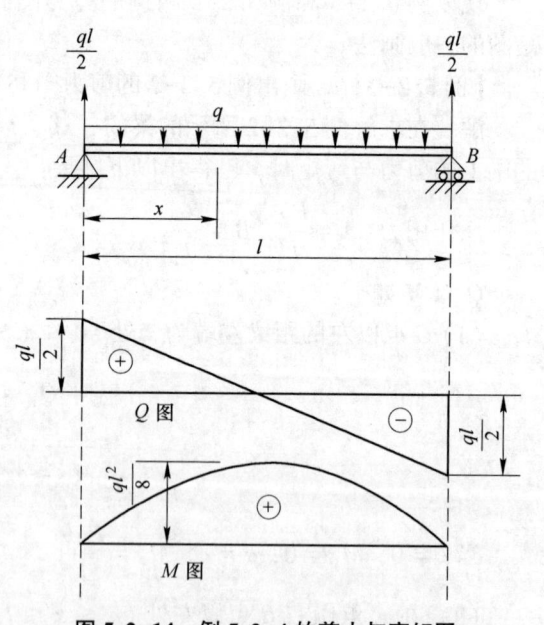

图 5.2-14 例 5.2-4 的剪力与弯矩图

从 M 图可看出，梁中间弯矩最大，是弯矩危险面，$M_{max} = \dfrac{ql^2}{8}$。梁两端的弯矩最小，$M = 0$。

5.2.4 梁弯曲时的应力

5.2.4.1 概述

在对梁弯曲后的研究中，是假设梁弯曲后其横截面是保持平面的。依据这个假设进行研究，得出两个结论：

一是梁的曲率与截面弯矩成正比。

二是梁的横截面上有弯曲正应力和剪应力，并得到梁弯曲正应力的计算公式和剪应力的计算公式。

5.2.4.2 梁弯曲时的弯曲应力

（1）梁弯曲应力的计算公式。当 M 为梁上某个截面的弯矩时，在该截面上离中性轴不同处的截面上的弯曲应力是不同的，离中性轴越近的截面其弯曲应力越小，离中性轴最远处的截面，其弯曲应力最大。截面上不同处的弯曲应力按下式计算

$$\left.\begin{array}{l} \sigma = \dfrac{M \cdot y}{J_z} \\[6pt] \sigma_{max} = \dfrac{M \cdot y_{max}}{J_z} = \dfrac{M}{J_z/y_{max}} = \dfrac{M}{W} \end{array}\right\} \quad (5.2\text{-}17)$$

式中 M——梁截面上的弯矩，$N \cdot cm$，M 的数值和+、-号按 5.2.3.2 小节所述的法则确定。

y——距中性轴 z 的距离，cm。

σ——在距中性轴 z 为 y 距离处的弯曲应力，N/cm^2。

J_z——梁截面对中性轴 z 的惯性矩（惯矩），cm^4，常用截面的惯矩计算详见 5.2.4.3 小节。

W——抗弯截面矩量（也称阻力矩、截面或断面系数），cm^3。$W = \dfrac{J_z}{y_{max}}$，其中 y_{max} 是距中性轴 z 最远点的距离，cm；常用截面的抗弯截面矩量的计算详见 5.2.4.3 小节。

σ_{max}——梁截面中最大的弯曲应力，即距中性轴为 y_{max} 处的弯曲应力，N/cm^2。

y_{max}——距中性轴 Z 最远处的距离，cm。

（2）梁弯曲强度计算公式。对于拉伸和压缩的许用应力都相同的材料，梁弯曲强度的计算公式为

$$\sigma_{max} = \dfrac{M_{max} \cdot y_{max}}{J_z} \leqslant [\sigma]$$

或

$$\sigma_{max} = \dfrac{M_{max}}{W} \leqslant [\sigma] \quad (5.2\text{-}18)$$

对于拉伸和压缩许用应力不相同的材料，其最大应力按下列公式计算

$$\sigma_{pmax} = \dfrac{M_{max}}{W_1} \leqslant [\sigma_p] \quad (5.2\text{-}19)$$

$$\sigma_{cmax} = \frac{M_{max}}{W_2} \leqslant [\sigma_c] \tag{5.2-20}$$

$$W_1 = \frac{J_z}{y_{1max}}$$

$$W_2 = \frac{J_z}{y_{2max}}$$

式中 M_{max}——危险截面的弯矩，N·cm；

W——拉伸和压缩的许用应力相同材料的抗弯截面矩量，cm^3；

W_1——拉伸和压缩的许用应力不相同材料在拉伸区域的抗弯截面矩量，cm^3；

y_{1max}——拉伸区截面中距中性轴 z 最远处的距离，cm；

W_2——拉伸和压缩的许用应力不相同材料在压缩区域的抗弯截面矩量，cm^3；

y_{2max}——压缩区截面中距中性轴 z 最远处的距离，cm；

$[\sigma]$——拉伸和压缩的许用应力都相同材料的许用应力，N/cm^2；

$[\sigma_p]$——拉伸和压缩的许用应力不相同材料在拉伸区的许用拉应力，N/cm^2；

$[\sigma_c]$——拉伸和压缩的许用应力不相同材料在压缩区的许用压应力力，N/cm^2；

σ_{max}——对应于 $[\sigma]$ 最大应力，N/cm^2；

σ_{pmax}——对应于 $[\sigma_p]$ 的最大应力，N/cm^2；

σ_{cmax}——对应于 $[\sigma_c]$ 的最大应力，N/cm^2。

5.2.4.3 常用截面惯性矩和抗弯截面矩量的计算

（1）矩形截面惯性矩和抗弯截面矩量（阻力矩、截面或断面系数）计算。矩形截面如图 5.2-15 所示。

矩形截面惯性矩计算公式：

$$\left. \begin{array}{l} J_z = \dfrac{bh^3}{12} \\ J_y = \dfrac{hb^3}{12} \end{array} \right\} \tag{5.2-21}$$

矩形截面抗弯截面矩量计算公式：

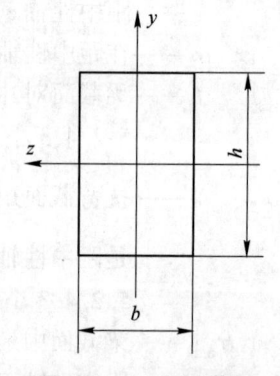

$$\left. \begin{array}{l} W_z = \dfrac{bh^2}{6} \\ W_y = \dfrac{hb^2}{6} \end{array} \right\} \tag{5.2-22}$$

图 5.2-15 矩形截面

式中 h、b——矩形截面的高和宽，cm；

J_z——矩形截面对 z 轴的惯性矩，cm^4；

J_y——矩形截面对 y 轴的惯性矩，cm^4；

W_z——矩形截面对 z 轴的抗弯截面矩量，cm^3；

W_y——矩形截面对 y 轴的抗弯截面矩量，cm^3。

（2）圆形截面的惯性矩和抗弯截面矩量的计算。圆形

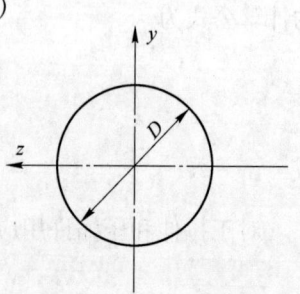

图 5.2-16 圆形截面

截面如图 5.2-16 所示。

圆形截面的惯性矩计算公式为

$$J_z = J_y = \frac{\pi D^4}{64} \approx 0.05D^4 \approx 0.785r^4 \qquad (5.2\text{-}23)$$

圆形截面的抗弯截面矩量 W 的计算公式为

$$W_z = W_y = \frac{\pi D^3}{32} \approx 0.1D^3 \approx 0.785r^3 \qquad (5.2\text{-}24)$$

式中　J_z、J_y ——圆形截面对 z 轴、y 轴的惯性矩，cm^4；
　　　W_z、W_y ——圆形截面对 z 轴、y 轴的抗弯截面矩量，cm^3；
　　　D、r ——圆形截面的直径、半径，cm。

（3）圆环截面的惯性矩和抗弯截面矩量的计算。

圆环截面如图 5.2-17 所示。

圆环截面对 z 轴、y 轴的惯性矩的计算公式为

$$J_z = J_y = \frac{\pi}{64}(D^4 - d^4)$$

$$= \frac{\pi}{4}(R^4 - r^4) \qquad (5.2\text{-}25)$$

圆环截面对 z 轴、y 轴的抗弯截面矩量的计算公式为

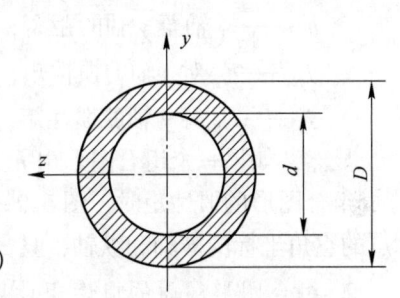

图 5.2-17　圆环截面

$$W_z = W_y = \frac{\pi}{32}(D^3 - d^3) \approx 0.1(D^3 - d^3)$$

$$\approx 0.785(R^3 - r^3) \qquad (5.2\text{-}26)$$

式中　J_z、J_y ——圆环截面对 z 轴、y 轴的惯性矩，cm^4；
　　　W_z、W_y ——圆环截面对 z 轴、y 轴的抗弯截面矩量，cm^3；
　　　D、d ——圆环截面外圆、内圆的直径，cm；
　　　R、r ——圆环截面外圆、内圆的半径，cm。

（4）角钢、槽钢、工字钢等形状截面的惯性矩和抗弯截面矩量。

角钢、槽钢、工字钢等形状截面的惯性矩（惯矩）和抗弯截面矩量可从型钢规范表直接查得。

5.2.4.4　平行轴定理和组合图形截面的惯性矩计算

1. 平行轴定理

设有一个面积为 F_1 的图形，其形心为 c_1，该图形的形心 c_1 位于以 z_1 为横轴，y_1 为纵轴的直角坐标的原点上。z 轴和 y 轴是另一个直角坐标的横轴和纵轴，c 是该直角坐标的原点，z 轴平行于 z_1 轴，y 轴平行于 y_1 轴，z_1 轴至 z 轴的距离为 a_1，y_1 轴至 y 轴的距离为 b_1。面积为 F_1 的图形和两个直角坐标之间的关系图如图 5.2-18 所示。

现已知截面积为 F_1 的图形对 z_1 轴的惯性矩为

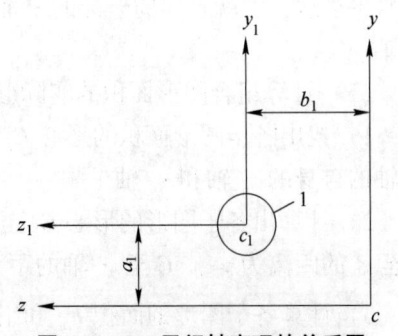

图 5.2-18　平行轴定理的关系图
1—面积为 F_1 的图形（图形1）

J_{1z}，截面积为 F_1 的图形对 y_1 轴的惯性矩为 J_{1y}。现要将 J_{1z}、J_{1y} 惯矩换算成 z 轴、y 轴的惯性矩 J_z、J_y。研究证明可以运用式（5.2-23）将 J_{1z}、J_{1y} 换算成 J_z、J_y，这个关系式即是平行轴定理。

$$\left. \begin{array}{l} J_z = J_{1z} + a_1^2 F_1 \\ J_y = J_{1y} + b_1^2 F_1 \end{array} \right\} \tag{5.2-27}$$

式中　F_1——图 5.2-18 图形 1 的截面面积，cm^2；

$\quad\quad J_{1z}$——F_1 对图 5.2-18 中图形 1 自身 z_1 轴的惯矩，cm^4；

$\quad\quad J_{1y}$——F_1 对图 5.2-18 中图形 1 自身 y_1 轴的惯矩，cm^4；

$\quad\quad a_1$——z_1 轴至 z 轴的距离，cm；

$\quad\quad b_1$——y_1 轴至 y 轴的距离，cm；

$\quad\quad J_z$——F_1 对 z 轴的惯性矩，cm^4；

$\quad\quad J_y$——F_1 对 y 轴的惯性矩，cm^4。

显然，如果一个组合图形由 n 个子图形组成，当用平行轴定理将各子图形的惯性矩换算成组合图形的惯性矩时，图 5.2-18 中的 c 点就是组合图形的形心，z 轴和 y 轴就是通过 c 点的直角坐标的横轴和纵轴，且 z 轴和 y 轴分别平行于各子图形的 z_n 轴和 y_n 轴。

2. 组合图形截面的惯性矩计算

组合图形是由两个及以上图形组合而成的一个图形。组合图形一般有两种形式：一是由多个子图形拼接在一起而组成一个大图形，二是几个子图形独立地分布在同一平面上而组成的组合图形。

现假设一个由 n 个（$n = 1, 2, \cdots$）处于同一平面内的不同位置、可能是不同形状和不同截面积的子图形组成的组合图形，并要求计算该组合图形截面对通过该组合图形的形心的 z 轴和 y 轴的惯性矩。z 轴和 y 轴是以组合图形形心为原点的直角坐标的横轴和纵轴。现将计算组合图形惯性矩的一般步骤与方法介绍如下。

（1）画出组合图形的总图。

（2）假设不能直接在组合图形中确定组合图形的形心，于是为了计算出形心的位置，需要在组合图形中建立一个辅助坐标。

建立辅助坐标的方法如下：

首先在组合图形中找一个已知其位置的点，并设该点为 O 点；其次，通过 O 点画一条水平横线，它就是辅助坐标的 z' 轴；再通过 O 点画一条垂直纵线，它就是辅助坐标的 y' 轴。

（3）计算组合图形面积的实际形心位置，并设其形心为 C 点。

1）找出各子图形面积的形心 C_n（$n = 1, 2, \cdots$），画出通过其形心 C_n 平行于 z' 轴和 y' 轴的自身的 z_n 轴和 y_n 轴。

2）计算出各子图形的形心 C_n 至 z' 轴的距离 A_n，C_n 至 y' 轴的距离 B_n，并设实际形心 C 至 z' 的距离为 y_c，C 至 y' 轴的距离为 z_c。

3）计算各子图形的面积 F_n 和组合图形的总面积 F，$F = \sum F_n$。

4）用下列公式计算形心 C 至 z' 轴的距离 y_c，计算形心 C 至 y' 轴的距离 z_c：

$$y_c = \frac{\sum F_n A_n}{F} = \frac{F_1 A_1 + F_2 A_2 + \cdots + F_n A_n}{F}$$

$$z_c = \frac{\sum F_n B_n}{F} = \frac{F_1 B_1 + F_2 B_2 + \cdots + F_n B_n}{F}$$

式中 y_c——组合图形的形心 c 至 z 轴的距离，cm；

z_c——组合图形的形心 c 至 y' 轴的距离，cm；

F_n——第 n 个子图形的面积，cm²；

F——n 个子图形的总面积，cm²；

A_n——第 n 个子图形的形心，c_n 至 z' 轴的距离，cm；

B_n——第 n 个子图形的形心 c_n 至 y' 轴的距离，cm。

（4）计算各子图形面积对自身 z_n 轴和 y_n 轴的惯矩，得 J_{nz} 和 J_{ny}。

常见图形面积的惯性矩计算请见 5.2.4.3 小节介绍的计算方法。

（5）分别将各子图形的惯性矩 J_{nz}、J_{ny} 转换成通过组合图形形心 C 的 z 轴和 y 轴的惯性矩 J_{nz} 和 J_{ny}。

1）画出通过形心 C 的平行于 z'、y' 轴的 z 轴和 y 轴。

2）计算出各子图形形心 C_n 至 z 轴的距离 a_n，C_n 到 y 轴的距离 b_n。

3）用平行轴定理将各子图形自身的惯矩 J_{nz} 和 J_{ny} 换算成 z 轴和 y 轴的惯性矩 J_{nz} 和 J_{ny}。

$$(J_{nz}) = J_{nz} + a_n^2 F_n$$
$$(J_{ny}) = J_{ny} + b_n^2 F_n$$

（6）用叠加原理法按下式进行计算，所得到 J_z 和 J_y 即组合图形对 z 轴和 y 轴的惯性矩。

$$J_z = \sum (J_{nz})$$
$$J_y = \sum (J_{ny})$$

3. 组合图形的惯矩计算举例

【例 5.2-5】 组合图形如图 5.2-19 所示，求组合图形截面对通过组合图形形心的 z 轴的惯矩 J_z。

解：（1）组合图形由一块钢板（命名为子图形 1）和两条 10 号槽钢（命名为子图形 2 和 3）组成，左、右侧对称。

（2）在组合图形中建立一个辅助直角坐标。

因为组合图形左、右对称，其形心一定在垂直向上的对称轴 y 轴上，而两槽钢底边的连线是水平线，所以选择 y 轴上水平线的交点 o 作为辅助坐标的原点，并令水平线为 z' 轴，由此即建立了一个大 z' 轴为横轴，y 轴（即 y'）轴为纵轴的辅助坐标，如图 5.2-19 所示。

（3）先设 c 点为组合图形的形心，然后计算 c 在辅助坐标中的坐标值。

1）确定各子图形的形心 c_n 位置和画出各子图形的 z_n 轴和 y_n 轴，z_n 轴平行于 z' 轴，y_n 轴平行于 y 轴。

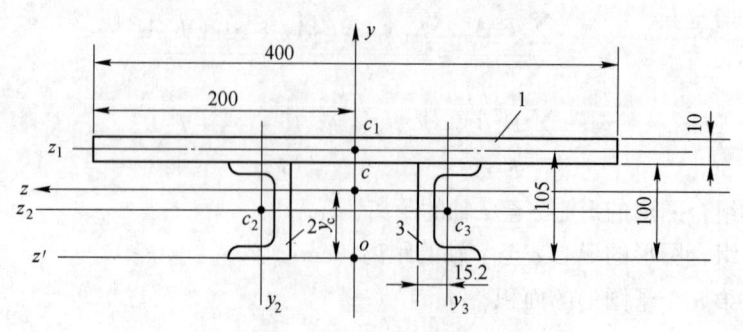

图 5.2-19 例 5.2-5 图

1—钢板；2、3—10 号槽钢

c—组合图形的形心；c_1—钢板的形心；c_2、c_3—槽钢的形心；

o—辅助直角坐标的原点；z—形心 c 的横轴；z'—辅助坐标的横轴；

z_1—钢板形心的横轴；z_2—槽钢形心的横轴；y—辅助坐标和形心 c 的纵轴；y_2、y_3—槽钢形心的纵轴

子图形 1 是矩形，c_1 是其形心。查型钢规范表，得 10 号槽钢的形心 c_2 和 c_3，如图 5.2-19 所示。各子图形的 z_n 轴和 y_n 轴如图 5.2-19 所示。

2) 计算各子图形形心 C_n 至 z' 轴的距离。但不必计算 C_n 至 $y(y')$ 轴的距离，因不要求计算组合图形面积对 y 轴的惯矩。

$z_1 = 10.5 \text{cm}$，$z_2 = z_3 = 5 \text{cm}$。

3) 计算各子图形的面积 F_n 和组合图形的总面积 $F = \sum F_n$。

$F_1 = 40 \times 1 = 40 \ (\text{cm}^2)$，$F_2 = F_3 = 12.74 \ (\text{cm}^2)$（查型钢规范表得）。

$F = F_1 + F_2 + F_3 = 40 + 2 \times 12.74 = 65.48 (\text{cm}^2)$。

4) 计算组合图形形心至 z' 轴的距性离 y_c。

$$y_c = \frac{\sum F_n y_n}{F} = \frac{40 \times 10.5 + 12.74 \times 5 + 12.74 \times 5}{65.48} = 8.36(\text{cm})$$

(4) 计算各子图形面积对自身 z_n 轴的惯性矩 J_{nz}。

由式 (5.2-21) 得 $J_{1z} = \frac{bh^3}{12} = \frac{40 \times 1^3}{12} = 3.33(\text{cm}^4)$

查型钢规范表（10 号槽钢）得 $J_{2z} = J_{3z} = 198.3(\text{cm}^4)$。

(5) 将各子图形面积的惯性矩 J_{nz} 转换成组合图形 z 轴的惯性矩 (J_{nz})。

从前面的计算已得 $F_1 = 40 \text{cm}^2$，$F_2 = F_3 = 12.74 \text{cm}^2$；

$J_{1z} = 3.33 \text{cm}^4$，$J_{2z} = J_{3z} = 198.3 \ (\text{cm}^4)$。

再从图 5.2-19 可得 $a_1 = 10.5 - y_c = 10.5 - 8.36 = 2.14(\text{cm})$；

$a_2 = a_3 = y_c - 5 = 8.36 - 5 = 3.36(\text{cm})$。

于是由平行轴定理得

$(J_{1z}) = J_{1z} + a_1^2 F_1 = 3.33 + 2.14^2 \times 40 = 186.51(\text{cm}^4)$；

$(J_{2z}) = (J_{3z}) = J_{2z} + a_2^2 F_2 = 198.3 + 3.36^2 \times 12.74 = 342.13(\text{cm}^4)$。

(6) 用叠加法原理计算组合图形面积 F 对 z 轴的惯矩 J_z，将各子图形面积的 (J_{nz}) 全

部相加起来即可得到 J_z。

$$J_z = (J_{1z}) + (J_{2z}) + (J_{3z}) = 186.51 + 342.13 + 342.13 = 870.77(\text{cm}^4)$$。

5.2.5 梁弯曲时的剪应力计算

5.2.5.1 梁弯曲时横截面上剪应力和弯曲应力的分布情况

梁弯曲包括梁的纯弯曲和非纯弯曲。在研究梁上剪力和弯矩、剪应力和弯曲应力的分布情况时应注意两点。第一点是在外力作用下梁弯曲时，梁上产生最大弯矩 M_{max} 的截面位置和产生最大剪力 Q 的截面位置，一般是不重合在一起的；图 5.2-20 是这两种截面不重合在一起的例子，可看出最大剪力 Q_{max} 发生在梁 CB 段的截面上，最大弯矩 M_{max} 发生在梁的 C 点位置的截面上。

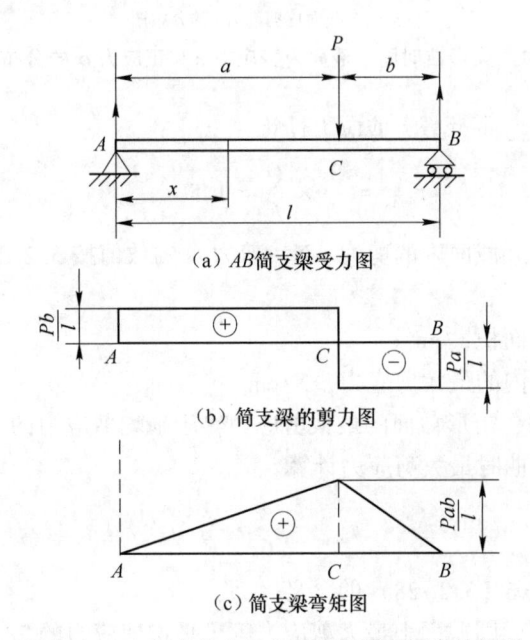

图 5.2-20 最大剪力最大弯矩位置不重合的例图

应注意的第二点是在同一个截面内，出现最大剪应力的位置和出现最大弯曲应力的位置也是不相同的。图 5.2-21 是同一截面（是指任意一截面）内剪应力和弯曲应力分布的示意图，其中图 5.2-21（a）是弯曲应力 σ 分布示意图。

在截面的上下两边缘处的弯曲应力最大，在中性层 z 处的弯曲应力为零；图 5.2-21（b）图是剪应力 τ 分布示意图，在截面的上、下边缘处剪应力为零，在中性轴 z 处剪应力最大。

5.2.5.2 几种图形截面的梁某一截面内最大剪应力计算

研究表明，不同形状截面的梁发生弯曲时，其同一截面内的最大剪应力与其平均剪应力 Q/F 之间存在有不同比例的关系。

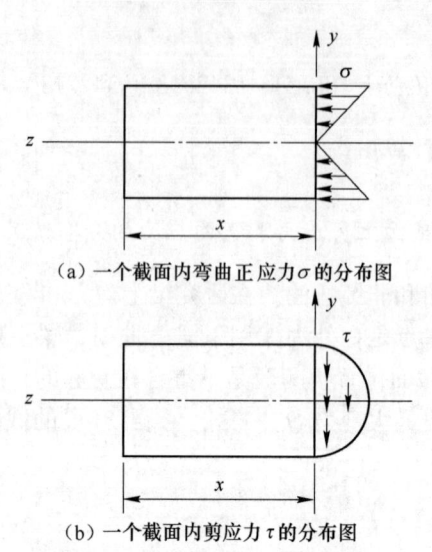

(a) 一个截面内弯曲正应力 σ 的分布图

(b) 一个截面内剪应力 τ 的分布图

图 5.2-21 梁弯曲时同一截面内剪应力 τ 和正应力 σ 的分布示意图

(1) 矩形截面的梁弯曲时最大剪应力计算。

$$\tau_{max} = \frac{3}{2} \times \frac{Q}{F} = 1.5 \times \frac{Q}{F} \tag{5.2-28}$$

式中　Q——梁弯曲时某截面内的剪力，N。剪力 Q 的数值按 5.2.3.3 小节的剪力计算法则确定；

　　　F——梁横截面面积，cm^2；

　　　τ_{max}——某横截面内的最大剪应力，N/cm^2。

式（5.2-28）表明，矩形截面的最大剪应力等于平均剪应力的 1.5 倍。

(2) 圆截面的梁弯曲时最大剪应力计算。

$$\tau_{max} = \frac{4}{6} \cdot \frac{Q}{F} \tag{5.2-29}$$

式中的符号含义同式（5.2-28）的含义。

式（5.2-29）表明，圆截面上最大剪应力等于平均剪应力的 2/3。

(3) 圆环截面梁弯曲时最大剪应力计算。

$$\tau_{max} = \frac{Q}{\pi \overline{R} \delta} \tag{5.2-30}$$

式中　Q——梁弯曲时某截面内的剪应力，N；

　　　$\overline{R}$——圆环的平均半径，cm；

$$\overline{R} = \frac{1}{2}(R + r)$$

　　　R——外圆半径；

　　　r——内圆半径；

　　　δ——圆环的厚度，cm。

(4) 碳钢和木材的许用剪应力（表 5.2-3）。

表 5.2-3　碳钢和木材的许用剪应力（参考值）　　　　单位：N/cm²

材料名称	剪应力种类	许用剪应力
碳钢	剪切、扭转	6800~9800
松木	弯曲时顺纤维方向的剪切力	215
落叶松	弯曲时顺纤维方向的剪切力	215
松木	纤维的横切	440
落叶松	纤维的横切	440

5.3　钢筋混凝土梁弯曲时的极限弯矩计算

5.3.1　矩形截面钢筋混凝土梁弯曲时的极限弯矩计算

矩形截面钢筋混凝土梁是由塑性材料（钢筋）和脆性材料（混凝土）两种材料构成的组合梁。在梁做向下凸的弯曲时，梁截面的上部受压，下部受拉。因混凝土具有良好的抗压性能，故用混凝土承担梁截面上部的压力；而因钢筋具有良好的抗拉性能，故用钢筋承担梁截面下部的拉力。按上述原则布置钢筋的混凝土梁和梁的受力情况如图 5.3-1 所示。

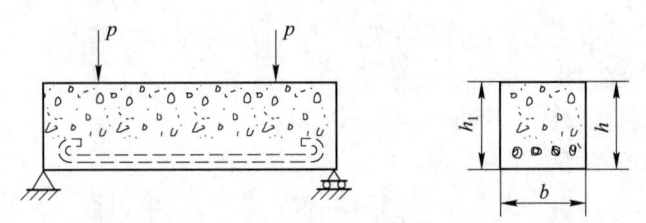

图 5.3-1　钢筋混凝土梁钢筋布置和梁受力示意图

一般按混凝土极限载荷法计算钢筋混凝土梁弯曲时的极限弯矩。按此法计算梁的极限弯矩时，采用以下假设：
（1）钢筋混凝土处于破损阶段。
（2）混凝土不承担拉力，只承担压力。
（3）钢筋承担全部拉力，不承担压力。
（4）钢筋混凝土梁破损时，梁截面受压区的混凝土应力均达到强度限 σ_B，截面受拉区的钢筋应力达到流动限 σ_T。

在上述假设条件下，钢筋混凝土梁的极限弯矩按式（5.3-1）计算：

$$M_B = \sigma_B \cdot b \cdot h_1^2 \cdot \alpha(1 - 0.53\alpha) \quad (5.3-1)$$

其中：

$$\alpha = \frac{\sigma_\tau \cdot F_a}{\sigma_B \cdot b \cdot h_1}$$

式中　M_B——钢筋混凝土梁的极限弯矩，N·cm；
　　　σ_B——混凝土弯曲受压的强度限，N/cm²，参见表 5.3-1；

σ_T——钢筋的流动限（即屈服限），N/cm²，参见表5.3-1；
F_a——受拉钢筋的全部截面积，cm²；
h_1——梁的顶面至钢筋轴线的距离，cm；
b——梁的宽度，cm；
h——梁的高度，cm。

说明：式（5.3-1）中的 0.53α 是根据实验得到的数据，而按极限法推导出的数据是 0.5α。

表 5.3-1　混凝土弯曲时受压强度限和钢筋流动限参考表

	标号		140	170	200	250	300	400	500	600
混凝土	弯曲受压时的强度限 σ_B	kg/cm²	135	155	180	220	250	325	390	440
		N/cm²	1320	1520	1760	2150	2450	3190	3822	4312
钢3	流动限 σ_T	kg/cm²	2400							
		N/cm²	23540							

钢筋混凝土梁的许用弯矩按下式计算：

$$[M] = \frac{M_B}{k} \quad (5.3-2)$$

式中　$[M]$——钢筋混凝土梁的许用弯矩，N·cm；
　　　M_B——钢筋混凝土梁的极限弯矩，N·cm；
　　　k——安全倍数，一般取 $k=2$。

钢筋混凝土梁的强度条件为

$$M \leq [M] \quad (5.3-3)$$

式中　M——钢筋混凝土梁的截面弯矩，N·cm；
　　　$[M]$——钢筋混凝土梁的许用弯矩，N·cm。

说明：混凝土标号有旧标准标号和新标准标号之分。表5.3-1中的标号是旧标准标号。表5.3-1中的混凝土标号是以按标准方法制作与养护28d 的 20cm×20cm×20cm 的混凝土试块做压缩试验，所得到的以 kg/cm² 为计量单位的试块混凝土极限强度限 R，例如将20cm×20cm×20cm混凝土试块做压缩试验得到该混凝土试块的极限强度限 $R=500$kg/cm²，则表示该混凝土试块的混凝土标号即为500#。但是不能直接将 R 值作为混凝土弯曲受压时的强度限 σ_B，而是首先用换算关系式将 R 换算成混凝土的长直强度（即中心受压强度）R_{np}，然后再用换算关系式将 R_{np} 换算成混凝土弯曲受压强度限 σ_B。上述的换算关系式分别为

$$R_{np} = [(1300+R)/(1450+3R)] \times R, \quad \sigma_B = 1.25 R_{np}$$

例如已知混凝土标号为140，即已知 20×20×20cm³ 试块混凝土受压时的极限强度 $R=140$kg/cm²，则 $R_{np}=[(1300+140)/(1450+3\times140)]\times140=108$（kg/cm²），$\sigma_B=1.25\times R_{np}=1.25\times108=135$（kg/cm²），135就是表5.3-1中与标号为140对应的 σ_B 值。

在 GB 50164—92《混凝土质量控制标准》中所规定的混凝土标号是新标准标号。新标准规定普通混凝土的强度有12个等级：C7.5、C10、C15、C20、C25、C30、C35、

C40、C45、C50、C55、C60。在新标准中用 C+数字表示混凝土标号。其中的数字是将按标准方法制作与养护 28d 的 15cm×15cm×15cm 的混凝土试块做压缩试验所得到的以 N/mm² 为计量单位的试块混凝土的极限强度限 R 值。例如将 15cm×15cm×15cm 的混凝土试块做压缩试验得到 $R=15N/mm^2$，则试块混凝土的强度等级为 C15，即用制作该混凝土试块的相同的配比所制作的混凝土的强度等级是 C15。

研究表明，同一种配比的混凝土，如果试块尺寸不同，所得到试块混凝土的极限强度限是不相同的。现假设 20cm×20cm×20cm 试块混凝土的极限强度限为 R，15cm×15cm×15cm 试块混凝土的极限强度限为 R_1，那么两者之间存在有以下关系：$R_1 = 0.9R$ 或 $R = R_1/0.9$，其中的 0.9 是两种尺寸试块混凝土的极限强度限的换算系数。

因为式（5.3-1）中的 σ_B 是根据旧标准得出的混凝土弯曲受压的极限强度限，所以要将新标准强度等级的混凝土应用到式（5.3-1）中，那么应首先将新标准的 R_1 值换算成旧标准的 R 值，然后将 R 换算成 R_{np}，再将 R_{np} 换算成旧标准的 σ_B。才能将最后得出的 σ_B 值应用到式（5.3-1）中。

例如要将 C20 混凝土的弯曲受压强度限应用到式（5.3-1）中时，需进行以下换算：

已知 15cm×15cm×15cm 试块的极限强度限为 $R_1 = 20N/mm^2 = 204kg/cm^2$，首先要将其变换成 20cm×20cm×20cm 试块的极限强度限：$R = R_1/0.9 = 227kg/cm^2$。接着进行以下换算即可得到旧标准的混凝土弯曲受压的极限强度限 σ_B：

$$R_{np} = [(1300 + 227)/(1450 + 3 \times 227)] \times 227 = 163 \ (kg/cm^2)$$

$$\sigma_B = 1.25 R_{np} = 1.25 \times 163 = 204 \ (kg/cm^2)$$

5.3.2 环形截面钢筋混凝土电杆弯曲时的极限弯矩计算

环形截面钢筋混凝土电杆是由钢筋（塑性材料）和混凝土（脆性材料）构成的组合性长杆，简称为"水泥电杆"或"电杆"。

已竖立起来的有拉线的有导线张力作用在上面的水泥杆是中心受压的长直杆。但它们在堆放、运输、组立的过程中，每根水泥杆都是一根横梁，在自重力和其他外力等的作用下会使水泥杆产生弯曲。如果由外力使电杆在其处的截面上产生的截面弯矩大于电杆本身在该截面上具有的抗弯矩的初开裂弯矩，电杆将会在该截面处产生裂纹甚致破损，这是不允许的。由此可知在电杆竖立等过程中电杆是否会产生裂纹甚致破损，取决于外力使电杆产生的截面弯矩和电杆本身具有的抗弯矩能力。计算外力使电杆产生截面弯矩的方法请参见 5.2.3.2 小节，这里介绍的是计算水泥电杆本身具有的抗弯矩能力的方法。

由于水泥杆的初开裂弯矩取决于水泥杆的极限弯矩，而极限弯矩又取决于水泥杆的结构和材料的性能，因此在本单元中将依次介绍水泥杆极限弯矩（即国家标准《环形水泥杆》中所称的承载力检验弯矩）、许用弯矩（开裂检验弯矩为承载检验弯矩的一半）、初开裂弯矩（0.8~1.0 开裂检验弯矩）的计算方法。

1. 钢筋混凝土电杆极限弯矩的计算

如同推导矩形截面钢筋混凝土梁的极限弯矩计算公式一样，在推导环形截面的钢筋混凝土电杆的极限弯矩计算公式时也是以钢筋混凝土电杆处于破损阶段为计算依据，为此做以下假设：

1) 截面上的应力不按三角形分布而按矩形分布。
2) 受拉区的混凝土不承担拉力，受压区的混凝土已达到极限强度。
3) 结构破坏时受拉区的钢筋同时达到流动限（屈服限）。

环形截面钢筋混凝土电杆的基本结构是以足够多的纵向钢筋均匀地分布在充满混凝土的环形截面内。

现采用截面法用一个截面将电杆弯曲时处于破损阶段的电杆截开成左、右两段后，对截面左段的电杆进行其力系平衡分析。此时截面左段电杆的受力情况如图 5.3-2 所示。

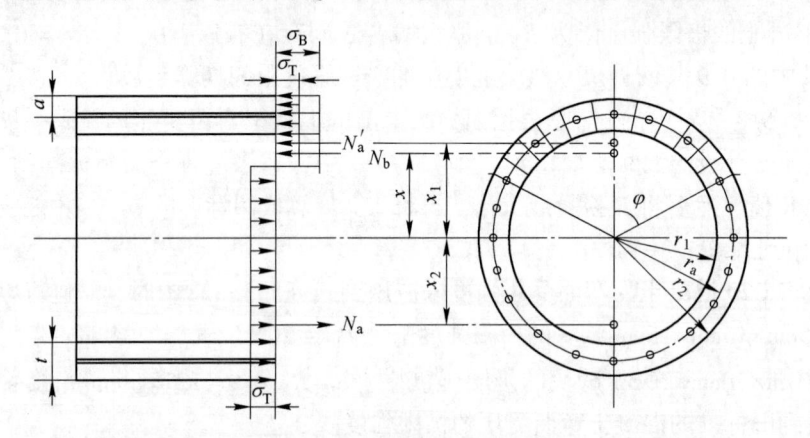

图 5.3-2 环形截面电杆弯曲破损时的内力及应力分布示意图

r_1——内半径；r_a—钢筋圆半径（电杆平均半径）；r_2—外半径；F_a—钢筋总截面积；F_b—混凝土总截面积；φ—受压区和受拉区分界线的半夹角；2φ—为两分界线之间的圆夹角；N_b—受压区混凝土强度极限的合力 N_a'—受压区钢筋流动限的合力；N_a—受拉区钢筋流动限的合力 x—受压区混凝土强度极限的合力 N_b 至圆心的距离；x_1—受压区钢筋流动限的合力 N_a' 至圆心的距离；x_2—受拉区钢筋流动限的合力 N_a 至圆心的距离；t—电杆壁厚；a—钢筋中心至电杆外圆距离；σ_B—电杆弯曲时混凝土受压的强度极限；σ_T—电杆弯曲时钢筋受压或受拉的流动限（即屈服限）

在上述假设条件下电杆弯曲破损处的电杆截面上的极限弯矩 M_p（即承载力检验弯矩）的计算公式为

$$M_p = \frac{1}{\pi}\left(F_b\sigma_B \frac{r_1+r_2}{2} + 2F_a\sigma_T r_a\right)\sin\left(\pi\frac{F_a\sigma_T}{F_b\sigma_B + 2F_a\sigma_T}\right) \quad (5.3-4)$$

式中 M_p——环形截面钢筋混凝土电杆某截面上的极限弯矩（承载力检验弯矩），N·cm。

F_a——电杆某截面的全部钢筋截面积，cm^2。

F_b——电杆某截面的全部混凝土截面积（不扣除截面内钢筋截面积），cm^2。

r_a——钢筋圆至圆心的半径，cm。一般为 $r_a = \frac{r_1+r_2}{2}$；钢筋圆的圆周长 $L = 2\pi r_a$。

r_1——电杆某截面处的内半径，cm。

r_2——电杆某截面处的外半径，cm。

σ_B ——电杆弯曲时混凝土受压的强度极限，N/cm^2；一般采用 300 标号的混凝土：$\sigma_B = 2450N/cm^2$（$250kg/cm^2$）。

σ_T ——钢筋的流动限（N/cm^2）。一般采用钢 3 钢筋：$\sigma_T = 27930\ N/cm^2$（$285kg/cm^2$）。

2. 钢筋混凝土电杆许用弯矩的计算

钢筋混凝土电杆、预应力混凝土电杆、部分预应力混凝土电杆的开裂检验弯矩（许用弯矩）为其承载力检验弯矩（极限弯矩）的 1/2，即

$$[M] = \frac{M_p}{2} \tag{5.3-5}$$

式中 M_p ——混凝土电杆的承载力检验弯矩，$N \cdot cm$；

$[M]$ ——混凝土电杆的开裂检验弯矩，$N \cdot cm$。

当钢筋混凝土电杆的截面弯矩等于开裂检验弯矩时电杆上允许的最大裂缝宽度不大于 0.2mm，残余裂缝宽度不大于 0.05mm。

当预应力混凝土电杆的截面弯矩等于开裂检验弯矩时，电杆上不应出现裂缝。

当部分预应力混凝土电杆的截面弯矩等于 80% 开裂检验弯矩时，电杆上不应出现裂缝，等于开裂检验弯矩时电杆上允许的最大裂缝宽度不大于 0.10mm。

3. 钢筋混凝土电杆的初开裂弯矩计算

初开裂弯矩 M_c 为

$$M_c = k[M] \tag{5.3-6}$$

式中 M_c ——混凝土电杆的初开裂弯矩，$N \cdot cm$。

$[M]$ ——混凝土电杆的开裂检验弯矩，$N \cdot cm$。

k ——抗裂检验系数允许值；对于预应力混凝土电杆，$k = 1.0$；对于钢筋混凝土电杆和部分预应力混凝土电杆，$k = 0.8$。

【例 5.3-1】 现有一根梢径为 $\varphi 190mm$，锥度为 1/75，壁厚为 5cm，总长 15m 的环形截面钢筋混凝土电杆，已知制作电杆的混凝土标号为 300 号，其弯曲受压极限强度限 $\sigma_B = 2450N/cm^2$，给电杆配置的钢筋是 $12 \times \varphi 12mm$ 钢 3 钢筋，其流动限（屈服限）$\sigma_T = 27930N/cm^2$，请分别求出距杆梢为 0m、2m、4m、6m、8m、10m、12m、14m、15m 处的电杆截面的承载力检验弯矩 M_p、开裂检验弯矩 $[M]$、初开裂弯矩 M_c。

解：(1) 距电杆杆梢为 L（cm）处的有关参数的计算结果。

已知：钢筋为 $12 \times \varphi 12mm$，电杆锥度 1/75，电杆壁厚 $m = 5cm$，$L(cm)$ 为距杆梢顶的距离，电杆梢径 19cm，$\sigma_B = 2450N/cm^2$，$\sigma_T = 27930N/cm^2$，各参数的计算公式如下。

钢筋的全部截面积 F_a：

$$F_a = 12 \times \frac{\pi d^2}{4} = 12 \times \frac{\pi \times 1.2^2}{4} = 13.56(cm^2)$$

距杆梢顶为 $L(cm)$ 处截面的外径 D、半径 R，内径 d、半径 r，平均半径 r_a，混凝土截面积 F_b 的计算公式：

$$D = 19 + \frac{L}{75}, \quad R = \frac{D}{2}, \quad d = D - 2m = D - 10, \quad r = \frac{d}{2}$$

$$r_a = \frac{R+r}{2} = \frac{D+d}{4} (\text{cm})$$

$$F_b = 2\pi r_a m \text{（包含钢筋截面积在内）}(\text{cm}^2)$$

表 5.3-2 中的数值是电杆上各长度点处的参数和 M_p、$[M]$、M_c 的计算结果。

表 5.3-2 例 5.3-1 计算结果

拔梢杆	例题给出的 φ190 电杆的参数和各长度点处 M_p、$[M]$、M_c 计算结果								
长度点	0m	2m	4m	6m	8m	10m	12m	14m	15m
D/cm	19	21.67	24.33	27	29.67	32.33	35	37.67	39
d/cm	9	11.67	14.33	17	19.67	22.33	25	27.67	29
r_a/cm	7	8.33	9.67	11	12.33	13.67	15	16.33	17
F_a/cm^2	13.56	13.56	13.56	13.56	13.56	13.56	13.56	13.56	13.56
F_b/cm^2	219.8	262	304	345	387	429	471	513	534
$M_p/(\text{kN}\cdot\text{m})$	22.95	27.90	32.93	37.96	43.02	8.14	53.24	58.34	60.91
$[M]/(\text{kN}\cdot\text{m})$	11.48	13.95	16.46	18.98	21.51	24.07	26.62	29.17	30.46
$M_c/(\text{kN}\cdot\text{m})$	9.184	11.16	13.168	15.184	17.208	19.256	21.296	23.336	24.368

（2）计算电杆各长度点处截面承载力检验弯矩 M_p、开裂检验弯矩 $[M]$（即许用弯矩，$[M] = \dfrac{M_p}{2}$）、初裂弯矩 M_c（$M_c = 0.8[M]$）。

计算上述弯矩时要用到式（5.3-7）~式（5.3-9）三个公式：

$$\left. \begin{array}{l} M_p = \dfrac{1}{\pi}(F_b\sigma_B r_a + 2F_a\sigma_T r_a)\sin\left(\pi\dfrac{F_a\sigma_T}{F_b\sigma_B + 2F_a\sigma_T}\right) \\ \text{适用条件 } \alpha_\pi = \dfrac{F_a\sigma_T}{F_b\sigma_B} \leq 0.8 \end{array} \right\} \quad (5.3\text{-}7)$$

$$[M] = \frac{M_p}{2} \quad (5.3\text{-}8)$$

$$M_c = 0.8[M] \quad (5.3\text{-}9)$$

在进行截面弯矩计算之前，首先要检验 α_π 值是否符合 $\alpha_\pi \leq 0.8$ 条件。因为电杆 0m 点处的 α_π 值最大，若该处的 $\alpha_\pi \leq 0.8$，则其他长度点处的 α_π 必定小于 0.8，所以只需计算电杆 0m 点的 α_π 值即可。

在 0m 处的 α_π 值为 $\alpha_\pi = \dfrac{F_a\sigma_T}{F_b\sigma_B} = \dfrac{13.56 \times 27930}{219.8 \times 2450} = 0.7033 < 0.8$。由此可见可用式（5.3-7）来计算 M_p 值及其 $[M]$、M_c 值。

在式（5.3-7）的第 1 式之中，不同长度点处的 F_b、r_a 值是不相同的，其余的参数 F_a、σ_B、σ_T 是相同的。在计算电杆上不同长度点处的 M_p 值时，一直保持 F_a、σ_B、σ_T 值不变，只需将不同长度点处的 F_b、r_a 值（表 5.3-2）代入公式中，即能计算出各长度点处的 M_p 值。其计算结果已列在前面的表 5.3-2 中。现以 0m 点、2m 点的 M_p 计算为例来说明 M_p 值的计算方法如下。

在电杆 0m 点处 M_{p0m} 的计算：

已知：$F_a = 13.56 \text{cm}^2$，$\sigma_B = 2450 \text{N/cm}^2$，$\sigma_T = 27930 \text{N/cm}^2$，从表 5.3-2 中查得 F_b、r_a 值。

$$M_{p0m} = \frac{1}{\pi}(F_b\sigma_B r_a + 2F_a\sigma_T r_a)\sin\left(\pi \frac{F_a\sigma_T}{F_b\sigma_B + 2F_a\sigma_T}\right)$$

$$= \frac{1}{\pi}(219.8 \times 2450 \times 7 + 2 \times 13.56 \times 27930 \times 7)\sin\left(\pi \frac{13.56 \times 27930}{219.8 \times 2450 + 2 \times 13.56 \times 27930}\right)$$

$$= 22.95(\text{kN} \cdot \text{m})$$

在电杆 2m 点处 M_{p0m} 的计算：

$$M_{p2m} = \frac{1}{\pi}(F_b\sigma_B r_a + 2F_a\sigma_T r_a)\sin\left(\pi \frac{F_a\sigma_T}{F_b\sigma_B + 2F_a\sigma_T}\right)$$

$$= \frac{1}{\pi}(262 \times 2450 \times 8.33 + 2 \times 13.56 \times 27930 \times 8.33)\sin\left(\pi \frac{13.56 \times 27930}{262 \times 2450 + 2 \times 13.56 \times 27930}\right)$$

$$= 27.90(\text{kN} \cdot \text{m})$$

5.4 圆木、钢管、组合图形截面抱杆的稳定许用承载力计算

在架空线路的施工和检修中，经常要使用抱杆，用于起吊重物。常用的抱杆是用于起立混凝土电杆的倒落式人字抱杆、独抱杆和分解式组立铁塔的浮抱杆。抱杆属于压杆类的细长杆。在起吊重物时作用在压杆上的是轴向下压力。由于压杆承担压力，压杆的截面上就有应力。当作用在压杆上的压力或应力超过它的限值时它就会被破坏，但是这种破坏的原因不是由于作用在压杆上的压力或应力超过压杆的强度压力或应力（即简单压缩时的压力或应力，这种应力称为基本应力），而是由于它超过了压杆的临界稳定压力或应力，造成压杆产生弯曲变形失去稳定而使压杆破坏。因此，为了确保抱杆能安全可靠地工作，就需要事先计算出抱杆的临界稳定的许用压力或应力，以便控制作用在抱杆上的实际压力或应力不超过临界稳定许用压力或稳定许用力。临界稳定许用压力（或应力）是临界稳定压力（或应力）除以稳定安全倍数而得到的稳定许用压力（或应力）。

在本节里将分别介绍圆木、钢管、组合图形截面抱杆的临界稳定许用承载力的计算方法。

在已知压杆的材质、压杆尺寸的情况下，计算长压杆的稳定许用承载力（即压力）$[p_y]$ 的基本步骤和基本方法如下。

(1) 计算压杆截面的最小惯矩 J 和确定压杆的长度系数 μ。

常用截面形状的惯矩 J 计算，详见 5.2.4.3 小节；组合图形截面的惯矩计算，详见 5.2.4.4 小节。型钢（如角钢、工字钢、槽钢）的惯矩及相关的因素值详见型钢规范表。

必须根据压杆两端的约束类别来确定压杆的长度系数 μ。常见的约束类别及 μ 值如下。

当压杆的两端为铰支约束时，$\mu = 1$。

当压杆的下端为固结约束，上端无约束时，$\mu = 2$。

当上端固结，无轴向约束，下端固结约束时，$\mu = 0.5$。

当上端为球型铰，无轴向约束，下端为固结约束时，$\mu \approx 0.7$。

说明：抱杆工作时上下两端为铰支约束，$\mu = 1$。在下面的举例计算中，其长度系数均为 $\mu = 1$，不再另行说明。

（2）计算压杆最小惯矩半径（又称回转半径）i。

$$i = \sqrt{\frac{J}{F_2}} \quad (5.4-1)$$

式中　i——最小惯矩半径，cm。

　　　J——压杆的最小惯矩，cm^4；当截面形状为全对称时（如圆、正方形），$J = J_z = J_y$。

　　　F_2——压杆的横截面面积（不扣减截面中的螺孔等截面），cm^2。

（3）计算压杆的长细比（又称柔度）λ。

$$\lambda = \frac{\mu L}{i} \quad (5.4-2)$$

式中　λ——压杆的长细比；

　　　μ——压杆的长度系数；对于抱杆，$\mu = 1$；

　　　L——压杆的长度，cm；

　　　i——压杆的最小惯性半径，cm。

（4）计算压杆的折减系数 ϕ。

根据压杆的材质和长细比 $\lambda = \frac{\mu L}{i}$ 值从表 5.4-1 的拆减系数 ϕ 表中查得 ϕ 值。

表 5.4-1　折减系数 ϕ 表

长细比 $\lambda = \frac{\mu L}{i}$	1~4 号钢	锰钢 16	硬铝	木材（顺纤维方向压缩）
0	1.0	—	—	1.0
10	0.99	—	—	0.99
20	0.96	—	—	0.97
30	0.94	—	—	0.93
40	0.92	—	—	0.87
50	0.89	—	—	0.80
60	0.86	0.78	0.455	0.71
70	0.81	0.71	0.353	0.60
80	0.75	0.63	0.269	0.48

续表 5.4-1

长细比 $\lambda = \dfrac{\mu L}{i}$	1~4 号钢	锰钢 16	硬铝	木材（顺纤维方向压缩）
90	0.69	0.54	0.212	0.38
100	0.60	0.46	0.172	0.31
110	0.52	0.39	0.142	0.25
120	0.45	0.33	0.119	0.22
130	0.40	0.29	0.101	0.18
140	0.36	0.25	0.087	0.16
150	0.32	0.23	0.076	0.14
160	0.29	0.21	—	0.12
170	0.26	0.19	—	0.11
180	0.23	0.17	—	0.10
190	0.21	0.15	—	0.09
200	0.19	0.13	—	0.08

（5）计算压杆的稳定许用应力 $[\sigma_y]$。

习惯上的计算方法是以压杆强度的基本许用应力作为标准许用应力，稳定许用应力等于折减系数 ϕ 乘以标准许用应力。

折减系数 ϕ 即稳定许用应力与标准许用应力的比值。

$$[\sigma_y] = \phi[\sigma] \tag{5.4-3}$$

式中　$[\sigma_y]$——压杆的稳定许用应力，N/cm^2；

　　　ϕ——压杆的折减系数，可从表 5.4-1 查得 ϕ 值；

　　　$[\sigma]$——压杆的基本许用应力（即简单压缩短杆件时的许用平均应力，可从表 5.4-2 查得），N/cm^2。

（6）计算长压杆的稳定许用承载力 $[P_y]$。

$$[P_y] = F_2[\sigma_y] \tag{5.4-4}$$

式中　$[P_y]$——压杆的稳定许用承载力，N；

　　　$[\sigma_y]$——压杆的稳定许用应力，N/cm^2；

　　　F_2——压杆的横截面面积，cm^2。

要求作用在压杆上的动态载荷 $P \leq [P_y]$。

$$P = k_0 \cdot P_0$$

式中　P_0——作用在压杆上的静态压力；

　　　k_0——负荷系数，$k_0 = 1.3 \sim 1.4$。

（7）计算组合图形截面压杆的最大许用节长。

设组合图形截面压杆的图形由 4 根等肢角钢按边长 $=b$ 的正方形布置的截面构成，并设压杆的节长等于最大许用节长 L_1，其图形如图 5.4-1 所示。请在以下已知数据的条件下计算压杆的最大许用节长 L_1。

已知压杆的数据为：压杆的稳定许用载荷为 $[P_y]$，压杆的长细比为 λ。

已知等肢角钢的数据为：等肢角钢的稳定许用载荷为 $[P_y]_1 = [P_y]/4$，等肢角钢的截面面积为 F_{D1}，等肢角钢的最小惯矩为 J_{y10}。

计算压杆最大许用节长 L_1 的方法如下。

当组合图形截面压杆的长细比 λ 等于节长内的单根角钢长细比 λ_{D1} 时，所得到的节长为最大许用节长 L_1。

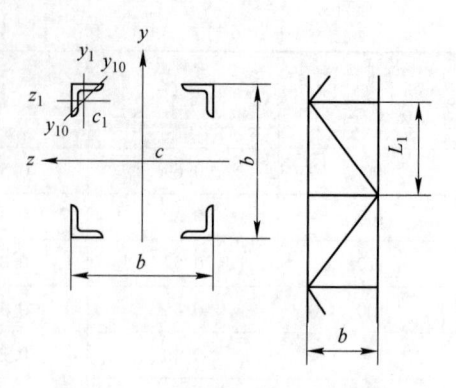

图 5.4-1 组合图形与节长示意图

1) 单根角钢的最小惯矩半径 $i_{D1} = \sqrt{\dfrac{J_{y10}}{F_{D1}}}$。

2) 令单根角钢在节长内的长细比为 λ_{D1}，最大许用节长为 L_1，$\mu = 1$，并令 $\lambda_{D1} = \lambda$，于是根据 $i = \mu L/\lambda$ 得 $i = \mu L_1/\lambda_{D1}$。

$$L_1 = i_{D1}\lambda_{D1} = i_{D1}\lambda$$

式中 L_1——所求得的最大许用节长。

(8) 校核压杆的强度许用载荷 $[P]$。

设 P 为施加在压杆上的压力，$[P]$ 为压杆的强度许用载荷。强度条件为 $P \leq [P]$。$[P]$ 按下式计算：

$$[P] = F_1[\sigma] \tag{5.4-5}$$

式中 $[P]$——按强度条件计算的压杆的许用压力载荷，N；

$[\sigma]$——压杆的基本许用应力（即简单压缩短杆的许用平均应力，可从表 5.4-2 查得），N/cm²；

F_1——压杆的净横截面面积（即扣减被削减截面后的面积），cm²。

要求实际作用在压杆上的动态载荷 P 必须同时满足 $P \leq [P_y]$ 和 $P \leq [P]$ 的要求。

$$P = k_0 P_0$$

式中 P_0——施加在压杆上的静态压力；

k_0——负荷系数，$k_0 = 1.3 \sim 1.4$。

表 5.4-2 几种材料的流动限和许用应力 单位：N/cm²

材料 应力	钢材					铝材	木材（顺纤维）		
	钢 3	Q235	Q345	Q390	锰钢 16	硬铝	松木	落叶松	橡树
流动限	27930	23500	34500	39000	59000	11780	—	—	—
许用应力	18620	15660	23000	26000	39300	7186	1176	1420	1568

注：钢 3 的流动限摘自《钢筋混凝土电杆设计》一书。

Q235、Q345、Q390 和锰钢的流动限摘自《五金实用手册》。型号 Q235 的含义是流动限为 235N/mm²，其他型号的 Q 钢的含义照此类推。

下面以圆木、钢管、组合图形截面压杆的稳定许用载荷的计算为例，以说明稳定许用载荷（压力）的计算方法。

【例 5.4-1】 有一圆松木抱杆，长度 $L = 8\text{m}$，平均直径 $D_{cp} = 20\text{cm}$，许用应力 $[\sigma] = 1176\text{N/cm}^2$，抱杆上无削减横截面积的情况，松木容重 650kg/m^3，试计算抱杆自重影响的稳定许用压力载荷 $[P_y]$。

解：(1) 计算松木抱杆的最小惯矩和确定抱杆长度系数 μ。

已知抱杆工作时两端为铰支，故 $\mu = 1$，$D_{cp} = 20\text{cm}$。

由式 (5.2-23) 得圆形截面的惯矩为

$$J = J_z = J_y = \frac{\pi D_{cp}^4}{64} = \frac{\pi \cdot 20^4}{64} = 7854(\text{cm}^4)$$

(2) 计算最小惯性半径 i。

$$\text{抱杆横截面面积 } F = \frac{\pi D_{cp}^2}{4} = \frac{\pi \times 20^2}{4} = 314(\text{cm}^2)$$

由式 (5.4-1) 得最小惯矩半径 i 为

$$i = \sqrt{\frac{J}{F}} = \sqrt{\frac{7854}{314}} = 5.0(\text{cm})$$

(3) 计算抱杆的细长比 λ。

由式 (5.4-2) 得

$$\lambda = \frac{\mu L}{i} = \frac{1 \times 800}{5} = 160$$

(4) 查取抱杆的拆减系数 ϕ。

以松木抱杆和 $\lambda = 160$ 从表 5.4-1 查得

$$\phi = 0.12$$

(5) 计算松木抱杆的稳定许用压缩应力 $[\sigma_y]$。

已知 $[\sigma] = 1176\text{N/cm}^2$。由式 (5.4-3) 得

$$[\sigma_y] = \phi[\sigma] = 0.12 \times 1176 = 141.1\ (\text{N/cm}^2)$$

(6) 计算松木抱杆的稳定许用压力载荷 $[P_y]$。

已知松木容重 $\gamma = 650\ \text{kg/m}^3 = 0.00637\text{N/cm}^3$，

抱杆重力 $G = FL\gamma = 314 \times 800 \times 0.00637 = 1600(\text{N})$

由式 (5.4-4) 得出不考虑抱杆自重影响的稳定许用压力载荷 $[P_y]$ 为

$$[P_y] = F[\sigma_y] = 314 \times 141.1 = 44.305(\text{kN})$$

考虑抱杆自重 G 影响的抱杆稳定许用压力载荷 $[P_y]'$ 为

$$[P_y]' = [P_y] - 0.5G = 44\ 305 - 0.5 \times 1600 \approx 43.51(\text{kN})$$

【例 5.4-2】 有一薄壁 Q345 钢的圆管抱杆，长 $L = 8\text{m}$，外径 $D = 15\text{cm}$，内径 $d = 14.4\text{cm}$，管壁厚 $m = 3\text{mm} = 0.3\text{cm}$，平均直径 $\overline{D} = 14.7\text{cm}$，平均半径 $\overline{R} = 7.35\text{cm}$，Q345 钢的许用应力 $[\sigma] = 23000\text{N/cm}^2$，钢的容重 $\gamma = 7.86\text{g/cm}^3$。试计算该抱杆的稳定许用压力载荷 $[P_y]$ 和抱杆的质量。

解：(1) 计算抱杆截面的最小惯矩和确定长度系数 μ。

已知抱杆工作时两端为铰支，故 $\mu = 1.0$。

由式 (5.2-25) 得圆环截面的惯矩 J 为

$$J = J_z = J_y = \frac{\pi}{64}(D^4 - d^4) = \frac{\pi}{64}(15^4 - 14.4^4) = 374.19(\text{cm}^4)$$

（2）计算最小惯矩的惯矩半径 i。
已知圆环截面的面积 F_z 为

$$F_z = 2\pi \bar{R}m = 2\pi 7.35 \times 0.3 = 13.85(\text{cm}^2)$$

由式（5.4-1）得惯矩半径 i 为

$$i = \sqrt{\frac{J}{F_z}} = \sqrt{\frac{374.19}{13.85}} = 5.198(\text{cm})$$

（3）计算抱杆的长细比 λ。
由式（5.4-2）得

$$\lambda = \frac{\mu L}{i} = \frac{1 \times 800}{5.198} = 153.9$$

（4）计算折减系数 ϕ。
根据抱杆材质为 Q345 钢和长细比 $\lambda = 153.9$，从表 5.4-1 查得

$$\phi = 0.32 - \frac{0.32 - 0.29}{10} \times 3.9 = 0.3083$$

（5）计算稳定许用应力 $[\sigma_y]$。
由式（5.4-3）得稳定许用应力 $[\sigma_y]$ 为

$$[\sigma_y] = \phi[\sigma] = 0.3083 \times 23000 = 7091(\text{N/cm}^2)$$

（6）计算抱杆的稳定许用压力载荷 $[P_y]$。
由式（5.4-4）得

$$[P_y] = F_z \times [\sigma_y] = 13.85 \times 7091 = 98.21(\text{kN})$$

（7）抱杆强度压力载荷校核。
因在抱杆上无削减截面情况，故不需做强度载荷校核。
（8）抱杆的重力计算。

$$G = F \times L \times \gamma = 13.85 \times 800 \times 0.00786 = 87.09(\text{kg})$$

【例 5.4-3】 有一根由四条∠50×50×6 硬铝角铝组成的组合图形截面的抱杆，抱杆长度 $L = 8\text{m}$。抱杆的式样和横断面如图 5.4-2 所示。已知硬铝的基本许用应力 $[\sigma] = 7186\text{N/cm}^2$，施加在抱杆顶部的轴向静态压力 $P_0 = 50\text{kN}$，负荷系数 $k_0 = 1.4$，试计算出该组合图形截面抱杆的稳定许用压力载荷 $[P_y]$ 和抱杆最大许用节长 L_1，并问该抱杆能否安全地承受该静态压力？

解：（1）计算组合图形截面的最小惯矩和确定长度系数 μ。查型钢规范表得∠50×50×6 的截面面积 $F_1 = 5.69\text{cm}^2$，形心距离 $y_c = 1.46\text{cm}$，$J_{z1} = 13.1\text{cm}^4$，$J_{y2} = 5.39\text{m}^4$，用平行轴定理将 J_{z1} 换算成组合图形 z 轴的惯矩 (J_{z1})：
由图 5.4-2 知 $a = 15 - 1.46 = 13.54$（cm）。

$$(J_{z1}) = J_{z1} + a^2 F_1 = 13.1 + 13.54^2 \times 5.69 = 1056.3(\text{cm}^4)$$

用叠加法，得组合图形截面的惯矩 J_z 为

$$J_z = 4 \times (J_{z1}) = 4 \times 1056.3 = 4225.2(\text{cm}^4)$$

因抱杆工作时，其两端为铰支，故 $\mu = 1$。

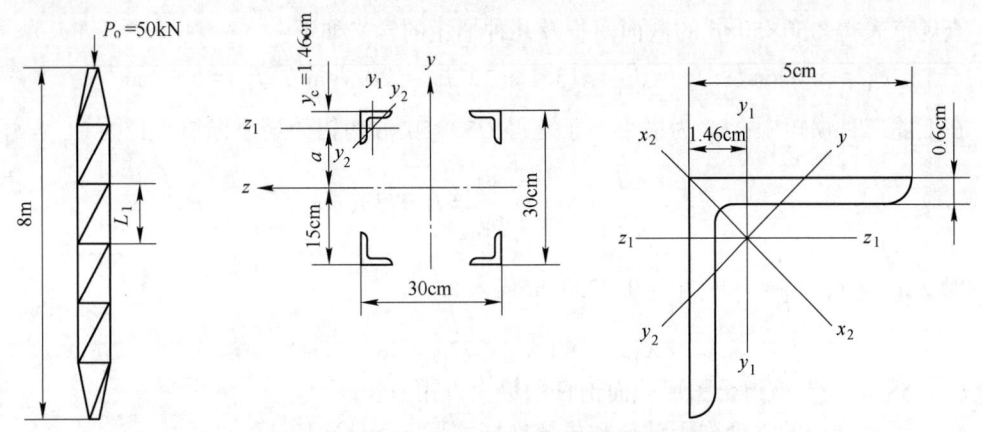

图 5.4-2　例 5.4-3 抱杆式样和断面示意图

(2) 计算抱杆的最小惯矩半径 i。

已知组合图形截面抱杆的横截面 $F_2 = 4 \times F_1 = 4 \times 5.69 = 22.76(\text{cm}^2)$，组合图形截面的惯矩 $J_z = 4225.2\text{cm}^2$。

由式 (5.4-1) 得组合图形截面（即抱杆截面）的惯矩半径 i 为

$$i = \sqrt{\frac{J_z}{F_2}} = \sqrt{\frac{4225.2}{22.76}} = 13.63(\text{cm})$$

(3) 计算抱杆的长细比 λ。

已知 $L = 800\text{cm}$，$i = 13.63\text{cm}$，$\mu = 1$。

由式 (5.4-2) 得组合图形截面抱杆的长细比为

$$\lambda = \frac{\mu L}{i} = \frac{1 \times 800}{13.63} = 58.69$$

取 $\lambda = 60$。

(4) 计算抱杆的折减系数 ϕ。

以抱杆材质硬铝和 $\lambda = 60$，从表 5.4-1 查得组合图形抱杆折减系数 $\phi = 0.455$。

(5) 计算抱杆的稳定许用应力 $[\sigma_y]$。

已知硬铝的 $[\sigma] = 7186\text{N/cm}^2$，由式 (5.4-3) 得组合图形截面抱杆的稳定许用应力为

$$[\sigma_y] = \phi[\sigma] = 0.455 \times 7186 = 3270(\text{N/cm}^2)$$

(6) 计算抱杆的稳定许用压力载荷 $[P_y]$ 并校核抱杆的稳定条件。

已知抱杆的横截面面积 $F_2 = 22.76\text{cm}^2$，$[\sigma_y] = 3270\text{N/cm}^2$；

由式 (5.4-4) 得抱杆的稳定许用载荷 $[P_y]$ 为

$$[P_y] = F_2 \times [\sigma_y] = 22.76 \times 3270 = 74.43(\text{kN})$$

已知 $P_0 = 50\text{kN}$，$k_0 = 1.4$，$P = k_0 P_0 = 1.4 \times 50 = 70(\text{kN})$，因此 $P < [P_y]$。

(7) 计算抱杆的最大许用节长 L。

由步骤 (3) 得知抱杆的长细比 $\lambda = 60$，为此令节长内每分支角铝的长细比 $\lambda_1 = \lambda = 60$，并认为节长两端为铰链，取 $\mu_1 = 1$。

查规范表得∠50×50×6 的截面面积及几种惯矩的含义如下：

$$F_1 = 5.69\text{cm}^2, \ J_{z_1} = J_{y_1} = 13.1\text{cm}^4, \ J_{x_2} = 20.7\text{cm}^4, \ J_{y_2} = 5.39\text{cm}^4$$

在上述三种惯矩中，J_{y2} 为最小。于是得∠50×50×6 角铝的最小惯矩半径为 $i_{\min} = i_1$。

$$i_1 = \sqrt{\frac{J_{y2}}{F_1}} = \sqrt{\frac{5.39}{5.69}} = 0.9733(\text{cm})$$

现以 $\mu_1 = 1$，$\lambda_1 = 60$，$i_1 = 0.9733\text{cm}$ 代入 $\lambda_1 = \dfrac{\mu_1 L_1}{i_1}$ 得

$$L_1 = \lambda_1 i_1 = 60 \times 0.9733 = 58.4(\text{cm})$$

$L_1 = 58.4\text{cm}$ 即该组合图形截面抱杆的最大许用节长。

（8）计算抱杆的强度许用载荷和校核抱杆的强度条件。

已知施加在抱杆轴向动载荷为 $P = k_0 P_0 = 70$（kN），抱杆的强度许用载荷 $[P] = F_2[\sigma] = 22.76 \times 7186 = 163.55$（kN），因而 $P < [P]$，抱杆满足强度条件要求。

基础知识模块的思考与问答题

1. 哪种用途的电力线路是配电线路?
2. 按线路产权,可将配电线路划分为哪三种线路?
3. 按电压等级,可将配电线路划分为哪三种电压等级的线路?
4. 按电力线路构造和敷设方法,可将配电线路划分为哪两种线路?
5. 按供电区域,可将配电线路划分为哪两种线路?
6. 按杆上回路数量,可将配电线路划分为哪两种线路?
7. 公用配电线路的一般构成形式是怎样的?
8. 架空配电线路是由哪些主要构件组成的?
9. 按杆塔承受电线张力的情况,可将杆塔划分为哪两种杆塔?
10. 架空配电线路的直线杆塔一般包括哪些名称的杆塔?
11. 架空配电线路的承力杆塔一般包括哪些名称的杆塔?
12. 在10kV架空配电线路的直线杆塔上一般安装的是什么形式的绝缘子?
13. 在10kV架空配电线路的承力杆塔上的耐张绝缘子串一般安装几片什么形式的绝缘子?
14. 用于架空配电线路上的金具一般有几类?请说出每类金具的名称和说出每类中的一个产品名称并说明其用途。
15. 在10kV城市配电网中,钢芯铝绞线和铝绞线适合于什么地区和哪种构造的配电线路上使用?
16. 在10kV城市配电网中,电力电缆和绝缘导线适合于什么地区和哪种构造的配电线路上使用?
17. Q/CSG 10012—2005《中国南方电网城市配电网技术导则》规定,城网10kV配电网的导线截面应按什么原则来选择?
18. Q/CSG 10012—2005《中国南方电网城市配电网技术导则》规定,城网380/220V的导线截面应按什么原则来选择?
19. DL/T 5131—2015《农村电网建设与改造技术导则》规定,农网10kV架空导线的截面应按什么原则来选择?一般地区的10kV架空线路应选择什么型号的导线?在城镇和特殊地段的10kV架空线路应选择什么型号的导线?
20. DL/T 5131—2015《农村电网建设与改造技术导则》规定,农网380/220V架空导线的截面应按什么原则来选择?最小的导线的截面不得小于多少截面?在农网380/220V的架空线中在一般地区应选择什么型号的导线?在集镇内应选择什么型号的导线?
21. 在钢筋混凝土电杆(水泥杆)架空电力线路中,哪三种材料俗称为"三盘"?
22. 请简述接地装置的定义。
23. 在10kV架空配电电力线路中常用的配电设备是哪些设备?

24. 地下式的电力电缆线路由哪些主要构件组成？
25. 请画出三芯电缆基本构造的剖面图。
26. 请简述直埋式电力电缆通道的构造。
27. 一般在什么地方采用排管通道敷设电力电缆？敷设排管时在地基、深度、排水坡度方面应遵守哪些要求？
28. 请简述电缆沟的基本构造。
29. 请简述线路施工班班长、副班长、技术负责人的主要工作职责。
30. 在班组管理中常用的管理方法有哪几种？
31. 在班组管理中须建立的主要管理制度有哪些？
32. 在电力线路施工、检修工作中常用到的力学知识是哪两种名称的力学知识？
33. 通常将理论力学划分为哪三个部分？
34. 静力学是研究什么问题的学科？
35. 力是什么？一个力包括哪三个要素？
36. 什么是力系？
37. 怎样的力系是平衡力系？
38. 什么是互等力系？
39. 什么是合力？
40. 在静力学中有五个基本公理，请说出五个基本公理的名称和内容。
41. 什么是约束？什么是约束反作用力？最常见的约束是哪三种？
42. 哪种力系是平面力系？
43. 平面力系包括哪三种力系？
44. 什么是力系的合成？
45. 求解平面汇交二力的合力的几何方法有两种，请问是哪两种几何法？
46. 如何用平行四边形法求两平面汇交二力的合力？
47. 如何用三角形规则法求两平面汇交二力的合力？
48. 如何用力的多边形法则求解平面汇交多力的合力？
49. 如何用分析法求解平面汇交二力的合力？
50. 如何用分析法中的投影定理法求解平面汇交诸力的合力？
51. 一个力可分解成两个分力。但是，如果不给出制约条件，则可将一个已知力分解成无数个两个分力。为此要将一个已知的力分解成所想要的两个分力，就要给予两个分力一定的制约条件。通常给出的是三种制约条件之一，请问是哪三种制约条件？
52. 请简述力矩合成定理的内容。
53. 请列出平面力系的平衡条件。
54. 请问材料力学是研究什么问题的科学？
55. 材料力学中所称的内力是一种什么样的力？
56. 在材料力学中用于研究物体内力的基本方法是什么方法？
57. 请简述截面法的基本内容。
58. 什么是应力？
59. 应力分为平均应力、全应力、正应力和剪应力，请简述各种应力的含义。

60. 请简述用截面法求解应力的基本步骤。

61. 请写出胡克定律的表达式。

62. 什么是许用应力？如何用毁坏应力、安全倍数来表示许用应力？

63. 对于塑性材料，为什么要用材料的流动限（屈服限）作为毁坏应力？对于脆性材料，为什么要用材料的强度极限作为毁坏应力？

64. 哪种杆件称为梁？

65. 梁分为静定梁和超静定梁，在实际工作中遇到最多的是静定梁。请问哪种梁称为静定梁？

66. 梁在弯曲时产生的内力有弯矩和剪力。用截面法求梁的弯矩、剪力时一般需要哪两个步骤？

67. 梁弯曲时，可用梁的弯矩法则计算梁上任意截面上的截面弯矩。请简述梁的弯矩法则的内容和弯矩的+、-号取值的规定。

68. 在等截面两端为简支的梁中，当荷载沿梁长度均匀分布时，梁的弯矩危险截面在梁的哪个部位？

69. 设有一等截面，一端为 A，另一端为 B 的简支梁，全长 $L = 3.0\text{m}$，在梁的中段 C 点处施加一集中荷载 $P = 2\text{kN}$，AC 段的距离 $L_1 = 1.0\text{m}$。请求解此梁的最大截面弯矩和弯矩的危险截面位置。（参考答案：$M_{\max} = 1.333\text{kN} \cdot \text{m}$，弯矩的危险截面在 C 点处，距梁的 A 端距离为 1.0m）

70. 在计算组合图形截面的惯矩时要用到平行轴定理。平行轴定理的作用是将组合图形中的各个子图形对自身中性轴的惯矩转换成对组合图形中性轴的惯矩。请画出一个子图形的中性轴与组合图形中性轴的关系图和列出平行轴定理的公式。

71. 请简述计算组合图形截面惯矩的一般步骤。

72. 有一组合图形截面由 4 根 $\phi 10\text{mm}$ 圆钢组成，4 根圆钢的圆心位于一个正方形的 4 个角上，正方形的边长为 10cm，组合图形截面的形心在正方形中点。通过形心的 z、y 轴平行于相对应的正方形的边。请求出组合图形截面对 z 轴的惯矩。[参考答案：一个圆钢对自身 z_1 轴的惯矩 $J_{1z} = 0.049\text{cm}^4$，对组合图形 z 轴的惯矩 $(J_{1z}) = 19.674\text{cm}^4$；组合图形截面对 z 轴的惯矩为 $J_z = 78.696\text{cm}^4$]

73. 设有一条矩形截面的钢筋混凝土 AB 简支梁，梁的长度 $L = 3\text{m}$，矩形截面的尺寸为：宽度 $b = 0.5\text{m}$，高度 $h = 0.22\text{m}$，在梁的底部布置有 9 根 $\phi 10\text{mm}$ 的圆钢，单根圆钢截面为 0.785cm^2，钢筋总截面面积 $F_a = 7.065\text{cm}^2$，圆钢中心至梁顶面距离 $h_1 = 0.2\text{m}$，钢筋的流动限 $\sigma_T = 27\,930\text{N/cm}^2$，混凝土弯曲时受压的强度极限 $\sigma_B = 2450\text{N/cm}^2$，梁的安全倍数 $k = 2$。现设在梁长度的中点 O 处作用有垂直向下的集中荷载 $P = 11\text{kN}$，但忽略梁自身质量，请问该梁能否承受该集中荷载的作用？$\Big\{$适用公式 $\alpha = \dfrac{\sigma_T F_a}{\sigma_B b h_1}$，$M_B = \sigma_B \cdot b \cdot h_1^2 \alpha \times$

$(1-0.53\alpha)$。参考答案：梁的极限弯矩 $M_B = 41.73\text{kN} \cdot \text{m}$，许用弯矩 $[M] = \dfrac{M_B}{2} = 20.86\text{kN} \cdot \text{m}$。梁的弯矩危险截面在梁的 O 点，其截面弯矩 $M_{\max} = 8.25\text{kN} \cdot \text{m}$。因 $[M] > M_{\max}$，故该梁能承担该集中荷载$\Big\}$

74. 设有一根等径环形截面钢筋混凝土电杆,其外径 30cm,内径 20cm,壁厚 $m = 5\text{cm}$,平均半径 $r_a = 12.5\text{cm}$。由杆配置 $12 \times \phi 14\text{mm}$ 圆钢,钢筋总截面面积 $F_a = 18.46\text{cm}^2$,流动限 $\sigma_T = 27\,930\text{N/cm}^2$;环形混凝土截面面积 $F_b = 2\pi r_a m = 392.5\text{cm}^2$,混凝土弯曲时受压的强度极限 $\sigma_B = 2450\text{N/cm}^2$。请算出该电杆的极限弯矩 M_p、许用弯矩 $[M]$(安全倍数 $k = 2$)、初裂弯矩 $M_c \{M_c = 0.8[M]\}$。{适用公式 $\alpha_\pi = \dfrac{F_a \sigma_T}{F_b \sigma_B} = 0.536\,16 \leqslant 0.8$, $M_p = \dfrac{1}{\pi}(F_b \sigma_B r_a + 2F_a \sigma_T r_a) \sin\left(\dfrac{\pi F_a \sigma_T}{F_b \sigma_B + 2F_a \sigma_T}\right)$。参考答案:$M_p = 57.61\text{kN} \cdot \text{m}$,$[M] = 28.805\text{kN} \cdot \text{m}$,$M_c = 23.04\text{kN} \cdot \text{m}\}$

75. 请简述长压杆的破坏和短压杆破坏的区别。

76. 请简述计算长压杆(抱杆)稳定许用荷载的基本步骤。

77. 有一组合图形截面的抱杆,总长 $L = 9\text{m}$,组合图形截面由 4 根钢 3 的 $\phi 10\text{mm}$ 的圆钢截面组成,4 根圆钢的圆心位于一个正方形的四个角上,正方形的边长 $L_1 = 10\text{cm}$。已知每根圆钢的截面面积 $F_1 = 0.785\text{cm}^2$,其惯矩 $J_{1z} = J_{1y} = 0.049\text{cm}^4$,圆钢的基本应力 $[\sigma] = 13\,965\text{N/cm}^2$。请算出该抱杆的稳定许用压力 $[P_y]$ 和节长。(参考答案:组合图形截面的惯矩 $J_z = J_y = 78.696\text{cm}^4$,总截面面积 $F = 3.14\text{cm}^2$,惯矩半径 $i = 5\text{cm}$,细长比 $\lambda = 180$,折减系数 $\phi = 0.23$,稳定许用应力 $[\sigma_y] = 3212\text{N/cm}^2$,稳定许用压力 $[P_y] = 10.1\text{kN}$。单根圆钢的惯矩半经 $i_1 = 0.25\text{cm}$,取节长中圆钢的长细比 $\lambda = 180$,最大节长 $a = 45\text{cm}$)

78. 经常使用倒落式抱杆带动起吊绳起立水泥杆(简称"倒落式抱杆立杆法")的方法起立电杆,当需要改变起吊绳及起吊点数量时总是利用单滑轮来改变其数量。请问利用单滑轮来改变起吊绳及其起吊点数量的方法有哪些特点?

79. 请简述采用倒落式抱杆立杆法时确定起吊点数量的步骤与方法。

第3部分　专业技术模块

第6章 配电线路常用的材料设备金具

6.1 配电线路导线的型号规格表示法与参数

用于配电线路的导线有三种，即裸导线、架空绝缘电缆和电力电缆。

6.1.1 裸导线型号规格表示法与参数

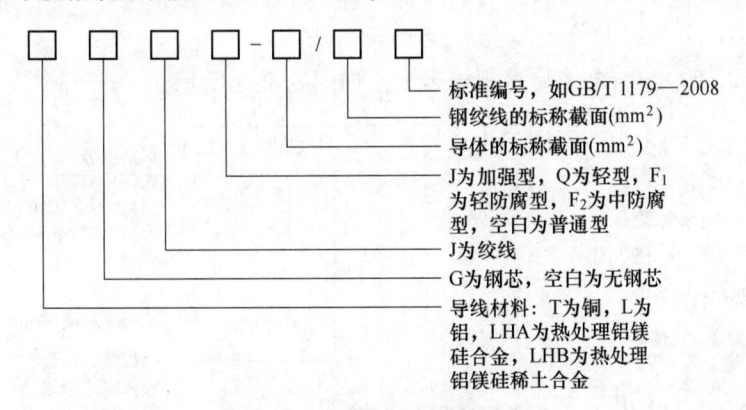

1. 裸导线型号规格表示法

裸导线型号规格表示法如图6.1-1所示。

图6.1-1 裸导线型号规格表示法

各部分含义：
- 标准编号，如GB/T 1179—2008
- 钢绞线的标称截面(mm^2)
- 导体的标称截面(mm^2)
- J为加强型，Q为轻型，F_1为轻防腐型，F_2为中防腐型，空白为普通型
- J为绞线
- G为钢芯，空白为无钢芯
- 导线材料：T为铜，L为铝，LHA为热处理铝镁硅合金，LHB为热处理铝镁硅稀土合金

裸导线型号规格表示法举例：

（1）LJ-50 GB/T 1179—2008，表示为铝绞线，标称截面50mm^2，符合GB/T 1179—2008。

（2）LGJ-50/8 GB/T 1179—2008，表示为钢芯铝绞线，铝标称截面50mm^2，钢芯标称截面8mm^2，符合GB/T 1179—2008。

（3）LHAJ-50 GB/T 1179—2008，表示为热处理铝镁硅合金绞线，标称截面为50mm^2，符合GB/T 1179—2008。

（4）LHBGJ-95/15 GB/T 1179—2008，表示为钢芯热处理铝镁硅稀土合金绞线，铝合金标称截面95mm^2；钢芯标称截面15mm^2，符合GB/T 1179—2008。

（5）LHBJ-95 GB/T 1179—2008，表示为热处理铝镁硅稀土合金绞线，标称截面95mm^2，符合GB/T 1179—2008。

（6）LHAGJF_1-95/15 GB/T 1179—2008，表示为钢芯轻防腐热处理铝镁硅合金绞线，铝合金标称截面95mm^2，钢芯标称截面15mm^2，符合GB/T 1179—2008。

(7) LHBGJ-95/15 GB/T 1179—2008，表示为钢芯热处理铝铁硅稀土合金绞线，铝合金标称截面95mm^2，钢芯标称截面15mm^2'，符合GB/T 1179—2008。

(8) LHAGJF$_2$-95/15 GB/T 1179—2008，表示为钢芯中防腐热处理铝镁硅合金绞线，铝合金标称截面95mm^2，钢芯标称截面15mm^2，符合GB/T 1179—2008。

2. 裸导线的主要参数

裸导线的主要参数包括导线型号规格、导线外径（mm）、导体根数和直径（mm）、钢芯根数和直径（mm）、导体计算截面（mm^2）、钢芯计算截面（mm^2）、导线总计算截面（mm^2）、导线单位长度计算质量（kg/km）、导线计算拉断力（N）、导线瞬时破坏应力（N/mm^2）、导线弹性系数（N/mm^2）、导线线膨胀系数（1/℃）、导线20℃时单位长度直流电阻（Ω/km）、导线的允许载流量（A）。

6.1.2 架空绝缘电缆型号规格表示法

GB/T 12527—2008《额定电压1kV及以下架空绝缘电缆》和GB/T 14049—2008《额定电压10kV架空绝缘电缆》规定了架空绝缘电缆的型号规格的表示方法。

1. 1kV及以下架空绝缘电缆型号规格表示法

1kV及以下架空绝缘电缆型号规格表示法如图6.1-2所示。

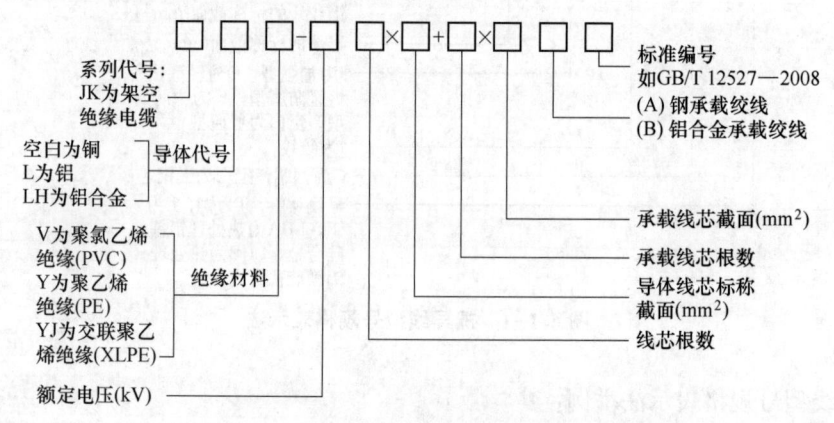

图6.1-2　1kV及以下架空绝缘电缆型号规格表示法

1kV及以下低压架空绝缘电缆的常用型号见表6.1-1。

表6.1-1　1kV及以下低压架空绝缘电缆型号

型　号	名　　称	用　途
JKV	额定电压1kV铜芯聚氯乙烯绝缘架空电缆	架空固定敷设、进户线
JKY	额定电压1kV铜芯聚乙烯绝缘架空电缆	
JKYJ	额定电压1kV铜芯交联聚乙氯烯绝缘架空电缆	
JKLV	额定电压1kV铝芯聚氯乙烯绝缘架空电缆	
JKLY	额定电压1kV铝芯聚乙烯绝缘架空电缆	
JKLYJ	额定电压1kV铝芯交联聚乙烯绝缘架空电缆	
JKLHV	额定电压1kV铝合金芯聚氯乙烯绝缘架空电缆	
JKLHY	额定电压1kV铝合金芯聚乙烯绝缘架空电缆	
JKLHYJ	额定电压1kV铝合金芯交联聚乙烯绝缘架空电缆	

1kV及以下架空绝缘电缆产品表示法举例：

（1）JKV-1 1×70 GB/T 12527—2008，表示额定电压1kV铜芯聚氯乙烯绝缘架空电缆，单芯，标称截面为70mm²，符合GB/T 12527—2008。

（2）JKLHYJ-1 4×16 GB/T 12527—2008，表示额定电压1kV铝合金芯交联聚乙烯绝缘架空电缆，4芯，标称截面为16mm²，符合GB/T 12527—2008。

（3）JKLY-1 3×35+1×50（B）GB/T 12527—2008，表示额定电压1kV铝芯聚乙烯绝缘架空电缆，4芯，其中主线芯为3芯，其截面为35mm²，承载中性导线为铝合金线，其截面为50mm²，符合GB/T 12527—2008。

2. 10kV架空绝缘电缆型号规格表示法

10kV架空绝缘电缆型号规格表示法如图6.1-3所示。

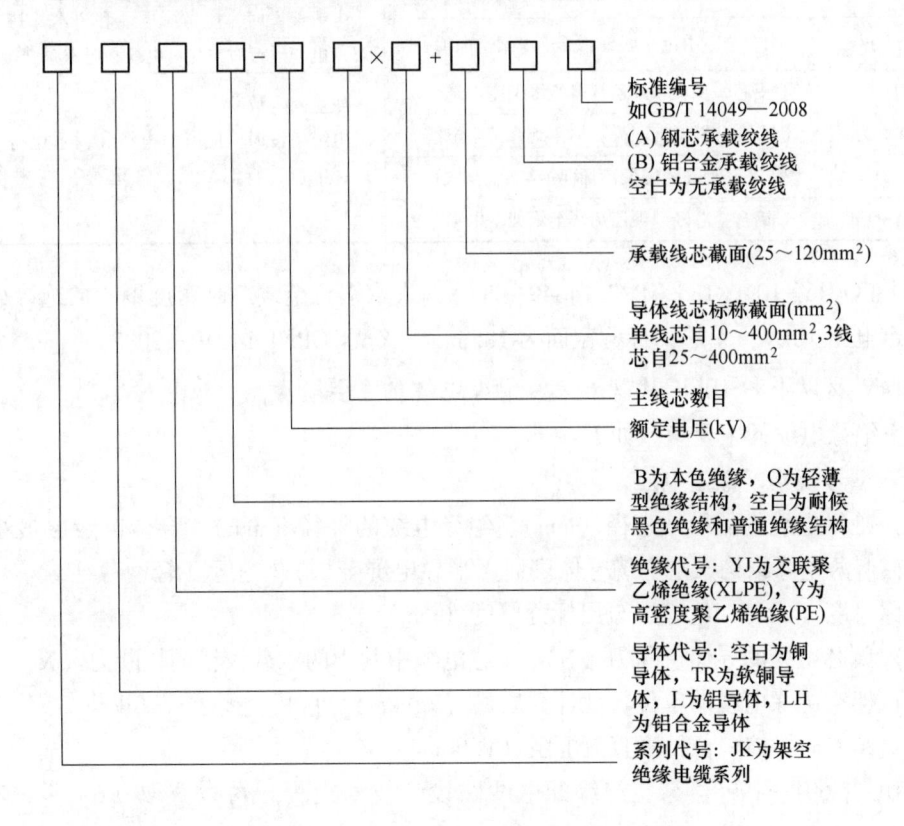

图中标注说明：
- 标准编号 如GB/T 14049—2008
- (A)钢芯承载绞线
- (B)铝合金承载绞线
- 空白为无承载绞线
- 承载线芯截面(25~120mm²)
- 导体线芯标称截面(mm²) 单线芯自10~400mm²，3线芯自25~400mm²
- 主线芯数目
- 额定电压(kV)
- B为本色绝缘，Q为轻薄型绝缘结构，空白为耐候黑色绝缘和普通绝缘结构
- 绝缘代号：YJ为交联聚乙烯绝缘(XLPE)，Y为高密度聚乙烯绝缘(PE)
- 导体代号：空白为铜导体，TR为软铜导体，L为铝导体，LH为铝合金导体
- 系列代号：JK为架空绝缘电缆系列

图6.1-3 10kV架空绝缘电缆型号规格表示法

10kV架空绝缘电缆常用型号见表6.1-2。

10kV架空绝缘电缆产品表示法举例：

（1）JKLYJ/Q-10 1×120 GB/T 14049—2008，表示铝芯交联聚乙烯轻薄型绝缘架空电缆，额定电压10kV，单芯，标称截面为120mm²，符合GB/T 14049—2008。

（2）JKLYJ/B-10 3×240+95（A）GB/T 14049—2008，表示铝芯本色交联聚乙烯绝缘架空电缆，额定电压10kV，4芯，其中主线芯为3芯，标称截面为240mm²，承载绞线为钢绞线，标称截面为95mm²，符合GB/T 14049—2008。

表 6.1-2　10kV 架空绝缘电缆常用型号

型号	名称	用途
JKY	铜芯高密度聚乙烯绝缘架空电缆	架空固定敷设。软钢芯产品用于变压器引下线电缆架设时，应考虑电缆和树木保持一定距离；电缆运行时，允许电缆和树木频繁接触
JKTRYJ	软铜芯高密度聚乙烯绝缘架空电缆	
JKLYJ	铝芯交联聚乙烯绝缘架空电缆	
JKLHYJ	铝合金芯交联聚乙烯绝缘架空电缆	
JKTRY	软铜芯高密度聚乙烯绝缘架空电缆	
JKLY	铝芯高密度聚乙烯绝缘架空电缆	
JKLHY	铝合金芯高密度聚乙烯绝缘架空电缆	
JKLYJ/B	铝芯本色交联聚乙烯绝缘架空电缆	架空固定敷设。电缆架设时，应考虑电缆和树木保持一定距离；电缆运行时，允许电缆和树木频繁接触
JKLHYJ/B	铝合金芯本色交联聚乙烯绝缘架空电缆	
JKLYJ/Q	铝芯轻型交联聚乙烯薄绝缘架空电缆	架空固定敷设。电缆架设时，应考虑电缆和树木保持一定距离；电缆运行时，只允许电缆和树木作短时接触
JKLHYJ/Q	铝合金芯轻型交联聚乙烯薄绝缘架空电缆	
JKLY/Q	铝芯轻型高密度聚乙烯薄绝缘架空电缆	
JKLHY/Q	铝合金芯轻型聚乙烯薄绝缘架空电缆	

（3）JKLHY-10 1×185 GB/T 14049—2008，表示铝合金线芯高密度聚乙烯绝缘架空电缆，额定电压 10kV，单芯，标称截面为 185mm^2，符合 GB/T 14049—2008。

3. 1kV 及以下和 10kV 及以下架空绝缘电缆的主要参数

架空绝缘电缆的主要参数如下：

（1）型号规格、额定电压。

（2）绝缘电缆内的导体直径（mm）、绝缘电缆的外径（mm）、导体屏蔽层最小厚度（mm，轻型薄绝缘结构架空电缆导体表面无半导电屏蔽层）、绝缘（轻型薄绝缘、普通绝缘）标称厚度（mm）、绝缘屏蔽层标称厚度（mm）。

（3）单芯电缆的导体拉断力（N），4 芯电缆中其中的承载绞线的拉断力（N）。

（4）架空绝缘电缆的单位长度计算质量（kg/km），订货时要求厂家提供。

（5）20℃时导体单位长度直流电阻（Ω/km）。

由 DL/T 601—1996《架空绝缘配电线路设计技术规程》可以查取（6）~（8）项参数。

（6）铝芯、铝合金、铜芯架空绝缘电缆的铝芯、铝合金芯、铜芯的最终弹性系数（N/mm^2）和线膨胀系数（1/℃）。

（7）低压单根 PVC（即聚氯乙烯）、PE（即聚乙烯）绝缘的架空绝缘电线（即电缆）在空气温度为 30℃时的长期允许载流量（A）；10kV XLPE（交联聚乙烯）绝缘的架空绝缘电线（绝缘厚度 3.4mm）在空气温度为 30℃时的长期允许载流量（A）。10kV XLPE 绝缘的架空绝缘电线（绝缘厚度为 2.5mm，即轻型薄绝缘）的长期允许载流量参照绝缘厚度为 3.4mm 的允许载流量。

（8）当空气温度不是 30℃时架空绝缘电线长期允许载流量的温度校正系数。

6.1.3 电力电缆型号规格表示法与主要参数

1. 电力电缆型号规格表示法

电力电缆按型号、规格、标准编号的顺序表示，具体的表示法如图6.1-4所示。

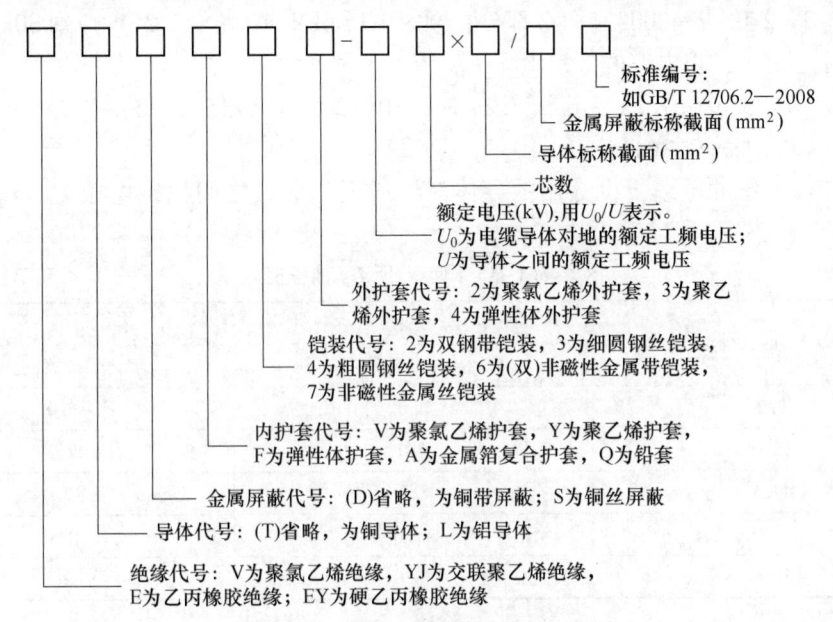

```
□□□□□□-□□×□/□□
```

标准编号：如GB/T 12706.2—2008
金属屏蔽标称截面（mm²）
导体标称截面（mm²）
芯数
额定电压(kV)，用U_0/U表示。
  U_0为电缆导体对地的额定工频电压；
  U为导体之间的额定工频电压
外护套代号：2为聚氯乙烯外护套，3为聚乙烯外护套，4为弹性体外护套
铠装代号：2为双钢带铠装，3为细圆钢丝铠装，4为粗圆钢丝铠装，6为(双)非磁性金属带铠装，7为非磁性金属丝铠装
内护套代号：V为聚氯乙烯护套，Y为聚乙烯护套，F为弹性体护套，A为金属箔复合护套，Q为铅套
金属屏蔽代号：(D)省略，为铜带屏蔽；S为铜丝屏蔽
导体代号：(T)省略，为铜导体；L为铝导体
绝缘代号：V为聚氯乙烯绝缘，YJ为交联聚乙烯绝缘，E为乙丙橡胶绝缘；EY为硬乙丙橡胶绝缘

图6.1-4 电力电缆型号规格表示法

注意：

（1）内护套包括挤包的内衬层和隔离套。

（2）弹性体内护套包括氯丁橡胶、氯磺化聚乙烯或类似聚合物为基料的护套混合料。若订货合同中未注明，则采用何种弹性体由制造厂确定。

（3）铠装代号中非磁性金属带包括非磁性不锈钢带、铝或铝合金带等。若订货合同中未注明，则采用何种非磁性金属带由制造厂确定。

（4）铠装代号中非磁性金属丝包括非磁性不锈钢丝、铜丝或镀锡铜丝、铜合金丝或镀锡铜合金丝、铝或铝合金丝等。若订货合同中未注明，则采用何种非磁性金属丝由制造厂确定。

（5）弹性体外护套包括氯丁橡胶、氯磺化聚乙烯或类似聚合物为基料的护套混合料。若订货合同中未注明，则采用何种弹性体由制造厂确定。

（6）电缆额定电压用 $U_0/U(U_m)$ 表示，说明如下：U_0—电缆设计用的导体对地或金属屏蔽之间的额定工频电压，U—电缆设计用的导体之间的额定工频电压，U_m—设备可使用的系统电压的最大值（见GB/T 156—2007《标准电压》）。

对于一种给定应用的电缆的额定电压应适合电缆所在系统的运行条件。为了便于选择电缆，将系统分为A、B、C三类。

1）A类：该类系统任一相导体与地或接地导体接触时，能在1min内与系统分离。

2）B类：该类系统可在单相接地故障时短时运行，接地故障时间按照JB/T 8996—

1999《高压电缆选择导则》规定应不超过 1h。对应于 B 类系统的电缆，在任何情况下允许不超过 8h 或更长的带故障运行时间，任何一年接地故障的总持续时间应不超过 125h。

3) C 类：该类系统包括不属于 A 类、B 类的所有系统。

在 GB/T 12706.2—2008《第 2 部分：额定电压 6kV（U_m = 7.2kV）到 30kV（U_m = 36kV）电缆》之中，将电缆的额定电压 $U_0/U(U_m)$ 表示为

$U_0/U(U_m)$ = 3.6/6(7.2) - 6/6(7.2) - 6/10(12) - 8.1/15(17.5) - 12/20(24) - 18/30(36)kV

用于三相系统的电缆，设计用的导体对地或金属屏蔽之间额定电压 U_0 的推荐值见表 6.1-3。

表 6.1-3　额定电压 U_0 推荐值　　　　　　　　　　　单位：kV

系统最高电压 U_m	额定电压 U_0	
	A 类、B 类	C 类
7.2	3.6	6.0
12.0	6.0	8.7
17.5	8.7	12.0
24.0	12.0	18.0
36.0	18.0	—

（7）通常用绝缘代号作为电力电缆型号中的系列代号。额定电压 U 为 6~30kV 的电缆常用型号见表 6.1-4。

表 6.1-4　6~30kV 常用电缆型号

型　号		名　称
铜芯	铝芯	
VV	VLV	聚氯乙烯绝缘聚氯乙烯护套电力电缆
VY	VLY	聚氯乙烯绝缘聚乙烯护套电力电缆
VV22	VLV22	聚氯乙烯绝缘钢丝铠装聚氯乙烯护套电力电缆
VV23	VLV23	聚氯乙烯绝缘钢丝铠装聚乙烯护套电力电缆
VV32	VLV32	聚氯乙烯绝缘细钢带铠装聚氯乙烯护套电力电缆
VV33	VLV33	聚氯乙烯绝缘细钢带铠装聚乙烯护套电力电缆
YJV	YJLV	交联聚乙烯绝缘聚氯乙烯护套电力电缆
YJY	YJLY	交联聚乙烯绝缘聚乙烯护套电力电缆
YJV22	YJLV22	交联聚乙烯绝缘钢带铠装聚氯乙烯护套电力电缆
YJV23	YJLV23	交联聚乙烯绝缘钢带铠装聚乙烯护套电力电缆
YJV32	YJLV32	交联聚乙烯绝缘细钢丝铠装聚氯乙烯护套电力电缆
YJV33	YJLV33	交联聚乙烯绝缘细钢丝铠装聚乙烯护套电力电缆

10kV 电力电缆产品表示法举例：

1) 铝芯交联聚乙烯绝缘钢带铠装聚氯乙烯护套电力电缆，额定电压 8.7/10kV，三

芯，标称截面为120mm²，型号规格表示为：YJLV22—8.7/10 3×120 GB/T 12706.2—2008。

2）交联聚乙烯绝缘钢带铠装聚氯乙烯护套电力电缆，额定电压为8.7/10kV，单芯铜导体，标称截面积240mm²，铜丝屏蔽，标称截面为25mm²，型号规格表示为：YJLV22-8.7/10 1×240/25 GB/T 12706.2—2008。

2. 10kV 电力电缆主要参数

依据 GB 50168—2006《电气装置安装工程电缆线路施工及验收规范》和《电力电缆运行规程》（电力工业部〔79〕电生字53号）的规定，在电缆的施工与运行中，应掌握电力电缆的主要参数为：型号、额定电压、导体材料、芯数、标称截面、导体20℃时的电阻、长期允许工作温度、长期允许载流量、系统短路时电缆允许温度和允许短路电流、最小允许弯曲半径、最大允许高差、电缆允许敷设的最低温度。

6.2 架空配电线路绝缘子的型号规格表示法与主要参数

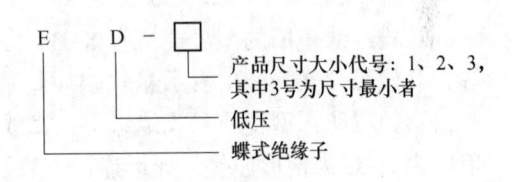

6.2.1 针式和蝶式绝缘子的型号规格表示法

1. 低压针式和蝶式绝缘子的型号规格表示法

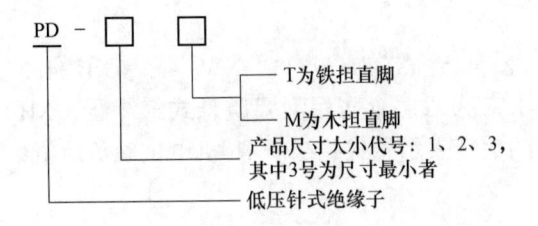

（1）低压针式绝缘子的型号规格表示法如图 6.2-1 所示。

举例：1号低压针式绝缘子、铁担直脚，型号规格表示为PD-1T。

（2）低压蝶式绝缘子的型号规格表示法如图 6.2-2 所示。

图 6.2-1 低压针式绝缘子的型号规格表示法

图 6.2-2 低压蝶式绝缘子的型号规格表示法

举例：尺寸代号为1，低压蝶式绝缘子，型号规格表示为 ED-1。

2. 10kV 高压针式绝缘子的型号规格表示法（图 6.2-3）

举例：10kV 铁担直脚加强绝缘型针式绝缘子，型号规格表示为 PQ-10T。

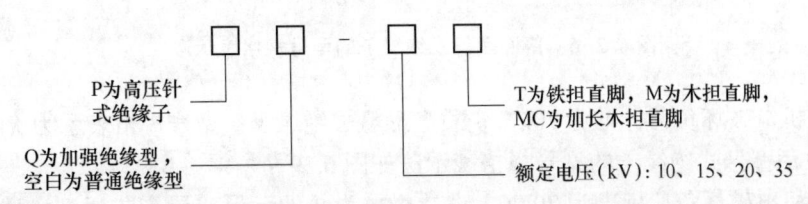

图 6.2-3 10kV 高压针式绝缘子的型号规格表示法

6.2.2 陶瓷横担的型号规格表示法

陶瓷横担有两种型号规格表示法。

(1) 陶瓷横担型号规格的第一种表示法如图 6.2-4 所示。

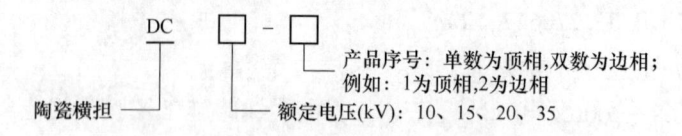

```
        DC□-□
              │─ 产品序号：单数为顶相，双数为边相；
              │  例如：1为顶相，2为边相
        │──── 额定电压(kV)：10、15、20、35
陶瓷横担 ─┘
```

图 6.2-4　陶瓷横担的型号规格表示法（一）

举例：额定电压 10kV 产品序号为 2 的陶瓷横担，型号规格表示为 DC10-2。

(2) 陶瓷模担型号规格的第二种表示法如图 6.2-5 所示。

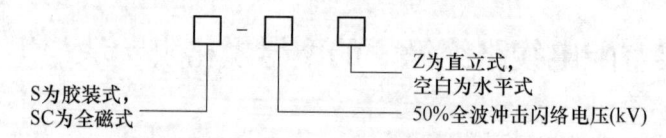

```
        □-□□
              │─ Z为直立式，
              │  空白为水平式
              │─ 50%全波冲击闪络电压(kV)
S为胶装式，
SC为全磁式
```

图 6.2-5　陶瓷横担的型号规格表示法（二）

举例：50%全波冲击闪络电压分别为 185kV 和 210kV 的全磁式直立式的陶瓷横担型号。规格分别表示为 SC-185（Z）和 SC-210（Z）。

6.2.3 悬式绝缘子的型号规格表示法

1. 悬式绝缘子的旧型号规格表示法

悬式绝缘子旧的型号规格有 X-3、X-3C、X-4.5、X-7、X-11、XW-4.5、XH-4.5 等，其代号含义为：X 表示悬式瓷质绝缘子，XW 为双层伞防污型瓷质悬式绝缘子，XH 为盘形钟罩防污型瓷质悬式绝缘子；横线之后的数字表示悬式绝缘子 1h 机电试验负荷值，单位为 t；C 为槽形连接，球形连接不表示。

2. 悬式绝缘子的新型号规格表示法

(1) 普通型悬式绝缘子的型号规格表示法如图 6.2-6 所示。

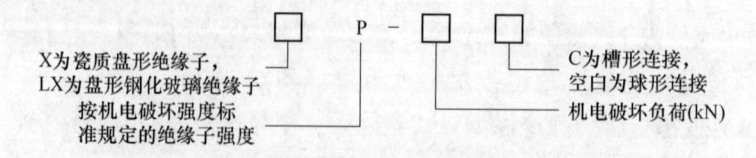

```
        □P-□□
                  │─ C为槽形连接，
                  │  空白为球形连接
                  │─ 机电破坏负荷(kN)
X为瓷质盘形绝缘子，
LX为盘形钢化玻璃绝缘子
按机电破坏强度标
准规定的绝缘子强度
```

图 6.2-6　普通型悬式绝缘子的型号规格表示法

举例：机电破坏负荷标准为 70kN 瓷质盘形悬式绝缘子，型号规格表示为 XP-70。

(2) 防污型悬式绝缘子的型号规格表示法如图 6.2-7 所示。

举例：机电破坏负荷标准为 70kN，设计序号为 2 的盘形双层伞防污型瓷质悬式绝缘子，型号规格表示为 XWP2-70。

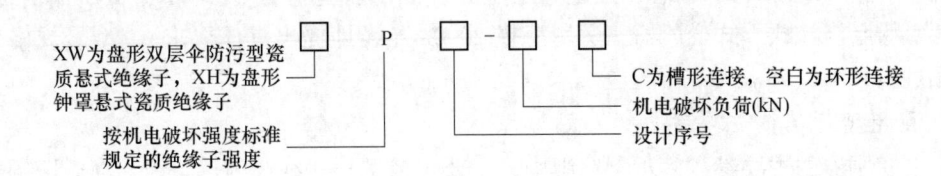

```
           □ P □-□
           │   │ │ └─ C为槽形连接，空白为环形连接
XW为盘形双层伞防污型瓷    │   │ └── 机电破坏负荷(kN)
质悬式绝缘子，XH为盘形─┘   └─── 设计序号
钟罩悬式瓷质绝缘子
           按机电破坏强度标准
           规定的绝缘子强度
```

图 6.2-7 防污型悬式绝缘子的型号规格表示法

6.2.4 绝缘子的主要参数

绝缘子的主要参数包括绝缘子外形尺寸（高度、直径、泄漏距离，mm）、绝缘电阻（MΩ）、工频耐压有效值（干弧电压、湿弧电压、击穿电压，kV）、50%冲击闪络电压（幅值，kV）、1h机电联合试验耐受值（t，老型号绝缘子）、机电联合试验破坏强度（kN）、针式绝缘子和陶瓷横担的受弯破坏荷载（kN）。此外，与污秽等级相适应的爬电比距（cm/kV）和高海拔地区的外绝缘耐压值的修正（在低于海拔1000m的地区生产高海拔地区使用的产品，并在生产地做耐压试验，在1000m海拔基础上，在使用地海拔每增加100m，耐压试验值增加1%）。

6.3 10kV配电设备的型号规格表示法与主要参数

10kV配电设备主要有配电变压器、断路器、隔离开关、熔断器、重合器、分段器等。

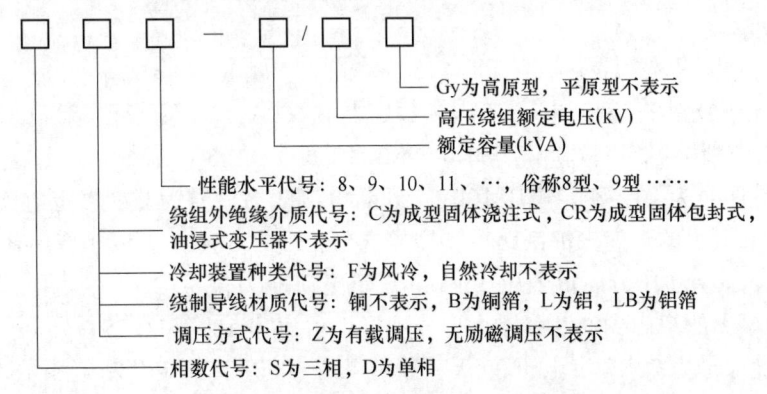

6.3.1 配电变压器的型号规格表示法与主要参数

1. 配电变压器的型号规格表示法

配电变压器的型号规格表示法如图6.3-1所示。

```
□□□-□/□
      │ │ └─ Gy为高原型，平原型不表示
      │ └── 高压绕组额定电压(kV)
      └─── 额定容量(kVA)
  │└── 性能水平代号：8、9、10、11、…，俗称8型、9型……
  │    绕组外绝缘介质代号：C为成型固体浇注式，CR为成型固体包封式，
  │    油浸式变压器不表示
  │    冷却装置种类代号：F为风冷，自然冷却不表示
  │    绕制导线材质代号：铜不表示，B为铜箔，L为铝，LB为铝箔
  │    调压方式代号：Z为有载调压，无励磁调压不表示
  └── 相数代号：S为三相，D为单相
```

图 6.3-1 配电变压器的型号规格表示法

举例：

（1）性能水平为11（即11型），额定电压为10kV，额定容量为315kVA，铜芯三相油浸式配电变压器，型号规格表示为S11-315/10。

(2) 性能水平为 11，铜芯，额定电压为 10.5kV，额定容量 315kVA，低压铜箔绕制，三相环氧树脂浇注式干式变压器，适用海拔 2000m（设计提出具体要求），型号规格表示为 SCB11-315/10.5Gy。

2. 配电变压器的主要参数

配电变压器的主要参数标示于铭牌中，主要包括型号、绝缘耐热等级、高低压侧额定电压（kV）、高低压侧额定电流（A）、额定容量（kVA）、阻抗电压（%）、空载电流（%）、空载损耗（W）、负载或短路损耗（W）、温升（K）、调压范围、接线组别等。对于高海拔地区和污秽地区，要使用高原型产品和防污型产品。

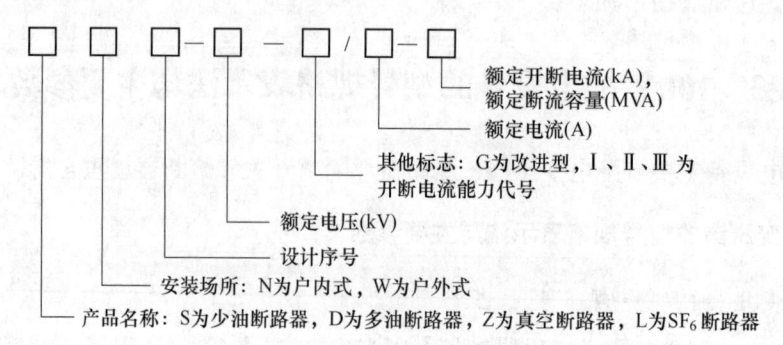

6.3.2 高压断路器的型号规格表示法与主要参数

高压断路器的主要种类有高压真空断路器、SF$_6$（六氟化硫）断路器、油断路器及其他断路器。因国家推行无油化断路器，故在新工程和改进工程中应使用真空断路器或 SF$_6$ 断路器。

1. 高压断路器的型号规格表示法

高压断路器的型号规格表示法如图 6.3-2 所示。

```
□□□-□-□/□-□
            └─ 额定开断电流(kA)，额定断流容量(MVA)
          └─── 额定电流(A)
        └───── 其他标志：G 为改进型，Ⅰ、Ⅱ、Ⅲ 为开断电流能力代号
      └─────── 额定电压(kV)
    └───────── 设计序号
  └─────────── 安装场所：N 为户内式，W 为户外式
└───────────── 产品名称：S 为少油断路器，D 为多油断路器，Z 为真空断路器，L 为 SF$_6$ 断路器
```

图 6.3-2　高压断路器的型号规格表示法

举例：

（1）设计序号为 2，额定电压 10kV，额定电流 600A，额定开断电流 11.6kA，使用环境为户内的真空断路器，型号规格表示为 ZN2-10/600-11.6。

（2）设计序号为 10，额定电压 10kV，开断电流能力代号为 Ⅱ，额定电流 1000A，额定开断电流 31.5kA 的户内少油断路器，型号规格表示为 SN10-10Ⅱ/1000-31.5。

（3）设计序号为 10，额定电压 35kV，开断电流能力代号为 Ⅰ，额定电流 1250A，额定开断电流 16kA 的户内少油断路器，型号规格表示为 SN10-35Ⅰ/1250-16。

（4）设计序号为 2，额定电压 35kV，额定电流 1000A，额定开断电流 16.5kA 的户外少油断路器，型号规格表示为 SW2-35/1000-16.5。

（5）设计序号为 2，额定电压 10kV，额定电流 1250A，额定开断电流 25kA 的户内 SF$_6$ 断路器，型号规格表示为 LN2-10/1250-25。

2. 高压断路器的主要参数

高压断路器的主要参数包括型号、额定电压（kV）、额定电流（A）、额定开断电流

(kA)、额定开断电流容量（MVA）、热稳定电流（通常等于额定开断电流，kA）、动稳定电流（也称极限电流，kA）。

6.3.3 高压隔离开关的型号规格表示法与主要参数

1. 高压隔离开关的型号规格表示法

高压隔离开关的型号规格表示法如图6.3-3所示。

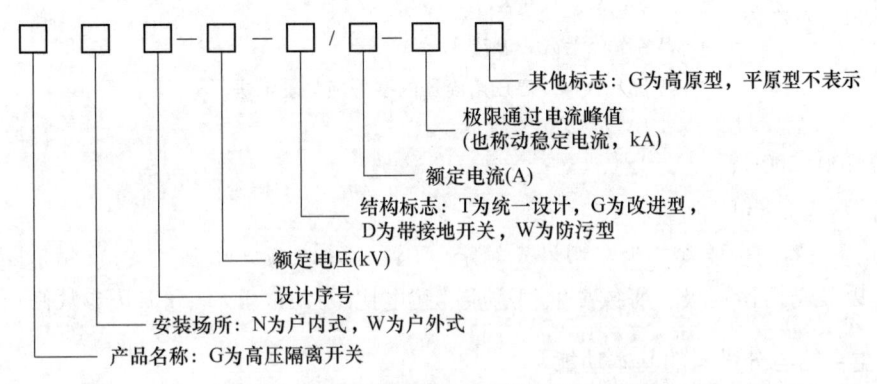

```
□□□-□-□/□-□□
              │  │ │  │  └── 其他标志：G为高原型，平原型不表示
              │  │ │  └───── 极限通过电流峰值（也称动稳定电流，kA）
              │  │ └──────── 额定电流(A)
              │  └────────── 结构标志：T为统一设计，G为改进型，
              │                       D为带接地开关，W为防污型
              └───────────── 额定电压(kV)
          设计序号
       安装场所：N为户内式，W为户外式
     产品名称：G为高压隔离开关
```

图6.3-3 高压隔离开关的型号规格表示法

举例：

（1）设计序号为1，额定电压10kV，额定电流200A，极限通过电流峰值15kA，带接地开关，使用场所为户外的隔离开关，型号规格表示为GW1-10D/200-15。

（2）设计序号为1，额定电压10kV，额定电流400A，极限通过电流峰值25kA，带接地开关，使用场所为户外，使用地区海拔高度2000m的隔离开关，型号规格表示为GW1-10D/400-25G。

2. 高压隔离开关的主要参数

高压隔离开关的主要参数包括型号、额定电压（kV）、额定电流（A）、极限电流峰值（又称动稳定电流，kA）以及与污秽等级、海拔高度相适应的爬电比距（泄漏距离，cm/kV）和高海拔修正。

6.3.4 高压熔断器的型号规格表示法与主要参数

架空电力线路用高压熔断器俗称高压跌落式熔断器，它兼有电力线路、设备短路保护和高压隔离开关的作用。

1. 高压熔断器的型号规格表示法

高压熔断器的型号规格表示法如图6.3-4所示。

举例：

（1）设计序号为3，额定电压为10kV，额定电流为100A，断流容量为100MVA，使用场所为户外，改进型高压熔断器，型号规格表示为RW3-10G/100-100。

（2）设计序号为4，额定电压为10kV，额定电流为200A，断流容量为200MVA，使用场所为户外，使用地区海拔高度为2000m的高压熔断器，型号规格表示为

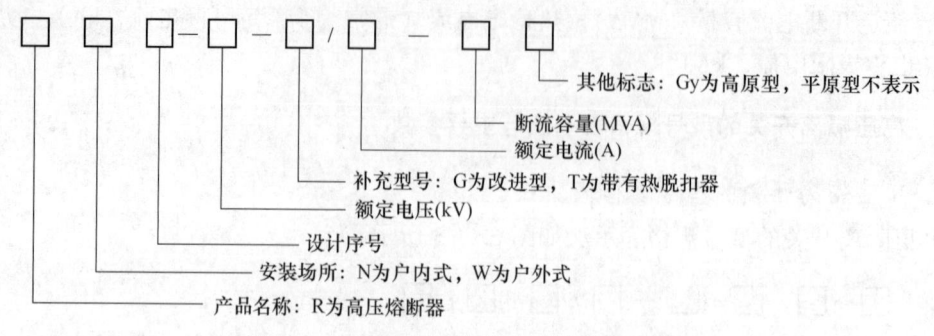

```
□ □ □ □ - □ - □ / □ - □ □
                              └── 其他标志：Gy为高原型，平原型不表示
                          └────── 断流容量(MVA)
                      └────────── 额定电流(A)
                  └────────────── 补充型号：G为改进型，T为带有热脱扣器
              └────────────────── 额定电压(kV)
          └────────────────────── 设计序号
      └────────────────────────── 安装场所：N为户内式，W为户外式
  └────────────────────────────── 产品名称：R为高压熔断器
```

图 6.3-4　高压熔断器的型号规格表示法

RW4-10/200-200GY。

2. 高压熔断器的主要参数

高压熔断器的主要参数为：型号、额定电压（kV）、额定电流（A）、额定断流容量（MVA）以及与污秽等级、海拔高度相适应的爬电比距（cm/kV）和海拔参数修正。

6.3.5　重合器与分段器的基本功能

重合器一般安装在配电线路电线杆柱上，不需专门另设控制室、高压配电室、继电保护屏、电源柜、高压开关等设备。重合器是具有多次重合功能和自具功能的开关设备，是一种能检测故障电流，在给定时间内遮断故障电流进行给定次数重合的控制装置。所谓重合器具有自具功能，是指它具有两个方面的功能。

（1）自带控制和操作电源（如高效锂电池）。

（2）操作不受外界继电控制，而由微机处理器控制。

分段器一般安装在配电线路电线杆柱上。分段器是线路自动分段器的简称。分段器也是一种自具功能的开关设备，是一种与线路电源侧前级开关设备（如重合器）相配合，在无电压或无电流的情况下自动分闸的开关设备。也就是说，不能用分段器切断故障电源，但在符合预定的分段器分闸条件下，在电源侧前级开关设备（如重合器）将故障线路切断的瞬间，分段器便自动分闸，将故障线路段与供电电源隔离。

前面介绍的是重合器和分段器的基本功能。有关重合器和分段器的型号规格表示法与主要参数，请自行查阅产品说明书和其他有关资料。

6.3.6　智能故障指示器的基本功能

因为智能故障指示器是在普通的故障指示器和 FTU 的基础上发展出来的，所以在介绍智能故障指示器之前应首先介绍普通的故障指示器和 FTU。

故障指示器是一种安装在架空配电线路上具有实现线路故障分段监测和用发光或翻牌方式向故障巡视人员发出警告功能的自动化设备。

FTU 是一种安装在架空配电线路上具有遥信、遥测、遥控功能，能检测故障电流并通过网络将数据上传给主站的自动化设备。

智能故障指示器是安装在架空配电线路分段杆和分支杆上的采用稀土合金材料和物联网通信技术将普通故障指示器、FTU、电压互感器、电流互感器、光纤及后备电源融为一体，利用短距离无线通信模块将数据传输到数据采集终端，实现现场数据实时监测的自动化设备。

这样就能利用智能故障指示器构建一个配电网智能故障定位监测系统。该智能故障定位监测系统的基本工作原理：装在电杆上的智能故障指示器通过自身的短距离无线通信模块将其信息数据传输到数据采集终端。采集终端又通过GPRS将采集到数据传输到后台服务器。后台服务器就自动对传输来的数据进行分析和自动定位故障区域并将故障区域名称和警告信息发送到管理人员和运行人员的手机上，这样运行人员就及时知道故障区域并进行处理。

6.4 架空配电线路电力金具型号表示法

6.4.1 选用电力金具的原则

电力金具：在输、变、配电设备中，用于设备与导体、导线的连接，导线与导线的连接，绝缘子与导线的连接，绝缘子与杆塔的连接，拉线与杆塔、拉线棒的连接，导线的补修与连接，绝缘子和导线的自身防护等连接与防护附件，统称为电力金具。

为了实施不同类别的部件和同类别中不同用途的部件的连接或保护，就需要使用各种不同类别、不同用途、不同形状和不同规格尺寸的电力金具（附件）。为了区分不同类别、不同用途的电力金具就需要给不同的电力金具赋予不同的名称、不同的型号和规格。

为了实施同一目的的连接可能有多种方式、多种金具可供选择，这样就存在优劣和需要进行选择的问题。为了方便选择金具，下面提供两个优先选择金具型号的原则。

(1) 应优先选择国标或行标的金具。因为每种金具不是天生具有，而是因工程上有需要才产生。产生之后又经过多个工程的检验、优胜劣汰、改进，才从初始的工程产品向更高标准的产品进化，才依次形成企业标准产品、行业标准产品、国家标准产品（当然形成国家标准后还会向国际标准进化）。由此可见，按国家标准生产的金具产品是经过广泛的长期检验的产品，是性能、质量相对较优的产品。所以，从多种适用的金具产品中选用产品时，应优先选择国家标准、行业标准的金具。

(2) 应优先选择节能性能良好的金具。因为钢铁质的金具，在交流电中将产生磁滞效应，造成电能损耗。对于大量的天长日久运用的铁质金具来讲，这种损耗是不容忽视的。所以，为了绿色、环保，为了共同应对气候变暖，在条件可能时，应优先选择不产生磁滞效应的铝合金材质的金具。

6.4.2 编制电力金具型号的方法

1. 电力金具型号的格式

从DL/T 683—1999《电力金具产品型号命名方法》和《电力金具手册》（董吉谔编，2010年4月第三版）得知，电力金具型号由产品名称和产品规格两大部分组成，两者之间用一条短横线隔开。产品名称一般由1~3个汉语拼音字母（个别产品名称由4个字母）组成，用这些字母简要地代表产品名称。产品规格一般由主参数符号（阿拉伯数字或阿拉伯数字并外加/、×等）和附加字母（汉语拼音字母）两个元素组成（但一般只由一个主参数元素组成）。电力金具型号的具体格式如图 6.4-1 所示。

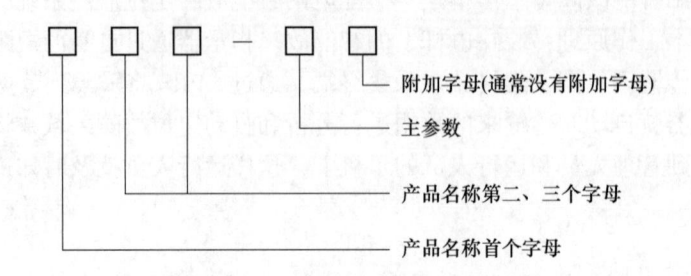

图 6.4-1 电力金具型号的格式

2. 电力金具型号的编制方法

下面依据图 6.4-1 所示的型号格式，依序介绍各项字母的来源及其含义如下。

（1）产品名称首个字母的来源及其含义。按照 DL/T 683—1999《电力金具产品型号命名方法》的规定，产品名称中首个字母来自两种情况：一是来自金具类别的名称（连接金具类除外。以前将连接类名称称为连接类）中第一个汉字的汉语拼音首个字母（但其中的悬垂类，则来自"悬垂"类名中第二个汉字"垂"的汉语拼音字 chui 的首个字母 c），产品名称中首个字母与类别名称的对应情况见表 6.4-1。二是来自连接金具类中系列名称中第一个汉字的汉语拼音首个字母，这首个字母与连接金具类系列名称的对应情况见表 6.4-2。

表 6.4-1 产品名称中首个字母与类别名称对应表

首个字母	C	N	J	F	T	S	M
类别名称	悬垂	耐张	接续	防护	T接	设备	母线

注：还有采用其他字母作为产品名称首个字母的情形的，其字母及其含义如：J—间隔棒、Q—钳压管、T—铜线、跳线、Z—重锤。

表 6.4-2 连接金具类首个字母与系列名称对应表

首个字母	名　称	首个字母	名　称
D	调整	Q	球头、牵引
G	挂轴、挂点	U	U形挂环、U形螺栓
L	联、板	W	碗头挂板
P	平行	Y	延长、异荷载
		Z	直角

（2）产品名称中第二、三个字母的来源及其含义。产品名称中第二、三个字母来自金具的构造、形状、材质、用途、使用场所等名称中第一个汉字的汉语拼音首个字母，其字母的含义见表 6.4-3。

表 6.4-3　产品名称中第二、三个字母的含义表

字母	含　义	字母	含　义
B	板、爆、并、避、包、变、补	P	平、屏
C	槽、垂、锤、悬垂、撑	Q	球、牵、轻
D	倒、单、导、吊、搭、镀	R	软、R型
E	楔	S	双、三、伸、设
F	方、防、封、覆	T	椭、跳、调、T型、铜
G	固、钢、过、隔、构、管、高、鼓	U	U形
H	环、护、合、弧	V	V型
J	矩、间、均、加、绞、绝、架	W	外、碗
K	卡、扛、扩、开	X	楔、修、悬
L	螺、拉、立、菱、铝	Z	终、支、组、(+)字、重、阻
M	母	Y	压、圆(牵)、引、预、异
N	内、耐		

注：字母 E 不是楔字的汉语拼音字"xie"的首个字母，而是第三个字母，是个特例。

（3）金具型号中的主参数。金具型号中的主参数，一般以阿拉伯数字或阿拉伯数字再外加/、×等符号表示。主参数主要标示出以下内容：

1）适用的导线（铝线、钢芯铝绞线、钢绞线、良导体避雷线）的标称截面积，铝/钢截面积（mm^2）。

2）适用的导线截面的组合号。截面组合号就是处于某截面范围内的一组导线的组号。因为这个组号代表了若干个截面的导线，因此称它为截面组合号。截面组合号与标称截面范围对应表见表 6.4-4。

表 6.4-4　导线截面组合号与导线截面范围对应表　　　　单位：mm^2

截面组合号	导　线　截　面	
	铝绞线、钢芯铝绞线	钢绞线
0	16~25	
1	35~50	25~35
2	70~95	50~70
3	120~150	100~120
4	185~240	135~150
5	300~400	
6	500~630	

3）适用的导线直径组合号。直径组合号就是处于某直径范围内的一组导线的组号。直径组合号与直径范围对应表见表 6.4-5。

4）产品的标称破坏荷重（t），标称破坏荷重·两孔间距（t·cm），标称破坏荷重·产品长度（t·cm）。

5）U形螺栓直径·开口间距（mm·cm），分裂导线子导线根数·子导线间距。

6) 母线的宽×厚，一相母线根数×单根母线规格（或组合号）。

表 6.4-5　导线直径的组合号与导线直径范围对应表

直径组合号	标称截面 /mm²	钢芯铝绞线 线规数量	钢芯铝绞线 直径 /mm	钢芯铝绞线 直径范围 /mm	铝绞线 直径 /mm	选定直径 范围标准 /mm
0	10 16 25	1 1 1	4.50 5.55 6.96	4.50~6.96	5.10 6.45	4.5~6.96
1	35 50	1 2	8.16 9.60	8.16~9.60	7.50 9.00	7.50~9.60
2	70 95	2 3	11.40~13.60 13.61~13.87	11.40~13.87	10.80 12.48	10.80~13.87
3	120 150	4 4	14.50~15.74 16.00~17.50	14.50~17.50	14.00 15.75	14.00~17.50
4	185 210 240	4 4 3	18.00~19.60 19.00~20.86 21.06~22.40	18.00~22.40	17.50 18.75 20.00	17.50~22.40
5	300 400	6 6	23.43~25.20 26.64~29.14	23.43~29.14	22.40 25.90	22.40~29.14
6	500 630	3 3	30.00~30.96 33.60~34.82	30.00~34.82	29.12 32.67	29.12~34.82
7	800 900	3	38.40~38.97 48.92	38.40~48.92	36.90	36.90~48.92

注：表中钢芯铝绞线线规数量是指在该标称铝面积中有多少个不同规格钢芯铝绞线，例如铝标称截面为 50mm² 的钢芯铝绞线有 50/8、50/30 两个规格的钢芯铝绞线，则将表中截面 50mm² 钢芯铝绞线的线规数量写为2。

7) 圆杆、圆管的直径（mm）。

8) 适用电压等级（kV）。

9) 其他含义：略。

(4) 金具型号中的附加字母。

附加字母是用于对产品做补充性说明的汉字的汉语拼音字母。用于说明的字母主要有两种：一种是用于区分产品的长短类型、引流线线夹端子板倾斜角度、金具另外附带何种附属构件的专用附加字母；另一种是用于说明该金具适用于何种结构何种材质的导线的专用附加字母。除上述两种附加字母之外，还有进行其他说明的字母。下面将上述的专用附加字母和部分其他字母的含义介绍如下。

1) A、B、C 或 A、B、C、D 等专用附加字母的含义。

A、B、C 专用附加字母（有些产品中采用 A、B、C、D 四个字母），可用于区分产品是长型还是短型（该产品有长型和短型两种规格），可用于区分该子板是何种角度的，以及区分该产品附带何种构件。A、B、C 附加字母的具体含义见表 6.4-6。

表 6.4-6 A、B、C 附加字母的含义

附加字母	区分产品的长短类型	区分端子板的角度	区分附带何种构件
A	短型	0°	附碗头挂板
B	长型	30°或 45°	附 U 形挂板
C		90°	

注：有些端子板，用 A 代表 0°，B 代表 30°，C 代表 45°，D 代表 90°。

2) L、Q、J、G、B、K、H、HG、GB、Z、N 等专用附加字母的含义。

L 等字母是用来说明该产品是适用于何种结构、何种材质的导线的附加字母。上述专用附加字母的含义见表 6.4-7。

表 6.4-7 L 等附加字母的含义

附加字母	L	Q	J	G	B	K	H	HG	GB	Z	N
适用的导线	铝绞线	减轻型	加强型	钢绞线	铝包钢	扩径	铝合金	钢芯铝合金	钢芯铝包钢线	自阻尼	耐热铝合金

3) 其他附加字母的含义。

除前面表 6.4-6 和表 6.4-7 所列的专用的附加字母之外，还有一些其他的附加字母，例如 B、D、S、G、L 等字母。这几个字母的主要含义是：B 是补强，D 是单线夹，S 是双线夹，G 是高强度或钢绞线，L 是铝绞线。

6.4.3 裸导线架空配电线路常用金具及其型号

在架空配电线路中一般不使用悬垂线夹，为节省篇幅，故不介绍悬垂线夹。

1. 裸导线架空线路常用耐张线夹

在 10kV 架空配电线路中其裸导线一般不使用压缩型耐张线夹，通常只使用螺栓型和楔型裸导线耐张线夹。在螺栓型耐张线夹中有正装式和倒装式两种螺栓型耐张线夹。正装式螺栓型裸导线耐张线夹中用来将导线夹紧在线夹本体线槽内的 U 形螺栓设置在导线受张力的挡距侧，在线夹本体的靠引流线侧无 U 形螺栓。倒装式螺栓型裸导线耐张线夹正好相反，在线夹本体上靠档距侧无 U 形螺栓，在靠引流线侧的线夹本体才有 U 形螺栓。在正装和倒装式两种螺栓型耐张线夹中，在有相同 U 形螺栓数目情况下，倒装式螺栓型耐张线夹对导线的握着力比正装式的握着力大，且节省制造用料，故现在一般只生产倒装式螺栓型耐张线夹。裸导线常用的倒装式螺栓型耐张线夹型号见表 6.4-8。裸导线常用的倒装式螺栓型铝合金耐张线夹的型号见表 6.4-9。钢芯铝绞线的快速螺栓楔型耐张线夹的型号见表 6.4-10。

表 6.4-8　架空裸导线常用倒装式螺栓型耐张线夹的型号

型号	适用绞线直径（包括加包的缠物）/mm	适用的钢芯铝绞线型号	质量/kg	U形螺栓 直径/mm	U形螺栓 个数	备注
NLD-1	5.0~10.0	LGJ-35~50	1.30	M12	2	适用于截面为240 mm² 及以下的钢芯铝绞线、铝绞线、铜绞线等小型裸导线
NLD-2	10.1~14.0	LGJ-70~95	2.10	M12	3	
NLD-3	14.1~18.0	LGJ-120~150	4.00	M16	4	
NLD-4	18.1~23.0	LGJ-185~240	7.00	M16	5	

注：1. 型号 NLD-1 的含义：NLD 是产品名称，其中字母 N 是耐张（线夹），L 是螺栓（型），D 是倒装（式）；1 是型号的主参数，1 是导线直径组合号 1。其余型号的含义类推。

2. 耐长线夹的材料，本体及压板为可锻铸铁，其余零件为钢。

3. 一套倒装式螺栓型耐张线夹，包括本体、压板、U 形螺栓、螺母、垫圈、弹簧垫圈、销钉、闭口销等。

4. 在导线外面的加包缠物是铝包带，其规格为 1mm×10mm（厚×宽）。倒装式耐张线夹不能装反；同样，正装式耐张线夹也不能装反。

表 6.4-9　架空裸导线常用的倒装式螺栓型铝合金耐张线夹的型号

型号	适用绞线直径/mm	适用的钢芯铝绞线型号	质量/kg	U形螺栓 直径/mm	U形螺栓 个数	备注
NLL-16	5.00~11.50	LGJ-35~70	1.30	M12	2	此型号的耐张线夹使用于架空配电线路（裸导线、绝缘导线）时其握力不小于导线计算拉断力的65%。此型号使用于绝缘导线架空线路时，在线夹外要加绝缘罩
NLL-19	7.50~15.75	LGJ-50~120	2.10	M12	2	
NLL-22	8.16~18.90	LGJ-70~120	4.00	M12	2	
NLL-29	11.40~21.66	LGJ-95~240	7.00	M12	2	

注：1. NLL-16 的含义：NLL 是产品名称，其中字母 N 是耐张，字母 L 是螺栓型，第三个字母 L 是铝合金材料线夹；16 是型号中的主参数，线夹线槽上方开口宽度是 16mm。其余型号的含义照此类推。

2. 耐张线夹的材料是高强度铝合金。

3. 此型号的一套耐张线夹，包括本体、压板、U 形螺栓、螺母等。

表 6.4-10　钢芯铝绞线 NEL 系列快速螺栓楔型耐张线夹的型号

型号	适用导线	导线外径/mm	握力/kN	标称破坏载荷/kN
NEL-3	LGJ-95/55	16.00	74.2	84.2
	LGJ-150/20	16.67	44.3	
	LGJ-150/25	17.10	51.4	
	LGJ-150/35	17.50	61.8	
	LGJ-185/10	18.00	38.8	
	LGJ-185/25	18.90	56.4	
	LGJ-185/30	18.88	61.1	
	LGJ-185/45	19.60	76.2	

续表

型号	适用导线	导线外径/mm	握力/kN	标称破坏载荷/kN
NEL-4	LGJ-240/30	21.60	71.8	108.6
	LGJ-240/40	21.66	79.2	
	LGJ-240/55	22.40	97.0	
	LGJ-300/15	23.01	64.7	
	LGJ-300/20	23.43	71.9	
	LGJ-300/25	23.76	79.2	
	LGJ-300/40	23.94	87.6	
	LGJ-300/50	24.26	98.2	
NEL-5	LGJ-300/70	25.20	121.6	142.0
	LGJ-400/20	26.91	84.4	
	LGJ-400/25	26.64	91.1	
	LGJ-400/35	26.82	98.1	
	LGJ-400/50	27.63	117.2	
	LGJ-400/65	28.00	128.4	

2. 钢绞线用楔型耐张线夹

钢绞线楔型耐张线夹有不可调式和可调式两种楔型耐张线夹,其型号分别见表 6.4-11 和表 6.4-12。

表 6.4-11 钢绞线不可调式楔型耐张线夹的型号

型号	适用钢绞线 型号	适用钢绞线 直径/mm	质量/kg	备注
NE-1	GJ-25 GJ-35	6.6 7.8	1.2	(1) 不可调式钢绞线楔型耐张线夹可用作拉杆拉线上把和架空地线的耐张线夹。 (2) NE 型号的旧型号有 LX (<74>定型产品) 和 NX (旧国标产品型号) 两种
NE-2	GJ-50 GJ-70	9.0 11.0	1.8	
LX-3	GJ-100 GJ-120	13.0 14.0	3.2	
LX-4	GJ-135 GJ-150	15.0 16.0	5.3	

注:1. NE-1 型号的含义:NE 是产品名称,字母 N 是耐张,E 是楔型;1 是型号中的主参数,适用于导线截面组合号为 1 的钢绞线,见表 6.4-4。
2. 线夹的材料,线夹的本体和楔子的材料是可锻铸铁;其余零件为钢。
3. NE 楔型耐张线夹,包括本体、楔子、螺栓、螺母、闭口销等。
4. NE 楔型耐张线夹,安装时不能装反。正确的安装方法:钢绞线断头从线夹本体的平口端穿入本体,顺着楔子大圆弧端弯曲后,从线夹本体的平口端穿出,然后将穿出的钢绞线断头与钢绞线主线并拢在一起并绑扎牢固。

表 6.4-12　钢绞线可调式楔型 UT 型耐张线夹的型号

型号	适用钢绞线 型号	适用钢绞线 外径/mm	质量/kg	备 注
NUT-1	GJ-25 GJ-35	6.6 7.8	2.10	NUT 耐张线夹一般用于架空线路杆塔钢绞线拉线的下把上。 NUT 耐张线夹的旧型号是 UT 型线夹
NUT-2	GJ-50 GJ-70	9.0 11.0	3.20	
NUT-3	GJ-100 GJ-120	13.0 14.0	5.40	
NUT-4	GJ-135 GJ-150	15.0 16.0	7.20	

注：1. NUT-1 的含义：NUT 是产品名称，字母 N 是耐张，U 是 U 形螺栓，T 是（可）调；1 是型号中的主参数，是截面组合号，见表 6.4-5，与截面组合号对应的钢绞线是 $25\sim35\mathrm{mm}^2$ 的钢绞线。其余型号的含义类推。
　　2. 线夹材料：本体（楔母）、楔子的材料为可锻铸铁，其余零件为钢。
　　3. 一套 NUT 楔型 UT 型耐张线夹，包括楔母、楔子、长型 U 形螺栓、螺母、垫圈、顶杠。
　　4. NUT 楔型 UT 型耐张线夹，安装时不得装反。正确安装方法如 NE 耐张线夹的安装方法。

3. 10kV 架空配电线路常用的连接金具

配电线路常用的连接金具的型号见表 6.4-13。

表 6.4-13　常用的连接金具的型号

名 称	型号	质量/kg	适用的绝缘子或钢绞线型号	备 注
球头挂环	QP-7	0.27	XP-7	延长环又称平行环、椭圆环
碗头挂板	W-7A	0.82	XP-7	
碗头挂板	W-7B	1.01	XP-7	
直角挂板	Z-7	0.60		
U 形挂环	U-7	0.60		
U 形螺栓	U-1880	0.80		
U 形螺栓	U-2080	1.10		
U 形螺栓	U-2280	1.30		
延长环	PH-7	0.40	GJ-35	
延长环	PH-10	0.60	GJ-50~70	

注：QP-7 的含义：平面接触的球头挂环，标称破坏荷重 7t。W-7A（B）的含义：碗头挂板，标称破坏荷重 7t，A 为短型，B 为长型。U-1880 的含义：U 形螺栓，18 为螺栓直径，80 为螺栓端口间距（mm）。其余螺栓型号类推。PH-7 的含义：平行环（即延长环），标称破坏荷重 7t。PH-10 的含义类推。

4. 10kV 架空配电线路常用的接续金具

配电线路常用的接续金具的型号见表 6.4-14~表 6.4-25。

表 6.4-14　常用铝并沟线夹钢并沟线夹钢线卡子的型号

名　称	型号	适用导线型号	质量/kg	用　途
铝并沟线夹	JB-0	LGJ-16~25，LJ-25	0.22	用于接续直径相同的两根钢芯铝绞线或铝绞线。 说明：金具手册中只给出适用的钢芯铝绞线的型号及直径，故本表中的钢线型号是按 LGJ 导线的直径推算出来的
铝并沟线夹	JB-1	LGJ-35~50，LJ-50~70	0.35	
铝并沟线夹	JB-2	LGJ-70~95，LJ-95~120	0.65	
铝并沟线夹	JB-3	LGJ-120~150，LJ-150~185	1.05	
铝并沟线夹	JB-4	LGJ-185~240，LJ-240	1.25	
异径铝并沟线夹	JBY-1	LGJ、LJ：16~70	0.11	用于接续两根不同直径的钢芯铝绞线和铝绞线
异径铝并沟线夹	JBY-2	LGJ、LJ：35~150	0.15	
异径铝并沟线夹	JBY-3	LGJ、LJ：95~240	0.40	
钢绞线并沟线夹	JBB-1	GJ-25~35	0.66	用于接续两根直径相同的钢绞线或圆钢筋
钢绞线并沟线夹	JBB-2	GJ-50~70	1.00	
钢绞线并沟线夹	JBB-3	GJ-100~120	1.85	
钢绞线卡子	JK-1	GJ-25~35，外径 6.6~7.8mm	0.18	用于紧固杆塔钢绞线临时拉线
钢绞线卡子	JK-2	GJ-50~70，外径 9.0~11.0 mm	0.30	

注：1. JB-0 的含义：JB 是产品名称，字母 J 是接续，B 是并沟（线夹）；0 是型号中的主参数，适用的导线直径组合号为 0，见表 6.4-5。其余的型号含义类推。JBY-1 的含义：字母 Y 是异径，其他字母的含义与 JB-0 名称中的字母含义相同。JBB-1 的含义：第三个字母 B 是避雷线，其他字母与 JB-0 的含义相同。JK-1 的含义：字母 K 是卡子，其他字母与 JB-0 的含义相同。

2. JB、JBY 并沟线夹的材料是铝，JBB 并沟线夹和 JK 钢线卡子的材料是钢。

表 6.4-15　（1983）标准钢芯铝绞线用钳压接续管的型号

型　号	适用 JL/GIA 型钢芯铝绞线 截面/mm²	适用 JL/GIA 型钢芯铝绞线 外径/mm	钳压 凹深/mm	钳压 模数	质量/kg
JT-35/6	LGJ-35/6	8.16	17.5	14	0.17
JT-50/8	LGJ-50/8	9.60	20.5	16	0.23
JT-70/10	LGJ-70/10	11.40	25.0	16	0.34
JT-95/20	LGJ-95/20	13.87	29.0	20	0.55
JT-120/20	LGJ-120/20	15.07	33.0	24	0.91
JT-150/20	LGJ-150/20	16.67	33.6	24	1.10
JT-185/25	LGJ-185/25	18.90	39.0	26	1.42
JT-240/30	LGJ-240/30	21.60	43.0	14	1.00

注：1. JT-35/6 的含义：JT 是产品名称，字母 J 是接续，T 是椭圆管，35/6 是型号中的主参数，铝/钢截面为 35/6mm²。其余型号的含义类推。

2. 每根钢芯铝绞线的椭圆钳压管都配有垫片。LGJ-240/30 导线要使用两根钳压管。表中凹深尺寸是钳压管被钳压后钳压处的尺寸。

表 6.4-16　(1983) 标准铝绞线用钳压接续管（椭圆管）的型号

型号	适用导线 型号	外径/mm	质量/kg	备注
JT-16L	LJ-16	5.10	0.02	
JT-25L	LJ-25	6.45	0.03	
JT-35L	LJ-35	7.50	0.04	
JT-50L	LJ-50	9.00	0.05	
JT-70L	LJ-70	10.80	0.07	
JT-95L	LJ-95	12.48	0.10	
JT-120L	LJ-120	14.00	0.15	
JT-150L	LJ-150	15.75	0.16	
JT-185L	LJ-185	17.50	0.20	

注：JT-16L 的含义：JT 是产品名称，字母 J 是接续，T 是椭圆管；16 是型号中的主参数，适用的导线截面是 16mm^2；L 是型号中的附加字母，是铝线。其余型号的含义类推。

表 6.4-17　(2009) 标准铝绞线用钳压接续管（椭圆管）的型号

型号	适用铝绞线 型号	外径/mm	备注
JT-16L	16	5.12	
JT-25L	25	6.40	
JT-40L	40	8.00	
JT-63L	63	10.20	
JT-100L	100	12.90	
JT-125L	125	14.50	
JT-160L	160	16.40	

注：表中型号含义与表 6.4-16 的型号含义相同。

表 6.4-18　铜绞线用钳压接续管（椭圆管）的型号

型号	适用铜绞线 型号	外径/mm	质量/kg	备注
QT-16	TJ-16	5.1	0.057	
QT-25	TJ-25	6.3	0.060	
QT-35	TJ-35	7.5	0.100	
QT-50	TJ-50	9.0	0.160	
QT-70	TJ-70	10.6	0.200	
QT-95	TJ-95	12.4	0.300	
QT-120	TJ-120	14.0	0.430	
QT-150	TJ-150	15.8	0.520	

注：QT-16 的含义：QT 是产品名称，字母 Q 是钳压，T 是铜线（这里不是按规定的编写方法编写，若按规定的编写方法编写，应将 Q 改为 J）；16 是标称截面，16mm^2。其余型号的含义类推。

第6章 配电线路常用的材料设备金具

表6.4-19 钢绞线接续条的型号

型 号	适用钢绞线 标准号	结构	截面/mm²	外径/mm	长度/mm	质量/kg	标志颜色
JL-25G	GB 1200—1975	1×7	25	6.6	825	0.13	蓝
JL-35G		1×7	35	7.8	975	0.20	黑
JL-50G		1×7	50	9.0	1125	0.35	棕
JL-70G		1×19	70	11.0	1375	0.62	绿
JL-30G	GB 1200—1988	1×7	30	6.9	863	0.20	蓝
JL-55G		1×7	55	9.6	1200	0.51	绿
JL-60G		1×19	60	10.0	1250	0.60	红
JL-80G		1×19	80	11.5	1438	0.71	绿
JL-100G		1×19	100	13.0	1625	0.80	黑
JL-125G		1×19	125	14.5	1827	1.20	褐
JL-150G		1×19	150	16.0	2016	1.58	紫

注：JL-25G 的含义：JL 是产品名称，字母 J 是接续，L 是螺旋预绞式；25 是型号中的主参数，适用于 25mm² 的导线；G 是型号中的附加字母，适用的导线是钢绞线。其余型号的含义类推。

表6.4-20 铝绞线（GB 1179—83《铝绞线及钢芯铝绞线》）接续条的型号（部分型号）

型 号	适用铝绞线 型号	外径/mm	长度/mm	质量/kg	标志颜色
JL-95L	LJ-95	12.48	1168	0.4	橙
JL-120L	LJ-120	14.25	1321	0.6	红
JL-150L	LJ-150	15.75	1702	1.1	黄
JL-185L	LJ-185	17.50	1778	1.2	橙
JL-240L	LJ-240	20.00	2108	2.2	紫

注：JL-95L 的含义：JL 是产品名称，字母 J 是接续，L 是螺旋预绞式；95 是型号中的主参数，适用的导线截面是 95mm²；L 是型号中的附加字母，适用的导线是铝绞线。其余型号的含义类推。

表6.4-21 铜绞线（GB 3953—83《电工圆铜线》）接续条的型号（部分型号）

型 号	适用钢绞线 型号	外径/mm	长度/mm	质量/kg	标志颜色
JL-35T	TJ-35	7.5	740	0.3	白
JL-50T	TJ-50	9.0	910	0.7	蓝
JL-70T	TJ-70	10.6	1040	1.1	橙
JL-95T	TJ-95	12.5	1400	1.6	蓝
JL-120T	TJ-120	14.0	1600	2.4	黄
JL-150T	TJ-150	15.8	1960	2.7	绿

注：JL-35T 的含义：JL 是产品的名称，字母 J 是接续，L 是螺旋预绞式；35 是型号的主参数，适用 35mm² 截面的导线；T 是型号中的附加字母，适用的导线是铜绞线。其余型号的含义类推。

表 6.4-22　钢芯铝绞线（GB 1179—1983）螺旋预绞式全张直线接续条型号（部分型号）

型　号	适用钢芯铝绞线 型　号	外径/mm	长度/mm 钢芯/填充条/外层	标志颜色
JL-95/20 Q	LGJ-95/20	13.87	508/508/1727	黑/红
JL-120/20Q	LGJ-120/20	15.07	508/508/2057	黑/蓝
JL-150/25Q	LGJ-150/25	17.10	635/635/2413	黑/橙
Jl-185/25Q	LGJ-185/25	18.90	635/635/2642	黑/黑
JL-240/30Q	LGJ-240/30	21.60	686/686/3073	黑/蓝

注：JL-95/20Q 的含义：JL 是产品名称，字母 J 是接续，L 是螺旋预绞式，95/20 是型号中的主参数，适用于铝/钢截面为 95/20mm² 的导线，Q 是型号中的附加字母，适用的导线为减轻型。其余型号的含义类推。

表 6.4-23　钢芯铝绞线（GB 1179—1983）钢芯完整铝线全断补强接续条型号（部分型号）

型　号	适用钢芯铝绞线 型　号	外径/mm	长度/mm	质量/kg	标志颜色
JL-95B	95/20	13.87	1321	0.6	红
JL-120B	120/20	15.07	1702	1.1	黄
JL-150B	150/25	17.10	1778	1.2	橙
JL-185B	185/25	18.90	2007	1.9	黑
JL-240B	240/30	21.60	2184	2.2	蓝

注：JL-95B 的含义：JL 是产品的名称，字母 J 是接续，L 是螺旋预绞式，95/20 是型号中的主参数，适用于铝/钢截面 95/20mm² 的钢芯铝绞线，B 是型号中的附加字母，含义是用于补强。其余型号的含义类推。

表 6.4-24　预绞式导线全张力接续条型号
[摘自《云南电网公司城农网 10kV 及以下线路通用设计 V3.0（试行）》]

接续条型号	适用导线的型号	备　注
FTS-MS-10475	LGJ-50/8	
FTS-MS-10135	LGJ-70/10	
FTS-MS-10746	LGJ-95/20	
ETS-MS-10137	LGJ-120/20	型号和参数仅供参考
FTS-MS-10243	LGJ-150/25	
FTS-MS-10139	LGJ-185/25	
FTS-MS-10028	LGJ-240/30	

表 6.4-25　预绞式跳线接续条型号
[摘自《云南电网公司城农网 10kV 及以下线路通用设计 V3.0（试行）》]

接续条型号	适用导线的型号	备　注
JLS-0124	LGJ-50/8	
JLS-0129	LGJ-70/10	
JLS-0134	LGJ-95/20	
JLS-0135	LGJ-120/20	型号和参数仅供参考
JLS-0139	LGJ-150/25	
JLS-0141	LGJ-185/25	
JLS-0144	LGJ-240/30	

5. 常用 T 接金具

架空配电线路常用的 T 接金具的型号见表 6.4-26。

表 6.4-26　常用螺栓形 T 形线夹型号（U 形螺栓）

型　号	适用母线/引下线的导线截面/mm²	备　注
TL-11	35~50/35~50	
TL-21	70~95/35~50	
TL-22	70~95/70~95	
TL-31	120~150/35~50	
TL-32	120~150/70~95	适用于钢芯铝绞线、铝绞线的 T 形连接（异径和同径的 T 接）
TL-33	120~150/120~150	
TL-41	185~240/35~50	
TL-42	185~240/70~95	
TL-43	185~240/120~150	
TL-44	185~240/185~240	

注：TL-21 的含义：TL 是产品名称，字母 T 是 T 接，L 是螺栓形；数字 2 是型号中的主参数，适用母线的截面组合号是 2，1 是型号中的主参数，适用引下线的截面组合号是 1，组合号的对应截面见表中的截面或表 6.4-5。其余型号的含义类推。

6. 架空线路防护金具

架空配电线路常用防护金具的型号见表 6.4-27。

表 6.4-27　防振锤型号

型　号	适用导线型号	质量/kg	备　注
FD-1	LGJ-35~50	1.5	
FD-2	LGJ-70~95	2.4	
FD-3	LGJ-120~150	4.5	
FD-4	LGJ-185~240	5.6	
FG-35	GJ-35	1.8	
FG-50	GJ-50	2.4	

注：FD-1 的含义：FD 是产品名称，字母 F 是防护，D 是导线；数字 1 是型号的主参数，适用于截面组合号为 1 的导线（对应的截面见表内数值或表 6.4-5 所列的导线截面）。其余型号的含义类推。FG-35 的含义：FG 是产品名称，字母 F 是防护，G 是钢绞线。

7. 常用设备线夹

架空配电线路常用的接线端子的型号见表 6.4-28。

表 6.4-28 常用接线端子型号

[摘自《云南电网公司城农网 10kV 及以下线路通用设计 V3.0（试行）》]

形　式	型　号	备　注
铜接线端子	DT-25	（1）DT-25 的含义：D—（接线）端子，T—铜，25—适用导线截面（mm^2）。 其余型号的含义类推。 （2）用于铜导线之间的连接
铜接线端子	DT-35	
铜接线端子	DT-50	
铜接线端子	DT-70	
铜接线端子	DT-95	
铜接线端子	DT-120	
铜接线端子	DT-150	
铜接线端子	DT-185	
铜接线端子	DT-240	
铜接线端子	DT-300	
铝接线端子	DL-25	（1）DL-25 的含义：D—（接线）端子，L—铝，25—适用导线截面（mm^2）。 其余型号的含义类推。 （2）用于铝导线之间的连接
铝接线端子	DL-35	
铝接线端子	DL-50	
铝接线端子	DL-70	
铝接线端子	DL-95	
铝接线端子	DL-120	
铝接线端子	DL-150	
铝接线端子	DL-185	
铝接线端子	DL-240	
铝接线端子	DL-300	
铜铝接线端子	DTL-25	（1）DTL-25 的含义：D—（接线）端子，TL—铜铝过渡，25—适用导线截面（mm^2）。 其余型号的含义类推。 （2）用于铜、铝导线之间的连接
铜铝接线端子	DTL-35	
铜铝接线端子	DTL-50	
铜铝接线端子	DTL-70	
铜铝接线端子	DTL-95	
铜铝接线端子	DTL-120	
铜铝接线端子	DTL-150	
铜铝接线端子	DTL-185	
铜铝接线端子	DTL-240	
铜铝接线端子	DTL-300	

6.4.4　绝缘导线架空配电线路常用金具及其型号

绝缘导线就是架空绝缘电缆。

绝缘导线架空配电线路是分相绝缘导线的架空配电线路。

目前用来连接绝缘导线架空配电线路上绝缘导线的电力金具，有些是绝缘金具；有些不是绝缘金具，即将用于裸导线上的普通金具用到绝缘导线上。在这种情况下使用金具时，要先剥去绝缘导线的绝缘层裸露出金属导线，后用普通金具进行连接，最后恢复连接处的绝缘。

因在10kV架空配电线路中采用绝缘导线（架空电缆）的时间尚短，故还未形成按电力行标、国标生产的绝缘金具系列。目前应用到绝缘线路上的金具大多是按企标生产的绝缘金具。下面将《云南电网公司城农网10kV及以下配电线路通用设计V3.0（试行）》[简称《云电通用设计V3.0（试行）》]采用的绝缘金具和普遍金具介绍如下。

1. 绝缘耐张线夹

绝缘导线架空配电线路常用绝缘耐张线夹的型号见表6.4-29和表6.4-30。

表6.4-29 NJX系列楔型绝缘耐张线夹型号［摘自《云电通用设计V3.0（试行）》］

线夹型号	适用导线直径/mm	适用导线型号	备 注
NJX-1	15.8 17.1	35 50	用作10kV及以下铝芯架空绝缘导线（JKLYJ）的绝缘耐张线夹
NJX-2	18.8 20.4	70 95	
NJX-3	21.8 23.4	120 150	
NJX-4	25 27.2	185 240	

注：NJX-1的含义：NJX是产品名称，字母N是耐张，J是绝缘，X是楔型，1是截面组合号，与1对应的截面是35~50mm^2，见表6.4-5。其余类推。

表6.4-30 JNX系列楔型绝缘耐张线夹型号［摘自《云电通用设计V3.0（试行）》］

线夹型号	适用架空电缆外径/mm	10kV铝芯架空电缆的截面/mm^2	备 注
JNX1-1	12~15	25~50	用作25~240mm^{2}铝芯架空绝缘电缆的耐张线夹，安装时不剥除绝缘电缆的绝缘层
JNX1-2	16~19	70~95	
JNX2-1	19~23	120~185	
JNX2-2	25~29	240~300	
JNXⅡ-1	12~15	25~50	
JNXⅡ-2	16~19	70~95	
JNXⅡ-3	19~23	120~185	

2. 绝缘导线（即架空绝缘电缆）的接续金具

绝缘导线，即架空绝缘电缆的接续金具的型号见表6.4-31~表6.4-36。

表 6.4-31 （1983）标准铝绞线用圆形对接液压接续管型号

型　号	适用铝绞线 结构[根数/值径（mm）]	适用铝绞线 外径/mm	备　注
JY-150L	19/3.15	15.75	铝绞线的圆形对接液压接续管，现在还没有小规格的接续管
JY-185L	19/3.50	17.50	
JY-240L	19/4.00	20.00	
JY-300L	37/3.20	22.40	

注：JY-150L 的含义：JY 是产品的名称，字母 J 是接续（管），Y 是圆形；150 是型号中的主参数，适用于截面为 150mm^2 的导线；L 是型号中的附加字母，适用于铝绞线。

表 6.4-32　架空绝缘导线用并沟线夹型号［摘自《云电通用设计 V3.0（试行）》］

型号	适用绝缘导线型号	备　注
JBL-1	JKLYJ-16~70	用于不同直径的铝芯架空绝缘导线的接续。此并沟线夹不是绝缘并沟线夹，接续后要加绝缘罩
JBL-2	JKLYJ-35~120	
JBL-3	JKLYJ-95~300	

注：JKLYJ 铝芯交联聚乙烯架空绝缘电缆（包括其他的单相架空绝缘电缆）的直线接续，在剥除导线（电缆）的绝缘层后用椭圆形钳压接续管或圆形液压接续管进行压接接续；但接续后都要按规定做绝缘处理，恢复导线剥除绝缘层处导线的绝缘性能。

表 6.4-33　绝缘穿刺线夹型号［摘自《云电通用设计 V3.0（试行）》］

型　号	主线 /mm^2	支线 /mm^2	最大穿刺厚度 /mm	最大穿刺直径 /mm	螺栓 数量	螺栓 H /mm	最大电流/A
TTDC 2820 1F	35~70	35~70	3	16	1×M8	13	310
TTDC 2840 1F	50~120	50~120	3	19.9	1×M8	13	437
TTDC 2843 1F	95~185	16~95	3	23.1/17.5	2×M10	17	377
TTDC 2850 1FA	95~240	95~240	3	26.1	2×M10	17	530
TTDC 4540 1F	50~120	50~120	4.5	22.8	2×M10	17	437
TTDC 4550 1FA	95~240	95~185	4.5	29/26.3	2×M10	17	679
TTDC 4553 1FA	95~300	35~95	4.5	31.1/121.3	2×M10	17	377
备　注	用于 10kV 架空绝缘导线分支连接							

表 6.4-34　绝缘导线 T 型分支线夹［摘自《云电通用设计 V3.0（试行）》］

名　称	型　号	适用的绝缘导线 主　线	适用的绝缘导线 支　线	备　注
绝缘导线 T 型分支线夹	JJT	35~240/35~240		用于 1~10kV 架空绝缘线路与电气设备或其他线路的分支连接，也用于两架空绝缘线路在交跨处的空中 T 接
	JYT	35~240/35~240		

表 6.4-35　穿刺型带绝缘罩式接地挂环型号 ［摘自《云电通用设计 V3.0（试行）》］

名　　称	型　　号	适用绝缘导线截面 /mm²
10kV 穿刺型接地线夹	JJCD-10-95/25	25~95
	JJCD-10-185/95	95~185
	JJCD-10-240/150	150~240

表 6.4-36　绝缘穿刺线夹型号 ［摘自《云电通用设计 V3.0（试行）》］

型　号	主线	支线	最大穿刺厚度 /mm	最大穿刺直径 /mm	螺栓 数量	H/mm
NTDC 28401AF	铝 50~150	50~120	3	19.9	2×M8	13
NTDC 2840 F	铜 50~150	50~120	3	19.9	2×M8	13
NTDC 28451AF	铝 95~240	50~150	3	22.3	2×M10	17
NTDC 28451F	铜 95~240	50~150	3	22.3	2×M10	17
NTDC 4540 1AF	铝 50~150	50~120	4.5	22.8	2×M10	17
NTDC 4540 1F	铜 50~150	50~120	4.5	22.8	2×M10	17
NTDC 4550 1AFA	铝 95~240	95~185	4.5	26.3	2×M10	17
NTOC 4550 1FA	铜 95~240	95~185	4.5	26.3	2×M10	17
备　注	用于 10kV 架空裸导线与绝缘导线的连接或支接					

第7章 配电线路检修常用的几种起重工具及其选择

7.1 纤维绳的选择

(1) 纤维绳的种类与使用范围。在电力线路施工、检修中使用的纤维绳，常用的有三种：麻绳、蚕丝绳、化纤绳。

麻绳包括白棕绳、混合绳、麻线绳三种。但常用于人力牵引起吊重物、拖拉重物的是白棕绳，其他两种麻绳不宜用于起重用途。白棕绳是以龙舌兰麻的麻纤维捻绞而成的麻绳，分为浸油白棕绳和不浸油白棕绳两种。浸油白棕绳有较好的抗潮和防腐能力，但其抗拉强度比干燥的不浸油白棕绳约低10%，所以一般情况下只采用不浸油的白棕绳。

《南方电网公司安规》规定：棕绳（麻绳）不得用在机动机构中起吊构件，仅限于手动操作提升物件或作为控制绳等辅助绳索使用。

蚕丝绳主要用于带电作业用途，例如用作绝缘滑车组中的牵引绳索，用作接近接触带电体的绝缘绳。

在电力线路施工、检修中也常用化纤绳，且有替代白棕绳的趋势。

(2) 选择纤维绳的方法。选择纤维绳的常用方法有下列三种。

1) 按抗拉强度选择纤维绳。总的要求是施加在纤维绳上的动态计算载荷必须小于纤维绳的许用拉力。

对于白棕绳，《南方电网公司安规》明确规定：用于人力手动直接牵引白棕绳方式时，干燥的白棕绳的许用应力不应大于 9.8N/mm^2，当其处于潮湿状态时其许用应力为干燥的白棕绳许用应力的 0.5 倍；当用作捆绑绳使用时，其许用应力为人力手动牵引方式时白棕绳许用应力的 0.5 倍。白棕绳的许用拉力等于白棕绳的截面面积乘以白棕绳的许用应力。

对于纤维绳，《南方电网公司安规》规定其安全系数（或称安全倍数）不得小于5。纤维绳的许用拉力可按式（7.1-1）计算：

$$[T] = \frac{T_b}{K} \tag{7.1-1}$$

式中 $[T]$——纤维绳的许用拉力，N；
T_b——纤维绳的破断力，N；
K——纤维绳的安全系数，$K \geq 5$。

白棕绳的许用拉力 $[T]$ 可按式（7.1-2）计算：

$$[T] = K \cdot 9.8S \tag{7.1-2}$$

式中　[T]——白棕绳的许用拉力，N；
　　　9.8——白棕绳干燥时的许用应力，N/mm²；
　　　S——白棕绳的截面积，mm²，$S=0.785d^2$，其中 d 为白棕绳直径，mm；
　　　K——系数，白棕绳干燥时 $K=1$，潮湿时 $K=0.5$，用作捆绑绳时 $K=0.5$。

当所选用的纤维绳的许用拉力大于或等于作用在纤维绳上的动态计算载荷时，即认为所选用的纤维绳的强度符合要求。作用在纤维绳上的动态计算载荷可按式（7.1-3）计算：

$$P_D = K_1 K_2 P \tag{7.1-3}$$

式中　P_D——动态计算载荷，N；
　　　P——静态载荷，N；
　　　K_1——动荷系数，$K_1=1.1\sim1.2$；
　　　K_2——不平衡系数，$K_2=1.0\sim1.2$。

2）按耐久性条件选择纤维绳。如果要将纤维绳缠绕在滑轮或卷筒上进行工作时，就必须检查滑轮或卷筒的轮底直径与纤维绳直径之比值是否符合耐久性条件要求。

《南方电网公司安规》规定，滑轮或卷筒的轮底直径/纤维绳直径的比值应大于10。也就是说，如果其比值小于10，纤维绳工作后就会很快产生断股、破损，缩短其使用寿命。为此在选择纤维绳时，如果已知滑轮的轮底直径，那么就要按上述比值大于10来选择纤维绳的直径；相反，如果已知纤维绳的直径，就应按上述比值大于10来选择滑轮的轮底直径。

3）按纤维绳的完好程度选择纤维绳。当纤维绳有霉烂、腐蚀、断股、损伤较多等情况时不应使用，也不应补修使用；当纤维绳出现松股、散股、严重磨损或断股、有显著的局部延伸现象时禁止使用。

7.2　钢丝绳的选择

钢丝绳是用优质高强度碳素钢丝制成的钢索，其特点是挠性好、弹性大，抗拉强度高。

（1）钢丝绳的种类。钢丝绳的种类很多，可以按以下划分方法进行分类：

1）按搓捻方法划分钢丝绳的种类如下。

① 右交互捻钢丝绳。
② 左交互捻钢丝绳。
③ 右同向捻钢丝绳（是施工、检修工作中常用的钢丝绳）。
④ 左同向捻钢丝绳（是施工、检修工作中常用的钢丝绳）。
⑤ 混合捻钢丝绳。

钢丝绳中的股间的搓捻方向和股中钢丝的搓捻方向是相反的钢丝绳称为交互捻（反捻或逆捻）钢丝绳。而在交互捻钢丝绳中，如果其股是右搓捻方向，则该交互捻钢丝绳即是右交互捻钢丝绳；如果其股是左搓捻方向，即是左交互捻钢丝绳。

钢丝绳中的股间的搓捻方向和股中钢丝的搓捻方向是相同方向的钢丝绳称为同向捻（顺捻）钢丝绳。如果同向捻钢丝绳中的股搓捻和股中钢丝的搓捻方向都是右向搓捻，则该同向捻钢丝绳是右同向捻钢丝绳；如果同向捻钢丝绳中的股搓捻和股中钢丝的搓捻方向都是左向搓捻，则该钢丝绳即是左同向捻钢丝绳。

钢丝绳中相邻的两股中的钢丝，如果一个股中的钢丝是右（或左）向搓捻，而另一股中的钢丝是左（或右）向搓捻，即一半的股中的钢丝是顺捻，另一半的股中的钢丝是反捻的钢丝绳即为混合捻钢丝绳。

2）按钢丝绳的绳芯划分钢丝绳的种类如下。

① 麻绳芯或棉绳芯钢丝绳（是施工、检修工作中常用的钢丝绳）。

② 石棉绳芯钢丝绳。

③ 金属绳芯钢丝绳。

3）按钢丝绳的股数划分钢丝绳的种类如下。

① 单股钢丝绳，即架空线路中常用的钢绞线。

② 多股钢丝绳包括6股钢丝绳、18股钢丝绳（是施工、检修工作中常用的钢丝绳）。

（2）钢丝绳的安全系数。钢丝绳的安全系数值根据其用途确定。根据《南方电网公司安规》规定，在不同使用情况下的钢丝绳的安全系数 K 值见表7.2-1。

表7.2-1　钢丝绳的安全系数 K 值

钢丝绳的用途	安全系数 K	钢丝绳的用途	安全系数 K
缆风绳及拖拉绳	3.5	用作吊索（千斤绳），无绕曲时	5~7
用于人力手动起重设备	4.5	用作地锚绳	5~6
用于机动起重设备	5~6	用作捆绑绳	10
用作吊索（千斤绳），有绕曲时	6~8	用于载人升降机	14

（3）钢丝绳的破断力。钢丝绳的破断力可用简易计算式估算，也可从钢丝绳的规格常用数据表中查得。表7.2-2是常用钢丝绳主要数据的简易估算公式，表7.2-3是常用钢丝绳标准规格的主要数据。

表7.2-2　常用钢丝绳主要数据的简易估算公式（破断强度 $\sigma_D = 1372\text{N}/\text{mm}^2$）

估算项目	符号	估算用公式	说　明
钢丝绳每米长度的质量/kg	W	$W = 0.353d^2$	d—钢丝绳直径/cm
钢丝绳的破断力/N	T_b	$T_b = 141d^2$	d—钢丝绳直径/mm
钢丝绳的安全起吊力/N	$[T]$	$[T] = 88.3d^2$	d—钢丝绳直径/mm 安全系数 $K=5$

表 7.2-3 常用的结构为 6×19＝114+1 的钢丝绳的主要数据

直径		钢丝总断面面积 nFi /mm²	每100m钢丝绳质量 /kg	钢丝绳的公称抗拉强度/(N/mm²)					
				1372		1519		1666	
钢丝绳直径 d /mm	钢丝直径 d_i /mm			钢丝总破断力 /N	钢丝绳破断力 /N	钢丝总破断力 /N	钢丝绳破断力 /N	钢丝总破断力 /N	钢丝绳破断力 /N
6.2	0.4	14.32	13.53	19 600	16 660	21 660	18 420	23 810	20 190
7.7	0.5	22.37	21.14	30 670	26 070	33 910	28 810	37 240	31 650
9.3	0.6	32.22	30.45	44 200	37 530	48 900	41 550	53 610	45 570
11.0	0.7	43.85	41.40	60 070	51 060	66 540	56 550	73 010	62 030
12.5	0.8	57.27	54.12	78 500	66 740	86 930	73 790	95 350	81 050
14.0	0.9	72.49	68.50	98 980	84 480	10 9760	93 300	120 540	102 410
15.5	1.0	89.49	94.57	122 500	103 880	135 730	115 440	148 920	126 420
17.0	1.1	108.28	102.3	147 980	125 930	164 150	139 650	180 320	152 880
18.5	1.2	128.87	121.8	176 400	149 940	195 510	166 110	214 620	182 280
20.0	1.3	151.24	142.9	207 660	175 910	229 320	194 920	251 860	214 130
21.5	1.4	175.40	165.8	240 590	204 330	266 070	225 400	292 040	247 940
23.0	1.5	201.35	190.3	275 870	234 710	305 760	259 700	335 160	284 690
24.5	1.6	229.09	216.5	314 090	267 090	347 900	295 470	381 220	324 380
26.0	1.7	258.63	244.40	354 760	301 350	392 490	333 200	430 710	366 030
28.0	1.8	289.95	274.0	397 390	338 100	440 020	372 400	482 650	410 130
31.0	2.0	357.96	338.3	490 980	416 990	543 410	461 580	596 330	506 660
34.0	2.2	433.13	409.30	593 880	504 700	657 580	558 600	721 280	612 990
37.0	2.4	515.46	487.1	707 070	600 740	782 530	664 400	858 480	729 610
40.0	2.6	604.95	571.7	829 570	705 110	918 750	781 550	1 004 500	856 520
43.0	2.8	701.60	663.0	962 360	817 810	1 063 300	904 050	1 166 200	989 800
46.0	3.0	805.41	761.1	1 102 500	939 330	1 220 100	1 020 180	1 337 700	1 136 800

注：nFi 是钢丝断面总面积，其中 n 是钢丝总根数；$n=6×19=114$，Fi 是单钢丝断面面积。

(4) 钢丝绳的选择。

应在选定钢丝绳的种类后再进行钢丝绳规格的选择。如在前面的钢丝绳种类中所述一样，在一般的施工、检修工作中最常用的钢丝绳和种类是抗拉强度 $\sigma_b = 1372\text{N/mm}^2$、6×19+1 结构的右同向捻或左同向捻的钢丝绳。选定钢丝绳种类后按下列三个条件选择钢丝绳的规格。

1) 按强度条件选择钢丝绳。当钢丝绳受力时，为保证钢丝绳安全工作，则要求作用在钢丝绳上的动态载荷 P_D 小于或等于所选规格钢丝绳的许用拉力 $[T]$，即 $P_D \leqslant [T]$。当某规格钢丝绳的许用拉力满足该不等式关系时，该钢丝绳规格就是按强度条件选定的规格。

所选规格的钢丝绳的许用拉力可按式 (7.2-1) 计算：

$$[T] = \frac{T_b}{K} \qquad (7.2\text{-}1)$$

式中 $[T]$——所选钢丝绳的许用拉力，N；

T_b——所选钢丝绳的破断力，N，可从表7.2-2和表7.2-3查得；

K——钢丝绳安全系数，可从表7.2-1查得。

作用在钢丝绳上的动态载荷 P_D 可按式（7.2-2）计算：

$$P_D = K_1 K_2 P \qquad (7.2\text{-}2)$$

式中 P_D——动态载荷，N；

P——静态载荷，N；

K_1——动荷系数，$K_1 = 1.1 \sim 1.2$；

K_2——不平衡系数，$K_2 = 1.0 \sim 1.2$。

2) 按耐久条件选择钢丝绳。如果须将钢丝绳穿过起重设备的滑轮或卷筒之后钢丝绳才能工作，则要求滑轮或卷筒的槽底直径 D 与钢丝绳直径 d 的比值必须大于或等于规定比值。这个比值是衡量钢丝绳能否耐久地工作的条件。当这个实际比值过小时，不但会使钢丝绳的破断力明显下降，使之不符合强度条件，而且还会使钢丝绳被严重压扁和使钢丝折断，过快地缩短钢丝绳的使用寿命。

为此，《南方电网公司安规》规定：在机械驱动的起重滑车（轮）中使用时，滑轮槽底直径 D 与钢丝绳直径 d 的比值应不小于1；在人力驱动的起重滑轮中使用时，其比值应不小于10；在绞磨卷筒上使用时，其比值应不小于10。

3) 按完好程度选择钢丝绳。当钢丝绳出现下列情况时，应报废，不得使用。

① 在一个节距内其断丝根数超过表7.2-4的规定值时，其钢丝绳不能使用。

表7.2-4 钢丝绳的允许最多断丝根数

最初的安全系数	钢丝绳结构							
	6×19=114+1		6×37=222+1		6×61=366+1		18×19=342+1	
	逆捻	顺捻	逆捻	顺捻	逆捻	顺捻	逆捻	顺捻
小于6	12	6	22	11	36	18	36	18
6~7	14	7	26	13	38	19	38	19
大于7	16	8	30	15	40	20	40	20

② 绳芯损坏或绳股挤出、断裂。

③ 笼状畸形、严重扭结或金钩弯折。

④ 严重压扁、相对公称直径缩小10%。

⑤ 受过火烧退火或电灼伤，受过化学介质腐蚀。

⑥ 断丝数量不多但断丝增加很快的钢丝绳。

7.3 起重滑车的选择

(1) 滑车的种类及常用的滑车。滑车的种类很多。按滑车的材质划分，有树脂、铝、铁滑车；按滑车的轮数划分，有单轮滑车、多轮滑车；按穿绳方法划分，有开口、闭口滑车；按适用绳索划分，有麻绳、钢丝绳滑车；按作业类别划分，有带电作业用的绝缘滑车、非带电作业用的金属滑车；按用途划分，有定滑车、动滑车、滑车组等滑车。

在架空线路施工、检修的放线、紧线工作中，常用的放线滑车是开口的单轮、双轮铝滑车，作为定滑车使用。在组立杆塔、紧线工作中与钢丝绳配合使用的滑车是铁滑车，例如开口的单轮滑车、闭口的单轮滑车、闭口的多轮滑轮，用作定滑车、动滑车和组成滑车组使用。

（2）单轮滑车的构造。如图7.3-1（a）所示，单轮滑车由一个吊钩（或链环、吊环）、一根吊钩横杆、一个滑轮及轴套（或滑动轴承）、一根轮轴、两块夹板、两块加强板条、一根上拉紧螺栓（装在滑车尾部）、两根下拉紧螺栓（装在吊钩侧）、上下支撑管（装在上下拉紧螺栓外面，将滑轮两侧的夹板隔开并固定距离）、一个端圈（装在上拉紧螺栓上）等组成。单轴双轮滑车由一个吊钩（或链环、吊环）、一根吊钩横杆、两个滑轮及轴套（或滚动轴承）、一根轮轴、三块夹板、两块加强板条、一根上拉紧螺栓（装在滑车尾部）、两根下拉紧螺栓（装在吊钩侧）、上下支撑管（装在上下拉紧螺栓外面，将滑轮两侧的夹板隔开并固定距离）、一个端圈（或吊环装在上拉紧螺栓上）等组成，如图7.3-1（b）所示。

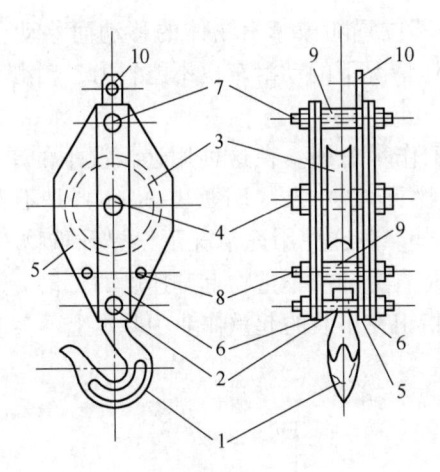

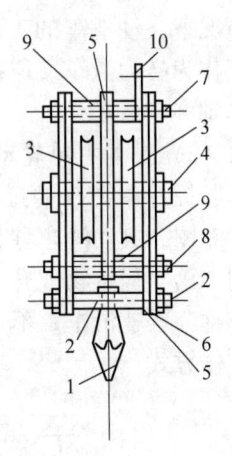

（a）单轮滑车构造示意图　　（b）单轴双轮滑车构造示意图

图7.3-1　单轮滑车构造示意图

1—吊钩；2—吊钩横杆；3—滑轮及轴套；4—轮轴；5—夹板；6—加强板条；7—上拉紧螺栓；
8—下拉紧螺栓；9—支撑管；10—端圈或吊环

单轴三轮或其他多轮滑车的组成类似单轴双轮滑车的组成，只是增加相应的滑轮及轴套、夹板、支撑管。

拉紧螺栓和支撑管的作用是控制滑轮夹板的距离和使各部件形成一个整体。端圈的作用是为滑车组的绳索死头提供一个固定点。

（3）定滑车、动滑车、滑车组的定义及其用途。

1）定滑车。在工作中其位置不会改变的滑车称为定滑车。

定滑车的工作特点是不能省力但能改变绳索或拉力的方向，故常将其用作转向滑车。

定滑车分有单轮定滑车和单轴多轮定滑车（如滑车组中的定滑车）。单轮定滑车的用途如图 7.3-2 所示。

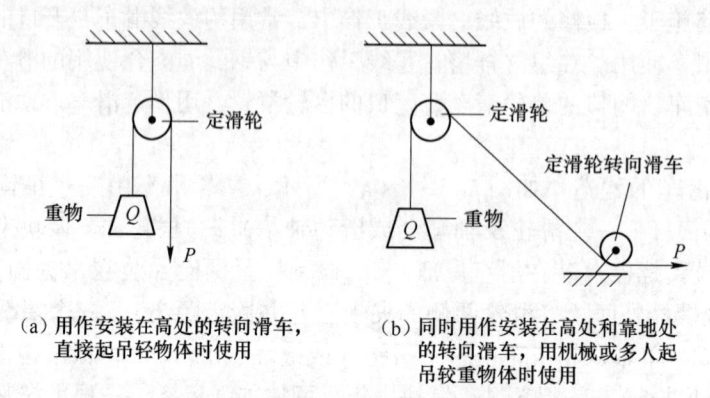

（a）用作安装在高处的转向滑车，直接起吊轻物体时使用

（b）同时用作安装在高处和靠地处的转向滑车，用机械或多人起吊较重物体时使用

图 7.3-2　单轮定滑车的用途示意图

2）动滑车。在工作中其位置随着被牵移物体的升降、移动而升降、移动其位置的滑车称为动滑车。

在一般情况下，动滑车的工作特点是其位置随被牵引物体的移动而移动，同时能省力，故常将其作为省力滑车。但在特殊用途情况下的动滑车也不能省力。动滑车也分为单轮动滑车和单轴多轮滑车。

图 7.3-3（a）是省力单轮动滑车的工作示意图。在这种用途情况下的单轮动滑车，是省力动滑车，提升重物 Q 的拉力只是重物重力的 1/2。图 7.3-3（b）是不省力单轮动滑车的工作示意图，其动滑车称为增速滑车。在这种用途情况下，提升重物 Q 的提升力是重物重力的二倍，但重物上升的速度却是省力动滑车重物上升速度的二倍，因此将这种用途的动滑车称为增速滑车。不过，应当指出在吊装的起重作业中基本上不会使用这种增速动滑车的工作方式。

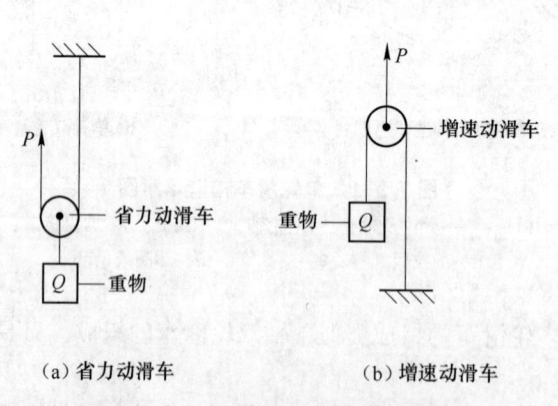

（a）省力动滑车　　（b）增速动滑车

图 7.3-3　省力单轮动滑车工作示意图

3）滑车组。用绳索穿绕在一个定滑车和一个动滑车上，将两者连接起来组成的一种省力的起重工具称为滑车组。当绳索为麻绳时称为麻绳滑车组，当绳索为钢丝绳时称为钢丝绳滑车组。

在制作滑车组时一般采用普通的绳索穿绕方法。普通穿绕法是：首先将足够长度的绳索的一端固定在滑车组其中一侧的滑车的端圈上。与端圈相连的绳索的这一端称为滑车组绳索的死头（又称为终根）。死头可以固定在定滑车的端圈上，也可以固定在动滑车的端圈上。然后按滑车组中滑轮的排列顺序将绳索依顺序穿绕在定、动滑车的滑轮中，直至绳索从最后一个滑轮上绕出。从最后一个滑轮绕出的绳索端头称为绳索的活头（又称出端头）。同样地，活头可以从滑车组中的定滑轮绕出，也可以从动滑轮绕出。

如图 7.3-4（a）（b）所示，如果定滑车和动滑车中的滑轮数相等，如将死头固定在定滑车上，那么活头将从定滑车引出；如将死头固定在动滑车上，那么活头将从动滑车上引出。

如果定滑车和动滑车的滑轮数不相等，相差一个滑轮，例如一个滑车为两滑轮，另一个滑车为三个滑轮，如图 7.3-4（c）（d）所示，如果将两轮滑车作为定滑车和将死头固定在定滑车上，那么活头从作为动滑车的三轮滑车上引出；如果将三轮的滑车作为定滑车和将死头固定在作为动滑车的两轮滑车上，那么活头从作为定滑车的三轮滑车上引出。

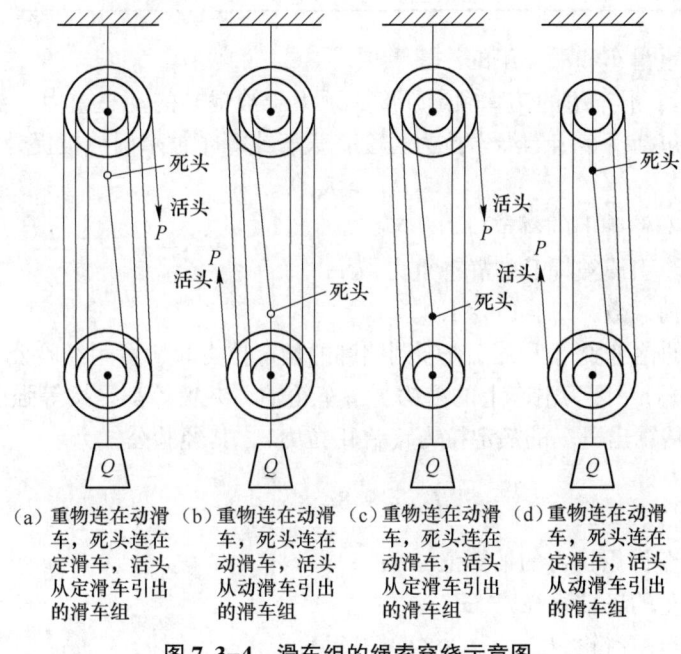

（a）重物连在动滑车，死头连在动滑车，活头从定滑车引出的滑车组　（b）重物连在动滑车，死头连在动滑车，活头从动滑车引出的滑车组　（c）重物连在动滑车，死头连在动滑车，活头从定滑车引出的滑车组　（d）重物连在动滑车，死头连在定滑车，活头从动滑车引出的滑车组

图 7.3-4　滑车组的绳索穿绕示意图

下面是滑车组活头拉力 P 的计算方法。

因为施加在滑车组活头上的拉力 P 一定小于滑车组所牵引的力或所提升重物的重力 Q，所以滑车组是一种省力的起重工具。当不考虑滑车组的摩擦力时，施加在活头上的拉力 P 可按式（7.3-1）计算：

$$P = \frac{Q}{n} \tag{7.3-1}$$

式中　P——施加在活头上的拉力，N；

Q——被滑车组所牵引或提升的重物的重力，N；

n——滑车组的有效绳索数。当活头从定滑车引出时，$n=$ 定、动滑车的滑轮数之和；当活头从动滑车引出时，$n=$ 定、动滑车的滑轮数之和加 1。

当考虑滑车组的摩擦力时，施加在活头上的拉力 P 按式 (7.3-2) 计算：

$$P = \frac{Q}{n \cdot \eta} \tag{7.3-2}$$

式中　η——滑车组的综合效率，可从表 7.3-1 查得。

式中的其他符号的含义同式 (7.3-1) 中的符号含义。

表 7.3-1　滑车组的综合效率

绳索名称	绳索直径/mm	滑车组的滑轮总数				
		2	3	4	5	6
麻绳	16 以下	0.91	0.89	0.86	0.83	0.81
麻绳	26 以下	0.88	0.84	0.80	0.77	0.74
麻绳	30 以下	0.84	0.8	0.75	0.71	0.68
钢丝绳	—	0.94	0.92	0.90	0.88	0.87

(4) 选择起重滑车和滑车组的注意事项。

1) 起重滑车、滑车组的铭牌额定强度必须大于被提升的动态重力。要求起重滑车的铭牌额定强度（包括滑车组的绳索拉力强度）大于或等于被牵引或被提升的动态重力：

$$P_H \geq K_0 Q \tag{7.3-3}$$

式中　P_H——滑车铭牌上的额定拉力，N；

　　　Q——被牵引或被提升的静态重力，N；

　　　K_0——负荷系数，$K_0 = 1.3 \sim 1.4$。

如果滑车上的铭牌脱落丢失，查不到铭牌的额定拉力时，可用经验公式估算滑车的额定拉力（许用拉力）。因为滑车上的吊钩、滑车轮轴、夹板等都是按等强度设计的，因此可根据轮轴直径估算出滑车的额定拉力（许用拉力），其经验公式为

$$P_H = 9.8n \times \frac{D^2}{16} \tag{7.3-4}$$

式中　P_H——滑车许用拉力的估算值，N；

　　　D——滑车的轮轴直径，mm；

　　　n——滑车的滑轮数。

例如，一个 3 滑轮的滑车，其轮轴直径 $D = 150$mm，其估算许用拉力为

$$P_H = 9.8n \frac{D^2}{16} = 9.8 \times 3 \times \frac{150^2}{16} = 41.344(\text{kN})$$

2) 滑车组的有效长度须满足牵引或起吊的长度和高度要求。

3) 牵引滑车组活头的牵引设备的卷筒直径与活头绳索直径的比值应大于规定的最小比值。

要求牵引活头的机械强度大于活头的拉力，同时要求牵引滑车滑轮直径、绞磨卷筒直径与活头绳直径之比值符合要求。

对于起重滑车：机械驱动时滑轮直径/绳直径的比值应不小于 11，人力驱动时，其比值应不小于 10。

对于绞磨卷筒：其比值应不小于 10。

4）滑车或滑车组的完好程度满足强度要求。

7.4 深埋式地锚、板桩式地锚、钻式地锚的选择

在架空电力线路施工、检修工作中常会遇到使用临时地锚的情况（简称"地锚"），例如用地锚固定绞磨、滑车组的定滑车、转向（导向）滑车和各种临时拉线等。

常用的地锚有深埋式地锚、钻式地锚、板桩式地锚三种地锚。现将上述三种地锚的力学性能计算和如何选择问题介绍如下。

7.4.1 深埋式地锚的选择

（1）深埋式地锚的常用材料和埋设方法。

1）深埋式地锚也称为坑锚。埋设坑锚的常用材料如下。

① 圆木段：用作坑锚中的横木［横木相当于电杆拉线中的拉（线）盘］。

② 两端都编制有绳圈的钢丝绳套：用作坑锚的地锚绳（相当于电杆拉线中与拉盘连接的拉线棒）。

③ 卸扣：在横木长度的中点将地锚绳与横木连接在一起。

2）常备用的圆形横木的规格。因为坑锚和木板桩锚的圆木可以兼用而且大材可以小用，所以为了减少常备圆木的数量和规格，施工班或检修班一般只备有直径 $d=0.25\sim0.30\mathrm{m}$，长度 $L=1.0\sim1.8\mathrm{m}$ 的圆木，且数量不多。因为所备圆木规格有限，所以在做坑锚使用时，常采用固定长度和直径的圆木但埋深不同的方法来调整坑锚的许用承载力，以适应不同的拉力需求。

3）坑锚的一般埋设方法。

① 将地锚绳（钢丝绳套）系在横木的长度中点。

② 开挖坑锚洞。先在受力方向的地面上的适当位置选定坑锚洞位置。开挖时须注意横木的长度方向与受力方向垂直，横木的长度中点在受力方向线上。要按横木的长度、直径大小向下挖坑，直至达到深度要求为止；然后在坑底靠受力侧坑壁处掏出一个半圆形的长槽，以便将横木水平地塞入半圆形的长槽中。

③ 拉着地锚绳，将横木塞入坑中半圆形长槽中。

④ 对着坑锚的受力方向开挖供地锚绳从地锚向地面出口的倾斜状的线槽，然后将地锚绳移入地锚绳槽内。

⑤ 向坑洞内回填土并夯实。

按上述方法埋设完成的坑锚如图 7.4-1 所示。

（2）深埋式地锚（坑锚）的承载力计算。

1）斜向受力的深埋式圆横木地锚（坑锚）的极限承载力计算。

在架空电力线路检修或施工时所使用的圆横木地锚（简称"坑锚"）一般是斜向受力的。它们所能承受的静态极限承载力是由埋在地下的圆横木直径、长度、埋入深度、受力方向和地平面的夹角、土壤的性质（土壤的安息角、土壤的单位容重）以及圆横木的强度等多个因素决定的。

研究表明，如果坑锚的尺寸已确定且圆横木（简称"横木"）的强度是满足要求的，

那么当坑锚处于静态极限承载力状态时,坑锚横木上方的在土壤安息角 ϕ 角线以内的土体将被拔出,如图 7.4-1 所示。此时斜向受力坑锚的静态极限承载力等于横木斜向带动的自横木中心至坑锚绳地面出口处的一个矩形棱锥台体积的土体的重力。

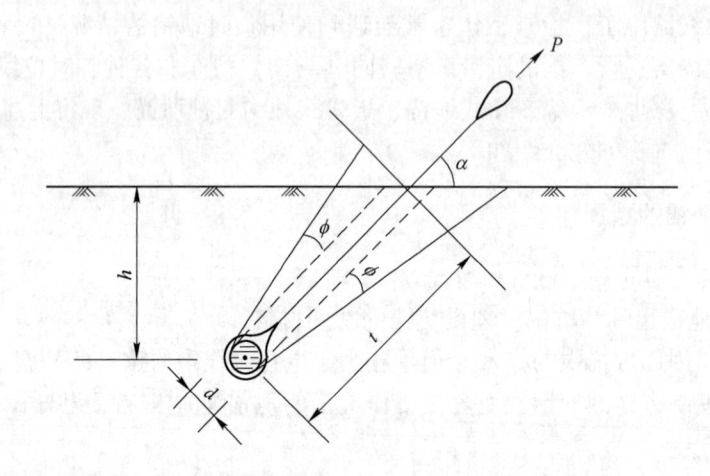

图 7.4-1 在静态极限承载力状态时横木带走的土体示意图
d—横木的直径;l—横木的长度(不显示在图中);h—横木的埋深;ϕ—土壤的安息角;
α—坑锚绳与地平线之间的夹角;t—横木中心至坑锚绳出地面处的距离,$t=h/\sin\alpha$

斜向静态极限承载力 P 可按式 (7.4-1) 进行近似计算

$$P = t[dL + (d+L)t \times \tan\phi + \frac{4}{3}t^2 \times \tan^2\phi]r \tag{7.4-1}$$

式中 P——坑锚的静态极限承载力,N;
  d——横木直径,m;
  L——横木长度,m;
  h——横木埋深,m;
  α——坑锚受力方向与地平线之间的夹角;
  t——横木中心至坑锚绳出地面处的距离,$t=h/\sin\alpha$;
  ϕ——土壤的安息角,一般土壤的安息角取 20°~30°,坚硬土壤取 30°~40°,松软土壤取 15°~20°;
  r——土壤的单位容重 (N/m³),一般取 15700~17650N/m³。

2) 斜向受力横木坑锚的静态许用承载力计算。
斜向受力横木坑锚的静态许用承载力 [P] 按式 (7.4-2) 计算

$$[P] = \frac{P}{K} \tag{7.4-2}$$

式中 P——坑锚的静态极限承载力,N;
  K——安全系数,一般取 2。

3) 坑锚横木的强度验算。

作用于坑锚横木上的力系如图 7.4-2 所示。

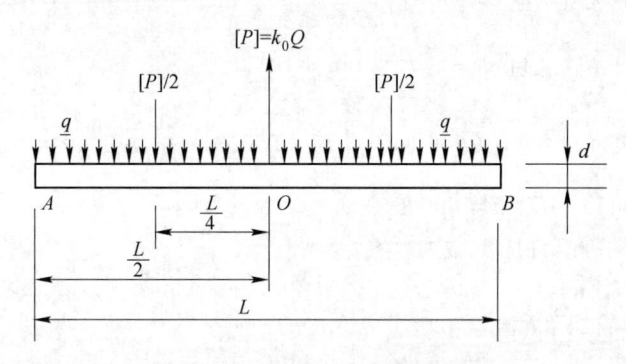

图 7.4-2　横木工作时的力系图

$[P]$ —横木长度中点处承受的静态许用承载力；L —横木长度；d —横木直径；
q —横木上承受的均布荷载，$q = [P]/L$；$[P]/2$ —半根横木上均布荷载之和，$[P]/2 = qL/2$

由力学知识得知：横木长度中点处的弯矩最大，其弯矩为

$$M = \frac{[P]}{2} \cdot \frac{L}{4} = \frac{[P]L}{8}$$

圆截面的抗弯截面矩量（也称为抵抗力阻或截面系数）为

$$W = \frac{\pi d^3}{32} = 0.1 d^3$$

于是当把静态许用承载力 $[P]$ 施加于横木长度中点时，其截面的弯曲应力按式 (7.4-3) 公式计算

$$\sigma = \frac{M}{W} = \frac{[P]L}{8 \times 0.1 d^3} \tag{7.4-3}$$

式中　σ ——横木长度中点处的应力，N/cm^3，横木的许用弯矩应力 $[\sigma] = 1176 N/cm^3$；
　　　$[P]$ ——施加在横木长度中点的静态许用承载力，N；
　　　L ——横木的长度，cm；
　　　d ——横木的直径，cm。

当 $\sigma \leqslant [\sigma]$ 时，表示横木强度足够和按 (7.4-1) 公式计算得出的静态极限承载力 P 有效。相反，当 $\sigma > [\sigma]$ 时，表示横木强度不够和按式 (7.4-1) 计算得出的静态极限承载力 P 无效。

【例 7.4-1】　设有一横木坑锚，其横木直径 $d = 25 cm$，横木长度 $L = 1.0 m$，横木埋深 $h = 1.2 m$，坑锚绳对地夹角 $\alpha = 45°$，土壤安息角 $\phi = 20°$，土壤单位容重 $r = 15700 N$，坑锚的安全系数 $K = 2$，横木的弯曲许用应力 $[\sigma] = 1176 N/cm^2$，请计算该坑锚的静态许用承载力 $[P]$ 并判断其中是否有效。

解：（1）计算坑锚的静态极限承载力 P。

已知：$t = \dfrac{h}{\sin\alpha} = \dfrac{1.2}{\sin 45°} = \dfrac{1.2}{\sqrt{2}/2} = 1.7 m$，$t^2 = 1.7^2 = 2.89 m^2$，

$L = 1.0 m$，$d = 25 cm = 0.25 m$，$\tan\phi = \tan 20° = 0.364$，

$\tan^2\phi = \tan^2 20° = 0.1325$,$r = 15700\text{N/m}^3$。

将上述已知量代入式 (7.4-1),得

$$P = t[dL + (d+L)t \times \tan\phi + \frac{4}{3}t^2 \times \tan^2\phi]r$$

$$= 1.7 \times [0.25 \times 1 + (0.25+1) \times 1.7 \times 0.364 + \frac{4}{3} \times 2.89 \times 0.1325] \times 15700$$

$$= 1.7 \times 1.5341 \times 15700 = 40945(\text{N})。$$

(2) 计算坑锚的静态许用承载力 $[P]$。

已知 $P = 40945\text{N}$,$K = 2$,

将其代入式 (7.4-2),得

$$[P] = \frac{P}{K} = \frac{40945}{2} = 20473(\text{N})$$

(3) 计算当 $[P]$ 施加于横木长度中点时横木的应力 σ。

已知:$[P] = 20473\text{N}$,$L = 1.0\text{m} = 100\text{cm}$,
$d = 25\text{cm}$,$d^3 = 15625$,$[\sigma] = 1176\text{N/cm}^2$。

将其代入式 (7.4-3),得

$$\sigma = \frac{[P]L}{8 \times 0.1d^3} = \frac{20473 \times 100}{8 \times 0.1 \times 15625} = 163.8(\text{N/cm}^2)$$

由此得 $\sigma < [\sigma]$,横木强度足够,$[P]$ 有效。

7.4.2 板桩式地锚的选择

板桩式地锚也称为桩锚。按桩锚的材质划分,桩锚分为圆截面钢铁桩锚和圆木桩锚两种。常用的钢铁桩的规格是直径为 7cm,长度为 1m,常用的圆木桩是直径为 20~30cm,长度为 1.2~2.0m。用完后均可回收重复使用。

按敷设方法划分,桩锚分为打入地下式桩锚和杠杆式桩锚两种。杠杆式桩锚又分为打入地下的杠杆式桩锚和插洞杠杆式桩锚。

现将圆截面钢铁板桩锚(简称"铁板桩")和圆木桩锚(简称"木板桩")的许用承载力计算和选择问题介绍如下。

1. 圆铁板桩的许用承载力计算和选择

(1) 单根圆铁板桩的许用承载力计算。打入地下的圆铁板桩就是用大锤(4.5kg 锤头)将圆铁桩直接打入地下而形成的桩锚。单根圆铁板桩的示意图如图 7.4-3 所示。

单根圆铁板桩的许用承载力(即安全承载力)按下列公式计算:

$$[P] = \frac{[\sigma_r]hd}{A} \qquad (7.4-4)$$

式中 $[P]$ ——铁板桩的许用承载力,N。

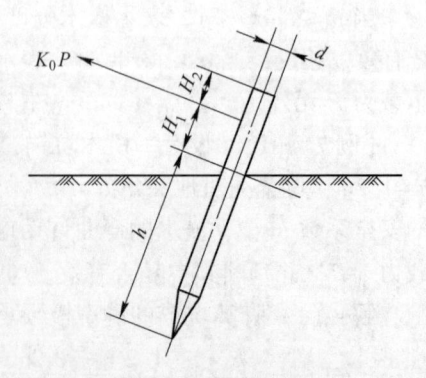

图 7.4-3 单根铁板桩示意图

$[\sigma_r]$ ——土壤的许用压应力，N/cm^2。坚实而含卵石的土壤，$[\sigma_r] = 49N/cm^2$。坚硬土壤，$[\sigma_r] = 29.4N/cm^2$。普通的砂质土壤，$[\sigma_r] = 19.6N/cm^2$。松软土壤，$[\sigma_r] = 2.65N/cm^2$。

h ——铁桩的入地长度，cm。

d ——铁桩直径，cm。

A ——随 H_1/h 而变化的板桩系数，可从表7.4-1中查取。

H_1 ——施加在板桩上的力的作用点至地面的斜高，cm。

表 7.4-1 板桩系数

H_1/h	0	0.1	0.2	0.3	0.4	0.5	0.6
A	5	6	7	8	9	10	11
B	3.77	3.5	3.2	2.93	2.65	2.36	2.15

为了使板桩能安全地工作，要求施加在单铁圆铁板桩上的动态载荷：K_0P 必须小于板桩的许用承载力 $[P]$，即 $K_0P \leq [P]$。

单根圆铁板桩受动态载荷 K_0P 作用时，板桩对土壤的压应力按下式计算：

$$\sigma_r = \frac{AK_0P}{hd} \quad (7.4-5)$$

式中 σ_r ——板桩受动态载荷 K_0P 作用，板桩对土壤的压应力，N/cm^2；

P ——施加在板桩上的静态载荷，N；

K_0 ——负荷系数，$K_0 = 1.3 \sim 1.4$；

A ——随 H_1/h 变化的板桩系数，可从表7.4-1中查取；

h ——板桩入地长度，cm；

d ——板桩直径，cm。

为确保板桩能可靠地工作，要求圆铁板桩受动态载荷 K_0P 作用时，板桩对土壤的压应力 σ_r 必须小于土壤的许用应力 $[\sigma_r]$。各种土质的许用压应力详见式（7.4-4）中符号的含义。

单根圆截面铁板桩的强度按下式计算：

$$M = \frac{K_0PH_1}{B}$$

$$W = 0.1d^3$$

$$\sigma = \frac{M}{W} = \frac{K_0PH_1}{0.1d^3B} \leq [\sigma]$$

$$(7.4-6)$$

式中 M ——铁板桩在地面处的弯矩，$N \cdot cm$。

W ——铁板桩的抗弯截面矩量（又称阻力矩、截面系数），cm^3。圆截面的 $W = 0.1d^3$。

d ——铁板桩直径，cm。

σ ——铁板桩在地面处的弯曲应力，N/cm^2。

P ——施加在铁板桩上的静态载荷，N。考虑振动因数后，施加在铁板桩上的动

态载荷为 K_0P。

K_0——负荷系数，$K_0 = 1.3 \sim 1.4$。

H_1——P 载荷施加在铁板桩上的作用点至地面的斜距离，cm。

B——随 H_1/h 变化的板桩系数，从表 7.4-1 中查取。

$[\sigma]$——铁板桩的许用应力，N/cm^2，铁桩（钢）$[\sigma] = 13720 N/cm^2$。

（2）二根并联圆铁板桩许用承载力的计算。二根并联圆铁板桩的示意图如图 7.4-4 所示。

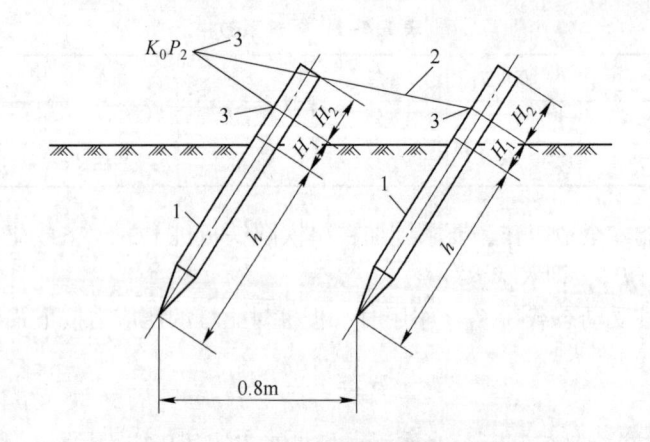

图 7.4-4　二根并联圆铁板桩示意图
1—铁板桩；2—铁板桩的连接绳；3—连接点

二根并联圆铁板桩总的许用承载力等于二倍的单根圆铁板桩的许用承载力。如设 $[P]_1$ 为单根圆铁板桩的许用承载力，$[P]_2$ 为二根并联铁板桩总的许用承载力，则

$$[P]_2 = 2[P]_1$$

$[P]_1$ 按式（7.4-4）进行计算。

（3）打入地下的杠杆式圆铁板桩的许用承载力计算。打入地下的杠杆式圆铁板桩，一般是采用杠杆式二联圆铁板桩，有时为了适应较大拉力的需要，也会采用杠杆式三联圆铁板桩。杠杆式二联、三联圆铁板桩的敷设方法类似。杠杆式三联铁板桩的示意图如图 7.4-5 所示。

打入地下的杠杆式二联圆铁板桩许用承载力的计算方法与插洞杠杆式圆木板桩的许用承载力计算方法相同。为此，其许用承载力的计算详见后面的插洞杠杆式二联圆木板桩许用承载力计算。

（4）打入地下的单根圆铁板桩许用承载力计算举例。

【例 7.4-2】　有一根圆铁板桩，已知圆形铁桩直径 $d = 7$ cm，铁桩入地长度 $h = 80$ cm，施加在铁板桩上的力作用点至地面的斜距离 $H_1 = 5$ cm，土壤为坚硬土壤，土壤的许用压应力 $[\sigma_r] = 29.4 N/cm^2$，作用在铁板桩上的负荷系数 $K_0 = 1.3$，钢材的许用压应力 $[\sigma] = 13\ 720 N/cm^2$，试求：该打入地下的单根圆铁板桩的许用承载力 $[P]$ 和检查施加在该铁板桩上的动态载荷等于该铁板桩的许用承栽力时，该铁板桩的强度是否足够。

解：计算铁板桩系数 A、B。

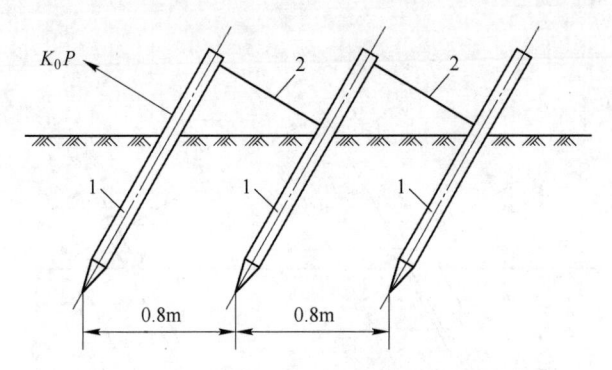

图 7.4-5　打入地下的杠杆式三联铁板桩示意图
1—铁桩；2—连接绳

已知 $H_1/h = 5/80 = 0.0625$，根据表 7.4-1 并用插入法求得

$$A = 5 + \frac{0.0625}{0.1} = 5.625$$

$$B = 3.5 + \frac{(3.77 - 3.5) \times (0.1 - 0.0625)}{0.1} = 3.6$$

计算单根圆铁板桩的许用承载力 $[P]$。

由式（7.4-4）得单根圆铁板桩的许用承载力 $[P]$ 为

$$[P] = \frac{[\sigma_r]hd}{A} = \frac{29.4 \times 80 \times 7}{5.625} = 2926.9(\text{N})$$

铁板桩的强度验算如下。

由题设得知施加在单根圆铁板桩上的动态载荷 $K_0P = [P]$，于是将 $K_0P = [P] = 2926.9$（N）代入式（7.4-6）得

$$\sigma = \frac{M}{W} = \frac{K_0PH_1}{0.1d^3B} = \frac{2926.9 \times 5}{0.1 \times 7^3 \times 3.6} = 118.52(\text{N/cm}^2)$$

由题设知 $[\sigma] = 13\,720\text{N/cm}^2$，因 $\sigma < [\sigma]$，所以铁板桩的强度是足够的。

2. 插洞型杠杆式二联圆木板桩最大许用承载力计算

插洞型杠杆式二联圆木板桩是使用插入洞中的圆木作为前桩，使用打入地下的单板铁桩作为后桩，用连接绳（如钢丝绳套）将前、后桩连接起来而构成的板桩。该种板桩的前桩和后桩的安装示意图如图 7.4-6 所示。该板桩受力后其前桩的力系图如图 7.4-7 所示。图中 K_0P 是动态载荷，P 为静态荷载，K_0 为负荷系数，$K_0 = 1.3 \sim 1.4$。F 是后桩给前桩的拉力。圆木的许用应力 $[\sigma] = 1176\text{N/cm}^2$，钢材的许用应力 $[\sigma'] = 13720\text{N/cm}^2$。

插洞型杠杆式二联圆木板桩的最大静态许用承载力受土壤的性质、前后桩的安装尺寸、圆木和铁桩的许用应力以及前、后桩的受力点因素控制。

下面根据图 7.4-6 和图 7.4-7 计算插洞型杠杆式二联圆木板桩的最大静态许用承载力。其计算步骤如下。

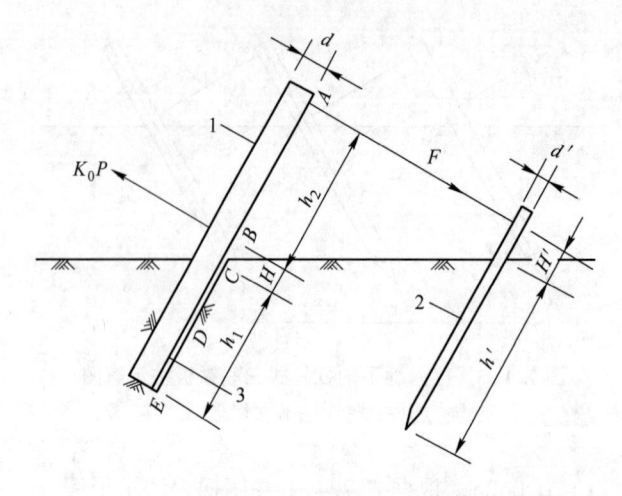

图 7.4-6 插洞型杠杆式二联圆木板桩安装示意图

K_0P—加在板桩上的动态载荷；
1—圆木前桩；2—铁桩后桩；3—圆柱洞

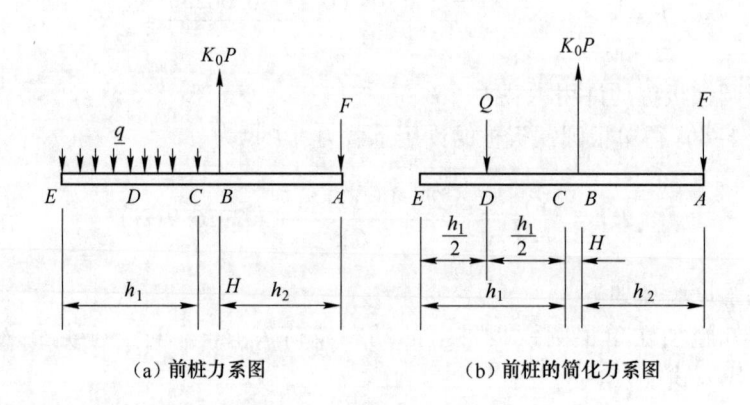

(a) 前桩力系图　　　(b) 前桩的简化力系图

图 7.4-7 前桩的力系图

(1) 计算铁桩后桩的最大静态许用承载力 [F]。

可按单根圆铁板桩许用承载力的计算方法计算图 7.4-6 铁桩后桩的最大静态许用载承载力 [F] 和验算铁桩的强度。

铁桩后桩的最大静态许用承载力 [F] 按式 (7.4-7) 计算：

$$[F] = \frac{[\sigma_r]h'd'}{A} \tag{7.4-7}$$

式中　$[\sigma_r]$——土壤不产生变形的压应力，N/cm^2；坚实而含卵石类的土壤，$[\sigma_r]$ = 49N/cm^2；坚硬土壤，$[\sigma_r]$ = 29.4N/cm^2；普通砂质土壤，$[\sigma_r]$ = 19.6N/cm^2；松软土壤，$[\sigma_r]$ = 2.65N/cm^2；

　　　　h'——铁桩打入地下的长度，cm；

　　　　d'——铁桩的直径，cm；

　　　　H'——承载力作用点至地面的斜距，cm；

　　　　A——随 H'/h' 而变化的板桩系数，可由表 7.4-1 查得。

铁桩的强度计算如下。

已知钢材的许用应力 $[\sigma']=13720\text{N/cm}^2$。$d'$ 是铁桩直径，单位是 cm。

当铁桩承受最大静态许用承载力 $[F]$ 时，铁桩的最大弯矩 M 的计算公式为

$$M=\frac{[F]H'}{B} \tag{7.4-8}$$

式中　$[F]$——铁桩最大静态许用承载力，N；

　　　H'——承载力作用点至地面的斜距，cm；

　　　B——板桩系数，由板桩系数表查得。

铁桩的弯曲应力计算公式为

$$\sigma'=\frac{M}{0.1\times(d')^3}=\frac{[F]H'}{B\times 0.1\times(d')^3} \tag{7.4-9}$$

要求 $\sigma'\leq[\sigma']$。

(2) 计算土壤不产生变形的施加于圆木前桩地下部分的均布载荷的合力 $[Q]$。

根据图 7.4-6 得 $[Q]$ 为

$$[Q]=[\sigma_r]dh_1 \tag{7.4-10}$$

式中　$[\sigma_r]$——土壤不产生变形的压应力，N/cm^2；坚实而含卵石类土壤，$[\sigma_r]=49\text{N/cm}^2$；坚硬土壤，$[\sigma_r]=29.4\text{N/cm}^2$；普通砂质土壤，$[\sigma_r]=19.6\text{N/cm}^2$；松软土壤，$[\sigma_r]=2.65\text{N/cm}^2$；

　　　d——圆木前桩直径，cm；

　　　h_1——圆木前桩在地下部分的长度，cm。

验算圆木前桩的强度。已知圆木的许用应力 $[\sigma]=1176\text{N/cm}^2$。

当 $Q=[Q]$ 时，圆木前桩的弯矩最大，于是圆木前桩的应力计算公式为

$$\sigma=\frac{M}{0.1\times d^3}=\frac{[Q](h_1/2+H)}{0.1\times d^3} \tag{7.4-11}$$

要求 $\sigma\leq[\sigma]$。

(3) 建立平面平衡力系，计算杠杆式二联圆木板桩的最大静态许用承载力。

为了方便叙述，下面将插洞型杠杆式二联圆木板桩简称为板桩，其中的圆木前桩简称为前桩，圆铁后桩简称为后桩。

现假设板桩受力时，后桩给前桩的拉力为 F，而土壤恰好以不产生变形时的最大应力 $[\sigma_r]$ 施加在前桩的地下部分上面，土壤施加给前桩地下部分的合力等于最大许用合力 $[Q]$，此时板桩的静态承载力就是板桩的最大静态许用承载力 $[P_1]$。此时作用于前桩上的力系是平面平衡平行力系，如图 7.4-8 所示。

于是由平面平行力系的平衡条件得以下方程式：

$$[Q]-[P_1]+F=0 \tag{7.4-12}$$

$$[Q]\left(\frac{h_1}{2}+H\right)-Fh_2=0 \tag{7.4-13}$$

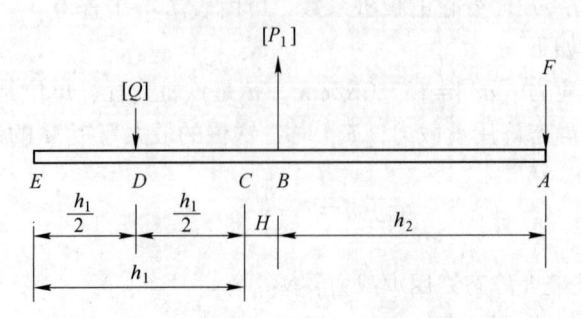

图 7.4-8　$Q = [Q]$ 时，前桩的简化力图

由式（7.4-12）和式（7.4-13）得

$$F = \frac{[Q]\left(\dfrac{h_1}{2} + H\right)}{h_2}$$

$$[P_1] = [Q] + F \tag{7.4-14}$$

式中　$[Q] = [\sigma_r]dh_1$，N；

F——后桩给前桩的拉力，N。

式（7.4-14）成立的条件是

$$F = \frac{[Q]\left(\dfrac{h_1}{2} + H\right)}{h_2} < [F] = \frac{[\sigma_r]h'd'}{A}$$

如果 $F < [F]$，表明板桩的最大静态许用承载力受 $[Q]$ 控制。否则，板桩的最大静态许用承载力受后桩的 $[F]$ 控制。

当板桩的最大静态许用承载力受后桩的 $[F]$ 控制时，前桩的简化力图如图 7.4-9 所示。

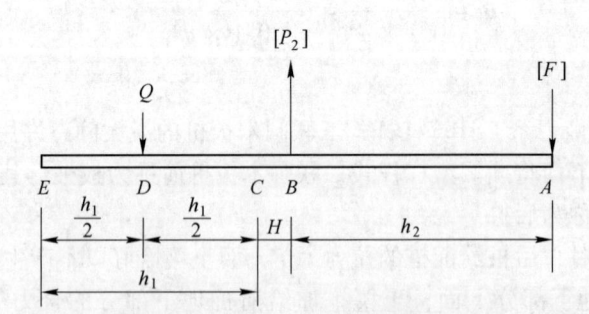

图 7.4-9　$F = [F]$ 时前桩的简化力图

由平面平衡平行力系得以下方程式：

$$Q\left(\frac{h_1}{2} + H\right) - [F]h_2 = 0 \tag{7.4-15}$$

$$Q - [P_2] + [F] = 0 \tag{7.4-16}$$

由式 (7.4-15) 和式 (7.4-16) 得

$$Q = \frac{[F]h_2}{\dfrac{h_1}{2} + H}$$

$$[P_2] = [F] + Q \tag{7.4-17}$$

(4) 插洞型杠杆式二联圆木板桩的最大静态许用承载力的算例。

【例 7.4-3】 设有一插洞型杠杆式二联圆木板桩，已知土质为坚硬土壤，不产生变形的应力 $[\sigma_r] = 29.4\text{N/cm}^2$，圆木前桩的直径为 25cm，圆木的许用应力 $[\sigma] = 1176\text{N/cm}^2$，圆铁后桩的直径为 7cm，钢材的许用应力 $[\sigma'] = 13720\text{N/cm}^2$，板桩的安装尺寸见图 7.4-10，其中前桩 $h_1 = 60\text{cm}$，$H = 5\text{cm}$，$h_2 = 55\text{cm}$，后桩 $h = 80\text{cm}$，$H' = 5\text{cm}$。请计算该板桩的最大静态许用承载力。

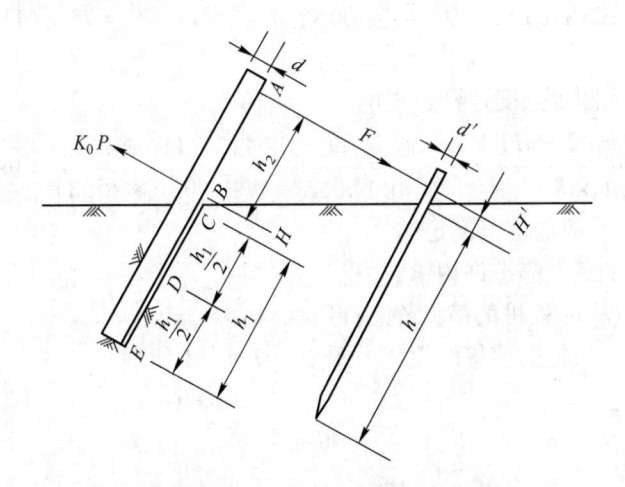

图 7.4-10　例 7.4-3 板桩安装示意图

解：(1) 计算后桩（铁桩）的最大静态许用承载力 $[F]$。

已知：$d' = 7\text{cm}$，$h = 80\text{cm}$，$H' = 5\text{cm}$，$[\sigma_r] = 29.4\text{N/cm}^2$，$\dfrac{H'}{h_1} = \dfrac{5}{80} = 0.0625$，查板桩系数并用插入法求得板桩系数为

$$A = 5 + \frac{0.0625}{0.1} = 5.625$$

$$B = 3.77 - \frac{(3.77 - 3.5) \times 0.0625}{0.1} = 3.77 - 0.169 = 3.601$$

将上述已知数据代入圆铁板桩的静态许用承载力计算式，得

$$[F] = \frac{[\sigma_r]hd'}{A} = \frac{29.4 \times 80 \times 7}{3.601} = 2926.9(\text{N})$$

后桩强度验算如下。

已知：$[F] = 2926.9\text{N}$，$H' = 5\text{cm}$，$[\sigma'] = 13720\text{N/cm}^2$，$B = 3.601$

将已知数据代入后桩（铁桩）最大弯矩计算式，得

$$M' = \frac{[F]H'}{B} = \frac{2926.9 \times 5}{3.601} = 4064(\text{N} \cdot \text{cm}^2)$$

于是得后桩（铁桩）的弯曲应力为

$$\sigma' = \frac{M'}{W'} = \frac{M}{0.1 \times (d')^3} = \frac{4064}{0.1 \times 7^3} = \frac{4064}{0.1 \times 343} = 118.5(\text{N/cm}^2)$$

因为 $\sigma' < [\sigma']$，由此得知后桩（铁桩）强度足够。

（2）计算圆木前桩地下部分的最大静态许用压力 $[Q]$。

已知 $d = 25\text{cm}$，$h_1 = 60\text{cm}$，$[\sigma_r] = 29.4\text{N/cm}^2$。

将上述数据代入计算公式得

$$[Q] = [\sigma_r]dh_1 = 29.4 \times 25 \times 60 = 44100(\text{N})$$

前桩（圆木）强度验算如下。

已知：$[\sigma] = 1176\text{N/cm}^2$，$[Q] = 44100\text{N}$，$d = 25\text{cm}$，$d^3 = 25^3 = 15625$，$h_1 = 60\text{cm}$，$H = 5\text{cm}$。

将上述数据代入圆木强度计算公式得

$$\sigma = \frac{M}{W} = \frac{[Q](h_1/2 + H)}{0.1 \times d^3} = \frac{44100 \times (60/2 + 5)}{0.1 \times 25^3} = \frac{44100 \times 35}{0.1 \times 15625} = 987.8(\text{N/cm}^2)$$

因为 $\sigma < [\sigma]$，故前桩强度足够。

（3）计算板桩的最大静态许用承载力。

1）计算 $Q = [Q]$ 时板桩的最大静态许用承载力 $[P_1]$。

当 $Q = [Q]$ 时，板桩的前桩的简化力图如图 7.4-11 所示。

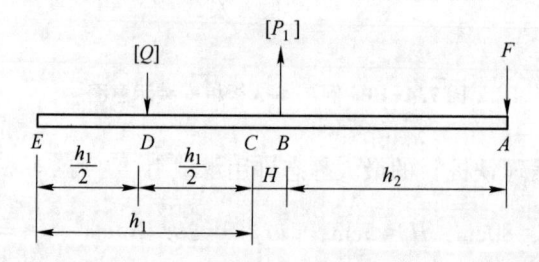

图 7.4-11 $Q = [Q]$ 时前桩的简化力图

已知 $[Q] = 44100\text{N}$，$h_1 = 60\text{cm}$，$H = 5\text{cm}$，$h_2 = 55\text{cm}$，$[F] = 2926.9\text{N}$，现假设前桩的简化力图是平面平衡平行力系，于是由平面平行力系的平衡条件 $\sum M = 0$ 得

$$F = \frac{[Q](h_1/2 + H)}{h_2} = \frac{44100 \times (60/2 + 5)}{55} = \frac{44100 \times 35}{55} = 28063.7(\text{N})$$

$[P_1] = [Q] + F = 44100 + 28063.7 = 72163.7(\text{N})$。

因为计算结果是 $F > [F]$，因此前桩简化力图不是平面平衡平行力系，所得的 $[P_1]$ 值无效，表明板桩的最大静态许用承载力受后桩的最大静态许用承载力 $[F]$ 控制，为此须按 $F = [F]$ 重新计算板桩的最大静态许用承载力。

2）计算 $F = [F]$ 时板桩的最大静态许用承载力 $[P_2]$。

下面设 $F = [F]$，前桩的简化力图如图 7.4-12 所示。

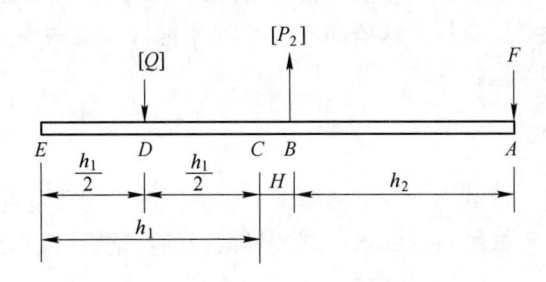

图 7.4-12 $F=[F]$ 时前桩的简化力图

已知 $F = [F] = 2926.9\text{N}$，$[Q] = 44100\text{N}$，$h_1 = 60\text{cm}$，$H = 5\text{cm}$，$h_2 = 55\text{cm}$。现设前桩简化力图是平面平衡平行力系，于是由平面平行力系的平衡条件得

$$Q = \frac{[F]h_2}{h_1/2 + H} = \frac{2926.9 \times 55}{60/2 + 5} = \frac{2926.9 \times 55}{35} = 4599.4(\text{N})$$

$$[P_2] = [F] + Q = 2926.9 + 4599.4 = 7526.3(\text{N})$$

因为 $Q < [Q]$，前桩简化力图是平面平衡力系，因此所得的 $[P_2]$ 值有效。

7.4.3 钻式地锚的选择

钻式地锚俗称为地钻，在南方基本不采用地钻。钻式地锚由钻杆、螺旋片（钻叶）、拉环三个部分组成，其式样如图 7.4-13 所示。

常用地钻长度 $L = 1.5 \sim 1.8\text{m}$，钻叶直径 $D = 250 \sim 300\text{cm}$，地钻拉力规格有 1t、3t、5t 等。

安装地钻的方法：用力将地钻的钻尖插入地中；将一根长木杠水平地穿入拉环，直到木杠中点对准拉环；以钻杆为圆心，水平推动木杠，使地钻旋转钻入地中，直到钻入到规定深度；最后在拉环受力方向拉环的下方垫上一块木块，以防地钻受力时使钻杆弯曲变形。

地钻宜在软土地带使用，不宜在坚硬土质和有卵石的土质中使用。

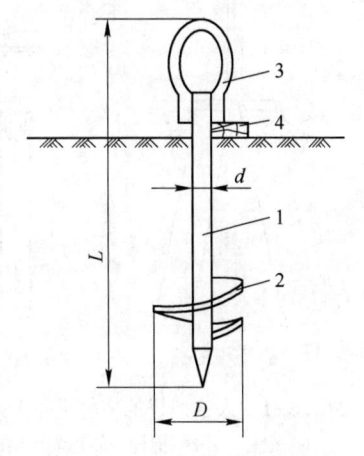

图 7.4-13 钻式地锚式样图
1—钻杆；2—钻叶；3—拉环；4—垫木
d—钻杆直径；D—钻叶直径；L—地钻长度

7.5 抱杆的选择

7.5.1 抱杆的用途

抱杆是细长状的圆木或金属直杆，用于承受轴向压力的，在非固定地点使用的一种起重工具。抱杆的用途是起吊重物。

抱杆总是以一副抱杆的型式被使用。由于起吊方式不同，所用的一副抱杆也就有不同组成型式。从组成一副抱杆的直杆数量来看，在电力线路施工、检修中常见一副抱杆组成型式有：由一根直杆组成的安置在坚实平台或地面上的独抱杆，安置在固定于铁塔主材上的钢丝绳上的用于分段组立或拆除铁塔的悬空状的浮抱杆，由两根直杆组成的人字抱杆，由三根直杆组成的三脚架抱杆等。

7.5.2 制作抱杆的材料

抱杆应具有重量轻、承载力大、方便搬动、容易装配、能重复耐久使用的特点。常用来制作抱杆的材料是：整根细直的圆木、圆环形截面的长钢管、铝合金型材。

7.5.3 抱杆的构造

一副抱杆通常由一根或 2~3 根单抱杆和一个抱杆帽组成，可以组成不同型式的抱杆。一根抱杆由抱杆身、抱杆顶、抱杆脚三个部分组成。

因为有多种型式的抱杆，有多种的抱杆顶，所以不能将不同型式的抱杆顶的构造一一介绍。现仅介绍最常用的倒落式人字抱杆的抱杆顶、抱杆帽、抱杆脚的构造，如图 7.5-1~图 7.5-3 所示。

(a) 正视图　　(b) 侧视图

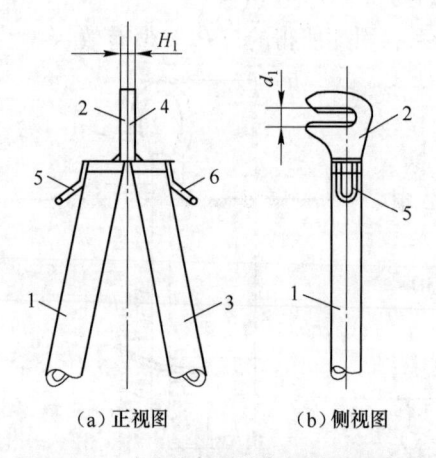

图 7.5-1　人字抱杆的抱杆顶构造示意图

1—抱杆一；2—抱杆一的顶勾、钢制；
3—抱杆二；4—抱杆二的顶勾、钢制；
5—拉环、钢制；6—拉环、钢制

(a) 正视图　　(b) 顶视图

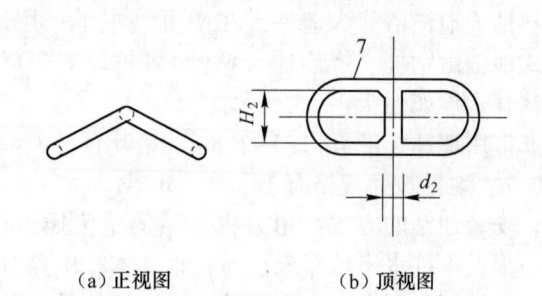

图 7.5-2　人字抱杆的抱杆帽构造示意图

7—钢环
d_2—钢销的直径，$d_2 < d_1$，扣入顶勾槽口内；
H_2—钢制环的宽度，$H_2 > H_1$

7.5.4 抱杆工作时的受力分析

用抱杆起吊重物时，例如用倒落式抱杆起立电杆时，将有一个压力沿着抱杆的中轴线作用在抱杆上。这个压力就是起吊力和牵引力的合力。在已知起吊力的大小和起吊力、牵引力、抱杆三者之间的夹角，就可以用力的分析法或者几何法（作图法）求出有关的合力与分解力。

图 7.5-4 (a) 是用倒落式人字抱杆刚开始起立电

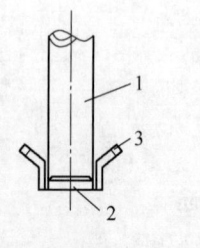

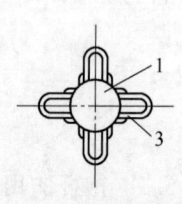

(a) 正视图　　(b) 顶视图

图 7.5-3　人字抱杆的抱杆脚构造示意图

1—抱杆身；2—抱杆底封；3—拉环

杆时的示意图。运用理论力学的知识，不难求出图中的 F_1；再根据力的平行四边形法则，又可以求出牵引力 F_2 以及 F_1 与 F_2 的合力 R。R 就是作用在抱杆中轴线上的压力。

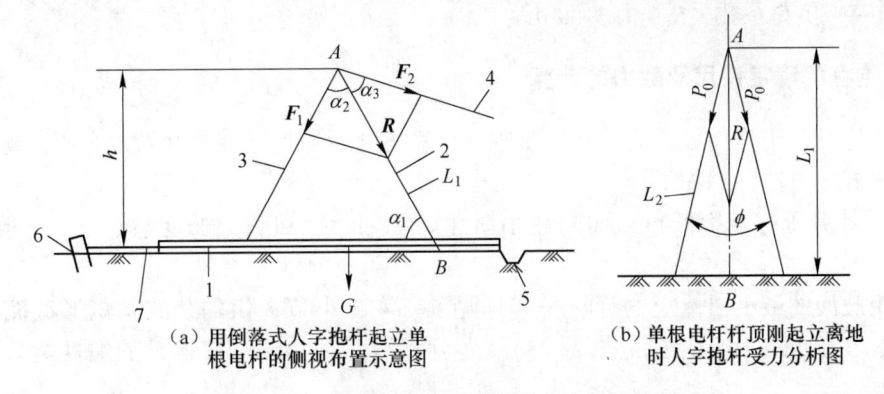

（a）用倒落式人字抱杆起立单根电杆的侧视布置示意图　　（b）单根电杆杆顶刚起立离地时人字抱杆受力分析图

图 7.5-4　用倒落式人字抱杆起立电杆示意图

1—单根电杆；2—人字抱杆；3—起吊绳；4—牵引钢绳；5—杆洞；6—地锚；7—杆根制动钢绳；L_1—人字抱杆的高度；L_2—抱杆长度；G—电杆重心与重量

因为已知该副抱杆是人字抱杆，该合力 R 由这副抱杆的两根抱杆承担，所以还需进一步求出每根抱杆的受压力。可以用图 7.5-4（b）求出每根抱杆承担的压力 P_0，图中 ϕ 角是两抱杆之间的夹角。

抱杆的有关长度计算如下。

由图 7.5-4（a）得

$$L_1 = \frac{h}{\sin\alpha_1}$$

由图 7.5-4（b）得

$$\cos\frac{\phi}{2} = \frac{L_1}{L_2}$$

$$L_2 = \frac{L_1}{\cos\frac{\phi}{2}}$$

每根抱杆承担的压力计算。

假设该副人字抱杆承担的压力 R 为已知，则由图 7.5-4（b）可知每根抱杆承担的压力 P_0 为

$$P_0 = \frac{R}{2\cos\frac{\phi}{2}} \tag{7.5-1}$$

式中　P_0——人字抱杆中一根抱杆承担的静态压力，N；

R——一副人字抱杆承担的静态压力，N；

ϕ——两根抱杆之间的夹角，（°）。

每根抱杆承担的动态压力 P 为

$$P = K_0 P_0 \tag{7.5-2}$$

式中 P——每根抱杆承担的动态压力，N；

P_0——每根抱杆承担的静态压力，N，按式（7.5-1）计算；

K_0——负荷系数，$K_0 = 1.3 \sim 1.4$。

7.5.5 抱杆的稳定许用承载力的计算

关于抱杆稳定许用承载力的计算步骤和计算方法及算例已在前文做过介绍，现将其基本计算步骤、方法归纳如下。

（1）计算压杆（抱杆）截面的最小惯性矩 $J(\text{cm}^4)$ 和确定长度系数 μ（一般取 $\mu = 1$）。

常用截面的最小惯性矩的计算公式详见 5.2.4.3 小节提供的公式：矩形截面采用式（5.2-21），圆形截面采用式（5.2-23）。各种型钢（如角钢、槽钢）的惯性矩从型钢规范表查取。

组合图形截面的最小惯性矩的计算详见 5.2.4.4 小节的平行轴定理和组合图形截面的惯性矩计算。

（2）计算压杆的最小惯性半径（也称回转半径）i。

$$i = \sqrt{\frac{J}{F_2}} \; (\text{cm}) \tag{7.5-3}$$

式中 J——压杆的最小惯性矩，cm^4；

F_2——压杆的横截面面积，cm^2，包括螺孔等被减少的截面在内。

（3）计算压杆的长细比 λ。

$$\lambda = \frac{\mu L}{i} = \frac{L}{i} \tag{7.5-4}$$

式中 L——压杆的长度，cm；

μ——压杆的长度系数，一般取 $\mu = 1$；

i——压杆的最小惯性半径，cm。

（4）计算压杆的折减系数 ϕ。

根据制作压杆的材料和 λ 值从表 6.4-1 中查得 ϕ 值。

（5）计算压杆的稳定许用应力 $[\sigma_y]$。

$$[\sigma_y] = \phi[\sigma] \; (\text{N/cm}^2) \tag{7.5-5}$$

式中 $[\sigma]$——压杆的基本许用应力（即短杆拉伸压缩时的许用应力），N/cm^2；

ϕ——压杆的折减系数。

（6）计算压杆的稳定许用承载力 $[P_y]$。

$$[P_y] = F_2[\sigma_y] \tag{7.5-6}$$

式中 F_2——压杆的横截面面积，cm^2；

$[\sigma_y]$——压杆的稳定许用应力，N/cm^2；

$[P_y]$——压杆的稳定许用压力，N。

压杆的稳定条件是：

$$P \leqslant [P_y] \tag{7.5-7}$$

$$P = K_0 P_0$$

式中　$[P_y]$——压杆的稳定许用压力，N；

　　　P_0——施加在压杆上的静态压力，N；

　　　K_0——负荷系数，$K_0 = 1.3 \sim 1.4$；

　　　P——施加在压杆上的动态压力，N。

（7）压杆的强度验算。

要求压杆的强度必须满足以下条件：

$$\frac{[P_y]}{F_1} \leq [\sigma] \tag{7.5-8}$$

式中　F_1——压杆实际的横截面面积，$F_1 =$ 横截面面积 $F_2 -$ 螺孔等的截面，cm^2。

　　　$[\sigma]$——压杆的基本许用应力，N/cm^2；钢的 $[\sigma] = 13\ 720N/cm^2$，木材的 $[\sigma] = 1176N/cm^2$。

　　　$[P_y]$——压杆的稳定许用承载力，N。

7.5.6　选择抱杆时要注意的事项

在选择抱杆时，应遵守以下要求：

（1）应根据起重方式选择相应的抱杆型式。例如，当采用电杆绕杆根旋转起立方式时，应选用倒落式人字抱杆。

（2）选择合适的抱杆长度及高度。当选择倒落式抱杆起立电杆时，抱杆的长度应约等于被施工线路主要高度杆型的电杆长度的 1/2；这样既可以起立主要高度杆型的电杆，也可以起立低于或高于主要高度杆型的电杆。当然特殊杆型除外。

当采用固定式抱杆（如固定式独抱杆、固定式人字抱杆）和采用滑车组单吊点原地吊立电杆时，抱杆的高度应满足以下要求：

固定式抱杆的高度≥电杆吊点至杆根长度+滑车组的允许最短长度+抱杆顶部承吊点至滑车组上端挂钩之间的长度+滑车组下端挂钩至电杆吊点之间的长度+必要的裕度。

其中滑车组的允许最短长度等于滑车组收紧至上、下滑车之间的距离为1m时滑车组上、下端挂钩之间的长度。

（3）抱杆的稳定许用承载力 $[P_y]$ 必须大于施加在抱杆上的动态下压力，即：

$$[P_y] \geq P$$

式中　$P = K_0 P_0$，是施加抱杆上的静态下压力，其中 $K_0 = 1.3 \sim 1.4$。

（4）选定的抱杆不应存在有影响使用的缺陷，抱杆配套使用附件须满足使用要求。

7.6　其他起重工具的选择

下面介绍双钩紧线器、螺纹扣、卸扣三种小型起重工具的选择知识。

1. 双钩紧线器的选择

双钩紧线器的式样如图 7.6-1 所示。因该紧线器的两端都是铁钩，故双钩紧线器简称"双钩"。双钩紧线器是电力线路施工、检修工作中常用的短距离移动重物和起吊重物的一种起重工具。

由图 7.6-1 可见，双钩紧线器由二根带钩螺杆、一根螺母杆套和一副棘轮手柄构成。螺母杆套实际上是连接在一体的分别处于棘轮左、右两侧的螺纹方向相反的两个螺母。左边的螺母套住左边的带钩螺杆，右边的螺母套住右边的带钩螺杆。螺母内和螺杆上的螺纹形状是矩形的。棘轮手柄的作用是扳动螺母杆套做正或反方向转动。当螺母杆套转动时，两端的带钩螺杆同时旋出或旋进螺母杆套。

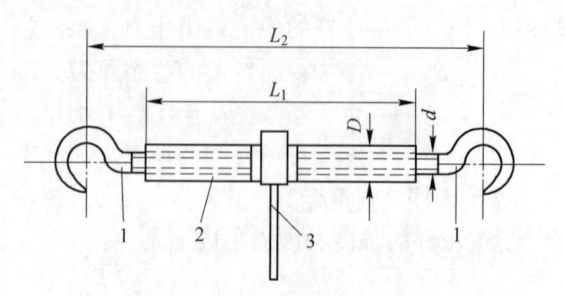

图 7.6-1 双钩紧线器示意图
1—带钩螺杆；2—螺母杆套；3—棘轮手柄；
L_1—螺母杆套长度；L_2—两铁钩之间的距离

因为双钩紧线器具有使带钩螺杆旋出、旋进螺母杆套，改变两弯钩之间距离的功能，因此可用双钩紧线器（双钩）来升、降挂在弯钩上的重物。但须注意，不能用双钩紧线顶举重物；需顶举重物时应用另一种工具，例如千斤顶或者撬杠。

有多种规格的双钩紧线器。现将 SSJ 型号的双钩紧线器的主要技术数据列在表 7.6-1 中。

表 7.6-1 双钩紧线器的主要技术数据

型号	容许荷载/kN	尺寸/mm					
		最大 L_2	最小 L_2	h	L_1	d	D
SSJ-1.5B	15	1320	780	350	620	16	25
SSJ-3B	30	1692	992	480	800	24	35
SSJ-6B	60	2162	1222	550	1000	30	46
SSJ-3	30	1692	992	480	800	24	35
SSJ-6	60	2162	1222	550	1000	30	46

注：表中尺寸符号的含义见图 7.6-1 的标示。

2. 螺纹扣的选择

螺纹扣俗称花篮螺栓。具有带钩螺纹杆的螺纹扣的式样如图 7.6-2 所示。

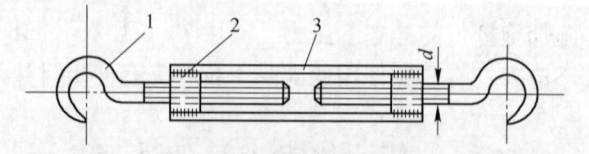

图 7.6-2 具有带钩螺纹杆的螺纹扣示意图
1—带钩螺纹杆；2—杆套的螺母；3—连杆

螺纹扣的结构简单，由螺杆和杆套组成；它没有棘轮手柄，且螺纹也不是矩形截面。杆套的两端是螺母，同上、下两根连杆将两端的螺母连成一个整体。螺纹扣两端的螺母、螺杆的螺纹方向是相反的。螺纹扣的工作原理与双钩紧线器的工作原理相同，但因为螺纹扣没有棘轮手柄,所以要依靠工作人员用扳手或细铁棍扳转杆套的连杆,才能使螺杆旋出或旋进杆套,使螺纹扣改变两弯钩之间的距离。

螺纹扣的强度设有 M 级和 P 级两个级别,P 级比 M 级高一级。螺纹扣的安全工作负荷决定于螺杆的直径 d。M 级强度的螺纹扣用于起重螺杆直径(如用 M6 表示螺杆直径为 6mm)为下列数值的安全工作负荷见表 7.6-2。

表 7.6-2 螺纹扣的安全工作负荷

螺杆直径/mm	螺纹扣的安全工作负荷/kN	螺杆直径/mm	螺纹扣的安全工作负荷/kN	螺杆直径/mm	螺纹扣的安全工作负荷/kN
M6	1.2	M20	21	M42	105
M8	2.5	M22	27	M48	140
M10	4.0	M24	35	M56	175
M12	6.0	M27	45	M60	210
M14	9.0	M30	55	M64	250
M16	12	M36	75		
M18	17	M39	95		

同样地像双钩紧线器一样,只适宜用螺纹扣来承受拉力,例如将它串在拉线上,调整拉线松紧;不能用它来顶举重物,承受压力。

3. 卸扣的选择

卸扣又称为卸卡、卡环。卸扣由 U 形环和横销两个主要部件组成。按形状划分,卸扣分为直环形卸扣和马蹄形卸扣两种。直环形卸扣的形状如图 7.6-3 所示。

卸扣的作用是连接。例如用卸扣将起重吊绳与滑车组的挂环连接起来。又如,用卸扣将绕在重物外围的钢丝绳末端圈套与主钢丝绳连接起来,使钢丝绳捆绑重物。

使用卸扣时,要注意卸扣的安装方向;如果安装方向装错了,将使卸扣的允许吊重大大降低。图 7.6-4 是正确与错误安装卸扣的示意图。

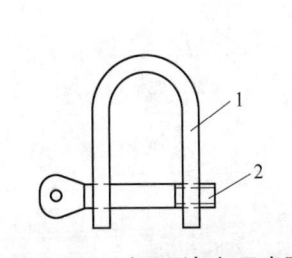

图 7.6-3 直环形卸扣示意图
1—U 形环;2—横销

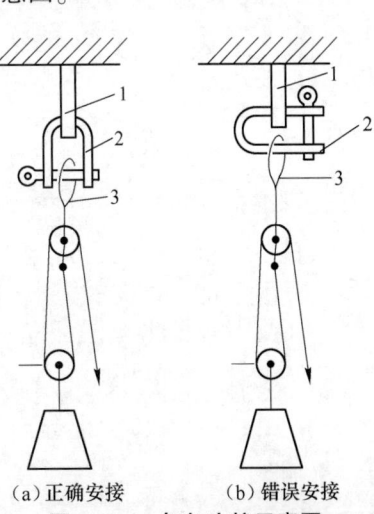

图 7.6-4 卸扣安接示意图
(a)正确安接 (b)错误安接
1—吊环;2—卸扣;3—滑车组上挂环

使用卸扣时要保证卸扣的允许吊重大于施加在卸扣上的吊重。卸扣的允许吊重可以按经验公式算得，也可以从卸扣规范表（表7.6-3）中查得。

表7.6-3 卸扣的规格及允许吊重

卸扣号码	允许吊重/kg	卸扣号码	允许吊重/kg
0.2	200（1960）	3.3	3300（32 340）
0.3	330（3234）	4.1	4100（40 180）
0.5	500（4900）	4.9	4900（48 020）
0.9	930（9114）	6.8	6800（66 640）
1.4	1450（14 210）	9.0	9000（88 200）
2.1	2100（20 580）	10.7	10 700（104 860）
2.7	2700（26 460）	16.0	16 000（156 800）

注：1kg=9.8N。允许吊重栏内括号内数字的单位是 N（牛顿）。

因为卸扣的允许吊重（即允许承载能力）与卸扣的横销直径成正比，所以卸扣允许吊重的经验计算公式为

$$P = d \times 800$$

或

$$P = d \times 7840 \qquad (7.6-1)$$

式中　P——卸扣的允许吊重，kg 或 N；
　　　d——卸扣的横销直径，mm。

第 8 章 配电线路检修作业的单项作业技能

8.1 架空配电线路基本的单项作业技能

8.1.1 几种常用绳扣的打结法

通常将用麻绳、纤维绳打的绳结和用钢丝绳打的绳结统称为绳扣。打绳扣的原则是打成的绳扣要牢靠和用完绳扣时容易解开绳扣。绳扣的种类很多，各地的用法、叫法也不尽相同。下面介绍几种常用的绳扣的打法和用途。

(1) 直扣与活直扣。

直扣与活直扣如图 8.1-1 所示。用途：当一根绳子不够长，需与另一根绳子连接将其接长时；或者用一根绳子捆绑一物体，将该绳子连接起来而终止捆绑时，使用此绳扣。直扣的缺点是使用后不易解开，活直扣的优点是使用后容易解开。

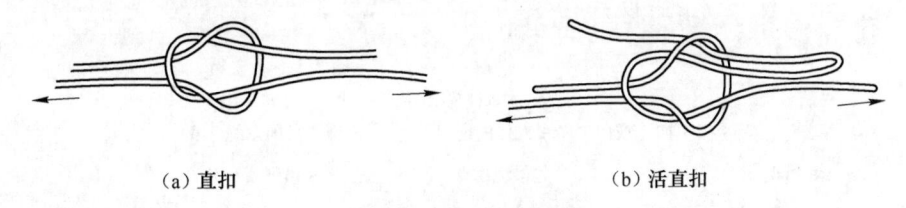

(a) 直扣　　　(b) 活直扣

图 8.1-1 直扣与活直扣

(2) 背扣。

背扣如图 8.1-2 所示。用途：在高处（杆上）作业，用绳索上下传递工具、材料等物件时，常用此绳扣捆住物件，将绳索与物件连接成一体。

(3) 倒背扣。

倒背扣如图 8.1-3 所示。用途：与背扣的用途相同。但此绳扣所捆的物件是轻而细长的物件。

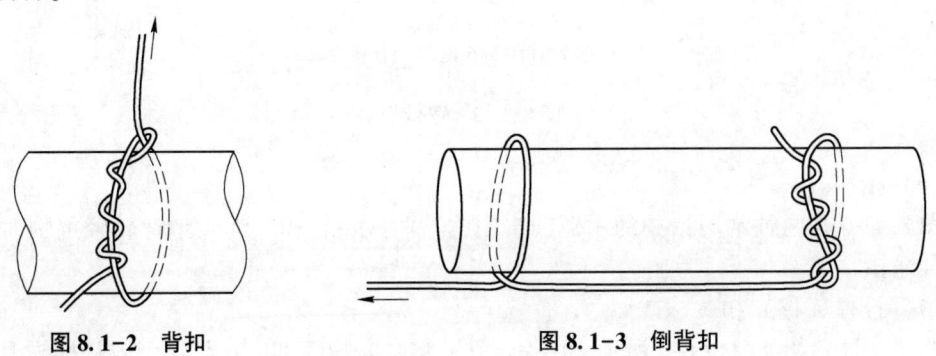

图 8.1-2 背扣　　　图 8.1-3 倒背扣

(4) 猪蹄扣。

猪蹄扣如图 8.1-4 所示。用途：用绳索的中间一段捆绑物件时，可用此绳扣。

(5) 宽松扣。

宽松扣如图 8.1-5 所示。用途：不要求绳扣从四面捆紧重物，绳扣与重物之间须留有间隙，同时重物又具有将绳扣限制在限定范围内的形状，绳扣不会从被捆重物中自动滑脱出来时，可使宽松扣将绳索拴在重物上。常用的宽松扣有 A、B 两种。将触电人从杆上下吊至地面时，可使用 A 种宽松扣。又如，当用绳索起吊重物，须使重物偏离原起吊垂直线以避开途经的障碍物时，可在重物上增加一根横向拉绳，拉动横向拉绳使重物偏离原垂直线；此时，可在横向拉绳的一端打一个 B 种宽松扣，将横向拉绳拴在重物上。

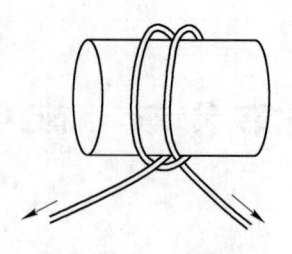

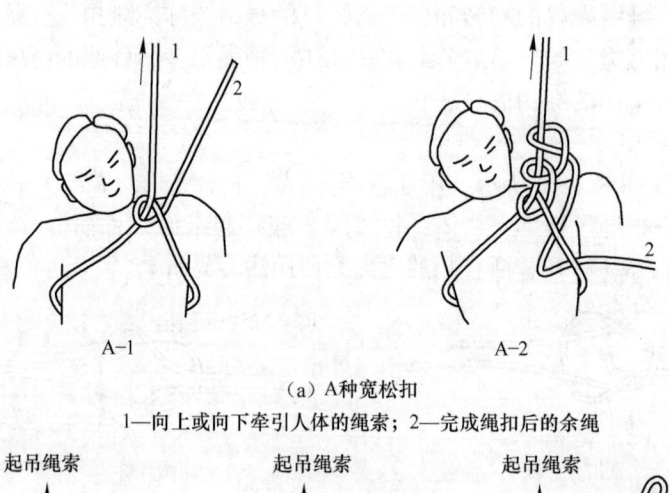

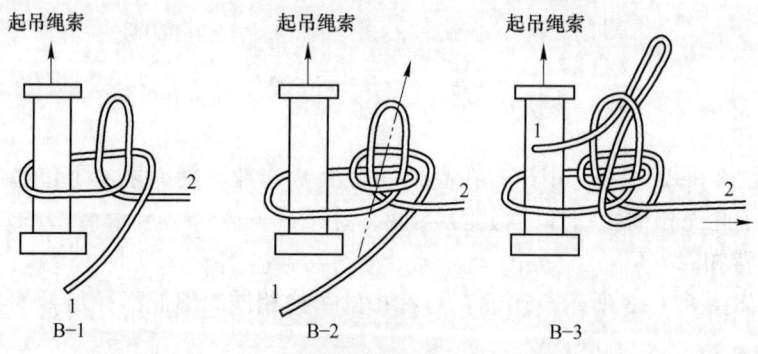

图 8.1.1-4　猪蹄扣

(a) A 种宽松扣
1—向上或向下牵引人体的绳索；2—完成绳扣后的余绳

(b) B 种宽松扣
1—完成绳扣后的余绳；2—横向拉绳

图 8.1-5　宽松扣

(6) 抬扣。

图 8.1-6 是两种常用抬扣的示意图。用途：两人用扛棒、绳索抬运较轻重物时，使用此种绳扣。

(7) 拴柱（桩）扣。

拴柱（桩）扣如图 8.1-7 所示。用途：需要将临时拉绳捆绑在柱锚上或从柱锚上溜出

(a) A种抬扣

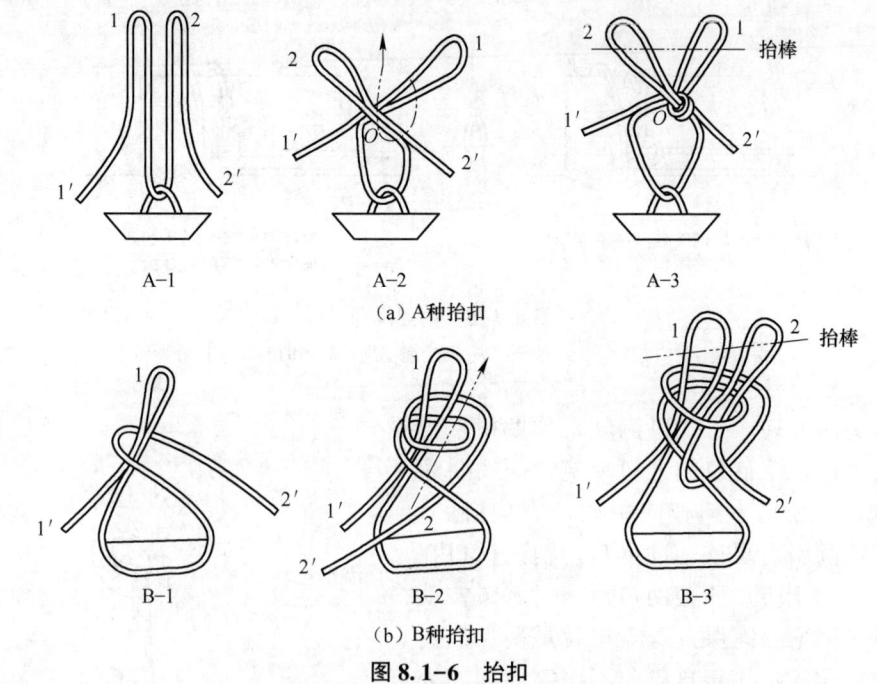

(b) B种抬扣

图 8.1-6 抬扣
1 和 2—完成抬扣后的供抬棒使用的绳圈；1′和 2′抬扣用绳两端

和收紧到柱锚上时，可使用此绳扣。此绳扣的优点是可以方便地继续收紧或松出临时拉绳。

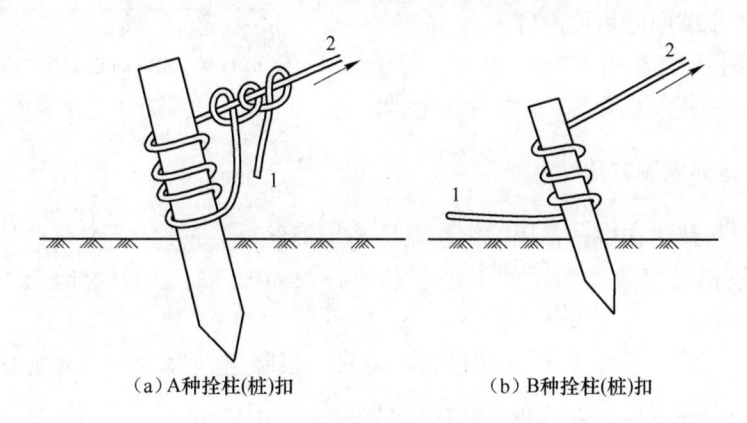

(a) A种拴柱(桩)扣　　(b) B种拴柱(桩)扣

图 8.1.1-7 拴柱（桩）扣
1—完成绳扣后的余绳；2—此绳端与被稳定的物体相连接

（8）钢丝绳扣。

两种钢丝绳扣如图 8.1-8 所示，图 8.1-8（a）为用钢丝绳的末端制作绳扣，图 8.1-8（b）为用钢丝绳末端的绳套加卸扣制作绳扣。

8.1.2　砍树剪枝的作业

砍树剪枝操作的要点是控制树木树枝的倒落方向和确保人身安全。

控制树木树枝倒落方向的主要方法有两个，一是用拉绳控制倒落方向，如图 8.1-9 所示，砍树前要在树上加拉线；砍树时要拉紧拉线，使树木树枝向拉线侧倒落。二是用主

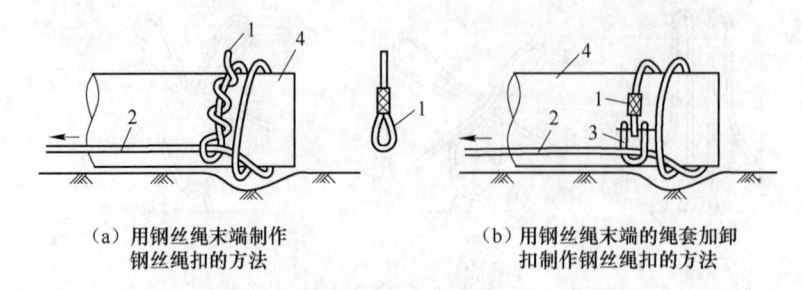

图 8.1-8 钢丝绳扣

(a) 用钢丝绳末端制作钢丝绳扣的方法

(b) 用钢丝绳末端的绳套加卸扣制作钢丝绳扣的方法

1—钢丝绳末端或钢丝绳绳套；2—钢丝绳主绳；3—卸扣；4—长形物体

砍口控制倒落方向。主砍口侧就是预期树木树枝的倒落方向。主砍口的开口要宽，深度要超过树干轴线，使树木树枝向主砍口方向倾斜。当树木树枝倾斜后再砍辅助砍口。辅助砍口在主砍口背面的上方。砍辅助口后，树木树枝就向主砍口侧倒落，确保人身安全就是确保砍树人自身的安全，不伤害自己，不伤害周围的人与建筑、电力设施，不使倒落的树木树枝接近带电设施至危险距离以内。有关砍树的安全措施请详见2.1.5小节中的相关内容。

砍伐树木树枝的常用工具：砍刀、斧子、锯子、机动锯（油锯、电锯）、拉绳、安全带。

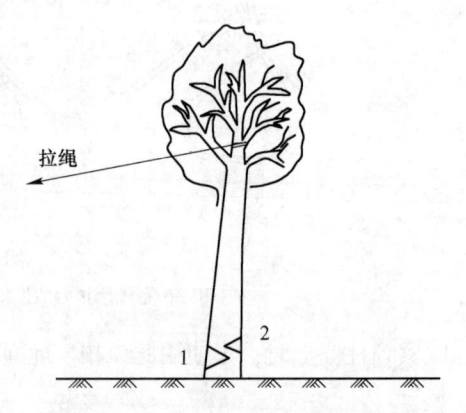

图 8.1-9 砍树时控制树木倒落方向

1—主砍口；2—辅助砍口

8.1.3 钢丝绳套的编制方法

在配电线路检修工作中，常用的钢丝绳是6+1钢丝绳。6+1的含义是此种钢丝绳由捻绕在外层的6根钢丝绳股和内层的1根麻芯股拧绞而成。每根钢丝绳股由一束单纲丝组成。

因钢丝绳（简称"钢绳"）的连接很不容易、很麻烦，为了方便钢绳的连接，往往事先将使用着的钢绳的末端编制成小圆卷，即绳套。

常用的钢绳绳套有两种形式：一种是一根长钢绳的一端带有一个钢绳圆圈；另一种是一根短钢绳两端都带有一个钢绳圆圈。钢绳绳套就是用钢绳本身的主绳和尾绳编制而成的钢绳圆圈。钢绳的尾绳就是为了编制钢绳绳套而将钢绳一个端头一段长度的钢绳拆开成伞骨状，如图8.1-10中"6+1钢丝绳结构图"所示。

编制小截面钢绳绳套的常用工具：大剪刀（断线钳）、手柄带绝缘胶套的钢丝钳（21mm的电工钳）、螺钉旋具、胶带。

现将钢绳绳套（简称"绳套""绳圈"）的编制方法介绍如下。

在图8.1-10中标示的0、1、2、…、6号码是钢绳主绳中6根绳股的号码及辅助号码，其中0号是辅助号码，是指处在主绳绳股起始编号即1号绳股前面的一根绳股的假想编号。图8.1-10中标示的（1）、（2）、…、（6）的号码是尾绳中6根绳股的号码。因编制绳套时不使用尾绳中的麻线股，在将尾绳拆开后在编制绳套之前就剪去麻线股。

一个绳套（即一个绳圈）的编制步骤与方法如下。

（1）准备一根所需要长度的将在其末端编制绳套的钢绳（以下将该根长度的钢绳简称为钢绳）。可以只在钢绳的一个末端编制一个绳套，也可以在钢绳的两个末端各编制一个绳套。

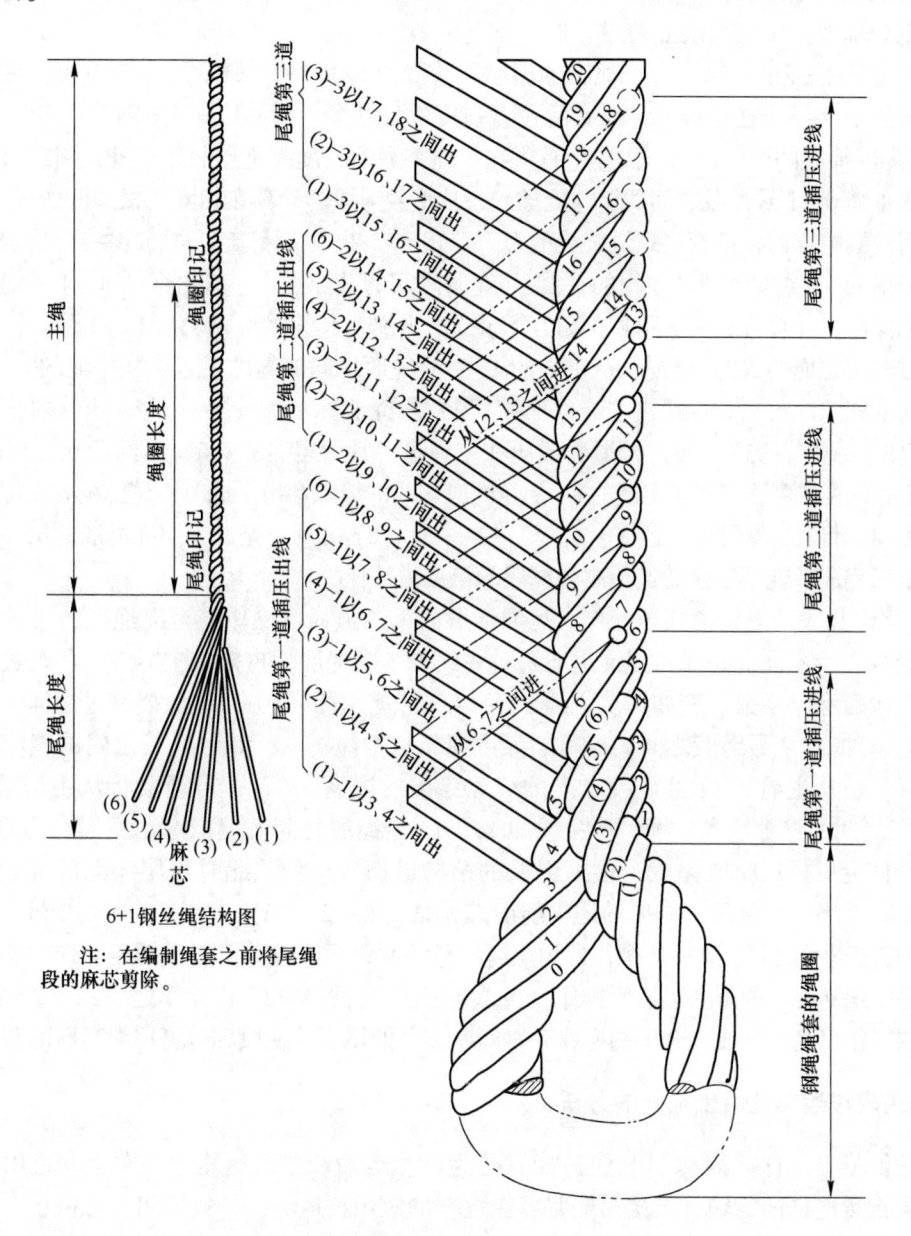

图 8.1-10　钢丝绳套编制示意图

准备该需要长度钢绳的方法：从钢绳的线圈中展放出钢绳，量好需要长度的钢绳后，先在其开、断点的两侧分别用细铁丝绑扎钢绳，然后用大剪刀在开断点处剪断钢绳。剪下的钢绳就是用编制绳套的钢绳。

(2) 在钢绳上量出尾绳长度和绳圈长度，并在两个长度的终止点处做印记。绳圈长度将决定绳圈的大小。绳圈长度的印记处就是编制绳套（绳圈）时尾绳中第一根绳股插入和穿出主绳的位置。

(3) 抑散尾绳，将尾绳拆散成绳股。拆散尾绳就是将钢绳末端至尾绳长度印记之间的钢绳拆散成 7 根绳股，然后先将其中的麻线绳股剪去，留下由钢丝束绞成的钢丝绳股，最后在钢丝绳股的末端缠绕上胶带，防止钢丝绳股散股。

(4) 编制钢绳的绳套。一个绳套的编制方法如图 8.1.2-10 所示。经验表明，只需将尾绳 6 根三次插压在主绳内，绳套的拉力强度就足够了。每插压一次称插压一道。

1) 尾绳绳股的第一道插压操作。首先在主绳上绳圈长度终止点的印记处，用螺钉旋具的刀刃从主绳 0、1 号绳股之间的缝隙处插入，从 1 号绳股起计算在相隔 3 根绳股的 3、4 号绳股之间的缝隙穿出，接着将螺钉旋具的刀刃拧转 90°以扩大螺钉旋具进、出主绳处的缝隙，然后将尾绳的 (1) 号绳股从主绳的 0、1 号绳股之间的缝隙插入，从主绳的 3、4 号绳股之间的缝隙穿出，并将 (1) 号绳股的长度全部拉出主绳，其编号标示为 (1)-1 号。接着用同样的方法将尾绳的 (2) 号绳股从主绳的 1、2 号绳股之间的缝隙插入，从主绳的 4、5 号绳股之间的缝隙穿出，和将穿出主绳外面的 (2) 号绳股标示为 (2)-1 号。再接着依次将尾绳的 (3)、(4)、(5)、(6) 号绳股插压在主绳上，其中尾绳的 (6) 号绳股从主绳的 5、6 号绳股之间的缝隙插入，从主绳的 8、9 号绳股之间的缝隙穿出。此时，尾绳的 6 根绳股全部穿出主绳，将其编号标示为 (3)-1、(3)-2、…、(6)-2 号。至此，尾绳绳股的第一道插压操作全部完成，就可以接着进行尾绳绳股的第二道插压操作了。

2) 尾绳绳股的第二道插压操作。尾绳绳股的第二道插压操作与尾绳绳股的第一道插压操作相似，所不同的是要将尾绳绳股跨过主绳的 3 根绳股后再插入主绳内，和跨过主绳的 3 根绳股后穿出主绳。例如，从主绳 3、4 号绳股穿出的 (3)-1 绳股要跨过主绳 3 根绳股后从主绳的 6、7 号绳股之间的缝隙插入主绳，从主绳的 9、10 号绳股之间的缝隙穿出主绳。又如，从主绳 8、9 号绳股之间的缝隙穿出的尾绳 (6)-1 号绳股将从主绳的 11、12 号绳股之间的缝隙插入主绳，从主绳的 14、15 号绳股之间的缝隙穿出主绳。当尾绳 6 根绳股全部完成插压时就完成了尾绳绳股的第二道插压操作，此时与尾绳绳股 (1)-1、(2)-1、…、(6)-1 号编号对应的尾绳绳股编号是 (1)-2、(2)-2、…、(6)-2 号。

3) 尾绳绳股的第三道插压操作。用尾绳绳股编制钢绳绳套的第二道插压操作的相同方法继续完成编制绳套的第三道插压操作。当总共完成绳套编制的三道操作之后，一个钢绳绳套的编制工作就基本完成，余下的操作就是斩断多余的尾绳的绳股和包裹尾绳绳股的断头。

8.1.4 用汽车运输混凝土电杆的方法

运输混凝土电杆（简称"电杆"）常分为一次运输和二次运输。一次运输是用汽车做长距离批量电杆的运输；二次运输是零星电杆的短距离运输，一般采用人力板车、人抬电杆方式做二次运输。

为了节省运输成本、提高工效和方便装卸电杆，在进行电杆长距离运输，例如将批量的电杆从制杆厂运往材料集散地（供电部门储料场）或将几根电杆从集散地运往线路杆位附近的临时集散地时，应采用汽车运输方式。因为在制杆厂和材料集散地一般都配备有起吊机械或吊车。

在进行电杆的一次运输时应根据路况的不同,分别采用两种型式的货车。当在正规的路况、良好的道路上运输电杆时,应采用大长度的平板货车,将电杆水平堆放在车厢上;当在林区等弯道多、转弯半径小、崎岖不平的道路上运输电杆时,宜采用敞篷长度在4m以内的铁车厢货车运输电杆。因为这种货车车厢短,汽车容易转弯,车厢牢固,电杆不易散堆。

所谓铁车厢货车不是指只具有普通铁皮车厢的货车,而是指具有用型钢焊接而成的外包铁皮的坚固的框架式车厢的货车。这种货车一般是汽车制造厂的定型产品,也可以是经车管部门批准同意由使用单位改造而成的货车。

电杆在装车运输时,电杆的一端搁在车厢前厢壁的顶梁上,另一端搁在厢底尾端。如果直接将电杆搁在上述的铁梁上,那么在运输途中电杆会因振动而被铁厢磕伤;为此,须在上述两处分别安装一根长条的木枕。

等径电杆的重心在电杆长度的中点,拔梢电杆的重心约在电杆长度的45%处(杆根起算)。货车的承重中心在前后车轮之间靠近后车轮附近。

一般最多允许一辆4m长的铁车厢货车载运4根电杆。电杆装车示意图如图8.1-11

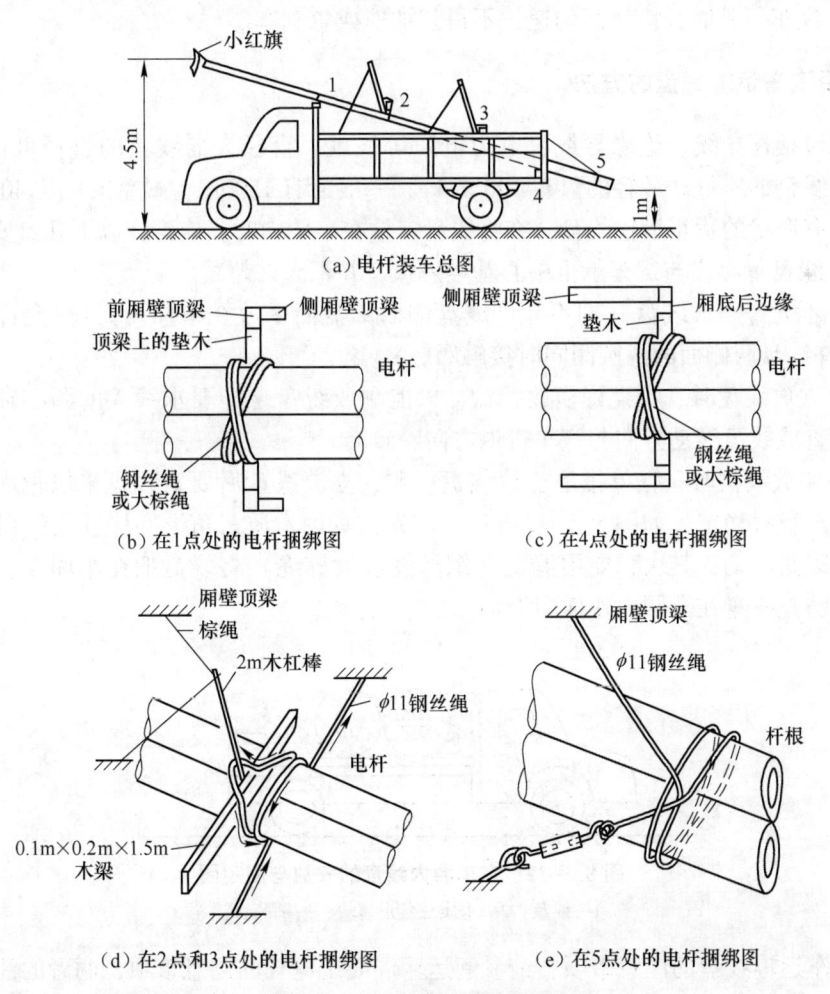

图 8.1-11 电杆装车示意图

所示。电杆装车时应注意三点：一是电杆重心与货车承重中心应基本一致，电杆（电杆组）的中轴线应与车厢中轴线重合。二是要控制装车电杆对地高度。杆梢在车头方，杆梢距地面不大于 4.5m，梢尖系上一面小红旗；杆根距地面约 1m。三是要将电杆牢固地捆绑在车厢上，各捆绑点的捆绑示意如图 8.1-11 所示的各点捆绑图。捆绑的要点是要用捆绑在电杆上的钢丝绳勒紧电杆。图 8.1-11 中 2 点和 3 点处的电杆捆绑图是利用杠杆原理绷紧钢丝绳，使钢丝绳勒紧电杆的方法。

用汽车运输混凝土电杆（简称"电杆"）时，应注意以下事项：

（1）运输电杆前应勘察途经道路的路况，确认不存在有影响汽车通行的障碍。进行勘察时应检查路基、路宽、路面、弯道、桥梁、涵洞、隧洞、限高杆高度、路上跨越物等情况，若有问题须进行相应处理。

（2）应按规定要求装车，将电杆绑扎牢固，且不准汽车超载。

（3）汽车行驶时，禁止人员停留在装电杆的车厢内。

（4）应随时关注电杆在车上的稳固情况。在汽车经过严重颠簸路段后，如有必要时应停车检查。若发现电杆有松动情况，应及时加固，不得心存侥幸，冒险前行。

（5）汽车行驶时，应注意匀速，不得猛加速或急刹车。

8.1.5 用汽车运输线盘的方法

线盘包括裸导线、绝缘导线、电力电缆等线盘。直径大的线盘的直径可达 2.0m 以上。一个线盘的质量，最轻的只有 100 多 kg，一般的有 1500kg，最重的可达 4000kg。

采用有厢壁的货车运输线盘，在将线盘安放在车厢内时，应遵守以下几点要求：

（1）线盘重心应与货车承重中心基本一致，并不允许超载。

（2）不允许平放线盘（即不允许线盘侧面圆盘面平放在车厢内），只允许立放线盘（即只允许线盘两侧面的两圆圈同时接触厢底）。

（3）立放线盘时，不允许横放线盘，只能顺放线盘（即要求线盘的圆心轴线与车厢轴线相垂直或线盘滚动方向与汽车进退方向一致）。

（4）顺放线盘时只宜单排地立放线盘。顺、立放线盘后要对线盘采取稳固措施，保持线盘在车行时稳定，如图 8.1-12 所示。首先，宜用木质三角形塞块顶住线盘的两个盘轮，防止线盘滚动；其次，要用绳索（钢丝绳或大棕绳）将线盘捆在车厢左、右两侧的厢壁上，防止线盘在车厢内作横向滑移。

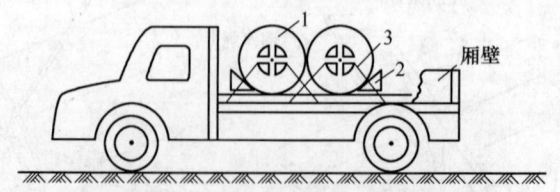

图 8.1-12 在车厢内线盘的安放与固定图
1—线盘；2—木质三角形塞块；3—固定绳

用汽车运输线盘的注意事项，请参阅运输混凝土电杆的注意事项，两者的注意事项基本相同。

8.1.6 皮尺分坑法

在10kV架空配电线路中，被分坑的杆型是以下三种杆型：有拉线的单杆（是分坑的最主要的杆型）、无拉线的门型杆、有拉线的门型杆。

分坑就是在知道某一基电杆的杆位点（杆位桩）、转角角度、杆位桩前、后两侧线路中心线（线路方向投影线）的方向桩、该基电杆拉线抱箍对地高度、拉线对横担的夹角、拉线对地面的夹角的条件下，借助分坑工具（如经纬仪、皮尺等），把由两根电杆构成的横着的线路方向线布置的杆型的电杆在地面上的两个杆洞点、把有拉线的杆型的电杆在地面上的杆洞点（单杆只有一个杆洞点，门型杆有两个杆洞点）、把在拉线投影线上在地面上的拉线盘洞的中心点以及杆洞开挖形状等确定下来，并在杆洞点、拉线盘洞的中心点上钉上木桩和用石灰线等将开挖尺寸、形状在地面上标示出来。

分坑按两个步骤进行：一是确定方向，就是确定杆洞方向和拉线盘洞方向；二是确定距离，就是确定杆洞至杆位桩的距离，确定拉线盘洞中心点至杆洞中心的距离。在一般情况下，有两根电杆的门型杆的两杆洞的连线及横担的投影线或单杆的横担的投影线都通过杆位桩且垂直于线路方向线或者处于线路转角的分角线上。拉线的投影线与横担投影线之间的夹角一般为0°、90°、30°、45°、60°，拉线对地面的夹角一般为60°、45°。

皮尺分坑法就是主要用皮尺来作图完成分坑的两个步骤的方法。

(1) 用皮尺法分坑时确定方向的方法如下。

1) 确定两杆洞的连线与横担投影线的方法。用初等几何知识用皮尺在地面上作图，做一条通过杆位桩的垂直于线路方向投影线的直线或者通过转角杆杆位桩的内角的分角直线。上述两条直线中的一条就是两杆洞或横担投影线存在上面的直线。

2) 确定拉线投影线的方法。用初等几何的三角形的边角关系知识，以杆洞点为基准点、横担投影线为基准边用皮尺在地面上做一个三角形，但令从杆洞点引出的基准边与另一边的夹角等于给定的横担投影线与拉线投影线的夹角。此时从杆洞点引出的三角形的这条边的方向就是给定拉线投影线的方向。

(2) 用皮尺法分坑时确定距离的方法如下。

1) 确定杆洞点至杆位桩距离的方法。当杆洞点在垂直于线路方向线的直线上或分角直线上时，均以杆位桩为中心，分别向两侧的直线量出半根开距离，这两个距离点就是两个杆洞的中心点。

2) 确定拉线盘洞中点至杆洞点距离的方法。在已知拉线投影线后，以电杆、拉线投影线为一个想象的直角三角形的两条边，可根据已知的拉线对地夹角和直角三角形的边角关系算出杆洞至拉线盘洞中点的距离。于是从杆洞起在拉线投影线上量出这个距离，这个距离点就是拉线盘洞的中点。

【例8.1-1】 现有一基$y_{30°}$10m长转角型单杆（当线路转角在15°~30°范围内采用此杆型），已知电杆埋深1.7m，在导线张力反方向分别装设一根拉线，拉线抱箍对地高度7.3m，拉线盘埋深1.7m，拉线对横担夹角60°，拉线对地面夹角45°，并已知J为杆位桩，F_1和F_2桩为前、后线路方向桩。请用皮尺分坑法确定横担的投影线、拉线的投影线、拉线盘洞的中心点。

解： 现用皮尺分坑法在地面上作分坑图如图8.1-13所示，其中，图8.1-13 (a) 是确定横担投影线和拉线投影线的分坑方法图，图 8.1-13（b）是确定拉线盘洞中点的分坑图。

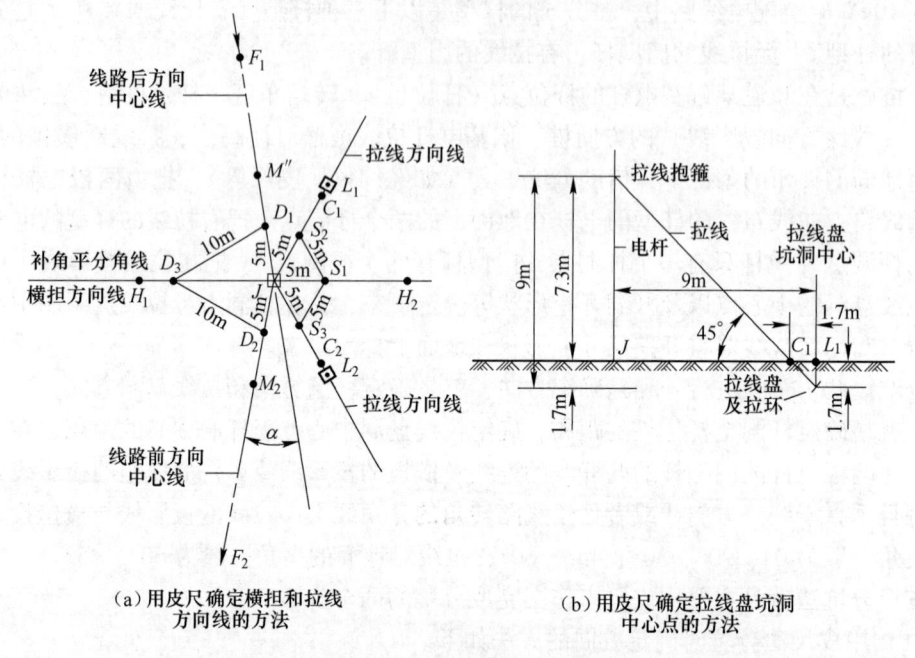

图 8.1-13 ［例 8.1-1］单杆转角杆皮尺分坑方法示意图

C_1、C_2—拉线棒出地点桩；D_1、D_2、D_3—确定横担方向线的辅桩；
F_1—线路后方向桩；F_2—线路前方向桩；H_1H_2—横担方向线；J—$y_{30°}$单杆转角杆杆位桩；
JL_1、JL_2—拉线方向线；L_1、L_2—拉线盘坑洞的中心点桩；
M_1—线路后方向传递桩；M_2—线路前方向传递桩；S_1、S_2、S_3—确定拉线方向线的辅助桩；$α$—线路转角，$y_{30°}$ 的 $α$ 为 $15°<α≤30°$

8.1.7 开挖基坑的方法

开挖基坑俗称打洞。架空电力线路水泥杆的基坑、拉线盘坊、窄基角钢铁塔的基坑；按形状划分，分为圆形、方形、矩形坑；按坑深划分，分为浅坑（坑深 1.2m 以下，包括底、拉盘厚度）和深坑（坑深 1.5m 及以上，包括底、拉盘厚度）等。

在中压（10kV、20kV）和低压（400/220V）架空电力线路中，开挖后形成的钢筋混凝土拔梢杆（简称"拔梢杆"）的直线杆的杆基坑，一般为圆形深坑；拔梢杆的终端杆、耐张杆、转角杆，因配直底盘，一般为方形深坑，其拉线盘坑为矩形坑；窄基角钢铁塔的基坑为方形深坑。在中压和低压架空电力线路中，其基坑尺寸都较小，不适宜在基坑内进行开挖工作，宜在坑口外面操作控坑工具来挖坑。常用的开挖工具有：土箕、十字镐、锄头、铁铲、配有长木棒的铁插撬和铁挖勺。配在铁插撬和铁挖勺上的长木棒，其直径约为 6cm，长度约为 2m，材质为坚实的栗木。在坚硬的黏土地区，还宜配备一个小水桶，以便盛水注入坑内软化黏土，以方便开挖。

开挖基坑宜由两人进行，原因是两个人才能一次拿完工具到工地。另外，两人工作时，一人用铁插撬松土，另一人用铁挖勺出土，挖坑人有适当的休息时间。

图 8.1-14 是矩形或圆形深坑的剖面示意图。如果是圆形深坑，其坑底须比拔梢杆的杆根直径大，坑口直径一般应比坑底直径大约 20cm。现以深坑为例介绍挖坑方法及注意事项。

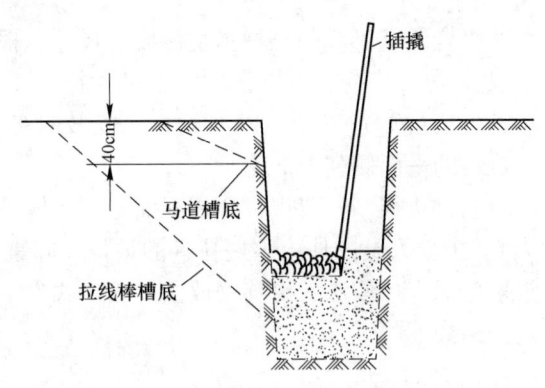

图 8.1-14　矩形或圆形深坑的剖面示意图

开挖上部基坑时，可使用十字镐、锄头、铁铲、土箕等工具；开挖中、下部基坑时应使用铁插撬和铁挖勺。使用铁插撬、铁挖勺开挖时，要逐层往下挖。每层的开挖，要从局部某点开始，逐步向外扩大。下挖的每层深度决定于土质的软硬性和将插撬向下插的力量。将铁插撬头插入土中后，要向后扳动铁插撬木把或挖转木把，先将土撬松，然后再插再撬，待撬开的土足够多后，再用铁挖勺将土挖出坑外。

挖坑时的注意事项如下。

（1）按分坑时划定的坑口线向下开挖，坑深应符合要求。

（2）当坑内有大块石时，应设法将其挖出。

（3）不能擅自改变坑洞位置，位移误差不能超过规定。

GB 50173—1992《35kV 及以下架空电力线路施工及验收规范》规定：对于转角杆、分支杆的杆位误差，要求横、顺线路位移应不超过 5cm；对于直线杆的杆位误差，要求 35kV 架空电力线路顺线方向位移应不超过设计档距的 1%，10kV 及以下架空电力线路顺线方向位移不超过设计档距的 3%；直线杆横向位移应不超过 5cm。

（4）开挖前，应与有地下设施的主管单位取得联系，由其明确地下设施的确切位置，做好防护措施。开挖时，如遇到未考虑到的地下设施，应停止开挖，并对地下设施做妥善处理后才能继续开挖。

（5）在居民区或交通道路附近开挖基坑时，应设可靠遮栏和加挂警告标示牌、设置坑盖，夜间挂红灯。

（6）开挖坑洞时，如遇淤泥流沙时应采取相应的应对措施，例如沟通另选杆位；如果一定要在该特殊点挖坑时，应采取防止塌方措施，如加挡板、撑木等。

（7）开挖倒落式人字抱杆立杆用的电杆基坑时，应在基坑开挖完毕后，再在电杆杆梢由地面向上提高的起立侧的坑口处开挖马道槽。开挖拉线盘基坑后，再在拉线棒出土处，开挖拉线棒出口槽。

（8）在基坑开挖完毕立杆之前，应采取防止人、畜掉入基坑的措施。在开挖过程中，不准开挖人在坑内休息。

（9）组织外来人员开挖基坑时，就要将安全注意事项交待清楚，并加强监护。

8.1.8 将预制的底盘和拉盘安放到基坑内的方法

当单杆基坑深度、尺寸符合要求，或门型杆基坑深度、尺寸、根开、两基坑底面高差符合要求之后，就可将底盘安放入基坑。当拉盘坑深、尺寸符合要求之后，就可将拉盘（一般情况下已将拉线棒装在拉盘上）安放入拉盘坑内。安放时务必注意底、拉盘的方向，底盘的平面侧朝下，拉盘的平面侧朝上。

将底、拉盘安放到坑内的方法很多，要视具体情况而定。具体讲就是要根据工作人员的数量（一般要求有两人）、工作人员的体力、底拉盘的重量、起重工具的种类等来决定其方法。一般情况下，常采用双人抬放法、滑移安放法、固定式人字抱杆安放法、三脚架安放法四种方法。现分别介绍如下。

（1）双人抬放法。

应不采用用手抱起底拉盘，直接将其丢入坑内的方法安放底拉盘。

当底拉盘重量在 80kg 以下且由两人共同作业时，建议以足够强度的麻绳、抬棒为工具，如图 8.1-15 所示，将底拉盘抬到坑口上方，然后将其下落到坑内的方法安放底拉盘。具体操作如下。

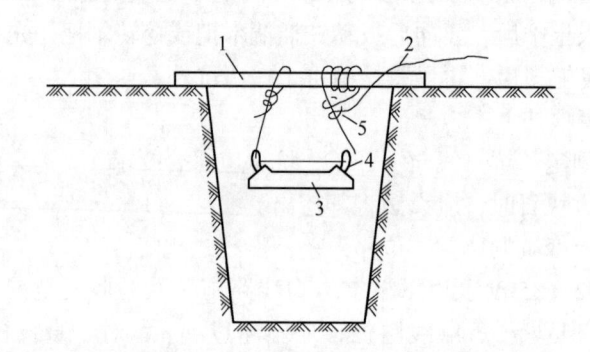

图 8.1-15 双人抬放底拉盘示意图
1—抬棒；2—吊绳的尾绳；3—底拉盘；4—吊环；5—尾绳扣

1）拴好抬放底拉盘的吊绳。所谓拴好是指拴在抬棒和底拉盘上的吊绳（通常用麻绳作吊绳）要符合三点要求：一是用作吊绳的麻绳的抗拉强度符合要求；二是麻绳有足够长度，一般情况下，吊绳的总长度须大于 3 倍坑深的长度；三是拴在抬棒上的绳扣要牢靠、容易解扣，能自如地控制吊绳松落速度，缓慢地放落底拉盘。

拴吊绳的方法：先将麻绳的一端拴在抬棒中央，后将麻绳的另一端穿过底拉盘上一侧的铁吊环，再穿过另一侧的铁吊环（一般在底拉盘两侧各预设一个起吊用铁吊环），再让该端麻绳回到抬棒中央和将麻绳绕在抬棒上四圈后打绳扣即可。图 8.1-15 中的 2 是吊绳的尾绳、长端。

2）两人用前臂捧抬棒，将底拉盘抬移到坑口上方，然后下落抬棒；此时抬棒担在坑口两侧，底拉盘悬吊在抬棒上。

3) 缓慢松出吊绳尾绳将底拉盘放落到坑底并安放在正确的位置处。先捏住绕在抬棒上的四卷麻绳扣，后解开尾绳（即图 8.1-15 中标号为 5 的绳扣），以防解开绳扣后使底拉盘突然失控下落。然后缓慢松出绕绳，让底拉盘在自重力作用下，自行平稳地下落到坑底并将其安放在正确位置处。

（2）滑移安放法。

当双人抬放法难于安放底盘（或拉盘）时，可改用滑移安放法。图 8.1-16 是由两人采用滑移安放法安放底拉盘的示意图。

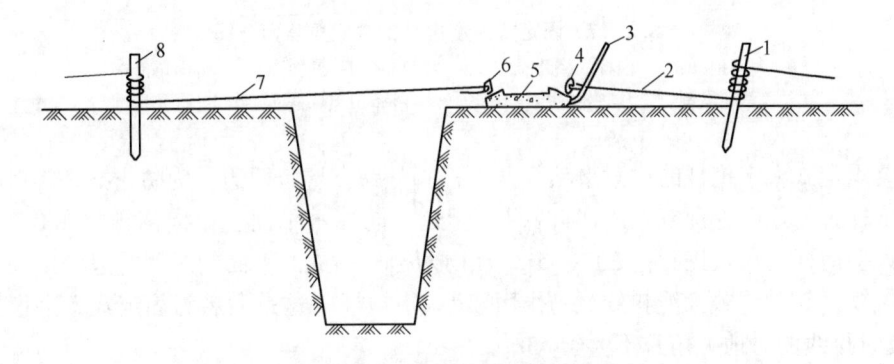

图 8.1-16　底拉盘的滑移安放法
1—板桩 1；2—大绳 1；3—钢撬棍；4—吊环 1；
5—底（拉）盘；6—吊环 2；7—大绳 2；8—板桩 2

现将滑移法安放底盘（或拉盘）的操作说明如下。

1) 按图 8.1-16 布置滑移底拉盘现场。注意，大绳 1 和大绳 2 要有足够强度，其长度要足够将底盘或拉盘（简称"底拉盘"）安放到坑底。

2) 两人配合作业，将底拉盘滑移入坑口。安放底拉盘时，一人掌控大绳 1（简称"掌控尾绳人"）；另一人掌控大绳 2，同时负责用撬棍撬移底拉盘（简称"撬盘人"）。开始时，掌控尾绳人首先协助撬盘人将底拉盘撬向坑口。当底拉盘快移入坑口时，掌控尾绳人转去拉住绕在板桩 1 上大绳 1 的尾绳，控制大绳 1 的松紧程度，而撬盘人继续撬移底拉盘。当底拉盘刚移入坑口时，掌控尾绳人拉紧尾绳，用大绳 1 拉住底拉盘，使之悬空在坑口；此时撬盘人停止撬盘，转移到板桩 2 侧坑口，去拉住绕在板桩 2 上的大绳 2 的尾绳。

3) 由掌控板桩 1、板桩 2 尾绳的两人相配合松出尾绳，将底拉盘平稳地放落到坑底，并将其安放在正确的位置处。

4) 清理现场，结束滑移安放底拉盘工作。

（3）固定式人字抱杆安放法。

固定式人字抱杆的适用范围很广，可起吊长件重物，也可起吊短件或小体积重物。当起吊很重的底拉盘，将其安放到坑内时，可采用固定式人字抱杆。用于起吊底拉盘的抱杆不必很长，一般有 3m 长即可满足起吊需要。可选用木抱杆，也可选用钢管抱杆。

当采用固定式人字抱杆起吊、安放底拉盘时，应同时配备起吊底拉盘的滑轮组（大绳或钢丝绳滑轮组。一般用大绳滑轮组即可）一起使用。图 8.1-17 是用固定式人字抱杆安放底拉盘的示意图。

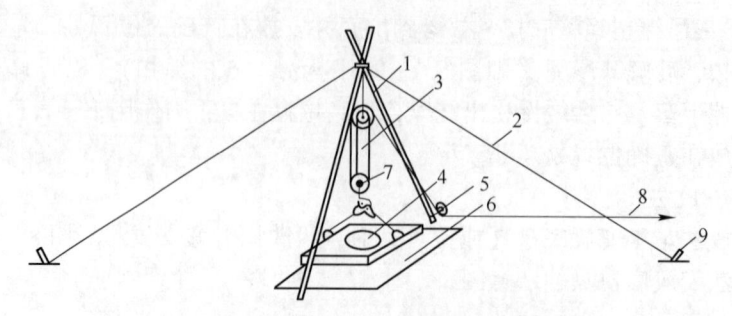

图8.1-17 固定式人字抱杆安放底拉盘示意图
1—人字抱杆；2—抱杆的临时拉线；3—滑轮组；4—底拉盘；5—转向单滑车；
6—坑洞；7—滑轮组绳索死头；8—滑轮组绳索活头；9—极桩

安装固定式人字抱杆的注意事项：两抱杆脚分跨在坑口两边；为防止抱杆脚滑动，应将支撑抱杆脚的地面挖深0.2m，且两抱杆脚处于同一水平面上，抱杆脚放在0.2m深的洞口；人字抱杆夹角宜控制在30°~45°；在由两抱杆构成的平面的两侧的抱杆顶处各加一根临时拉线（钢丝绳或大绳拉线），用于固定人字抱杆（这是命名为固定式人字抱杆的缘由）；临时拉线的对地夹角宜不大于45°。

选用滑轮组的注意事项：根据起吊重物的重量选用滑轮组的种类（钢丝绳或大绳滑轮组）、滑轮数目；滑轮组绳索收紧后，滑轮组两端滑轮之间的最小距离应不小于1.0m；滑轮组绳索的终根（即死头）宜固定在动滑轮尾部的吊环上，其出端头（即活头）从定滑轮绕出且经固定在抱杆脚上的单滑轮（转向滑轮、地滑轮）引出。

（4）三脚架安放法。

用三脚架替换固定式人字抱杆，其余内容与固定式人字抱杆法内容相同，这就是三脚架安放法。

8.1.9 基坑操平的方法

基坑操平就是使一基杆塔基础中的各基坑深度符合要求且处在同一水平面上。

1. 基坑操平的对象

（1）检查单杆基坑的深度。

（2）检查同一个基础中几个基坑底面深度与平面是否符合误差要求。

（3）检查一个大基坑底平面中的各点的深度是否符合深度误差要求，如果基坑的实测深度不符合规定深度和各基坑的底平面不在同一水平面上，其误差超出允许范围，应对基坑进行处理，使其误差在允许误差范围之内。

因为很容易检查单杆基坑深度，而检查几个基坑底平面的深度与彼此间是否在同一水平面上，在方法上则比较复条，因此检查几个基坑底平面的深度与平面是否在同一水平面上的方法就是其坑操平的基本方法。

基坑操平的基本方法：首先，用工具（如经纬仪、水准尺等）在基坑的上方制作一条水平参照基准线（简称"水平基准线"）；其次，测量各基坑底平面（或一个基坑底平面中不同的点）至水平基准线的高度；最后，比对各基坑底平面至水平基准线的高度，检查各基坑深度与相互之间的高度差是否在允许误差范围之内。如果其误差的深度符合要求，则说明各基坑底平面的深度符合要求且处在同水平面上，此时，基坑的操平工作已完成。

用于基坑操平的常用工具是经纬仪、水准尺、装有水的水桶及其透明细管，因而常用的操平方法是经纬仪操平法、水准尺操平法、水桶水位操平法。

2. 基坑操平的基本方法

（1）经纬仪操平法。

图 8.1-18 是经纬仪操平法的示意图。

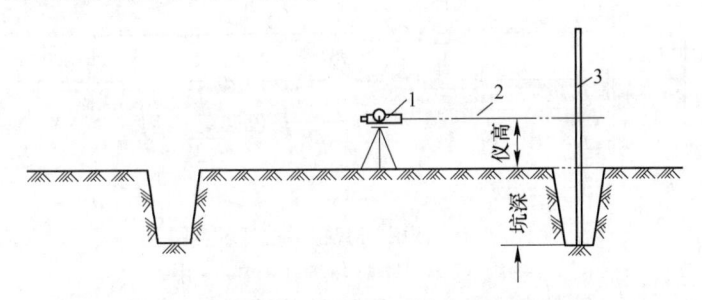

图 8.1-18　经纬仪操平示意图
1—经纬仪望远镜；2—望远镜的水平视线；3—塔尺

由两基坑或多基坑组成的基础，才需要进行多基坑的深度操平。用经纬仪进行基坑操平时，需要有三样东西：经纬仪用的三脚架、经纬仪、塔尺。三脚架是经纬仪的附件，它由一个架头和与架头相连的用于支撑架头的可叉开可伸缩的三条架脚组成。使用经纬仪操平基坑时，首先，要将三脚架的三条架脚叉开和将架脚的锥状端头插入安置经纬仪处的地中，稳定住三脚架，并调节架脚长度使架头平面基本平行于地面，然后将经纬仪安装在架头上。经纬仪是测量水平角度、竖直角度、距离、高程的仪器。塔尺是以 1cm 长度的黑、白线段连续相间隔地标示在白色底面的长条板面上而形成的尺子。常用的塔尺的总长度为 3m 和 5m 两种规格，其构造形式有折叠式和伸缩式两种。

用经纬仪操平两基坑或多基坑深度的步骤如下。

1）安装经纬仪与整平经纬仪。用经纬仪操平基坑时，一般将三脚架和经纬仪安装在杆位桩处。经纬仪的高度要高于各基坑的顶面，经线仪的中点不必对准杆位桩。

整平经纬仪就是调整经纬仪轴座下面的整平螺钉，使安放竖轴的轴座平面（即水平度盘平面）平行于地面，使经纬仪的望远镜作水平转动时经纬仪的竖盘始终垂直于水平度盘（即垂直于地面）。

2）使望远镜作竖直方向转动，使竖盘角度处于 0°、180°（当竖角分划按全圆式作注记数时）或处于 90°、270°（当竖角分别接天顶距式作注记数时）。在此情况下，从望远镜目镜、物镜的十字线的横线望出去的视线是水平视线，是由经线仪制作的水平参照基准线（简称"水平视线"）。

3）使望远镜作水平方向转动，使望远镜的物镜分别对准竖立在基坑底面上的塔尺，然后读取望远镜内十字线中横线切在塔尺上的数值，该数值就是经纬仪的水平视线至基坑底面的高度值。与此同时，用塔尺量取基坑深度。

4）进行基坑深度和基坑底平面是否在同一水平面的判断。首先比对各基坑的实际深度和规定的深度,其次比对经纬仪水平视线至各基坑底平面的高度值,要求坑深误差和各坑深之间的误差在允许误差之内。

（2）水准尺操平法。

图 8.1-19 是用水准尺操平坑深的示意图。操平时需使用的物件：一个木水准尺（即木水平尺）、二根铁（或木）桩、一把铁锤、一根塔尺、一根长细铁丝。

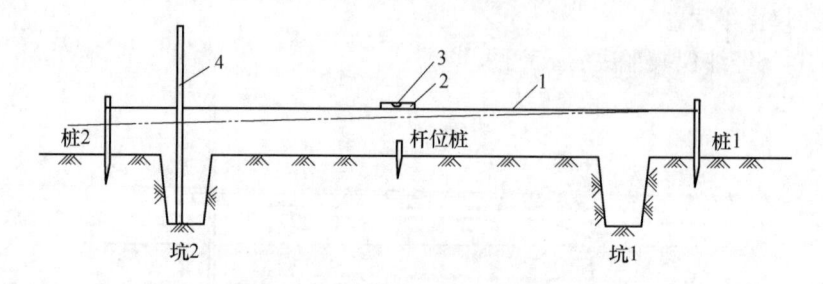

图 8.1-19　用水准尺操平坑深示意图
1—细铁丝（20 号铁丝，直径 0.914mm）；
2—木水准尺（长度 200mm）；3—水准尺气泡；4—塔尺

用水准尺操平坑深的步骤如下。

由两人配合操作,分别命名为操作人 1、操作人 2。

1）在两基坑中点连线的外延长线上的基坑外侧处钉立两根木桩。做法：桩 1、桩 2 距杆位桩的距离大致相等；在平地,木桩露出地面高度约 0.2m,在小斜坡地应根据具体情况调整木桩的露出地面长度。

2）用水准尺制定水平基准线。做法：操作人 1 在桩 1 桩顶下的侧面上划一记号（如画一条水平横线）,然后将细铁丝的一端拴在该记号处。操作人 2 将细铁丝的另一端拉到桩 2 紧贴桩侧面上并适当绷紧细铁丝。此后操作人 1 将水准尺放在两桩之间中点处的细铁丝上面,如图 8.1-19 所示。

接着操作人 1 一边观察水准尺中气泡的移动情况,一边指挥操作人 2 向上或向下移动适当绷紧的紧贴着桩 2 侧面上的细铁丝,直到气泡恰好移动到水准尺中点时才停止移动细铁丝。再接着在桩 2 侧面上的细铁丝接触处做一个记号和将细铁丝适当绷紧后拴在桩 2 的记号上。于是桩 1 和桩 2 上的记号点就是两个相同的水平高度的点,通过两个水平点的绷紧的细铁丝就是用水准尺制作的水平基准线。

3）分别以各基坑的顶平面和细铁丝水平基准线（简称为"水平基准线"）为基准线,用塔尺测量各基坑的底面至基坑顶平面的坑深和各基坑的底面至基准线（水平基准线）的高度。

4）判断各基坑的坑深是否符合要求和判断各基坑的底面是否在同一水平面上。首先,将实测的各基坑的坑深与标准坑深比对,检查其误差；其次,将各基坑底面至水平基准线的高度进行相互比对,检查其误差。要求两种误差都在允许误差范围内,否则须处理有关坑深直到误差符合要求为止。此后当各基坑底平面至水平基准线的高度差在允许范围内时,就表明各基坑的底平面已处在同一水平面上。至此,各基坑的坑深误差与各基坑之间的坑深误差均符合要求,基坑操平工作结束。

(3) 水桶水位操平法。

水桶水位操平法是运用同一个容器内的水在不同处的水位高度都是相同的原理而制作的水平参照基准线，用其进行基坑底平面操平的方法。

运用水桶水位进行两个基坑的操平时需要使用以下物件：一个内装有水的敞口的水桶（如塑料桶）、二根适当长度的铁（或木）桩、一把铁锤、一根适当长度的直径为5mm以下半透明的乳胶或塑料软管、一根适当长度的细铁丝、一把塔尺。

同样，水桶水位操平法适用于一个基础中多个基坑底面的操平。用水桶水位法进行操平的步骤如下。

1）测量各基坑的坑深并确认各基坑坑深已符合坑深要求。

2）按图8.1-20所示布置水桶和布置桩1与桩2。

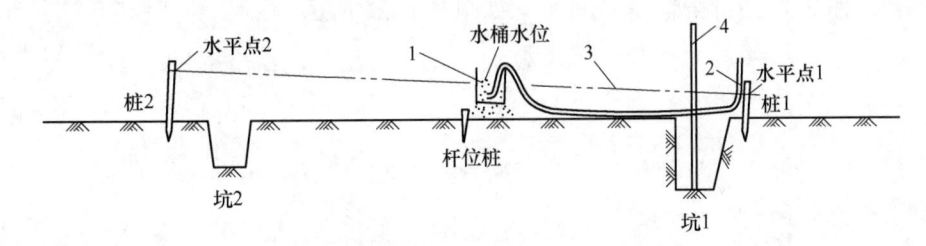

图8.1-20　水桶水位操平坑深示意图
1—装有水的水桶；2—透明塑料或乳胶细管；3—细铁丝（水平基准线）；4—塔尺

3）制作操平使用的水平参照基准线。

首先，在塑料或乳胶软细管（简称"细管"）的一端的端部拴上一块重物（如一个螺栓），并将该端细管放入有水的水桶中。在细管端部拴上重物的目的是防止移动细管另一端时，此端细管被拉出水桶。注意，在后面的寻找水平点的操作中，拴上重物的细管端始终放在水桶中。

其次，先将另一端的细管拉到桩1处并将管口靠近地面（管口须低于水桶中的水位），用嘴吸细管的管口，当见水从管口流出时立即将管口抬高（管口须高于水桶的水位）并将细管贴近桩1的侧面。抬高管口的目的是阻止水桶中的水继续从管口中流失。

接着在桩1的侧面上对准细管中的水位处画一条印记，该印记即是水平点1，此水平点的高度与水桶中水位的高度是等高的。

再次，在保持被移动细管的管口高于水桶中水位，细管中间段部位低于水桶水位的状态下，将处于桩1的细管端头拉向桩2处，用同样的方法在桩2的侧面对准细管中的水位处画一条印记，该印记即是水平点2。同理，水平点2的高度等高于水桶中的水位高度。

最后，制作水平参照基准线。

因为水平点1和水平点2的高度与水桶中的水位等高，所以水平点1和水平点2是等高的两个点。为此，将细铁丝适当绷紧拴在桩1、桩2的两个水平点上，所得到的水平状的细铁丝就是用水桶水位法制作的水平参照基准线。

4）用塔尺测量各基坑底平面至水平细铁丝的高度。

5）比对各基坑底平面至水平细铁丝的高度，检查其相互之间的高度差和对坑深进行操平。当高度差在允许误差范围内时，则表明各基坑的坑深符合要求且底平面已处在同一水平面上，至此操平工作就完成了。

8.1.10 水泥杆的排杆方法

排杆是在地面上将两段或以上的水泥电杆（即钢筋混凝土电杆）杆段的连接口按要求靠拢，使杆段做直线排列起来，使之由上向下正面看和从侧面看所排列的电杆时，电杆的中轴线都在一条直线上的操作。排杆是为用焊接法或法兰盘连接法将两段或以上水泥杆段连接成为一整根电杆之前所做的准备工作。

排杆时所使用的主要工具是撬棍，用来撬动电杆和移动电杆；辅助工具是铁铲等铲土工具，用来铲除电杆下面过高的土或在电杆下方垫土整平地面。撬棍分为木杠棒和钢撬棍两种。木杠棒是直经约为 8cm、长度约为 1.8m 的实圆木。钢撬棍由直径为 18~24mm 的圆钢、螺纹钢、六棱钢制成。钢撬棍形状如图 8.1-21 所示。

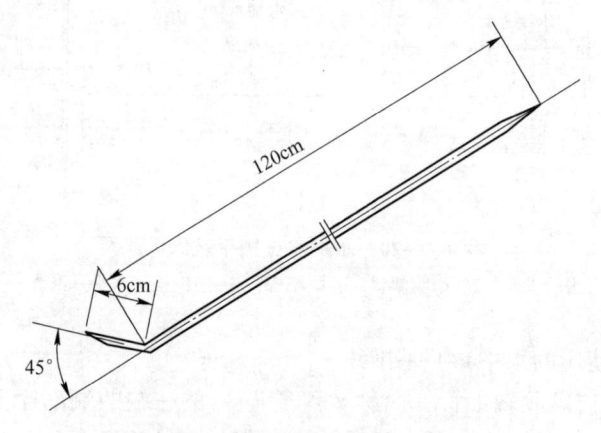

图 8.1-21 圆钢撬棍的形状示意图

前面提及的木杠棒、圆钢等制品是多用途的工具，当用于不同用途和按不同力学原理工作时便有不同的名称，例如用于抬重物时它是抬杠，用于撬动重物时它是撬棍。

撬棍是一种工具的种类，它是按杠杆原理中省力原理工作的工具，是一种省力的杠杆。在杠杆原理中有省力的杠杆原理，也有不省力的杠杆原理。

下面我们将使用撬棍排杆时所涉及的杠杆、杠杆原理、哪些原理类的杠杆省力或不省力、如何排杆等知识介绍如下。

(1) 什么是杠杆。

杠杆是一个只有一个转动支点，受力时处于平衡状态的刚性物体（直棒或曲棒）。排杆时用于撬动、移动电杆的撬棍就是一根杠杆。

(2) 杠杆原理。

简单地讲，将一个重力和一个外力作用在只有一个支点的刚体上，使刚体保持平衡而形成一个杠杆的方法就是杠杆原理。现将杠杆原理具体解析如下。

由理论力学知道，将一个重力、一个外力作用在只有一个支点的物体上，由此产生的使该物体保持平衡而成为一个杠杆的由重力、外力、支点力组成的力系是一个平面平衡力系。

于是定义：重力作用在杠杆上的点称为重点，重力至支点的垂直距离称为重臂；外力作用在杠杆上的点称为力点，外力（简称为"力"）至支点的垂直距离称为力臂。为此，因为作用在杠杆上的力系是平面平衡力系，因此由平面平衡力系的力矩之代数和等于零（即 $\sum M = 0$）的条件，得出杠杆原理的数学表达式为

$$力 \times 力臂 = 重力 \times 重臂$$

（3）杠杆的分类与哪类的杠杆是省力的杠杆。

我们运用杠杆的目的是为了省力。但是从杠杆原理可知：不是所有的杠杆都是省力的。为此，我们需要对杠杆做进一步的分析，需要了解杠杆的分类和哪类杠杆是肯定省力的，哪类是可以省力的，哪类是肯定不省力的。

根据杠杆上重点、力点、支点所处的位置的不同，可将杠杆分为以下三种类型。

第一类：重点、力点在支点的两侧，如图 8.1-22 所示。

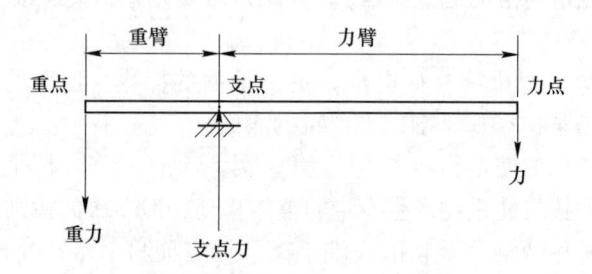

图 8.1-22　第一类杠杆示意图

第二类：支点、力点分别在重点两侧，如图 8.1-23 所示。

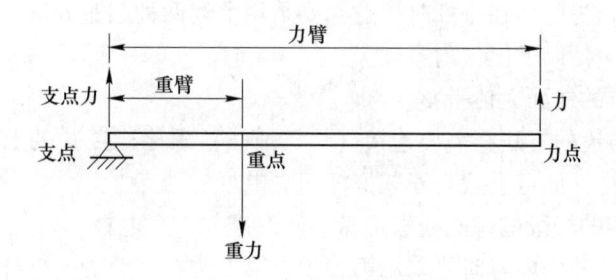

图 8.1-23　第二类杠杆示意图

第三类：重点、支点分别在力点两侧，如图 8.1-24 所示。

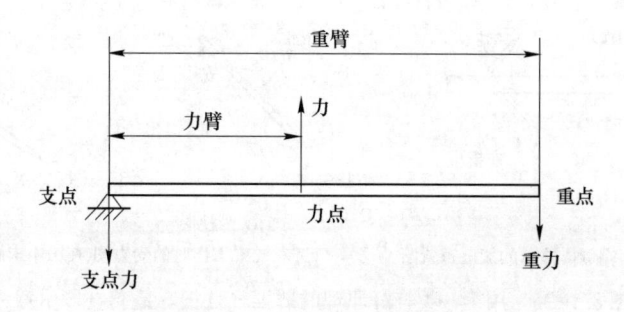

图 8.1-24　第三类杠杆示意图

从三类杠杆示意图可以看出，当杠杆平衡时，杠杆原理表达式"力×力臂=重力×重臂"都成立。但从表达式可以看出只有具有重臂小于力臂的杠杆才省力。所谓省力是外力（力）小于重力。具体而言，在第一类杠杆中，当重臂小于力臂时才省力，重臂大于力臂时不省力；第二类杠杆肯定省力；第三类杠杆肯定不省力。

（4）排杆的方法。

排杆过程是一种简单但笨重的起重过程。一般情况下，派去进行单杆或门型杆排杆的人员只有 2~4 个人。因人员少且工作又笨重，应采取省力的作业方法才可完成笨重的工作。

常用的起重方法有 7 种：撬、拨与迈、滑与滚、顶与落、转、捆、吊。因为省力和操作需要，在架空电力线路施工的排杆工作中一般只需采用撬、拨与迈两种起重方法（在个别情况下也会采用滑与滚的起重方法）。为此，需要先介绍撬、拨与迈的方法，再介绍排杆的方法。

撬是用撬棍在原地把重物（如电杆）撬离地面的操作。这里的地面是广义的地面，或是大地表面，或是某物（如基础、平台）的表面。

拨与迈是两种类似的使重物不产生滚动只产生移动的操作。拨是用撬棍使重物整体向前或向后移动，每一拨只使重物产生少量的整体移动，但多次的拨则会使重物产生较长距离的整体移动。迈是用撬棍使重物的一端不离开原点而另一端产生向左或向右的整体移动。同样，多次的迈操作会使重物的一端产生较长距离的移动，或多次轮换进行的左迈与右迈也能使重物前移。

由上可见，在撬、拨与迈的操作中都要用到撬棍，都要采用重臂小于力臂这种省力杠杆原理的杠杆操作。为此，在排杆时一般都要采用上述两种起重方法。

排杆操作一般包括以下操作内容：

1）将排杆地点的地面大体平整。

2）用撬、拨与迈的方法将需要连接（焊接或法兰螺栓连接）的上、中、下杆段大体移动至排杆地点。排杆地点一般是安装抱杆起立电杆的地点。

3）将需要连接的杆段的焊圈或法兰盘准确对准并排直电杆。

在完成上述排杆操作内容时要采用第一类、第二类杠杆原理的杠杆来进行撬、拨与迈操作。

用第一类杠杆原理（图 8.1-22）的杠杆（撬棍）移动电杆的方法如图 8.1-25 所示。

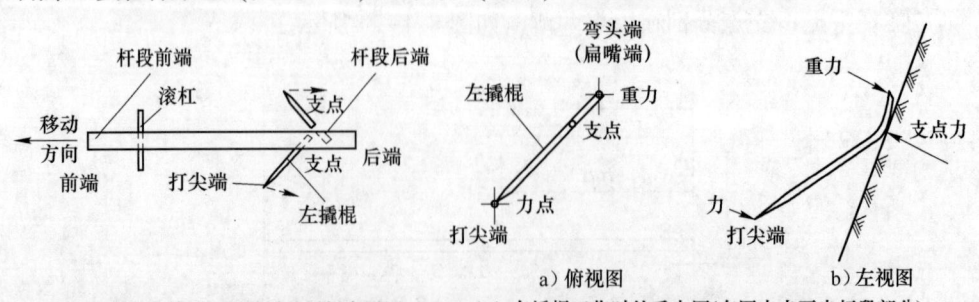

(a) 将杆段向前端侧撬移时的撬棍布置图　　(b) 左撬棍工作时的受力图(在图中未画出杆段部分)

图 8.1-25　用第一类杠杆原理的撬棍（杠杆）撬移杆段示意图

+—从上向下的力；○—从下向上的力

用第二类杠杆原理（图 8.1-23）的杠杆（撬棍）移动电杆的方法如图 8.1-26 所示。用第一类杠杆原理的撬棍使电杆做直线移动的方法如下。

(a) 将杆段向前端侧撬移时的撬棍布置图　　(b) 左撬棍工作时的受力图（图中未画出杆段部分）

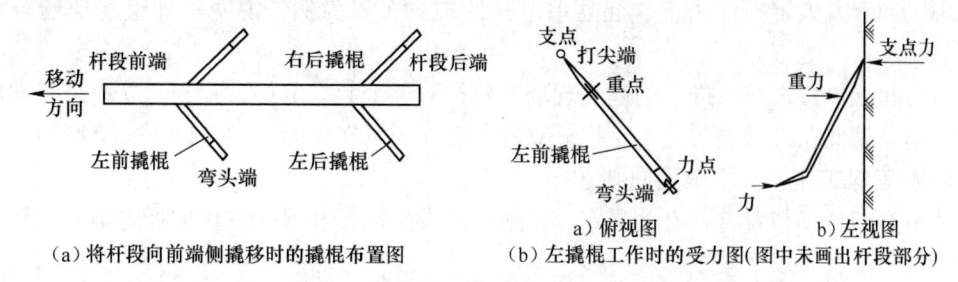

图 8.1-26　用第二类杠行原理的撬棍（杠杆）撬移杆段示意图

+—从上向下的力；。—从下向上的力

1）在电杆前端（即电杆移动方向端）的下方垫一、二根滚杠。

2）在电杆后端两侧的下方，分别对称地插入撬棍的弯头端（扁嘴端），并使撬棍的打尖端向电杆前端方向倾斜，如图 8.1-25（a）所示。

3）同时用力下压撬棍的打尖端，使电杆后端离开地面，然后同时向电杆后端方向推动撬棍的打尖端，电杆就向前移动一小段距离。如此重复上述的操作，就能将电杆直线移动到应到达的位置。

用第二类杠杆原理的撬棍使电杆做直线移动（在电杆前端不加滚杠时）的方法如下。

1）用多对撬棍的打尖端分别从电杆两侧对称地插在电杆的下方，并使撬棍弯头端向电杆后端倾斜，如图 8.1-26（a）所示。

2）同时用力抬起撬棍打尖端使电杆离开地面和向电杆前端推动撬棍的弯头端，电杆就向前移动一小段距离。如此重复上述操作，就能将电杆直线移动到应到达的位置。

用撬棍使电杆只做一端移动（拨）的方法如下。

现假设要求电杆的左端不动右端向前移动，先将撬棍的尖端插在电杆右端后方侧电杆的下边，再抬高撬棍的弯嘴端并向前推动，电杆的右端就向前移少量距离。于是经过多次拨操作，电杆的右端就会前移较长的距离。

8.1.11　起立整基水泥杆单杆的现场布置

在中压（20kV、10kV）架空配电线路中，除了起立由两根水泥杆构成的上 H 形配电变压器台架需要采用分解起立（或称组立）电杆方法（分根起立、空中拼装成整基）之外，一般都采用整基起立水泥单杆、门型双杆和窄基铁塔的方法。

整基起立中压配电线路电杆的最常用的方法是倒落式人字抱杆法。此外，还有许多其他整基起立电杆法，例如，以旧杆组立新杆法、顶杆（或顶板）叉杆法、倒落式单抱杆法、固定式人字抱杆法、固定式独抱杆法、吊车组立法（主要用于城镇）等。

在采用倒落式人字抱杆法整基起立电杆之前，必须做好以下准备工作：组杆（在地面组装电杆）、挖好基坑、安装好底拉盘、埋设好施工桩锚、安装好抱杆、安装好牵引系统等。组杆时，要按电杆组装图组杆，要遵守螺栓穿入方向的规定，要遵守单横担电杆横担安装方向的规定（单横担的直线杆，其横担装在受电侧或统一规定方向；单横担的分支杆、有上下横担的 90°转角杆、终端杆，其横担装在拉线侧），尤其要注意不能强行组装。组装时如发现有困难要查明原因并予以消除后才能组装。

现以倒落式人字抱杆法整基起立单电杆的现场布置为例，说明电杆组立现场布置的原则。

因为起立电杆之前所进行的起立现场布置，对整个起立电杆过程和起立结果有举足轻重的影响。为此在进行倒落式人字抱杆立杆的起立现场布置时应遵守以下三个原则：

(1) 确保工作人员安全的原则。

就是要使现场布置符合有关规定，以达到不发生倒杆和万一发生倒杆时不会伤及工作人员。例如应遵守以下规定：

1) 必须使用合格的起重设备并严禁超载使用。

2) 杆根制动地锚（当采用钢丝绳制动杆根时）、揽风绳地锚至杆洞的距离须大于1.2倍杆高。

3) 各种地锚须安装牢固可靠。

(2) 确保起立后的电杆不产生损伤的原则。要做到此要求，工作人员要按规定的起吊点个数和起吊点位置安装起吊钢丝绳，以避免起立时使电杆产生超标裂纹。

(3) 确保起立方法正确的原则。例如，当采用倒落式人字抱杆起立电杆时，应采用有足够强度和合适长度的人字抱杆；人字抱杆脚的安放位置和抱杆向杆梢方向倾斜角度要符合要求；杆根制动中心、杆塔中线、拖杆顶、主牵引钢丝绳等应在一条直线上，以确保起步方法正确，达到电杆正常起立和抱杆正常脱帽的目的。

在用倒落式人字抱杆起立单杆时，根据上述现场布置原则，可参照图 8.1-27 所示来进行起立电杆的现场布置。

8.1.12　使竖立的单电杆在原地转动的方法

一般情况下，在组立单根电杆之前就已将横担安装在电杆上。当电杆竖立后，如果横担方向不到位（如直线单行横担不与线路中心线垂直；转角杆的横担不在转角的补角的角平分线上），就应转动已竖立的单标，使横担处在它应该处的位置上。

允许转动电杆的条件：在埋在基坑内的电杆上无妨碍转动电杆的卡盘或其他附件，转动时电杆不会倾倒。

转动电杆时应采用的工具：一根适当长度的钢丝绳套或钢丝绳、一根撬棍。

下面介绍两种转动竖立的单电杆的方法（假设做逆时针方向转动）。

(1) 由一个人使竖立的单杆在原地转动的方法。

以下将钢丝绳套简称"绳套"，将绳套两端的圆圈称为套圈。使电杆做逆时针方向转动如图 8.1-28 所示，步骤如下。

首先，在适当高度处将绳套顺时针方向以适当力量绕抱在电杆上，绕两圈。注意，套圈 1 要贴近电杆，露出长度要短。

其次，将撬棍的一端从左向右穿入套圈 1，其端头压在绕在电杆上为第 2 圈的钢丝绳上。

最后，逆时针方向水平地推动撬棍的另一端，电杆就相应地以逆时针方向转动。但要注意电杆的转动量，避免转动过量。

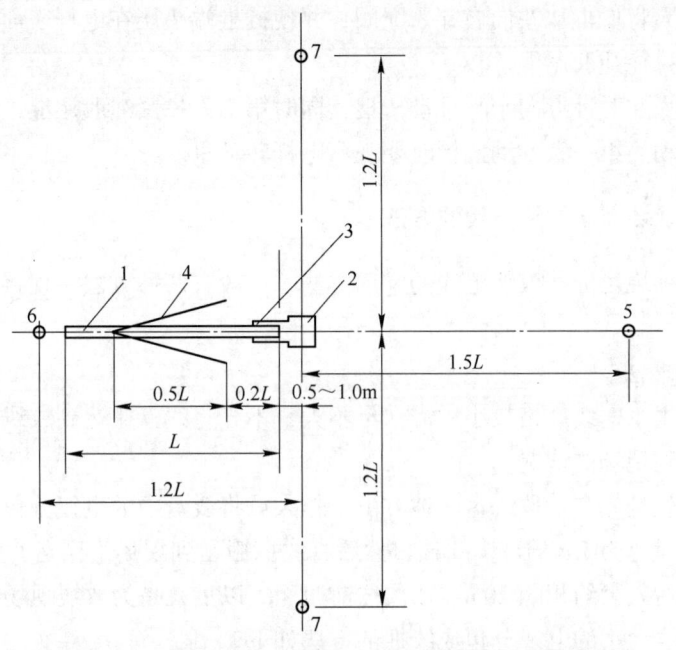

图 8.1-27　用倒落式人字抱杆起立单杆的现场布置示意图
1—电杆，全长为 L；2—电杆基坑；3—基坑马道槽；4—人字抱杆；
5—主牵引转向地锚或滑车组地锚；6—杆根制动地锚；7—左、右揽风绳地锚

说明：如果电杆转动过量了，则将绳套逆时针方向绕抱电杆，再按顺时针方向推动撬棍，使电杆按顺时针方向转动即可。

（2）由两个人使竖立的单杆在原地转动的方法。

用钢丝绳转动电杆（假定逆时针方向转动）如图 8.1-28 和图 8.1-29，具体步骤如下。

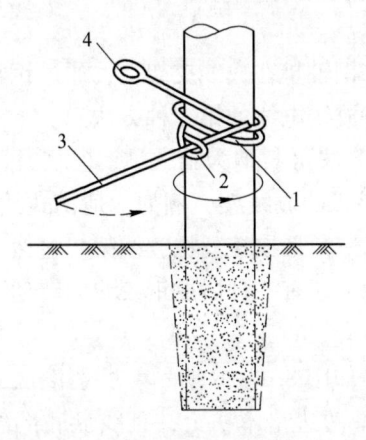

图 8.1-28　用钢丝绳套转动电杆示意图
1—钢丝绳；2—套圈 1；3—撬棍；4—套圈 2

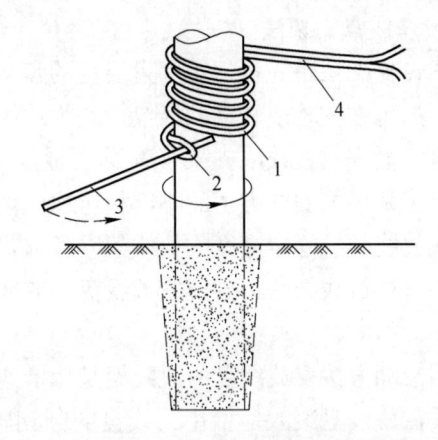

图 8.1-29　用钢丝绳转动电杆示意图
1—钢丝绳；2—绳圈；3—撬棍；4—绳股尾绳

首先，将钢丝绳从中间处回折并拢成一根绳股，使钢丝绳回折处形成绳圈。

其次，第一人抓住绳圈并使绳圈贴近电杆，第二人抓住绳股在电杆适当高度处将绳股顺时针方向绕在电杆上 4 圈，然后第二人同时抓住绳圈和绳股尾绳。

再次，第一人将撬棍从左向右穿入绳圈，并使撬棍端头压在电杆表面上，此后第二人放开绳圈但继续拉住绳股尾绳。

最后，第一人逆时针方向水平推动撬棍，同时第二人拉紧绳股尾绳，这样电杆便相应地逆时针方向转动。第一人推动撬棍时要观察电杆转动量。

8.1.13 为放线现场准备放线电线的方法

为放线操作杆现场准备放线电线的常用方法，一般有两种方法。现将这两种方法介绍如下。

（1）分包线捆法。

这种方法适用于电线规格较小，需求量不大，不必将线盘搬运到放线操作杆处而用人力将其线捆搬运到现场的情况。

分包线捆法就是先在存放线盘的地方由工作人员将线盘中的电线分包成由本身电线相连接在一起的直径约为1m的许多线捆，然后将线捆搬运到现场。搬运时一个人扛一个线捆，两个扛线捆的人大约相隔20m，依次往前搬运。以上就是为放线现场准备放线电线的第一种方法。将线盘中的电线分包成线捆的方法如下。

工作人员一边将线盘中的电线展出，一边不停地将展出的电线在地面上盘绕成一个又一个的直径约1m的线圈和将这些线圈叠放在一起，当叠放在一起的线圈达到25kg时就用线股将这些线圈捆绑起来形成第一个线捆。接着继续展出约20m长的电线并盘绕成线圈和叠放在一起，但不加捆绑。这20m长的电线就是第一个线捆和后面第二个线捆的连线。在展出20m但不加的捆绑的电线之后，又接着在后第一个线捆附近的另一点处，按形成第一个线捆的方法形成第二个线捆。此后就是按前面的操作方法不断重复操作形成第三个、第四个……线捆及其直至将所需的电线都分包成线捆为止。

（2）线盘支架法。

线盘支架法是先将钢轴穿过线盘的盘心，然后将钢轴担在放线支架上，通过钢轴担在支架上的可在钢轴上转动的线盘就是为放线现场准备放线电线的第二种方法。

将线盘安放在放线支架（简称"放线架"）的方法可归纳为滚、吊、丝杠升降三种方法。于是根据安放方法的不同相应地产生了各种形式的放线架，例如，地槽式放线架、木架式放线架、固定高度式放线架、丝杠式放线架、三角形铰接丝杠放线架。显然，后面的两种丝杠放线架是最方便安放线盘的放线架。此外，还有一种展放钢绞线的转动圆台放线架。

用滚动方法安放线盘的放线架是地槽式放线架，如图8.1-30所示。所谓滚法，就是推滚线盘使线盘滚入地槽中，线盘的圆钢轴担在地槽两边垫木枋上，且线盘底部离开槽底，线盘能绕圆钢轴转动。

用吊法安放线盘的放线架是木架式放线架和固定高度的放线架，如图8.1-31和图8.1-32所示。所谓吊法，就是利用三脚架、双钩和钢丝绳套起吊线盘的圆钢轴，将圆钢轴安放在放线架上。

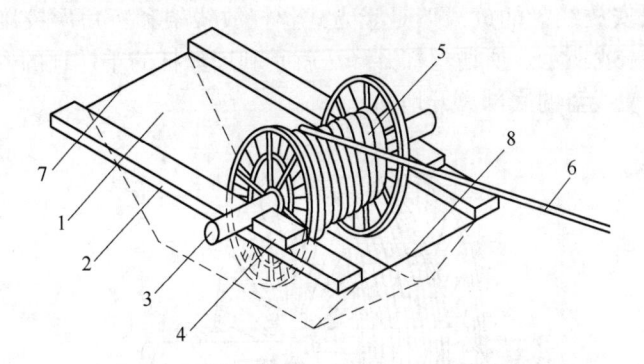

图 8.1-30 线盘安放在地槽式放线架上的示意图
1—地槽；2—垫木枋；3—铁轴；4—挡木块；
5—线盘；6—展放的电线；7—地槽后边；8—地槽前边

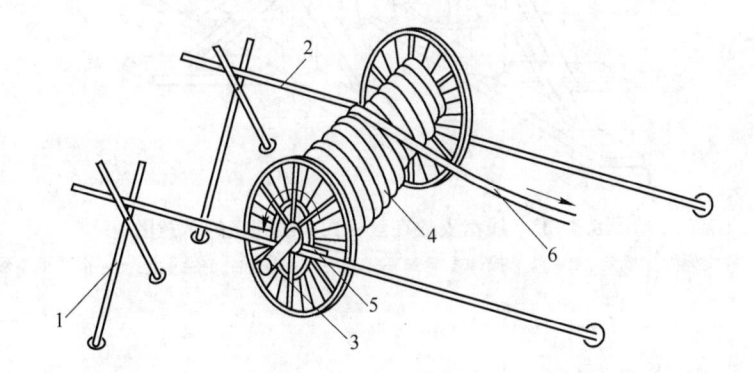

图 8.1-31 线盘安放在木架式放线架上的示意图
1—交叉支撑架；2—长木杠；3—铁轴；4—线盘；5—挡木块；6—展出的电线

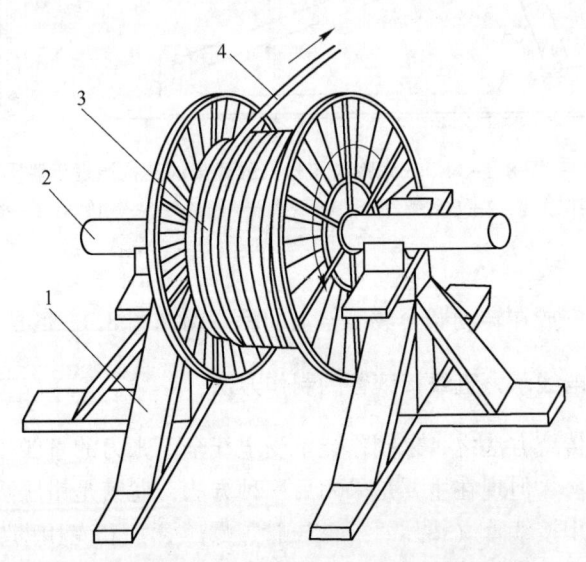

图 8.1-32 线盘安放在固定高度放线架上的示意图
1—固定高度放线架；2—铁轴；3—线盘；4—展出的电线

用丝杠升降法安放线盘的放线架是竖立式丝杠放线架和三角形铰接丝杠放线架，如图 8.1-33 和图 8.1-34 所示。所谓丝杠升降法就是利用丝杠的千斤顶的升降性能，将线盘的圆钢轴向上顶，使线盘的底部离开地面。

图 8.1-33　线盘安放在丝杠式放线架上的示意图
1—放线架的支撑架；2—丝杠操作手柄；3—丝杠；4—铁轴；5—线盘；6—展出的电线

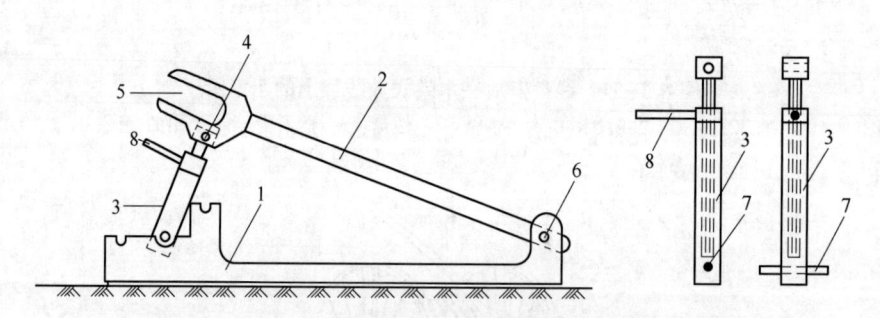

图 8.1-34　三角形铰接丝杠放线架的结构原理示意图
1—放线架底座；2—放线架斜杠；3—放线架丝杠；4、6—铰接圆；5—线盘轴槽口；
7—丝杠底部圆销；8—丝杠操作手柄

将钢绞线卷包安放在转动圆台放线架上的示意图如图 8.1-35 所示。

8.1.14　中压架空电线承力直线接续管的制作方法

常用以下四种传统方法之一来制作能承受电线全部张力的直线接续管：自缠法、钳压法、液压法、爆压法。但现在主要是采用后三种方法，尤其是钳压法和液压法。因为现在已有接续电线的专用接续管（钳压管、液压管、爆压管）和专用的加压工具与爆压方法，只有在事故抢修且没有专用接续管及其加压工具时，才会用自缠法制作承力直线接头。此外，还有采用预绞式金具制作承力直线接头的方法。

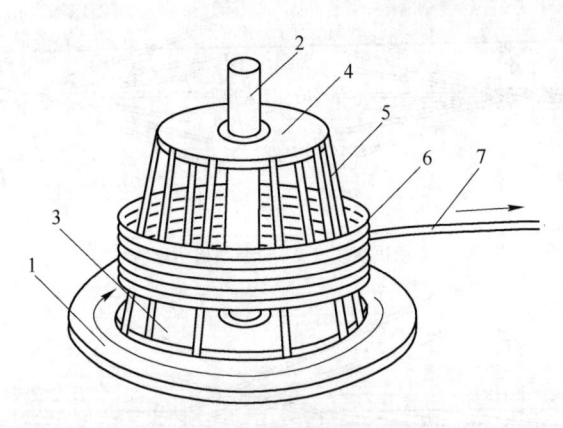

图 8.1-35　钢绞线卷包用的转动圆台放线架示意图
1—基座的底盘；2—基座的铁轴；3—圆台的底盘；
4—圆台的顶盘；5—钢条；6—钢绞线卷包；7—展放的钢绞线

采用专用接续管制作的承力直线接续管，一般统称为接续管或接头。但是，也经常以接续管的名称相应地称为钳压管接头、液压管接头。规程规定，制作完成的直线接续管应符合以下要求：接续管的机械强度不小于电线保证计算拉断力的95%；接续管的电阻不大于等长电线电阻的1.2倍；通过最大负荷电流时，接续管的温度不高出相邻电线温度10℃。

说明： 保证计算拉断力等于计算拉断力的95%。于是，95%保证计算拉断力即约等于计算拉断力的90%。保证计算拉断力就是设计时使用的电线拉断力，它除以安全系数得出的拉力就是电线的最大许可拉力。

下面将各种直线接续管、接头（不包括爆压管接头）的制作方法分别介绍如下。

1. 用自缠法制作直线接头的方法

在发生自然灾害造成单金属电线断线和没有适用的接续管及其压接工具的情况下，为了及时抢修可用电线自身线股制作承力直线接头。用此法制作的接头至今仍具有实用性，仍是一种实用的应急方法。用自身线股自缠而成的承力直线接头的示意图如图 8.1-36 所示，它状似青果。七根线股绞线的自缠式承力直线接头的制作方法如下。

（1）先在被接续的两边绞线的线头处做拆散长度印记，然后将自线头端部至印记处的绞线拆散并撑开成伞骨形状。

每边线头处被拆散的长度约150D。D为绞线的直径。在线头上量好拆散长度后应在长度的止点处做印记。在线头上做好印记后即可拆散线头，只能将线头处的绞线拆散到印记点处为止。接着将拆散的线股撑开，使撑开的线股像撑开的伞骨架一样。然后拆除印记。

（2）将两边拆散的线股相对地交叉插入到印记处，使两边绞线对接起来，并用手加力使散开的线股均匀地贴近、包裹在绞线外面。此时，印记处即是两边绞线的交叉点。

（3）用扎线将交叉点两侧散开的线股缠绕绑扎起来。扎线是另外准备的一根合适长度的线股。对于铝绞线，就用铝绞线自身的铝线股做扎线。对于铜绞线，也是用铜绞线自身的铜线股做扎线，但需要先将其退火。所谓退火的铜线股，就是将一段合适长度的铜绞

(a) 两边接续绞线拆开成线股示意图

(b) 两边绞线的线股相互向对边线股交叉插入的示意图

(c) 用绞线线股缠绕绞线制作成的直线接头的示意图

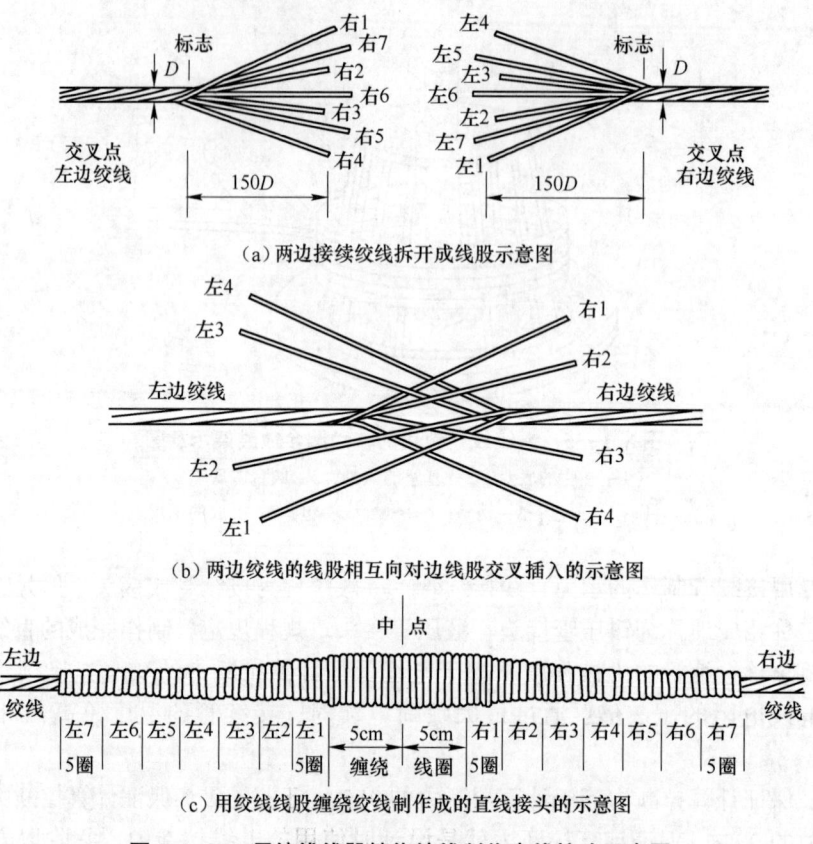

图 8.1-36　用绞线线股缠绕绞线制作直线接头示意图

线线股放在柴炭火中烧红，然后取出在空气中自然冷却，冷却后的铜线股就是退火的铜线股。退火前的铜线股是硬线股，退火后的铜线股是软线股。

须将扎线缠绕绑扎在两边线的交叉点处。缠绕绑扎而成的缠绕线圈长度约10cm，即在交叉点左边缠绕5cm，在交叉点右边缠绕5cm。缠绕扎线时应用钢丝钳，先用钢丝钳钳口夹住扎线，然后一边使钢丝钳绕绞线表面转动，一边使扎线从钢丝钳的钳口中滑出，将扎线缠绕在绞线的外面。

（4）在交叉点处已缠绕线圈的外侧分别用一侧绞线散开的线股逐根缠绕在另一侧绞线的外面。其缠绕方法如下。

现假设被接续的绞线由7根线股组成和在接续的交叉点处已缠绕上扎线，在用一侧（或称一边）绞线自身散开的线股对另一侧（或称另一边）的绞线进行缠绕时，其缠绕的顺序是先缠绕交叉点处一侧的绞线，再缠绕交叉点处另一侧的绞线。

现再假设在交叉点处右侧散开的7根线股的名称分别是右1号、右2号、……、右7号；在交叉点处左侧的7根线股的名称分别是左1号、左2号、……、左7号。现介绍交叉点处右侧7根线股缠绕在左侧绞线外面的方法如下。

首先将右1号提拉到交叉点处已缠绕上扎线线圈的右侧，然后用钢丝钳的钳口夹住右1号，运用钢丝钳将右1号缠绕在右侧绞线和余下的散开的右2号~右7号外面，共缠绕5圈，接着将右1号缠绕后的余线剪掉。接着将右2号线股提拉到右1号缠绕在右侧绞线上线圈的外侧，同样用钢丝钳将右 2 号缠绕在右侧绞线外面（包括余下还未用的散开的右线。其含义下同），共缠绕 5 圈。接着又依次将右 3 号、……、右 7 号缠绕在右侧绞线的外面，至此，就将交叉点处右侧散开的 7 根线股全部缠绕在右侧绞线的外面。用上述同样的方法将交叉点处左侧散开的左线股，按照左 1 号、左 2 号、……、左 7 号的顺序，将左线股全部缠绕在左侧绞线的外面。

（5）检查与校直制作完毕的自缠式直线接头。

2. 用钳压管制作承力直线接续管的方法

钳压管是椭圆形的，用该种钳压管制作的是搭接式的承力直线接续管。

对于铝绞线应采用铝钳压管制作搭接式承力直线接续管，对于铜绞线应采用铜钳压管制作搭接式承力直线接续管，对于 240mm² 及以下钢芯铝绞线应采用铝钳压管制作搭接式承力直线接续管。

用钳压管制作搭接式承力直线接续管的步骤与方法如下。

（1）检查、核对钳压管、钳压钳模（钢模），接续导线的型号、规格。要求钳压管、钳模的型号规格与要接续的导线的型号规格相符，要求两根要接续在一起的导线的型号、规格、绞向（捻向）相同。

（2）做钳压接续前的准备工作。准备工作的内容与作法如下。

1）用细铁丝将两根无缺陷的接续导线的端部绑扎牢靠和将导线端部锯齐，并在导线上画上定位印记（见图 8.1-37~图 8.1-39）。

2）用棉纱蘸汽油清洗导线上的钳压部位及其邻近的导线；用铁钎绑棉纱，蘸汽油清洗钳压管内壁。

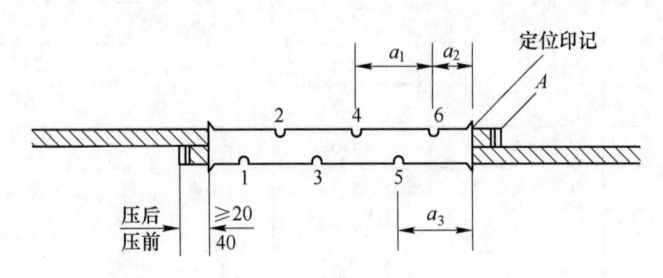

图 8.1-37　铝绞线、铜绞线钳压示意图
1、2、3~6——钳压操作顺序；A—绑线

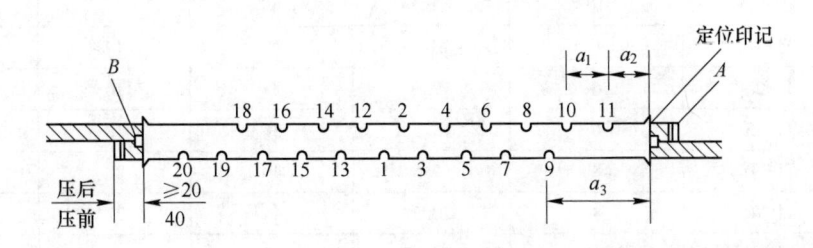

图 8.1-38　LGJ-185 钢芯铝绞线钳压示意图
A—绑线；1~20—钳压操作顺序；B—垫片
注：LGJ-185 以下的压口数目详见表 8.1-1。

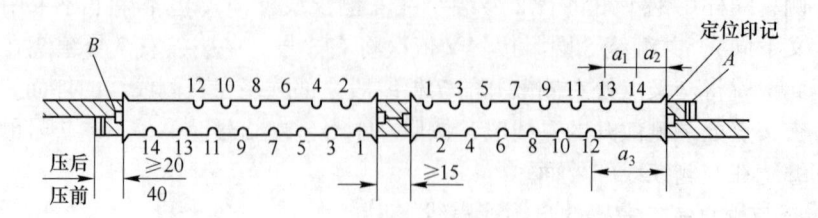

图 8.1-39　LGT-240 钢芯铝绞线钳压示意图
A—绑线；1~14—钳压操作顺序；B—垫片

3）在钳压管内壁涂一薄层导电脂（即电力复合脂、801 电力脂，下同）和在导线的钳压部位的表面涂一薄层导电脂后，用细钢丝刷轻刷其导线表面，以清除氧化膜，但保留导电脂。

（3）将两根要接续的导线（配有垫片的，则连同垫片）分别从不同管口穿通钳压管，直至管口与导线上的印记对齐，即要求每根线头露出钳压管管口 40mm 以上（钳压后，要求露出管口 20mm 以上）；若该承力直线接头由两根钳压管组成，则两钳压管端口之间的距离应不小于 15mm。

（4）按图 8.1-37~图 8.1-39 和表 8.1-1 规定的钳压部位尺寸、压口数目、钳压顺序进行钳压。每钳压一模，应停留片刻（约 10s）后才能松开钳（钢）模，再压下一模。

表 8.1-1　铝绞线、铜绞线、钢芯铝绞线的钳压坑口数、钳压部位尺寸和压后尺寸表

导线型号		压口数	压后尺寸 D /mm	钳压部位尺寸/mm		
				a_1	a_2	a_3
铝绞线	LJ-16	6	10.5	28	20	34
	LJ-25	6	12.5	32	20	36
	LJ-35	6	14.0	36	25	43
	LJ-50	8	16.5	40	25	45
	LJ-70	8	19.5	44	28	50
	LJ-95	10	23.0	48	32	56
	LJ-120	10	26.0	52	33	59
	LJ-150	10	30.0	56	34	62
	LJ-185	10	33.5	60	35	65
铜绞线	TJ-16	6	10.5	28	14	28
	TJ-25	6	12.0	32	16	32
	TJ-35	6	14.5	36	18	36
	TJ-50	8	17.5	40	20	40
	TJ-70	8	20.5	44	22	44
	TJ-95	10	24.0	48	24	48
	TJ-120	10	27.5	52	26	52
	TJ-150	10	31.5	56	28	56

续表

导线型号		压口数	压后尺寸 D /mm	钳压部位尺寸/mm		
				a_1	a_2	a_3
钢芯铝绞线	LGJ-16/3	12	12.5	28	14	28
	LGJ-25/4	14	14.5	32	15	31
	LGJ-35/6	14	17.5	34	42.5	93.5
	LGJ-50/8	16	20.5	38	48.5	105.5
	LGJ-70/10	16	25.0	46	54.5	123.5
	LGJ-95/20	20	29.0	54	61.5	142.5
	LGJ-120/20	24	33.0	62	67.5	160.5
	LGJ-150/20	24	36.0	64	70	166
	LGJ-185/25	26	39.0	66	74.5	173.5
	LGJ-240/30	2×14	43.0	62	68.5	161.5

注：铝绞线、铜绞线和钢芯铝绞线的数据摘自 DL/T 602—1996《架空绝缘配电线路施工及验收规程》之表 B1 和 GB 50173—1992《35kV 及以下架空电力线路施工及验收规范》之表 6.0.9。

（5）钳压操作人做质量自检：填写检查记录表、签名，质检人员验收、签名。对承力钳压直线接头的质量要求如下。

1）钳压后导线露出管口的长度不小于 20mm，导线端部绑扎线保留。由两个钳压管组成的直线接头，还要求钳压后两钳压管之间的距离不小于 15mm。

2）钳压点的压后尺寸的允许误差符合以下要求：铝绞线钳压管的允许误差为 ±1.0mm，钢芯铝绞线和铜绞线钳压管的允许误差为 ±0.5mm。

3）钳压后或校直后钳压管不应有裂纹。

4）钳压后钳压管两端附近的导线不应有灯笼、泡股现象。

5）钳压后钳压管两端出口处、合缝处及外露部分应涂导电脂。

6）承力直线接头的机械强度不小于导线计算拉断力 90% 或导线保证计算拉断力的 95%，直线接头的电阻不大于等长度导线电阻的 1.2 倍。保证计算拉断力即是导线制造厂家用导线的拉力试件在拉力试验机上拉断力试验时所得到的符合合格标准的最小拉断力。国家标准规定，当该试验拉断力大于或等于计算拉断力的 95% 时即认为所制造的导线的拉断力合格。由此得知，保证计算拉断力等于 95% 计算拉断力。

3. 用圆形液压管制作承力直线接续管的方法

用圆形液压管制作承力液压直线接续管（简称"液压直线接头"）就是用液压法压缩两侧导线从不同管口穿入圆管中的圆管，用圆管将两根导线连接起来形成承力直线接续管。用这种方法所形成的接续管是横截面为正六边形（六角形）的金属棒。所谓液压法，就是用液压机进行压接。所谓承力，就是所制成的接续管（接头）能够承受接续管所连接的架空导线的全部拉力。

用圆形液压管制作的承力液压直线接续管有两种：一种是对接式液压直线接管，另一种是搭接式液压直线接续管（是指钢绞线或钢芯铝绞线中的钢芯是搭接式）。

可用圆形液压管连接以下型式的导线：钢绞线、铝绞线（包括铝合金绞线）、铜绞线、钢芯铝绞线（包括钢芯铝合金绞线）、绝缘导线（即架空绝缘电缆）的线芯（铝绞线、铜绞线、钢芯铝绞线等线芯）。

现介绍各种导线的承力液压直线接续管的制作方法和质量要求如下。

（1）钢绞线、铝绞线、铜绞线的对接式承力液压直线接续管的制作方法。

对于不同材质的绞线，应采用相应材质的圆形对接式液压管。

用圆形对接式液压管制作钢绞线、铝绞线、铜绞线的对接式承力液压直线接续管步骤与方法如下。

1）检查并核对液压管、液压机及其钢模、被接续导线的外观质量和型号规格。要对液压管、液压机及钢模进行外观检查，确认质量完好，其型号、规格与待接续的导线的型号规格相符；确认待接续在一起的两根导线的型号规格、绞向（捻向）相同和导线上没有影响压接的缺陷。

2）做液压对接式液压管的准备工作。准备工作的内容与做法如下。

① 在两根无缺陷的接续导线（含钢绞线）的端头 B 点处用细铁丝绑扎，锯齐导线并在导线上和液压管上画上定位印记，如图 8.1-40 所示。在每根导线上的定位印记点是 D 点，自导线端头至 D 点的距离为 $L_1/2$，L_1 为液压管的长度。在液压管上的定位印记点是 O 点，O 点是液压管长度的中点。所谓导线上无缺陷是指导线上无磨损、断股、缺股、泡股、金钩、锈蚀等缺陷，若导线上有缺陷，应将缺陷段切除。

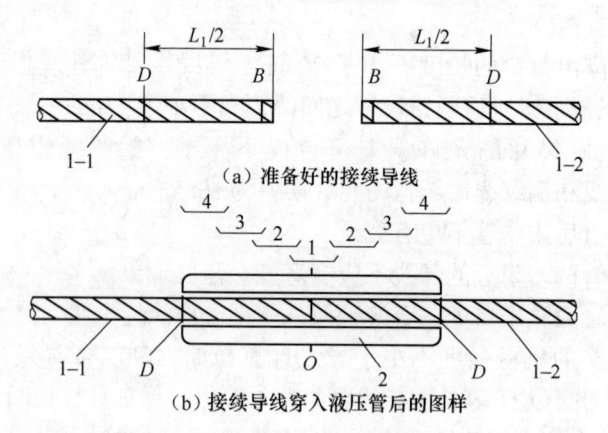

图 8.1-40 铝、铜、钢绞线对接式承力液压直线接续管制作图

1~4—液压操作顺序；2—对接式圆形液压管；1-1、1-2—左、右接续导线；
B—接续导线端头绑扎点；D—导线上的定位印记点；L_1—液管长度；O—液压管中点定位印记点

② 用棉纱蘸汽油清洗导线的液压部位及其附近的导线，清洗长度为压接部位长度的2倍 GB 50173—1992《35kV 及以下架空电力线路施工及验收规范》第 b.0.8 条规定，清洗长度为连接部分的2倍）；用铁纤绑棉纱，蘸汽油清洗液压管的内壁。

③ 在铝绞线液压部位的表面涂一薄层导电脂（电力复合脂、801 电力脂），然后用细钢丝刷擦刷涂以导电脂的铝绞线表面，以清除表面上的氧化膜，但须保留导电脂。对于铜、钢绞线则不涂以导电脂和不用细钢丝刷擦刷。

④ 解开 B 点的绑扎线后将两根待接续的导线（铝、铜、钢绞线）端头分别从液压管不同的管口穿入液压管，当两根接续导线上 D 点处的定位印记分别与液压管两端管口边重合时就认为两接续导线的端头已抵达液压管管长的中点，到此时准备工作已完毕。

3）用液压机压接对接式液压管。液压顺序如图 8.1-40 所示。第一压模的中心应与

液压管中点的 O 点上的定位印记相重合，然后先向液压管的一端逐模向管口方向压接，压接完一端后再从液压管中点向另一端的管口方向压接。液压时后压模要与前压模重叠一部分，压模的重叠长度为 5~8mm。液压时，每模液压到位后要停留片刻（约 10s）。

说明：图 8.1-40 中标示的液压模数是示意性模数，不是实际模数。

液压完成后，应在液压管两端口涂防锈漆。对于钢液压管，还要在压接后的钢管表面涂防锈漆。

用圆形对接式液压管制作完成的对接式承力液压直线接续管应满足以下要求：

① 检查确认画在接续导线 D 点上的定位印记已被液压管覆盖。液压后的液压管将会伸长。当从液压管中点起分别向两端管口方向施压时，液压管将向两端伸长，液压管会覆盖导线上 D 点处的定位印记。

② 液压后的液压管不应有肉眼可看出的扭曲和弯曲；有明显的弯曲时应校直，并应锉掉飞边和毛刺。

③ 液压后和校直后的液压接续管不得出现裂纹。

④ 液压后形成的正六边形（六角形）横截面的液压接续管，其对边距的最大允许值 S 为

$$S = 0.866 \times 0.993D + 0.2\text{mm}$$

式中　D——液压前液压管直径。

压接后的标准值为 $0.866 \times 0.993D$。在正六边形的三个对边距中只允许有一个达到最大值。

⑤ 液压完成后的液压承力直线接续管的握着力应不小于导线（铜、铝、钢绞线）保证计算拉断力的 95%，即计算拉断力的 90%（因保证计算拉断力=95%计算拉断力）。

4）操作人员进行自检，质检人员进行检验。液压操作人员在压接过程中要按要求填写压接记录表，自检认为合格后在液压接续管的指定部位上打上操作人的钢印代码并在压接记录表中签名。质检人员进行检验，认为合格后也要在压接记录表中签名。

（2）钢芯铝绞线承力液压直线接续管的制作。

用圆形液压管可以制作两种型式的钢芯铝绞线承力液压直线接续管（简称"直线接续管"）：一种是钢芯对接式直线接续管，另一种是钢芯搭接式直线接续管。

所谓钢芯对接式，是指将两根接续导线的钢芯分别从液压钢管不同的管口穿入钢管，使两根钢芯的端头在钢管中点接触，然后压缩钢管使两根钢芯连接起来。所谓钢芯搭接式，是指将两根接续导线的钢芯拆散，分别从液压钢管的不同管口贯穿钢管，然后压缩钢管把两根钢芯连接起来。

现将这两种接续管的制作步骤、方法介绍如下。

1）钢芯铝绞线钢芯对接式承力直线接续管的制作步骤与方法。

① 检查、核对液压钢管、液压铝管、液压机及钢模、接续导线的外观质量和型号规格。要求确认液压机、钢模、接续物件外观质量完好，相互的型号规格相符。

② 做液压导线钢芯的准备工作。为了简便叙述，我们将待接续的钢芯铝绞线简称为"导线"，导线中的钢绞线简称为"钢芯"，导线中的铝绞线简称为"铝线"。

a. 准备两根无缺陷的待接续导线。两根无缺陷待接续导线的情况如图 8-1-4 的（a）、(b) 所示。

准备无缺陷接续导线的方法如下。

首先，在导线无缺陷处的两端，分别在 B_0 处用细铁丝绑扎导线并确定两个切断点

Q_0。Q_0 将是已切断而成的两根待接续导线的端头。

其次,分别从 Q_0 处切断导线,即得到两根无缺陷的待接续导线。

b. 在待接续导线上、液压接头时所需的印记,如图 8.1-41(b)所示,各印记符号的含义如下。

(a)两根无缺陷接续导线的准备图

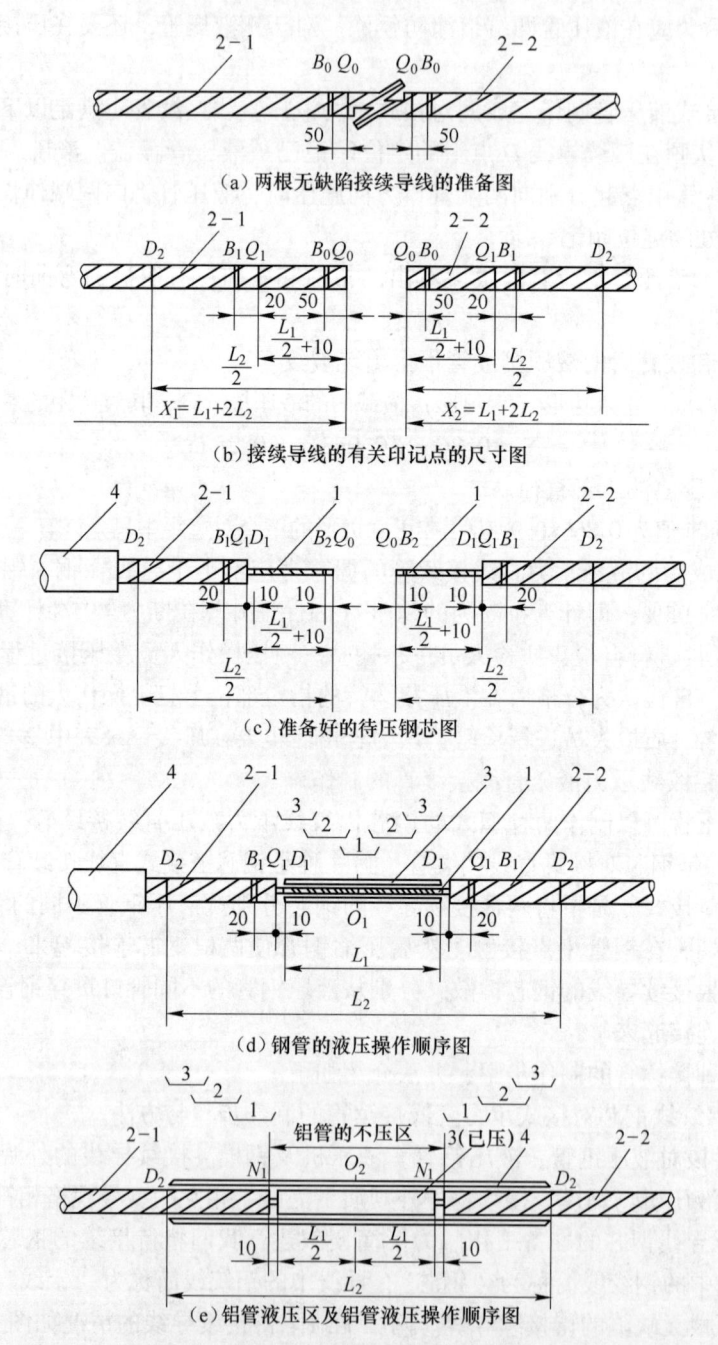

(b)接续导线的有关印记点的尺寸图

(c)准备好的待压钢芯图

(d)钢管的液压操作顺序图

(e)铝管液压区及铝管液压操作顺序图

图 8.1-41　钢芯铝绞线钢芯对接式液压承力直线接续管制作示意图

1—钢芯;2-1、2-2—左、右接续导线;3—钢管;4—铝管;
Q_0—导线切断点;Q_1—铝线切断点;O_2—铝管中心;B_1—导线绑扎点;B_2—钢芯绑扎点;D_1—钢管定位印记点;D_2—铝管定位印记点;L_1—钢管长度;L_2—铝管长度;O_1—钢管中心;①、②、……液压顺序

Q_0 为待接续导线的端头；B_0 和 B_1 为扎线的绑扎点，即绑扎细铁丝的点；Q_1 为切剥导线铝线的起点；D_2 为铝管的定位印记点，即导线插入铝管的长度止点。

c. 为液压钢管准备所用的钢芯。液压钢管时所用钢芯的情况如图 8.1-41（c）所示。

准备所用钢芯的步骤如下。

第一，从图 8.1-41（b）中 B_1 点处的扎线旁边的 Q_1 点起切除导线的铝线和解除 B_0 点的扎线，露出 $Q_1—Q_0$ 段钢芯，如图 8.1-41（c）所示。第二，在图 8.1-41（c）的 B_2 点加细铁丝扎线。第三，在图 8.1-41（c）的 D_1 点处画钢管半长度定位印记，该点上的印记即是钢芯插入到钢管长度中点的印记。到此时所得到的 Q_1-Q_0 段钢芯就是准备好了的待压接的钢芯。

d. 套铝管和钢管。在待接续导线上套入铝管和钢管之后的情况如图 8.1-41（c）（d）所示。其操作步骤如下：第一，解除图 8.1-41（c）中 B_1 点处的扎线，然后将铝管套到左接续导线上（也可以将铝管套到右接续导线上）并将铝管移动到不妨碍压接钢管的位置，如图 8.1-41（c）所示。第二，将两根待接续导线上的已准备好的钢芯分别从钢管两侧管口插入钢管内[插入之前须解除钢芯端头处的扎线，即图 8.1-41（c）B_2 点处的扎线]，直到纲管的管口边与钢芯上 D_1 点处的钢管定位印记重合为止。此时，钢芯端头到达钢管中点，如图 8.1-41 所示。

③ 用液压机压接钢管。液压钢管的顺序如图 8.1-41（d）所示。其压接操作如下：第一，在钢管外面的中点处，即 O_1 点处画一条印记线，然后用液压机从钢管 O_1 点起压接。压接顺序如图 8.1-41（d）所示。压接时第一压模的中点与钢管中点重合。在液压第一模之后，接着向钢管其中任一端的管口方向依序逐模施压。液压完一端后再回到钢管中点向另一端的管口方向依序逐模施压。施压时，后压模与前压模需重叠 5～8mm，每压完一模需停留片刻（约 10s）后再抬起钢模。液压后的钢管，其横截面为正六边形（六角形）。液压钢管之后应检查每对边的对边距尺寸，并登记在压接记录表中。标准的压后对边距尺寸为 $0.866×0.993D$，对边距的允许最大值约 $0.866×0.993D+0.2mm$，3 个对边距中只允许有一个对边距达到最大允许值，其中 D 是钢管液压前的直径。

④ 做液压铝管的准备工作。首先，在两根导线上的 D_2 点处画液压铝管的定位印记。D_2 点至纲管 O_1 点的距高为铝管长度的一半，如图 8.1-41（c）所示。其次，将套在左接续导线上的铝管[如图 8.1-41（c）（d）所示]滑移到已液压的钢管上，并使铝管的管口边与左、右接续导线上的 D_2 定位印记线重合，如图 8.1-41（e）所示。

⑤ 液压铝管。接续管的生产厂家在发货铝管之前一般都会在铝管中点两侧的表面上轻刻有两个 N_1 点印记线。N_1 点处的印记线是铝管的压接与不压接区的分界线，$N_1—N_1$ 段是铝管的不压接区。如果在铝管上没有 N_1 印记，则应补上。补作 N_1 印记的具体做法是先量出铝管的中点 O_2，然后由 O_2 点起向左、向右各量出 $L_1/2+10mm$ 的距离，该距离的止点即是 N_1 点，其中 L_1 是钢管长度。

液压铝管时，先从铝管一端的 N_1 线起向管口方向液压，一端液压完成后再从铝管另一端的 N_1 线起向管口方向液压，直至全部液压完毕。同样要求，后压模与前压模要重叠 5～8mm；每次施压钢模施压到位后要停留片刻才松开钢模；对边距的允许最大值为 $0.866×$

$0.993D+0.2$mm，在3个对边距中只允许有一个达最大值，其中，D是铝管液压前的直径。

⑥ 液压操作人员自检、做记录、打钢印代码、签名，质检人员检验、签名。关于钢芯对接式的钢芯铝绞线液压承力直线接续管的质量要求，请参见8.1.14小节钢绞线、铝绞线、铜绞线对接式承力液压直线接续管的制作质量要求。

2）钢芯铝绞线钢芯搭接式承力直线接续管的制作步骤与方法。钢芯铝绞线钢芯对接式承力直线接续管的制作（称为前者）与钢芯搭接式承力直线接续管的制作（称为后者），在步骤与方法上基本相同，但也有不同点。它们的不同点如下。

① 钢芯穿入钢管的方式不同：前者的两根钢芯从不同管口穿入钢管后在钢管的中点对接；后者的两根钢芯散股后从不同管口穿入钢管并贯通钢管，在管内散开的两根钢芯搭接在一起，但不是叉接。

② 预留钢管液压后的伸长量不同：前者钢管每端的预留伸长量为10mm，后者每端的预留伸长量为5mm。所谓预留伸长量，是指钢芯穿入钢管并到位后，在未压缩钢管之前钢管的管口边至导线铝线端头之间的距离，如图8.1-41（d）所示的Q_1—D_1的距离，和图8.1-42（a）所示的Q_1—D_1距离。这个距离就是压缩钢管时给钢管伸长预留的空间。

③ 压缩铝管的范围不同：前者只压缩无钢管部分，铝管与钢管的重叠部分不压；后者是铝管长度内全压缩。

图8.1-42是钢芯铝绞线钢芯搭接式承力液压直线接续管制作过程中钢管压接、铝管压接的操作示意图。

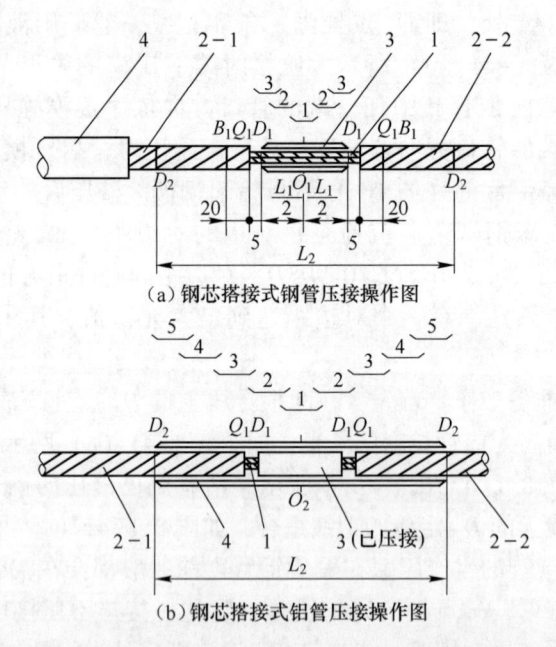

图8.1-42 钢芯铝绞线钢芯搭接式液压承力直线接续管制作图

1—钢芯；2-1、2-2—左、右接续导线；3—钢管；4—铝管；
B_1—铝股扎线点；D_1—钢管定位印记点；D_2—铝管定位印记点；L_1—钢管长度；
L_2—铝管长度；O_1—钢管中点；Q_1—铝股切断印记点；Q_2—铝管中点
①、②、…—液压操作顺序

关于钢芯搭接式钢芯铝绞线液压承力直线接续管的质量要求，请参见 8.1.14 小节钢绞线、铝绞线、铜绞线对接式液压承力直线接续管的制作质量要求。

4. 用预绞式接续金具制作承力直线接头的方法

除了可以采用自缠法、钳压法、液压法、爆压法等传统方法制作电线的承力直线接头之外，还有一种采用预绞式接续金具制作承力直线接头的方法。这是一种新式的接续电线的方法。

几种预绞式接续金具接续电线的方法如下。

(1) 使用钢芯铝绞线（GB 1179—1983）直线接续条制作承力直线接头的方法。

钢芯铝绞线直线接续条的型号格式如图 8.1-43 所示。

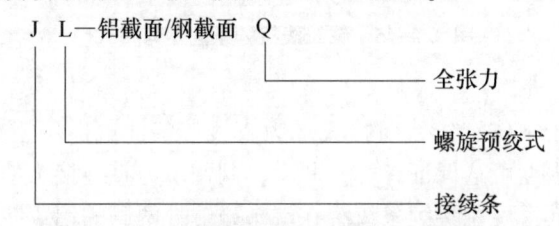

图 8.1-43　钢芯铝绞线直线接续条的型号格式

例：JL-185/30Q。

要采用一组接续条才能完成一个接头的制作。一组接续条由 3 种接续条组成：一是钢芯接续条，用于接续钢芯铝绞线的钢芯；二是填充条，将它绞在钢芯接续条的外面，以增加这段钢芯接续条处的直径；三是外层接续条，绞在填充条和铝绞线的外面，用于接续钢芯铝绞线的铝线。

钢芯铝绞线接续条主要适用于将两根断开的钢芯铝绞线接续起来；必要时，也适用于钢芯铝绞线钢芯完整、铝线已断的对铝线损伤部分的补强。

采用钢芯铝绞线接续条制作承力直线接头的基本方法：第一，剥离长度等于钢芯接续条长度的外层铝线，准备绞绕钢芯接续条所需的钢芯长度；第二，将两个钢芯端头靠拢在一起；第三，在钢芯外面绞绕钢芯接续条；第四，在钢芯接续条外面绞绕填充条；最后，将外层接续条绞绕在填充条和铝绞线外面。

(2) 使用钢芯铝绞线（GB 1179—1983）的钢芯完整，铝线全断补强接续条制作承力直线接头的方法。

钢芯铝绞线钢芯完整铝线全断接续条的型号格式如图 8.1-44 所示。

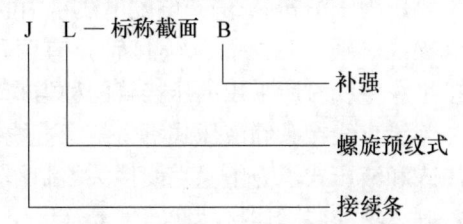

图 8.1-44　钢芯铝绞线钢芯完整铝线全断接续条的型号格式

例：JL-185B。

一组接续条只有一种外层接续条。这种接续条适用于钢芯铝绞线钢芯完整、铝线全断或铝线部分断的铝线补强，经补强后的电线其机械强度可恢复至保证计算拉断力。

采用这种接续条制作接头的基本方法：将损伤铝线处理平整后，直接将接续条绞绕在铝线受伤部位上。

（3）使用铝绞线（GB 1179-1983）接续条制作承力直线接头的方法。

铝绞线接续条的型号格式如图 8.1-45 所示。

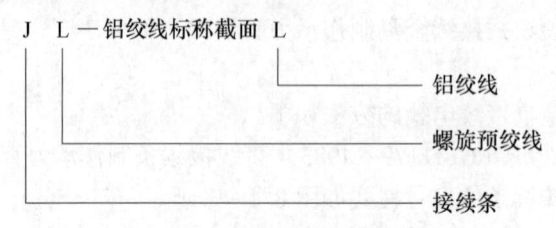

```
J  L — 铝绞线标称截面  L
│  │                  │
│  │                  └── 铝绞线
│  └───────────────────── 螺旋预绞线
└──────────────────────── 接续条
```

图 8.1-45　铝绞线接续条的型号格式

例：JL-185L。

这种接续条适用于制作铝绞线对接式承力直线接头，也适用于铝绞线断股的铝线补强，经补强后其机械强度可达保证计算拉断力。制作承力直线接头的基本方法：先将两根铝绞线端头碰触在一起，后用接续条绞绕在端头碰触处两侧的铝绞线上。

（4）使用铜绞线（GB 3953—1983）接续条制作承力直线接头的方法。

铜绞线接续条的型号格式如图 8.1-46 所示。

```
J  L — 铜绞线标称截面  T
│  │                  │
│  │                  └── 铜绞线
│  └───────────────────── 螺旋预绞式
└──────────────────────── 接续条
```

图 8.1-46　铜绞线接续条的型号格式

例：JL-120T。

一组接续条只有一种接续条。制作承力直线接头的基本方法：先将两根铜线端头碰触在一起，后用接续条绞绕在两端头碰触处两侧的铜绞线上。

5. 中压架空绝缘导线承力直线接续管接头的制作方法

制作中压架空绝缘导线承力直线接头时，需要压接管和内、外套绝缘护套等两种主要材料。

中压架空绝缘导线是指电压为 10~20kV 的架空配电线路中的分相架设的绝缘导线。

用来连接裸导线、绝缘导线芯线的压接管（连接管）有两种：椭圆形的钳压管和圆形的液压管。为此按照连接绝缘导线时所采用的压接管的种类来划分，可将绝缘导线承力直线接头划分为钳压式承力绝缘直线接头和液压式承力绝缘直线接头。

在制作接头方面，钳压式和液压式承力绝缘直线接头的制作步骤是相同的，其中最主要的步骤是下面三个步骤：剥离绝缘层、连接芯线、恢复绝缘层。在其中的连接芯线步骤中的各个操作内容与用钳压管、液压管制作承力直线接头的操作内容基本相同。

现将钳压式和液压式的三种型式（①钳压式承力绝缘直线接头；②绝缘铜绞线、铝绞线芯线对接液压式承力绝缘直线接头；③绝缘钢芯铝绞线液压式承力绝缘直线接头）的承力绝缘直线接头的制作方法分别介绍如下。

(1) 钳压式承力绝缘直线接头的制作方法。

该型式接头适用于以下绝缘导线：导线截面为 185mm^2 及以下的绝缘钢芯铝绞线、绝缘铝绞线和 150mm^2 及以下的铜绞线。该型接头的制作示意图如图 8.1-47 所示。其制作步骤如下。

1) 检查核实两根接续绝缘导线已符合接续要求，所备压接管和压接设备、钢模的型号规格与要接续的绝缘导线相适应。要求：不同金属、不同规格、不同绞向（捻向）的绝缘导线严禁在档内做承力连接。接续绝缘导线的芯线无影响压接质量的缺陷。铜、铝钳压管的规格与绝缘导线芯线的规格相适应。绝缘护套的内径为钳压管外径的 1.5~2.0 倍。钳压管两端的喇叭口已事先锯掉再处理平滑。

2) 剥离两根接续绝缘导线端头处剥离长度的绝缘层。绝缘层、半导体层简称"绝缘层"。接续绝缘导线简称"接续导线"。

① 在接续导线上端头处标示出绝缘层的剥离长度。如图 8.1-47（a）所示。使用钳压管来连接芯线时，两根接续导线绝缘层的剥离长度相等。从接续导线的断口端头开始测量剥离长度，然后在长度的止点 Q_1 点处做绝缘层的切除印记。

绝缘层的剥离长度=钳压管长度（锯掉两端喇叭口后的长度）+80（规程规定为 60~80mm，现统一约定为 80mm）。

② 剥离接续导线端头处的绝缘层。剥除从 Q_1 点至导线端头长度内的绝缘层，如图 8.1-47（a）所示。

剥除绝缘层时应使用专用切削工具，不得损伤导体，在切口处的绝缘层与芯线之间宜有 45°倒角。

3) 将外层和内层绝缘护套套到右（或左）接续绝缘导线外面并移到不影响下一步连接芯线操作的位置上，如图 8.1-47（b）所示。

4) 将两侧接续芯线穿入钳压管和用钳压管连接芯线。制作钳压管承力直线接头时使用钳压管（简称"铝管"）。连接绝缘导线芯线的方法是用钳压机钳压已穿入两根接续芯线的钳压管。连接铜芯线时采用铜钳压管，连接铝芯线时采用铝钳压管。钳压铝芯线（绝缘导线的芯线是钢芯铝绞线）的方法介绍如下。

① 清洗芯线、钳压管内壁、垫片和在芯线上的 D_1 点处做铝管口定位印记。用棉纱蘸汽油清洗芯线和垫片，用细铁线绑棉纱蘸汽油清洗钳压管内壁。D_1 点至芯线端头的距离为 40mm，如图 8.1-47（a）所示。

② 在铝芯线表面上涂电力复合脂和清除铝芯线表面上的氧化膜。首先在剥离了绝缘层的锯芯线表面、垫片表面涂一薄层电力复合脂，然后用细钢丝刷擦刷其表面、清除表面上的氧化膜。

③ 将两根接续绝缘导线的芯线分别从钳压管的不同管口穿入并贯通钳压管，直至芯线上 D_1 点处的定位印记与管口边重合为止，此时露出管口的芯线长度是 40mm，此时芯线端头恰好到达另一侧绝缘导线的绝缘层的断口处，如图 8.1-47（b）所示，图中的双点画线部分是被切除的钳压管的喇叭口部分。

④ 在钳压管表面缠绕一层半导体自粘带和一层绝缘导线的半导体层。要求缠绕自粘带时每圈半导体自粘带之间搭压带宽的 1/2。

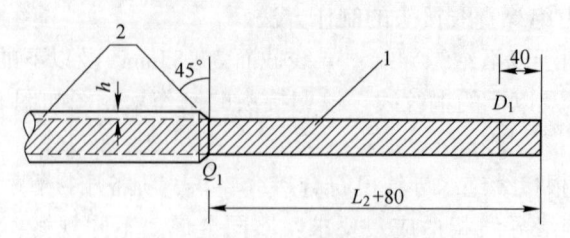

(a) 剥离绝缘层厚的待用接续导体

1—芯线；2—绝缘导线；Q_1—切除绝缘层印记点；h—绝缘层厚度；D_1—铝管口的定位印记点

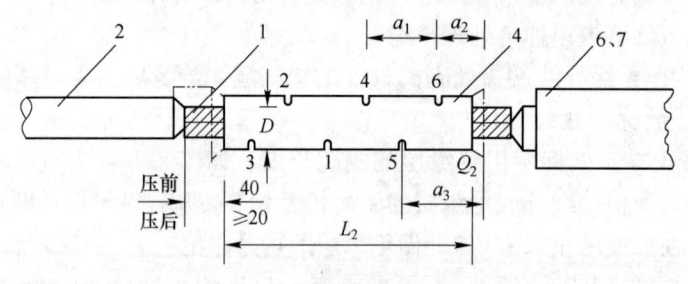

a) 铜/铝绞线钳压操作顺序图

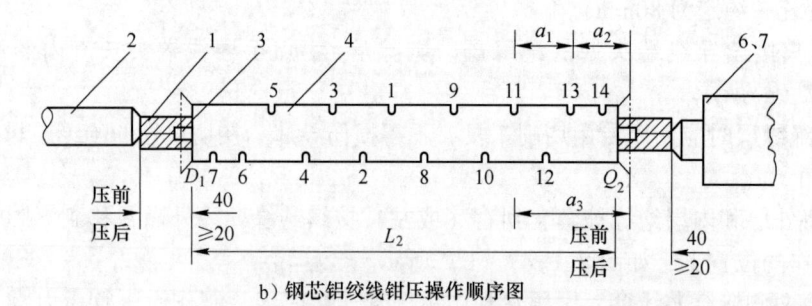

b) 钢芯铝绞线钳压操作顺序图

(b) 管内穿线与钳压操作顺序图

1—芯线；2—绝缘导线；3—钢芯铝绞线垫片；4—钳压管；L_2—钳压管长度；
Q_2—切除钳压管口的印记点；6—内层绝缘层套；7—外层绝缘层套；
D_1—芯线上的定位印记点

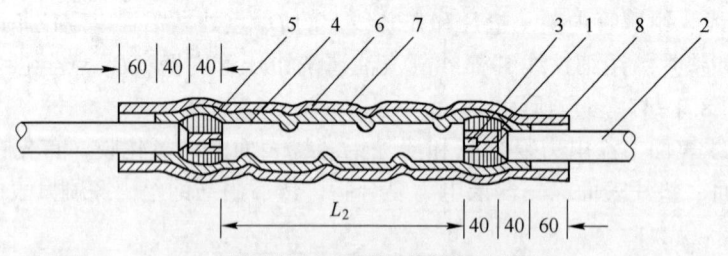

(c) 钳压式承力直线接头绝缘处理示意图

1—芯线；2—绝缘导线；3—钢芯铝绞线垫片；4—钳压管；5—绝缘自粘带；
6—内层绝缘护套；7—外层绝缘护套；8—热熔胶

图 8.1-47　绝缘导线钳压式承力直线接头制作示意图

⑤ 用钳压机钳压钳压管。钳压坑口数目、压后的坑口处尺寸、坑口部位尺寸详见表 8.1-1。

提示：用普通钳压管连接绝缘导线芯线时，仍在原钳压管的坑口尺寸位置上进行钳压。也就是说，应首先用原钳压管的坑口部位尺寸（a_1、a_2、a_3）在原管身上确定所有坑口位置并做坑口印记，然后再锯掉钳压管两端的喇叭口，如此得出的钳压管就是钳压绝缘导线芯线的钳压管，钳压芯线时就在原钳压管的坑口位置印记上进行钳压。

钳压操作顺序是从钳压管中点开始，先钳压一端的钳压坑，再回到管中点，对另一端进行钳压，如图8.1-47（b）所示。进行钳压时务必按操作顺序进行，不能颠倒或跳跃顺序进行，这样才能让钳压管统一向管口方向伸长；每压模钳压到位后应停留片刻再松开钢（钳）模；压完后应检查坑口压后尺寸。

5）恢复绝缘层。恢复绝缘层就是对接续绝缘导线中剥离了绝缘层的部位进行绝缘处理，就是给钳压管及其两端芯线覆盖内、外层绝缘护套。

恢复绝缘层的操作步骤与方法如下。

① 清洗干净需绝缘处理的部位。需进行绝缘处理的部位是钳压管表面和钳压管管口至接续绝缘导线的绝缘层端头之间的芯线。用棉纱蘸汽油清洗钳压管表面和芯线表面。

② 用绝缘自粘带将钳压管口至接续绝缘导线的绝缘层端头之间的芯线缠包起来，要缠包成均匀的弧形。

③ 使内、外层绝缘护套收缩，紧密覆盖在需做绝缘处理的部位上，至此就完成了绝缘导线钳压式承力直线接头的制作。

绝缘护套是辐射交联热收缩护套（简称"热缩护套"）和预扩张冷缩绝缘套管（简称"冷缩套管"）的统称。可用热缩护套、冷缩套管两者之一来覆盖需做绝缘处理的部位上。安装热缩护套、冷缩套管就是使它们收缩紧密覆盖在需做绝缘处理的部位上。安装热缩护套和安装冷缩套管的步骤与安装部位是相同的，所不同的是使它们收缩的方法不同。

安装热缩与冷缩内层绝缘护套和外层绝缘护套的步骤与方法如下。

第一步：将前面已套在接续绝缘导线外面的内层绝缘护套移到规定的位置上，如图8.1-47（b）所示。

这里的规定位置是指已钳压的铝管及已缠包在铝管管口至绝缘层切断口之间芯线外面的绝缘自粘带和绝缘层切断口附近的绝缘层外面。为此在移动内层绝缘护套时，要使其护套的两个端头边线分别超出铝管管口边80mm（即80=40+40），如图8.1-47（c）所示。

第二步：使内层绝缘护套发生收缩，并将需恢复绝缘的部位严密覆盖起来。

使内层绝缘护套发生收缩的方法如下。

当采用热缩护套作为内层绝缘护套时，使其收缩的方法是加热法。在加热法中使用的加热工具是丙烷喷枪，一般不应采用汽油喷灯。采用丙烷喷枪加热时，喷枪的火焰应呈黄色，要避免呈蓝色。在绝缘护套上的开始加热点可以是以下两种加热点之一：一种是从热缩护套的中点开始加热，先向一端加热，然后回到中点再向另一端加热；另一种是从热缩护套的一端开始，向另一端加热。加热时要使丙烷喷枪的黄色火焰慢慢接近加热的开始点，然后使火焰绕热缩护套做螺旋移动沿加热前进方向加热，这样才能确保热缩护套均匀收缩。热缩护套收缩完毕后，表面应光滑无皱折，并能清晰地显示出热缩护套所覆盖的内部物件的结构轮廓。

当用冷缩套管作为内层绝缘护套时，使它收缩的方法是：逆时针旋转退出置于冷缩套管内的分瓣开合式芯棒，当芯棒每退出一段时冷缩套管就相应收缩一段，芯棒全部退出时冷缩套管就全部收缩完毕。冷缩套管收缩完毕后，应用绝缘材料将其端口密封。

第三步：在内层绝缘护套末端处的指定位置上浇热熔胶。

该指定位置如图8.1-47（c）所示，浇热熔胶的长度为60mm。

第四步：将外层绝缘护套移到内层绝缘护套的外面指定的位置，并用使内层绝缘护套收缩相同的方法使之收缩，详见第二步。该指定位置如图8.1-47（c）所示，即外层绝缘护套的端口到内层绝缘护套的端口的距离是60mm。

（2）绝缘铜绞线、铝绞线芯线对接液压式承力绝缘直线接续管（接头）的制作方法。

该型式的接头适用于以下的绝缘导线：截面为240mm² 及以上的绝缘铝绞线和截面为185mm² 及以上的绝缘铜绞线在该型式接头中，两根接续绝缘绞线的芯线在液压管中是对接式的，其接头的制作示意图如图8.1-48所示，其制作步骤及方法如下。

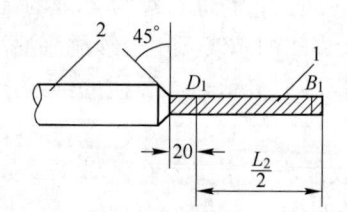

（a）剥离绝缘层后待用的接续铝芯线

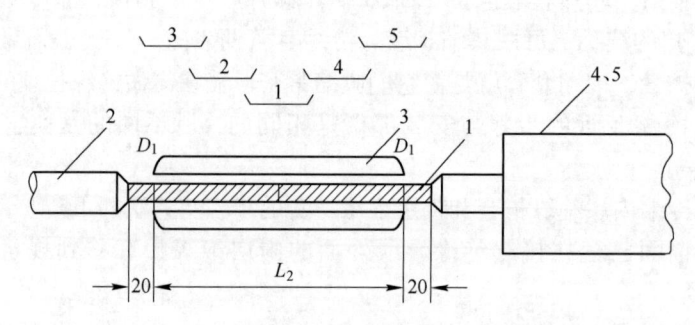

（b）液压铝管前的组装情况与液压操作顺序图

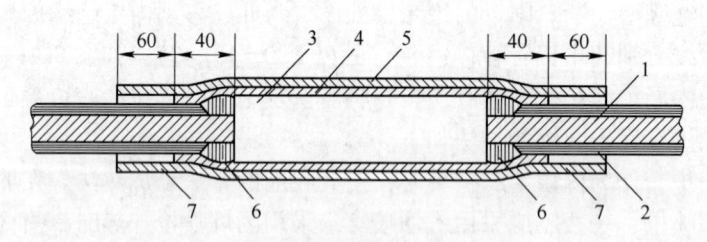

（c）液压铝管的绝缘处理示意图

图8.1-48 绝缘铜绞线、铝绞线芯线液压承力直线绝缘接头制作图
1—铝芯线；2—绝缘导线；3—铝管；4—内层绝缘护套；5—外层绝缘护套；
6—绝缘层倒角、绝缘自粘带；7—热溶胶
B_1—铝芯线板绑扎点；D_1—铝管定位印记点

1）检查核实两根接续绝缘导线已符合接续要求，所准备的铜/铝液压管、液压机、液压钢模的型号规格与要接续的绝缘导线相符合。

对所准备的接续绝缘导线的具体要求请参见"钳压式承力绝缘直线接头的制作方法"中所提的要求内容。

2) 剥离两根接续绝缘导线端头处的绝缘层。芯线对接的两根接续绝缘导线端头处绝缘层的剥离长度相等。剥离绝缘层后的接续导线如图8.1-47（a）所示。

$$绝缘层的剥离长度 = L_2/2 + 20$$

式中　L_2——铜/铝液压管长度；
　　　20——液压铜/铝管时预留给铜/铝管的半管长度的伸长值，mm。

其余内容与8.1.14小节中"钳压式承力绝缘直线接头的制作方法"的内容相同。

3) 将外层和内层绝缘护套套在接续导线的外面并将其移到不影响液压管的位置处，如图8.1-48（b）所示。

4) 用液压铝管（或铜管）连接芯线。当采用液压管制作芯线对接的承力绝缘直线接头，连接铝芯线时采用铝液压管，连接铜芯线时采用铜液压管。连接芯线的方法是用液压机压接已将两根芯线从不同管口穿入到液压管中点的液压管（简称"铝管"或"铜管"），被压接后的液压管截面呈正六边形（六角形）。压接铝芯线的步骤与方法如下。

① 用汽油清洗铝芯线、铝液压管内壁并在芯线上的 D_1 点做铝管定位印记以及将内、外层，绝缘护套套在接续导线外面。铝芯线在端头的绑扎点和铝管定位印记 D_1 点如图8.1-48（a）所示。

将内、外层绝缘护套套到接续导线（如套在右侧接续导线）外面并将其移到不妨碍下一步操作的位置上，如图8.1-48（b）所示。套绝缘护套之前应用汽油清洗绝缘导线的外表面。

② 在铝芯线表面涂一薄层电力复合脂和用细钢丝刷擦刷清除铝芯线表面上的氧化膜，但保留电力复合脂。

③ 将两根连接绝缘导线的芯线分别从铝管的不同管口穿入管内，直至两管口边与芯线上的 D_1 定位印记重合，如图8.1-48（b）所示。

④ 在铝管表面缠绕一层半导体自粘带和一层绝缘线半导体层（适用于中压绝缘异线）。缠绕自粘带时带圈与带圈之间搭压带宽1/2。

⑤ 用液压机液压铝管。液压操作顺序如图8.1-48（b）所示。液压时后压模重叠前压模5~8mm，钢模压到位后需停留片刻（约10s）后再松开钢模。压后的铝管不应有肉眼能看出的扭曲、弯曲现象。压后和校直后的铝管应不出现裂绞。压后应锉掉管上的飞边、毛刺。铝管压后的横截面为正六边形（六角形）。在三个对边尺寸中只允许一个达最大允许尺寸。对边的最大允许尺寸（式中的 D 为液压前铝管的外直径）为 S：

$$S = 0.866 \times 0.993D + 0.2$$

5) 恢复绝缘层。恢复绝缘层就是对接续导线中剥离了绝缘层的部位及其附近进行绝缘处理，就是在已压接的铝管表面和在铝管口至接续绝缘导线剥离了绝缘层的绝缘层端头附近的表面上覆盖上内、外绝缘护套（热缩的或冷缩的内、外绝缘护套）。

完成了绝缘处理工作之后，就完成了液压式承力绝缘直线接头的制作。进行绝缘处理的步骤与方法如下。

① 清洗需绝缘处理的部位。需绝缘处理的部位是铝管表面和铝管管口至接续导线上剥离了绝缘层的绝缘层端头附近部位的表面，如图8.1-48（c）所示。

② 用绝缘自粘带缠绕铝管管口至绝缘层端头倒角之间的部位。缠绕自粘带时两圈自粘带之间搭压宽 1/2，缠绕上的自粘带要形成均匀的弧形状，如图 8.1-48（c）所示。

③ 用内、外层绝缘护套覆盖在需做绝缘处理部位的外面。用内、外层绝缘护套覆盖在需做绝缘处理部位的外面就是使内、外层绝缘护套进行收缩紧密覆盖已液压的铝管及自铝管口至接续导线的绝缘层端头附近的绝缘层外面，如图 8.1-48（c）所示。其操作步骤如下。

a. 将内层绝缘护套移到需绝缘处理部位的上面，使之收缩。

b. 将外层绝缘护套移到内层绝缘护套的外面，使之收缩。

使绝缘护套收缩的方法详见 8.1.14 小节中"钳压式承力绝缘直线接头的制作方法"的有关内容。简单地说，使热缩绝缘护套收缩的方法是采用丙烷喷枪的黄色火焰加热热缩护套表面使之收缩。使冷缩套管收缩的方法是逆时针旋转退出置于套管内的分瓣开合式芯棒，退出芯棒部位的套管就收缩。

（3）绝缘钢芯铝绞线液压式承力绝缘直线连接管（接头）的制作方法。

该型式的接头适用于导电截面为 240mm² 及以上的绝缘钢芯铝绞线。该型式接头的制作过程如图 8.1-49 所示。

该型式接头的制作步骤、方法如下。

1）检查核实两根接续绝缘导线（简称"接续线"）已符合接续要求，所备的圆形液压式钢管、铝管（简称"钢管""铝管"），内外层绝缘护套，液压设备，钢模的型号规格与要接续的绝缘导线相匹配。

对接续线的具体要求内容与 8.1.14 小节中"钳压式承力绝缘直线接头制作方法"所提的要求内容相同。

2）剥离两根接续线的绝缘层。假设右接续线的剥离长度长于左接续线的剥离长度；两根接续线绝缘层的剥离长度是不相等的。剥离绝缘层后的两根接续线的样式如图 8.1-49（a）所示。

左接续线和右接续线的绝缘层剥离长度不相等的原因如下。

在液压钢管连接接续线的钢芯之前，必须把内、外层绝缘护套，铝管套到其中的一根接续线上。虽然内、外层绝缘护套的内径是绝缘线外径的 1.5~2.0 倍，可以将其套到绝缘线外面；但铝管的内径小，只能套在剥离绝缘层后的铝线芯上，因此在液压机压接钢管（即液压钢管）前就必须多剥离暂时安放铝管的那根接续线的绝缘层，以便安放铝管，这就是这根接续线的绝缘层剥离长度要长一些（长一倍铝管长度），而另一根接续线的绝缘层的剥离长度要短一些的原因。

为了方便介绍制作方法，现将两根接续线分别命名为左接续线和右接续线，并假设按顺序将外、内层绝缘护套，铝管套在右接续线上。在以上假设的情况下，左、右接续线绝缘层的剥离长度分别如下。

① 钢芯对接时绝缘层剥离长度：

左接续线绝缘层的剥离长度 $S_{11}=L_2/2+20$（规定值为 20~30，约定取 20）

右接续线绝缘层的剥离长度 $S_{12}=L_1/2+L_2+40$（规定值药 40~60，约定取 40）

② 钢芯搭接时绝缘层剥离长度：

左接续线绝缘层的剥离长度 $S_{21}=(L_1+L_2)/2+25$（规定值为 20~30，约定取 25）

右接续线绝缘层的剥离长度 $S_{22}=L_1+L_2+40$（规定值为 40~60，约定取 40）

式中 L_1——钢管长度,mm;

L_2——铝管长度,mm。

③ 剥离绝缘层。剥离绝缘层后的样式如图 8.1-49（a）所示。

剥离绝缘层时应使用专用切削工具,不能损伤导体,在切口处绝缘层与线芯之间有 45°倒角。

（a）绝缘层的剥离长度

a）钢芯对接情况下的绝缘层剥离长度

b）钢芯搭接情况下的绝缘层剥离长度

（b）钢管安装与压接顺序图

a）钢芯对接时钢管安装与压接顺序

b）钢芯搭接时钢管安装与压接顺序

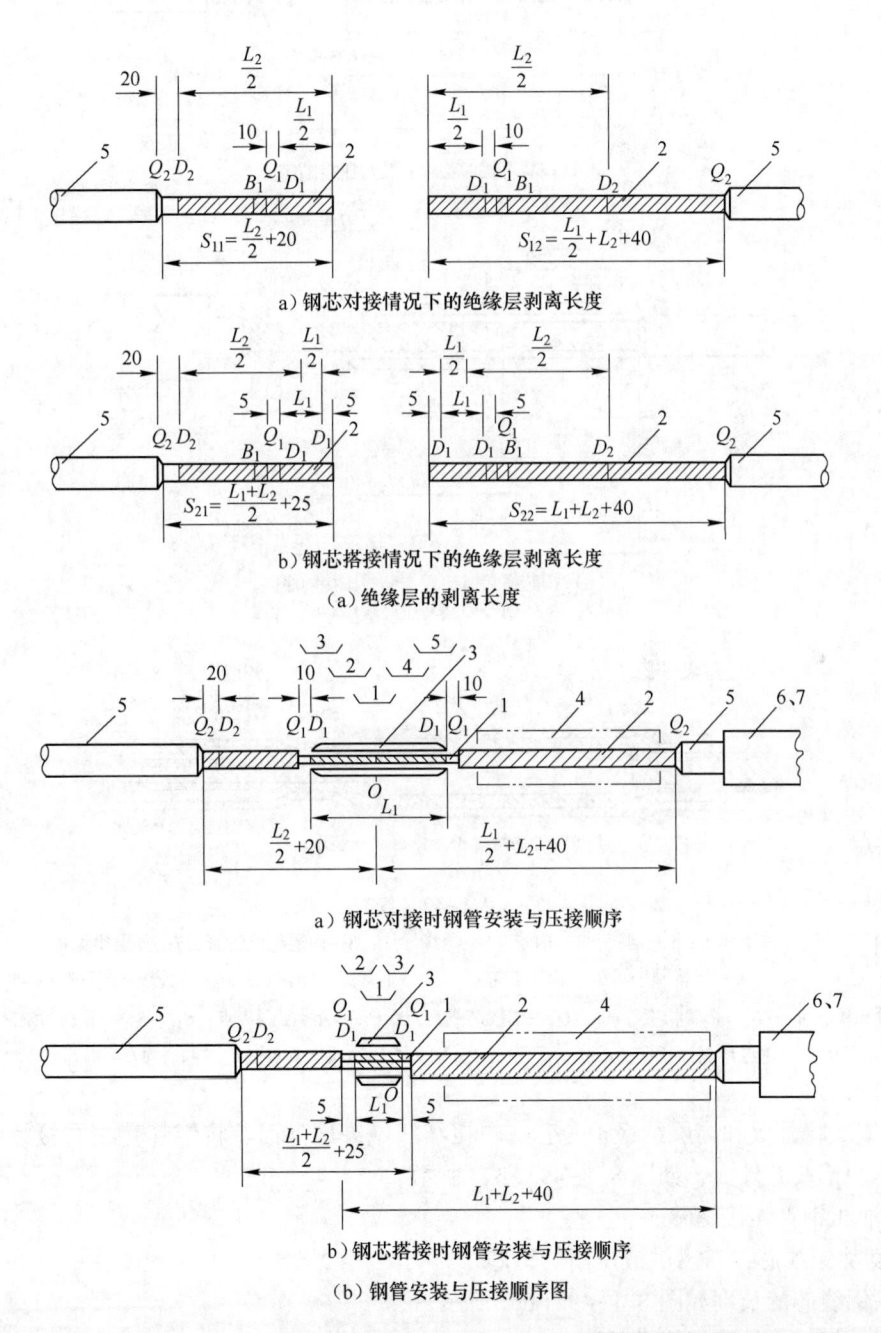

图 8.1-49 绝缘钢芯铝绞线承力液压绝缘直线接头制作示意图

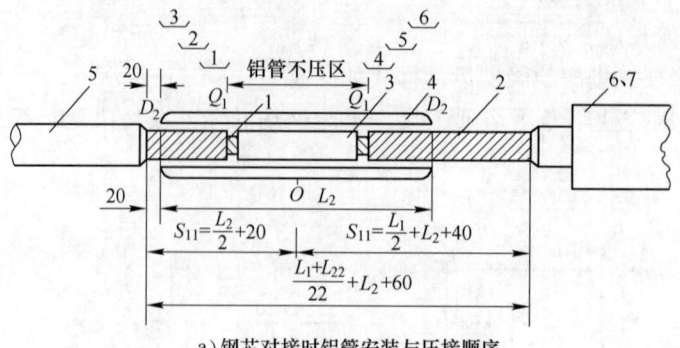

a) 钢芯对接时铝管安装与压接顺序

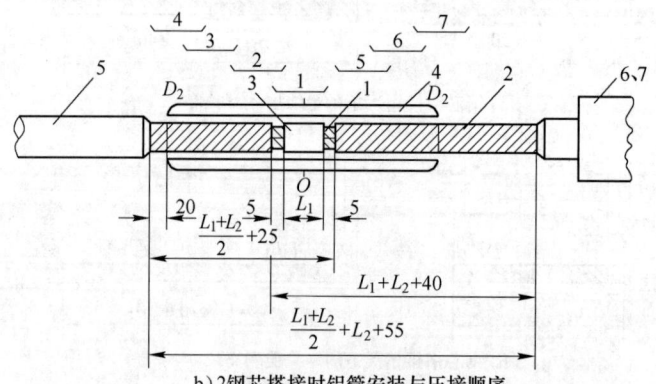

b) 2钢芯搭接时铝管安装与压接顺序
（c）铝管安装与压接顺序

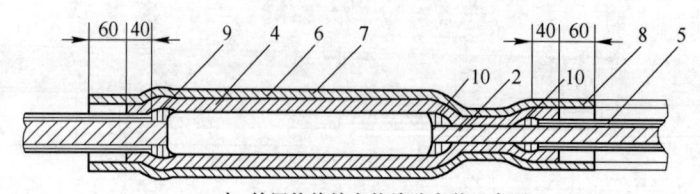

（d）内、外层绝缘护套热熔胶安装示意图

图 8.1-49（续）

1—钢芯；2—铝线芯；3—钢管；4—铝管；5—绝缘导线；6—内层绝缘护管；7—外层绝缘护管；
$\underbrace{1}$、$\underbrace{2}$、……—压接顺序；B_1—铝线芯绑点；D_1—钢管定位印记点；D_2—铝管定位印记点；
L_1—钢管长度，mm；L_2—铝管长度，mm；Q_1—铝线芯剥离点；Q_2—绝缘层剥离点；S_{11}、S_{21}—分别为钢芯对接、搭接时左线绝缘层剥离长度，mm；S_{12}、S_{22}—分别为右线绝缘层剥离长度（mm）；O—钢管中点

3) 依次将外层和内层绝缘护套套在右接续线绝缘层外面,将铝管套在右接续线剥离绝缘层后的铝线芯外面,如图8.1-49（b）所示。

4) 液压钢管连接钢芯。

① 切除铝线芯,露出供液压用的钢芯。

切除铝线芯的长度如图8.1-49（b）所示。

钢芯对接时,切除铝线芯长度为 $L_1/2+10$。

钢芯搭接时,切除铝线芯长度为 L_1+10。

切除铝线芯露出钢芯之前，首先应在铝绞线上 Q_1 点切除印记附近的 B_1 点处用细铁丝绑扎铝线，然后从 Q_1 点起切除铝线芯，使之露出钢芯，如图 8.1-49（b）所示。

② 用汽油清洗钢芯、铝线芯表面和钢管、铝管内壁。

③ 用液压机压接钢管。

首先将钢芯穿入钢管内，其次按规定的压接顺序液压钢管。

钢芯对接、钢芯搭接的钢管安装和压接顺序如图 8.1-49（b）所示。后压模与前压模有 5~8mm 的重叠，钢模液压到位后应停留片刻。液压后钢管截面的形状是正六边形（六角形），对边距离尺寸最大允许值为 $0.866×0.993D+0.2$mm，其中 d 为液压前钢管的外径，在三个对边距离尺寸中只允许一个达最大允许值。钢管液压后不应有肉眼能看出的明显的弯曲、扭曲，液压后和矫直后钢管不应有裂纹。

5）液压铝管连接铝线芯。

① 在铝线芯表面涂一薄层电力复合脂（801 电力脂），然后用细钢丝刷清除铝表面上的氧化膜，但保留电力复合脂。

② 将铝管移到已压钢管上面，铝管的管口边与 $5D_2$ 点定位印记重合。

③ 液压铝管。液压铝管的方法与液压钢管的方法相同。但在采用钢芯对接压接时，与钢管重叠部位的铝管是不压接区，而采用钢芯搭接的压接时，则对铝管全长部位都压接。铝管的安装位置、压接部位与压接顺序如图 8.1-49（c）所示。对铝管的压接质量要求与对钢管的要求相同。

6）安装内层绝缘护套，浇热熔胶，再安装外层绝缘护套，就完成了绝缘接头的全部制作工作。

① 在铝管表面缠绕一层半导体自粘带和一层绝缘线半导体。

② 在左接续线绝缘层的倒角处至铝管左端头处之间、铝管右端头处、右接续线绝缘层倒角处三个部位缠绕绝缘自粘带。后带圈搭压前带圈 1/2 带宽。缠绕上的绝缘自粘带应成弧形状，其缠绕部位如图 8.1-49（d）所示。

③ 将内层绝缘护套（热缩绝缘套管或冷缩绝缘套管）移到铝管上面，使内层绝缘护套覆盖铝管和相邻于铝管两端口的接续线绝缘层，如图 8.1-49（d）所示。

④ 使内层绝缘护套收缩，覆盖在需恢复绝缘的部位上。

对于热缩绝缘护套，使用丙烷喷枪的黄色火焰，先从该绝缘护套的长度中点开始向一端加热使之收缩包裹在需覆盖物的表面上，然后使火焰再回到绝缘护套的中点继续向另一端加热，使之收缩；或者从绝缘护套的一端开始向另一端加热，使绝缘护套全部收缩。

对于冷缩绝缘护管，则逆时针旋转退出置于管内的分瓣开合式芯棒，每退出一点芯棒上面的护套就随之收缩一点，全部芯棒退出则全部护套收缩。使绝缘护套收缩的详细方法详见 8.1.14 小节中"钳压式承力绝缘直线接头的制作方法"的相关内容。

⑤ 浇热熔胶。浇热熔胶的部位如图 8.1-49（d）所示。

⑥ 将外层绝缘护套移到内层绝缘护套和热熔胶的外面，用使内层绝缘护套收缩的方法使外层绝缘护套收缩。至此，整个绝缘接头制作工作全部完成。

内、外层绝缘护套和热熔胶的安装位置示意图如图 8.1-49（d）所示。

7）操作人员进行质量自检、填写质量检查记录表、签字，质检人员验收、签字。检查绝缘钢芯铝绞线接头质量时，主要检查以下方面：

① 制作接头所用的钢管、铝管、内外层绝缘护套、热熔胶及其液压工具与接续绝缘线是否相匹配。

② 压接管的安装位置、压后尺寸是否符合规程要求，是否存在肉眼能看出的明显弯曲、扭曲现象，液压后或矫直后的压接管是否存在裂纹、飞边毛刺。

③ 内外层绝缘护套有皱折，收缩不均匀，有破损烧伤情况。

8.1.15 中压架空配电线路的划印与耐张线夹安装方法

1. 划印的含义与划印法

(1) 划印的含义。

划印就是先在一个耐张段的固定杆（首杆）处，将已与要进行紧线的那根电线相连的耐张绝缘子串挂在固定杆耐张横担上的耐张挂线点上；其次，在紧线操作杆（简称"操作杆"）耐张横担上耐张挂线点的下方悬挂一个单轮滑车和让那根电线（或牵引那根电线的钢丝绳）通过该滑车；最后，在操作杆处牵引通过该滑车的那根电线进行紧线操作；当紧线电线的代表档距弧垂等于设计的代表档距弧垂时，就在正对着操作杆耐张挂线点的电线上画上（或缠上）印记。在这种紧线情况下在正对着操作杆耐张挂线点的紧线电线上画上（或缠上）印记的操作就是划印。

换言之，划印就是确定一个耐张段的架空电线当其代表档距的弧垂等于设计的代表档距的弧垂时，一个耐张段架空电线的总线长的终止点。

中间有多个档距的一个耐张段，其两端各有一基承受电线张力的耐张杆，而中间不承受电线张力只使电线离地悬空的电杆是直线杆。

固定杆（首杆）是进行紧线之前就借助耐张绝缘子串最先将电线挂到上面的那基耐张杆。

紧线操作杆就是耐张段中固定杆这端的另一端的耐张杆。因为除了要在此杆处对电线进行紧线操作之外，还要在此杆处进行划印、重新紧线和借助耐张绝缘子串将电线挂到该杆上等一系列操作，因此将其称总紧线操作杆。

(2) 划印法。

通常将划印法划分为杆上划印法和地面划印法，或将其分为直接划印法和间接划印法。直接划印法就是杆上划印法，间接划印法包括地面划印法和调整线长划印法。

1) 直接划印法。直接划印法就是划印工作人员在电杆上直接在紧线电线上确定划印点和在电线上画上（或缠上）印记，具体作法如图 8.1-50 所示。

2) 间接划印法。地面划印法：紧线时将挂在操作杆横担处的紧线单轮滑车改挂在靠近地面处之后，当观测的代表档距弧垂（实际上是将代表档距弧垂换算成观测档距的观测档距弧垂）达到设计预定值时就停止牵引电线，然后进行以下间接操作。首先，像杆上划印一样，将垂球线通过耐张挂线点到达靠近地面处的电线上确定划印点。但这个地面处的划印点不是真正的刻印点，它比真正的划印点要长出一段距离。其次，计算出该划印点长出的距离。因为紧线单轮滑车由高处改到低处后，从操作杆到前一基电杆的电线长度增长了，因此要把这个增长量计算出来。最后，确定真正的划印点。从地面划印点起减去增长量后在电线上得到的点即是真正的划印点。

调整线长划印法：在挂线后，当发现耐张段内电线的实际弧垂超出允许误差范围时，

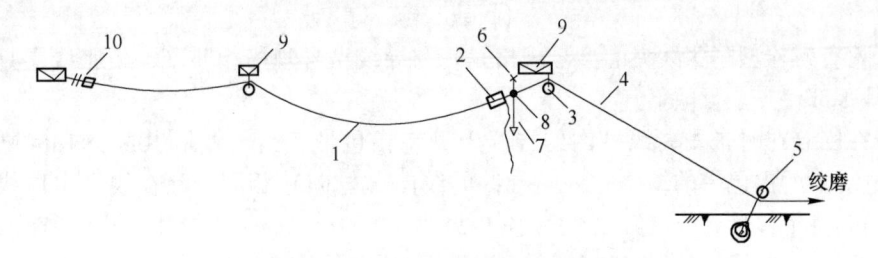

图 8.1-50　杆上划印示意图

1—导线；2—卡线器（紧线器）；3—滑轮；4—牵引钢丝绳；5—地滑轮；
6—挂线点；7—悬垂线；8—划印点；9—横担；10—耐张绝缘子串

可根据误差值计算出电线总长度的调整量，重新确定划印点。

2. 裸导线的螺栓型耐张线夹的安装

裸导线是指无绝缘层的导线，如铜绞线、铝绞线、钢芯铝绞线。

螺栓型耐张线夹主要由线夹本体、U 形螺栓、压板组成。螺栓型耐张线夹的式样和安装示意图如图 8.1-51 所示。在本体的中部有一对螺孔和一个销钉，该螺孔是用来与耐张绝缘子串连的，该对螺孔将耐张线夹的本体分成两个部分：档距侧部分、跳线（即引流线）部分。螺栓型耐张线夹对导线的握着力主要依靠拧紧 U 形螺栓，由 U 形螺栓产生的压力使导线、压板、本体线槽三者紧密接触在一起而产生摩擦力，这种摩擦力就是耐张线夹对导线的主要握着力。

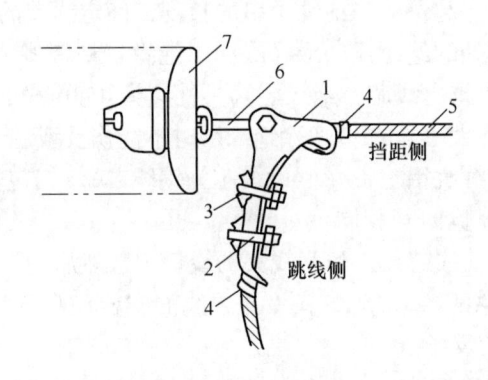

图 8.1-51　螺栓型倒装式耐张线夹安装示意图

1—本体；2—U 形螺栓；3—压板；4—铝包带；
5—铝绞线；6—单联碗头挂板；7—球头绝缘子

螺栓型耐张线夹分为正装型和倒装型两种。在结构上，当 U 形螺栓、压板设置在本体的档距侧时，这种耐张线夹就是正装型耐张线夹。当 U 形螺栓、压板设置在本体的跳线侧时，这种耐张线夹就是倒装型耐张线夹。研究表明，在等量制造用料的情况下，倒装型耐张线夹的握着力大于正装型耐张线夹的握着力。为此，在选用螺栓型耐张线夹时应优先选用倒装型耐张线夹。此外，从节能角度考虑，由于铝合金材料在交流电磁场中不产生磁滞，所以铝合金耐张线夹优于钢质耐张线夹。

现以铝绞线、钢芯铝绞线的螺栓型倒装式耐张线夹为例，介绍螺栓型耐张线夹的安装方法。

1）检查螺栓型耐张线夹的型号规格是否与导线型号规格相匹配，耐张线夹是否外观良好、是否部件齐全无缺陷。

2）在安装在耐张线夹线槽内的导线上缠绕铝包带。铝包带是 10mm×1m 的软铝带。缠绕在电线上的铝包带的缠绕方向与导线的绞向（捻向）相同，除在线夹本体线槽内的导线上须缠绕铝包带之外，露出线夹本体线槽两端 10~30mm 的导线上也要缠绕铝包带。要顺着导线绞向缠线铝包带且将其断头绕回到线夹本体线槽内。

3）将缠绕了铝包带的导线置于耐张线夹本体线槽内并装上 U 形螺栓、压板。在安放导线时务必注意不能将耐张线夹装反，线夹本体的档距侧一定要朝线路的档距侧方向。

4）应在地面并用测力扳手均匀拧紧 U 形螺栓，以保证线夹的握着力不小于导线计算拉断力的 90%。

3. 绝缘导线的耐张线夹的安装

可用裸导线使用的螺栓型耐张线夹作为绝缘导线（简称为"绝缘线"）的耐张线夹，但要与外加的绝缘罩一起配套使用；也可用有绝缘衬垫的楔型绝缘耐张线夹作为架空绝缘线的耐张线夹。

(1) 用裸导线的螺栓型耐张线夹作为绝缘线耐张线夹时安装耐张线夹的方法。

安装步骤如下。

1）检查线夹型号规格是否与绝缘线线芯的规格相匹配，线夹的外观、部件是否齐全、无缺陷。

2）从绝缘线的划印点起量耐张绝缘子串的长度，确定线夹的安装位置。

3）切除在安装线夹处的绝缘线的绝缘层和用绝缘自粘带将绝缘层断口密封。应用专用切削工具切除绝缘层以露出线芯，绝缘层端头处应为 45°倒角，剥离绝缘层长度等于线夹本体线槽长度，误差不大于 5mm，切除绝缘层时不能伤及线芯。

4）在露出的线芯上缠绕铝包带（假设线芯为铝线芯）。铝包带的规格为 1mm×10mm，缠绕方向与铝线芯绞向（捻向）相同。

5）将缠绕了铝包带的线芯放入耐张线夹的线槽中，然后用 U 形螺栓将线芯固定在线夹中。具体的安装方法详见 8.1.15 小节"裸导线的螺栓型耐张线夹的安装"。安装线夹时务必注意不能把线夹装反了。

6）在安装好 U 形螺栓的线夹外面加装绝缘护罩。绝缘护罩除罩住线夹之外，还应罩住靠绝缘子侧的与线夹相连接的金具（如单联碗头挂板）。然后用绝缘自粘带将绝缘罩的所有开口处密封起来。

(2) 有绝缘衬垫的绝缘耐张线夹的安装方法。

常用的绝缘耐张线夹是楔型绝缘耐张线夹，是专用于绝缘线的耐张线夹，它的结构主体是椭圆锥状的金属壳和楔块，但金属壳内有绝缘衬垫，金属壳上有两个壳口，小口朝档距侧，大口朝耐张绝缘子侧。

安装楔型绝缘耐张线的方法：首先，将绝缘线尾线的端头从金属壳的小口穿入，从口穿出绕一圈后又从小口穿出；其次，将楔块塞入绝缘线的圆圈内；最后，抽拉穿到小口外面的绝缘线的尾线，将楔块拉入金属壳内，将绝缘线夹在金属壳和楔块之间。金属壳与楔块对绝缘线的压力就是线夹对绝缘线的握着力。

一般情况下，不须剥除穿入金属壳内的绝缘线的绝缘层。但有些型号的楔型绝缘耐张线夹的产品规定，将绝缘线安装在绝缘耐张线夹时，可以剥除其绝缘线的绝缘层，也可以不剥除其绝缘层。

8.1.16 中压架空配电线路导线的补修

在本子单元中介绍裸导线、钢绞线避雷线、绝缘导线损伤后的各种补修方法、对应的损伤标准及补修时应遵守的规定。

1. 裸导线的补修方法

可根据裸导线不同的损伤情况分别采取以下四种方法进行补修：不做补修、缠绕或预绞丝补修、补修管补修、锯断重接。现分别将各种补修方法、对应的损伤标准和应遵守的事项介绍如下。

（1）裸导线不做补修的补修法。

当导线在同一处有损伤同时符合下列情况时，对导线不做补修，但应将损伤处的棱角与毛刺用 0 号砂纸磨光。

1）单股损伤深度小于直径的 1/2。

2）钢芯铝绞线、钢芯铝合金绞线损伤截面小于导电部分截面积的 5%，且强度损失小于 4%。

3）单金属绞线损伤截面积小于 4%。

说明： "同一处"损伤截面积是指按该损伤处在一个节距内的每股铝丝在铝股损伤最严重处的深度换算出的截面积总和（下同）。当单股损伤深度达到直径的 1/2 时按断股论。

（2）裸导线的缠绕或预绞丝补修法。

当导线同一处损伤符合表 8.1-2 的标准时，应采用缠绕或修补预绞丝对导线进行补修。采用缠绕或修补预绞丝对受损伤导线进行补修后，对导线的强度损失无补强效果，只是可以防止导线在损伤处扩大断股范围。

表 8.1-2 用缠绕或修补预绞丝补修导线的导线损伤标准

导线类别	导线损伤情况	处理方法
铝绞线、铝合金绞线	导线在同一处的损伤程度已超过"不做补修"程度，但因损伤导致强度损失不超过总拉断力的 5%时	以缠绕或修补预绞丝处理
钢芯铝绞线、钢芯铝合金绞线	导线在同一处损伤程度已超过"不做补修"程度，但因损伤导致强度损失不超过总拉断力的 5%，且截面积损伤又不超过导电部分总面积的 7%时	

注：总拉断力就是导线的计算拉断力（详见 GB 50233—2014《110~500kV 架空送电线路施工及验收规范》表 7.2.3 之注），不是保证计算拉断力。保证计算拉断力=95%计算拉断力。保证计算拉断力是用拉力机对导线试件做破坏试验得到的最小拉断力。

1）当采用缠绕法对损伤导线做补修处理时，应遵守以下规定：

① 受损伤处的线股应处理平整。

② 应选用与导线同金属的单股线作为缠绕材料，其直径应不小于 2mm。

③ 缠绕中心应位于导线损伤最严重处，缠绕应紧密，缠绕上的线圈与线圈之间应靠拢，回头应绞紧，受伤部位应全部覆盖，整个缠绕长度应不小于100mm，其缠绕补修示意图如图8.1-52所示（画图时有意将线圈之间的间隙画大，同时没有把构成导线的线股画出）。

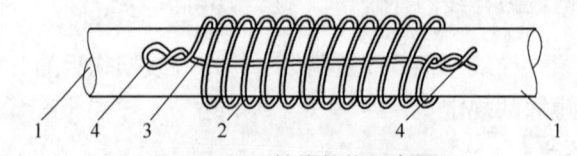

图8.1-52　缠绕补修示意图
1—导线；2—缠绕线的主绕线；3—缠线线的副线；4—回头绞紧

2）当采用修补预绞丝对导线进行补修时，应遵守以下规定：
① 受损伤处的线股应处理平整。
② 修补预绞丝的长度应不小于导线三个节距。
③ 修补预绞丝的中心应位于导线损伤最严重处，且与导线接触紧密，损伤处应全部被覆盖。

（3）裸导线的补修管补修法。

补修管补修有补强效果，经补修管补修后损伤处导线的总拉断力应不低于导线保证计算拉断力的95%，即不低于导线计算拉断力的90%。

当导线的损伤符合表8.1-3的损伤标准时，应以补修管补修。

表8.1-3　用补修管补修的导线损伤标准

导线类别	导线损伤情况	处理方法
铝绞线、铝合金绞线	导线在同一处损伤的强度损失已超过总拉断力的5%，但不超过17%	以补修管补修
钢芯铝绞线、钢芯铝合金绞线	导线在同一处损伤的强度损失已超过总拉断力的5%但不足17%，且截面损伤不超过导电部分总截面的25%	

注：总拉断力即是导线计算拉断力。

补修管为抽匣式。补修时先将补修管的本体（厘体）套在损伤处导线外面，后将匣盖条插入本体的开口上面，然后采用液压法或爆压法压缩补修管，使补修管与导线紧密压缩在一起。

采用补修管补修导线时，应遵守以下规定：
1）损伤处的铝（或铝合金）股线，应先恢复其原绞制状态。
2）补修管的中心应位于导线损伤最严重处，被补修部分应在补修管端部各20mm以内。

（4）裸导线的锯断重接法。

1）导线在同一处损伤有下列情况之一者，应将损伤导线割断，制作承力直线接续管进行连接。或者不锯断钢芯铝绞线，而以铝线全断钢芯完整预绞式补强接续条接续铝线，恢复钢芯铝绞线的机械强度。

① 铝绞线、铝合金绞线，当同一处损伤造成强度损失超过总拉断力的17%时；钢芯铝绞线、钢芯铝合金绞线，当同一处损伤造成强度损失超过17%或截面损伤超过导电部

分总截面积的 25%时，应将导线锯断重接。

② 导线连续损伤，其强度损失、截面损失虽在表 8.1-3 的范围内，但损伤长度已超过一个补修管的补修范围。

③ 钢芯铝绞线、钢芯铝合金绞线的钢芯断一股。

④ 导线出现灯笼，其直径超过导线直径 1.5 倍而又无法修复。

⑤ 金钩、破股已形成无法修复的永久变形。

关于将损伤的导线锯断，重新用接续管将其连接的方法，即重新制作接头的方法以及用预绞式接续条接续导线的方法请详见"用钳压管制作承力直线接续管的方法"和"用圆形液压管制作直线接续管的方法"的相关内容。

2）用接续管制作承力直线接头时，应遵守以下规定：

① 不同金属、不同规格、不同绞制方向的导线，严禁在档距内连接。

② 制成的接头不应有裂纹，不应有灯笼、泡股现象。

③ 导线连接后，其接头（即接续管）的握着力不小于导线保证计算拉断力的 95%（即不小于导线计算拉力的 90%），接头的电阻不大于等长导线电阻的 1.2 倍，接头通过最大负荷电流时接头的温度不高出相邻电线温度 10℃。

2. 架空钢绞线避雷线的补修

(1) 钢绞线避雷线的损伤处理标准。

避雷线用钢绞线的损伤处理标准见表 8.1-4。

表 8.1-4 钢绞线损伤处理标准

钢绞线股数	以镀锌铁丝缠绕	以补修管补修	锯断重接
7	不允许	断 1 股	断 2 股
19	断 1 股	断 2 股	断 3 股

用缠绕法补修钢绞线对受损钢绞线无补强作用，但有防止扩大断股作用。用补修管补修，对受损钢绞线有补强作用，其强度可恢复至钢绞线保证计算拉断力的 95%。

(2) 钢绞线的补修管补修和锯断重接的液压施工方法。

补修钢绞线的补修管为钢质抽匣式补修管。接续钢绞线的接续钢管有对接式和搭接式两种。

(3) 补修与重修钢绞线时应遵守以下规定：

1）不同规格、不同绞向的钢绞线，严禁在档距内连接。

2）应在施工压缩后的补修管、接续管的外面和两端管口处涂防锈漆。

3）用接续管制作的接头，其握着力不小于钢绞线保证计算拉断力的 95%（即不小于钢绞线计算拉断力的 90%）。

3. 架空绝缘导线的补修

现根据 DL/T 602—1996《架空绝缘配电线路施工及验收规程》和相关规程的规定介绍绝缘导线（简称"绝缘线"）的补修方法如下。

(1) 绝缘线绝缘层损伤的补修。

可不做绝缘层补修的情况：绝缘层损伤深度在绝缘层厚度的 10%（不含 10%）以下

时，可不进行绝缘层补修。

应对绝缘层进行补修的情况：绝缘层损伤深度在10%及以上时，应进行绝缘补修。可采用以下两种绝缘补修方法之一进行绝缘层补修。

1) 绝缘自粘带缠绕法。具体方法是在绝缘层损伤部位上缠绕绝缘自粘带（简称"自粘带"），缠绕时后圈的自粘带要搭压在前圈自粘带上面，搭压宽度为带宽的1/2，补修完毕后的自粘带厚度应大于绝缘层损伤深度，且缠绕层数不少于两层。

2) 绝缘护罩法。具体方法是用绝缘罩将绝缘损伤处罩住，然后用自粘带将绝缘护罩所有开口缠绕封住。

进行绝缘层补修时，应遵守以下规定：一个档距内单根绝缘线绝缘层的补修不宜超过3处。

(2) 绝缘线线芯损伤的补修。

因为绝缘层在线芯的外面，所以对线芯损伤的补修要经过三个工作步骤才能完成，即剥离绝缘层、补修线芯、恢复绝缘层。

补修绝缘线线芯的方法与裸导线损伤的补修方法相似。现将绝缘线线芯补修的三个步骤的工作内容介绍如下。

1) 剥离绝缘层。要采用专用工具切断与剥离绝缘层、半导体层，不得损伤线芯，绝缘层被切断处的绝缘层断口宜呈45°倒角；绝缘层（含半导体层）的剥离长度要根据绝缘层的损伤长度、线芯损伤程度、采取的补修方法确定。

2) 补修线芯。补修线芯的常用方法分别为缠绕、补修管或预绞式补强条、锯断重接等。此外，还有采用预绞式接续条的补修线芯的方法，但在这里不介绍这种补修方法。

缠绕补修法：线芯截面损伤在导电部分截面的6%以内，损伤深度在单股线直径的1/3之内，应用同金属的单股线在损伤部位缠绕，缠绕长度应超出损伤部位两端各30mm。

补修管补修法：线芯截面损伤不超过导电部分的17%时，可用补修管补修；也可用敷线法修补（如预绞式补强条补强），敷线长度应超过损伤部分，每端缠绕长度超过损伤部分不小于100mm。

锯断重接法：符合下列情况之一的损伤，应锯断重接。在同一截面内，线芯损伤面积超过导电部分截面的17%；在同一截面内，损伤面积虽不超过导电部分截面的17%，但损伤长度已超过一个补修管的补修范围；钢芯铝绞线、钢芯铝合金绞线的钢芯断一股等。锯断重接绝缘线线芯时，采用何种型式的接续管来制作接头，主要决定于导线的截面规格。一般情况下，绝缘线的导电截面在185mm^2及以下时采用椭圆形的铝钳压管，绝缘线导电截面在240mm^2及以上时采用圆形的铝液压管和圆形的钢液压管（分为圆形钢芯对接和搭接液压钢管）。制作接头时，用钳压机压接钳压管，用液压机压接液压管。

3) 恢复绝缘层，即绝缘处理。对10kV绝缘线而言，在对线芯损伤做任何一种补修之后，都要进行以下两种处理：

① 在补修部位上做屏蔽处理（对于低压绝缘线不做屏蔽处理）。做屏蔽处理，就是在线芯补修部位的上面先缠绕一层半导体自粘带，后缠绕一层绝缘线半导体层。

② 在补修部位上安装内层绝缘护套和外层绝缘护套等两层绝缘护套，用绝缘护套将补修部位和与补修部位两端相邻的绝缘线的绝缘层包裹起来。绝缘护套是辐射交联热收缩管（简称"热缩护套"）和预扩张冷缩套管（简称"冷缩管"）的统称。

用补修管补修和锯断重接法补修绝缘线线芯时，为使线芯符合要求应遵守以下规定：
① 补修管、接续管的型号、规格要与绝缘线线芯的型号、规格相匹配。
② 压接后的补修管、接续管不应有裂纹，管的弯曲度应不大于管长2%。
③ 钳压管、液压管的压接顺序要符合规定。
④ 钳压管的压口数、压后尺寸，液压管的压后尺寸要符合规定值。钳压管压接后，线芯端头露出压接管管口长度应不小于20mm。
⑤ 施压后的补修管、接续管（接头）的电阻应不大于等长线芯电阻的1.2倍，其机械强度应不小于线芯保证计算拉断力的95%。

8.1.17 临时地锚的安装与使用

在线路施工与检修时，常采用临时地锚来固定起立杆塔和导地线紧线的牵引钢丝绳、稳定电杆的临时拉线、改变牵引钢丝绳方向的转向滑轮等。常用的临时地锚有深埋式地锚、板桩式桩锚、钻式地锚等。

在本小节中，只介绍上述几种地锚的安装与使用方法，不介绍它们的承力计算、强度计算。

（1）深埋式地锚的安装与使用。

深埋式地锚是指水平地深埋在地下的具有垂直向上或倾斜向上抗拔力的圆形长横木、混凝土拉线盘等锚体和拉棒。临时使用的拉棒通常由钢丝绳构成。拉棒的下端拴在锚体的中央，拉棒的中间是一段钢丝绳，拉棒的上端露出地面，其端头是拉环，通常是临时拉线下把、滑车组的定滑车端、牵引机械等的固定点。

深埋式地锚有横木地锚（分有单、双、三根横木地锚）、钢筋混凝土拉盘地锚、钢管和角钢等其他地锚，其中最常用的临时地锚是横木地锚。

横木地锚主要用作组立杆塔和导地线紧线时所使用的钢丝绳滑轮组定滑车端的固定地锚。单根横木地锚的锚体是圆木，其直径为0.15~0.25m，长度为1.0~2.0m，埋深1.0~2.5m。但常用直径为0.2m、长度为1.2m的圆木作锚体，埋深1.2m。

横木地锚要安装在安全范围之内，即危险范围之外，横木地锚的安装方向要与其受力方向一致。斜向受力的横木的安装图如图8.1-53所示，其安装步骤如下。

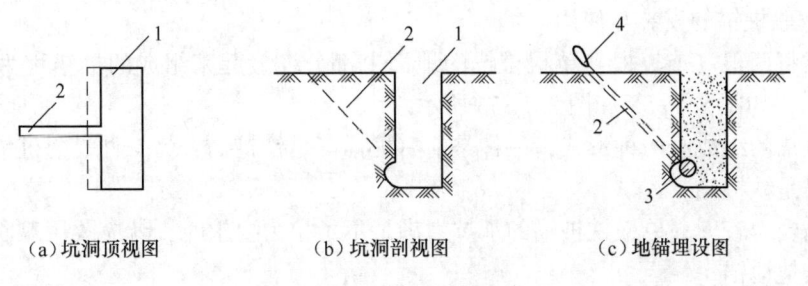

（a）坑洞顶视图　　（b）坑洞剖视图　　（c）地锚埋设图

图 8.1-53　横木地锚示意图
1—横木坑洞；2—拉棒的马道槽；3—圆横木；4—钢丝绳拉棒

1）开挖埋设横木的坑洞和马道槽。要按横木尺寸和要求的埋深开挖坑洞且坑洞的长度方向与横木受力方向垂直，同时要在拉棒出口侧的坑洞底部的土壁上掏挖一条用来嵌入横木的半圆形沟槽。

2) 将横木放入坑洞内。要拉住与横木中央相连的拉棒上端慢慢将横木放到坑洞底，然后用木杠棒将横木推入半圆形钩槽内，再将拉棒上端的拉环拉到拉棒的马道槽出土处。

3) 用土回填坑洞。

（2）单根铁桩锚的安装与使用。

因单根铁桩状似铁钉，但其尺寸比铁钉大得多，故俗称大铁钉。铁桩是经过锻造而成的钢桩。常用铁桩的直径为7cm、长度为100cm，它的一端被锻造成圆锥形。

单根铁桩锚是被垂直或斜向打入地中的具有抗拔力的一根铁桩。

单根铁桩锚可用来固定受力不大的绳索，也可作为能承受较大拉力的双联桩锚的锚桩。垂直地打入地中的桩锚主要用来承担水平拉力，斜向地打入地中的桩锚主要用来承担斜向拉力。

铁桩是重复使用的施工工具。为了能方便地将打入地中的铁桩从地中拔出，将铁桩打入地中时要注意保持铁桩露出地面长度为桩长的1/5，也就是说1m长的铁桩，打入地中的长度为0.8m长，露出地面的长度为0.2m长。单根铁桩锚的安装如图8.1-54所示。

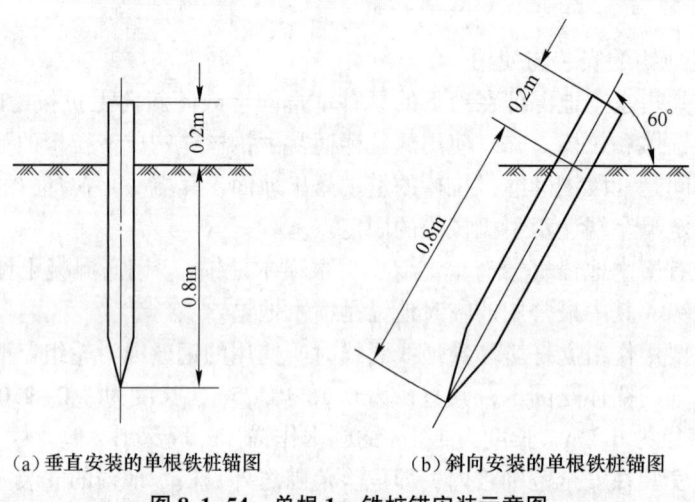

(a) 垂直安装的单根铁桩锚图　　(b) 斜向安装的单根铁桩锚图

图 8.1-54　单根 1m 铁桩锚安装示意图

（3）双联桩锚的安装与使用。

用绳索将两根（或三根）单根桩锚的地面上部分连接起来组成的桩锚称为双联（或三联）桩锚，如图 8.1-55 和图 8.1-56 所示。

双联桩锚的组成有两种形式，一种是前后桩锚都是铁桩锚；另一种是前桩锚是圆木桩锚，后桩锚是铁桩锚。

当桩锚受力较大，单根铁桩锚的承拉力满足不了拉力要求时，就应改用双联桩锚或三联桩锚及其他地锚。

应将双联桩锚安装在安全范围内。安装双联桩锚时要注意以下三点：

1) 要注意前、后桩锚的入地深度的差别。

前桩描入地深度约为桩长的2/3，后桩锚的入地深度约为桩长的4/5。所谓前桩锚，是指直接与受力绳索相连的那根桩锚，余下的另一根桩锚即是后桩锚。

2) 要注意双联桩锚的布置形式。

双联桩锚的布置形式有两种：一种是只由两根桩锚组成，如图 8.1-55（a）所示，两根桩锚的布置与受力方向在一条直线上。另一种是由三根桩锚组成，如图 8.1-55（b）所示，前桩锚是一根，后桩锚是两根，按三角形来布置三根桩锚，形成两副双联桩锚，其中前桩锚是两副双联桩锚的共用前桩锚。由三根桩锚组成的双联桩锚适用于受力方向会变化的场所。

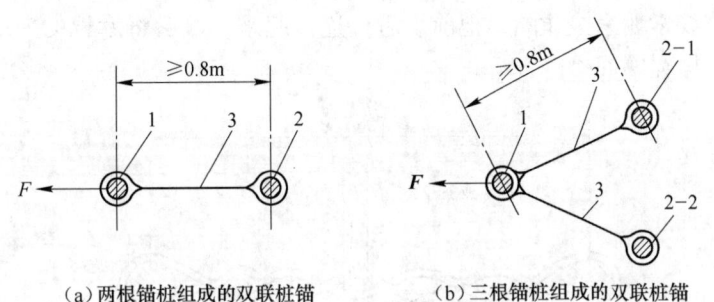

（a）两根锚桩组成的双联桩锚　　（b）三根锚桩组成的双联桩锚

图 8.1-55　双联桩锚的两种形式

1—桩锚的前桩；2—桩锚的后桩；2-1、2-2—后桩 1、后桩 2；3—前、后桩之间的连接线
F—施加在桩锚上的外力

双联铁柱锚和双联圆木桩铁柱锚如图 8.1-56 所示。

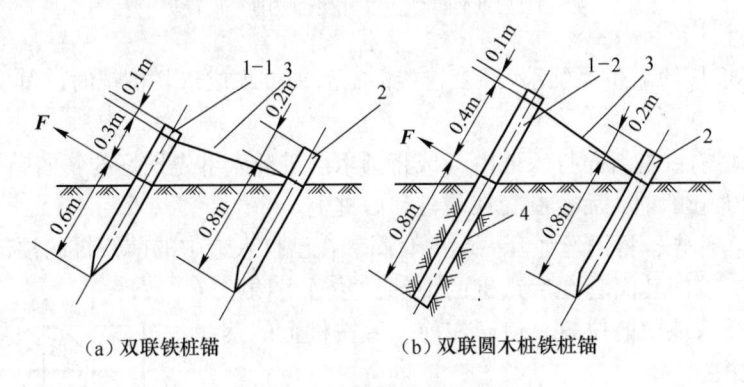

（a）双联铁桩锚　　（b）双联圆木桩铁桩锚

图 8.1-56　双联桩锚示意图

1-1—铁前桩；1-2—圆木前桩；2—铁后桩；3—两锚桩的连接线；4—圆木桩坑洞
F—施加在桩锚上的斜向拉力

3) 要注意用钢丝绳套和用棕绳连接前、后桩在方法上的区别。

① 可以用棕绳，也可以用钢丝绳套将两根单桩锚连接成双联桩。用棕绳将两根斜向单桩锚联成双联桩的步骤如下。

a. 用大锤将前铁桩斜向打入地中或将前圆木桩插入事先挖好的斜向的圆洞内。前桩要向受力方向的反方向侧倾斜。

b. 在前桩后面 0.8m 以上的适当处将后桩斜向打入地中。前、后桩的连线应在桩锚受力的方向线上。

c. 用一根棕绳将前、后桩围绕起来，围绕几圈后将棕绳的两个尾端打结连接起来。

用棕绳围绕前、后桩时，绳圈的一端围在前桩的顶部，绳圈的另一端围在后桩靠近地面处。

d. 用一根长约0.5m的木棍或大锤的木把插入棕绳圈内将棕绳圈拧绞成绞索，把前、后桩连接起来。

具体做法：用木棍将棕绳圈拧绞成绞索的示意图如图8.1-57所示。将木棍由上向下垂直于棕绳圈插入棕绳圈内，以棕绳圈为转动轴，像转动汽车转向盘一样连续转动木棍，使棕绳圈拧绞成绞索绷紧棕绳圈，把前、后桩连接起来，最后将木棍的一端挡在地面上，以防止绞紧了的棕绳圈回松。

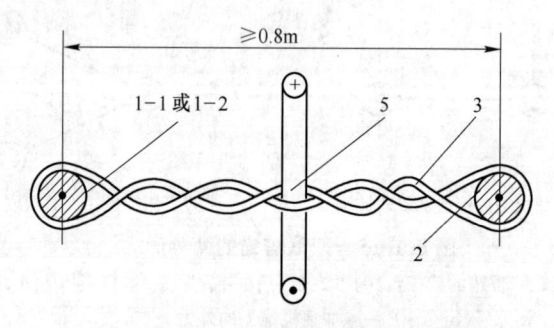

图8.1-57 用木棍拧绞棕绳图示意图
1-1—前铁桩；1-2—前圆木桩；2—后铁桩；3—棕绳圈（拧绞后）；5—木棍；
⊕—由外向纸面转动；⊙—由纸面内向外面转动

② 当用一根长约1.0m的钢丝绳套连接前、后铁桩组成双联桩锚时，其安装步骤与方法如下。

a. 用大锤将前铁桩斜向打入地中（或将圆木前桩插入事先挖好的斜向圆洞内）。

b. 将钢丝绳套的前、后套圈套在前桩和后桩上。

具体作法：首先，将钢丝绳套一端的套圈套在已打入地中的前铁桩的顶部；其次，将钢丝绳套的另一端的套圈套在后铁桩的中部，并适当调整后铁桩的桩尖插入地中的位置，使套在前、后铁桩上的钢丝绳套适当绷紧。

c. 用大锤将后铁桩斜向打入地中。将后铁桩打入地中后，钢丝绳套的一端在前桩的顶部，钢丝绳套的另一端在靠近地面的后桩上，钢丝绳套处在绷紧状态。

（4）钻式地锚的安装与使用。

钻式地锚一般称为地钻。在软土地带适用地钻，不宜在土质过硬和有较大粒径卵石地区使用。地钻结构简单，由钻杆、螺旋片、拉环三部分组成。常用的地钻长度为1.5~1.8m，螺旋片直径为250~300mm，承拉力为1t、3t、5t等。钻式地锚式样如图8.1-58所示。

安装地钻的方法：将一根长木杠穿入地钻的拉环内，推动木杠旋转钻杆使螺旋叶片钻入土层内，直到到达钻入深度为止。使用地钻时，将临时拉线拴在拉环上，为

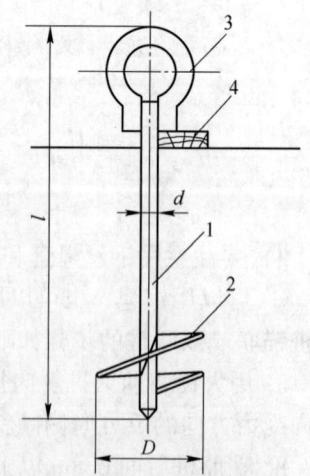

图8.1-58 钻式地锚式样
1—钻杆；2—螺旋叶片；
3—拉环；4—垫木

避免地钻受力后使钻杆弯曲,须在拉环受力侧的下方加一块垫木。当采用地钻群做地锚时,应使地钻之间保持一定距离,且须用钢丝绳或双钩将各地钻连接成群,力求各地钻均匀受力。

8.1.18 绞磨与转向滑车的安装地点

绞磨是一种在电力线路施工、检修工作中常用的起吊、降落、移动重物和牵引电线与起立电杆的起重工具。绞磨有人力绞磨和机动绞磨两种。在绞磨中有一个安装在转轴上的滚筒(也称为磨心、卷筒),绞磨工作时与重物相连的牵引钢丝绳的中部缠绕在滚筒上5圈,其尾绳在滚筒外面由拉尾绳人拉紧;在人力或机动机械的驱动下滚筒产生缓慢转动,滚筒转动时就带动牵引钢丝绳移动,使重物移动。

在用绞磨进行起重工作时除要求绞磨具有满足起重要求的机械强度、良好的工作性能之外,还要求将绞磨安置在一个安全的、方便操作、方便联系的地方。在一般情况下应将绞磨安置在重物移动方向侧或牵引钢丝绳移动的方向侧,而且是地面平坦、开阔、土质坚硬、与重物保持有安全距离的地方。如果在特殊情况下重物移动方向侧无适合的地方安置绞磨时,也可将绞磨安置在重物侧。在垂直起吊重物和沿地面牵移重物时,可按图8.1-59和图8.1-60所示的方式安置绞磨与转向滑车。转向滑车是单轮铁滑车,常与绞磨配套使用。转向滑车主要有两个功能:一是改变牵引绳(钢丝绳、纤维绳)的方向,二是将牵引绳引向地面附近(转向滑车又称地滑车)。

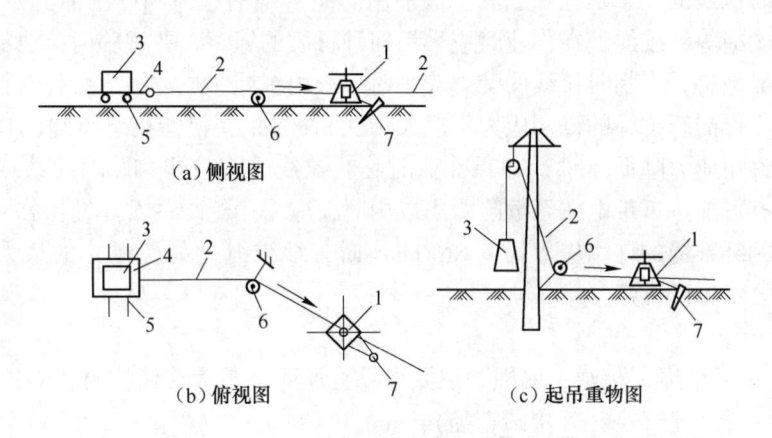

图8.1-59 绞磨安置在重物移动方向侧
1—人力绞磨;2—牵引钢丝绳;3—重物;4—托架;5—滚动钢管;6—转向滑车;7—固定绞磨桩锚
→ ——移动方向

8.1.19 临时拉线的安装

1. 临时拉线的应用与作用

在电力线路作业中,需要应用临时拉线的情况很多,例如,采用固定抱杆起吊重物时,需用临时拉线来稳定固定式抱杆;采用倒落式人字抱杆起立电杆时,需用临时拉线(缆风绳)来稳定起立中的电杆;搭建跨越架时需用临时拉线来稳定跨越架等。

使用临时拉线的目的是临时使不稳定或可能不稳定的物体保持稳定。用作临时拉线的

(a) 侧视图

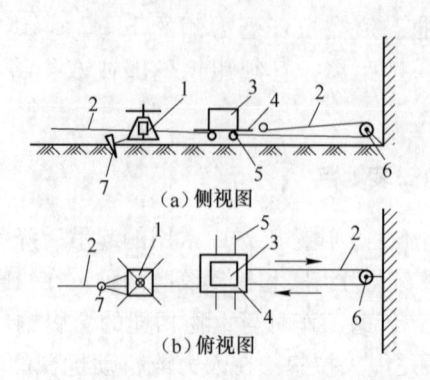

(b) 俯视图

图 8.1-60　绞磨安置在重物侧

1—人力绞磨；2—牵引钢丝绳；3—重物；4—托架；5—滚动钢管；6—转向滑车；7—固定绞磨的桩锚

材料有两种：一种是坚实的细长的树木或竹杆等长杆，另一种是绳索。长杆是做撑杆用的，由长杆加在被稳定物体上的力是推力。绳索是用来拉住物体的，由绳索加在被稳定物体上的力是拉力。

2. 常用作临时拉线的绳索及其许可拉力

因为长杆不方便存放和携带，所以用长杆来做临时拉线的情况很少，大多数情况下都是用绳索做临时拉线。为此，我们通常说的临时拉线是指用绳索做的临时拉线。

用作临时拉线的绳索是施工工具。最常用的绳索是钢丝绳和纤维绳，如棕绳、麻绳、尼龙绳、蚕丝绳等纤维绳。在作业时应采用何种材质的绳索，要视临时拉线的具体受力情况而定。一般地讲，当临时拉线的受力较小时可采用棕绳、尼龙绳等做临时拉线。安全工作规程规定干燥的纤维绳的许用应力不应大于 $9.8N/mm^2$，潮湿的纤维绳的许用应力比干燥纤维绳的许用应力降低 50%。如果作业时临时拉线受力较小和临时拉线或被临时拉线稳定的物体有可能接近带电体至危险距离以内时，应采用绝缘的蚕丝绳做临时拉线。

当干燥的纤维绳的许用应力为 $9.8N/mm^2$ 时，纤维绳（如棕绳）的最大许用拉力可按以下经验公式进行估算：

$$P_1 = 7.7 d_1^2 \quad (8.1-1)$$

式中　P_1——纤维绳（棕绳、麻绳、尼龙绳、蚕丝绳）最大许用拉力，N；

　　　d_1——纤维绳直径（外接圆直径），mm。

当临时拉线受力较大时，应采用钢丝绳作为临时拉线。当钢丝绳钢丝的破断应力为 $1400N/mm^2$ 时，钢丝绳的破断力可以按以下经验公式估算：

$$P_{2b} = 441 d_2^2 \quad (8.1-2)$$

式中　P_{2b}——钢丝绳破断力，N；

　　　d_2——钢丝绳直径（外接圆直径），mm。

当钢丝绳钢丝的破断应力为 $1400N/mm^2$，起重安全系数为 5 时，钢丝绳的许用拉力可按以下经验公式进行估算：

$$P_2 = 88.2 d_2^2 \quad (8.1-3)$$

式中　P_2——钢丝绳的许用拉力，N，当破断应力为 $1400N/mm^2$，安全系数为 5 时；

　　　d_2——钢丝绳直径（外接圆直径），mm。

3. 安装临时拉线时应遵守的原则

因为给不稳定的物体安装临时拉线（简称"临拉"）的目的就是使不稳定的物体变成稳定的物体，因此考虑临拉的安装原则时首先要考虑如何布置临拉才能使物体保持稳定。另外，为了保证被稳定物体稳定和工作人员的人身安全，还要考虑临拉的强度和临拉的地面固定点至被稳定物体的距离。综合上述考虑可得安装临拉的原则如下。

1) 须按照保持物体平衡的条件和临拉受力较小的要求来布置临拉的安装位置，尤其要防止被稳定物体出现虚假平衡的情况。所谓假平衡是指虽然加上临拉，但实际上不能使物体保持平衡。

2) 临拉的许可强度和固定临拉的桩锚的许可承载力应大于要被平衡的拉力。

3) 固定临拉的桩锚位置应在危险的范围以外。因为调控临拉的工作人员要站立在固定临拉的桩锚位置处，当发生意外倒杆时不会伤及工作人员。

下面用数学形式来说明使物体保持平衡的条件。

从理论力学得知，施加上临时拉力或推力才能平衡的物体，可用一个平衡平面力系来表示。为此，我们将作用于一个平衡物体上的所有的力都投影到设有 x、y 坐标系的平面内，然后又把各个投影力分解成平行于 x 轴、y 轴的两个分力，于是就得到一个平衡该物体的平衡平面力系。由理论力学得知，在一个平衡平面力系中，式（8.1-4）必定成立：

$$\left.\begin{array}{l} \sum F_x = 0 \\ \sum F_y = 0 \\ \sum m_0(F) = 0 \end{array}\right\} \tag{8.1-4}$$

式中　$\sum F_x$ ——平面力系中诸力分解在 x 轴上的力的代数和；

　　　$\sum F_y$ ——平面力系中诸力分解在 y 轴上的力的代数和；

$\sum m_0(F)$ ——平面力系中诸力对 x、y 坐标原点 O 的力矩代数和。

由式（8.1-4）可得，$\sum F_x = 0$、$\sum F_y = 0$ 分别是诸力分解在 x 轴、y 轴上的力的代数和等于零的数学表达式；$\sum m_0(F) = 0$ 就是诸力对坐标原点 O 的合力矩为零的数学表达式。但是，只知道平衡条件是不够的，还应知道能用较小的临拉力就能平衡物体上已有力的方法。经验告诉我们，使作用在被平衡物体上的临拉力处在要平衡的力的反方向且能产生较大的力矩的点是在物体上安装临拉的固定点。

8.1.20　各种永久性拉线的制作及其安装方法

关于永久性拉线的基本型式、钢绞线拉线的制作及其安装方法的介绍如下。

1. 永久性拉线的基本型式和基本构造

（1）永久性拉线的基本型式。

装设在架空电力线路杆塔上，装上后不再拆除的拉线称为永久性拉线。

如图 8.1-61 所示。在配电架空电力线路上主要有四种永久性的拉线型式：普通拉线、水平拉线、弓形拉线、顶（撑）杆等。

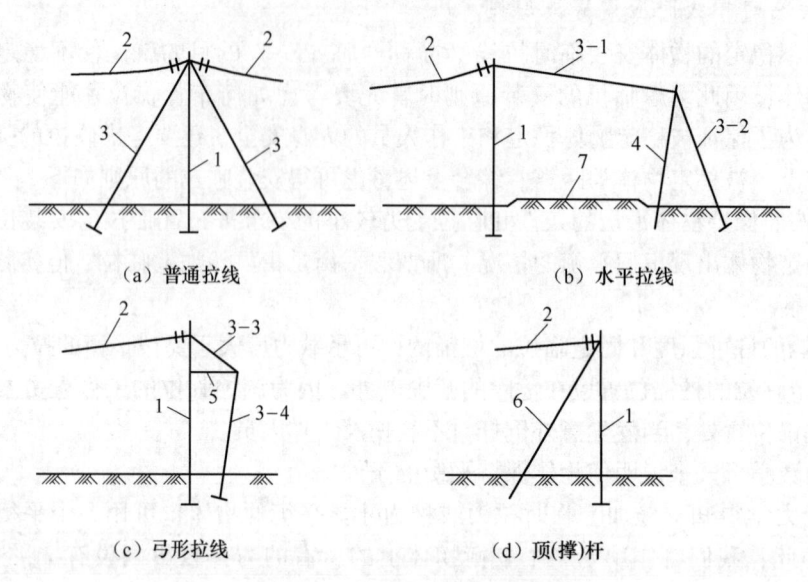

图 8.1-61　四种拉线型式示意图

1—电杆；2—导线；3—普通拉线；3-1—跨越线；3-2—下垂线；3-3—上弓线；
3-4—下弓线；4—拉线柱；5—水平撑；6—顶（撑）杆；7—公路

(2) 钢绞线拉线的基本构造。

用作顶（撑）杆型式拉线中的顶杆是刚性材料，如钢筋混凝土圆杆或钢管。用作普通拉线、水平拉线、弓形拉线等型式拉线的材料是柔性材料，如普遍应用的钢绞线。

普通拉线型式中的拉线有由一根钢绞线制成的单拉线，配电架空线路中的拉线就属于此种；也有由两根钢绞线和两块拉线二联板制成的分开、平行的双拉线。水平拉线型式的拉线是由一根跨越线、一根下垂线、一根拉线柱构成。弓形拉线型式的拉线是由一根上弓线、一根下弓线和一副水平撑构成。在上述三种拉线型式中，其中的拉线柱和水平撑是刚性材料，而制作普通拉线、跨越线、下垂线、上弓线、下弓线等的材料是柔性的钢绞线，所制成的线都有相似的构造，都应看成独立单拉线。

在正常情况下，一根钢绞线单拉线只由一根钢绞线和钢绞线两端处的上把、下把构成。但对于有拉线绝缘子的普通拉线，它则由钢绞线、拉线绝缘子、上把、中把、下把等构成。

制作钢绞线单拉线（简称"钢绞线拉线"）上把、下把的方法有两种：一种方法是用拉线金具制作上把和下把，通常用钢绞线楔型耐张线夹制作上把，用它与电杆（或拉线柱、水平撑）连接，用钢绞线 UT 线夹制作下把，用它与拉线棒（或拉线柱、水平撑）连接。另一种方法是先将钢绞线拉线的端头回折，后用绑扎线将回折部分绑扎起来由钢绞线自身形成的圆圈作为拉线的上把、中把、下把。

因为有两种制作上把和下把的方法，因此就有两种制作钢绞线拉线的方法，即有拉线金具式的拉线制作方法和绑扎式拉线制作方法。

2. 用拉线金具制作钢绞线拉线及其拉线安装方法

（1）拉线制作与安装。

在用拉线金具正式制作拉线之前，应将实际使用的钢绞线、楔型线夹、UT 线夹分别制作一个上把和下把的样件，尤其是下把的样件。从样件上取得参考数据后，再根据取得的数据制作正式的拉线，使之制作出有准确长度的拉线，避免因拉线长度不合适而造成返工。图 8.1-62（c）（d）是上把、下把样件的示意图。图 8.1-62（e）中 L_2 是钢绞线环绕楔型线夹楔子的长度，B_2 是 L_2 的中点，L_3 是钢绞线环绕 UT 线夹楔子的长度，B_2 是 L_3 的中点。

以下是拉线金具式拉线的制作与安装步骤介绍，先用楔型线夹制作拉线上把，后用 UT 线夹制作拉线下把。

1) 如图 8.1-62（a）所示，从准备好的钢绞线的尾线端头起在钢绞线上量出长度 $0.5+\dfrac{l_2}{2}$（m），在钢绞线上该长度的止点处作 B_2 印记。

2) 如图 8.1-62（b）所示，将活扳手把柄的圆孔套到钢绞线的 B_2 点印记处，用扳手手柄将钢绞线折弯。

3) 用折弯的钢绞线和楔型线夹组装拉线上把。组装完成的拉线上把如图 8.1-62（c）所示。

4) 测量拉线实际长度。为了了解如何测量拉线长度和如何制作拉线下把及准确控制拉线长度，首先了解安装完毕的拉线构成情况，如图 8.1-62（e）所示。

测量拉线实际长度的方法如下。

① 将拉线钢绞线的拉线上把挂到电杆的拉线挂线点上。

② 把拉线钢绞线拉到拉线棒拉环处，在对准拉线棒拉环 H 点的钢绞线上做印记，如图 8.1-62（f）所示。

5) 用 UT 线夹制作拉线下把的本体部分。

制作拉线下把本体部分的方法如下。

① 如图 8.1-62（e）所示。从钢绞线上的 H 印记点起向钢绞线上把方向量 L_3 长度（L_3 = UT 线夹 U 形螺栓长度 $-a$，a = 50mm），并在长度的止点 A_3 处做印记。

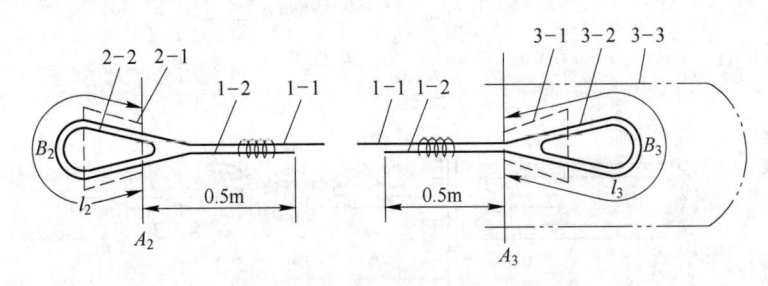

(a) 钢绞线环绕楔型线夹、UT 线夹楔子的长度

1-1—钢绞线主线；1-2—钢绞线尾线；2-1—楔型线夹本体；2-2—楔型线夹楔子；
3-1—UT 线夹本体；3-2—UT 线夹楔子；3-3—UT 线夹 U 形螺栓
A_2—楔型线夹本体小口的边沿；A_3—UT 线夹本体小口的边沿；B_2、B_3—钢绞线回折点；
l_2—钢绞线环绕楔型线夹楔子的长度；l_3—钢绞线环绕 UT 线夹楔子的长度

图 8.1-62　用拉线金具制作钢绞线拉线及其拉线安装

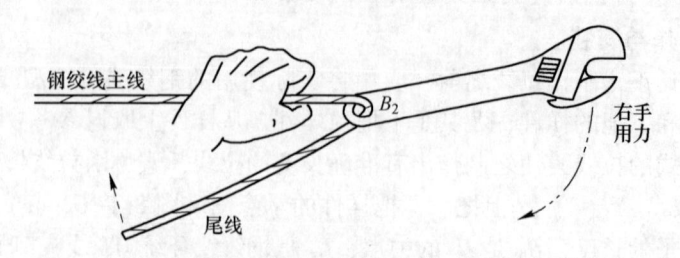

(b) 用活扳手扳弯钢绞线示意图

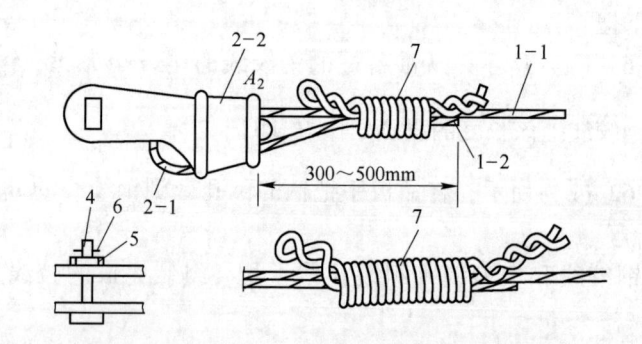

a) 拉线上把整体示意图   b) 主、尾线缠绕绑扎放大图

(c) 用楔型耐张线夹制作拉线上把示意图

1-1—钢绞线主线；1-2—钢绞线尾线；2-1—楔型耐张线夹楔子（舌板）；2-2—楔型耐张线夹本体；
4—楔型耐张线夹本体；5—螺母；6—闭口销
A_2—楔型耐张线夹的小口端边

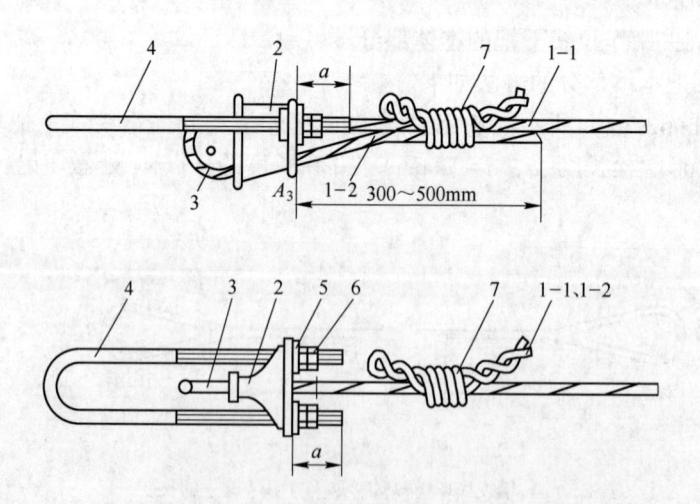

(d) 用楔型 UT 型耐张线夹制作拉线下把示意图

1-1—钢绞线主线；1-2—钢绞线尾线；2—UT 线夹本体；4—UT 线夹 U 形螺栓；5—垫片；6—螺母
a—已占用的螺纹长度，一般 $a=50mm$；A_3—UT 线夹的小口端边

图 8.1-62（续）

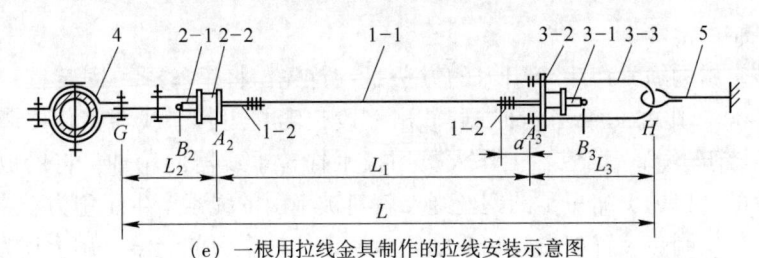

(e) 一根用拉线金具制作的拉线安装示意图

1-1—拉线主线；1-2—拉线尾线；2-1—楔型线夹楔子（舌板）；2-2—楔型线夹本体；
3-1—UT线夹楔子；3-2—UT线夹本体；3-3—UT线夹U形螺栓
A_2—楔型线夹端口、钢绞线L_1长度起算点；A_3—UT线夹双螺母固定位置、钢绞线L_1起算点；
B_2—楔型线夹钢绞线回折点；B_3—UT线夹钢绞线回折点；G—杆塔上拉线上把连接点；H—拉线下把与
拉棒拉环连接点；L—一根拉线的实测全部长度；L_2—G-A_2点长度；L_3—A_3-H点长度

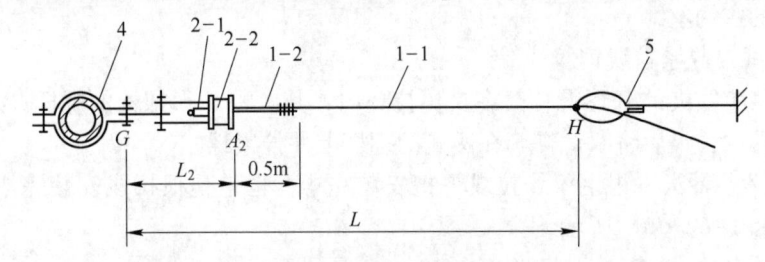

(f) 拉线长度测量示意图

1-1—拉线主线；1-2—拉线尾线；2-1—楔型线夹舌板（楔子）；
2-2—楔型线夹本体；4—拉线抱箍；5—拉棒；0.5m—尾线长度；
A_2—楔型线夹小口端边；H—拉线在拉线棒拉环处的连接点；
G—拉线上把在电杆上的连接点；L—拉线长度；L_2—G-A_2长度

图 8.1-62（续）

3—UT线夹楔子（舌板）；3-3—UT线夹U形螺栓；7—主、尾线的缠绕绑扎线（ϕ3.5mm镀锌铁线）；
L_1—A_2、A_3点之间钢绞线长度

② 如图8.1-62（a）从A_3印记点向钢绞线末端量$l_3/2$长度，在长度的止点B_3处做印记。l_3是钢绞线环绕UT线夹楔子长度，B_3是制作下把本体部分时钢绞线的回折点。

③ 用下把的回折钢绞线尾线、UT线夹本体和舌板（楔子）组装下把本体部分。用类似于组装拉线上把的方法组装下把的UT线夹本体，如图8.1-62（d）所示。UT线夹本体部分不包括图8.1-62（c）（d）中的U形螺栓部件。

6）利用紧线器将拉线下把安装在拉棒的拉环上。至此就完成了一根拉线的制作与安装工作。

（2）紧线器。

1）紧线器的组成。紧线器是一种能产生牵引力用于直接紧线的工具。安装拉线下把时运用紧线器就是利用它的紧线功能。紧线器由四个主要部件组成：

① 壳体。

② 有一根尾部配有挂钩的连接在壳体尾部的用于固定紧线器的钢丝绳（简称"钢丝绳一"）。

③ 有一根装上圆轮和制止装置的安装在壳体上的由工作人员用扳手拧动的轮轴。

④ 有一根适当长度的一端固定并盘绕在圆轮槽口内另一端装有卡线器的紧线钢丝绳

(简称"钢丝绳二")。

紧线器被牵引的绳索产生牵引力的方法是：首先，将钢丝绳一固定在一个不动体上（如横担、拉棒）。其次，将钢丝绳二展放出一段长度并用其卡线器夹住要牵引的绳索上（如导线、拉线钢丝绳）。第三，工作人员用扳手拧转紧线器的轮轴，将展放出的钢丝绳二盘绕在圆轮的槽口内，缩短了的钢丝绳二就对被牵引的绳索产生牵引力；当钢丝绳二缩短到要求值时就用制止装置刹住轮轴及圆轮，稳定住被牵引的绳索。用上述方法可以收紧被牵引的绳索，也可以松出被牵引的绳索。

2) 用紧线器将钢绞线拉线下把安装在拉棒拉环上的方法。

① 将紧线器的钢丝绳一固定在拉棒拉环下面的拉棒上。

② 先把拉线下把本体拉到拉棒拉环附近，然后将紧线器钢丝绳二上的卡线器夹在下把本体上方的主钢丝绳上。

③ 用紧线器收紧拉线钢绞线。

④ 先将UT线夹的U形螺栓套在拉棒拉环内；其次将U形螺栓的螺杆穿入UT线夹本体两侧的螺孔内，最后将双螺帽套在两侧的螺杆上并拧紧螺帽。

⑤ 撤除紧线器。一根钢绞线拉线下把安装完毕，也是整根拉线安装完毕。安装完毕的拉线如图8.1-62（e）所示。

3. 绑扎式钢绞线拉线的制作及其安装方法

用绑扎线（或钢卡子）将自身钢绞线的端部回折绑扎（或紧固）成拉线上、中、下把的钢绞线拉线称为绑扎式钢绞线拉线。在缺乏拉线金具的情况下可将50mm²及以下的钢绞线拉线制作成绑扎式钢绞线拉线。

虽然绑扎式钢绞线拉线有多种构成型式，但它们的制作方法是类似的，无须一一介绍其制作方法。为此，下面只介绍无花篮螺栓但有拉线绝缘子的钢绞线拉线和有花篮螺栓有拉线绝缘子的钢绞线拉线的制作与安装方法。当拉线从中压导线之间穿过或接近中压导线以及拉线下把松脱后拉线会碰触导线时采用中间串有拉线绝缘子的钢绞线拉线。

（1）无花篮螺栓的有一个拉线绝缘子的绑扎式钢绞线拉线的制作与安装。无花篮螺栓有拉线绝缘子的绑扎式普通拉线的制作与安装，如图8.1-63所示。

一根无花篮螺栓有一个拉线绝缘子的绑扎式钢绞线普通拉线的制作与安装方法如下。

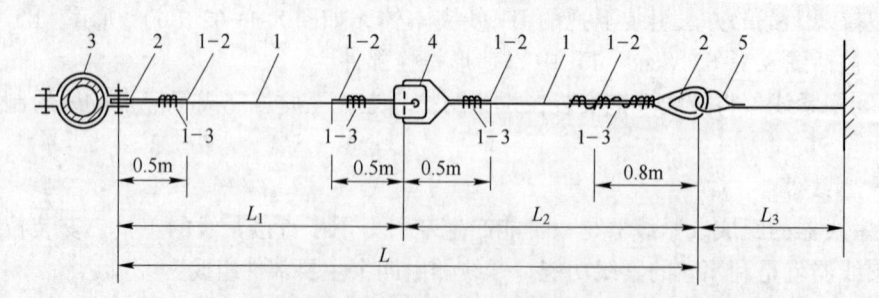

图8.1-63　无花篮螺栓有拉线绝缘子的绑扎式普通拉线示意图

1—钢绞线拉线主线；1-2—拉线尾线，0.5m和0.8m；1-3—缠绕的绑扎线，下把为三段式绑扎线；2—心形环；3—拉线抱箍；4—拉线绝缘子；5—拉棒拉环

L_1—上段拉线长度；L_2—下段拉线长度；L_3—拉棒在地面上的长度

1) 准备一根绑扎式普通拉线的制作材料。所需制作材料为：一根上段拉线钢绞线、一根下段拉线钢绞线、两个心形环、一个拉线绝缘子、直径3.2mm/4.0mm镀锌铁丝（用作绑扎线）。

首先用吊绳（纤维绳）和钢卷尺测量电杆上拉线抱箍至地面的高度H（m）与拉线抱箍至拉棒拉环之间的长度L（m），然后按图8.1-63所示的有拉线绝缘子的绑扎式钢绞线拉线形式准备拉线上段和下段所需长度的钢绞线。因架空配电线路施工与验收规范规定：拉线下端断脱后拉线绝缘子的对地距离应不小于2.5m，因此拉线上段的L_1长度应符合$L_1 \leq H-2.5$（m）的要求。为此：

拉线上段的长度（m）＝L_1+0.5+0.5+两端因回折而增加的长度

拉线下段的长度（m）＝$L-L_1$+0.5+0.8+两端因回折而增加的长度+适当的裕度

2) 在地面上制作整根绑扎式普通拉线的上把和中把。

① 上段拉线的上把（整根拉线的上把）和下把（整根拉线的中把）的制作。用上段拉线的钢绞线的一端包住心形环外侧的线槽并回折其尾线，然后用绑扎线将尾线绑在主线上，得整根拉线的上把（即上段拉线的上把）。再将上段拉线的钢绞线的另一端穿过拉线绝缘子中的穿孔后向主线方向折弯，然后用绑扎线将回折的尾线绑在主线上，得整根拉线的一侧的中把（即上段拉线的下把），如图8.1-63所示。心形环是用铁板制成的其外侧有弧形线槽的心形状的铁环。绑线在整根拉线的上把、中把处的最小缠绕长度见表8.1-5。

② 下段拉线上把（整根拉线一侧的中把）的制作。将下段拉线的钢绞线的一端穿过拉线绝缘子中的另一个穿孔后向主线方向折弯，然后用绑扎线将回折的尾线绑在主线上，得整根拉线另一侧的中把（即下段拉线的上把）。至此，整根拉线两侧的中把均制作完毕。

③ 将已制作完毕整根拉线的上把和中把的半成品拉线的上把固定在电杆上的拉线抱箍上。

④ 再把一个心形环套在拉线棒的拉环上。

⑤ 将半成品拉线的尾线绕在拉线棒处的心形环的线槽内并向主线方向回折，然后用紧线器（如双钩）紧线钢丝绳上的卡线器夹住拉线主线，用紧线器固定钢丝绳在拉棒拉环下面的拉棒上。

⑥ 先用紧线器收紧半成品拉线，然后用绑扎线将尾线绑扎在拉线主线上，这就完成了下段拉线的绑扎式下把（也是整根拉线下把）的制作。

在此处的下把的绑扎采用三段式缠绕绑扎法，见表8.1-5。

⑦ 撤除紧线器。至此，一根无花篮螺栓的有一个拉线绝缘子的绑扎式普通拉线的制作就完成了。

表8.1-5 最小缠绕长度

钢绞线截面 /mm²	最小缠绕长度/mm				
	上段	拉线绝缘子的两端（中把）	与拉棒连接处		
			下端	花缠	上端
25	200	200	150	250	80

续表

钢绞线截面 /mm²	最小缠绕长度/mm				
^	上段	拉线绝缘子的两端（中把）	与拉棒连接处		
^	^	^	下端	花缠	上端
35	250	250	200	250	80
50	300	300	250	250	80

注：1. 本表摘自 GB 50173—1992《35kV 及以下架空电力线路施工及验收规范》的表 5.0.2 最小缠绕长度。
2. 表中的上段即是绑扎式拉线的上把，拉线绝缘子的两端即是绑扎式拉线的中把，与拉棒连接处即是绑扎式拉线的下把。
3. 最小缠绕长度是指用镀锌铁丝用缠线法制作钢绞线拉线的上、中、下把时，缠绕在钢绞线上的铁丝线圈长度的最小长度。用于缠绕绑扎式钢绞线拉线的镀锌铁丝的直径应不小于 3.2mm。
4. 与拉棒拉环连接的拉线下把，由下端、花缠、上端的三段式的缠绕绑扎组成，下端靠近拉环端，上端最远离拉环端，花缠指下端、上端之间的缠绕过渡段，是由 1~2 个铁丝缠绕圈组成的螺旋线。

（2）有花篮螺栓有拉线绝缘子的绑扎式钢绞线普通拉线的制作与安装方法。

有花篮螺栓有拉线绝缘子的绑扎式钢绞线普通拉线的示意图如图 8.1-64 所示。

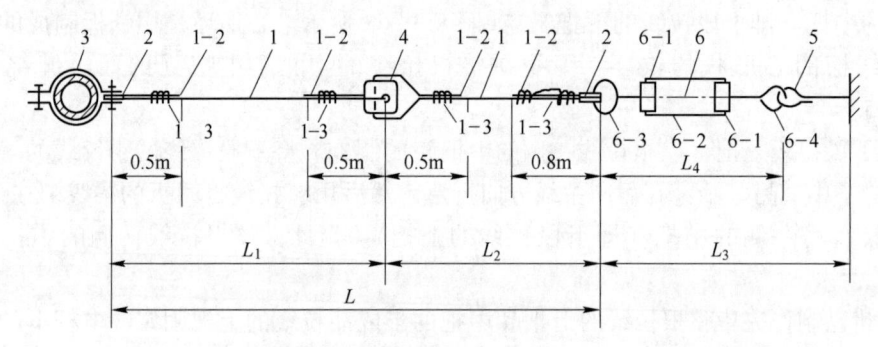

图 8.1-64 有花篮螺栓有拉线绝缘子的绑扎式普通拉线示意图
1—钢绞线拉线主线；1-2—拉线尾线；1-3—缠绕的绑扎线；2—心形环；
3—拉线抱箍；4—拉线绝缘子；5—拉棒的拉环；6—花篮螺栓；
6-1—花篮螺栓的螺母；6-2—螺母的连杆；6-3—螺栓杆的拉环；6-4—螺栓杆的拉钩
L_1—上段拉线；L_2—下段拉线；L_3—花篮螺栓的拉环至拉棒出地口距离；L_4—花篮螺栓的长度

有花篮螺栓有拉线绝缘子的绑扎式拉线的制作与安装和无花篮螺栓有拉线绝缘子的绑扎式拉线的制作与安装的方法类似。

花篮螺栓由两根平行连杆连成一体的两个螺母、一根与螺母配套的带有拉环的螺栓杆、一根与螺母配套的带有拉钩的螺杆等组成。用长棍插入两根平行连杆中转动螺母可使螺杆从螺母中伸出或缩入，改变花篮螺栓的长度。花篮螺栓的拉环与拉钩之间的距离即是花篮螺栓的长度。当螺杆螺纹与螺母面持平时，花篮螺栓的长度为允许的最大长度。制作与安装拉线时需使花篮螺栓接近最大长度状态，如图 8.1-64 中的 L_4 所示的长度。

当把接近最大长度的花篮螺栓的拉钩钩住拉棒拉环时，就相当于使拉棒在地面上的长度增加了一个花篮螺栓的长度 L_4，就相当于把拉棒拉环的位置改延到花篮螺栓的拉环处，就相当于图 8.1-64 中花篮螺栓拉环至拉棒出地口的距离等同于图 8.1-63 中拉棒在地面上的长度 L_3。此时，因为整根拉线的下把固定在花篮螺栓的拉环上，而在拉线抱箍至花篮螺栓拉环之间的拉线中是无花篮螺栓的，所以这种情况下的拉线制作与安装方法与上面介绍的无花篮螺栓的绑扎式整根拉线的制作与安装方法完全相同。为此不再另行介绍这种情况下的拉线制作与安装方法。

当按上述方法将有花篮螺栓有拉线绝缘子的绑扎式拉线制作与安装完毕后，还应调整花篮螺栓的长度，使拉线的松紧程度合适并用镀锌铁丝封固花篮螺栓，以防无关人员拧动花篮螺栓；同时检查拉线绝缘子对地距离是否大于 2.5m；花篮螺栓的螺杆螺纹是否至少与螺母面持平；当伸出螺母的螺纹较长时，是否还留有 1/2 以上的螺纹长度余量可供今后调整使用。

4. 永久性钢绞线拉线安装的注意事项

1）安装后的拉线，对地面的夹角应符合设计规定的偏差值。在无设计规定值的情况下，拉线对地夹角的偏差值应不超过以下规定：35kV 架空电力线路拉线对地夹角偏差应不大于 1°，10kV 及以下架空电力线路拉线对地夹角偏差值应不大于 3°。特殊区段的拉线对地夹角偏差值应符合设计规定。

单杆的以下拉线：直线耐张杆的单根承力拉线应与线路方向的中心线对正，分角拉线应与线路分角线对正且在转角外侧，防风拉线应与线路方向线垂直。

2）跨越道路的水平拉线，应满足设计要求且水平拉线中的跨越线对通车路面的垂直距离应不小于 5m。

3）当采用 UT 线夹、花篮螺栓及楔型线夹固定拉线时，应遵守下列规定：安装前应在螺栓上涂润滑油；线夹舌板（楔子）与拉线接触应紧密，受力后无滑动现象；尾线须从线夹的凸肚侧引出，安装时应不损伤线股。

4）拉线在舌板的弯曲部分不应有明显松股、线夹露出的尾线长度 300~500mm，应将尾线缠绕绑扎在主线上。

5）当同一组拉线采用双线夹并采用连板时，其尾线方向（即线夹的凸肚侧方向）应统一。

6）UT 线夹或花篮螺栓的螺杆螺纹应露螺纹，并应有不小于 1/2 螺杆螺纹长度可供调紧，调整后 UT 线夹的双螺母应并紧，花篮螺栓应封固。

7）当拉线采用绑扎固定安装时，应遵守以下规定：

① 拉线两端应设置心形环。

② 钢绞线拉线，应采用直径不小于 3.2mm 的镀锌细铁线绑扎固定，绑扎应整齐、紧密，最小缠绕长度应不小于表 8.1-5 的规定值。

8）装有拉线绝缘子的拉线，当拉线下端脱落或不脱落时拉线绝缘子的对地距离均应不小于 2.5m。

9）当一基电杆上装有多条拉线时，各条拉线的受力应一致。

8.1.21 电杆卡盘的安装

卡盘是水平地安装在电杆地下部分（基础）某深度处一个侧面上的一根矩形截面的钢筋混凝土横梁或其他材质的横架，如圆木横梁。

卡盘的作用是防止电杆受外部作用力后向作用力方向发生歪斜。具体而言，当作用力作用在电杆上时，电杆倾向于带动电杆的地下部分向受力方向倾斜而压迫土壤，使土壤产生应力；当该应力大于许可应力时，电杆就产生永久性歪斜。为了不使电杆发生歪斜，就在使土壤受到最大压力的基础处（即埋于地下的电杆部分）安装卡盘，用卡盘的面积来增加该处基础的面积，从而减小该处土壤的应力和减小该处土壤的压缩变形，防止电杆发生歪斜。

在电杆基础（电杆的地下部分）上设置卡盘一般有两种设置方式：一种是只设置上卡盘，另一种是同时设置上、下卡盘。

卡盘的安装方向：直线杆的卡盘，其长度方向应与线路方向平行，应安装在电杆顺线路方向的左侧或右侧。如果需要在连续相邻的若干基直线杆上安装卡盘，那么应在相邻电杆的左、右侧交替埋设卡盘。承力杆的卡盘，其长度方向与电杆受力方向垂直，且应埋设在电杆的承力侧，例如转角杆的卡盘，其长度方向垂直于电杆两侧导线形成的夹角的分角线，且安装在电杆的内夹角侧。终端杆的卡盘，其长度方向与线路方向垂直，安装在导线侧的电杆上。一般用U形螺栓将卡盘固定在电杆上。

卡盘的埋设深度：上卡盘埋设深度一般为电杆埋深的1/3，且卡盘的上平面与地面距离不小于0.5m。下卡盘埋设在电杆根部。埋设深度的允许偏差为±50mm。

卡盘的安装式样如图8.1-65所示。

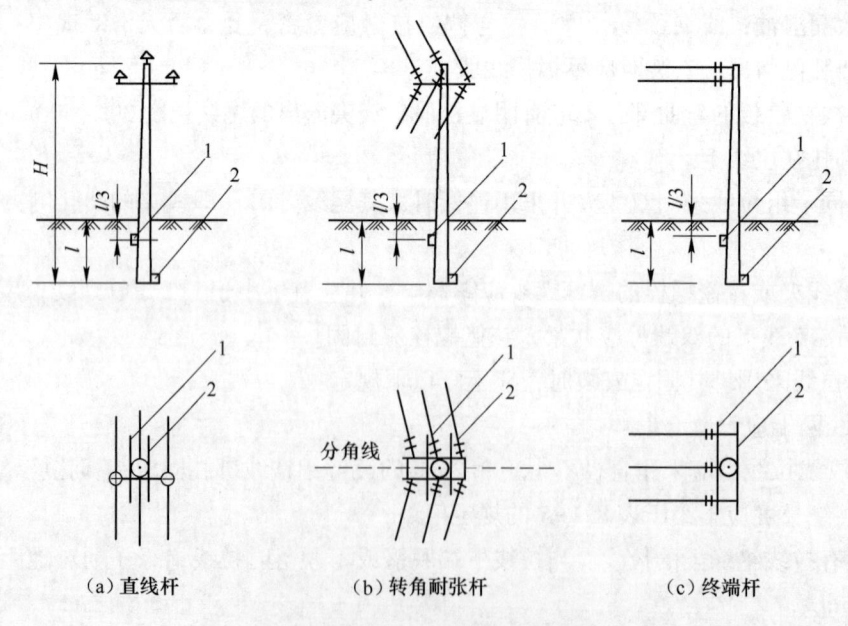

(a) 直线杆　　(b) 转角耐张杆　　(c) 终端杆

图 8.1-65 卡盘安装式样图
1—上卡盘；2—下卡盘；H—电杆全长；l—电杆埋深

8.1.22 观测档的弧垂与观测弧垂的方法

在架空电力线路的架设与运行时,我们所称的要观测的弧垂(也称弧度)是指在一个档距中点处的电线弧垂,即一根垂直线,它的上端在一个档距内两个电线悬挂点的连线的中点处与该连线相交,它的下端与档距内的悬垂电线相交,按这样的方法得到的在该垂直线上的两个交叉点之间的距离就是该档距的电线弧垂。观测弧垂常用的工具如图 8.1-66 所示。

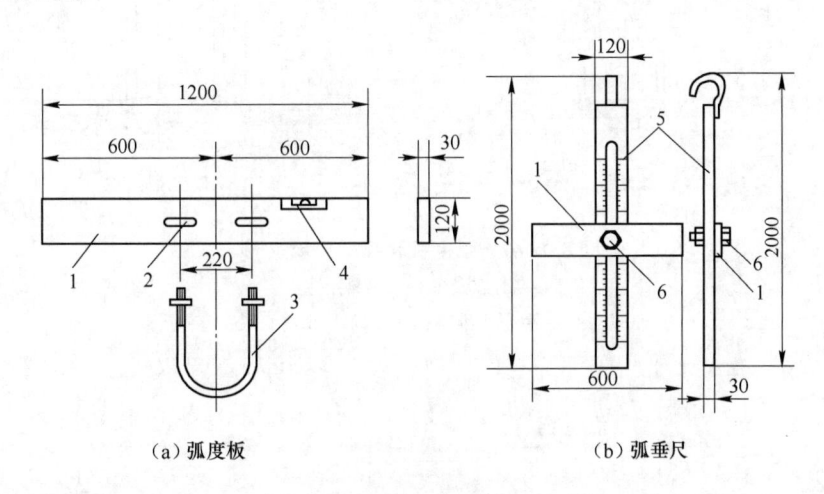

(a) 弧度板　　(b) 弧垂尺

图 8.1-66 观测弧垂常用的工具

在通常情况下,设计单位只提供耐张段的代表档距弧垂,而观测档弧垂则由施工单位或运行单位按下面的公式换算而得

$$f_G = \frac{f_D}{k}\left(\frac{L_G}{L_D}\right)^2 \tag{8.1-5}$$

式中　f_G——观测档的弧垂,m;
　　　L_G——观测档的档距,m;
　　　L_D——代表档的档距,m;
　　　f_D——电线为某温度下代表档的弧垂,m;
　　　k——电线的弧垂减少系数。对于旧电线,$k=1$;对于新电线,铝绞线或绝缘铝绞线 $k=1.2$,钢芯铝绞线 $k=1.12$,对于钢绞线 $k=1.05$。

在架空配电线路中,观测弧垂的常用方法是等长法和异长法。其中最常用的方法是等长法。这是因为架空配电线路的档距一般都较小,弧垂也较小。

常用于观测弧垂的工具是弧垂板(弧度板)或弧垂尺,如图 8.1-67 所示。弧垂板和弧垂尺要自行制作,由使用者选择其中的一种来使用。使用时,将弧垂板固定在观测档两端的电杆上,或将弧垂尺勾在观测档两端电杆的电线上,为此,观测一个观测档的弧垂时需要同时使用两块弧垂板或两副弧垂尺,由两个工作人员分别安装一块弧垂板(或弧垂尺),其中一个工作人员还兼作弧垂观测人。

当已知观测档的弧垂 $f_G=a$,用弧垂板、等长法观测弧垂时,两块弧垂板(弧垂板一和弧垂板二）的安装位置如图 8.1-68（a）所示。

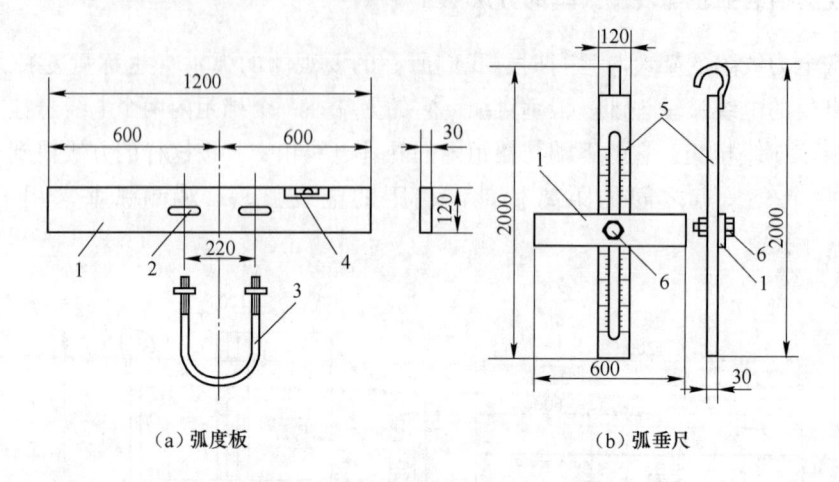

（a）弧度板

（b）弧垂尺

图 8.1-67　弧度板和弧垂尺示意图
1—弧度板；2—长形螺栓孔；
3—U 形螺栓；4—管形水准器；5—弧垂尺中的直尺；6—螺栓

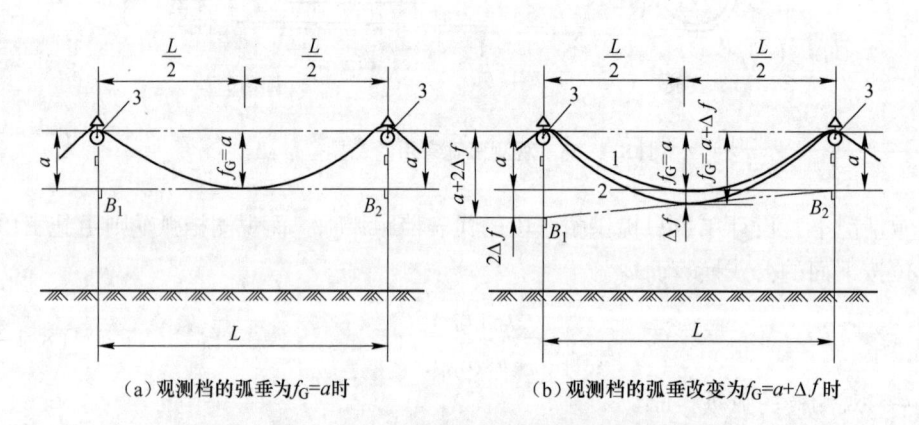

（a）观测档的弧垂为 $f_G=a$ 时

（b）观测档的弧垂改变为 $f_G=a+\Delta f$ 时

图 8.1-68　用等长法观测观测档弧垂示意图
1—观测弧垂为 a 时的弧垂曲线；2—观测档弧垂 $a+\Delta f$ 时的弧垂曲线；
L—观测档档距；B_1—弧度板 1；B_2—弧度板 2；3—放线滑轮

现假设弧垂观测人处在安装弧垂板一的电杆上进行弧垂观测。其观测一根电线的弧垂方法如下：在对一根电线进行紧线时，观测人从弧垂板一的上缘直视弧垂板二的上缘，同时观察紧线中的那根电线的位置；当观测人的视线切中观测档中那根电线时，即弧垂板一的上缘、电线上的一个切点、弧垂板二的上缘三个点在一条直线上时，即认为该根电线的弧垂符合要求，该电线弧垂观测完毕。如果接着还要移动弧垂板安装位置，观测另一根电线的弧垂时，则需重新安装弧垂板，用上述同样的方法观测另一根电线的弧垂。

在一般情况下是根据预计的当时的正常气温（认为当时的气温即是电线的温度）事先计算出观测档的弧垂，但是紧线时实际气温可能比预计气温高很多（或低很多），要在原计算弧垂上增大（或减小）Δf 弧垂。在这种情况下的解决方法是弧垂板二的安装距离维持不变、弧垂板二要在原计算距离的基础上增加（或减小）2Δf 的距离，如图 8.1-68（b）所示。

8.1.23 将导线绑扎在直线绝缘子上的绑扎方法

1. 将导线绑扎在绝缘子上的一般规定

(1) 关于绑线种类的选择。

用于铝绞线、铝合金绞线、钢芯铝绞线、钢芯铝合金绞线上的绑线是单股铝线，其直径在 2.5~3.0mm。用于铜绞线上的绑线是直径在 2.0~2.5mm 退了火的单股铜线（即将铜线放在柴火中烧红，取出在空气中自然冷却后的单股铜线）。用于绝缘导线上的绑线是直径为 2.5mm 及以上的单股塑料铜线。

(2) 在导线上缠绕铝包带或绝缘自粘带的规定。

用绑线将裸导线固定在绝缘子上之前，应在导线上的绑扎点处及其两侧规定范围内的导线上缠绕铝包带（铝包带的一般规格是厚 1mm，宽 10mm 的铝带），缠绕范围为导线在绝缘子上的接触长度和接触长度两端以外各 30mm 长度之和。

用绑线将绝缘导线固定在绝缘子上之前，也应在绝缘导线的绑扎点处缠绕绝缘自粘带，其缠绕范围与在裸铝导线上缠绕铝包带的范围相同。

(3) 顶扎法和颈扎法的适用场所。

在直线杆上，当中相和两边相绝缘子均为针式绝缘子时，均采用顶扎法。在直线杆上，当导线三角排列，中相为针式绝缘子，两边相为陶瓷横担绝缘子时，中相采用顶扎法，两边相采用颈扎法。在直线杆上，当导线三角排列，中相为竖立安装的陶瓷横担绝缘子时，中相采用顶扎法；两边相为陶瓷横担绝缘子时，两边相采用颈扎法。

在直线转角杆上，当绝缘子为针式绝缘子或陶瓷横担绝缘子时，均采用颈扎法。

在承力杆和 T 接分支杆上的跳线绝缘子，一般应采用顶扎法。

(4) 绑扎导线时采用的操作工具是电工钳。

在整个将导线绑扎在绝缘子上的过程中，在开始绑扎时几乎不使用钳子等工具，只用双手直接操作，操作时要用力拉紧绑线，使之贴紧、绕紧导线和绝缘子；但在结束绑扎时，会用钳子将绑线拧成辫子和将多余的绑线剪除。注意，在后面的绑扎图中，我们画出的绑线都没有贴紧、绕紧导线和绝缘子，其原因是为了能看清楚绑线的走线路线。

(5) 绑扎时使用的术语。

1) 绑线线圈。绑线线圈是一根总长约 2.0m 的卷成圆盘状的绑线。采用何种绑线由被绑扎的导线决定。使用时，根据现场绑扎需要将圆盘状的绑线逐渐展放出来。

2) 绑扎操作时涉及的术语。绑扎操作时涉及的术语及其含义，如图 8.1-69 所示。

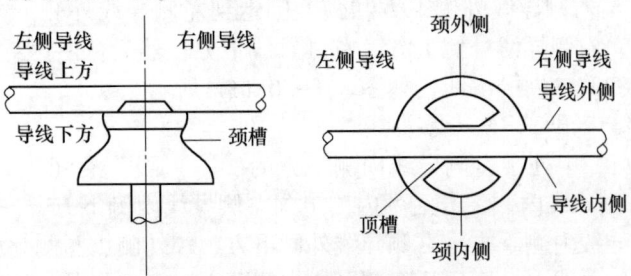

图 8.1-69 绑扎术语定义图

2. 有一个十字绑扎的顶扎法

顶扎法分为有一个十字绑扎的顶扎法和两个十字绑扎的顶扎法两种。

顶部有一个十字绑扎的顶扎法操作步骤如图 8.1-70 所示。在图中画有两种绑线：实线和带有箭头的虚线。实线是实际已绑上的用于示意的绑线。从实线上引出的带箭头的虚线是该实线下一步走线的示意线。现结合图 8.1-70 的图示，将只有一个十字绑扎的顶扎法操作步骤介绍如下。

(1) 开始顶扎导线。

在导线上绕上铝包带（或在绝缘导线上绕绝缘自粘带）和将导线置入绝缘子顶槽内，然后开始顶扎导线。

在图 8.1-70 中的开始顶扎导线就是将一个长约 2.0m，直径为 2.5mm 的绑线线圈的一个端头抽出，并抽出一段绑线且伸直；接着将抽出的绑线在左侧导线上绕两圈后分成（一）（二）线，如图 8.1-70（a）所示，然后将（一）（二）线向下拉和将其绞拧两转成小辫再分开成（一）（二）线，其中（一）线是未展放的线圈，是长线；（二）线是短线，长约 250mm。

(2)（一）（二）线绑颈。

将图 8.1-70（b）中处于左侧导线下方的（一）线，按（一）-1 所示路线沿颈外侧绕到右侧导线下方；将图 8.1-70（b）中处于左侧导线下方的（二）线，按（二）-1 所示的路线沿颈内侧绕到右侧导线下方；将处于右侧导线下方的（一）（二）线并拢拧绞两转成小辫再向上方折弯后又分开成（一）（二）线，然后将（二）线向颈内侧方向水平折弯备用和将（一）线从右侧导线外侧向上方引出。

(3)（一）线绑右侧导线。

将图 8.1-70（b）中处于右侧导线外侧向上的（一）线，逆时针方向绕右侧导线一圈后向右侧导线外侧下方引出，如图 8.1-70（c）所示。

(4)（一）线绑左侧导线。

将图 8.1-70（c）中处于右则导线外侧下方的（一）线，沿（一）-2-1 所示路线走线，即使（一）线沿右侧导线外侧和颈外侧走到左侧导线外侧下方，然后逆时针方向绕在左侧导线上一圈后从左侧导线内侧下方引出，如图 8.1-70（d）所示。

(5)（一）线再绑右侧导线。

将图 8.1-70（d）中处于左侧导线内侧下方的（一）线，沿（一）-2-2 所示路线走线即使（一）线沿左侧导线内侧下方和颈内侧走到右侧导线内侧下方，然后逆时针方向绕在右侧导线一圈后从右侧导线外侧下方引出，如图 8.1-70（e）所示。

(6)（一）线开始顶部一次十字绑线。

将图 8.1-70（e）中处于右侧导线外侧下方的（一）线，沿（一）-3-1 所示路线走线，即使（一）线沿右侧导线外侧下方和颈外侧走到左侧导线外侧下方、左侧导线内侧下方、顶导线上方、右侧导线外侧上方、右侧导线下方，然后从右侧导线内侧下方引出，完成了一次十字绑线第一划的绑线，如图 8.1-70（f）所示。

(7)（一）线结束顶部一次十字绑线。

将图 8.1-70（f）中处于右侧导线内侧下方的（一）线，沿（一）-3-2 路线走线，即使（一）线从右侧导线内侧下方沿颈内侧走到左侧导线内侧下方、左侧导线外侧下方、顶导线上方、右侧导线内侧下方、右侧导线外侧下方、颈外侧、左侧导线外侧下方，然后逆时针方向线在左侧导线上一圈后从左侧导线内侧下方引出，如图 8.1-70（g）所示。

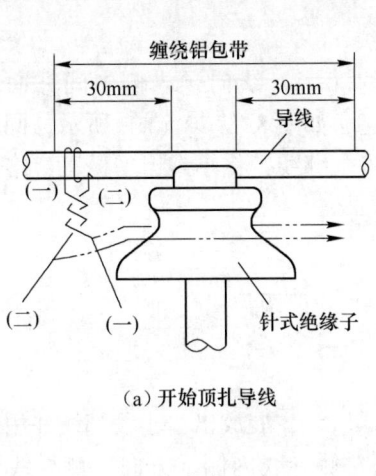

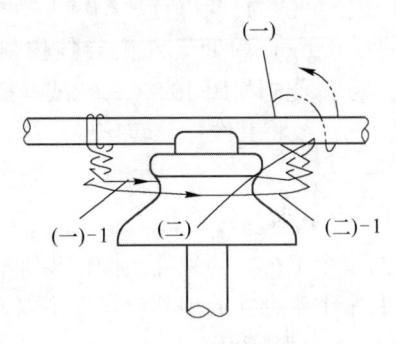

第 8 章 配电线路检修作业的单项作业技能

(a) 开始顶扎导线

(b) (一)(二)线绑颈

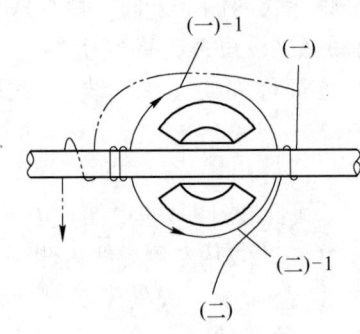

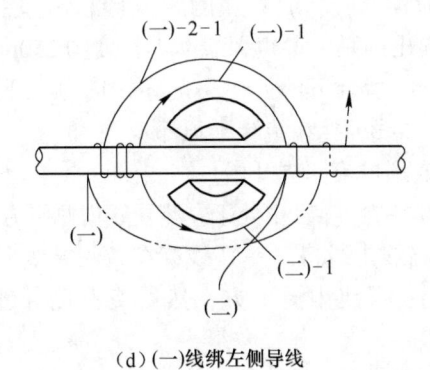

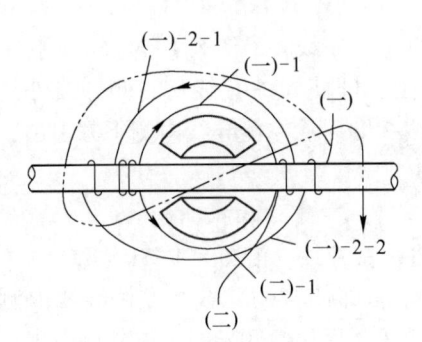

(c) (一)线绑右侧导线

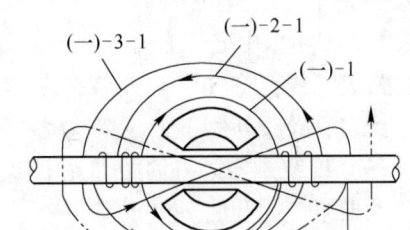

(d) (一)线绑左侧导线

(e) (一)线再绑右侧导线

(f) (一)线开始顶部一次十字绑线

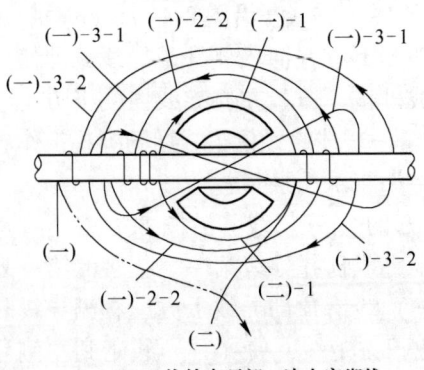

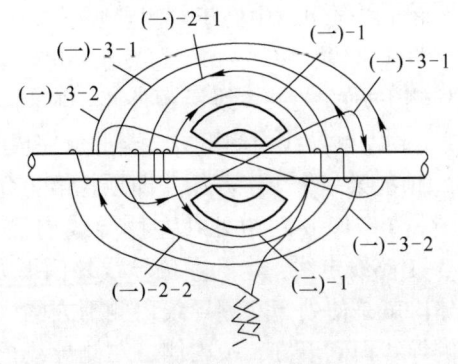

(g) (一)线结束顶部一次十字绑线

(h) (一)(二)线绞拧小辫、结束顶扎线

图 8.1-70 一个十字绑扎的顶扎步骤

(8) 将（一）（二）线绞拧成小辫，结束顶扎线。

将图 8.1-70（g）中处于左侧导线内侧下方的（一）线向颈内侧中间方向拉，将（一）线与已处于颈内侧中间的（二）线并拢在一起，如图 8.1-70（h）所示，同时用力拉紧（一）（二）线将其绞拧几转拧成小辫，剪去多余绑线，将小辫扳平扳正，结束顶扎导线工作。

3. 有两个十字绑扎的顶扎法

顶部有两个十字绑扎的顶扎法操作步骤如图 8.1-71 所示。

顶部有两个十字绑扎的顶扎法操作步骤说明如下。

（1）在左侧导线上绕绑线。

将一个绑线线圈的一端展开，如图 8.1-71（a）所示，展放出一小段绑线并用该段绑线紧绕（简称"绕"）在左侧导线上 3 圈，然后从左侧导线内侧下方向左侧导线外侧下方伸出，伸出的是一段短绑线，其长度约 250mm。此后将这段短绑线简称为"（二）线"，将绕左侧导线后余下的处在左侧导线内侧；下方的线卷简称为"（一）线"。此后就用（一）线将导线绑扎在绝缘子顶部。

（2）绕颈槽第一周开始。

使图 8.1-71（a）中处于左侧导线内侧下方的（一）线，沿图 8.1-71（b）中（一）-1-1 所示的路线走线将（一）线绕在右侧导线上，即使（一）线从左侧导线内侧下方沿颈内侧走到右侧导线内侧下方，然后绕右侧导线 3 圈后，让（一）线处于右侧导线下方外侧。

（3）绕颈槽第一周结束。

使图 8.1-71（b）中处于右侧导线下方外侧的（一）线，沿图 8.1-71（c）中（一）-1-2 所示的路线走线，将（一）线绕在左侧导线上，即使（一）线从右侧导线外侧下方沿颈外侧走到左侧导线外侧下方，然后绕左侧导线 3 圈后从左侧导线内侧下方引出，至此就完成了（一）线绕颈槽第一周的绑扎工作。

（4）绕颈槽第二周开始。

使图 8.1-71（c）中处于左侧导线内侧下方的（一）线，沿图 8.1-71（d）中（一）-2-1 所示路线走线，为将（一）线绕在右侧导线上，即使（一）线从左侧导线内侧下方沿颈内侧走到右侧导线内侧下方，然后绕右侧导线 3 圈后从右侧导线下方外侧引出。

（5）绕颈槽第二周结束。

使图 8.1-71（d）中处于右侧导线下方外侧的（一）线，沿图 8.1-71（e）中（一）-2-2 所示路线走线，将（一）线绕到左侧导线外侧下方并向内侧穿越导线，即使处在右侧导线外侧下方的（一）线沿颈外侧、左侧导线外侧下方、左侧导线内侧下方走线，使（一）线走到左侧导线内侧下方，至此就完成了（一）线绕颈槽第二周的绑扎工作。

（6）顶扎第一个十字开始，即顶扎第一个十字的第一划绑线。

使图 8.1-71（e）中处在左侧导线内侧下方的（一）线，沿图 8.1-71（f）中的（一）-3-1 路线走线，走到左侧导线外侧下方，完成顶扎导线第一个十字的第一划的绑线。具体讲就是使处于左侧导线内侧下方的（一）线沿顶部导线上方、右侧导线外侧下方、右侧导线内侧下方、颈内侧、左侧导线内侧下方走线，使（一）线走到左侧导线外侧下方，完成顶扎导线第一个十字第一划的绑扎。

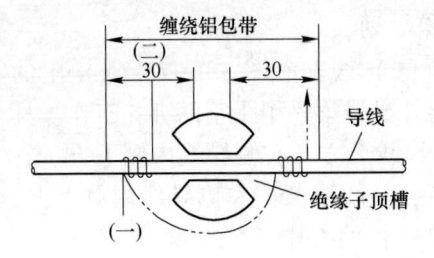

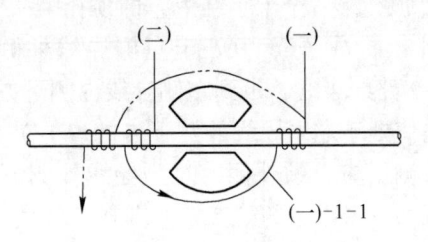

第 8 章 配电线路检修作业的单项作业技能 ·273·

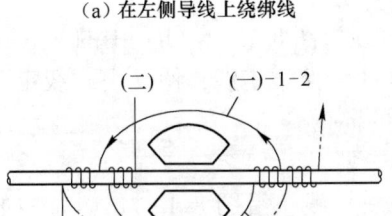

(a) 在左侧导线上绕绑线
(b) 绕颈槽第一周开始
(c) 绕颈槽第一周结束
(d) 绕颈槽第二周开始
(e) 绕颈槽第二周结束
(f) 顶扎第一个十字开始
(g) 顶扎第一个十字结束
(h) 顶扎第二个十字开始
(i) 顶扎第二个十字结束
(j) (一)(二)线拧成小辫,顶扎结束

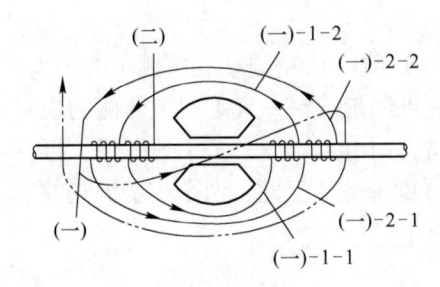

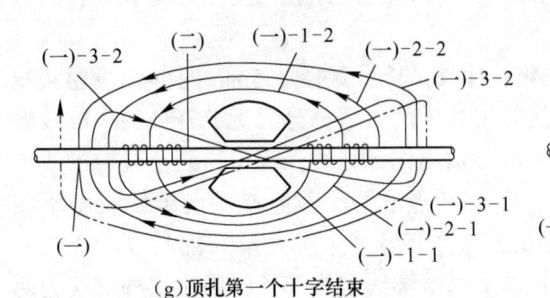

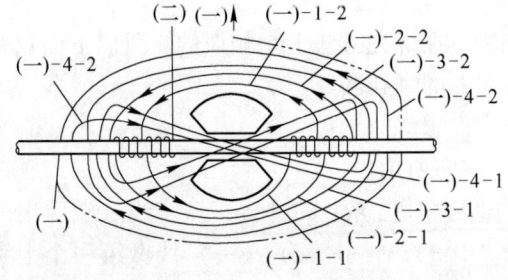

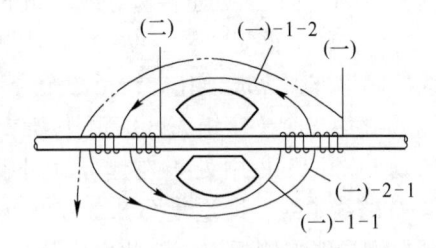

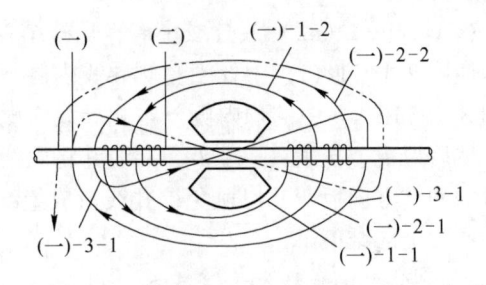

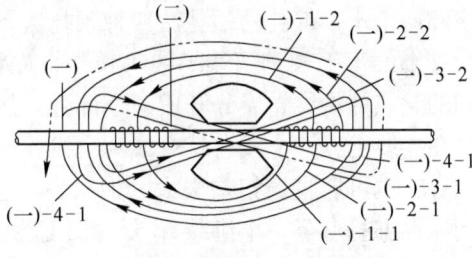

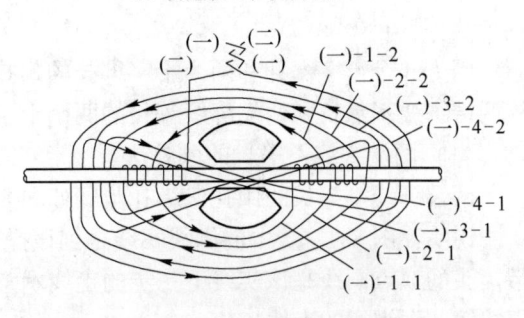

图 8.1-71 两个十字绑线的顶扎步骤

(7) 顶扎第一个十字结束，即顶扎第一个十字的第二划。

使图 8.1-71 (f) 中处于左侧导线外侧下方的（一）线，沿图 8.1-71 (g) 中的（一）-3-2 路线走线，走到左侧导线内侧下方，结束顶扎导线第一个十字的绑扎工作。具体讲就是使处于左侧导线外侧下方的（一）线沿顶部导线上方、右侧导线内侧下方、右侧导线外侧下方、颈外侧、左侧导线外侧下方，使（一）线重新回左侧导线内侧下方，至此完成第一个十字的第二划的绑扎，就是结束第一个十字的绑扎工作。

(8) 顶扎第二个十字开始，即顶扎第二个十字的第一划。

使图 8.1-71 (g) 中处于左侧导线内侧下方的（一）线沿图 8.1-71 (h) 中的（一）-4-1 路线走线，就是重复图 8.1-71 (f) 中的（一）-3-1 的路线走线，使（一）线走到左侧导线外侧下方，完成顶扎导线第二个十字的第一划的绑扎。

(9) 顶扎第二个十字结束，即顶扎第二个十字的第二划。

使图 8.1-71 (h) 中处于左侧导线外侧下方的（一）线，沿图 8.1-71 (i) 中的（一）-4-2 路线走线，即重复图 8.1-71 (g) 中的（一）-3-2 路线走线，使（一）线重新回到左侧导线内侧下方，至此完成第二个十字的第二划的绑扎，也就是完成了第二个十字的绑扎。

(10)（一）（二）线拧成小辫，顶扎结束。

使图 8.1-71 (i) 中处于左侧导线内侧下方的（一）线，从左侧导线内侧下方出发，沿图 8.1-71 (j) 中的颈内侧、右侧导线内侧下方、颈外侧走线，一直走到颈外侧的中间处，然后拉拢、拉紧（一）（二）线并将两线拧成小辫，用电工钳剪去多余的绑线，再将小辫顺颈槽方向扳弯，以避免绑扎线造成绝缘子电气强度降低。至此，两个十字绑扎的顶扎工作就全部结束了。

4. 导线在直线杆绝缘子上的颈扎法

颈扎法分为两端绑线不等长的一个十字和两个十字绑扎的颈扎法与两端绑线等长的一个十字和两个十字绑扎的颈扎法四种颈扎法。

两端绑线不等长和两端绑线等长是指先将一个 2m 长，直径 2.5mm 的绑线线卷从线卷中间的某点处将线卷展分开成两个部分，然后将其中的一个部分靠近分开处的一段线缠绕绑扎在导线上，一个线卷就变成两个线卷，可分别用作绑扎线，但是这两个线卷的线长可能相等，也可能线长相差很大。如果自线上的绑扎点至两个线卷端头的绑线长度不相等，例如自绑扎点至一个绑线端头的长度为 0.25m，至另一个绑线端头的长度为 1.7m，则称这种绑线为两端绑线不等长。如果自绑扎点至两端绑线端头等长，则称这种绑线为两端绑线等长。

因为一个十字绑扎和两个十字绑扎的颈扎法，在绑扎方法上是相似的，所以下面只介绍两端绑线不等长和两端绑线等长的两个十字绑扎的颈扎法。

(1) 两端绑线不等长的颈扎法。

两端绑线不等长的颈扎法绑扎步骤如图 8.1-72 所示。

说明：图 8.1-72 中的绑线实线是到该操作步骤时已绑上的绑线，从实线末端引出的带箭头的双点画线是该实线下一步的走线示意。（一）-1-1 表示（一）线做第一个十字绑线第一划绑线的走线，（一）-1-2 表示（一）线做第一个十字绑线第二划绑线的走线。（二）线是短线，250mm 长；（一）线是长线。

(a) 颈扎开始

(b) 颈扎第一个十字开始

(c) 颈扎第一个十字结束

(d) 颈扎第二个十字开始

(e) 颈扎第二个十字结束

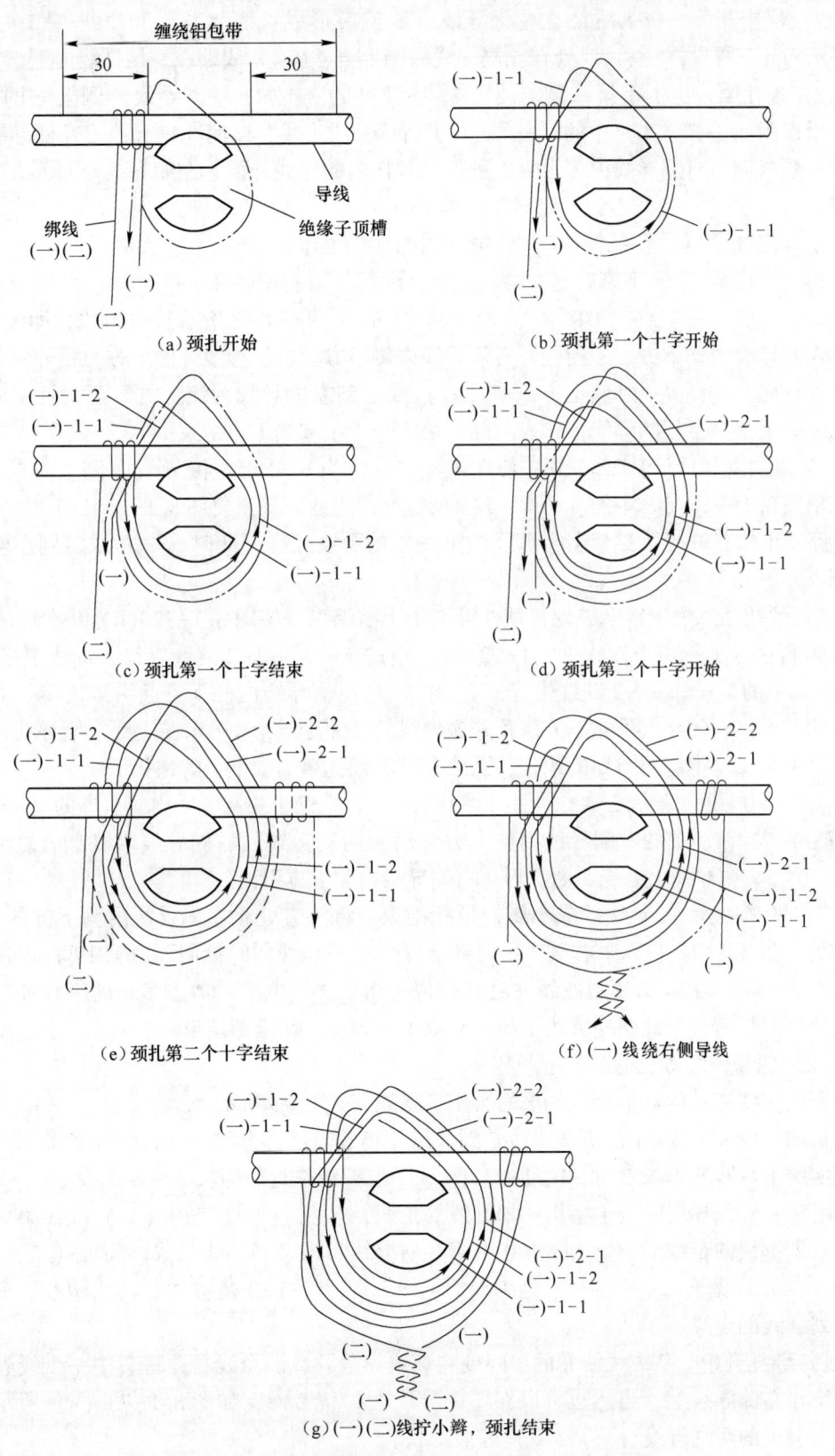

(f) (一)线绕右侧导线

(g) (一)(二)线拧小辫，颈扎结束

图 8.1-72　两端绑线不等长的双十字颈扎法操作步骤

1) 颈扎开始。将绑线绕在左侧导线上 3 圈后形成长线（一）和短线（二），如图 8.1-72（a）所示，（一）线处在左侧导线内侧上方，（二）线处在左侧导线内侧下方。

2) 颈扎第一个十字第一划。使图 8.1-72（a）中处于左侧导线内侧上方的（一）线，沿图图 8.1-72（b）中的（一）-1-1 所示路线走线，即使（一）线沿左侧导线内侧上方、颈内侧、右侧导线内侧上方、颈外侧颈槽内的导线外面、左侧导线外侧下方、左侧导线下方，使（一）线走到左侧导线内侧下方。

至此完成了颈扎第一个十字绑线第一划的绑线工作。

3) 颈扎第一个十字第二划，第一个十字颈扎结束。使图 8.1-72（b）中处于左侧导线内侧下方的（一）线，沿图 8.1-72（c）中的（一）-1-2 所示路线走线，即使（一）线沿左侧导线内侧下方、颈内侧、右侧导线内侧下方、右侧导线外侧下方、颈外侧颈槽内的导线外面、左侧导线外侧上方，使（一）线走到左侧导线内侧上方。至此就完成了颈扎第一个十字第二划的绑线工作。至此，第一个十字绑线工作结束。

4) 颈扎第二个十字第一划。使图 8.1-72（c）中处于左侧导线内侧上方的（一）线，沿图 8.1-72（d）中的（一）-2-1 所示路线走线，即重复图 8.1-72（b）中（一）-1-1 路线走线，进行第二个十字绑线的第一划的绑线工作，此时（一）线走到左侧导线内侧下方。

5) 颈扎第二个十字第二划，颈扎第二个十字结束。使图 8.1-72（d）中处于左侧导线内侧下方的（一）线，沿图 8.1-72（e）中的（一）-2-2 路线走线，即重复图 8.1-72（c）中的（一）-1-2 路线走线，（一）线从左侧导线内侧下方起沿颈内侧、右侧导线内侧下方、右侧导线外侧下方、颈外侧导线的外面走线，（一）线走到左侧导线内侧上方，结束第二个十字第二划的颈扎，至此完成了颈扎第二个十字的颈扎工作。

6) （一）线缠绕右侧导线。使图 8.1-72（e）中处于左侧导线内侧上方的（一）线，从图 8.1-72（f）中的左侧导线内侧上方起沿颈内侧走线到右侧导线内侧上方之后，将（一）线在右侧导线上缠绕 3 圈，再从右侧导线内侧下方引出。

7) 将（一）（二）线拧成小辫，颈扎结束。将一直处于左侧导线内侧下方的（二）线和处于图 8.1-72（f）中右侧导线内侧下方的（一）线同时拉向颈内侧中间，如图 8.1-72（g）所示，先用力拉紧两线并将其拧成小辫，再用电工钳剪去多余的绑线和将小辫顺颈槽方向扳弯，至此两端绑线不等长的双十字颈扎工作全部结束。

(2) 两端绑线等长的双十字颈扎法。

两端绑线等长的双十字颈扎法的操作步骤如图 8.1-73 所示。

说明：图 8.1-73 中的绑线实线是到该操作步骤时已绑上的绑线，带箭头的双点画线是该实线下一步的绑线走向。10.1-73（一）（二）线是近似等长的两根绑线。（一）-1-1 是用（一）线做第一个十字第一划绑线的走线，（一）-1-2 是用（一）线做第一个十字第二划绑线的走线。一个十字绑扎由第一划绑线和第二划绑线组成。同理（二）-1-1 是用（二）线做第二个十字第一划绑线的走线，（二）-1-2 是用（二）线做第二个十字第二划绑线的走线。

1) 绑扎开始。从绑线线卷的中间处将该线卷分开成两个线卷并将其中一个线卷的绑线缠绕在右侧导线上（当然也可以在左侧导线上）绕 2 圈，如图 8.1-73（a）所示，从导线上引出的两端绑线（一）（二）近似等长。

第8章 配电线路检修作业的单项作业技能

(a) 颈扎开始
(b) 用(一)线做颈扎第一个十字开始
(c) 用(一)线做颈扎第一个十字结束
(d) 用(二)线做颈扎第二个十字开始
(e) 用(二)线做第二个十字结束
(f) (一)线绕左侧导线
(g) (一)(二)线拧小辫，颈扎结束

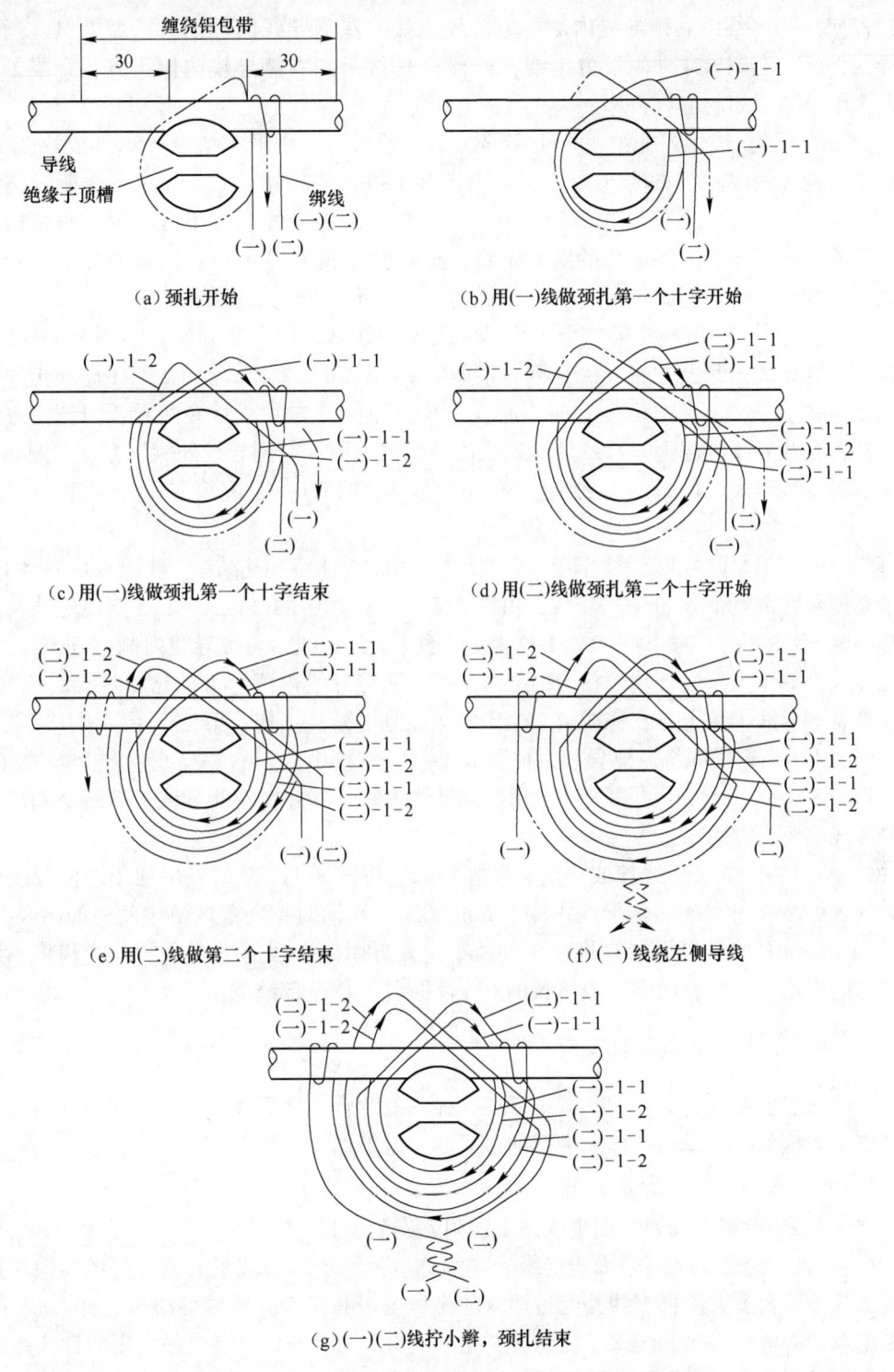

图 8.1-73 两端绑线等长的双十字颈扎法操作步骤

2) 用（一）线做颈扎第一个十字第一划，颈扎第一个十字开始。使图 8.1-73（a）中处于右侧导线内侧下方的（一）线，沿图 8.1-73（b）中的（一）-1-1 所示路线走线，即使（一）线沿右侧导线内侧下方、颈内侧、左侧导线内侧上方、颈外侧、颈槽内的导线外面、右侧导线外侧下方走线，使（一）线走到右侧导线内侧下方，完成了颈扎第一个十字第一划的绑线工作。

3) 用（一）线做颈扎第一个十字第二划，颈扎第一个十字结束。使图 8.1-73（b）中处于右侧导线内侧下方的（一）线，沿图 8.1-73（c）中的（一）-1-2 所示路线走线，即使（一）线沿右侧导线内侧下方、颈内侧、左侧导线内侧下方、颈外侧颈槽内的导线外面、右侧导线内侧上方的路线走线，至此就完成了用（一）线做颈扎第一个十字第二划的颈扎工作。到此时用（一）线做的第一个十字颈扎工作结束。

4) 用（二）线做颈扎第二个十字第一划，颈扎第二个十字开始。使图 8.1-73（c）中处于右侧导线内侧上方的（二）线，沿图 8.1-73（d）中的（二）-1-1 路线走线，就是重复图 8.1-73（b）中（一）-1-1 路线走线，即使（二）线从右侧导线内侧上方起沿颈内侧、左侧导线内侧上方、颈外侧颈槽内导线的外面、右侧导线外侧下方、右侧导线内侧下方的路线走线，使（一）线回到右侧导线内侧下方，完成第二个十字第一划颈扎工作。

5) 用（二）线做第二个十字第二划的颈扎，第二个十字颈扎结束。使图 8.1-73（d）中处于右侧导线内侧下方的（二）线，沿图 8.1-73（e）中的（二）-1-2 路线走线，就是重复图 8.1-73（c）中的（一）-1-2 路线走线，（二）线沿右侧导线内侧下方、颈内侧、左侧导线内侧下方、颈外侧颈槽内的导线外面、右侧导线内侧上方的路线走线，使（二）线走到右侧导线内侧上方，完成第二个十字第二划的颈扎工作，第二个十字颈扎结束。

6) 用（一）线缠绕左侧导线。使图 8.1-73（e）中处于右侧导线内侧上方的（一）线，沿图 8.1-73（f）中的颈内侧走到左侧导线内侧下方并在左侧导线上缠绕 2 圈后，向左侧导线内侧上方引出。

7) 将（一）（二）线拧成小辫，颈扎结束。将图 8.1-73（f）中处于左侧导线内侧上方的（一）线和处于右侧导线内侧上方的（二）线同时拉向颈内侧中间，如图 8.1-73（g）所示，先用力拉紧两线并将两线拧成小辫，再用电工钳剪去多余的绑线和将小辫顺颈槽方向扳弯。至此，两端绑线等长的双十字颈扎工作全部结束。

8.1.24 架空配电线路的附件安装

附件安装要在紧线、挂线、调正杆塔、弧垂复测合格之后才能进行。附件安装是进行线路施工或检修时在线路本体上进行的最后的一道工作。

1. 10kV 裸导线架空配电线路上的附件安装

（1）10kV 裸铝导线架空配电线路上的附件安装项目。

1) 将针式绝缘子或陶瓷横担绝缘子（简称"绝缘子"）安装在直线杆的横担和杆顶上的绝缘子顶套上。应根据线路经过地区的污秽等级和是否是绝缘导线来选择 10kV 架空线路绝缘子的电压等级和绝缘子的防污类型。为此，为 10kV 架空线路选用的针式绝缘子可能是普通型的 10kV、15kV、20kV 绝缘子，也可能是上述电压等级的防污型绝缘子。

安装绝缘子之前应检查绝缘子外观，确认无破损现象并用 2500V 摇表测量绝缘电阻：悬式绝缘子的绝缘电阻不小于 300MΩ，支柱（针式）绝缘子的绝缘电阻不小于 500MΩ，对瓷横担绝缘子不做绝缘电阻测量。

2) 将紧挂线时放在直线杆上放线滑车内的导线移到直线杆的绝缘子上,然后用绑扎线将导线绑扎在绝缘子上。

对于铝绞线、铝合金绞线、钢芯铝绞线采用直径为 2.5～3.0mm 的单股铝线做绑扎线。对于铜绞线,采用直径为 2.0～2.5mm 的退火的单股铜线做绑扎线。对于绝缘导线,采用直径大于 2.5mm 的单股塑料铜线做绑扎线。将导线绑扎在绝缘子上的方法详见 8.1.23 小节介绍的顶扎法和颈扎法。

3) 将防振锤安装在导线上（10kV 架空配电线路一般不安装防振锤）。

4) 将线路避雷器安装在杆塔上。

5) 将开关安装在有断开点的耐张杆或 T 接杆上。常用的开关为油开关、负荷开关、真空开关、六氟化硫开关、隔离开关、跌落式熔断器、重合器、分段器、智能故障指示器等。

6) 用金具或绑扎线进行电气连接。常见的电气连接形式如下:

①耐张杆与转角耐张杆引流线（俗称跳线、弓子线等）的连接。

②主干线与 T 接分支线导线的连接。

③主干线与主干线分段开关的连接。

④主干线与 T 接分段开关的连接。

⑤主干线或分支线导线与杆上避雷器的连接。

以上是架空配电线路附件安装的主要项目。现将电气连接中的用金具连接与用绑扎线连接的方法分开介绍如下。

（2）用金具进行电气连接的方法。

因为在架空配电线路中常用的导线是铝绞线、铝合金绞线、钢芯铝绞线、钢芯铝合金绞线,常用的各种开关的出线绝缘套管的接线柱是铜接线柱,因此在电气连接时常用的连接金具是铝并沟线夹,铝 T 型线夹、铝设备线夹、铜铝设备线夹。

将铝导线与铝质连接金具连接之前应用棉纱蘸汽油将两者相互接触部分清洗干净,然后涂上一层 801 导电脂和用钢丝刷刷除其表面的氧化膜,但需保留导电脂。

用铝质连接金具进行铝导线之间的连接方法如图 8.1-74 和图 8.1-75 所示。

(a) 用铝并沟线夹连接引流线示意图

1—耐张杆横担；
2—耐张绝缘子串；
3—螺栓型耐张线夹；
4—铝导线；
5—铝引流线；
6—铝并沟线夹

(b) 用铝并沟线夹将引上线与导线做T型连接

1—铝导线；
2—铝引上线；
3—铝并沟线夹

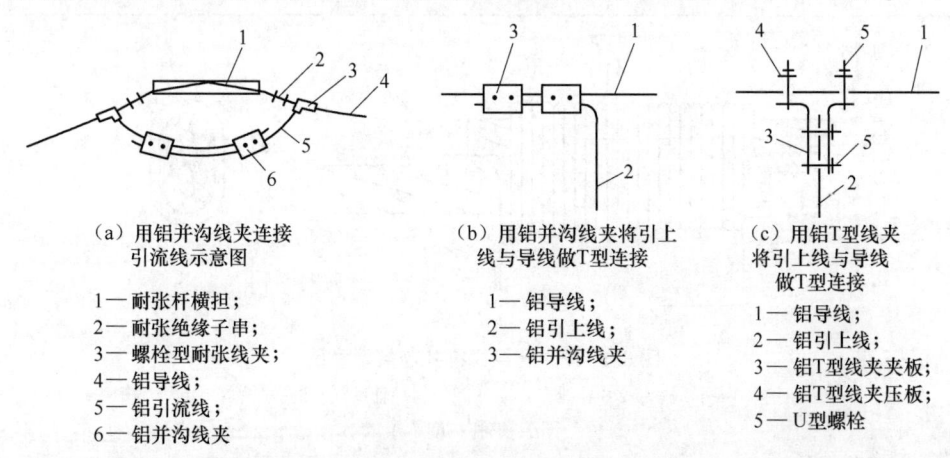

(c) 用铝T型线夹将引上线与导线做T型连接

1—铝导线；
2—铝引上线；
3—铝T型线夹夹板；
4—铝T型线夹压板；
5—U型螺栓

图 8.1-74 架空裸铝导线的电气连接示意图

铜铝设备线夹的样式如图 8.1-76 所示。铜铝设备线夹中铜铝导体之间的连接有两种型式。型式（1）是铜铝已连接在一起的一块接触板，它的一边是铝板，另一边是铜板，用闪焊法将两板焊成一体。型式（2）是将铝板平面贴在铜板平面上，用闪焊法将两平面焊成一体。进行电气连接时将铝导线与铝板连在一起，将铜板与开关的铜接线柱连在一起。

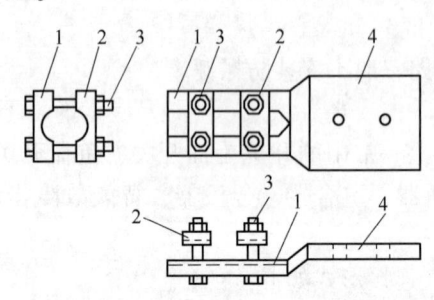

图 8.1-75 铝设备线夹示意图
1—本体；2—压板；3—螺栓；4—本体中的接触板

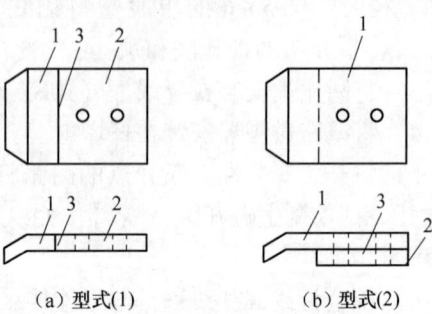

图 8.1-76 铜铝过渡接触板的两种型式
1—铝板；2—铜板；3—闪焊线

(3) 用绑扎线进行电气连接的方法。

GB 50173—1992《35kV 及以下架空电力线路施工及验收规范》第六章规定，在 70mm² 及以下的铝或铜导线的 10kV 及以下的架空电力线路中，引流线连接和 T 型连接的非张力接头的电气连接可采用绑扎法的电气连接。应选用与导线为同种金属的直径不小于 2.0mm 的单股线做绑线。

一个非张力接头的绑扎长度见表 8.1-6。缠绕式绑扎连接的示意图如图 8.1-77 所示。

表 8.1-6 绑扎长度值

导线截面/mm²	绑扎长度/mm
35 及以下	≥150
50	≥200
70	≥250

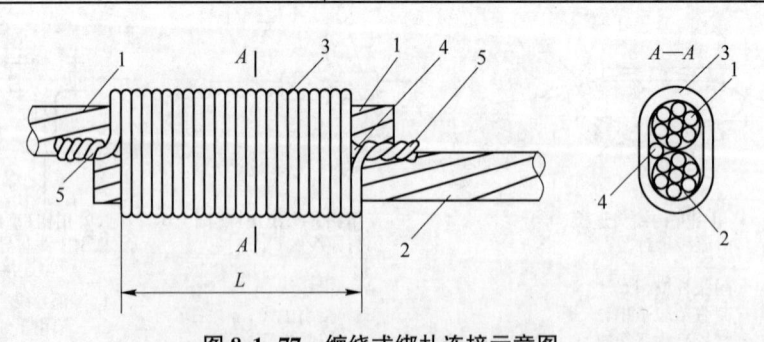

图 8.1-77 缠绕式绑扎连接示意图
1—导线一；2—导线二；3—绑线；4—辅助线；5—小辫；
L—绑扎长度

对绑扎连接的质量要求：绑扎连接应接触紧密、均匀、无硬弯，引流线应呈均匀弧垂状；绑扎长度应不小于表 8.1-6 的规定值；当进行不同截面导线的绑扎连接时，其绑扎长度以小截面导线的绑扎长度为准。

用接续金具或绑线等附件进行引流线、跳线的电气连接安装后，其引流线等导线的相间、相对地的净空距离应符合下列要求。

1~10kV 架空线路（包括裸导线、绝缘导线，下同）每相引流线、引下线与邻相的引流线、引下线或导线之间，安装后的净空距离应不小于 300mm；每相引流线、引下线或导线与拉线、电杆或构架之间，安装后的净空距离应不小于 200mm。

1kV 及以下架空电力线路，每相引流线、引下线与邻相的引流线、引下线或导线之间，安装后的净空距离应不小于 100mm；每相导线对拉线、电杆或构架之间，即相对地之间，安装后的净空距离应不小于 100mm。

2. 10kV 绝缘导线架空配电线路上的附件安装

绝缘导线具有绝缘性能，但从安全考虑则把它视同裸导线。因此，在电气设备、线路绝缘子、电气安全距离的选择方面均按裸导线的安全标准执行。

在 10kV 架空绝缘导线配电线路上的附件安装项目基本上与裸导线配电线路的附件安装项目相同，其附件安装的主要项目是将绝缘子（针式绝缘子、瓷横担绝缘子）安装在直线杆横担上和杆顶上（通常在立杆时就将绝缘子安装在直线杆横担和杆顶上）、将绝缘导线从放线滑车内转移到绝缘子上、将绝缘导线绑扎在绝缘子上以及进行避雷器、开关、接地挂钩安装等。在安装方法上与裸导线上的附件安装方法基本相同，只是在个别安装项目的材料应用上和电气连接的方法上有区别。

现将不同于裸导线的附件安装简要介绍如下。

(1) 将绝缘导线绑扎在绝缘子上时所用的材料有所不同。

绝缘导线安放在绝缘子上的位置和绑扎导线的方法与裸铝导线安放在绝缘子上的位置和绑扎导线的方法相同。同样用顶扎法和颈扎法绑扎导线。但在下面的两点上有所不同：

1) 用作绑扎线的材料不同。裸铝导线的绑扎线采用的是直径为 2.5~3.0mm 的单股铝线，绝缘导线的绑扎线采用的是直径为 2.5mm 以上的单股塑料铜线。

2) 在与绝缘子接触的导线处的缠绕物不同。在裸铝导线上缠绕的是铝包带，在绝缘导线上缠线的是绝缘自粘带，缠绕两层。

(2) 要在绝缘导线架空配电线路上增加安装接地挂钩的附件安装项目。

在裸铝导线上无接地挂钩的安装项目，可在导线任何一处上外挂接地线，但在绝缘导线的架空配电线路上则不能，只能在事先安装了接地挂钩上挂接地线。

安装接地挂钩时不需要另外增加金具，利用接地挂钩自带的穿刺螺栓就可将其安装在绝缘导线上。

(3) 电气连接时所用的操作步骤不相同。

与裸铝导线架空配电线路一样，在绝缘导线架空配电线路上也要进行以下附件安装项目：用螺栓型铝并沟线夹、螺栓型 T 型线夹、螺栓型铝设备线夹、铜铝设备线夹等架空线路金具、变电金具进行耐张杆引流线（俗称跳线、跨接线、弓子线）的电气连接、线路上 T 接点的主导线与分支线的引上线的电气连接、分支线的引上线与设备线夹上端的电气连接、设备线夹下端（接触板）与电气设备接线柱的电气连接以及主导线与避雷器引线的连接等。

在绝缘导线上的电气连接与在裸铝导线上的电气连接，在连接方法上是不相同的。对于裸铝导线只要对导线表面进行清洁，清除氧化膜后就可进行电气连接，但绝缘导线则要经过下述三个步骤才能进行电气连接。

1）剥除电气连接处的绝缘导线的绝缘层，露出铝导线。剥除绝缘导线的绝缘层后，要用绝缘自粘带密封绝缘层的断口。

2）用汽油、棉纱清洁铝导线外表面、铝金具槽内铝表面，在铝表面涂电力膏脂后清除氧化膜，然后按裸导线电气连接方法一样的方法安装连接金具进行绝缘导线的电气连接。请详见裸铝导线的电气连接方法。

3）在铝金具及其两端的绝缘导线外面加装绝缘护罩、恢复绝缘导线的绝缘。加装护罩后，要用绝缘自粘带密封绝缘护罩的接缝和固定绝缘护罩。

由上述的电气连接步骤可知，进行绝缘导线的电气连接时，要比裸铝导线的电气连接多了1）和3）两个步骤。

8.1.25 接地沟开挖与接地极安装

架空配电线路在居民区的杆塔、断路器（重合器、分段器）的外壳、配电变压器的外壳、箱式变电站外壳、开关站外壳、电力电缆接线盒和终端盒的外壳、避雷器的接地端、低压配电线的中性点、重复接地点都要接地，即都要与接地装置连接。

接地装置是接地极和接地线的总和。接地极（也称接地体）是指埋入地中并直接与大地接触的金属导体。接地线是指将电气装置、设备上的接地端子和接地极连接起来的金属导电部分。接地线又称为接地极引出线或设备接地引下线。

接地极有两种，一种是自然接地极，另一种是人工接地极。自然接地极是指兼作接地极的与大地接触的各种金属构件、金属管道、钢筋混凝土建筑物的基础。人工接地极是指人为地将金属导体埋入或打入地中使之与大地接触的专用金属导体。人工接地极分为垂直接地极、水平接地极和垂直、水平混合接地极。

接地沟是为埋设水平垂直接地极而开挖形成的埋设接地极后又用土回填的平行于地面的长条形地下沟道。开挖和回填接地沟的主要工具是十字镐、锄头和铁铲。在接地沟内安装接地极应注意以下问题：

（1）接地沟的宽度。

为埋设水平接地极而开挖的接地沟的宽度一般为锄头钢板刃宽度的1.5倍。要求沟宽尽量窄，以减少开挖土方量。为锤打垂直入地的角钢、钢管而开挖的接地沟宽度约0.5m，以工作人员能站入沟中并方便抡锤为度。

（2）接地沟的深度。

在农田，不少于0.6m；在山地，不少于0.3m；当设计无深度规定时，不少于0.6m。

（3）接地极等导体的规格。

接地极引出线的截面应不小于50mm^2（相当于直径为8mm的圆钢），且应热镀锌。地下的接地圆钢其直径应不小于10mm；地下的接地扁钢，其截面不小于100mm^2，厚度不小于4mm；地下的接地角钢，其厚度不小于4mm；地下的接地钢管，其管壁厚度不小于3.5mm。

(4) 接地极之间的距离。

水平敷设的接地带，其带间距离应不小于 5m，应沿等高线敷设。垂直敷设的接地极，其极间的距离应不小于 2 倍接地极长度。

(5) 接地极的焊接方法。

接地极的连接应采用焊接连接方法，其焊接应符合以下要求：

扁钢与扁钢的连接，采用搭接焊，搭接长度为扁钢宽度的 2 倍，四面施焊。圆钢与圆钢的连接，采用搭接焊，搭接长度为圆钢直径的 6 倍，双面施焊。圆钢与扁钢的连接，采用搭接焊，搭接长度为圆钢直径的 6 倍，双面施焊。

扁钢与钢管、扁钢与角钢的连接，可采取下述两种方法之一进行连接。第一种方法：除焊接两者的接触部位之外，还应在两者的焊接处加焊卡子。对于钢管应加焊用扁钢弯成弧形的卡子；对于角钢，加焊用扁钢弯成直角形的卡子。第二种方法：对于钢管，直接将连接用的扁钢弯成弧形后与钢管焊在一起；对于角钢，直接将连接用的扁钢弯成直角形与角钢焊在一起。

(6) 接地极敷埋在接地沟内的方法。

要注意将放射型的水平敷设的接地装置敷埋在接地沟内的方法与混合式接地装置敷埋在接地沟内的方法是不同的。现将这两种接地装置敷设在接地沟内的方法分别介绍如下。

1) 将放射式水平敷设的接地装置敷设在接地沟内的方法。

①边敷边埋接地圆钢（接地带），但是在需要焊接接地带的地方暂不填埋接地带。

一般由两人协同完成这种接地带的敷埋工作。若需敷埋多条接地带时，则先完成一条的敷埋再完成另一条的敷埋。敷埋时前人和后人均站在接地沟内。前人是指敷埋时靠近杆基的人，后人是指远离杆基的人。敷埋接地带（即接地圆钢或接地盘条）时，后人负责从杆基起沿着接地沟滚动圆钢的盘条卷将圆钢展放在接地沟的沟底内，前人负责踩住已展放出来的圆钢并将接地沟上沟边的泥土回填接地沟以掩埋接地圆钢。用于回填接地沟的泥土中不应有石块、树枝、杂草、具有腐蚀性的杂物。

②对需要焊接的接地圆钢进行焊接。将全部接地沟的圆钢（盘条）敷埋完毕后，由焊接专人负责焊接工作。有条件时应电焊，否则采用火焊。

③补埋接地沟、夯实接地沟和加填防沉层。防沉层要比接地沟宽，防沉层高度为 100~300mm。

2) 将混合接地装置敷埋在接地沟内的方法。

① 按规定间距将垂直接地极（钢管或角钢）布置在接地沟内，和将接地极打入到沟底面的下方，但露出需焊接的部分。

② 用焊接法将水平敷设扁钢与垂直接地极连接起来并组成接地网。

③ 回填、夯实所有接地沟并加填防沉层。

8.2　电力电缆线路检修的基本技能

8.2.1　电力电缆线路敷设知识简介

按电缆通道的类别，可将电力电缆的通道划分为水下式、架空式、地下式三种类别的电力电缆线路，而其中地下式电力电缆线路是最常用的电力电缆线路。

水下式的电缆线路有过江、过湖、过海的电力电缆线路。架空式的电力电缆线路有托架式、电杆架空式的电力电缆线路。地下式的电力电缆线路有直埋式、暗沟式（包括电缆沟和隧道）、排管式等电力电缆线路。有关地下式电力电缆线路的构造详见3.3节介绍的内容。

按电压划分，电力电缆线路分为低压电力电缆线路，其电压为1kV及以下；中压电力电缆线路，其电压为6kV、10kV；高压电力电缆线路，其电压为35kV及以上；目前，使用的高压电力电缆的电压已达500kV；随着电力技术的进步，其电压等级还会进一步提高。因制造电力电缆所用的绝缘材料、冷却方式等不相同，电力电缆的结构有多种，普通的三芯电力电缆结构见3.3.2小节介绍的内容。

在进行水下、架空、地下式电力电缆线路，尤其地下式电力电缆线路敷设施工时，都会运用到读图、现场勘察、电缆盘装卸、电缆盘运输、电缆上盘和放线、电缆施放、电缆附件（接头、终端）制作、电缆试验、电缆敷设时的注意事项等基本技能。

8.2.2 直埋式电缆工程施工前的现场勘察

现场勘察是进行地下式直埋电缆线路敷设、开挖电缆沟槽工作之前的一项准备工作。进行现场勘察的目的是准确地了解现场的实际情况，路径上的土质情况，确定实际路径、制定正确的施工方案。现场勘察时应勘察以下主要内容：

（1）核实设计所提供的路径资料是否与实际情况相符。如果不相符，应根据实际情况进行路径修改。

造成设计提供的路径资料与实际情况不相符的原因可能有两个：一是设计本身错误；二是在设计后，环境条件发生了变化。设计之后的环境发生变化的原因，可能是自然灾害原因，也可能是人为原因。

（2）落实规划中尚未修建的道路的路面的标高。

因为电力电缆通常敷设在道路的下方，而路面至电缆之间的垂直距离是有严格规定的。因而电缆线路通过或交叉规划中的道路时务必要考虑规划中道路的标高，要事先考虑好电缆在道路处的埋深等问题，以避免日后发生返工问题。如果在进行现场勘察时，一时不能了解电缆要通过的规划中路面标高时，就必须会同城市规划和测绘部门共同确定路面标高。

（3）勘察直埋电缆路径或其他地下电缆所经过地区的地形和障碍物。

（4）挖样洞和样沟。

挖样洞就是在直埋电缆线路设计路径上的几个关键点开挖几个达到设计深度的坑。几个关键点就是直埋电缆线路直线段上每隔40~50m的点、电缆线路的转弯点，电缆线路与道路交叉的点以及电缆线路上可能有地下障碍物的点。样沟的含义与样洞类似，所不同的是样沟是长条形的洞。

在挖好样洞并核实样洞实际情况之后还要用铁棒试探样洞底面下方的情况，要检查洞底下面是否还有其他管线等。因为规程规定如果电缆与其他管线交叉、平行时，除规定它们之间要满足安全距离之外，还要求有其他保护措施。

挖样洞、样沟的目的有两个：一是根据路径的实际情况，确定实际路径；二是了解路径上的土质情况，确定施工方案、方法。

8.2.3 电缆工程中施放电缆的方法

在进行架空、水下、地下电缆线路敷设时,都要使电缆从电缆盘上施放出来。但是,如果施放方法错误,不遵守施放技术规定,将会使施放出来的电缆受损,甚至损坏电缆。

为此,在施放电缆时为了避免损坏电缆和为今后的电缆检修提供条件,在施放电缆时应遵守以下规定:

1. 电缆须从电缆盘上方引出

当电缆安放在放线架上,须将电缆从电缆盘上施放出来时,电缆须从电缆盘的上方引出。

2. 牵引电缆的牵引力不能大于最大允许牵引力

为了把电缆从安放在支架上的电缆盘中施放出来,将电缆敷设在直埋电缆线路、暗沟式(电缆沟、隧道)电缆线路等的通道内,就需要给电缆施加牵引力。但是电缆的牵引力是有限度的,当牵引力大于电缆的限度时将会损坏电缆。为此施放电缆时施加在电缆上的牵引力一定要小于电缆的允许牵引力。电缆的最大允许牵引强度见表8.2-1。

表 8.2-1 电缆最大允许牵引强度   单位:MPa

牵引方式	牵引头		钢丝套		
受力部位	铜芯	铝芯	铅套	铝套	塑料护套
允许牵引强度	70	40	10	40	7

注:电缆的最大允许牵引力=允许牵引强度(N/mm^2)×电缆截面(mm^2),牵引力的单位为N。

3. 电缆的弯曲半径不能小于允许最小半径

在施放过程中的电缆,在任何时刻、任何地点,电缆的弯曲半径都不能小于表8.2-2的规定值,因为当电缆的弯曲半径小于规定值时会损坏电缆。

表 8.2-2 电缆允许最小半径与电缆外径(D)的关系

电缆类型			多芯	单芯
控制电缆			10D	
橡胶绝缘电力电缆	无铅包、钢铠护套		10D	
	裸铅包护套		15D	
	钢铠护套		20D	
聚氯乙烯绝缘电力电缆			10D	
交联聚乙烯绝缘电力电缆			15D	20D
不滴流油浸纸绝缘电力电缆	铝包		15D	20D
	铅包	有铠装	15D	20D
		无铠装		20D
自容式充油(铅包)电缆			20D	

4. 敷设时电缆温度不能低于电缆的允放敷设最低温度

因为在低温度的情况下,电缆的绝缘层的绝缘材料会变脆,在这种情况下施放电缆会使电缆绝缘损坏,因此,施放电缆时电缆的温度不能低于电力电缆的允许敷设最低温度。电力电缆的允许敷设最低温度见表 8.2-3。需要注意的是电力电缆温度不等于当时的环境气温。一般可以这样认为,在不对电力电缆采取加温措施的情况下,电力电缆的温度近似地等于环境气温;在对电力电缆采取加温措施之后电力电缆的温度将高于环境气温(但不包括将电力电缆置于某环境之内为了提高电力电缆温度而提高的该环境温度)。

表 8.2-3　电力电缆允许敷设最低温度　　　　　　　　　　　单位:℃

电 缆 类 型	电缆护套结构	允许敷设最低温度
控制电缆	耐寒护套	-20
	橡皮绝缘聚氯乙烯护套	-15
	聚氯乙烯绝缘聚氯乙烯护套	-10
橡胶绝缘电力电缆	橡皮或聚氯乙烯护套	-15
	裸护套	-20
	铅护套钢带铠装	-7
聚氯乙烯和交联聚乙烯绝缘电力电缆		0
不滴流油浸纸绝缘电力电缆		0
自容式充油电缆		-10

当环境温度低于表 8.2-3 规定值使电缆温度过低时,可采取以下方法提高电缆温度,以满足敷设电缆时对敷设温度的要求。但应注意,经采取加热措施提高了温度的电缆,应尽快施放、敷设。

(1) 用提高环境温度来提高电缆温度的方法。

将电缆置于温度为 5~10℃ 的室内 72h,或将电缆置于温度为 25℃ 的室内 24~36h,使电缆温度提高到允许敷设温度水平。

(2) 给电缆通电流提高电缆温度的方法。

可采用高压侧为 380V 的小容量大电流的加热变压器给电缆线芯通电,使线芯加热以提高电缆绝缘层温度。但采用通电加热电缆方法时应遵守以下规定:

1) 通过线芯的电流不得大于电缆的额定电流,通电时应随时监测电流值。

2) 通电加热之后的电缆表面温度至少高于当时气温+5℃,但电缆表面的最高温度不得超过以下电压等级的电缆的表面最高温度范围:

① 3kV 及以下电压等级的电缆为 40℃。

② 6~10kV 电压等级的电缆为 35℃。

③ 20~35kV 电压等级的电缆为 25℃。

5. 在电缆沟内牵引施放电缆时应在电缆沟内安装滚轮

因为在施放过程中,如果让电缆直接接触地面、沟底和直接硬性地通过路径转弯处,不但会损坏电缆外护层,还会因摩擦阻力大而增加牵引力和减小弯曲半径,因此在施放电缆时要在电缆沟内安置直线滚轮和转角滚轮或转角滚轮组。在电缆沟的直线段一般是每隔 3~5m 安置一个直线滚轮,在电缆沟的小转弯处安置一个转角滚轮,在大转弯处安置一个转角滚轮组。直线滚轮由一个支架和水平地安装在支架上的一个带滚轴的水平滚轮组成。

转角滚轮由一个直角形的支架、一个竖滚轮、一个水平滚轮构成。竖滚轮是竖直地安装在支架上的带滚轴的滚轮。水平滚轮是水平地安装在支架上的带滚轴的滚轮。转角滚轮组是由几个安装在弧型支架上的转角滚轮组成的滚轮组。

施放直埋电缆线路电缆时，将直线滚轮、转角滚轮安置于电缆的土沟底。施放暗沟式电缆线路电缆时，将直线滚轮、转角滚轮安置在混凝土沟底上面，施放完毕后再将电缆搬移到电缆沟壁的支架上。

6. 电缆承受的侧压力不能大于允许承受的侧压力

牵引电缆通过电缆线路的转弯处时，电缆在转弯内侧面上将承受内侧压力。但是电缆允许承受的侧压力是有限度的，因此施放电缆线路时要控制施加在电缆上的内侧压力，要求施加到电缆上的内侧压力要小于电缆允许承受的最大侧压力。施加到电缆上的侧压力，可以通过计算得出。如何计算，在这里不做介绍。

7. 在电缆绝缘薄弱处预留一定长度的检修备用电缆

预留检修用电缆是指在施放电缆时就有意地事先在电缆线路绝缘最薄弱，带电运行后最容易发生短路爆炸的电缆接头、电缆终端处预留一定长度的电缆，为重做电缆接头和电缆终端提供备用电缆，防止出现当这些接头、终端发生故障时就得重新敷设电缆线路的情况。

8.2.4　在工地现场短距离搬运电缆的方法

在工地现场中需要做短距离搬运的电缆，可能是两种状态的电缆：一是电缆仍在电缆盘中还未施放出来，二是电缆已施放出来。要将这两种状态的电缆从工地现场的一点移动到现场的另一点，需要将电缆做短距离的搬运时，可以采取滚动电缆盘的搬运方法，也可以采取搬运电缆的方法进行短距离的搬运。下面介绍将这两种短距离搬运的方法和注意事项。

1. 滚动电缆盘的搬运电缆的方法和注意事项

对于仍处在电缆盘中的电缆，可以直接采用滚动电缆盘的方法来做短距离的电缆搬运。对于已施放出来的电缆，如果决定采取滚动电缆盘的方法搬运电缆，则应先将电缆上盘再用滚动电缆盘方法搬运电缆。

用滚动电缆盘搬运电缆时的注意事项如下：

1）电缆盘要完好、坚固，要将盘中电缆的尾端固定牢靠。

2）电缆盘的滚动方向要与将电缆绕入盘内时的绕线方向相同，即电缆盘的滚动方向与画在盘轮上的箭头方向相同。

3）电缆盘盘轮要比盘心上电缆外圈高出 100mm 以上。

4）电缆盘滚动经过的地面要平整、坚实，无砖石等硬块。

5）要有制动电缆盘滚动的措施。

2. 短距离的抬运电缆的方法与注意事项

将施放出来的短长度电缆做短距离的现场搬运，可以采用多人肩扛（抬）的搬运方式。用肩扛（指）法搬运短电缆时的注意事项如下：

1）捧抬电缆时要同起同落。

2）搬动电缆时不能使电缆发生明显的折弯。

3）被搬动的电缆要全部离开地面，不能让电缆拖地移动。

第9章 配电线路检修作业的综合作业技能

在本章中将介绍两类配电线路的综合作业技能：一是架空配电线路的综合作业技能，二是电力电缆配电线路的综合作业技能。

9.1 架空配电线路的综合作业技能

9.1.1 不使水泥杆起立时产生超限裂缝的方法

水泥杆是钢筋混凝土电杆（俗称普通水泥杆）、预应力混凝土电杆、部分预应力混凝土电杆的统称。

钢筋混凝土电杆是用普通钢筋作为电杆的纵向钢筋加上混凝土制造而成的抗裂检验系数允许值等于 0.8 的电杆。预应力混凝土电杆是用预应力钢筋作为电杆的纵向钢筋加上混凝土制造而成的抗裂检验系数允许值等于 1 的电杆。部分预应力混凝土电杆是用普通钢筋和预应力钢筋的组合或全部用预应力钢筋加上混凝土制造而成的抗裂检验系数允许值等于 0.8 的电杆。所谓预应力钢筋是预先给普通钢筋施加拉力，使其应力超过弹性极限应力后达到屈服限应力的钢筋。

为了阻止水泥杆在起立时产生超限裂缝，就得首先知道使水泥杆产生裂缝的各种因素，只有把产生裂缝的这些因素控制在限定范围之内才可以避免超限裂缝的产生。研究表明，下面三个因素是电杆产生裂缝的直接因素：一是电杆自身具有的开裂检验弯矩 M_k 的大小，二是起立电杆时外力使电杆各长度点处产生的截面弯矩 M 的大小，三是 $|M|>M_k$ 是使电杆产生裂缝的条件。为此，分别将计算 M_k 与 M 的方法介绍如下。

1. 水泥杆开裂检验弯矩的计算

承载力检验弯矩是混凝土电杆的破坏弯矩，开裂检验弯矩是混凝土电杆的许用弯矩。GB 4623—2014《环形混凝土电杆》规定承载力检验弯矩等于 2 倍开裂检验弯矩，即安全倍数等于 2。

不是按 GB 4623—2014 生产的钢筋混凝土电杆每个长度点处的破坏弯矩（相当于承载力检验弯矩）、许用弯矩（相当于开裂检验弯矩）可按以下公式进行计算，即

$$M_p = kM_k = \frac{1}{\pi}\left(F_b\sigma_B\frac{r_1+r_2}{2} + 2F_a\sigma_T r_a\right)\sin\left(\pi\frac{F_a\sigma_T}{F_b\sigma_B + 2F_a\sigma_T}\right)$$

式中 M_p——一个长度点处的破坏弯矩；

M_k——一个长度点处的许用弯矩（开裂检验弯矩）；

k——安全倍数，$k=2$。

式中其他符号的含义见式 (5.3-4) 的含义。

按 GB 4623—2014 生产的钢筋混凝土电杆、预应力混凝土电杆、部分预应力混凝土电

杆的各种规格的混凝土电杆开裂检验弯矩,可以从 GB 4623—2014 列出的表 9.1.1-1~表 9.1.1-4(见表 9.1-1~表 9.1-4)的表中直接查得,也可从开裂检验弯矩的回归方程式中算出。

表 9.1-1　(GB 4623—2014) ϕ150~ϕ190mm 钢筋混凝土锥形杆开裂检验弯矩[a]

(锥度：1/75，弯矩单位：kN·m)

L/m	L_1/m	L_2^b/m	梢径/mm										
			150						190				
			开裂检验荷载 P/kN										
			B	C	D	E	F	G	H	I	J	K	L	M
			1.25	1.50	1.75	2.00	2.25	2.50	2.50	3.00	3.50	4.00	5.00	6.00
6.00	4.75	1.00	5.94	7.13	8.31	9.50	10.69	11.88						
7.00	5.55	1.20	6.94	8.33	9.71	11.10	12.49	13.88						
8.00	6.45	1.30	8.06	9.68	11.29	12.90	14.51	16.13	16.13					
9.00	7.25	1.50		10.88	12.69	14.50	16.31	18.13	18.13	21.75	25.38	29.00	36.25	
10.00	8.05	1.70		12.08	14.09	16.10	18.11	20.13	20.13	24.15	28.18	32.20	40.25	48.30
11.00	8.85	1.90							26.55	30.98	35.40	44.25	53.10
12.00	9.75	2.00							29.25	34.13	39.00	48.75	58.50
13.00	10.55	2.20							31.65	36.93	42.20	52.75	63.30
15.00	12.25	2.50							36.75	42.88	49.00	61.25	73.50
18.00	15.25	2.50								61.00	76.25	91.50

注：B、C、D、…、M，是不同开裂检验荷载的代号，例如 B 是开裂检验荷载 P = 1.25kN 的代号。

1. 本表所列开裂检验弯矩 (M_k) 为用悬臂式试验时，取梢端至荷载点距离 (L_3) 为 0.25m，在开裂检验荷载 (P) 作用下在假定支持点 (L_2) 断面处的弯矩。实际设计使用电杆时，应根据工程需要确定梢端至荷载点距离和支持点高度，并按相应计算弯矩进行检验。
2. 根据电杆的埋置方式，其埋置深度应通过计算确定，并采取有效加固措施。

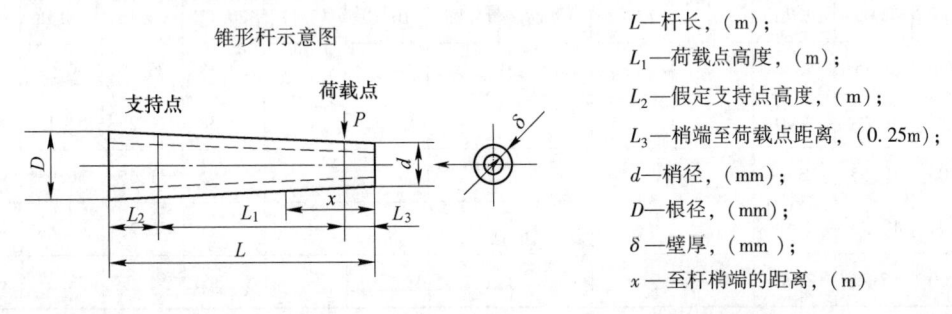

锥形杆示意图

L—杆长，(m)；
L_1—荷载点高度，(m)；
L_2—假定支持点高度，(m)；
L_3—梢端至荷载点距离，(0.25m)；
d—梢径，(mm)；
D—根径，(mm)；
δ—壁厚，(mm)；
x—至杆梢端的距离，(m)

钢筋混凝土电杆应具备的力学性能：承载力检验弯矩/开裂检验弯矩 $M_k \geq 2$，初裂弯矩 = 80%M_k。初裂弯矩/开裂检验弯矩 = 0.8。加荷至开裂检验弯矩时，电杆裂缝宽度 $\leq$ 0.2mm，卸荷后残余裂缝宽度 $\leq$ 0.05mm。加荷至开裂检验弯矩时，锥形杆顶的挠度：L < 10m 时，杆顶挠度 < ($L_1 + L_3$)/35；10m $\leq L \leq$ 12m 时，杆顶挠度 < ($L_1 + L_3$)/32；$L \leq$ 15m 时，杆顶挠度 < ($L_1 + L_3$)/25。

钢筋混凝土锥形杆的 M_k 回归方程为斜截式直线方程：

$$M_k = kx + b$$

式中　k—斜率，$k = \dfrac{M_{k2} - M_{k1}}{x_2 - x_1}$；

b—横截距，(kN·m)，$b = M_{k2} - kx_2$ 或 $M_{k1} - kx_1$；

x—至梢端的距离，(m)。

ϕ—150mm 钢筋混凝土锥形杆 M_k 方程为：

B 代号杆 $M_k = 1.247x - 0.295$，C 代号杆 $M_k = 1.5x - 0.37$，

D 代号杆 $M_k = 1.752x - 0.452$，

E 代号杆 $M_k = 2x - 0.5$，

F 代号杆 $M_k = 2.2485x - 0.553$，

G 代号杆 $M_k = 2.5x - 0.62$。

ϕ190mm 钢筋混凝土锥形杆 M_k 方程为：

G 代号杆 $M_k = 2.5x - 0.62$mm，I 代号杆 $M_k = 3x - 0.75$，

J 代号杆 $M_k = 3.5x - 0.87$，

K 代号杆 $M_k = 4x - 1$，

L 代号杆 $M_k = 5x - 1.25$，

M 代号杆 $M_k = 6x - 1.5$。

表 9.1-2 （GB 4623—2014）ϕ150~ϕ190mm 预应力混凝土锥形杆开裂检验弯矩[a]（锥度：1/75，弯矩单位：kN·m）

L/m	L_1/m	L_2^b/m	梢径/mm 150						梢径/mm 190			
			开裂检验荷载 P/kN									
			B 1.25	C 1.50	C$_1$ 1.65	D 1.75	E 2.00	F 2.25	G 2.50	I 3.00	J 3.50	K 4.00
6.00	4.75	1.00	5.94	7.13	7.84	8.31	9.50	10.69				
7.00	5.55	1.20	6.94	8.33	9.16	9.71	11.10	12.49				
8.00	6.45	1.30	8.06	9.68	10.64	11.29	12.90	14.51	16.13	19.35		
9.00	7.25	1.50		10.88	11.96	12.69	14.50	16.31	18.13	21.75	25.38	29.00
10.00	8.05	1.70		12.08	13.28	14.09	16.10	18.11	20.13	24.15	28.18	32.20
11.00	8.85	1.90							22.13	26.55	30.98	35.40
12.00	9.75	2.00							24.38	29.25	34.13	39.00
13.00	10.55	2.20							31.65	36.93	42.20	
15.00	12.25	2.50							36.75	42.88	49.00	
18.00	15.25	2.50							53.38	61.00		

注：B、C、D、…，以及 a.，b.，意义同表 9.1-1。预应力锥形杆示意图同表 9.1-1 中的锥形杆示意图。

预应力混凝土电杆应具备的力学性能：承载力检验弯矩/开裂检验弯矩≥2，初裂弯矩/开裂检验弯矩=1。电杆弯矩达开裂检验弯矩时电杆不应有裂缝。

预应力电杆的 M_k 回归方程同表 9.1-1 中的钢筋混凝土电杆的 M_k 回归方程。

ϕ150mm 预应力电杆的 M_k 方程除 C$_1$ 代号杆 M_k 外，其余同表 9.1-1 中的 ϕ150mm 钢筋混凝土锥形杆 M_k 方程。

$$C_1 代号杆\ M_k = 1.648x - 0.3984$$

ϕ190mm 预应力杆的 M_k 方程 ϕ190mm 预应力杆的 M_k 方程同表 9.1-1 中的 ϕ190mm 钢筋混凝土锥形杆 M_k 方程。

表9.1-3 （GB 4623—2014）φ150~φ190mm 部分预应力混凝土锥形杆开裂检验弯矩[a]
（锥度：1/75，弯矩单位：kN·m）

L/m	L₁/m	L₂[b]/m	梢径/mm 150 C 1.50	D 1.75	E 2.00	F 2.25	G 2.50	梢径/mm 190 G 2.50	I 3.00	J 3.50	K 4.00	L 5.00	M 6.00
6.00	4.75	1.00	7.13	8.31	9.50	10.69	11.88						
7.00	5.55	1.20	8.33	9.71	11.10	12.49	13.88						
8.00	6.45	1.30	9.68	11.29	12.90	14.51	16.13	16.13	19.35				
9.00	7.25	1.50	10.88	12.69	14.50	16.31	18.13	18.13	21.75	25.38	29.00	36.25	
10.00	8.05	1.70						20.13	24.15	28.18	32.20	40.25	48.30
11.00	8.85	1.90						22.13	26.55	30.98	35.40	44.25	53.10
12.00	9.75	2.00							29.25	34.13	39.00	48.75	58.50
13.00	10.55	2.20							31.65	36.93	42.20	52.75	63.20
15.00	12.25	2.50							36.75	42.88	49.00	61.25	73.50
18.00	15.25	2.50										76.25	91.50
21.00	18.25	2.50										91.25	109.50

注：C、D、E、…，以及a.，b. 意义同表9.1-1。

部分预应力锥形杆试验示意图

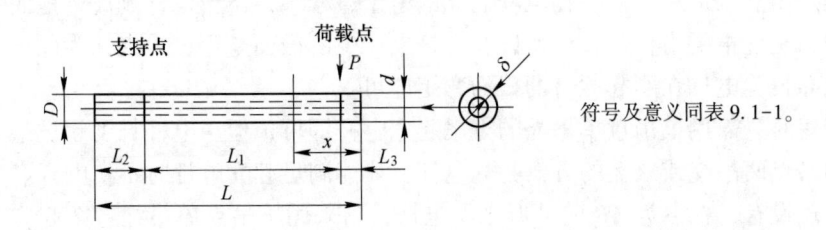

符号及意义同表9.1-1。

部分预应力混凝土电杆的力学性能：承载力检验弯矩/开裂检验弯矩 ≥ 2，初裂弯矩/开裂检验弯矩 ≥ 0.8，电杆弯矩等于开裂检验弯矩时电杆裂缝宽度 ≤ 0.1mm，电杆弯矩等于初裂弯矩时电杆不应有裂缝。

部分预应力混凝土电杆开裂检验弯矩 M_k 的回归方程及各代号杆 M_k 同表9.1-1。

表 9.1-4 （GB 4623—2014）等径杆开裂检验弯矩

直径/mm	长度：3.0m、4.5m、6.0m、9.0m、12.0m、15.0m									
	开裂检验弯矩 M_k/(kN·m)									
300	20	25	30	35	40	45	50	60		
350	30	40	50	60	70	80	90	100	120	
400	40	45	50	60	70	80	90	100	120	140
500	70	75	80	85	90	95	100	105		
550	90	115	135	155	180					

注：用简支式试验时，开裂检验弯矩 M_k 即是在开裂检验荷载作用下两加荷点间断面处的最大弯矩。

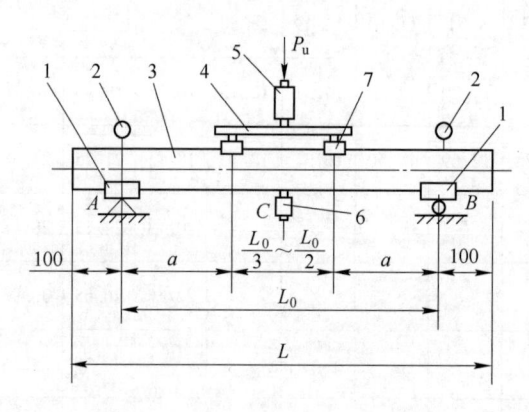

简支式试验装置示意图

1—宽150mm硬木制成的U型垫板； 4—加荷分配梁； P_0—荷载；
2—位移仪（或百分表）； 5—荷载测力仪； L_0—跨距；
3—电杆； 6—挠度仪（或直尺）； L—杆长
7—加荷点；

2. 水泥杆起立方案的设计

因为电杆被起立之前，电杆平放于起吊设备承吊点下方的地面上，同时因为起立电杆的目的是要用起吊绳牵引使电杆杆梢朝上竖立起来，所以用起吊绳起立电杆时，电杆的杆梢最先离开地面，然后斜立，最后竖立。在电杆起立的整个过程中，由于电杆刚离开地面时作用于电杆上的外力至杆根的力臂最长，所以在电杆上产生的截面弯矩也最大，为此在校验电杆的强度时只需校验电杆在刚起立时的截面弯矩即可。

当电杆的长度较短时只需用单吊点单吊绳的方案起立电杆即可，但当电杆长度超过某个限度时就必须用两吊点两吊绳或以上的方案起立电杆，才能满足起立电杆时不使电杆产生超限裂缝的要求。现设有一根名为 AB 的锥形水泥电杆，当采用单吊点单吊绳方案起立电杆时电杆上的受力图如图 9.1-1（a）所示；当采用两吊点两吊绳方案起立电杆时，电杆上的受力图如图 9.1-1（b）所示。

从图 9.1-1 可见，AB 锥形杆都是外伸梁，都是平面平衡力系，都可建立三个静力方程。在图 9.1-1（a）中的 C 点是由起吊绳造成的柔软约束。柔软约束的反向作用力（简

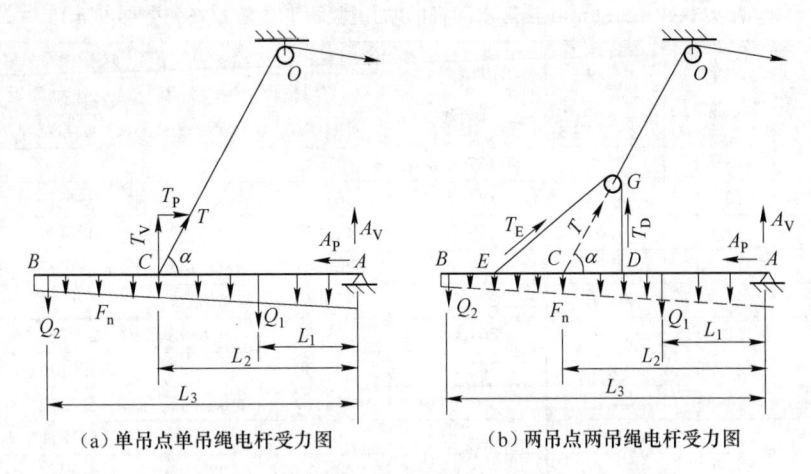

第 9 章　配电线路检修作业的综合作业技能

(a) 单吊点单吊绳电杆受力图　　(b) 两吊点两吊绳电杆受力图

图 9.1-1　用起吊绳起立锥形杆时电杆上的受力图

A—杆根、绞链约束；C—单吊点、柔软约束；D 与 E—两吊点中的吊点，柔软约束；F_n—杆段的自重；
O—起重设备的承吊点；Q_1—电杆重心处电杆自重；Q_2—横担等附加物重量；α—单吊绳对电杆的夹角

称"约束反力"）是沿起吊绳的向上的拉力 T，A 点是铰链支座，它有一个垂直反向力 A_v，一个水平反向力 A_p。就是说图 9.1-1（a）中的 AB 梁共有三个反向力。因为可以用三个静力方程求出三个反向力，因此图 9.1-1 中的 AB 梁是静定梁。但在图 9.1-1（b）中，因为它有 A_v、A_p、T_D、T_E 四个约束反向力，比它能建立的三个静力方程多余一个反向力，就无法求出图 9.1-1（b）中 AB 梁上的约束反力，因此图 9.1-1（b）中的 AB 梁是一次超静定梁。

一般而言，起立方案是要事先设计的。如果以单吊点单起吊绳起立方案作为两吊点两吊绳起立方案的设计基础，即在已知单吊点 C 的位置。单吊绳的起吊力 T、单吊绳 $\overline{OC}$ 直线和其中的 $\overline{GC}$ 长度、单吊绳对电杆的夹角 α 以及两根吊绳的拉力 T_D 和 T_E 大小相等和 $\overline{GC}$ 直线是 $\angle DGE$ 的分角线等条件下对两吊点起立方案进行设计时，则可通过首先设定 $\triangle CDG$ 中的 $\overline{CD}$ 边的长度，然后运用正弦定理和余弦定理的计算方法算出 $\overline{DG}$、$\overline{GE}$、$\overline{EC}$ 的长度，把 G 点（两吊绳用的单滑轮）确定在 $\overline{OC}$ 单吊绳直线当中。于是用此种方法设计得到两吊点两吊绳起立方案，它的起吊力的大小与方向等效于单吊点单吊绳起立方案中的起吊力 T，同时又增加了一个起吊点和改变了起吊点位置，使电杆上原来较大的截面弯矩向截面弯矩更小的方向改变；更重要的是，与此同时还把两个吊点的反向力 T_D 和 T_E 计算出来，从而能够进行电杆的截面弯矩的计算。现根据上面的分析与设计，将起立电杆时电杆上截面弯矩的计算步骤与方法归纳如下。

1) 首先选定单吊点单吊绳起立方案，然后计算单吊绳的拉力 T 和计算 T 的垂直分力 T_V。10kV 架空配电线路常用的环形截面锥形杆的重心位置和电杆自重可从表 9.1-5 和表 9.1-6 中查得。

$$T_V = \frac{Q_1 L_1 + Q_2 L_3}{L_2} \text{ 和 } T = \frac{T_V}{\sin\alpha}$$

表 9.1-5　ϕ150mm 锥形水泥杆的常用数据（锥度 1/75，壁厚 5cm）

距杆顶的长度/m	外直径/cm	内直径/cm	环形截面面积/cm²	各个1m长杆段的平均截面面积/cm²	各个1m长杆段的重量/kN	从杆顶至计算长度处的累计重量/kN	重心至杆顶的距离/m
0	15.00	5.00	157.08				
1	16.33	6.33	177.97	167.53	0.4577	0.4577	0.50
2	17.67	7.67	199.02	188.50	0.5172	0.9479	1.029
3	19.00	9.00	219.91	209.47	0.5748	1.5497	1.574
4	20.33	10.33	240.80	230.36	0.6321	2.1818	2.132
5	21.67	11.67	261.85	251.33	0.6896	2.8714	2.70
6	23.00	13.00	282.74	272.30	0.7472	3.6186	3.278
7	24.33	14.33	303.64	293.19	0.8045	4.4231	3.86
8	25.67	15.67	324.68	314.16	0.8620	5.2851	4.46
9	27.00	17.00	345.58	335.13	0.9196	6.2047	5.06
10	28.33	18.33	366.47	356.03	0.9728	7.1815	5.66
11	29.67	19.67	387.52	377.00	1.0345	8.2160	6.27
12	31.00	21.00	408.40	397.96	1.0920	9.3080	6.88
13	32.33	22.33	429.30	418.90	1.1494	10.4574	7.50
14	33.67	23.67	450.35	439.83	1.2069	11.6643	8.121
15	35.00	25.00	471.24	460.85	1.2646	12.9289	8.74
16	36.33	26.33	492.13	481.69	1.3217	14.2506	9.367
17	37.67	27.67	513.18	502.66	1.3793	15.6299	9.996
18	39.00	29.00	534.07	523.63	1.4369	17.0668	10.628

表 9.1-6　ϕ190mm 锥形水泥杆的常用数据（锥度 1/75，壁厚 5cm）

距杆顶的长度/m	外直径/cm	内直径/cm	环形截面面积/cm²	各个1m长杆段的平均截面面积/cm²	各个1m长杆段的重量/kN	从杆顶至计算长度处的累计重量/kN	重心至杆顶的距离/m
0	19.00	9.00	219.50				
1	20.33	10.33	239.50	229.50	0.6297	0.6297	0.50
2	21.67	11.67	262.00	250.75	0.6881	1.3178	1.022
3	23.00	13.00	283.00	272.50	0.7477	2.0655	1.557
4	24.33	14.33	304.00	293.50	0.8054	2.8709	2.102
5	25.67	15.67	325.00	314.50	0.8630	3.7339	2.656
6	27.00	17.00	345.00	335.00	0.9192	4.6531	3.218
7	28.33	18.33	366.00	355.50	0.9755	5.6286	3.787
8	29.67	19.67	387.00	376.50	1.0331	6.6617	4.363
9	31.00	21.00	408.00	397.50	1.0907	7.7524	4.945
10	32.33	22.33	429.00	418.50	1.1484	8.9008	5.533
11	33.67	23.67	451.00	440.00	1.2074	10.1082	6.126
12	35.00	25.00	471.00	461.00	1.2650	11.3732	6.724
13	36.33	26.33	492.00	481.50	1.3212	12.6944	7.325
14	37.67	27.67	514.00	503.00	1.3802	14.0746	7.686
15	39.00	29.00	535.00	524.50	1.4392	15.5138	8.54
16	40.33	30.33	553.70	544.35	1.4937	17.0075	9.151
17	41.67	31.67	573.30	563.50	1.5462	18.5537	9.763
18	43.00	33.00	596.00	584.65	1.6043	20.1580	10.38

式中各符号的含义见图 9.1-1 中的含义。

2）计算单吊点时杆梢刚离开地面时电杆上各个长度点处的截面弯矩 M。每个截面的截面弯矩的计算方法：根据杆梢至一个截面的长度之内的各个杆段的自重 F_n、附加物重量 Q_2、和 T_V（如果在该长度内有 T_V，则采用之，否则不采用。下同）等外力，按"梁弯曲时的内力弯矩和剪力"子单元介绍的"弯矩法则"计算每个截面的截面弯矩。10kV 架空配电线路常用的环形截面锥形杆的各杆段的自重可从表 9.1-5 和表 9.1-6 中查得。

3）将电杆各长度点处的开裂检验弯矩 M_k 与单吊点相应长度点处的截面弯矩的绝对值 $|M|$ 进行比较，以判断是采用单吊点方案即可还是要采用两吊点方案。

当所有长度点上的 $|M| \leq M_k$，则表明采用单吊点起立方案即可。

当在所有长度点中若存在有 $|M| > M_k$ 的任何情况，则表明要采用两吊点起立方案，要继续按 4) 步骤进行计算。

4）首先以等于单吊绳的拉力 T 和起吊力作用线重合于单吊绳的思路，应用正弦定理和余弦定理来设计两吊点起立方案，如图 9.1-1（b）所示，然后计算两吊点起立方案中的两根起吊绳的拉力 T_D 和 T_E 以及垂直分力 T_{DV} 和 T_{EV}。

5）依据两吊点方案起立电杆时，施加在 AB 电杆上的各杆段的自重 F_n、附加物的重量 G_2、两根起吊绳的垂直分力 T_{DV} 和 T_{EV}，应用"弯矩法则"计算电杆各长度点处的截面弯矩 M。

6）将电杆各长度点处的开裂检验弯矩 M_k 与两吊点时相应长度点处的截面弯矩的绝对值 $|M|$ 进行比较。若在各长度点处均满足 $|M| \leq M_k$ 要求，则表明所设计的两吊点起立方案满足起吊要求。若在电杆上的任何点处存在有 $|M| > M_k$ 的情况，则表明两吊点方案仍不能满足起立要求，还要继续按起吊力重合于和等于单吊点起吊力 T 的思路的三个吊点方案来设计三吊点起立方案。

【例 9.1-1】 现有一根 ϕ190mm 18m 配筋为 $10 \times \phi$12mm（混凝标号 300 号、钢筋为钢 3）的水泥杆，安全倍数为 2 时的许用弯矩（即开裂检验弯矩）见表 9.1-7。从表 9.1-6 查得该电杆的重心至杆顶的距离为 10.38m，至杆根的距离为 7.62m，电杆自重 $Q_1 =$ 20.158kN。起立电杆时在距杆顶为 1.0m 处装有 0.98kN 的附加重物。现首先设按常规的单吊点方案布置起立方案，如图 9.1-2 单吊点起立方案所示，单吊点 C 至杆顶距离为 6.4m，至杆根距离为 11.6m，单吊绳对电杆的夹角 $\alpha = 60°$，各 2m 杆段的自重从表 9.1-6 中查得。设杆段的重心在杆段的中点，杆段的自重已标在图 9.1-2 中。请设计出该电杆的最终起立方案。

表 9.1-7 电杆上各长度点的许用弯矩

至杆顶的距离/m	1	3	5	6.4	7	7.9	9	9.14	10.38	11	13	15	15.5	17	18
M_k/(kN·m)	10.9	13.0	15.1	16.6	17.2	18.2	19.4	19.5	20.8	21.5	23.6	25.7	26.3	27.8	28.9

注：该电杆许用弯矩的回归方程 $M_{kx} = 9.8 + 1.0617x$（kN·m），式中 x 表示至杆梢的距离，(m)。

解：（1）计算水泥杆的开裂检验弯矩 M_k。

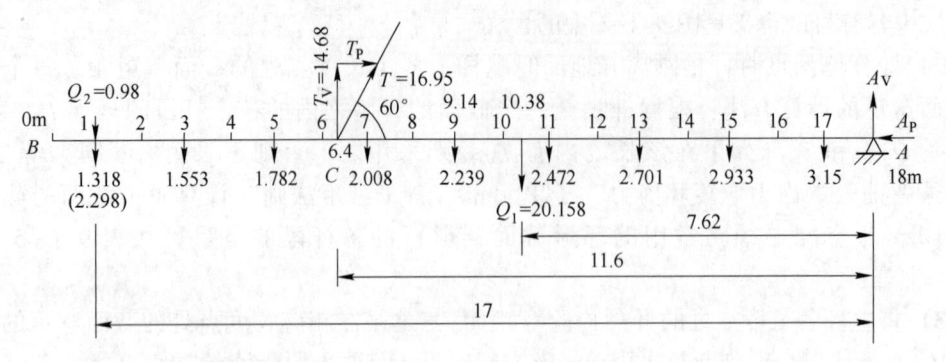

图 9.1-2　用单吊点起立电杆时电杆上的受力图（长度单位：m，力单位：kN）

M_k 按下列公式进行计算：

$$M_k = \frac{M_p}{2} \frac{1}{2\pi} \left(F_b \sigma_B \frac{r_1 + r_2}{2} + 2 F_a \sigma_T r_a \right) \sin\left(\pi \frac{F_a \sigma_T}{F_b \sigma_B + 2 F_a \sigma_T} \right)$$

在题目中表 9.1-7 已给出计算结果。

（2）设计起立方案的计算。

1）单吊点时的起吊力计算：

$$T_V = \frac{Q_1 L_1 + Q_2 L_3}{L_2} = \frac{20.158 \times 7.62 + 0.98 \times 17}{11.6} = 14.68 (\text{kN})$$

$$T = \frac{T_V}{\sin\alpha} = \frac{14.68}{\sin 60°} = 16.95 (\text{kN})$$

2）计算单吊点时电杆上各长度点处的截面弯矩 M。

用弯矩法则计算截面弯矩 M，其计算结果详见表 9.1-8。例如 $M_{6.4}$（距杆顶 6.4m 处的弯矩）、$M_{9.14}$、M_{18} 三个长度点的截面弯矩的计算式为

$M_{6.4} = -2.298 \times (6.4 - 1) - 1.553(6.4 - 3) - 1.782(6.4 - 5) = -20.2 (\text{kN} \cdot \text{m})$

$M_{9.14} = -2.298 \times (9.14 - 1) - 1.553 \times (9.14 - 3) - 1.782 \times (9.14 - 5) + 14.68 \times (9.14 - 6.4) - 2.008 \times (9.14 - 7) - 2.239 \times (9.14 - 9) = 0$

$M_{18} = -2.298 \times (18 - 1) - 1.553 \times (18 - 3) - 1.782 \times (18 - 5) + 14.68 \times (18 - 6.4) - 2.008 \times (18 - 7) - 2.239 \times (18 - 9)$
$- 2.472 \times (18 - 11) - 2.701 \times (18 - 13) - 2.933 \times (18 - 15) - 3.15 \times (18 - 17) = -0.2$

表 9.1-8　单吊点时电杆上各长度点的截面弯矩计算结果

至杆梢的距离/m	1	3	5	6.4	7	7.9	9	9.14	10.38	11	13	15	15.5	17	18
$M/(\text{kN} \cdot \text{m})$	0	-4.6	-12.3	-20.2	-14.8	-8.4	-0.7	0	5.95	8.92	13.6	12.8	1.2	6.2	-0.2

3）将电杆上各长度点处的 M_k 与相应长度点处单吊点的 $|M|$ 进行比较，详见表 9.1-9。

表 9.1-9　电杆上各比度点处的 M_k 与相应比度点处单吊点的 $|M|$ 比较

至杆梢的距离/m	1	3	5	6.4	7	7.9	9	9.14	10.38	11	13	15	15.5	17	18
M_k/(kN·m)	10.9	13	15.1	16.6	17.2	18.2	19.4	19.5	20.8	21.5	23.6	25.7	26.3	27.9	28.9
$\|M\|$/(kN·m)	0	4.6	12.3	20.2	14.8	8.4	0.7	0	5.95	8.92	13.6	12.8	1.2	6.2	0.2

从表 9.1-9 可知，在 6.4m 长度点（即单吊点）处，$M_k<|M|$，在起吊时在该点处将产生超限的裂缝，说明单吊点起立方案不能满足起立要求，应采用两吊点的起立方案。

4）以单吊点起立方案为基础、按用两吊点方案起立电杆时起吊力等于单吊点方案起吊力 T 和两个方案的起吊力作用线重合在一起的思路，重新设计两吊点起立方案以及计算两根起吊绳的起吊力和垂直分力。

按上述思路所设计得到的起立电杆起吊绳受力时两吊点起立方案的在 G 点以下的图形（包括 $\overline{GC}$ 虚线在内）由 △DGC、△CGE、△DGE 三个三角形组成，两吊点起重方案设计示意如图 9.1-3 所示，它是类似于图 9.1-1（b）的图形。说两图形类似，是说三角形的边长不一样长，夹角的大小不同，但 $\overline{GC}$ 一定是两根起吊绳吊力的合力线是重合的且同样通过电杆上的 C 点，两者的作用是相同的。

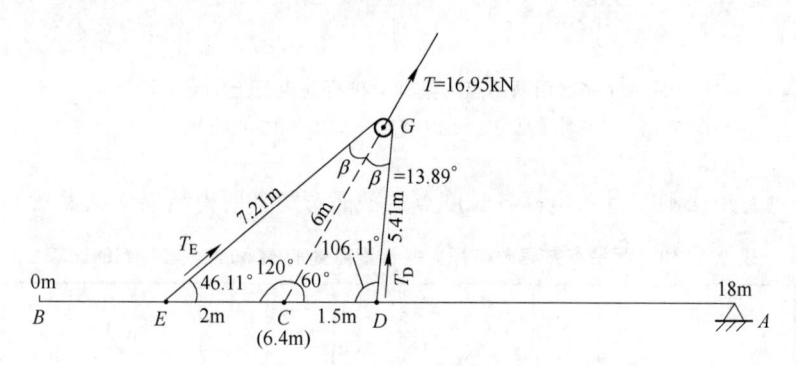

图 9.1-3　两吊点起立方案设计示意图

现将两吊点起立方案设计示意图的计算情况介绍如下。

已知 $\angle GCD = 60°$，设 $\overline{GC} = 6\text{m}$，$\overline{CD} = 1.5\text{m}$，$D$ 点全杆梢的距离为 6.4+1.5=7.9（m）。由余弦定理得

$$\overline{GD}^2 = 6^2 + 1.5^2 - 2 \times 6 \times 1.5 \times \cos 60° = 29.25$$

$$\overline{GD} = \sqrt{29.25} = 5.41(\text{m})$$

由正弦定理得

$$\frac{1.5}{\sin\beta} = \frac{5.41}{\sin 60°} = 6.25$$

$$\sin\beta = \frac{1.5}{6.25} = 0.24$$

$$\beta = \sin^{-1} 0.24 = 13.89°$$

于是由三角关系得出各个夹角（已标在图 9.1-3 中）和由正弦定理分别得到 $\overline{GE}$ = 7.21m，$\overline{EC}$ = 2m。E 点至杆顶的距离为 6.4−2=4.4（m）。

下面计算两根起吊绳的起吊力和它的垂直分力。

两根起吊绳的起吊力。

$$T_D = T_E = \frac{\dfrac{T}{2}}{\cos 13.89°} = \frac{16.95}{2 \times 0.9708} = 8.73(\text{kN})$$

两根起吊绳在电杆上的垂直分力：

$$T_{DV} = T_D \sin 106.11° = 8.73 \times 0.9607 = 8.39(\text{kN})$$

$$T_{EV} = T_E \sin 46.11° = 8.73 \times 0.7207 = 6.29(\text{kN})$$

5) 用两吊点方案起立电杆时电杆上各长度点处的截面弯矩 M 的计算。当用两吊点方案起立电杆时，作用于电杆上的外力（只计垂直力）如图 9.1-4 所示。

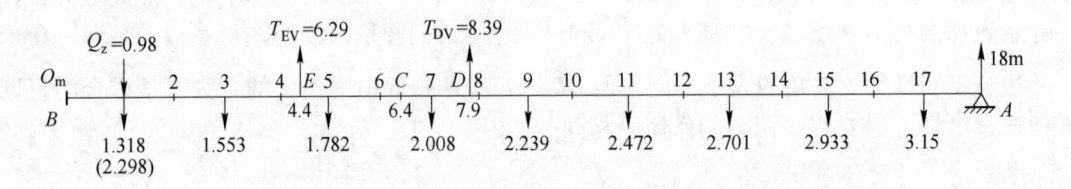

图 9.1-4　用两吊点方案起立电杆时电杆上的受力图
（只计垂直力。长度单位：m，力的单位：kN）

用截面"弯矩法则"计算电杆各长度点的截面弯矩，所得结果详见表 9.1-10。

表 9.1-10　两吊点方案时电杆上各长度点处的 M 和 M_k 与 $|M|$ 的比较

至杆顶的距离/m	1	3	4.4	5	6.4	7	7.9	9	9.14	11	13	15	17	18
M_k/(kN·m)	10.9	13	14.5	15.1	16.6	17.2	18.2	19.4	19.5	21.5	23.6	25.7	27.9	28.9
$|M|$/(kN·m)	0	4.6	10	8.5	7.6	7.2	8.4	0.7	0	8.9	13.6	12.8	6.2	0
M/(kN·m)	0	−4.6	−10	−8.5	−7.6	−7.2	−8.4	−0.7	0	8.9	13.6	12.8	6.2	0

6) 将两吊点方案时电杆各长度点处的 M_k 与相应长度点处的 $|M|$ 进行比较，以判断所设计的两吊点方案是否成立。

将表 9.1-10 和表 9.1-8 的 M 进行比较，可见表 9.1-10（即两吊点方案）中 5~9m 区间的 M 有明显的降低。从表 9.1-10 中可见全部长度点处均为 $|M| < M_k$，由此可判断所设计的两吊点方案成立，用两吊点方案起立该 18m ϕ 190mm 锥形杆不会产生裂缝。

9.1.2 起立水泥杆和窄基铁塔的常用方法

在 20kV 及以下电压等级的架空配电线路中，主要采用锥形水泥杆和窄基铁塔。锥形水泥杆主要用作单回路、多回路架空线路的直线杆与单回路的转角耐张杆、耐张杆和 H 形变压器台架的架杆。窄基铁塔主要用作单回路、多回路架空线路的耐张杆和转角耐张杆。

为适应各种环境下的立杆工作，配电架空线路的技术人员、高级技工应当掌握多种立杆方法。在配电架空线路施工与检修中常用的立杆方法是：倒落式人字抱杆法、旧杆立新杆法、吊车立杆法、固定式独立抱杆法、固定式人字抱杆法、顶叉杆法。现将上述立杆法分别简介如下。

1. 倒落式人字抱杆立杆法

倒落式人字抱杆立杆法有广泛的适用范围，可以用它起立各种高度的整基的水泥杆单杆、窄基铁塔、门型杆、空间桁架结构的自立式铁塔。

用倒落式人字抱杆起立水泥杆时要注意两个技术要点：一是布置起立电杆的牵引系统时务必保证起吊点至杆根的距离大于电杆重心至杆根的距离；二是要按"水泥杆起立方案的设计"子单元介绍的方法进行水泥杆起立方案的设计，即选择起吊点个数的设计，以防止电杆发生超限度的裂缝。

一般地讲，常用的可供选择的起吊点个数有以下四种：1 点、2 点、3 点、4 点，即常用的起立方案有四种，如图 9.1-5 所示。

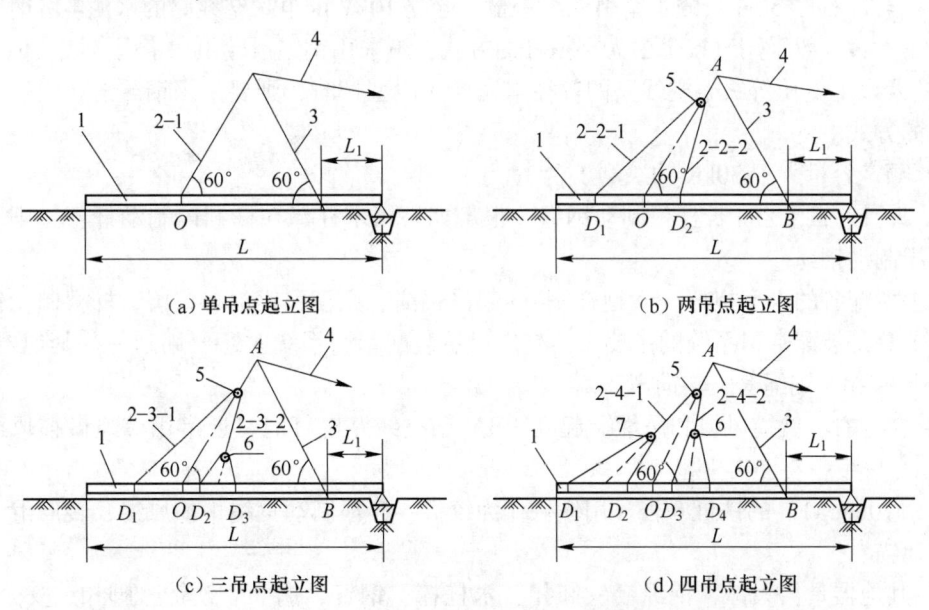

图 9.1-5 倒落式人字抱杆立杆常用的起立方案

1—电杆；2-1—单吊点 O 的起吊绳；2-2-1、2-2-2—两吊点 D_1、D_2 的起吊绳；
2-3-1、2-3-2—三吊点 D_1、D_2、D_3 的上侧起吊绳；2-4-1、2-4-2—四吊点 D_1、
D_2、D_3、D_4 的上侧起吊绳；3—人字抱杆；4—牵引钢绳；5、6、7—单铁滑轮；
A—抱杆顶；B—抱杆脚；L—电杆长度；L_1—抱杆脚至杆洞距离 [$L_1 = (0.15\sim0.2)L$]

但是对于10~20kV架空配电线路而言，因为所采用的水泥杆的长度都在18m以下，通常采用的是10~13.5m长度的水泥杆，因此一般只采用一个起吊点的起立方案，个别情况下才会采用2个吊点的起立方案，几乎不采用3个及以上起吊点的方案。一般在起立110kV及其以上电压等级架空线路的21m、24m或更长的水泥杆时才会用到3个及以上吊点的起立方案。

用单吊点和用两吊点及以上吊点起立电杆，在工作原理上是相同的，所用的工器具也是基本相同的，所不同的是所用的工器具的大小与强度不同，起立电杆时牵引力的大小不同。因为本书介绍的是配电线路施工与检修的基本技术和技能，因此在下面只介绍用倒落式人字抱杆起立配电线路水泥杆单杆方面的技术与技能。

(1) 用倒落式人字抱杆起立10kV水泥电杆时需要配备以下主要工器具：

1) 6.5m长的人字抱杆一副及其抱杆帽一个，主要用于起立10~15m长的水泥电杆。抱杆顶部、根部的式样和抱杆帽的式样示意图如图9.5-1~图9.5-3所示。单根抱杆的稳定许用承载力应大于15.5kN，整副人字抱杆的稳定许用承载力应大于30kN（假设两抱杆的夹角为26.6°）。

2) $d=17$mm，8m长的起吊钢丝绳（简称"钢绳"）一根。起吊钢绳在安全工作规程中将其称为"尾绳"。在作业时俗称为三角绳，因起立电杆时，从侧面看电杆、抱杆、起吊绳是三角形的三条边，故将起吊绳称为三角绳。

$d=17$mm的钢绳，其破断力为125.93kN，其许用拉力（安全系数$K=5$时）为25.2kN。

3) $d=17$mm，50m长的主牵引钢绳一根。起立10kV配电架空线路的水泥电杆时，因牵引力不大，一般采用直接牵引人字抱杆的方式，不采用钢绳滑轮组的牵引方式。但在起立35kV及以上电压等级架空线路的等径水泥杆的门型杆时，则要采用钢绳滑轮组牵引人字抱杆的方式。

4) 额定容量大于30kN的绞磨1台。

5) $d=11$mm，30m长杆根制动钢绳一根。如果用木杠棒在杆洞内制动杆根，则不需配备杆根制动钢绳。

以上所配备的人字抱杆（含抱杆帽）、起吊钢绳、主牵引钢绳、绞磨、杆根制动钢绳五种工器具是装配牵引系统的主要工器具。当然装配牵引系统时还要用到一些其他器具，例如U形卸扣、钢绳套、转向滑车。

6) 左、右、后揽风绳和吊绳。起立10kV架空线路电杆时，通常用棕绳做揽风绳和吊绳。

7) $\phi 70$mm×1m的铁桩8根。用铁桩作为绞磨、杆根制动钢绳、揽风绳、转向滑车等的固定地锚。

8) 其他器具：大锤、钢绳套、卸扣、木杠棒、钢钎、锄头、铁铲、脚扣、安全带、吊锤等各1个或若干个。

用倒落式人字抱杆起立10kV架空线路水泥杆单杆时需要配备以下工作人员：指挥1人、绞磨4~6人、揽风绳3人、杆根制动1人、控制杆根入洞1人，总共需10~12个工作人员。

(2) 用倒落式人字抱杆起立水泥杆单杆时的现场施工布置如下。

1) 施工布置的顶视图，如图 8.1-27 所示。
2) 施工布置的侧视图，如图 9.1-6 所示。

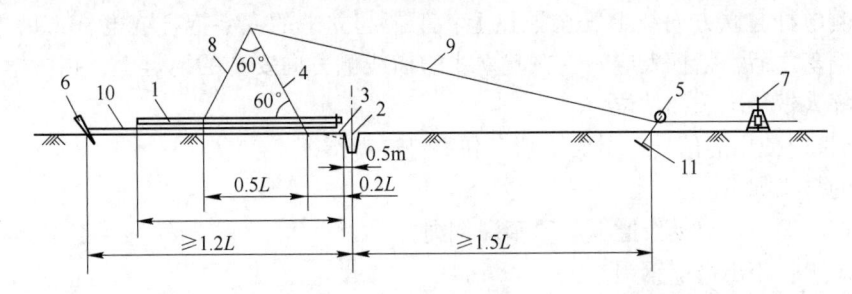

图 9.1-6　倒落式人字抱杆立杆法施工布置侧视图
1—锥形水泥杆；2—杆洞；3—杆洞凹道槽；4—人字抱杆；5—转向滑车；6—杆根制动钢绳与后揽风绳地锚；
7—绞磨；8—起吊钢绳（尾绳或三角绳）；9—主牵引钢绳；10—杆根制动钢绳；11—转向滑车地锚
L—电杆长度

(3) 倒落式人字抱杆立杆法简介。

用倒落式人字抱杆立杆之前，首先要将人字抱杆竖立好，才能用它起立电杆。图 9.1-6 中的人字抱杆是已竖立好的抱杆式样。竖立人字抱杆的方法：

1) 按图 8.1-5 和图 9.1-6 的图示尺寸平放抱杆，将抱杆两脚等距离地距杆身轴线置于杆身两侧的地面上，抱杆顶压在杆身上。

2) 将起吊钢绳的一端连接在电杆起吊点上（见图 9.1-6 中的序号 8），将主牵引钢绳的一端通过转向滑车连到绞磨上。

3) 先用 U 形卸扣将起吊钢绳和主牵引钢绳的另一端连接在抱杆帽的两侧，后将抱杆帽套（戴）在抱杆顶上。

4) 一边用钢钎插入抱杆脚前的地中顶住抱杆脚，一边将抱杆顶抬高，同时启动绞磨收紧主牵引钢绳，用主牵引钢绳将抱杆顶向上转动而竖起抱杆，图 9.1-6 中抱杆的式样即是竖立好了的抱杆式样。

用倒落式人字抱杆起立电杆的整个起立过程由第一个和第二个起立过程两个起立阶段组成。第一个起立过程是人字抱杆（简称"抱杆"）工作阶段：绞磨牵引主牵引钢绳，主牵引钢绳牵引抱杆转动，转动的抱杆带动起吊钢绳将以电杆杆根为支点的电杆杆梢及其杆身缓慢地向上转动。在抱杆和电杆刚开始转动时，起吊钢绳和主牵引钢绳之间形成的内夹角最小，由此两钢绳的拉力合成的施加在抱杆顶部的下压合力最大，但随着抱杆和电杆的逐步转动，两钢绳之间的内夹角也随之增大，施加给抱杆顶部的下压合力也随之变小。当电杆转动至对地夹角约 70°时，抱杆就已转动到将使两钢绳之间的内夹角变成 180°，即起吊钢绳和主牵引钢绳将成为一条直线时，两钢绳施加在抱杆顶部的合力为零；此时在抱杆自重力的作用下，抱杆顶就自动从抱杆帽中脱落出来，抱杆就倒落到地面上。由此立杆过程可见，当电杆由对地面状态变成 70°状态时，抱杆就相应由倾斜状态转动到倒落状态，这就是将此种立杆法称为倒落式人字抱杆立杆法的原因。

第二个的立杆过程是无人字抱杆工作的立杆阶段：在此阶段内主牵引钢绳只需以很小的拉力，就能将电杆由 70°转动到 90°。当电杆起立到 90°时，电杆的起立就算为基本完成。

(4) 立杆指挥人的基本技能要点如下。

1) 指挥人站位：起立人字抱杆时和将电杆起立至抱杆脱帽、倒落之前，指挥人应站立在绞磨侧电杆起立方向线上安全地点上，正视起立中的人字抱杆或电杆，指挥起立工作。抱杆倒落之后，指挥人应站立在起立线的横线侧方向安全的地点上，指挥电杆立正。此外，指挥人视情况选择站位。

2) 指挥时使用的信号：主要用哨声和手势进行指挥。

哨声的含义如下。

一长声一短声：启动绞磨，收紧牵引钢绳。

多个短声：松出牵引钢绳。

一个短声：立即停止牵引。

手势的含义如下。

面对绞磨工作人员，一手向胸前平伸，一手向上举：启动绞磨、收紧牵引钢绳。

面对前方的被指挥对象，将身体一侧的手臂向该侧平举，掌心向上，用前臂和手掌连续做"向上回平"动作：要求此侧的工作人员松出收紧了的牵引绳。

面对前方的被指挥对象，将身体一侧的手臂向该侧平举、掌心向下，用前臂和手掌连续做"向下回平"动作：要求此侧的工作人员收紧该侧的牵引绳。

身体的侧面对着被指挥对象，两手向前平举，上下交错摆动两手：松出牵引绳。

面对绞磨工作人员，向上举拳头：绞磨停止牵引。

面对前方的被指挥对象，两手伸到头部上方，两手臂做X形的连续交叉：工作完毕。

3) 起立人字抱杆，让抱杆进入工作状态后，指挥人应检查杆塔结构中心线、起吊钢绳（尾绳）、抱杆顶、主牵引钢绳是否在一条直线上；若不在一条直线上应检查具体原因并做相应处理。

4) 杆顶离地约0.5m时，应停止起立并叫人在杆顶处上下闪动电杆，对电杆做冲击试验，以检查各受力点和抱杆脚处土地的受力后的情况，观察受力钢绳、器具是否有异常，地锚是否有松动，抱杆是否有下沉现象；如有异常应将电杆落地，处理异常后再继续起立。

5) 在起立电杆的过程中如电杆向一侧歪斜应及时拉正；拉正的方法是先松出歪斜侧的揽风绳，后拉紧另一侧的揽风绳。

6) 电杆起立到60°后，抱杆快脱帽之前，应放缓起立速度并用事先穿过抱杆帽拴在抱杆顶处的吊绳控制抱杆倒落；起立至80°后，停止牵引，用按压主牵引钢绳和调整后揽风绳的方法使电杆立正。

7) 在起立电杆的整个过程中，任何岗位工作人员发出叫停呼叫时，应立即发令停止起立；在了解问题和处理完毕问题后再继续起立，禁止带着问题冒险起立。

2. 用旧杆立新杆的方法

一般情况下10kV配电架空线路的直线单杆是依靠电杆的埋深而稳固的电杆，只有承力杆之类的单杆才需加装永久拉线。

旧杆是配电架空线路上原有的单杆。新杆（单杆）是用于替换旧杆的电杆。当新杆的杆位仍在原配电架空线路的路径上和在旧杆杆位附近且还未撤除原配电架空线路导线的情况下，可利用旧杆作为抱杆，用旧杆起立新杆。

用旧杆起立新杆之前,应按图9.1-7的式样布置施工现场,做好起立前的准备工作。

1—牵引钢绳;
2—起吊滑车;
3—转向滑车;
4—钢绳套;
5—杆根制动木杠棒;
6—旧杆上的临时拉线;
7—新杆上的揽风绳;
8—临时地锚;
D—单吊点;
h_1—电杆埋深;
h_2—吊点至杆的距离;
H—起吊滑车至地面的高度;
O—新杆重心

(a) 侧视图

(b) 顶视图

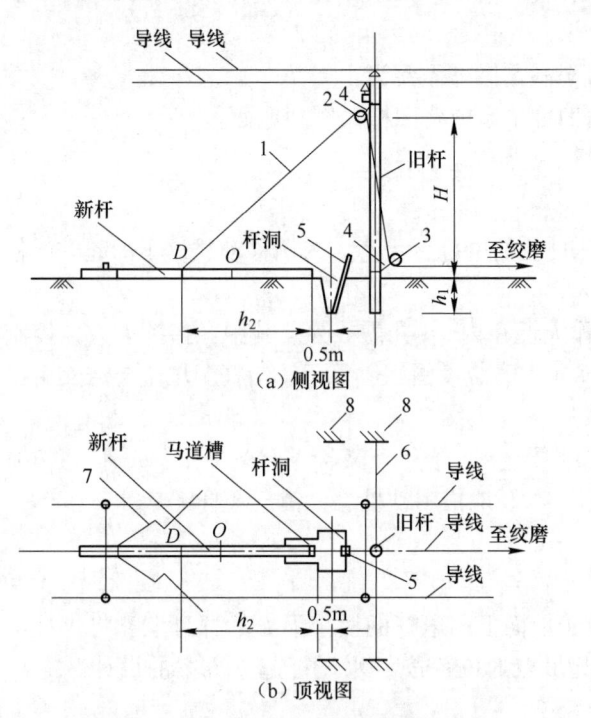

图9.1-7 用旧杆立新杆的施工现场布置

用旧杆起立新杆的基本方法:首先在旧杆横担下方拴一个单轮起吊滑车,在旧杆靠地面处拴一个单轮转向滑车和将从绞磨引来的牵引钢绳先后穿过转向滑车、起吊滑车后与新杆上的起吊点连在一起,然后启动绞磨牵引牵引钢绳拉动新杆,按预先设定的方法将新杆的杆根置入杆洞内,接着用牵引钢绳和新杆上的揽风绳立正。电杆将揽风绳下端在地锚上临时稳固新杆,最后填土夯实杆洞,稳固新杆。此后,用新杆撤除旧杆。

用旧杆立新杆的具体方法有以下两种:

第一种:直吊法。要求 $H \geq h_2+1$ (m)。用牵引钢绳垂直起吊电杆,当杆根离开地面电杆呈垂直状时,移动杆根对准杆洞中心,然后松出牵引钢绳使电杆垂直地下落,直至杆根底面触及杆洞底面。

第二种:扳立法。在牵引钢绳的牵引作用下,整根电杆就以杆根为支点向上转动,但随着电杆的向上转动的同时杆根也会向杆洞内滑下。在牵引钢绳的牵引下,电杆就不断向上转动,杆根也不断向杆洞底面方向滑动,直至杆根底部触及杆洞底面,电杆转动至接近或到达垂直状态,完成整个起立过程为止。

用新杆撤除旧杆的基本方法是立杆法的反方法。将新杆稳固之后,即给杆洞填土夯实杆洞使新杆稳固之后,就可用新杆撤除旧杆。撤除旧杆的基本步骤如下。

1) 根据需要在旧杆上加装临时揽风绳,以保证撤除旧杆上的导线后电杆仍保持稳固。

2) 撤除旧杆瓷瓶上固定导线的绑扎线,将导线移动新杆的瓷瓶上,并将导线绑扎在新杆的瓷瓶上。

3）将原安装在旧杆上的起吊滑车、转向滑车、牵引钢绳移装在新杆上，并将牵引钢绳拴在旧杆的起吊点上。

4）开挖旧杆的杆洞内的泥土，直至满足撤杆需要为止。

5）用直吊法或扳立法的反顺序将旧杆吊起或将旧杆倾倒到地面上。

6）撤除新杆、旧杆上所有的临时揽风绳和施工器具。

3. 用汽车吊立新杆的方法

对于处于城镇中或汽车吊能够到达杆位的电杆，可考虑采用移动式汽车吊起立电杆的方法。

所需工作人员（不包括吊车的工作人员在内）：共需6人。其中：指挥1人，控制杆根入杆洞兼杆上作业1人，控制揽风绳4人。装设围栏、警示、给杆洞填土与夯实由工作人员共同承担。

所需主要工具（不包括吊车及其用具）：钢绳套（又称千斤）1个，纤维绳（揽风绳、吊绳）5根，卸扣和填土工具若干，以及地锚用铁桩、大锤、登杆工具等。

（1）用吊车起立电杆的方法。

采用直吊法，具体工作步骤如下。

1）将4根揽风绳的上端拴在平放于地面上的电杆的横担下方的杆身上和将供挂吊钩用的钢绳套拴在起吊点处的杆身上。起吊点的位置按"水泥杆起立方案的设计"子单元介绍的方法确定。

2）先将吊车的吊臂转动到电杆起吊点的上方，然后松出起吊钢绳下降吊钩和将起吊点处的钢绳套挂入吊钩内并封口（若吊钩本身有封口器则不必另行封口）。

3）起吊电杆，当电杆杆根离开地面后电杆成悬垂状。

4）转动和调整吊臂长度，将电杆转移至杆洞正上方。

5）下降吊绳，将对准杆洞的杆根插入杆洞中直至杆根底面触及杆洞底面。

6）将4根揽风绳的下端绕在锚桩上并略收紧揽风绳，稳定电杆，然后再稍微下落吊绳使吊钩不再给电杆施力。接着用揽风绳调正电杆和填土夯实杆洞稳固电杆。

7）扭转电杆，使横担转到正确方向。扭转电杆的方法详见"使竖立的单电杆在原地转动的方法"子单元介绍的方法。

8）登杆撤除吊车的吊钩和拴在起吊点杆身上的钢绳套以及4根揽风绳的上端。

至此，用吊车起立电杆的工作基本完成，余下的是在新杆上的杆上作业。

（2）用吊车立新杆时要遵守以下注意事项：

1）应根据需要设立作业危险区，要设立警戒线，必要时加装围栏。

2）用吊车立杆是两个不同工种人员的协同作业，其中线路施工方是主办方，吊车方是协作方。作业前，立杆指挥人要与吊车操作人沟通作业信号和落实吊车额定起吊质量，核实是否满足起吊要求；作业时，未经吊车操作人同意，其他人员不得登上吊车。吊车操作人的安全建议立杆指挥人要尊重，不得冒险作业。

3）吊车应停放在杆位附近，吊臂转盘侧须靠杆位侧。吊车脚架须安置在坚实地面上方并加垫垫木，不得安置在暗沟、地下管线上方和容易坍塌的地面处。在升高脚架、轮胎离地、吊车处于稳定状态后吊车才可开始工作。作业时要随时关注吊车的状态，检查其是否会发生倾倒。

4）吊臂上的起吊钢绳至重物（电杆）起吊点的连线须保持垂直状态，不得斜吊重物。吊车起吊重物后，禁止吊车行驶移动。

5）吊车作业时不得转动吊臂及被吊重物跨越带电设备或带电线路，要确保吊臂及其重物等对带电体保持安全距离，在重物下方不得有人。

4. 固定式抱杆立杆法

固定式抱杆包括固定式独抱杆和固定式人字抱杆两种抱杆，是用临时拉线将抱杆固定并使之稳定。用固定式抱杆起立电杆的方法称为固定式抱杆立杆法。

（1）适用固定式抱杆立杆的场所。

在交通不便、场地狭小，不适宜采用倒落式人字抱杆立杆的地方，可考虑采用固定式抱杆来起立电杆。

（2）固定式抱杆立杆法简介。

采用固定式独抱杆或固定式人字抱杆立杆时，有两种牵引电杆的立杆方法：第一种是用一根钢丝绳直接牵引起吊电杆；第二种是用钢丝绳滑车组起吊电杆。

第一种立杆方法（适用于起吊比较轻的电杆）：用单根钢丝绳直接起吊电杆。

首先，在固定式抱杆的顶部和靠近地面的根部（对于固定式人字抱杆则在其中一根抱杆的根部）用钢丝绳套分别挂上一个单轮铁滑车（能开口的铁滑车）；挂在抱杆顶部的铁滑车称为起吊滑车，挂在抱杆根部的滑车称为地滑车或转向滑车。

其次，将从绞磨引出的牵引钢丝绳的一个端头先后穿过转向滑车、起吊滑车，再将钢丝绳的端头拴在置于地面上的电杆的单吊点上面。单吊点在电杆上的位置应选择在电杆重心的上方（靠杆顶侧为上方）。电杆上的单吊点应在杆洞的上方，起吊滑车的正下方。

再次，启动绞磨，用牵引纲丝绳起吊电杆直至杆根离开地面，此时电杆的杆顶朝上杆根朝下，电杆呈垂直状态。

最后，将杆根对准杆洞中心并缓慢松出牵引钢丝绳使电杆垂直下落直至杆根的底面落到杆洞底面的中心点上。

第二种立杆方法（适用于起吊比较重的电杆）：用钢丝绳滑车组起吊电杆。

第一，将钢丝绳滑车组展长。要求展长后的滑车组，其定滑车与动滑车之间钢丝绳索群的长度大于 $L+1$（m）。L 是动滑车轴心至电杆单吊点的吊索长度与电杆单吊点至杆根的长度之和。定滑车是指将与抱杆顶部挂环相连在一起的那端滑车，动滑车是指将与电杆上单吊点处电杆相连在一起的那端滑车。随着滑车组中定、动滑车之间钢丝绳的展出或缩短，其动滑车便向下或向上移动。

第二，在抱杆顶部用钢丝绳套设置一个与滑车组定滑车相连而用的挂环，在抱杆靠地面的杆根处设置一个转向滑车（对于固定式人字抱杆只在其中一根抱杆的杆根处设置转向滑车）。

第三，将钢丝绳滑车组的定滑车与抱杆顶部的挂环连在一起，将动滑车端引出的吊索与电杆上单吊点处的电杆连在一起，同时将从定滑车上引出的牵引钢丝绳活头穿过转向滑车并引至绞磨的卷筒。

第四，启动绞磨，收紧滑车组的钢丝绳，缩短定滑车和动滑车之间的距离而起吊电杆，直至杆顶朝上、杆根朝下、杆根离开地面。要求杆根离开地面时，定滑车与动滑车之间的距离一般应保持有 0.9m 以上的距离。

第五，将杆根对准杆洞中心，启动绞磨缓慢松出牵引钢丝绳，使滑车组中的定滑车与动滑车的距离慢慢加大，使电杆的杆根缓慢地落在杆洞底面的中心点上。

用第一种方法或第二种方法将电杆的杆根放在杆洞底面的中心点之后，起立电杆的工作就算基本完成了。余下的立杆工作就是回填与夯实杆洞，稳定电杆，用临时拉绳调正电杆，安装正式拉线与撤除临时拉绳，撤除立杆使用的起重工具等。

（3）用固定式抱杆起立单杆时所需的人员与工具。

所需的工作人员 9 人：指挥 1 人，绞磨 3 人，临时揽风绳 4 人，控制杆根入杆洞 1 人。组装固定式抱杆、立杆前的准备工作、回填杆洞等由上述人员共同完成。

所需的主要工具：一副固定式独抱杆或人字抱杆（一般用木抱杆）、一副牵引钢丝绳或钢丝绳滑车组（通常用 3-3 滑车组，俗称"走三"。安全规程规定不得用纤维绳滑车组起立电杆）、绞磨一副、单轮铁滑车若干个，几根做吊绳用的纤维绳、4 根纤维绳揽风绳，若干钢丝绳套、卸扣、铁桩、回填土工具等。

（4）固定式抱杆立杆示意图。

固定式独抱杆立杆示意图如图 9.1-8 所示。固定式人字抱杆立杆示意图如图 9.1-9 所示。

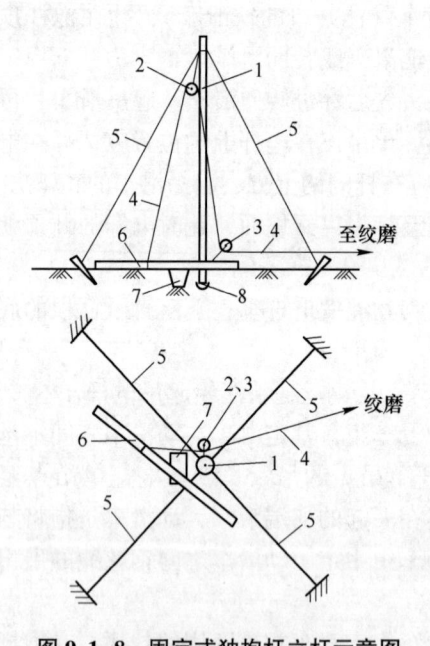

图 9.1-8 固定式独抱杆立杆示意图
1—独抱杆；2—单轮起吊滑车；
3—单轮地滑车；4—牵引钢丝绳；
5—抱杆临时拉线；6—电杆；
7—杆洞；8—抱杆脚坑

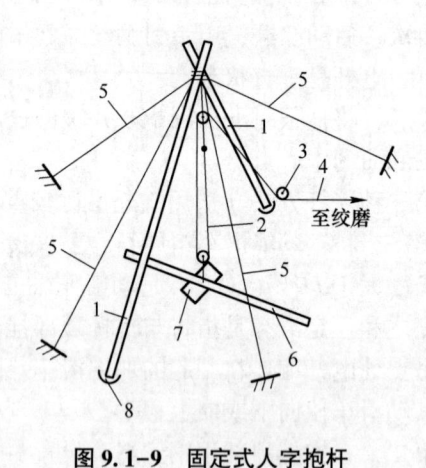

图 9.1-9 固定式人字抱杆立杆示意图
1—人字抱杆；2—走 3 滑车组；
3—单轮地滑车；4—钢丝绳活头；
5—抱杆临时拉线；6—电杆；
7—杆洞口；8—抱杆脚坑

（5）固定式抱杆受力分析。

当忽略抱杆临时拉线对抱杆的下压力、滑车或滑车组的摩擦力和滑轮及钢丝绳质量，采用单根牵引钢丝绳起吊电杆时,抱杆顶部的受力情况如图 9.1-10（a）所示；当采用走 3 滑车组钢丝绳活头从抱杆顶的定滑车引出时,抱杆顶的受力情况如图 9.1-10（b）所示。

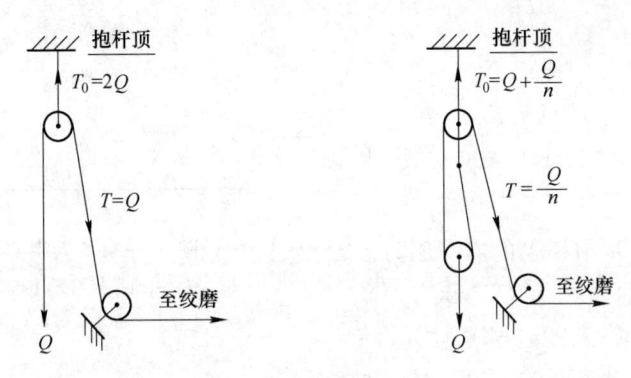

（a）采用单根牵引钢丝绳起吊电杆　（b）采用走3滑车组起吊电杆,活头从定滑车引出

图 9.1-10　施加在抱杆顶上的压力

从图 9.1-10 可以看出,采用滑车组时加在抱杆顶上的下压力比采用单牵引绳时加在抱杆顶上的下压力小得多。

当采用单牵引绳起吊电杆时加在抱杆顶上的静态下压力为

$$T_0 = 2Q \tag{9.1-1}$$

当采用滑车组时,其静态下压力为

$$T_0 = Q + \frac{Q}{n} = \frac{(n+1)Q}{n} \tag{9.1-2}$$

两式中　T_0——施加在抱杆顶上的静态下压力,N；
　　　　Q——电杆的静态质量,N；
　　　　T——用单滑车单根钢丝绳、滑车组起吊 Q 质量时,需在钢丝绳活头上施加的拉力,N；
　　　　n——滑车组的有效绳索数。

因这里采用的是走 3 滑车组,共有 6 个滑轮,活头从定滑车引出,故有效绳索数等于滑轮总数,即 $n=6$。

下面再来看施加在一副固定式抱杆中每一根抱杆上的静态压力。

一副独抱杆只有一根抱杆。当采用独抱杆起吊电杆时,加在独抱杆上的静态压力即为按式（9.1-1）或式（9.1-2）计算而得的静态压力 T_0。

一副固定式人字抱杆由二根抱杆组成。按式（9.1-1）或式（9.1-2）计算出的静态压力是加在人字抱杆上的静态合压力。为此,需要将静态合力分解成两个分力,才能得出一副人字抱杆中每一根抱杆的静态压力。

现设人字抱杆的两根抱杆的夹角为 ϕ,加在抱杆顶上的静态合压力为 T_0,这样就可以进行合力的分解,如图 9.1-11 所示,T_1、T_2 分别为两根抱杆的静态压力,且令 $T_1 = T_2$。

因为
$$\cos\frac{\phi}{2}=\frac{\frac{T_0}{2}}{T_1}$$

所以
$$T_1=\frac{\frac{T_0}{2}}{\cos\frac{\phi}{2}}=\frac{T_0}{2\cos\frac{\phi}{2}} \quad (9.1-3)$$

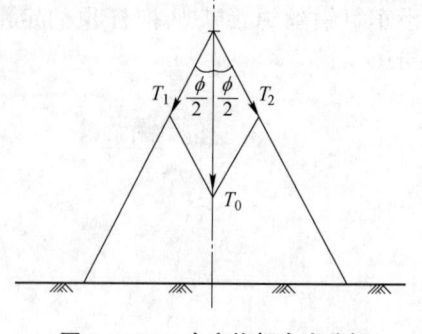

图 9.1-11　人字抱杆合力分解
T_0—加在抱杆顶上的静态合压力；
T_1、T_2—加在一根抱杆上的静态分压力

式中　T_1——加在一根抱杆上的静态压力，N；
　　　T_0——加在抱杆顶上的静态压力，N。

按式（9.1-1）或式（9.1-2）计算得

　　　ϕ——两根抱杆之间的夹角，对于独抱杆，$\phi=0°$。

施加在一根抱杆上的动态压力为
$$T=k_0T_1 \quad (9.1-4)$$

式中　T——加在一根抱杆上的动态压力，N；
　　　T_1——加在一根抱杆上的静态压力，N；
　　　K_0——负荷系数，$K_0=1.3\sim1.4$。

（6）采用固定式抱杆立单杆时的主要安全注意事项。

1）抱杆的有效高度应满足起立电杆所需的高度要求。当采用单牵引钢丝绳起吊电杆时，根据经验起吊滑车的对地高度 h 应为

　　　$h\geqslant$ 电杆上单吊点至杆根长度+0.5m

当采用走3滑车组起吊电杆时，根据经验抱杆顶处的定滑车对地高度 h 应为

　　　$h\geqslant$ 电杆上的单吊点至杆根的长度+滑车组的最小允许长度+0.5m

说明：单吊点至杆根的长度包括由滑车组动滑车的轮心至电杆单吊点之间的连接钢绳的长度。

《国家电网公司安规》表9-5、《南方电网公司安规》表25规定滑车组两端滑车滑轮中心的最小允许距离见表9.1-11。

表 9.1-11　滑车组两端滑车滑轮中心之间的最小允许距离

滑车组的起重质量/t	1	2 (5)	10~20	32~50
滑轮中心最小允许距离/mm	700	900	1000	1200

注：对应于最小允许距离900mm的起重质量，南方电网的规定值为2t，国家电网的规定值为5t（即上表中括号内的数字）。

2）抱杆的稳定许用承载力须大于作用在抱杆上的动态压力。抱杆的稳定许用承载力的计算按"圆木、钢管、组合图形截面抱杆的稳定许用承载力计算"子单元介绍的方法进行计算。

3）为防止抱杆脚滑动，应将抱杆脚置入事先挖好的抱杆脚坑内，坑深 0.1~0.2m。人字抱杆的两脚坑应基本在同一水平面上。如果土壤松软，为防止抱杆脚受力后下沉，应

在抱杆脚处连上一根短横木,如图 9.1-12 所示。

4)抱杆顶应垂直对准杆洞。人字抱杆的两抱杆脚至杆洞的距离应相等。要采用四根临时拉线(规程规定要用四根拉线)拴在抱杆顶部,从四方稳定抱杆。

5)电杆单吊点至杆根的距离要大于电杆重心至杆根的距离。

6)电杆平放地面时,就将稳定电杆的四根揽风绳的一端拴在电杆横担下方的杆身上,揽风绳的另一端由工作人员把持、控制,拴在揽风绳地锚上。

7)牵引电杆起立的铜丝绳的静态许用拉力须大于电杆的动态重力。起重滑车等起重工具的静态许用拉力须大于加在起重工具上的动态拉力。

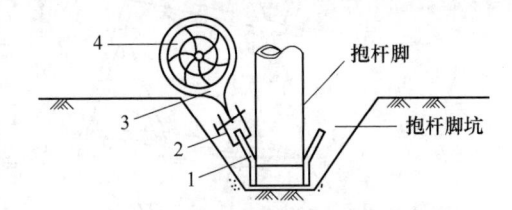

图 9.1-12 防止抱杆脚下沉
1—抱杆脚拉环;2—卸扣;
3—钢丝绳套;4—短粗横木
(横木一般为 $\phi150mm$,1m)

8)采用机械驱动时,滑轮槽底直径与牵引钢丝绳直径之比不得小于 11;采用人力驱动时其上述比值不得小于 10;绞磨卷筒直径与钢丝绳直径比值不得小于 10。

9)采用开门滑车时,应将开门勾环扣紧。要对滑车挂勾采取封口措施。电杆杆顶刚离开地面约 0.5m 时,应再次检查起重工具的连接、地锚等的完好情况;若发现有问题应处理妥善后再继续起重。

10)在新立电杆未用揽风绳固定牢靠之前禁止攀登电杆。新电杆杆洞未填土夯实稳定电杆之前不得拆除电杆上的揽风绳。

5. 顶叉杆立杆法

(1)顶叉杆立杆法所适用的杆高。

顶叉杆立杆法只适用于起立较轻的单杆。《国家电网公司安规》(线路部分)、《南方电网公司安规》规定,顶杠及叉杆只能用于起立 8m 以下的钢筋混凝土拔梢杆。

锥度 1/75 离心法生产的 8m、10m 钢筋混凝土拔梢杆的参考质量(或重力)为:

$\phi150mm$ 壁厚 4cm、8m 长拔梢杆的质量(重力)为 460kg(4.5kN);

$\phi150mm$ 壁厚 5cm、8m 长拔梢杆的质量(重力)为 540kg(5.3kN);

$\phi190mm$ 壁厚 4cm、8m 长拔梢杆的质量(重力)为 573kg(5.6kN);

$\phi190mm$ 壁厚 5cm、8m 长拔梢杆的质量(重力)为 680kg(6.7kN);

$\phi150mm$ 壁厚 4cm、10m 长拔梢杆的质量(重力)为 621kg(6.1kN);

$\phi150mm$ 壁厚 5cm、10m 长拔梢杆的质量(重力)为 732kg(7.2kN);

$\phi190mm$ 壁厚 4cm、10m 长拔梢杆的质量(重力)为 869kg(8.5kN);

$\phi190mm$ 壁厚 5cm、10m 长拔梢杆的质量(重力)为 908kg(8.9kN)。

(2)所需工作人员与作业工具。

所需工作人员 10 人:指挥 1 人、制动与控制杆根 1 人,其余 8 人。

所需工具:顶杠 1 副,4m 长的短叉杆 1 副,6m 长的长叉杆 2 副,大棕绳 4 根($d=$20mm,每根 20m),$\phi70mm\times800mm$ 铁桩 4 根,2m 长的木杠棒 6 根(做抬杠、杆根制动用),钢撬棍 2 根,大锤 1~2 把,杆洞回填土工具若干。

顶杠和叉杆要自制,其式样如图 9.1-13 所示。因 8m 长水泥拔梢杆较重,故要求顶杠、叉杆要结实牢靠。顶杠可用木制，也可用铁制。叉杆宜用拔梢长圆木制作。

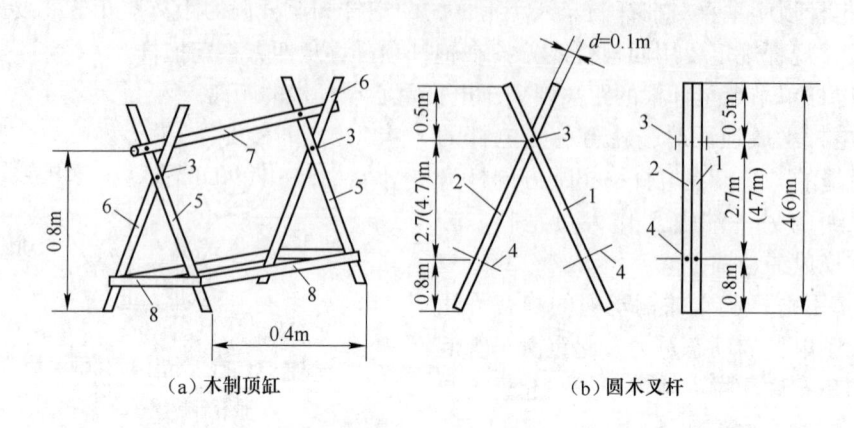

(a) 木制顶缸　　(b) 圆木叉杆

图 9.1-13　顶杠与叉杆制作示意图
1、2—拔梢圆木；3—M20 长杆螺栓；4—叉杆抓手（铁棍）；
5、6、7—坚实木枋；8—连杆

(3) 顶叉杆立杆法简介。

顶叉杆立杆法就是以顶杠、叉杆及抬杠（木杠棒）、棕绳为立杆工具直接用人力将单根电杆从平地竖立起来的一种立杆方法。

在立杆之前应做好以下立杆的准备工作：挖好杆洞、马道，将电杆平放于地面，杆根置于杆洞的马道内，在杆洞内安放好用于制动杆根的木杠棒，将用于临时稳定电杆的四根揽风绳的一端拴在横担下方的杆身上（另一端暂时任其空着，用叉杆起立电杆时才牵引它帮助起立电杆和稳定电杆）。

整个立杆过程由第一阶段和第二阶段两个立杆阶段组成。第一阶段是运用抬杠、顶杠立杆阶段，第二阶段是运用叉杆、揽风绳立杆阶段。抬杠的作用是将抬杠横置于电杆下面用抬杠抬起电杆，在杆根着地情况下使杆梢离开地面，每抬杠一次就使杆梢提高一次。

顶杠的作用是每抬高杆梢一次就在电杆下面安放一次顶杠，用顶杠顶住电杆以保持杆梢离地高度，为下一次用抬杠抬高杆梢作准备。

叉杆和揽风绳的作用是当用抬杠、顶杠提高杆梢、杆身到达某个高度，无法用抬杠继续提高杆梢、杆身时，就用叉杆和揽风绳替代抬杠和顶杠，继续后面的立杆操作，使杆身杆梢继续提高，直至电杆竖立于杆洞内。

第一阶段的立杆方法如图 9.1-14（a）所示：按抬杠—顶杠—抬杠的操作顺序从杆梢开始逐步向杆根方向交替地操作，直到杆梢、杆身中部高度达到需要高度，然后安放顶杠顶住电杆，为第二阶段的立杆做好准备为止。

第二阶段的立杆方法如图 9.1-14（b）所示：首先用一副短叉杆叉住杆身继续推动电杆，使杆身、杆梢继续提高，使第一阶段留在杆身下方的顶杠失效，此时就可用人稳住短叉杆稳定电杆或将短叉杆的杆脚插入地中稳定电杆，撤除杆身下的顶杠。

接着就根据情况用短叉杆和长叉杆或两副长叉杆以及揽风绳交替地提高电杆、稳住电杆，直至电杆起立到与地面夹角达到 70°～80°为止。最后只牵引事先拴在电杆横担下方杆身上的揽风绳继续起立电杆和稳定电杆，使电杆达到与地面夹角为 90°的竖立状态。

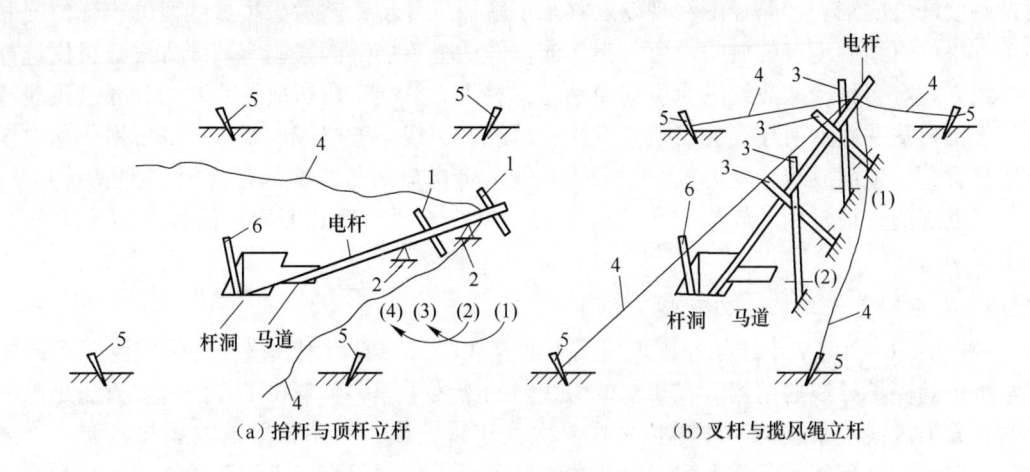

(a) 抬杆与顶杆立杆　　(b) 叉杆与揽风绳立杆

图 9.1-14　顶杠与叉杆立杆示意图
1—抬杠；2—顶杠；3—叉杆；4—揽风棕绳；5—铁桩锚；6—杆根制动木杠棒
(1)、(2)、(3)、(4)—顶杠或叉杆的操作顺序

(4) 顶叉杆立杆的安全注意事项。

1) 被起立的锥度 1/75 的拔梢水泥杆应不超过 8m（或 10m）。

2) 起立前要做好立杆前的准备工作：挖好杆洞、马道，由杆顺着马道方向平放在地面，杆根进入马道内，在杆洞内安放好杆根制动木杠，在杆上拴好揽风绳以及准备好专用的顶杠、叉杆。

3) 与木杆相比较，水泥杆的重很多，所准备待用的顶杠、叉杆一定要坚固可靠，不准用铁锹、桩柱等代替顶杠、叉杆。

4) 立杆时应设专人指挥。开工前应交代施工方法、指挥信号和安全组织、技术措施，明确分工，作业人员须密切配合、协同作业，服从指挥。对于顶叉杆立杆而言，尤其要强调服从指挥、协同作业，因为作业人员就在正在起立中的电杆的下方附近，没有远离电杆，危险性很大。

5) 在居民区、交通道路附近立杆时，应有相应的交通组织方案，应设立警戒范围或警告标志，必要时派专人看守，阻止无关人员、车辆等进入作业区。

6) 采用叉杆立杆时，作业人员要均匀地分配在电杆两侧，要按指挥同时抬（推）、停，保持电杆沿垂直面平稳向上起立。当电杆起立到对地 70°后，应减缓起立速度，并用揽风绳稳定电杆，或将一副叉杆转移到电杆起立方向的对侧，用揽风绳和两副叉杆从前后两个方向保持电杆受力均衡。牵引揽风绳的人员应距杆洞 1.2 倍杆高长度以外。

7) 参加立杆人员均应戴安全帽。

8) 将电杆竖立、回填土夯实杆洞、完全稳定电杆后方可登杆和拆除杆上的揽风绳。

9.1.3　展放导线的常用方法

1. 确定展放导线的方案

展放导线简称"放线"。在确定放线方案之前应认真了解各线路段的放线环境，例如通过阅读杆位明细表、路径图和现场勘察来了解放线环境，然后根据放线段的实际情况和施工、检修班组中现有的放线设备、工作成员的业务素质等因素确定放线方案。可供选择的放线方案有多种。从放线的牵引动力来看，有人力放线、机械放线、蓄力放线、飞艇放线等方案。从一次牵引导线的根数来看，有单线、三线、五线或四线牵引的方案。从放线方法来看，有地面放线、张力放线、以线渡线、带电放线等方案。虽然有多种放线方案，但在供电部门中最常用的放线方案还是人力、单线、地面放线方案，简称为"人力放线方案"。

2. 架空配电线路的人力放线方法简介

现在的 10~20 kV 中压架空配电线路上的直线杆，一般采用铁横担加针式绝缘子或陶瓷绝缘子的支撑导线的结构。在架空电力线路的架线工程中，安排工作的一般方法是以一个耐张段为放线与紧线的工作单位，在一次性连续完成一耐张段的放线与紧线工作之后，再接着进行相邻的下一个耐张段的放线与紧线工作。因为一个耐张段的放线与紧线工作是连续地进行的，在一天之内完成，所以，在放线与紧线工作的过程中需要有人将导线挂入直线杆上的放线滑车内和看护导线通过放线滑车，需要有人观测弧垂，需要有人将导线绑扎在直线杆的绝缘子上以及需要有人负责直线杆上的其他工作。因此，在放线与紧线时都要给每基直线杆配备 1 人以上的工作成员。

中压架空配电线路采取人力、地面、单导线放线方案的放线方法简介：从一个耐张段的一端开始用人力拖拉第一根导线沿地面前进，当导线沿地面越过第一基直线杆 2~3 倍杆高距离时就停止拖拉导线，接着在第一基直线杆上的工作成员就用吊绳（棕绳）将展放在地面上的导线吊起放入挂在杆上或横担下方的放线滑车的滑轮中，接着拖线人员又将导线沿地面拖向第二基直线杆。展放的导线到了第二基电杆后，又像导线到了第一基电杆一样又将导线吊起放入放线滑车的滑轮中，又接着将导线沿地面拖向下一基直线杆。如此多次地重复上述操作，就能把第一根导线拖到耐张段另一端的耐张杆并将导线吊起放入耐张杆上的放线滑车的滑轮内。至此，就完成此耐张段的第一根导线的放线工作。接着放线人员又回到耐张段另一端的耐张杆处，用同样的方法完成第二根导线以及第三根导线的放线工作。展放一根导线的放线过程如图 9.1-15 所示，在图中没画出耐张杆上的永久拉线，只画出耐张杆上的临时拉线，临时拉线安装在耐张横担的端部。

3. 进行人力放线前的准备工作

在放线之前应做好以下准备工作：

（1）将所需要的导线运送到放线现场。一般可以用以下两种方式之一将导线送达现场：一种是以若干个导线捆的方式将导线送到现场。导线捆就是在储放导线的地点，将导线从线盘上展出，再由一个工作人员重新将展出的导线不断连续地盘绕成许多线卷和将这些线卷重叠在一起放在地面上；当重叠在一起的线卷达到预期质量时（一般为 20~30kg），就用线股将它们捆绑成线捆。这个线捆就是导线捆。接着把这个线捆移到旁边，又重新盘绕下一个线捆；但是两个线捆之间要空留出一段约 15m 长的导线。就是这样，盘绕完成一个线捆后又接着盘绕下一个，一直盘绕到所需要的数量为止。将导线送往现场的另一种方式就是将导线线盘送到现场。

在一般情况下，只更换一根短长度的导线时，会采用将放线线捆送到放线现场的方式。在新架设电力线路或全部更换导线的技改工程中，会采用将放线线盘送到放线现场的

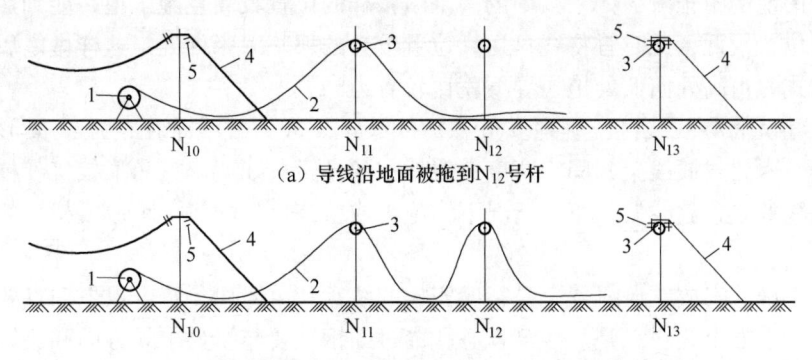

第9章 配电线路检修作业的综合作业技能

（a）导线沿地面被拖到 N_{12} 号杆

（b）用吊绳将导线吊起放入 N_{12} 号杆上的放线滑车的滑轮中

图 9.1-15　针式绝缘子架空电力线放线示意图
1—导线线盘；2—正在展放的导线；3—放线单轮铝滑车
4—耐张杆临时拉线；5—耐张杆上待用的耐张绝缘子串
N_{10}—耐张段一端的耐张杆；N_{11}、N_{12}—耐张段中的直线杆；
N_{13}—耐张段另一端的耐张杆

方式。

下面假设一个情况：给一个已知长度的耐张段用运送线盘的方式将导线运送到放线现场。

在正常情况下，施工班或检修班会将所需要的导线用线盘的方式将导线集中送到耐张段其中的一基耐张杆处。但是只做到这一点显然是不够的，他们至少还需要考虑以下两个问题，才会使后面的放线和紧线工作顺利完成。

第一个问题是要给一个耐张段送去多少导线才合适。答案是送去的导线要尽可能满足两个要求。第一个要求是架线完毕后导线略有剩余为好，不多不少恰好够用最好。显然要满足这个要求，就必须知道架线完毕后一相导线的总长度与耐张段总长度的关系。理论计算和实践经验表明，一个耐张段的一相导线的总长度与耐张段的总长度存在以下关系：

平地耐张段，一相导线的总长度=耐张段长度×1.01；

山地耐张段，一相导线的总长度=耐张段长度×1.02。

由此可知一个耐张段需要的三相导线的总质量为：

三相导线的总质量（kg）= 3×一相导线总长度（km）×导线单位长度质量（kg/km）。

第二个要求是如果一个耐张段内一定会有接头（接续管），则架线时三相导线的接头应集中在一个档距内，其好处是方便制作接头和今后运行观察接头。为了满足这个要求，就要根据已知线盘中导线的长度，事先预计接头会出现在哪个档距中，然后按每相导线质量相似相等的方法为每相配送导线。

第二个问题是为了展放导线时最省力和方便施工操作，应将线盘送到耐张段中哪一端的耐张杆处为好。一般按以下思路来解决这个问题：

对于在平地的耐张段，应将线盘送到一个耐张段两个耐张杆当中容易送到、方便操作、不损或少损农作物、不砍或少砍树木的那基耐张杆处，或者将相邻的两个耐张段的线盘都送到两耐张段的共用耐张杆处，以之作为两耐张段共用的放线杆和紧线操作杆。

对于在山地的耐张段,如果其中的一基耐张杆的位置较高且施工道路能到达,而另一基耐张杆的位置较低,此时宜将线盘送到位置较高的那基耐张杆处。这样做之后,在采用人力放线方式时由高处向低处拖拉导线就比较省力。

(2) 要事先将导线线盘正确地安放在放线架上。人力放线常用的放线架形式有:地槽式放线架、木架式放线架、固定高度放线架、丝杠式放线架、三角形铰接丝杠放线架和适用于钢丝绳的立式放线架。正常情况下,施工或检修班只配备一种放线架,如丝杠式放线架。

将线盘正确地安放在放线架上是指所安放的线盘和放线架要符合以下四点要求:一是电线要从线盘上方出线;二是从线盘盘心孔穿过的钢轴要与线盘出线方向和放线方向基本垂直,必要时可采用两个转向的滑车调整线盘出线方向和放线方向,使线盘出线方向与钢轴保持垂直,三是线盘两侧放线架上的支撑线盘的钢轴的支撑点要保持在一个水平线上,四是要给线盘备有线盘刹车用的长杠棒。

(3) 要事先搭建跨越架。如果10~20kV电力线路某些档距的导线要跨越公路、铁路(不能跨越电气化铁路)、电力线路、通信线、索道等,应在跨越处搭建跨越架。架空配电线路只能跨越与自己电压相等和低于自己电压的电力线路,不能跨越电压高于自己电压的电力线路。

按规定,在被跨电力线路不停电情况下搭建跨越架时,跨越架对带电的10kV及以下的被跨电力线路的最小水平距离为1.0m,对20kV被跨电力线路的最小水平距离为2.5m。当跨越架至上述电压线路的距离小于上述最小水平距离时,应在被跨电力线路停电状态下搭建跨越架。在实际的工作中,为了容易将放线导线越过被跨电力线路,经常要求跨越架尽量接近被跨越的电力线路,习惯性的搭建方法是事先挖好跨越架的杆洞和事先将跨越杆及临时拉线材料送到现场,在被跨线路停电之后开始放线之前才搭建跨越架。

在架设10kV及以下架空电力线路需要搭建跨越架时,要求跨越架距铁路轨道中心的最小水平距离为5m,距公路和道路路基边缘的最小水平距离为0.5m。

在交叉跨越处,10kV放线导线对公路和道路的最小垂直距离为6m(依据SD 292—1988《架空配电线路及设备运行规程(试行)》第3.2.13条:水平拉线对通车路面中心的垂直距离应不小于6m而定)。在交叉处,10kV放线导线对非电气化标准轨顶的垂直距离应不小于6m。根据GB 50061—1997《66kV及以下架空电力线路设计规范》表9.0.16的规定,10kV及以下架空电力线路不能跨越电气化轨道铁路。因此,无放线导线对电气轨道为最小垂直距离的规定。

搭建跨越架的材料,一般采用松木或杉木圆杆。跨越公路的跨越架一般采用由两根竖立圆杆和一根横圆杆组成的门型跨越架,搭建在被跨越公路的两侧。用于跨越10kV及以下停电的架空电力线路、通信线等的跨越架,一般只采用由一根细长木杆组成的跨越架,搭建在被跨越线路的一侧,但要在木杆上悬挂三个开口单滑车,用于固定放线导线的对地高度。用木杆搭建的独木杆和平面的门型跨越架,要用临时拉线将其牢靠固定。对于搭建于道路两侧的由两个平面跨越架和用封顶物将其相连而构成以便车辆从封顶下方通行的隧道式跨越架,则要求在固定跨越架的临时拉线上和跨越架的顶部悬挂醒目的警示牌,以防车辆碰撞跨越架。

(4) 对需要停电的被跨电力线路,要事先征得被跨越电力线路的主管部门或单位对停电申请的同意和办理停电的相关的书面手续。要事先征得被跨越公路、铁路（指非电气化铁路）、重要通信线、通航河流的主管部门或单位的同意，同意其在跨越处搭建跨越架、封河封路等要求，必要时请他们同意派人到现场进行协作，并与他们办妥相关的书面手续。

（5）当架设配电架空电力线路要从现有的带电架空线路下方穿越时，要事先派人到穿越处，落实放线时和架线后导线对上方现有带电线路导线的距离是否满足安全距离的要求；如果不能满足要求，需采取相应措施加以解决。

（6）要勘明展放电线时可能损伤导线、卡挂导线的处所，以便放线时安排护线人员进行护线。

（7）要勘明是否存在沼泽、烂泥潭等地段，要落实线路经过河流、湖泊、沼泽等地点、地段的放线措施。

（8）要准备足够数量杆上放线开口单滑轮滑车（滑车材质随导线材质而定，如铝线用铝滑车，滑轮直径为导线直径的10倍以上）和其他工具，以及准备足够数量的在直线杆和跨越架上的杆上作业人员、线盘处的人员、压接接续管的人员等。

（9）准备足够数量的人力放线的拖拉导线的人员和护线人员。

$$拖拉耐张段内一根导线的人数 = \frac{耐张段一根导线的质量(kg)}{平地30kg/人（或山地20kg/人）}$$

（10）放线前必须交代放线方法和安全措施。在安全措施方面，要明确展放电线时领线人、拖线人、跨越架处人员、直线杆上人员、线盘处人员、沿途护线人的分工，明确相互间的通信信号、通信联络方式以及各种安全措施。

4. 人力放线时的安全注意事项

人力放线时应遵守以下安全注意事项：

（1）在完成放线段杆塔竖立、确认混凝土基础强度已达100%设计强度和杆塔已无影响放线的质量问题之后方可开始放线。

（2）需要事先完成的主要前期工作已全部完成，才可开始放线。需要事先完成的主要前期工作：已征得同意跨越并搭建了跨越架，线盘已安放在放线架上，需停电的被跨电力线路已停电并经验电和挂上接地线，需封河封路的已实行封用等。

（3）需协同放线人员作业的相关人员已全部到位，方可开始放线。需协同作业的相关人员：负责信号联络的人员、在跨越架上工作的人员、在直线杆上工作的人员、在线盘处工作的人员、负责接续管压接的人员、负责护线的人员、持信号旗在跨公路点两侧指挥交通的人员以及被跨道路单位派来协作的人员等。

（4）在跨越架和直线杆上工作的人员，高空作业时务必拴安全带。放线工作结束拆除跨越架时，应由上至下进行拆除，不得整架推倒。

（5）在中压架空配电线路导线的放线过程中，在直线杆上工作的人员应关注接续管通过放线滑车的情况、导线好坏情况、接续管距离导线固定点（即耐张线夹、悬垂线夹、在针式绝缘和陶瓷横担上导线的绑扎点。下同）的距离。

当发现接续管被放线滑车卡住应立即发信号停止拖拉导线，处理完毕后再恢复拖线。当发现导线破损断股时应立即发信号停止拖线，在破断股处的导线上做上记号，如绑上红布条后再恢复拖线。当发现10kV导线接续管距导线固定点的距离可能小于0.5m时应做好记录并报告工作负责人。

（6）拖线人员应戴手套，拖线人之间应保持适当距离。

（7）用大绳（棕绳）拖拉导线时，大绳应有足够强度（棕绳的许用应力为 9.8N/mm²），大绳与导线的连接必须牢靠。

（8）拖导线上山时，拖线领路人应选择好走的放线通道，并注意避免发生不同相的导线交叉错位、混线的情况。当不能直接拖导线上山时，应先将拖导线的大绳拖到山上的合适位置，再用大绳将导线拖上山。

（9）在放线过程中，拖导线的领路人须随时注意后方传来的信号。得到后方有异常的信号后，应立即停止前进，不得强行拖拉导线。

（10）放线过程中，护线人员要采取措施防止导线被地面的砾石划伤磨伤。如果导线被树木树枝挂住，在处理导线时护线人员不得跨在导线上或站在弯折点的内侧，应站在弯折点的外侧；应使长木棒或大绳来挑开被挂导线，不得用手硬拉来挑开被挂导线，以防被挑开的导线弹打或被导线带倒，造成伤害。

（11）在拖拉导线从已有带电架空电力线路下方穿过之前，应再次确认被拖导线对上方架空电力线路有足够的安全距离之后才能拖导线穿过。其次在拖拉导线时要采取措施预防导线向上弹跳接近或接触上方带电线路而造成触电。

（12）在放线线盘处工作的人员，应始终注意保持放线方向垂直于线盘的盘轴。另外，线盘上的导线快放尽之前应通知前方拖线领路人停止拖拉导线并用刹车木棒刹住线盘，然后首先用大绳固定住线盘前方的导线，再缓慢转动线盘将线盘上的余线展放出来。这样做的目的是防止线盘上的尾线被突然拖出，造成尾线鞭打伤人。

在放线盘处工作的人员尤其要注意观察从线盘中展出的导线的情况，如发现导线有断股情况，必须通知前方人员停止拖线，然后刹住线盘并用红布系在有断股导线处。这个有断股处的地方，往往是生产导线人在导线上做的记号，是导线需要被开断重接的地方。

（13）雷雨、大雾和 6 级以上大风（大于 13.8m/s）时，应停止放线和在杆上作业。

9.1.4 紧线的常用方法

1. 紧线方法的各种名称

在 10~20kV 中压架空配电线路中，一般只设有架空导线（每一相导线为一根导线），而不设架空避雷线。为此，在这里所讲的紧线主要是指对架空导线的紧线。有关紧线的含义和紧线的具体操作方法另外安排在 9.3.2 小节中介绍。

紧线方法的名称有多种，常用以下的划分方法来确定紧线方法的名称：

（1）按一次紧线的同时被操作的耐张段的个数来划分，有两种紧线法：

1）单耐张段紧线法（又称单档紧线法）：只对一个耐张段的导线进行紧线操作。在大多情况下采用单耐张段紧线法。

2）多耐张段紧线法（又称多档紧线法）：同时把两个及以上的相连接的耐张段当作一个耐张段来对其中的导线进行紧线操作。

（2）按紧线时所用的牵引设备来划分，有两种紧线法：

1）紧线钳紧线法。紧线钳又称为紧线器、拉线钳。用紧线钳产生的牵引力进行紧线。

2）绞磨紧线法。绞磨分为人力绞磨和机动绞磨两种。用绞磨产生的牵引力进行紧线。

（3）按一次牵引导线的根数划分，有两种紧线法：

1）单线紧线法或单相紧线法：一次紧线操作只牵引一相导线。

2）三线紧线法或三相紧线法：一次紧线操作同时牵引三相导线。

（4）按需要经过几次牵引一根导线的操作才能完成一根导线的紧线来划分，有两种紧线法：

1）一次紧线法：是指只需要经过一次牵引导线的操作就能完成该根导线的紧线工作。

2）两次紧线法：是指需要经过两次牵引导线的操作才能完成该根导线的紧线工作。

以上介绍的是常见的几种紧线法的名称。这些紧线法各有优缺点，应根据具体情况选用。但是经常应用的则是以紧线钳、绞磨为紧线牵引工具的具有综合应用性质的单耐张段的采用一次或两次牵引的单线紧线法，以下将其简称为"单线紧线法"并做介绍。

2. 紧线作业时涉及的相关知识

（1）耐张绝缘子串。

耐张绝缘子串（简称"耐张串"）是替代架空导线在耐张段末端处的导线，用于将导线固定在（即挂在）耐张杆耐张挂线孔上的承受导线同等张力的具有绝缘性能的绝缘组件。耐张串由耐张线夹、悬式绝缘子、连接金具等组装而成。这里的耐张杆是水泥耐张杆、铁塔耐张杆、钢管耐张杆等的统称。悬式绝缘子是瓷悬式绝缘子、玻璃悬式绝缘子、瓷棒型绝缘子、硅橡胶复合绝缘子等的统称。

一般情况下，110kV及以下的架空电力线路的耐张串是一个单串耐张串，220kV及以上的架空电力线路的耐张串由两个及以上的单串耐张串组装而成的双联或多联耐张串。

（2）固定杆与操作杆。

一个耐张段的两端各有一基耐张杆，其中一基是固定杆，另一基是操作杆。

固定杆：在牵引一相导线进行紧线之前，就事先在该相导线耐张挂线孔上挂上（即固定上）已与该相导线相连的耐张串的耐张段中的那基耐张杆，简单地讲就是最先挂上被紧线导线的那基耐张杆，它就是固定杆。

操作杆：耐张段中的另一基耐张杆就是操作杆。因为紧线作业时的主要操作要在此杆处进行，因此将其称为操作杆。在操作杆处将进行以下操作：安装牵引设备及其系统、用牵引设备或牵引系统牵引被紧线导线使之悬空，以便在弧垂观测档处观测弧垂；当导线弧垂符合要求时，在该杆的被牵引导线的耐张挂线孔处对导线划印和在导线上安装耐张串，最后将导线（导线的耐张串）挂在该杆该相导线的耐张挂线孔上。

（3）在固定杆和操作杆上安装临时拉线的方法。

在操作杆上对被紧线的导线进行紧线操作，是在首先将导线挂在固定杆上之后进行的。在操作杆处对紧线耐张段内的导线进行紧线操作之前，之所以要在固定杆和操作杆上安装临时拉线，是为了避免在牵引导线时和将导线挂在操作杆上后，造成固定杆和操作杆向紧线耐张段方向倾斜和使挂了导线的横担向紧线耐张段方向弯曲或扭转，从而使紧线耐张段内的导线弧垂产生误差。

因为牵引紧线耐张段内的导线时和将导线挂在操作杆上之后，由导线张力产生的外力就施加在固定杆和操作杆上。施加在固定杆和操作杆上的这个外力是指向紧线耐张段内面的。因此，为了平衡这个外力，就需要分别在固定杆和操作杆上另外施加一个与这个外力方向相反的力。具体而言就是要在固定杆和操作杆的横担上紧线耐张段的外侧安装上临时拉线。因为两边相导线的挂线孔设在横担端头处，所以临时拉线在横担上的固定点一般也设在横担端头处。临时拉线要安装在导线张力的反方向线上，固定在临时桩锚上，对地夹角不应大于45°，临时拉线一般用钢丝绳加双钩紧线器（或花兰螺栓）构成，双钩紧线器应靠近桩锚。临时拉线调整好之后，双钩紧线器仍应留有足够的调短长度，以便收紧临时拉线。临时拉线在固定杆和操作杆上的安装位置示意图如图9.1-16所示。如果紧线耐张段与已挂线耐张段相邻，且紧线耐张段的固定杆是此相邻两耐张段的共用耐张杆，那么就不必在紧线耐张段的固定杆上安装临时拉线。因为此时已挂线耐张段在该固定杆上的导线就是该固定杆上的临时拉线，在这种情况下只需在紧线耐张段的操作杆上安装临时拉线即可。临时拉线的安装如图9.1-17所示。

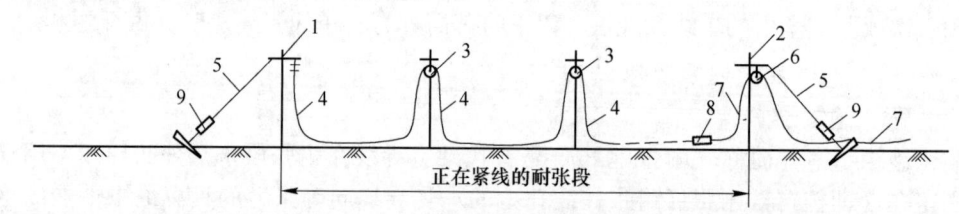

图 9.1-16　在固定杆和操作杆上的临时拉线安装位置示意图
1—固定杆；2—操作杆；3—直线杆上的放线滑车；4—被紧线的导线；5—临时拉线；
6—紧线牵引钢丝绳用铁滑车；7—牵引系统的牵引钢丝绳；8—夹线器；9—双钩

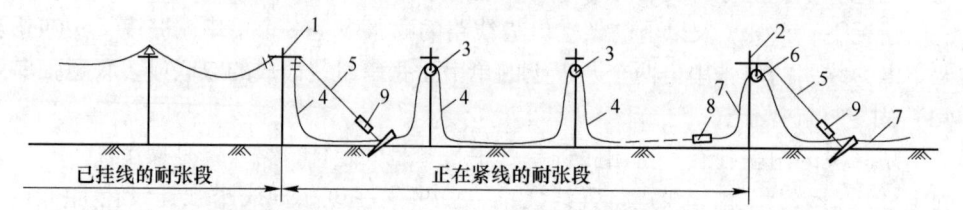

图 9.1-17　当固定杆为两耐张段的共用耐张杆时，临时拉线安装位置示意图
1—固定杆；2—操作杆；3—直线杆上的放线滑车；4—被紧线的导线；5—临时拉线；
6—紧线牵引钢丝绳用铁滑车；7—牵引系统的牵引钢丝绳；8—夹线器；9—双钩

（4）观测档个数的选择。

在紧线耐张段内选择观测档位置的原则是观测档的档距较大和观测档的两挂线点高差较小。在一个紧线耐张段内采用几个观测档由耐张段内的档距数量决定。

1) 当耐张段内的档数在6档及以下时，只采用一个观测档，应从靠近耐张段中间附近符合选观测档原则的档距中选择观测档。

2) 当耐张段内的档数在7~15档时应采用两个观测档，应从靠近耐张段两端的符合选择观测档原则的档距中选择观测档。

3) 当耐张段内的档数在15档以上时应采用三个观测档，应从靠近耐张段的两端及中间的符合选择观测档原则的档距中选择观测档。

（5）计算观测档弧垂的方法。

1) 关于弧垂的定义。一个档距中的弧垂是指在档距中点处的导线的垂度，即从档距中两个导线的悬挂点的连线的中点垂直向下至悬垂导线上的点的两个点之间的距离,如图 9.1-18 所示。

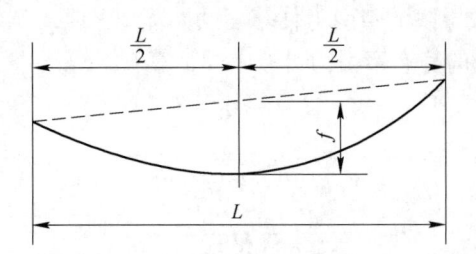

图 9.1-18 弧垂的示意图
L—档距；f—弧垂

2) 一个耐张段的代表档距。一个耐张段的代表档距（或称规律档距）可从设计部门提供的杆位明细表中查得，也可按下式算得

$$L_\mathrm{D} = \sqrt{\frac{\sum L^3}{\sum L}} \tag{9.1-5}$$

式中　L_D——代表档距，m；
　　　L——耐张段中各档的档距，m。

3) 计算观测档弧垂的方法。在 10kV 及以下架空电力线路中，一个耐张段的观测档弧垂可按下式算得

$$f_\mathrm{G} = (1-K)f_\mathrm{D}\left(\frac{L_\mathrm{G}}{L_\mathrm{D}}\right)^2 \tag{9.1-6}$$

式中　f_G——观测档的弧垂，m。
　　　L_G——观测档的档距，m。
　　　L_D——代表档距，m。
　　　f_D——代表档距的弧垂，m，根据架线现场或导线温度从设计图纸中查得。
　　　K——弧垂的减小率。在架设新导线时为考虑导线初伸长会增大导线弧垂的因素而预先采取的减小观测弧垂的措施。对于铝绞线和绝缘铝绞线，$K=20\%$；对于钢芯铝绞线，$K=12\%$；对于钢绞线，$K=7\%\sim8\%$。

在 35kV 及以上的架空电力线路中，在架设新导线考虑新导线初伸长增大弧垂的影响时，所采取的弧垂补偿措施是降温法，就是查取代表档距的弧垂时不是按架线当时的实际温度而是按降低了规定温度之后的温度去查取代表档距的弧垂。

在采用降温法时，一个紧线耐张段的观测档弧垂按下式计算：

$$f_\mathrm{G} = f_\mathrm{D}\left(\frac{L_\mathrm{G}}{L_\mathrm{D}}\right)^2 \tag{9.1-7}$$

式中　f_G——观测档的弧垂，m。
　　　L_G——观测档的档距，m。
　　　L_D——代表档距，m。
　　　f_D——按降温法查得的代表档距弧垂，m。对于铜芯绞线避雷线，降低温度 10℃；对于钢芯铝绞线，降低温度 15~25℃。其中：轻型钢芯铝绞线降低温度

20~25℃，钢芯铝绞线降低温度 15~20℃，加强型钢芯铝绞线降低温度 15℃。

(6) 紧线时牵引单根导线的牵引力估算。

紧线时牵引单根导线的静态牵引力可按下式估算：

$$F_G = \sigma_G \cdot S \tag{9.1-8}$$

$$\sigma_G = \frac{gL_G^2}{8f_G}$$

$$g = 9.8 \frac{Q}{S} \times 10^{-3}$$

式中　F_G——紧线时牵引单根导线的静态牵引力，N。

　　　S——单根导线的综合截面积，mm²。

　　　f_G——紧线时根据减小弧垂法或降温法得出的观测档弧垂，m。

　　　σ_G——紧线时观测档单根导线的应力，N/mm²。

　　　L_G——观测档的档距，m。

　　　g——导线的自重比载，N/(m·mm²)；

　　　Q——每 km 导线的质量，kg/km；

　　　S——导线的综合截面积，mm²。

【例 9.1-2】　计算 LJ-185 铝绞线，$Q = 504$ kg/km，$S = 182.8$mm²，当 $L_G = 95$m，$f_G = 1.0$m 时牵引单根导线时的静态牵引力。

解：计算：

$$g = 9.8 \frac{Q}{S} \times 10^{-3} = 9.8 \frac{504}{182.8} \times 10^{-3} = 0.027 [N/(m \cdot mm^2)]$$

$$\sigma_G = \frac{gL_G^2}{8f_G} = \frac{0.027 \times 95^2}{8 \times 1.0} = 30.46(N/mm^2)$$

$$F_G = \sigma_G \cdot S = 30.46 \times 182.8 = 5.568(kN)$$

(7) 常用的观测弧垂的方法。

1) 观测弧垂的等长法和异长法。等长法是在观测档的 A、B 两端从导线悬挂点至弧垂板安装点的距离 a、b 值均等于观测档的弧垂 f，如图 9.1-19 (a) 所示。

(a) 等长法　　　(b) 异长法

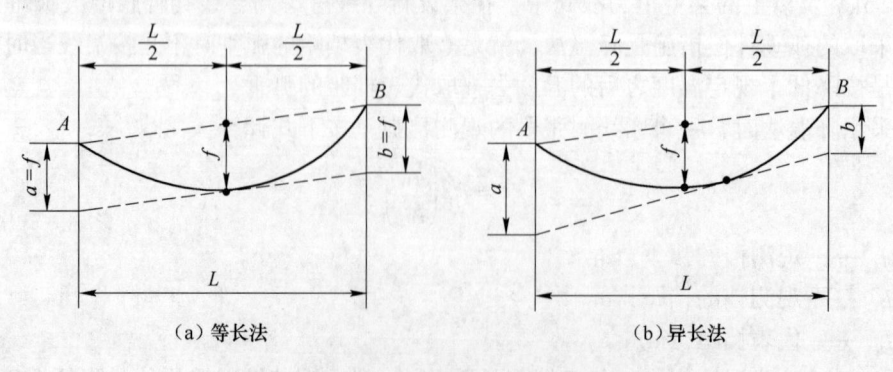

图 9.1-19　常用的弧垂板的安装位置示意图

a—在 A 端安装弧垂板的距离；b—在 B 端安装弧垂板的距离；f—观测档的弧垂

异长法是在观测档的 A、B 两端从导线悬挂点至弧垂板安装点的距离 a、b 值均不等于观测档的弧垂 f。当已知 f 和确定 a 值（也可先确定 b 值）后，b 值按下式计算，其弧垂板的安装位置如图 9.1-19（b）所示。

$$b = (2\sqrt{f} - \sqrt{a})^2 \tag{9.1-9}$$

式中　f——已知的观测档弧垂，m；

a——在观测档 A 端事先确定的从导线悬挂点至弧垂板安装点的距离，m；

b——在 B 端待算出的从导线悬挂点至弧垂板安装点的距离，m。

2）临时改变弧垂观测值的方法。例如弧垂观测人在 A 端，两端的工作人员已按等长法和按观测弧垂为 f 值安装了弧垂板，但到实际紧线观测弧垂时才发现导线的温度已产生了较大的增高而需将弧垂调整为 $f+\Delta f$，此时解决问题的方法是保持 B 端弧垂板的安装位置不变，即仍令 $b=f$，只需改变 A 端弧垂板的安装位置，令 $a=f+2\Delta f$，然后从 A 端向 B 端观测弧垂即可，如图 9.1-20 所示。同样如需将弧垂改变为 $f-\Delta f$，则保持 $b=f$，而将 $a=f$ 改变成 $a=f-2\Delta f$ 即可。此法同样近似地适用于异长法。

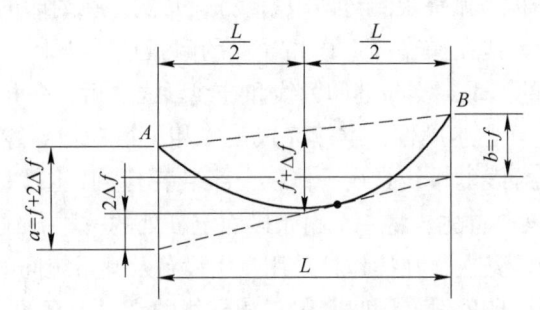

图 9.1-20　当将弧垂改变 $f+\Delta f$ 时弧垂板的安装位置示意图
L—档距；f—原弧垂；Δf—增大的弧垂

3）用直视法观测弧垂的方法。直视法就是弧垂观测人直接用眼睛观测弧垂。现假设弧垂观测人在观测档的 A 端，在紧线开始之前 A、B 两端的工作人员已在 A、B 端电杆或悬挂点上安装好弧垂板或弧垂尺，紧线作业开始后弧垂观测人就从 A 端向 B 端用眼睛观测弧垂。

现在为了简化表述，设 A 端弧垂板的上沿为 $A+$ 点，B 端弧垂板的上沿为 $B+$ 点，在这种设定情况下观测弧垂的方法如下：

因为被紧线的导线不一定正处在由 $A+$ 和 $B+$ 两点构成的垂直面内，但能看到离垂直面不远的导线，所以在开始牵引该相导线进行紧线之后，弧垂观测人的视线就从 $A+$ 点平扫地向 $B+$ 点看出去，看出去的视线是一个扇形平面的直线。然后等待形成悬链曲线状的导线向视线面靠拢。于是当视线面切到悬链曲线状导线上的一个点时，此时 $A+$、切点、$B+$ 三个点在一条直线上，这就表示导线此时的弧垂正好是所要求达到的弧垂。到此时该相导线的弧垂观测就结束了。

（8）在进行一个耐张段的紧线之前，应完成以下准备工作：

1）杆塔竖立和三根导线的放线。

2) 当紧线耐张段内挂上导线后在固定杆和操作杆受力的反方向侧耐张横担两个端头处安装临时拉线。

3) 耐张段内中间杆处和跨越架处的工作人员已到岗位。

4) 确定弧垂观测档和观测档弧垂。

5) 观测弧垂的人员已到位并安装了弧垂板。

6) 在固定杆上已挂上导线，在操作杆处已安装完毕牵引设备与牵引系统。

7) 已准备好紧线时使用的通信设备和明确通信信号。

8) 紧线工作负责人向全体工作人员发出通知，告知现在开始对某相导线紧线。

(9) 紧线的含义。

1) 单线紧线的含义。一相导线的单线紧线如下：首先在一个耐张段的固定杆上的该相导线的耐张挂线孔上挂上已与该相导线相连的耐张串（简称"将一相导线挂在耐张挂线孔上"），然后在操作杆用牵引设备及其系统牵引该相导线使之悬空，同时在观测档处观测该相导线弧垂，当弧垂符合要求时就在操作杆上该相导线的耐张挂线孔处对该相导线做划印操作（以上操作称为弧垂观测与划印紧线）。其次，在划印的导线上按技术要求安装上耐张串和将该耐张串挂在操作杆上该相导线的耐张挂线孔上（此项操作简称为"挂线紧线"）。完成上述的弧垂观测与划印紧线和挂线紧线之后，一相导线的单线紧线操作就全部完成了。接着重复上述操作，继续完成第二相、第三相导线的单线紧线操作。至此，一个耐张段的三相导线的单线紧线操作就全部结束了。以上就是单线紧线的含义。

2) 三线紧线的含义。首先，将一个耐张段固定杆处的三相导线分别挂在固定杆上各相导线的耐张挂线孔上。其次，在操作杆处用牵引设备及其系统同时牵引三相导线，完成三相导线的弧垂观测与划印紧线。同时牵引三相导线的牵引示意图如图9.1-21所示。然后分别完成三相导线的每一相的挂线紧线。以上就是三线紧线的含义。

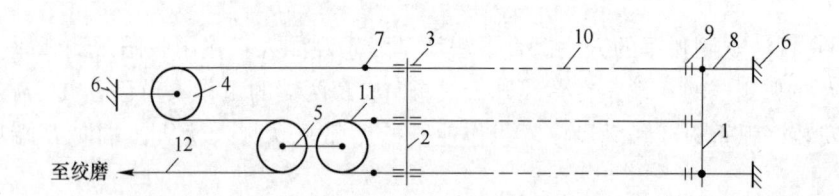

图9.1-21 牵引三相导线的牵引示意图

1—固定杆的横担；2—操作杆的横担；3—挂在操作杆下方的放线滑车；
4—紧线用滑车；5—滑车连接杆；6—地锚；7—夹线器；8—临时拉线；
9—耐张绝缘子串；10—导线；11—钢丝绳；12—牵引钢丝绳
注：在图中没有画出操作杆处的临时拉线。

3. 紧线钳的单线紧线法

紧线钳由一个金属壳体、用轮轴固定在壳体内的具有逆止装置的可用外手柄扭转的绞轮、与壳体外面相连的用于固定壳体的固定钢丝绳、末端装有夹线器（也称卡线器）的固定与缠绕在绞轮上的牵引钢丝绳等组件构成。在用紧线钳牵引拉动导线时，首先，将固定钢丝绳拴在锚体上（例如不会移动的横担、电杆上）；其次，将牵引钢丝绳从绞轮中松出和用夹线器夹住需要被牵引移动的导线；最后，用外手柄（例如扳手）扭转绞轮，使从绞轮中松出去的牵引钢丝绳重新回绕到绞轮上，于是随着牵引钢丝绳的回绕，紧线钳就产生牵引力拉动被牵引的导线。

因为紧线钳产生的牵引力较小和牵引长度很短，所以它只适用于耐张段较短的小规格铝绞线导线的单线紧线作业；同时因为它轻便，安装简单、容易操作，因此它也是最常用的紧线工具。实际上紧线钳单线紧线法就是单线紧线法和一次紧线法的综合应用法。

在完成前述的紧线前的有关准备工作后，就可以开始紧线钳的单线紧线作业了。现将用紧线钳进行一相导线的单线紧线作业的方法步骤介绍如下。

(1) 紧线操作人登上操作杆，在操作杆上再做以下准备工作：

1) 选择进行某相导线紧线作业的站位和拴好安全带。

2) 在横担上紧线相导线，耐张挂线孔的下方悬挂一个单轮滑车和将一根有足够强度与长度的用作临时牵引绳使用的棕绳挂入该单轮滑车内。

3) 将紧线钳拴在选定的拴位上，就是将紧线钳中的固定钢丝绳拴在选定的拴位上。有两个拴位可供选择：一是在耐张挂线孔附近的横担上，二是在已挂在耐张挂线孔上的耐张绝缘子串的耐张线夹下方的拉环上（在有些耐张线夹的下方设有供紧线时专用的拉环）。将拴位选在何处由操作人确定。在这里假设将拴位选定在挂线孔附近的横担上。

(2) 将已展放到操作杆杆位附近地面的导线线头牵引到操作杆横担处。

此项工作由操作杆处的地面上的工作人员进行。首先是抽余线，即用手牵引被紧线导线沿地面前移，将展放导线时存留在耐张段中的余线尽可能清除。其次是用事先安放在操作杆上横担下方单滑轮内的棕绳拴在被紧线导线的合适位置上，牵引导线离开地面和将导线线头拉到操作杆横担处，以便杆上的紧线操作人用紧线钳对其进行单线紧线操作。将棕绳拴在导线上的合适位置上的含义是指尽可能将被拉紧的导线线头牵拉到操作杆横担处之后，棕绳的拴头不越过杆上的单轮滑车和杆上操作人能用手解开其拴头。在被紧线的导线上能满足拴头处于这样要求的导线位置就是将棕绳拴在导线上的合适位置。

(3) 操作杆上的操作人员将紧线钳的紧线牵引钢丝绳上的夹线器（卡线器）夹住被紧线的导线。

站在操作杆上的操作人在安全带的保护下向导线线头方向尽量倾斜其身体和伸出双手将从紧线钳中松出的牵引钢丝绳的夹线器夹住被紧导线的外面；之后，解开导线上的棕绳拴头但保留棕绳在操作杆上。

(4) 在操作杆上进行弧垂观测与划印的单线紧线操作。

在紧线工作负责人的指挥下主要由操作杆上的操作人与弧垂观测档的观测人协同完成此项的单线紧线操作。

紧线操作人在杆上用外手柄（扳手或专用手柄）扭转紧线钳中的绞轮，将松出去的牵引钢丝绳重新回绕到绞轮上而牵引被紧线的导线；与此同时弧垂观测档处的观测人员观测弧垂。当弧垂接近要求值时应降低牵引速度并适当调整弧垂。当弧垂符合要求值时紧线操作人停止牵引导线，然后从该相导线的耐张挂线孔垂直向下在导线上做标记，此种操作即是划印。

说明：在用紧线钳对导线做一次紧线牵引的操作中不一定能达到在导线上完成划印的

要求。因为有可能出现这样的情况：紧线钳中的牵引钢丝绳全部回绕到绞轮上已无法继续牵引导线，但被紧线的导线弧垂仍大于规定的弧垂值。此时解决问题的方法是先采取固定住先前被紧线的导线，然后再次松出牵引钢丝绳重新用夹线器夹住被牵引的导线，再次用紧线钳继续牵引被紧线的导线和同时进行弧垂观测，直至弧垂符合要求和进行划印为止。

(5) 紧线操作人继续在杆上完成挂线紧线操作。

在紧线钳受力的情况下在杆上完成划印操作之后，紧线操作人在杆上划印处继续按技术规定在被紧导线上进行耐张线夹及其耐张串的组装；接着再扭转紧线钳中的绞轮使被紧线导线适当过牵引，使耐张串有更多的活动余地；然后较容易地把耐张串挂在耐张挂线孔上。至此用紧线钳进行一相导线的单线紧线操作就全部结束了（将直线杆处的导线绑扎在针式等绝缘子上的工作属于附件安装工作）。

从前面的介绍可知，对一相导线所进行的弧垂观测与划印的紧线操作和挂线紧线操作都是在一次牵引导线在导线处于架空状态下完成的，由此可知，用紧线钳进行的单线紧线法就是一次紧线法与单线紧线法的综合应用。

对于一个耐张段的三相导线的紧线而言，在用紧线钳完成一相导线的单线紧线操作之后，可用同样的方法继续第二相、第三相导线等全部紧线操作。在一般情况下，单线紧线的操作顺序是先中相，后两个边相导线。

4. 绞磨的单线紧线法

绞磨的单线紧线法是需要两次牵引导线的两次紧线的单线紧线法。

在用绞磨对一个紧线耐张段的单相导线进行紧线之前，须在操作杆处紧线耐张段的外侧线路方向线上安装绞磨牵引系统。所用绞磨可以是人力绞磨，也可以是机动绞磨。绞磨牵引系统由夹线器（也称卡线器）、牵引钢丝绳或牵引钢丝绳加钢丝绳滑车组、挂在操作杆横担下方的单轮铁滑车、单轮转向铁滑车、绞磨、桩锚等组成，其牵引系统的布置示意图如图 9.1-22 所示。

对于小截面的导线，可选择图 9.1-22 (a) 的牵引系统布置图；对于大截面导线，应选择图 9.1-22 (b) 的牵引系统布置图。当选择图 9.1-22 (b) 牵引系统时，钢丝绳滑车组中动、静之间的最短距离（减去滑车组使用中两端滑车滑轮中心间的最小允许距离约 1m）须大于将夹线器牵引到导线耐张挂线孔处，满足挂线要求时夹绳器所走过的距离。绑在滑车组动滑车上的大锤的作用是阻止动、静滑车之间的钢丝绳发生扭绞情况，防止滑车组无法正常工作。

牵引钢丝绳的强度、钢丝绳滑车组的强度、绞磨的安全载荷、桩锚的许可承载力等应按牵引导线进行紧线时的动态牵引力来选择，具体的选择方法详见"配电线路检修常用的几种起重工具及其选择"单元介绍的方法。

现将用绞磨进行紧线耐张段中第一根导线（一般为中相导线）的两次紧线的单线紧线法的操作步骤与方法简介如下。

(1) 进行紧线耐张段内第一根导线的弧垂观测与划印紧线，即进行第一根导线的第一次牵引导线的操作。

1) 紧线工作负责人按预先规定的通信方法发出通知，告知现在开始第一相（中相）导线的紧线工作。

2) 在操作杆处抽余线。

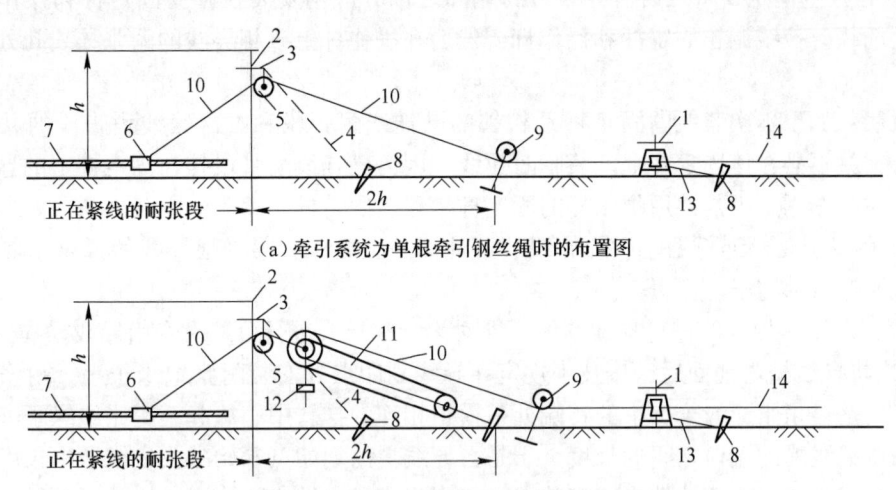

(a) 牵引系统为单根牵引钢丝绳时的布置图

(b) 牵引系统为单根牵引钢丝绳加钢丝绳滑车组时的布置图

图 9.1-22 紧线时绞磨牵引系统的布置示意图
1—绞磨；2—操作杆；3—操作杆的横担；4—临时拉线；
5—单轮铁滑车；6—夹线器；7—等待紧线的单相导线；8—桩锚；9—转向铁滑车；
10—牵引钢丝绳；11—钢丝绳滑车组；12—绑在滑车组动滑车上的大锤；
13—绞磨的固定钢丝绳；14—绞磨的尾绳；
h—操作杆的高度

抽余线就是用拖拉导线的方法清除展放导线时留存在紧线耐张段中由于导线弯曲等产生的多余长度的导线。

抽余线的方法是在操作杆处用人力或牵引设备将已展放到操作杆地面处的导线进一步向操作杆方向牵移，然后为了防止导线倒退回去，就用绳索和临时地锚暂时固定住导线。

3) 在导线末端合适的位置上用连在牵引钢丝绳末端的夹线器夹住导线。在用夹线器夹住导线之前应在夹线处可靠地缠绕布块，以防夹线器夹伤导线和牵引导线时夹线器发生滑动；然后解开暂时拴在导线上的固定导线的绳索。

4) 紧线工作负责人发令启动绞磨，开始第一次的牵引导线的紧线操作。

5) 弧垂观测档处的弧垂观测人观察到被紧线的导线开始发生被牵引移动后，立即进入观测弧垂状态，直至该相导线的弧垂观测结束。

① 在整个紧线期间紧线耐张段内各处的工作人员（例如绞磨、固定杆、操作杆、直线杆、交叉跨越杆、跨越架、经过树林房间等需监护处）都要关注被紧线导线的状况，发现异常时立即向紧线工作负责人报告，根据异常情况进行相应处置。

② 在紧线之前观测档处的弧垂观测人应测量导线温度，按规定的观测弧垂值安装弧垂板。

可用温度计或红外测温仪测量导线实际温度。温度计应平置于观测档处无遮挡的地方（认为气温等于导线温度）。

③ 当观测档弧垂接近规定值时，弧垂观测人通过紧线工作负责人指挥绞磨工作人降低牵引导线速度和松出或收紧导线来调整弧垂，使观测档弧垂满足规定值要求。

6) 在操作杆上对被第一次牵引的第一根导线进行划印，然后将其松落地面。

① 在弧垂满足要求之后对导线进行划印之前，应用安装在独立固定杆和操作杆横担端头处的临时拉线调正固定杆和操作杆，然后在操作杆上该相导线的耐张挂线孔处对导线划印。

说明： 如果本次紧线的固定杆是相邻的已挂线耐张段和本次紧线耐张段的共用耐张杆，那么就不必在该固定杆上安装临时拉线，因为已挂线耐张段挂在固定杆上的导线已起临时拉线的作用。不是共用耐张杆的固定杆是独立固定杆。

② 用牵引钢丝绳将划印后的导线放落地面。至此，对第一根导线的弧垂观测与划印的紧线操作全部完毕。

（2）对第一根导线进行挂线紧线，即对第一根导线进行第二次牵引导线操作。

1）将导线松落地面后，按技术规定在导线划印点处安装耐张绝缘子串。耐张绝缘子串的长度是自耐张绝缘子串中的首端处与横担相连的挂孔中心算起至耐张绝缘子串中的末端耐张线夹线槽的端口之间的长度。于是自导线上的划印点开始减去绝缘子串长度的导线点处就是耐张线夹线槽的端口的安装点。找到耐张线夹端口的位置后，就可在导线上按规定缠绕铝色带（铝色带的缠绕方向与导线外层的捻向相同），然后用 U 形螺栓（假定耐张线夹是螺栓型耐张线夹）将导线固定在线夹本体上。

2）首先用牵引钢丝绳拴在耐张绝缘子串中的耐张线夹上。然后启动绞磨牵引钢丝绳牵引紧线，在导线适当过牵引的情况下将耐张绝缘子串挂在操作杆横担上该相导线的耐张挂线孔上。最后解开拴在耐张线夹上的牵引钢丝绳。

3）将第一根导线挂到操作杆上之后，须再次用操作杆上的临时拉线调正操作杆。调正操作杆的标准是使弧垂观测档内的弧垂恢复到观测弧垂时的状态，即观测档 A 端弧垂板上的 A+点和端弧垂板上的 B+点之间的直线正好与在导线曲线上的一个点相切。

将第一根导线挂到操作杆上之后，之所以再次调正操作杆，是因为挂线之后会使操作杆向紧线耐张段侧倾斜，使观测档的弧垂变大，同时影响后面两根导线的弧垂观测，产生很大的弧垂误差。

至此，对第一根导线的两次牵引导线对导线进行的弧垂观测与划印紧线、挂线紧线的紧线操作全部结束。

（3）继续进行第二根、第三根导线的两次紧线的单线紧线，结束整个紧线耐张段的全部紧线操作。

在用绞磨单线紧线法完成紧线耐张段内第一根导线的紧线之后，应立即分别重复第一根导线的紧线步骤与方法去完成第二根、第三根导线的紧线操作。在每完成一根导线的紧线时，都应分别用调正操作杆的方法来复核观测档的弧垂。如果三根（即三相）导线的弧垂误差均符合要求（详见"导线与地线的运行标准"子单元中关于弧垂误差的标准），该紧线耐张段的紧线工作就全部结束了。如果三根导线的弧垂误差超出标准要求，则还要继续进行弧垂调整工作，直至弧垂误差符合标准要求，才算是紧线耐张段的紧线工作全部结束。

5. 弧垂调整的线长调整量的计算方法

将紧线耐张段内的三相导线全部挂到操作杆上之后，还应用调正操作杆的方法去调整复核紧线耐张段内的三相导线的弧垂和三相导线弧垂之间的弧垂误差。当弧垂误差超过标准值（详见"导线与地线的运行标准"子单元内容），则应对紧线耐张段内的弧垂进行调整。

耐张段分为孤立档和有多档的耐张段。弧垂调整的方法有两种：一种是重新紧线，此法很麻烦；另一种是应用线长调整量法（分为考虑与不考虑弹性系数和高差角影响的调整耐张段线长法），此法简易。为此，现将不考虑线长的调整耐张段弧垂的线长调整量的计算方法介绍如下。

（1）调整孤立档弧垂的线长调整量计算：

$$\Delta L = \frac{8}{3L_D}(f_D^2 - f_{D_0}^2) \tag{9.1-10}$$

式中　ΔL ——线长的调整量，m。当 ΔL 为正值时，ΔL 是从原线长中减去的量；当 ΔL 为负值时，ΔL 是在原线长基础上的增长量。

　　　L_D ——孤立档的档距，m；

　　　f_{D_0} ——孤立档的标准弧垂，m；

　　　f_D ——孤立档现有的不符合要求的弧垂，m。

（2）有多档距的耐张段弧垂的线长调整量计算：

$$\Delta L = \frac{8}{3L_D^2}(f_D^2 - f_{D_0}^2)\sum L \tag{9.1-11}$$

$$f_D = f_G\left(\frac{L_D}{L_G}\right)^2$$

式中　ΔL ——线长的调整量，m。当 ΔL 为正值时，ΔL 是从原线长中减去的量；当 ΔL 为负值时，ΔL 是在原线长基础上的增长量；

　　　L_D ——代表档距，m；

　　　f_{D_0} ——代表档距的标准弧垂，m；

　　　f_D ——代表档距现有的不符合要求的弧垂，m；

　　　L_G ——观测档档距，m；

　　　f_G ——观测档现有的不符合要求的弧垂，m。

6. 单线紧线时的安全注意事项

（1）在进行紧线作业之前已完成所有的紧线准备工作。要对紧线作业时所使用的工器具的许可承载能力、性能的好坏情况进行认真细致的检查，不准过载使用，不合格的器具不准使用。

（2）在进行紧线作业之前须制订、交代安全措施，明确分工、明确任务、明确信号，服从指挥，协同作业。

（3）在用夹线器（也称卡线器）夹住被牵引的导线之前须在夹线点处可靠地缠绕麻布，以防夹伤导线和增加摩擦力，防止在紧线时发生夹线器滑动而损伤导线的情况。

（4）在采用单线紧线法进行紧线时要一相一相地分别进行，紧线的顺序是先紧中相导线，后紧两边相导线。在开始每相导线紧线之前，紧线工作负责人要向各岗位的工作成员发出通知，告知现在要开始哪相导线的紧线作业，待各岗位的工作成员回复信息，说明无问题后再发出启动绞磨牵引导线的指令。

（5）开始紧线作业之后，各岗位的工作成员不得离岗，要集中精力作业并关注从别处传来的信号和传递信号。欲在本岗位出现异常也应及时发出信号。

1) 固定杆处的工作成员：属于独立固定杆的成员，要事先将导线（指已连上耐张绝缘子串的导线，下同）挂在固定杆上。紧线作业开始使固定杆受紧线张力后要关注固定杆的永久拉线和临时拉线的稳固情况，发现固定杆或横担向紧线耐张段方向倾斜或扭转时，应及时调正电杆或横担。

属于两相邻耐张段共用耐张杆的固定杆的工作成员：要事先将导线挂在固定杆上。

对于上述两种固定杆，只有当紧线耐张段中的全部导线都完成弧垂观测与划印紧线和挂线紧线之后，才能拆除固定杆上的临时拉线。

2) 操作杆处的工作成员：要关注杆上的永久拉线和临时拉线的稳固情况。要防止牵引钢丝绳从悬挂在横担下方的单轮铁滑车中滑出。在刻印之前和挂线之后都要用临时拉线调正操作杆来调准观测档弧垂。只有当紧线耐张段中的全部导线都完成弧垂观测与划印紧线和挂线紧线之后，才能拆除杆上的临时拉线。

3) 在绞磨处的工作成员：

当牵引钢丝绳为单根钢丝绳时［图9.1-22（a）］，其牵引钢丝绳的转向地滑车（即绞磨前面的地滑车）的桩锚要设在线路方向线上，它距操作杆的距离为操作杆杆高的两倍以上。当牵引钢丝绳为钢丝绳滑车组加上单根钢丝绳时，滑车组的桩锚和由滑车组动滑车活头引出的钢丝绳的转向滑车的桩锚应设在线路方向线上，其桩锚至操作杆的距离为操作杆杆高的两倍以上。转向滑车至绞磨的距离应不小于5m。

绞磨（人力绞磨或机动绞磨）应安置在地面平整、开阔，可以偏离线路方向线上的地方，并用桩锚将其稳固。

绞磨使用的钢丝绳应从绞磨滚筒（也称为卷筒、磨心）的下方卷入滚筒，卷绕在滚筒上的钢丝绳不得少于5卷，并要整齐排列在滚筒上。卷入滚筒上的钢丝绳，从滚筒至被牵引物（例如导线）之间的钢丝绳是牵引钢丝绳，从滚筒向绞磨桩锚方向绕出的钢丝绳是绞磨尾绳（简称"尾绳"）。绞磨工作时，尾绳由拉尾绳人拉拽着。拉尾绳的人员要由有经验的人担任，安全工作规程规定拉尾绳的人数不宜少于两人。拉尾绳的人员要站立在绞磨桩锚的后面、离绞磨2.5m以上的地方，且不准站立在尾绳的绳卷里面。绞磨工作时，牵引钢丝绳的受力很大，在尾绳上也有受力，但受力较小，故拉尾绳的人员能够用手拉住它。绞磨受力时不准用松出尾绳的方法卸荷。

使用人力绞磨时，固定磨轴的活动挡板应装在不受磨轴作用力的一侧。推磨时推磨人要同时用力。绞磨受力时，推磨人的人手不得离开磨杠，拉尾绳的人员不得松开尾绳，以防飞磨飞绳伤人。绞磨工作完毕后应抽出磨杠。对受力绞磨卸荷时，应推动绞磨使之更加受力，然后松开刹车装置，再倒推绞磨让拉尾绳人员慢慢松出尾绳实行缓慢卸荷。

4) 在直线杆上工作的成员：要防止导线从放线滑车中跳出，要防止放线滑车卡住接续管。

5) 在交叉跨越处的工作成员：在紧线电力线路跨越电力线路且设有跨越架处的工作成员，在紧线作业开始之前，务必落实被跨越的电力线路已停电且已在该线路上经验电和挂上接地线。当被紧线的导线穿过跨越架时要关注导线是否被跨越架或跨越架上的放线滑车卡住。当被紧线的导线越过被跨越的电力线路时被紧线的导线是否会磨伤被跨越线路的导线。

在被紧线的导线从带电架空线路下方穿越处的工作成员，要关注紧线的导线至上方带电线路导线的距离。除非两交叉线路之间的距离非常大,否则应采取措施(例如用绳索拉住被紧线的导线)限制被紧线导线向上弹跳以致接近或接触上方带电的导线。

在被紧线的导线跨越公路但不设架越架处的工作成员,在紧线时要采取阻止、放行车辆通行的措施,以防车辆挂卡导线。

6)在弧垂观测档处(兼任观测档两侧直线杆上的任务)的工作成员:在开始紧线之前,在观测档处实测导线温度和按与实测温度相对应的观测档弧垂在观测档两端的电杆上安装弧垂板。在弧垂观测与划印紧线工作开始后认真观测弧垂,当导线弧垂接近规定值时通过紧线工作负责人指挥绞磨工作成员降低牵引导线速度和根据弧垂情况适当松出或收紧导线来调准观测档弧垂。在导线挂到操作杆上之后,又以控制观测档弧垂为标准来指挥调正操作杆。

7)紧线时的护线工作成员:关注被紧线的导线是否被树木、房屋、尖突物等障碍物卡挂住。在处理异常情况时护线成员不得跨在导线上面,不得站在导线折弯处的内角处。在挑开被障碍卡挂住的导线时应站在折弯处的外侧,应用木棒挑开被卡挂的导线或绳索拉被卡挂的导线,不得用手硬拉被卡挂的导线,以防被松开的导线的弹力击伤、拖倒或带飞空中。

在冬季施工时,护线成员应关注从水面经过的被紧线的导线,要注意导线是否被冻冰冻住。

上述岗位的工作成员,当发现有需要停止紧线的异常情况时,应及时向紧线工作负责人发出信号,信号途经的工作成员应及时接力传送信号。等待异常情况处置完毕再通知紧线工作负责人恢复紧线作业。

(6)其他安全注意事项:紧线工作宜在白天进行,雷雨、大雾、6级及以上大风(不小于13.8m/s)应停止紧线。

在紧线过程中,所有工作成员不应跨在正在受力的紧、挂线的导线和牵引钢丝绳的上面,不得站立在正在受力的紧、挂线的导线和牵引钢丝绳的下方及其周围,以防跑线伤人。

9.1.5 人力抬运水泥电杆的方法

1. 常用水泥电杆的数据

(1)中压架空配电线路常用的锥形水泥杆。

在中压架空配电线路中,在20世纪80年代以前最常用的是梢径为ϕ150mm、锥度为1/75、壁厚为5cm的钢筋混凝土电杆(简称"水泥杆"),80年代以后最常用的是ϕ190mm的锥形水泥杆。在农村架空配电电力线路中主要使用的是水泥杆单杆,基本杆长为10m和12m;在城市架空配电电力线路中的直线杆主要使用的也是水泥杆单杆,但基本杆长是13.5m,而少量使用13.5m以上的水泥杆,例如使用15m、18m水泥杆。13.5m及以上水泥杆由上、下两段的水泥杆连接而成,上、下两段水泥杆的长度均小于10m。为此,需要人力抬运的最长的锥形水泥杆是10m水泥杆。

(2)锥形水泥杆常用参数的计算公式。

1)锥度为1/75的水泥杆,距杆梢为 L 处的外直径可按下式计算:

$$D = d + \frac{L}{75} \qquad (9.1\text{-}12)$$

式中 D ——距杆梢为 L 处的电杆外直径，cm；

L ——距离杆梢的长度，cm；

d ——杆梢外直径，cm。

锥形杆的外形像一个圆台。

2）圆台体积的计算公式。

① 圆台体积的精确的计算公式：

$$V = \frac{1}{3}\pi H(R_1^2 + R_2^2 + R_1 R_2) \qquad (9.1\text{-}13)$$

式中 V ——圆台体积，cm^3；

H ——圆台的高，cm；

R_1 ——圆台顶圆面积的半径，cm；

R_2 ——圆台底圆面积的半径，cm。

② 圆台体积的近似计算公式：

$$V = \bar{s} H \qquad (9.1\text{-}14)$$

$$\bar{s} = \frac{s_1 + s_2}{2}$$

式中 V ——圆台的体积，cm^3；

H ——圆台的高度，cm；

$\bar{s}$ ——圆台顶圆和底圆的平均圆面积，cm^2；

s_1 ——圆台顶圆的面积，cm^2，$s_1 = \pi R_1^2$；

s_2 ——圆台底圆的面积，cm^2，$s_2 = \pi R_2^2$。

3）中空的圆台体积的计算公式：

$$\begin{aligned} V = V_w - V_N = H(\bar{S}_w - \bar{S}_N) &= H\left(\frac{S_{1w} + S_{2w}}{2} - \frac{S_{1N} - S_{2N}}{2}\right) \\ &= \frac{H}{2}[(S_{1w} - S_{1N}) - (S_{2w} - S_{2N})] \\ &= \frac{H}{2}(S_{1h} + S_{2h}) \end{aligned} \qquad (9.1\text{-}15)$$

$$\bar{S}_w = \frac{S_{1w} + S_{2w}}{2}$$

$$\bar{S}_N = \frac{S_{1N} + S_{2N}}{2}$$

式中 V ——锥台的体积，cm^3；

V_w ——外锥台体积，cm^3；

V_N ——内锥台体积，cm^3；

$\bar{S}_w$ ——外锥台顶圆与底圆的平均面积，cm^2；

$\bar{S}_N$ ——内锥台顶圆与底圆的平均面积，cm²；

H ——锥台的高度，cm；

S_{1w} ——外锥台顶圆面积，cm²；

S_{2w} ——外锥台底圆面积，cm²；

S_{1N} ——内锥台顶圆面积，cm²；

S_{2N} ——内锥台底圆面积，cm²；

S_{1h} ——锥台顶部圆环面积，cm²，$S_{1h} = S_{1w} - S_{1N}$；

S_{2h} ——锥台底部圆环面积，cm²，$S_{2h} = S_{2w} - S_{2N}$。

4) 中空的锥台质量的计算公式：

$$m = V\gamma \tag{9.1-16}$$

式中 m ——中空锥台的质量，kg；

V ——中空锥台的体积，cm³；

γ ——钢筋混凝土单位体积的质量，kg/cm³；用离心法生产的水泥杆，可取 $\gamma = 0.0028$ kg/cm³。

5) 中空锥台（锥形杆）重心位置的近似计算公式：

$$L_0 = \frac{\sum_1^n GL}{\sum_1^n G} \tag{9.1-17}$$

式中 L_0 ——中空锥台（锥形杆）重心至台顶（杆顶）的距离，m；

n ——将锥形杆分成的杆段数量；

G ——一个锥形杆段的质量，kg；

L ——一个锥形行杆段的中点至杆顶的距离，m（即近似地认为杆段的重心在杆段的中点）；

GL ——一个锥形杆段的质量至杆顶的力距，kg·m。

2. 确定抬点位置的方法

（1）抬点受力的计算。

人力抬运电杆时应采用两个抬点，其抬点 A 与 B 的位置示意图如图 9.1-23 所示。

锥形环形截面电杆不是均布荷载，从表 9.1-1 和表 9.1-2 所列各种长度锥形杆的中心位置可知，它们的重心不在电杆长度的中点，而是在向杆根方向偏移处。但是在确定了实际重心位置之后，为了简化锥形杆抬点的位置，则把它视为均布荷载的电杆，为此，就把用人力抬运电杆时具有两个抬点的电杆简化成一根简支梁。这个简支梁就是一个平面平行平衡力系，共有电杆的重力 Q、支点反作用力 P_A 和 P_B 三个平行力作用在该力系中。于是可根据已知的 Q 和 Q 至 A 点、Q 至 B 点的距离、A 点的反力，P_A、B 点的反力 P_B，平面平行力系的平衡条件 $\sum F = 0$、$\sum M_0(F) = 0$，得出以下计算公式。

根据 $\sum M_B(F) = 0$ 和 $\sum F = 0$，得

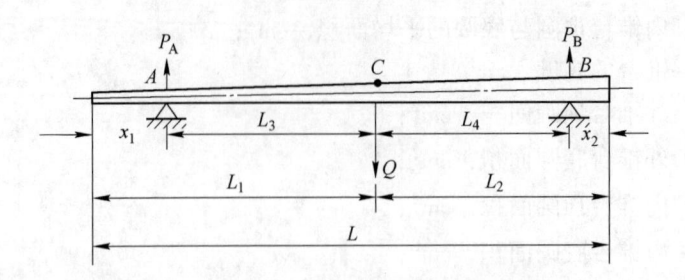

图 9.1-23　人力抬运电杆的抬点示意图

A—左抬点；B—右抬点；C—电杆的重心；
L—电杆的长度；L_1—杆顶至重心的距离；L_2—重心至杆根的距离；
L_3—A 点至重心的距离；L_4—重心至 B 点的距离；
P_A—抬点 A 的受力；P_B—抬点 B 的受力；Q—电杆的质量；
x_1—杆顶至 A 点的距离；x_2—B 点至杆根的距离

$$P_A = \frac{QL_4}{L_3 + L_4} \tag{9.1-18}$$

$$P_B = Q - P_A \tag{9.1-19}$$

根据 $\sum M_A(F) = 0$ 和 $\sum F = 0$，得

$$P_B = \frac{QL_3}{L_3 + L_4} \tag{9.1-20}$$

$$P_A = Q - P_B \tag{9.1-21}$$

式中　Q——电杆的重量，N；
　　　P_A——抬点 A 的承重力，N；
　　　P_B——抬点 B 的承重力，N；
　　　L_3——自电杆重心至 A 点的距离，m；
　　　L_4——自电杆重心至 B 点的距离，m。

（2）确定在抬点处的抬杆人数和抬点位置的原则。

在平地处的抬杆总人数的约数等于电杆的重量（N）除以 400N/人。在坡地、田埂处的抬杆总人数的约数等于电杆的重量（N）除以 300N/人。但是实际的抬杆总人数要根据确定每个抬点人数的原则确定前、后抬点处的人数之后才能确定。抬点的位置按式（9.1-18）~式（9.1-21）确定。

确定每个抬点人数的原则如下：

1）平均的每个抬杆人的最大静态承重量的约值为：平地 400N/人，坡地、田埂 300N/人。

2）前、后两个抬点处的抬杆人的共同的平均静态承重量要近似相等。

3）每个抬点的人数只能在 2、4、8、16 人几个限定人数范围内选择，要将抬杆人均匀地安排在电杆的两侧。

4）前、后两个抬点之间应保持有足够的距离，不能影响相互之间的站位和抬杆时的行动。

3. 在抬点处布置抬杠的方法

抬杆人要用抬杠来抬运电杆。要随着抬杆人数的增加相应地增加抬杠的数量。但是为了使抬点处的抬杆人能对称地分布在电杆的两侧，也要用有规律的分层和对称的方法逐层地增加抬杠的数量和安排抬杠的位置。

如前所述抬杠的层数由抬点处的人数决定，前、后抬点人数不同其抬杠层数也会不同。当一个抬点的人数为 2 人时，只设置第一层抬杠，第一层抬杠简称为"一牛"。当一个抬点的人数为 4 人时要设置第一层（一牛）和第二层抬杠（二牛）。当一个抬点的人数为 8 人时，要设置第一层（一牛）、第二层（二牛）、第三层（三牛）抬杠。当一个抬点的人数为 16 人时，要设置第一层（一牛）、第二层（二牛）、第三层（三牛）、第四层（四牛）抬杠。总之，要按每个抬点两侧电杆的人数相等来布置抬杠，且随抬点人数的增多要相应地增加抬杠的层数。但是要注意，当抬点的人数不相同时，相同名称的抬杠（例如都是一牛）的布置方向可能是相同的方向，也可能是不相同的方向。

现以 32 人抬一根 10mϕ190mm 电杆，在前抬点（抬点 A）、后抬点（抬点 B）的人数均为 16 人的抬杠布置示意图为例，如图 9.1-24 所示来说明抬杠的布置方法。但抬点的位置要用上文介绍的方法确定。

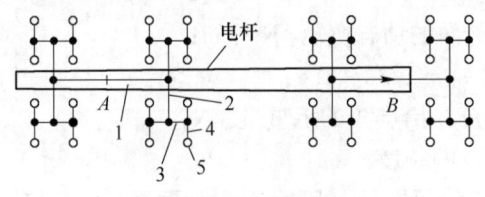

(a) 抬杠布置顶视示意图

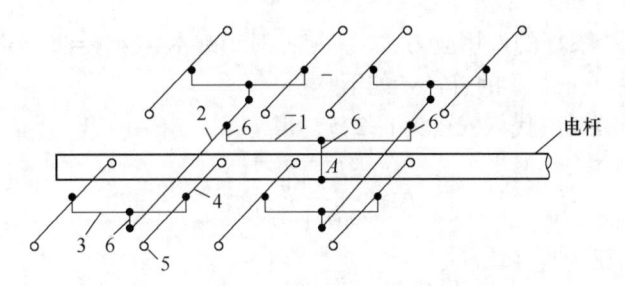

(b) 抬点A的抬杠立体布置示意图

图 9.1-24　人力抬杆抬杠布置图（32 人抬杆）

1—一牛；2—二牛；3—三牛；4—四牛；5—肩膀；6—连接钢丝绳套

注：一牛——长 2.2m 的粗圆木，其直径一般应不小于 16cm；
　　二牛——长 2.2m 的粗圆木，其直径一般应不小于 17cm；
　　三牛——长 1.2m 的粗圆木，其直径一般应不小于 10cm；
　　四牛——长 1.2m 的圆木，其直径一般为 8cm。

4. 抬杠的强度计算

图 9.1-24 中一牛、二牛、三牛、四牛的强度可按简支的圆截面梁的强度计算方法进行计算。显然用人力抬运电杆时，一牛所承担的重量是最大的。现假设图 9.1-24 中抬点

A 处一牛的受力如图 9.1-25 所示。

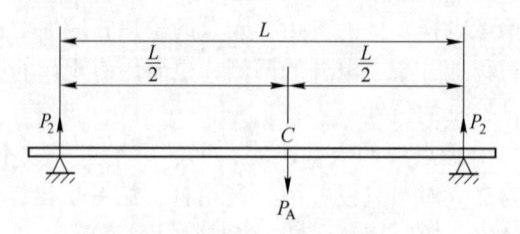

图 9.1-25　抬点 A 处一牛的受力图
L——一牛的长度；P_A——一牛承担的重量；P_2——二牛承担的重量

现假设一牛是圆木。由图 9.1-25 可知，C 点是一牛的中点，C 点是一牛弯曲时的弯曲危险截面，C 点的强度条件是：

$$[\sigma] \geqslant \frac{M_0}{W} \tag{9.1-22}$$

$$M_0 = k_0 M = k_0 P_2 \frac{L}{2} = k_0 \frac{P_A}{2} \times \frac{L}{2} = k_0 \frac{P_A L}{4}$$

式中　M_0——在 C 点处截面的动态弯矩，$N \cdot cm$；
　　　k_0——负荷系数，$k_0 = 1.3 \sim 1.4$；
　　　P_A——一牛（梁）在抬点 A 的承重量，N；
　　　L——一牛（梁）的长度，cm；
　　　W——截面的抗弯截面矩量（阻力矩或截面系数），cm^3；直径为 $d(cm)$ 的圆截面，$W = 0.1d^3$；
　　　$[\sigma]$——一牛（梁）的许用应力，N/cm^2；对于圆木，$[\sigma] = 1176 N/cm^2$。

现求圆截面的梁（一牛）的直径 d 如下。
将圆截面的 $W = 0.1d^3$ 代入式（9.1-22），得

$$d \geqslant \sqrt[3]{\frac{M_0}{0.1[\sigma]}} \tag{9.1-23}$$

式中　d——圆截面梁的直径，cm；
　　　M_0——作用在梁中点处的动态弯矩，$N \cdot cm$；
　　　$[\sigma]$——梁的许用应力，N/cm^2，圆木 $[\sigma] = 1176 N/cm^2$。

【例 9.1-3】　现有一根 9mϕ190mm 锥形水泥杆，电杆重量 $Q = 791.07 kg = 7752.5 N$，其重心距杆顶的距离 $L_1 = 4.945 m$，其重心距杆根的距离 $L_2 = 4.055 m$。拟用人力和圆木抬杠将电杆抬运到山坡上的杆位。现设靠近杆顶处的抬点为 A 点，A 点至杆顶的距离为 x_1，靠近杆根处的抬点为 B 点，B 点至杆根的距离为 x_2，现按全体抬杆人的静态承重均相等的原则来设计抬运方案。电杆的受力图如图 9.1-26 所示，试设计抬运方案和计算当 $x_1 = 0.5m$ 时的 x_2 值以及抬重量最大的抬点处的一牛的直径，设一牛有效长度为 2.0m。

解：（1）设计抬运方案。
已知抬运电杆上坡时人均静态承重约值为 300N/人，为此抬杆总人数约值为 25.8 人（7752.5/300）。故将总人数定为 24 人，其中 A 点 8 人，B 点 16 人，于是人均静态承重为

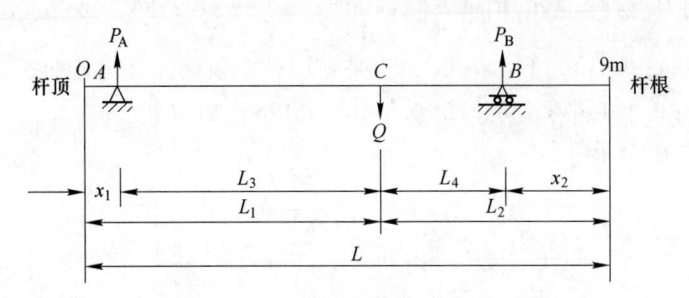

图 9.1-26 人力抬杆时电杆受力示意图

A—靠杆顶侧的抬点；B—靠杆根侧的抬点；C—电杆重心；
P_A—在 A 点的承重量；P_B—在 B 点的承重量；Q—电杆重量

7752.5/24 = 323.021(N/人)，P_A = 2584.168N，P_B = 5168.332N。

(2) 计算 x_2 值。

将式 (9.1-20) $P_A = \dfrac{QL_4}{L_3 + L_4}$ 移项后得

$$L_4 = \dfrac{L_3}{\dfrac{Q}{P_A} - 1}$$

已知 x_1 = 0.5m，$L_3 = L_1 - x_1$ = 4.945 - 0.5 = 4.445(m)，Q = 7752.5N，P_A = 2584.168N，将上述已知数代入上式得

$$L_4 = \dfrac{L_3}{\dfrac{Q}{P_A} - 1} = \dfrac{4.445}{\dfrac{7752.5}{2584.168} - 1} = 2.223(m)$$

$$x_2 = L_2 - L_4 = 4.055 - 2.223 = 1.832(m)$$

(3) 抬杠在电杆上的布置方案（图 9.1-27）。

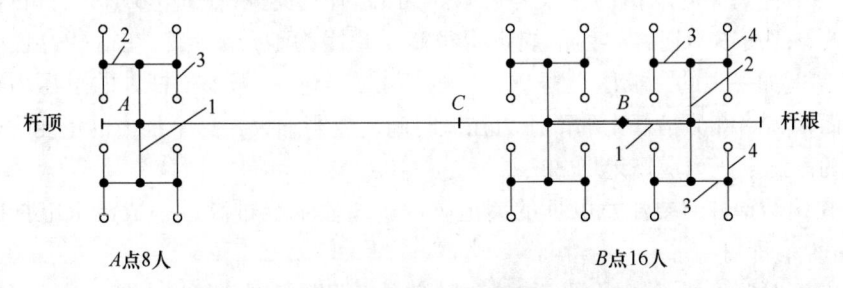

图 9.1-27 抬杠在电杆上的布置图（俯视图）
1—一牛；2—二牛；3—三牛；4—四牛
●—连结点；○—人肩

由图 9.1-27 可见，A 点与 B 点的同名称的一牛、二牛、三牛的布置是不相同的。

(4) 计算 B 点上一牛的圆木直径。

已知抬重最大点处一牛的有效长度为 2.0m，已知 B 点处的抬重量最大，P_B =

5168.332N，施加在一牛一端的抬重 $P_{B2} = \dfrac{P_B}{2} = \dfrac{5168.332}{2} = 2584.166(\text{N})$，一牛端部至抬点 B 的距离为1.0m，$[\sigma] = 1176\text{N/cm}^2$，于是施加一牛中点（即 B 点处）的动态力矩 M_0 为 $M_0 = k \cdot P_{B2} \cdot 1.0 = 1.4 \times 2584.166 \times 1.0 = 361783(\text{N} \cdot \text{cm})$。

于是根据式（9.1-23）得

$$d \geqslant \sqrt[3]{\dfrac{M_0}{0.1[\sigma]}} = \sqrt[3]{\dfrac{361783}{0.1 \times 1176}} = 14.54(\text{cm})$$

因此，可选一牛圆木的直径为15cm及以上。

下面用 $\sum m_0(F) = 0$、$\sum F = 0$ 两公式对本例的计算结果进行验算。

首先将已知数据和计算结果代入例9.1-3中，得

$Q = 7752.5\text{N}$，$P_A = 2584.168\text{N}$，$P_B = 5168.332\text{N}$，$x_1 = 0.5\text{m}$，$x_2 = 1.832\text{m}$，$L_1 = 4.945\text{m}$，$L - x_2 = 7.168\text{m}$。

其次，将上述数据代入 $\sum M_0(F) = 0$、$\sum F = 0$ 中。在计算力矩时，使物体反时针转动的力矩取"+"号，反之取"-"号。在计算力的代数和时，向上的力取"+"号，反之取"-"号。

$$\sum m_0(F) = x_1 P_A - L_1 Q + (L - x_2) P_B$$

$$= 0.5 \times 2584.168 - 4.945 \times 7752.5 + 7.168 \times 5168.332 = 0$$

$$\sum F = P_A - Q + P_B = 2584.168 - 7752.5 + 5168.332 = 0$$

由于计算结果满足 $\sum m_0(F) = 0$ 和 $\sum F = 0$ 的要求，因此计算无误。

5. 人力抬运电杆的安全注意事项

（1）电杆抬点的个数规定为2个，抬点的位置应按前、后抬点的每个人都承担基本相等的静态下压力的原则来确定。

（2）各抬杆人平均承担的最大静态下压力的约值为：在平地400N/人；在山地、田埂300N/人。之所以不把上述约值规定得很高，是因为地形不平，在抬杆过程中会出现"牛吃水"（例如一牛的一端压在杆身上）的情况，会使一部分抬杆人的下压力在短时间内减少，而使另一部分抬杆人的下压力在短时间内急剧加大，这个加大的下压力可能会比上述规定的静态下压力成倍地增加。

（3）在拴结抬杠时要注意电杆的离地高度，离地不能过高，一般要求电杆的离地高度为0.3m左右即可。

（4）抬杆时要设统一指挥人，按口令同肩同步调同起同落抬运电杆。

（5）在抬杆之前要清除抬运时要经过的有障碍物地段中的障碍物，拓宽道路，在山地抬杆时抬杆道路不宜小于1.2m宽度。

（6）抬杆时要配备额外的备用人员，以帮助抬杆人通过困难地段，必要时给予搀扶或顶替，以防跌倒。

（7）当抬杆经过急弯小路时，前、后的抬杆人要相互关照，以防跌倒。

（8）雨雪后抬杆要采取防滑措施。

9.1.6 将变压器吊装到10kV H形变压器台架上的方法

1. 10kV H形变压器台架简介

装设在10kV H形架空配电线路中的变压器台架,顺着线路方向布置的有直线型H形变压器台架和耐张型H形变压器台架,横着线路方向布置的有耐张型H形变压器台架。三种变压器台架都由深埋地中根开为2.5~3.0m的两根水泥电杆和一个水平地固定在两根电杆上的槽钢平台构成,它们状似一个H字母。平台是安放变压器的地方。安全工作规程要求平台须离开地面2.5m以上。一般情况下,安放变压器的平台由两根水平地夹住并用螺栓固定在电杆上的槽钢构成;但个别情况下,也有由砖石砌筑而成的平台。

直线型H形变压器台架与耐张型H形变压器台架的区别在于:直线型H形变压器台架位于架空电力线路的中间,相当于线路中的一基直线杆;耐张型H形变压器台架位于架空电力线路的终端或支线的终端,装有耐张绝缘子串和终端耐张拉线。直线型H形变压器台架的示意图如图9.1-28所示。

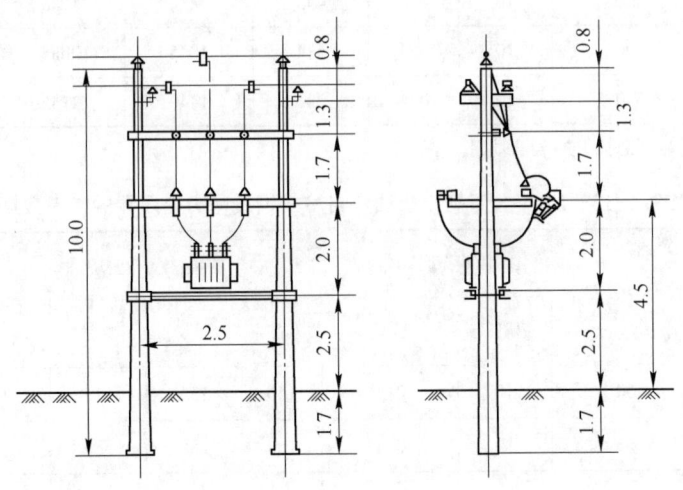

图9.1-28 直线型H形变压器台架示意图(单位:m)

安装在10kV H形变压器台架上的变压器,大多数是三相变压器,常用的容量是315kVA及其以下的三相油浸自冷式变压器,最大容量不宜大于500kVA。为方便安装变压器时查阅使用,现将上述型式常用容量变压器的主要参考数据列在表9.1-12和表9.1-13中。

表9.1-12 10kV SL系列三相油浸自冷式铝线电力变压器的参考数据

型号	额定容量 /kV	额定电压/kV 高压	额定电压/kV 低压	质量/kg 油	质量/kg 器身	质量/kg 总计	外形尺寸 /(mm×mm×mm) 长×宽×高
SL-30/10	30	10	0.4	78	145	300	925×560×1072
SL-50/10	50	10	0.4	118	226	460	1077×810×1277
SL-63/10	63	10	0.4	130	255	515	1083×820×1307

续表

型　号	额定容量/kV	额定电压/kV 高压	额定电压/kV 低压	质量/kg 油	质量/kg 器身	质量/kg 总计	外形尺寸/(mm×mm×mm) 长×宽×高
SL-80/10	80	10	0.4	135	292	570	1102×820×1347
SL-100/10	100	10	0.4	170	340	675	1210×840×1486
SL-125/10	125	10	0.4	215	370	780	1360×890×1500
SL-160/10	160	10	0.4	250	470	945	1390×980×1610
SL-200/10	200	10	0.4	283	535	1070	1430×1000×1653
SL-250/10	250	10	0.4	326	636	1255	1460×1090×1700
SL-315/10	315	10	0.4	380	765	1525	1420×1190×1920
SL-400/10	400	10	0.4	445	900	1775	1480×1380×1980
SL-500/10	500	10	0.4	514	1045	2055	1500×1400×2020
SL-630/10	630	10	0.4	730	1440	2745	1640×1310×2290

注：总计≠油+器身质量，总计>油+器身质量。

表9.1-13　10kV S系列三相油浸自冷式铜线电力变压器的参考数据

型　号	额定容量/kV	额定电压/kV 高压	额定电压/kV 低压	质量/kg 油	质量/kg 器身	质量/kg 总计	外形尺寸/(mm×mm×mm) 长×宽×高
S-50/10	50	10	0.4	140	255	515	80×570×1270
S-63/10	63	10	0.4	160	285	580	1130×580×1320
S-80/10	80	10	0.4	180	345	675	1200×590×1430
S-100/10	100	10	0.4	195	385	740	1230×640×1460
S-125/10	125	10	0.4	205	465	840	1260×680×1500
S-160/10	160	10	0.4	235	555	985	1300×760×1540
S-200/10	200	10	0.4	280	660	1230	1300×770×1630
S-250/10	250	10	0.4	300	700	1330	1380×790×1650
S-315/10	315	10	0.4	330	890	1510	1410×880×1690
S-400/10	400	10	0.4	350	1060	1825	1450×970×1720
S-500/10	500	10	0.4	450	1290	2170	1600×1090×1930
S-630/10	630	10	0.4	500	1550	2650	1630×1140×2010

注：总计≠油+器身质量，总计>油+器身质量。

2. 将变压器吊装到 H 形台架上的方法

将油浸自冷式三相变压器吊装到架空配电线路中 H 形变压器台架的平台上的工作，主要有两项工作：一是将变压器起吊到已安装完毕的平台上，二是将变压器固定在台架上。

（1）将变压器起吊到平台上的常用方法的简介。

将变压器起吊到平台上的常用方法有两种：吊车法和滑车法。

吊车法是用汽车吊的起吊臂上的起吊钢丝绳，将置于地面上的变压器直接起吊安放在变压器台架的平台上。此法主要适用于城镇中汽车吊能够到达变压器台架的场所。吊车法的优点是工作人员的工作强度低、工作效率高，其缺点是工作成本高和受交通条件限制。

滑车法有两种：一种是钢丝绳单滑车法，适用于起吊容量小重量轻的变压器；另一种是钢丝绳滑车组法，适用于起吊容量大重量重的变压器。

钢丝绳单滑车法就是首先在 H 形台架的顶部制作一个临时承吊点；其次，将单轮滑车挂在承吊点上；再次，将由绞磨滚筒引出的先、后穿过地滑车（即转向滑车）、单轮滑车的牵引钢丝绳拴在变压器的起吊点上；最后，启动绞磨牵引钢丝绳，起吊置于地面上的变压器并将其安放在平台上，如图 9.1-29（a）所示。

钢丝绳滑车组法就是首先在 H 形台架的顶部制作一个临时承吊点；其次，将按需要展长了的滑车组的定滑车端的吊钩挂在承吊点上，但要求滑车组的钢丝绳活头要从定滑车端引出并穿过地滑车引向绞磨的滚筒；再次，将滑车组的动滑车端的吊钩连接在置于地面上变压器的起吊点上；最后，启动绞磨牵引钢丝绳使定滑车和动滑车之间的距离不断缩短，将变压器起吊并安放在变压器台架的平台上，如图 9.1-29（b）所示。

(a) 单滑车法的起吊系统　　(b) 2-2 滑车组法的起吊系统

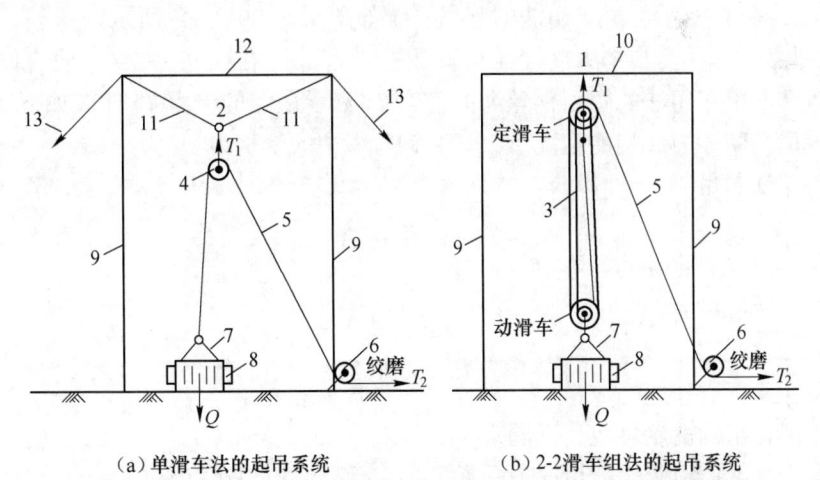

图 9.1-29　用滑车法起吊同一个质量变压器的起吊系统示意图

1—硬性承吊点；2—软索承吊点；3—滑车组；4—单滑车；5—钢丝绳；
6—地滑车；7—变压器上的吊索；8—变压器；9—水泥电杆；10—圆木或钢管；
11—钢丝绳吊索；12—撑木；13—临时拉线

（2）用滑车法将变压器吊装到台架上的具体方法。

滑车法的优点是不受交通条件限制，只需钢丝绳、单滑车、滑车组、绞磨等简单的起重工具，其缺点是工作人员的工作强度大、工作效率较低、技术要求高、操作复杂。正因为滑车法对技术要求较高，如果掌握了滑车法，也就不难掌握吊车法，为此只需介绍滑车法的具体方法即可。用滑车法将变压器起吊到变压器台架平台上的具体方法如下。

1）在 H 形变压器台架上制作临时承吊点。因为在 H 形变压器台架中已有两根现成的电杆，所以可利用这两根电杆临时构建一个悬挂单轮滑车或滑车组的承吊点：硬性承吊点和软索承吊点。

构建硬性承吊点的方法：用适当长度的钢丝绳套将一根比 H 形台架根开（H 形台架两电杆之间的距离）大的有足够强度的圆木（或钢管）水平地绑在两根电杆的顶部。然后在圆木（或钢管）长度的中点围绕一根短钢丝绳套，此钢丝绳套的套圈就是硬性承吊点，钢丝绳单轮滑车或滑车组的定滑车的吊钩将悬挂在此承吊点上。

构建软索承吊点的方法：首先将两根等长的合适长度和强度的钢丝绳套的一端分别拴在 H 形台架的两根电杆的顶部，然后把两根钢丝绳套的另一端拉拢在一起，这样被拴在电杆上的两根钢丝绳套就成 V 字形吊索，合拢在一起的两个钢丝绳的套圈就是软索承吊点。钢丝绳单轮滑车或滑车组的定滑车的吊钩将悬挂在此承吊点上。

另外，用软索承吊点作为起吊变压器的吊点时，将有水平分力作用在两根电杆的顶部，两根电杆将会彼此向对方电杆方向倾斜和弯曲。于是，为了阻止这种倾斜和弯曲，应在两根电杆的顶部之间安装一根水平撑木或在每根电杆的顶部各安装一根落地的临时拉线，用撑木的撑力或拉力线的拉力来平衡由 V 形软索作用在电杆顶部上的水平分力。

2）在临时承吊点上安装钢丝绳单滑车法或滑车组法的起吊系统。单滑车法的起吊系统如图 9.1-2（a）所示。滑车组法的起吊系统如图 9.1-29（b）所示。

3）启动绞磨起吊变压器并将变压器安放在平台上（在图 9.1-29 中没有画出平台）。现将单滑车法和滑车组法的牵引钢丝绳的受力 T_2 和承吊点的受力 T_1 比较如下。

在不计滑车摩擦力影响的情况下，牵引钢丝绳中的牵引力 T_2 为

用单滑车法起吊时：

$$T_2 = Q$$

式中　Q——变压器的重量，下同。

用滑车组法起吊时：

$$T_2 = \frac{Q}{n+1}$$

式中　n 为滑车组的滑轮总数，下同。

在不计滑车摩擦力影响的情况下，承吊点上承受的拉力 T_1 为

用单滑车法起吊时：

$$T_1 = Q + T_2 = 2Q$$

用滑车组法起吊时（钢丝绳的活头从定滑车引出）：

$$T_1 = Q + T_2 = Q + \frac{Q}{n+1}$$

由上述比较可知，当采用滑车组法起吊变压器时，牵引钢丝绳上的受力最小，承吊点上的受力也最小。

(3) 将变压器固定在变压器台架上的方法。

将变压器起吊、安放在台架上由槽钢构成的平台的中点位置后,为了防止运行中的变压器发生倾倒,还须将变压器固定在台架上。

将变压器固定在台架上的基本方法是用 $\phi 4mm$ 镀锌铁线(俗称 8 号铁线)或截面为 $16\sim 25mm^2$ 的镀锌钢绞线沿着构建变压器台架的两根电杆的外侧绕卷,把变压器围在铁线卷或钢绞线卷内。绕卷时,铁线或钢绞线从变压器箱体上盖板的下面、散热器上方之间箱体的颈部绕过。用镀锌铁线、钢绞线固定变压器的常用方法如图 9.1-30 所示。

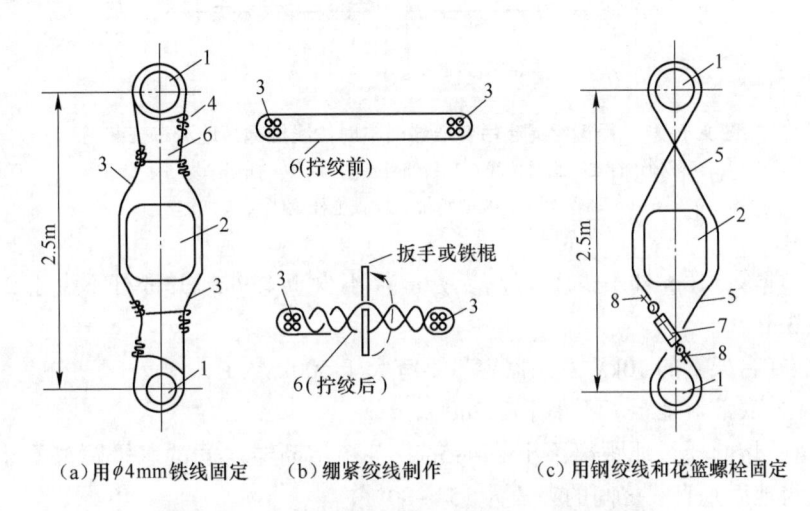

图 9.1-30 将变压器固定在变压器台架上的方法

1—电杆;2—变压器箱体;3—$\phi 4mm$ 镀锌铁线,围 4 圈;
4—铁线尾线缠在主线上;5—镀锌钢绞线;6—绷紧绞线;7—花篮螺栓;8—钢绞线绑扎点

3. 将变压器吊装到 H 形台架上的安全注意事项

将变压器吊装到 H 形台架上是指将变压器安放在台架的平台上、将变压器固定在台架上、在台架上安装电气部件以及进行电气部件的连接等工作,简称为"吊装变压器"。

将变压器吊装在台架上时应遵守以下注意事项:

1) 起吊变压器时要设起吊指挥人,明确分工、明确信号、交代与确认安全措施,所采用的起重设备、钢丝绳、地锚等要满足安全要求。当变压器离地 0.3m 时应停止起吊,并由 1 人颤动变压器后观察各受力部位的情况;当受力部位无异常后再继续起吊变压器。

2) 除在制作软索承吊点时安装的临时拉线之外,在用通过滑车的钢丝绳起吊变压器时,还要在 H 形台架的横线方向电杆的顶部安装串有双钩的临时拉线和要在变压器身上拴上能拉动器身使器身做横向水平方向移动的临时拉绳。

临时拉线、临时拉绳的装设方向如图 9.1-31 所示。在变压器身上加装临时拉绳的目的是在用牵引钢丝绳牵引变压器升高至安放变压器在槽钢平台之前牵引临时拉绳,使器身偏离垂直线,使器身避开越过槽钢平台,使变压器箱底平放在槽钢平台上。

3) 如果用通过滑车组的钢丝绳起吊变压器,则要求将变压器吊放在槽钢平台上面之后,定滑车与动滑车两轮心之间的距离须保持有 0.7m 以上的距离。

安装变压器台架时应注意满足以下指标要求:

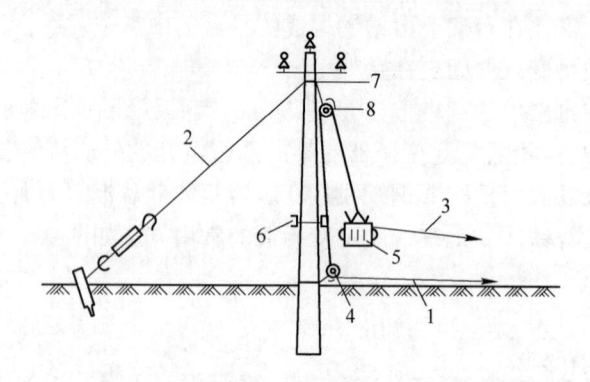

图 9.1-31 用钢丝绳起吊变压器时临时拉线拉绳、地滑车安装图
1—牵引钢丝绳；2—临时拉线；3—临时拉绳；4—转向地滑车；5—变压器；
6—槽钢平台；7—临时承吊点（被电杆遮住）；8—滑车

1）电杆埋深，10m 杆不少于 1.7m，12m 杆不少于 1.9m，13m 杆不少于 2.0m，15m 杆不少于 2.3m。

2）安装在台架上的 10kV 变压器容量不宜大于 500kVA。

3）变压器底部对地距离不小于 2.5m。

4）跌落式熔断器对地距离不小于 4.5m，各个熔断器之间的水平距离不小于 0.5m，熔丝管轴线与地面垂直线之间的夹角为 15°~30°。

5）熔断器熔丝的容量按以下规定选定：

变压器熔丝选择，应按熔丝的 A-s 特性曲线选定。如无特性曲线，可以按以下规定选定：变压器一次侧熔丝的额定电流按变压器额定电流的倍数选定；10~100kVA 变压器，其熔丝的额定电流为 2~3 倍变压器一次侧额定电流；100kVA 以上变压器，其熔丝的额定电流为 1.5~2.0 倍变压器一次侧额定电流。

多台变压器共用一组一次侧熔丝时，熔丝的额定电流为多台变压器一次侧额定电流之和的 1.0~1.5 倍。

变压器二次侧熔丝的额定电流按以下规定选定：变压器的二次侧熔丝额定电流为变压器二次侧额定电流。但单台电动机的专用变压器，二次侧熔丝的额定电流为变压器二次侧额定电流的 1.3 倍，以考虑电动机启动电流对熔丝的影响。

多台变压器二次侧共用一组二次侧熔丝时，熔丝的额定电流为多台变压器二次侧额定电流之和的 1.0~1.5 倍。

熔丝的选定应考虑上下级保护的配合。

6）避雷器相间的水平距离，10kV 为 0.35m，1kV 以下为 0.15m。

7）配电变压器中性点的工频接地电阻：100kVA 及以上变压器，工频接地电阻不大于 4Ω；100kVA 以下的变压器，工频接地电阻不大于 10Ω。

8）导线之间和导线对地的电气距离应符合以下规定：

10kV 导线对邻相导线的距离不小于 0.3m，对电杆构件、拉线、电杆的净空距离不小于 0.2m。

0.38/0.22kV 导线对邻相导线的距离不小于 0.15m，对电杆构件、拉线、电杆的净空距离不小于 0.1m。

10kV 引下线对 0.38/0.22kV 的线间距离不小于 0.2m。

9.1.7 撤除架空配电线路中旧导线的方法

撤线作业主要是指撤除架空配电线路中的导地线（简称为"导线"），有时也包括拆除架空线路中的杆塔。但是此处所称的撤线是特指撤除线路中的导线。

通常在出现下列情况时需要进行撤线作业：将架空线路改成电缆线路时，当导线严重锈蚀或老化其强度降至原破坏值的 80% 及以下需要更换导线时，将细导线更换为粗导线时，架空线路被废弃时，利用原线路通道对原线路进行改造时。

撤线作业必须在撤线线路停电之后进行。撤线作业一般以一个耐张段为作业单元来进行。撤线作业基本上是架线作业的反方向作业。撤线作业的主要内容包括：将撤线线路停电进行撤线作业之前需要进行的准备工作，撤线线路停电之后在进行松线之前要进行的准备工作，对一个耐张段的导线进行松线、回收旧导线等。现将撤线作业的有关内容分别介绍如下。

1. 在停电撤线之前所要进行的准备工作

（1）明确撤线作业的工作班组和工作负责人。

如果只由一个班组进行撤线工作，该班组的负责人（包括指定人）就是撤线工作负责人。如果由两个及以上班组同时进行撤线工作，本班组的负责人就是班组撤线工作负责人，同时还须设立（或指定）一个总负责人，由其负责与协调撤线的总体工作。

（2）负责撤线的工作班组的有关人员事先对撤线线路进行现场勘查。

勘查的任务是查看在撤线线路上需要停电的范围、仍然带电的部位、作业条件、环境、危险点（例如被撤线线路跨越的电力线路、铁路，公路等）以及不同班组之间作业范围的划分。

勘查的目的是为编制符合现场实际的技术措施、安全措施提供依据。

（3）提前办理撤线线路的停电申请。

提前联系被跨电力线路的主管部门，办理撤线作业时被跨越电力线路的停电事宜。提前搭建跨越架。

（4）准备符合撤线作业要求的工器具和检查其良好性。

2. 撤线作业的步骤

首先应说明，像架线作业一样，撤线作业人员在进入作业现场进行正式撤线作业之前总共要做两次准备工作，只是与架线作业时的准备工作内容有些差别。第一次准备工作主要由管理人员与撤线工作负责人在计划阶段进行，其主要的准备工作内容如"展放导线的常用方法"子单元所述。第二次是在撤线作业人员在撤线线路已停电进入作业现场之后，在正式开展松线作业之前进行的准备工作，这次的准备工作由撤线工作成员进行，具体的准备工作内容详见本子单元撤线作业步骤（4）所列的各工作小组的工作内容。

在"撤除架空配电线路中旧导线的方法"子单元中已简要地讲过撤线作业基本上是架线作业的反方向作业，现在进一步讲这个问题。进入作业现场后，架线作业的作业步骤：第二次准备工作、展放导线、紧挂导线、附件安装。进入作业现场后，撤线作业的作业步骤：第二次准备工作、拆除附件、用紧挂线法松线、回收旧导线。在两个作业步骤中，首先要进行第二次准备工作，这是共同点，而其余的三个步骤是反方向的步骤。

现将全部撤线作业的常规步骤（不包括第一次准备工作。应根据实际作业项目删减有些步骤与内容）归纳如下。

(1) 工作负责人（或总负责人）联系电力调度部门，确认撤线线路已停电；联系被交叉跨越电力线路的主管部门，确认被交叉跨越的电力线路已停电；联系其他的被跨越物的主管部门，确认他们同意按原商定的办法执行。

(2) 到达作业现场后，工作负责人向全体作业成员宣读工作票，交代安全措施和作业危险点，然后工作成员对安全措施和危险点进行确认。

(3) 在工作负责人监护下，负责验电挂接地线人员对撤线线路进行验电、挂接地线。然后工作负责人通知各工作小组（或工作班组）进入各自的工作岗位。工作负责人去操作杆处为撤线指挥做准备。

(4) 各工作小组进行各自的第二次准备工作。

1) 被交叉跨越的电力线路处的工作小组：在跨越的附近处对被跨越线路进行验电、挂接地线，检查跨越架。

2) 在其他搭建跨越架处的工作小组：检查已搭建的跨越架或搭建临时使用的简易跨越架。

3) 在固定杆处的工作小组：检查固定杆，必要时加装稳定电杆的临时拉线。

4) 在直线杆处的工作小组：解除绑扎在瓷瓶上的绑线、防振锤。如果要回收再利用旧导线，应将导线移入放线滑轮中。

5) 操作杆处绞磨工作小组：安装松线使用的牵引系统。牵引系统的组装图如图 9.3-7 所示。

6) 在操作杆上的工作成员：在挂线导线的下方安装一个铁单轮滑车，将牵引系统的牵引钢丝绳穿过单轮滑车，将牵引钢丝绳的端部拴在挂线导线的耐张绝缘子串中的耐张线夹上。

以上各小组将自身要做的第二次准备工作完成后，都要向撤线工作负责人报告准备工作完毕。

(5) 撤线工作负责人发令撤线。首先向各小组发出现在开始撤某根导线的通知。其次向绞磨小组发令启动牵引系统，待导线过牵引耐张绝缘子串松弛后，操作杆上的成员使耐张绝缘子串脱离杆上挂线点。再次，向绞磨小组发令松出牵引钢丝绳，使被撤线导线松落地面并解开拴在耐张线夹上的牵引钢丝绳。最后，固定杆处的成员看到导线完全松弛后，自行拆除挂在固定杆上的耐张绝缘子串。

(6) 回收旧导线。如果按废线回收，则分段剪断导线绕成线卷回收。如果按再利用回收，则利用牵引系统通过多次牵引，将旧导线向操作杆处牵引，然后将旧导线盘绕在线盘上。

(7) 待三根导线回收完毕，撤线工作负责人向各小组发出通知，撤线工作完毕。各小组自行清理、打扫现场，清点回收工器具，向约定地点集中，向工作负责人报告。主要的清理现场的工作是：撤除挂在被交叉跨越电力线路上的接地线，拆除跨越架、拆除牵引系统、拆除临时拉线。

撤除挂在撤线线路上的接地线（当全部撤除撤线线路上的导线时）。

（8）撤除挂在撤线线路上的接地线（当保留原线路的供电侧的线路，验电挂接地线将接地线挂在此处，只撤除线路后段的导线时）。

（9）撤线工作负责人向电力调度报告，向被跨越电力线路的主管部门报告，线路上的接地线已撤除，工作已结束，可以恢复供电了。

3. 撤线时的安全注意事项

撤线时应遵守以下安全注意事项：

（1）撤线时，应设专人（工作负责人）统一指挥、统一信号。作业人员应戴安全帽，杆上作业时应使用安全带。

（2）禁止约时停、送电。禁止采用剪断导线的方法突然松线。

（3）作业人员登杆之前应认真检查可能使电杆倒杆的以下问题：

1）按埋深稳定的木质电杆的埋深和杆根腐朽情况。

2）按埋深稳定的水泥杆的埋深情况。

3）解除直线杆和直线转角杆上绑在瓷瓶上的导线绑扎线之后电杆是否仍能保持稳定的情况。

4）耐张杆和转角耐张杆上的导线被松线之后，缺失导线的平衡张力之后电杆是否仍能保持稳定的情况。

当发现电杆上存在有不稳定问题时，须采取补强、培土、加设临时拉线等措施使电杆保持稳定后方可登杆和在杆上作业。

（4）在撤线线路的撤线耐张段内存在有被跨越的带电电力线路时，须将被跨越电力线路停电、经验电挂接线后方可开展撤线工作。当撤线线路的撤线耐张段的导线从带电电力线路下方穿过，撤线时被撤导线可能因弧垂减小或发生跳跃而接近带电导线至不安全距离时，应对被撤导线采取可靠的安全措施之后方能开展撤线工作。

（5）在对撤线路开展撤线工作之前，虽然已将撤线线路停电，并在撤线工作地段的两端挂接地线，但是在撤线线路的附近若有其他的平行、接近的带电线路时，在撤线线路各工作点上工作的人员在接触撤线线路的导线之前还须在工作点另外安装个人保安线。

（6）在同杆架设按上、下回路排列的两回路线路中，只对其中一个回路撤线，当撤线回路是上方回路线路时，开展撤线前须同时将上、下方回路停电、验电、挂接地线。当撤线线路是下方回路时，只需将下方撤线回路停电、验电、挂接地线，上方回路可不停电，但撤线时须采取防止下方撤线回路的导线上弹等接近上方带电回路导线的措施。

在同杆架设按在电杆左、右侧排列的两回路线路中，只对其中一侧的回路进行撤线时，撤线回路须停电、验电、挂接地线，另一侧回路可不停电，但需采取防止撤线回路的导线接近另一侧回路导线的措施。

在同杆多回路线路上进行撤线工作，除遵守上述注意事项之外，还要注意加强监护工作。首先要监护其杆上作业人员不能走错回路间隔。其次，要监护杆上作业人员及其工具不得越界，进入带电回路的范围内。最后，要监护杆上作业人员在作业地点使用个人保安线，且确保装、拆保安线时不发生保安线掉落、触碰带电导线的情况。

（7）撤线作业时，工作人员不应在以下位置处站立和跨越：已受力的牵引线、导（地）线的内角侧及其正上方或垂直下方，牵引线和导（地）线的线卷内，以防意外跑线抽伤工作人员。

（8）撤线的导（地）线经跨越架从电气化铁道、公路上方通过时，除要注意防止导（地）线被火车、车辆卡挂之外，尤其要采取有效安全措施，防止撤下的导（地）线碰触、接近电气化铁道上方机车的电源线。

（9）撤线拖拉导（地）线时，导（地）线被放线滑车或树木等卡挂时，要停止拖拉，经处理后才能继续拖拉导（地）线。

9.1.8 撤除架空配电线路上旧水泥杆的方法

1. 撤除废弃的旧水泥杆的方法

水泥杆是指在电杆环形截面的一个圆圈上均匀地配置纵向钢筋的环形混凝土电杆。水泥杆的外形分有等径杆和锥形杆（俗称拔销杆）两种电杆。用作纵向钢筋的钢筋有三种：普通钢筋、预应力钢筋、部分预应力钢筋（由预应力钢筋和普通钢筋组合而成的钢筋）。配以上述不同种钢筋的水泥杆分别称为钢筋混凝土杆、预应力混凝土杆、部分预应力混凝土杆。

在架空配电线路中由水泥杆构建而成的杆型，一般有两种：单杆或门型杆，一般情况下，单杆由一根水泥杆加横担组成，有时根据需要，在单杆上还附加有拉线。门型杆是用横担将具有一定根开的两根水泥杆连成一体的状似"门"字的电杆，同样根据需要也会在门型杆上附加有拉线。

撤除门型杆时，一般是先拆除门型杆上的横担，使门型杆变成两根单杆，然后撤除单杆。由此可知，撤杆主要是撤单杆。对撤下的水泥杆，有两种处理方法：一是按废弃处理，二是按留用处理。因为对撤下的水泥杆有两种处理方法，因此也就有两种迥然不同的撤杆方法。

撤除按废弃处理的水泥杆的方法步骤如下：

（1）在单杆上安装三根临时拉线。一定要在确定单杆是稳定的情况下，才能登杆和在杆上安装临时拉线。通常用钢丝绳加铁桩地锚制作临时拉线。临时拉线（简称"拉线"）安装示意图如图9.1-32所示。铁桩地锚至杆洞的距离须大于1.2倍杆高。

（2）在4号拉线侧离地面0.2m处的杆身处，持大锤人先砸碎单杆1/3周长的混凝土杆壁，露出杆壁内的纵向钢筋，接着再砸弯其钢筋，使单杆向4号拉线侧稍微倾斜。

（3）首先适当松出2号和3号拉线，再适当拉紧4号拉线；其次，持大锤人移到2号、3号拉线之间，4号拉线的反向侧，用大锤砸碎该侧离地0.2m处的混凝土杆壁，之后离开杆根处；最后，一边松出2号、3号拉线，一边出力拉4号拉线，用三根拉线控制单杆向4号拉线方向折倒。

（4）用钢锯锯断全部折弯了的纵向钢筋，使单杆断开成为长、短的两段，长段电杆在地面上，短段电杆残留在杆洞中。

（5）清理撤杆现场。清理撤杆现场的主要工作就是撤除撤杆工具，回收工具和按要求处理废弃的单杆。处理废弃单杆的通常方法是砸碎电杆的混凝土，回收其钢筋，和将残留地中杆段外露的钢筋向电杆圆心方向敲弯。

2. 撤除留用的旧水泥杆的方法

撤除留用的旧水泥杆，按以下步骤进行：

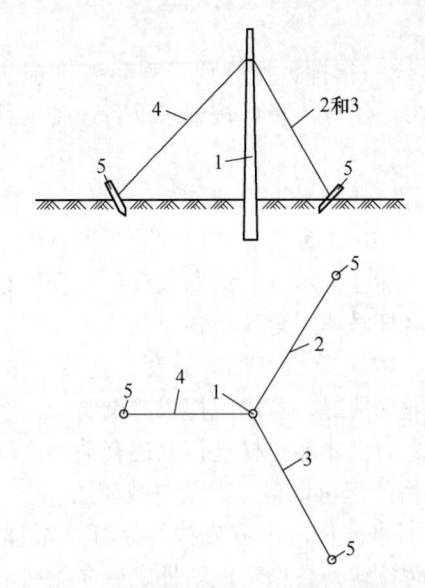

图 9.1-32 撤单杆时临时拉线安装示意图
1—水泥杆；2、3、4—临时拉线；5—铁桩地锚

(1) 确定不使电杆产生裂缝的单吊点位置。所确定的单吊点位置要满足两个要求：一是单吊点的位置要在电杆重心位置的上面（以杆根底平面为基准）；二是在用该单吊点撤除电杆的过程中，在电杆上任一截面处的弯矩的绝对值 $|M|$ 均小于该处电杆的初裂弯矩 M_f，即 $|M| \leq M_f$。按第二个要求确定单吊点位置的方法请详见"水泥杆开裂检验弯矩的计算"中介绍的计算方法。

(2) 将单吊点钢丝绳套拴在电杆上确定的单吊点位置处。

(3) 首先将从起吊设备引出的穿过承吊铁滑车的牵引钢丝绳与单吊点钢丝绳套连在一起，然后启动起吊设备使牵引钢丝绳稍微受力拉住电杆。

常用的起吊设备是吊车、配有绞磨的固定式人字抱杆和固定式独抱杆。在两种固定式抱杆的顶部装有承吊铁滑车。

(4) 挖开旧杆杆根周边的泥土。开挖杆根周边泥土时，如遇有其他地下设施（例如电缆、自来水管、煤气管、通信线管）时，应采取处理措施后才继续小心地开挖。如果杆根上附有长盘，应将其拆除。

(5) 首先启动起吊设备将杆根从杆洞中拔出，然后使杆根着地，在牵引钢丝绳的承吊下使杆身倾斜，缓慢松出牵引钢丝绳使杆身向地面倒下。

(6) 打扫撤杆现场，填平杆洞，处理撤除下来的旧电杆。

3. 撤除留用旧水泥杆时的注意事项

(1) 撤杆前应进行现场勘查，根据被撤水泥杆现场环境和水泥杆的参数情况，例如被撤水泥杆附近是否有影响施工的电力线路、是否处在城镇街道或交通要道上等，制定相应的安全技术措施和确定撤杆方法。如果无法确定被撤水泥杆的配筋情况，无法确定其初裂弯矩，应直接采用两吊点的起吊方法，以避免起吊时造成水泥杆开裂。

(2) 选用起吊抱杆时，除考虑其稳定强度之外，还应考虑抱杆的承吊高度，要有拔除旧单杆离开地面时的高度。

（3）撤杆时，要设专人统一指挥，撤杆前工作负责人应讲明撤杆方法、指挥信号、明确分工，交代安全措施。参与工作人员应按要求准备设备工具，工作时密切配合，服从指挥。

（4）在临近架空电力线路、电气设备附近撤杆，应采取措施，防止起重设备、牵引钢丝绳、临时拉线、放落的单杆接近带电导体至危险距离以内。在居民区和在交通路口处撤杆，应设置围栏，在围栏上加挂警示牌并派专人看守撤杆作业区，防止行人、车辆进入作业区。放落电杆时要防止电杆砸坏附近建筑物。

（5）登杆安装临时拉线、安装单吊点钢丝绳套、安装起吊钢丝绳之前，应检查木杆杆根腐朽、木杆或水泥杆的埋深情况。若发现杆根严重腐朽、电杆埋深过浅，应加固电杆或在电杆上加撑杆稳定电杆之后，才能登杆进行上述有关作业。

（6）撤杆作业应使用合格的起重设备、严禁过载使用。

（7）利用新立电杆撤除旧水泥杆时，应先检查新杆杆根埋深和稳定情况，必要应立补强新杆或在新杆上加装临时拉线，在稳定住新杆之后才能利用新杆撤除旧水泥杆。

（8）不应采用未经挖开杆洞泥土就直接拔除旧杆的方法撤除旧水泥杆。

（9）为撤旧水泥杆而开挖该杆根周边泥土之前，应了解其杆洞下方有无其他设施，例如电缆、自来水管、煤气管道、通信管道。如杆洞下方有其他设施，应事先征得设施的主管部门同意并采取防止伤害其他设施的措施后，才可进行旧杆杆根附近泥土的开挖。在事先不知道有其他设施但开挖后才发现有其他设施时，应立即停止开挖，并向工作负责人报告，及时与设施的主管部门联系，取得同意并采取措施后才能继续开挖。如果杆根上附有卡盘，应将其拆除。

（10）撤杆后应打扫现场，除撤除施工设备、工具、拆除围栏之外，还应清除施工垃圾和回填挖开的杆洞，防止人、畜掉入杆洞内。

9.1.9 短距离滑移整基直线水泥杆的方法和安全注意事项

直线水泥杆（简称"直线杆"）是指安装在架空电力线路直线方向线上的用于使导线离开地面和使导线对地绝缘的只承担导线重量的水泥杆。

在架空配电线路的直线杆中，个别直线杆有时会存在一些只要稍微移动其杆位就能消除其缺陷的情况，例如由于雨水冲刷造成杆基不稳，由于杆位不当造成某点导线对地距离稍微不够等。

滑移整基 10kV 直线门型杆和滑移整基直线单杆，在滑移方法上两者是基本相同的，但是前者要增加一套牵引系统，为此只介绍滑移直线单杆的方法。滑移整基直线杆必须在电力线路处于停电状态下进行，其滑移步骤（此法同样运用于 110kV 及以下的水泥杆）如下：

（1）在作业现场做好滑移前的准备工作。滑移前的准备工作主要有两项：

1）在直线杆横担下方的横线方向加装一对人字临时拉线。安装人字临时拉线时要考虑两个问题：一是拉线对 10kV 导线的距离须大于 1m，因为是在挖沟槽线路带电时安装临时拉线；二是能方便、安全地移动临时拉线的地锚位置，以适应滑移后的电杆在横线方向上的稳定性。

2) 在线路带电状态下，事先挖好供电杆滑移的沟槽。在挖完沟槽后，应在杆根的前、后方各打入一铁桩，稳住杆根。

所开挖的沟槽应符合以下要求：对于直线单杆，沟槽在线路方向线上，沟槽的宽度略大于杆根直径，深度等于电杆的设计填深，长度等于需移动的距离加上拆除拴在杆根上的牵引钢丝绳时所需要的长度（大约1m）。沟槽的式样如图9.8-1所示。

对于直线门型杆，两沟槽中线之间的宽度等于根开且平行于线路方向线，其宽度、深度、长度与对直线单杆的要求相同，但新杆位处两沟槽的底面应在同一水平面上。

（2）将线路停电后，首先将固定在单杆顶部的中导线放落到横担上；其次，在杆顶处横线方向上加装一对人字临时拉线；最后解除挖沟槽时加装在横担下方的临时拉线。

（3）将线路停电后，将固定在需要滑移的直线单杆上的导线放落到地面上。

（4）在电杆旁边安装一副三脚架和在架顶处安装一副双钩（紧线器）。用双钩将电杆吊离坑底，然后拔去杆根前面的铁桩，再将一条枕木塞到杆端底下。枕木沿着沟槽放置。

（5）用牵引电杆滑移的动力系统将电杆滑移至新杆位。

1）牵引电杆滑移的动力系统的构成。在通常情况下，牵引电杆滑移的动力系统（简称"牵引与制动系统"）由左、右临时拉线，前、后临时拉线、牵引系统、杆根制动系统等组成。左、右临时拉线就是安装在杆顶处的横向方向的临时拉线。前临时拉线就是安装在电杆滑移方向侧杆顶处的临时拉线，它固定在用于固定绞磨的桩锚上。后临时拉线就是安装在电杆滑移方向的反向侧杆顶处的临时拉线，它固定在用于固定杆根制动钢丝绳的桩锚上。

牵引系统由从绞磨引出的用于牵引杆根滑移的一根牵引钢丝绳、一根短细圆木（用来阻止牵引钢丝绳受力时陷入地中）、一副绞磨、一副用于固定绞磨和前临时拉线的桩锚等组成。

杆根制动系统由一根限制杆根移动的杆根制动钢丝绳、一根短细圆木（当制动钢丝绳受力时阻止其陷入地中）、一副用于固定杆根制动钢丝绳和后临时拉线的桩锚等组成。牵引与制动系统的安装示意图如图9.1-33所示。

2）牵引直线水泥杆滑移至新杆位的方法。牵引电杆在枕木表面滑移的方法：要使电杆经过第一次、第二次等若干次在枕木上的滑移，才能使电杆从原杆位滑移到新杆位。

第一次滑移电杆的方法：松出制动钢丝绳0.2m—启动绞磨收紧牵引钢丝绳，使电杆在枕木上滑移0.2m—松出后临时拉线—收紧前临时拉线；在进行上述各种操作的同时松出横向临时拉线，使电杆回到立正状态。

第二次滑移电杆：重复第一次滑移电杆的方法，使电杆又前移0.2m，并处于立正状态。此后，不断地重复第一次的滑移方法，直至使电杆滑移到新的杆位为止。在不断滑移电杆的过程当中，如果第一根枕木不够长，就用第二根枕木接上；如果接上的第二根枕木还不够长，就用第一根枕木作为第三根枕木接在第二根枕木的后面；如果还要接长枕木，就照此法类推。总之，在滑行电杆的全过程当中，电杆一定要在枕木上面滑移。但是在连接枕木时一定要注意，前根枕木的后端一定要比后枕木的前端高。

（6）电杆到达新杆位后，再用三脚架、双钩紧线器将电杆提升，取走杆根底面下方的枕木，使杆根底面放落在沟槽底面上。

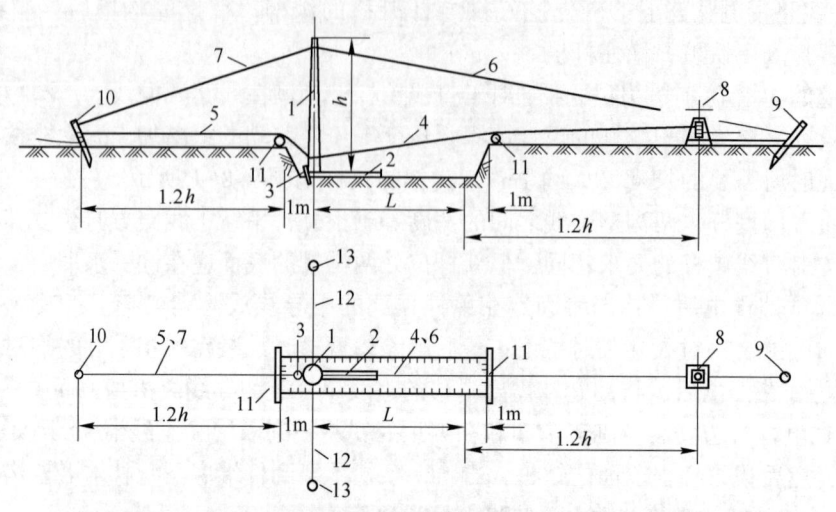

图 9.1-33　滑移直线单杆时牵引与制动系统安装示意图

1—水泥单杆（高度 h）；2—枕木；3—稳定杆根的铁桩；4—牵引钢丝绳；
5—制动钢丝绳；6—前临时拉线；7—后临时拉线；8—绞磨；
9—固定绞磨的铁桩；10—固定制动钢丝绳的铁桩；11—短细圆木；
12—横向临时拉线；13—固定横向临时拉线的铁桩；
L—移动电杆的距离

（7）拆除牵引与制动系统，并拔除保留在原杆位杆根处的稳定杆根的铁桩。

（8）回填、夯实沟槽，使电杆恢复稳固和拆除安装在电杆上的前、后临时拉线，横间的左、右临时拉线。

（9）重新将放落在地面上（也许没有放落在地面上）的三根导线恢复到电杆上的瓷瓶上并用绑扎线将导线绑在瓷瓶上。

（10）收拾施工设备、工具，清扫施工垃圾，实施文明施工。

滑移整基直线水泥杆的安全注意事项：

（1）滑移整基直线水泥杆的作业，要设立统一指挥人（工作负责人），作业前要讲明作业方法，明确指挥信号并明确分工，交代安全措施。参与作业人员应按要求准备作业用设备、工具，作业时相互配合，服从指挥。

（2）将被滑移直线水泥杆上的三根导线放落地面（也许不能放落在地面上）之前，要确认在滑移杆的前、后档距内无被放落导线跨越的电力线路、铁路、公路等设施。如果有上述设施，要采取可靠的安全措施后，才能放落导线。

（3）在准备滑移电杆使用的各种钢丝绳时，除考虑钢丝绳的强度之外，还要考虑其长度，例如未滑移电杆时，加在电杆上的制动钢丝绳和后临时拉线是最短的，但随着滑移长度的增长，所需要的制动钢丝绳和后临时拉线的长度也随之增长。

（4）在滑移的电杆上有人工作时，不准调整或拆除临时拉线。

9.1.10　调正歪斜的直线门型杆的方法

直线门型杆包括不设有拉线和设有拉线的两种直线门型杆，简称为"门型杆"。所谓歪斜的门型杆是特指其结构中心线不是垂线的而是向线路的左侧或右侧倾斜的门型杆，不是指向线路前进方向的前方或后方倾斜的门型杆。所谓调正门型杆是指将其结构中心线是倾斜的门型杆调整成结构中心线为垂线的门型杆。

门型杆的两个基础就是两个杆洞的底面或者是置于杆洞底面上面的底盘的表面。为了表述方便，下面把处于同一个水平面的两个基础说成是两基础持平，把不处于同一个水平面的两个基础说成是两基础不平。

两基础持平和两基础不平的门型杆都可能是歪斜的门型杆。当其倾斜值超过标准值（倾斜值等于杆高的 1.5%）时就应将其调正。一般可以在架空线路带电的条件下对歪斜的门型杆进调正。调正两基础持平的门型杆和调正两基础不平的门型杆，在调正方法上是不同的。现将两种调正方法分别介绍如下。

1. 调正两基础持平门型杆的方法

对于两基础持平的门型杆，其调正方法是首先在门型杆横担的下方安装一对横向临时拉线（要求拉线对导线保持 1m 以上的安全距离）；其次，在门型杆倾斜反向侧的杆洞口处掏挖洞中泥土；再次，根据歪斜程度，将门型杆倾斜侧上的临时拉线适量松出一段长度，再适量拉紧另一侧的临时拉线，将歪斜了的门型杆调正；最后，回填夯实杆洞和拆除门型杆上的临时拉线。

用临时拉线或永久拉线调正门型杆时，其基本方法是先松出倾斜侧的拉线，后拉紧另一侧的拉线。关于这种调整拉线的方法，下面不再赘述。

对于两基础持平的有永久拉线的门型杆，当倾斜为轻微倾斜时，其调正方法是调整门型杆上永久拉线的下把（例如 UT 线夹的螺杆），调正门型杆。当倾斜较大时，其调正方法是：第一，在门型杆上安装一对横向拉线（拉线对导线要保持安全距离）；第二，拆开门型杆前、后侧永久拉线的下把；第三，掏挖杆洞口处的泥土；第四，用横向临时拉线调正门型杆；第五，重新制作永久拉线下把；第六，回填夯实杆洞和拆除横向临时拉线。

2. 调正两基础不平的歪斜门型杆的方法

对于两基础不平的无拉线的歪斜的门型杆，其调正方法是垫高基础法。经用垫高基础法调正的两基础不平（其中 A 杆基础比 B 杆基础低）无拉线门型杆的示意图如图 9.1-34 所示。

（1）调正两基础不平的无拉线的歪斜门型杆的步骤如下：

1）在门型杆横担的下方加装一对横向临时拉线。

2）掏挖杆洞较深的那根电杆（图 9.1-34 中的 A 杆）的杆洞内的泥土，直至露出杆根端部。

3）在 A 杆洞口处安装一副三脚架。将伸长了的一副双钩紧线器的一端连在三脚架顶部，另一端连在洞中电杆的底端；用钢丝绳套做连接绳。

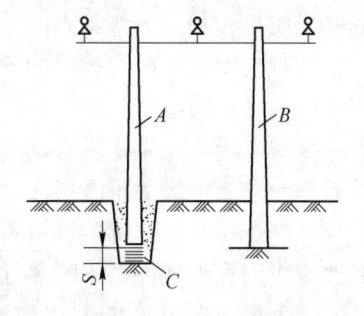

图 9.1-34 经用垫高基础法调正后的门型杆
A、B—直线门型杆的左、右水泥杆；
C—铸铁垫块；S—两基础之间的高差

4）首先适当松出 A 杆上的临时拉线，然后收紧双钩紧线器将 A 杆的杆底吊离基础面。

5) 将事先准备好的铸铁垫块塞到 A 杆的杆端底面下方。铸铁垫块的厚度等于 A、B 两杆基础面的高差。

6) 调准 A、B 杆的根开，松出双钩紧线器使 A 杆的杆端底面落在铸铁块上。

7) 拆除三脚架、双钩紧线器、连接后钢丝绳套。

8) 回填夯实 A 杆杆洞。拆除加在门型杆上的横向临时拉线。

以上步骤就是垫高基础法。

（2）对于两基础不平的有拉线的门型杆，其调正方法是：

一是安装横向临时拉线，二是拆开门型杆上永久拉线下把（要防止永久拉线接近带电导线），三是用垫高基础法提高 A 杆基础面型，四是重做永久拉线型，五是拆除门型杆上的横向临时拉线。

9.1.11　10kV 交联电缆附件的制作

电缆附件是一种工业产品，是电缆工人按规定的质量标准、操作工艺要求，在附件的制作现场用手工操作的方式将由工厂预制、提供的材料、部件或组件安装到选定的电缆部位上而制作完成的独一不二的不可置换的工业产品。说它是不可置换的工业产品是指当某附件发生故障或事故后，不可应用另一个现成的附件将原附件置换出来。

电缆附件是电缆终端（俗称电缆头）和电缆接头的统称。

电缆终端是安装在电力电缆线路的末端处将电缆线路与其他电气设备连接起来的附件。

电缆接头是将两根分离的电力电缆连接成一根电力电缆的附件。

正因为每个电缆附件是独一不二的不可置换的工业产品，要求它在工作过程中不能轻易发生事故，因此必须十分重视每个附件的制作质量。在制作附件方面，影响附件质量的因素很多，除与电缆本体的质量、电缆附件制作的设计、用于制作附件的材料部件的性能等因素有关之外，还与电缆工人对影响附件质量因素的了解、对附件质量标准的了解、对操作工艺的了解和操作时的认真程度等个人素质高低有关；由此可见，为了提高电缆附件的制作质量，加强电缆工人的培训，提高其个人素质是很有必要的。

随着电力电缆制造技术的进步和性能更优的新型绝缘材料的应用，橡塑电力电缆已是当今的主导电力电缆。

橡塑电缆就是采用具有高绝缘强度的橡胶、聚氯乙烯、聚乙烯、交联聚乙烯等可塑性材料作为电力电缆的绝缘层而制成的电力电缆。其中的交联聚乙烯绝缘材料是用高能射线或化学剂作用在聚乙烯绝缘材料上，使其分子结构由线状改变成三度空间的网状结构，使其改变成为大大地提高了耐热性和力学性能的绝缘材料。

因为目前在 10~35kV 中应用的主导电力电缆是交联聚乙烯电力电缆，所以，现在相应制作的 10kV 电缆附件是交联聚乙烯电缆附件。为此，在下面只介绍 10kV 交联聚乙烯（交联聚乙烯的代号为 XLPE）电缆五种附件的制作方法：10kV 交联电缆热缩终端、10kV 交联电缆冷缩终端、10kV 交联电缆绕包型接头、10kV 交联电缆热缩接头、10kV 交联电缆冷缩接头的制作。

1. 10kV 交联电缆热缩终端的制作

终端分为户内终端和户外终端。户内终端用于户内，户外终端用于户外。因用于制作

第9章 配电线路检修作业的综合作业技能

附件的部件有热缩部件和冷缩部件两种，故又将附件分为热缩附件和冷缩附件。户内终端、户外终端的主要区别在于：户内终端没有安装防雨裙（俗称伞裙），户外终端安装有防雨裙（10kV 户外终端每相安装有 2~3 个防雨裙）。除此之外，两者在制作工艺上基本是相同的。因此，将户内、户外热缩终端的制作方法综合在一起进行介绍。

(1) 10kV 交联电缆户内与户外热缩终端制作的流程图。

10kV 交联电缆户内与户外热缩终端制作的流程图如图 9.1-35 所示。

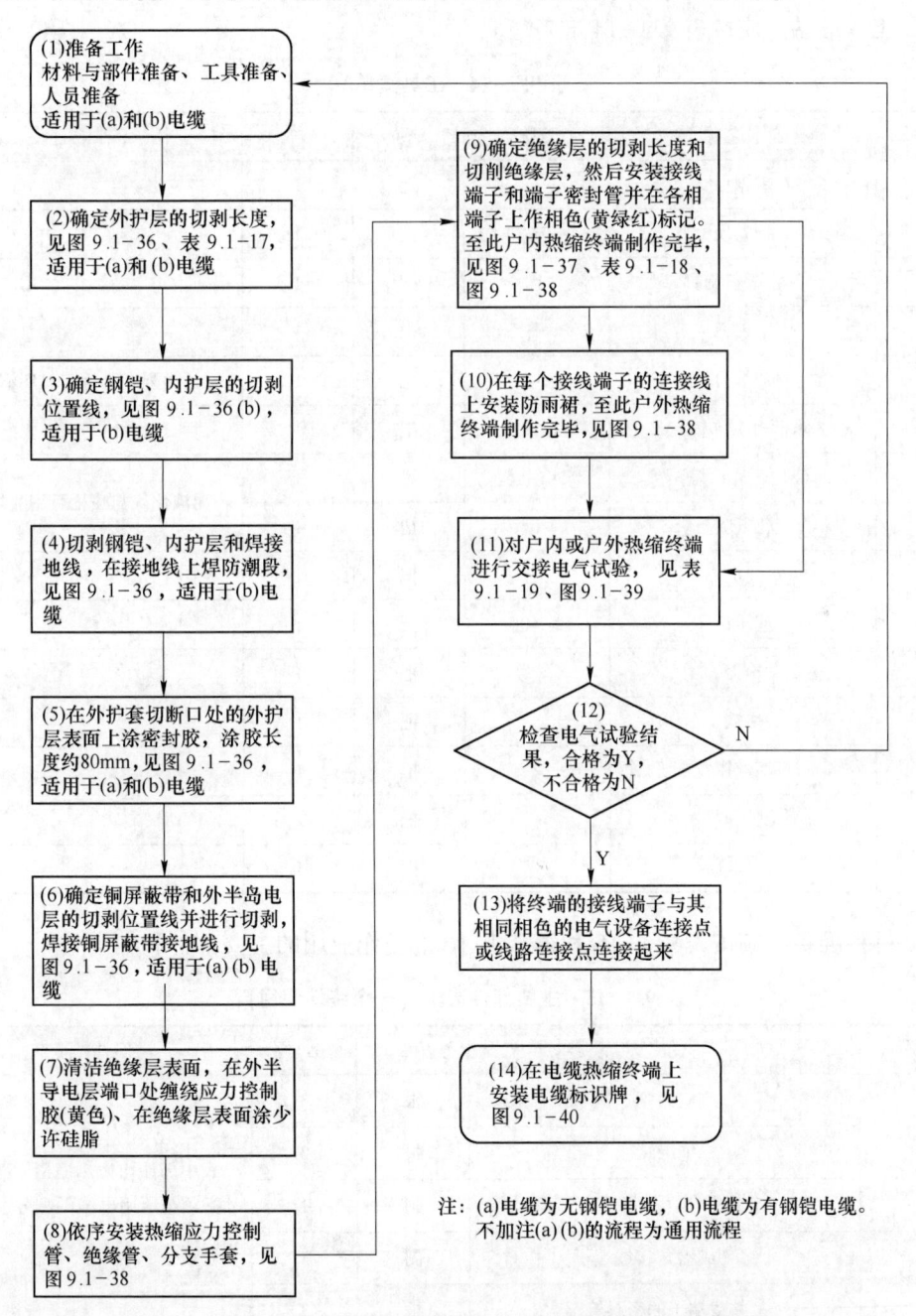

```
(1) 准备工作
材料与部件准备、工具准备、人员准备
适用于(a)和(b)电缆
   ↓
(2) 确定外护层的切剥长度，见图9.1-36、表9.1-17，适用于(a)和(b)电缆
   ↓
(3) 确定钢铠、内护层的切剥位置线，见图9.1-36(b)，适用于(b)电缆
   ↓
(4) 切剥钢铠、内护层和焊接地线，在接地线上焊防潮段，见图9.1-36，适用于(b)电缆
   ↓
(5) 在外护套切断口处的外护层表面上涂密封胶，涂胶长度约80mm，见图9.1-36，适用于(a)和(b)电缆
   ↓
(6) 确定铜屏蔽带和外半导电层的切剥位置线并进行切剥，焊接铜屏蔽带接地线，见图9.1-36，适用于(a)和(b)电缆
   ↓
(7) 清洁绝缘层表面，在外半导电层端口处缠绕应力控制胶(黄色)、在绝缘层表面涂少许硅脂
   ↓
(8) 依序安装热缩应力控制管、绝缘管、分支手套，见图9.1-38
   ↓
(9) 确定绝缘层的切剥长度和切削绝缘层，然后安装接线端子和端子密封管并在各相端子上作相色(黄绿红)标记。至此户内热缩终端制作完毕，见图9.1-37、表9.1-18、图9.1-38
   ↓
(10) 在每个接线端子的连接线上安装防雨裙，至此户外热缩终端制作完毕，见图9.1-38
   ↓
(11) 对户内或户外热缩终端进行交接电气试验，见表9.1-19、图9.1-39
   ↓
(12) 检查电气试验结果，合格为Y，不合格为N  ── N →（返回(1)）
   ↓ Y
(13) 将终端的接线端子与其相同相色的电气设备连接点或线路连接点连接起来
   ↓
(14) 在电缆热缩终端上安装电缆标识牌，见图9.1-40
```

注：(a)电缆为无钢铠电缆，(b)电缆为有钢铠电缆。不加注(a)(b)的流程为通用流程

图 9.1-35　10kV 交联电缆户内与户外热缩终端制作的流程图

（2）交联电缆户内与户外热缩终端的制作方法与制作质量要求的说明。

现按图9.1-35所列作业项目顺序逐项说明其作业内容、制作方法、质量要求。

1）制作热缩终端的准备工作。制作热缩终端主要包括以下三种准备工作：人员准备、作业工具的准备、部件与材料的准备。此外，还包括安全技术措施的准备，例如工作票和作业工棚，当遇雨、大风、沙尘天气，应准备能遮风挡雨的作业工棚。

① 人员的准备。工作负责人1人，技术负责人1人，作业人员2人，辅助工4人。

② 工具准备。应按表9.1-14准备工具。

表9.1-14 工具清单

序号	工具名称	规格	单位	数量	备注
1	钢锯弓		把	1	
2	钢卷尺	2m	把	1	
3	一字螺钉旋具	1″	把	1	
4	电工刀		把	1	
5	裁纸刀		把	1	锯片另列在部件与材料清单中
6	木柄榔头（锤）		把	1	
7	液化气（丙烷）	5kg/罐	罐	1	若无液化气与喷枪可用喷灯替代
8	液化气喷枪		把	1	
9	高速电锯		把	1	
10	液压钳	≥40t	把	1	
11	锉刀		把	1	
12	烙铁		把	1	
13	钢丝钳		把	1	
14	油漆刷		把	2	
15	钢丝刷		把	1	

③ 材料准备。应按表9.1-15和表9.1-16准备作业用的主要部件和辅助材料。

表9.1-15 主要部件清单（一个终端使用）

序号	部件名称	单位	数量	备注
1	应力管	根	3	
2	绝缘管	根	3	表中部件均为热缩型。部件尺寸必须与所用电缆的型号、规格相匹配
3	分指手套（三指手套）	副	1	
4	铜（或铝）接线端子	副	3	
5	接线端子的密封管	根	3	

表 9.1-16　辅助材料清单

序　号	辅材名称	规格	单位	数量
1	工业酒精和无水酒精纸			
2	棉纱			
3	白布			
4	多股软铜线	25mm^2		
5	乙烯带			
6	焊铅			
7	焊锡膏			
8	专用砂纸			
9	钢锯片			
10	密封胶（热熔胶）			
11	801 硅脂			

2) 确定电缆外护层的切剥长度和切剥外护层[适用于(a)(b)电缆]。电缆外护层的切剥长度就是为了制作电缆终端而切剥电缆末端的外护层使电缆中的三根芯线显露出来的长度。

① 确定外护层的切剥长度。在一般情况下，应按终端部件生产厂家提供的制作终端的说明书来确定电缆外护层的切剥长度和外护层内部的各个构造层的切剥位置线。但是当没有厂家的说明书时，可按表 9.1-17 所列的 L 和 K 值来确定 10kV 交联电缆热缩终端的外护层的切剥长度。外护层的切剥长度等于表 9.1-17 中 L 长度和 K 长度之和，其切剥长度的样式如图 9.1-36 所示。

表 9.1-17　10kV 交联电缆热缩终端的 L 与 K 的切剥尺寸　　单位：mm

名　　称	户　内	户　外
绝缘层的切剥长度 K		接线端子孔深+5
无铠装电缆，直接连接时 L	300	650
无铠装电缆，交错连接时 L	450	750
有铠装电缆，直接连接时 L	350	700
有铠装电缆，交错连接时 L	500	800

注：1. 表中的 L 长度是最小要求的长度，实际长度根据实际情况确定。
　　2. 直接连接是指终端的接线端子直接连接到电气设备或电线的连接点上。交错连接是指终端的接线端子先与过渡导线的一端连接，再将过渡导线的另一端连接到电气设备或电线的连接点上。

② 切剥外护层的方法。首先，在外护层上加装卡子或绑扎线，卡子或绑扎线加装在外护层切剥位置线的下方。

其次，切割外护层。先在外护层切剥位置处用电工刀环切外护层，再从环切线起向电缆端头方向沿外护层轴线切割外护层。为了防止伤及外护层下面的铜屏蔽带（对于无钢铠的电缆而言）或者伤及外护套下面的钢铠（对于有钢铠的电缆而言），切割外护层时要细心，不能一次切割到位，要进行多次试切，直到恰好切断外护层为准。

最后，剥除切断的外护层和拆除加装在外护层上的卡子或绑扎线。

3）确定钢铠、内护层的切剥位置线［适用于（b）电缆］。如图9.1.1-36（b）所示，外护层切剥位置线至钢铠切剥位置线之间的距离是30mm，钢铠切剥位置线至内护层切剥位置线之间的距离是10mm。

4）切剥钢铠、内护层，在钢铠上焊接地线和在钢铠的接地线上加焊防潮段。

① 切剥钢铠的方法。首先，在钢铠切剥位置线的下方加装专用卡子或绑扎线。

其次，沿钢铠切剥位置线用钢锯环锯钢铠，锯入深度为钢铠厚度的1/2。

最后，将被锯过的每条钢铠带按其反螺旋方向回松到锯口处，再用钢丝钳将其折断。但保留加装在钢铠上的专用卡子或绑扎线。剥除钢铠后再露出内护套。

② 切剥内护层的方法。内护层分为金属内护层和非金属内护层两种。常用的金属内护层是铅内护层和铝内护层，常用的非金属内护层是聚氯乙烯内护层和聚乙烯内护层。

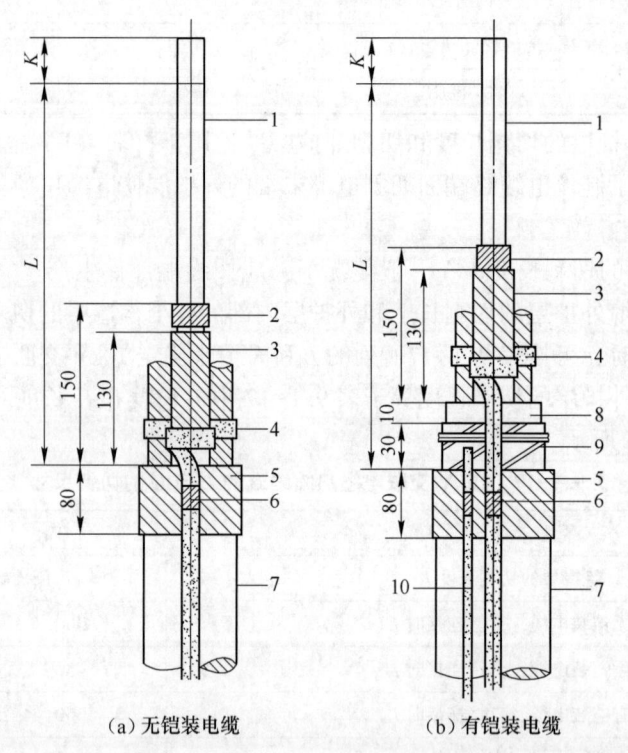

(a) 无铠装电缆　　(b) 有铠装电缆

图9.1-36　制作10kV交联电缆热缩终端时的切剥位置线与接地处理示意图（长度单位为mm）

1—绝缘层；2—外半导电层；3—铜屏蔽带；4—铜屏蔽带的接地线；5—密封胶（红色）；
6—防潮段；7—外护层；8—内护层；9—钢铠；10—钢铠的接地线；K—绝缘层的切剥长度

注：在图（b）中，把钢铠和铜屏蔽带的接地线都安装（即画）在电缆的正面上，实际上钢铠的接地线安装在电缆的背面。用作有钢铠电缆的铜屏蔽带的接地线须是有绝缘层的导线

切剥铅内护层的工具是电工刀和钢丝钳，切剥铝内护层的工具是钢锯、铁锤和专用的剖铝刀。

切剥铅内护层的方法：

首先，在铅内护层的切剥位置处，用电工刀环切铅内护层。

其次,从环切线起向铅内护层端部做双线式切割,即沿铅内护层平行切割两条线,两切线之间的距离为 5~10mm。注意,做环切割和双线式切割时,切割深度不超过铅内护层厚度的 1/2。

最后,在铅内护层的端部,用钢丝钳夹住端部 5~10mm 的铅内护带的带端向环切线方向撕拉,将铅内护层的带条撕下来,接着将剩下来的全部铅内护带撕下来。

切剥非金属内护层的方法:

用切剥外护层的方法切剥非金属内护层。这是因为用于制作非金属内护层的材料与制作外护层的材料是相同的。

③ 在钢铠上焊接地线的方法。用于交联电缆终端的钢铠上的接地线须是带绝缘层的铜丝绞合导线(简称"绝缘导线"),其截面积应不小于 10mm^2。

在钢铠上焊接地线的位置如图 9.1-36 (b) 所示。

用于焊接地线的工具是烙铁和砂纸,所采用的焊料是焊铅和焊锡膏。

将绝缘导线焊接到钢铠上的方法:一是在钢铠和绝缘导线钢丝上的焊接处用砂纸砂磨干净;二是分别在两者的砂净处涂上少量焊锡膏,用烧热的烙铁将焊锡分别涂到两者的砂净处上面;三是将两者的镀铅处放在一起,用烙铁将两者的镀铅熔成一体。经过以上三个步骤,就把绝缘导线焊接在钢铠上面了。

④ 在钢铠接地线上焊接防潮段的方法。如图 9.1-36 (b) 所示,钢铠接地线中的防潮段的位置是密封胶长度段的中部的外面。防潮段的长度约 20mm。所谓防潮段就是将钢铠接地线使用的绝缘导线中的防潮段的铜丝段,用焊锡将其熔焊成一段无孔隙的实体,这个实体具有阻止潮气顺着绝缘导线铜丝之间的孔隙向终端内部侵入的作用,使终端成为真正的密封体。如果不制作防潮段,最后制成的终端仍是虚假的密封体。这是因为,最后制成的终端虽然会将处于终端内的接地绝缘导线密封起来,但是潮气仍然可以顺着铜丝之间的孔隙向终端内部侵入。

5) 在外护层切剥位置线下方的外护层表面上涂密封胶 [适用于 (a) (b) 电缆]。如图 9.1-36 所示,密封胶涂在外护层切剥位置线的下方,涂密封胶的长度为 80mm。

涂密封胶的方法如下:

首先,用棉纱蘸无水酒精(工业酒精)清洗外护层切剥位置线下方外护层的表面,清洗长度约 150mm。

其次,将熔化了的热熔胶涂在规定范围内的外护层的表面。涂胶的方法是一边用喷枪火焰(火焰不能对着外护层)加热外护层,一边用铁质灰刮将熔化了的热熔胶均匀地涂在外护层的表面上。

粘附在外护层表面的热熔胶冷却后形成的胶层就是密封胶。

6) 确定是铜屏蔽带与外半导电层的切剥位置线并将其切剥,然后在铜屏蔽带上焊上接地线及在接地线上焊防潮段。

① 确定铜屏蔽带和外半导电层的切剥位置线。外半导电层是包绕在绝缘层外面的半导电层。从图 9.1-36 (a) 和 (b) 可知,在无钢铠和有钢铠的 10kV 交联电缆的热缩终端之中,自外护套切剥位置线至铜屏蔽带切剥位置线之间的距离是 130mm,自铜屏蔽带切剥位置线至外半导电层切剥位置线之间的距离是 20mm。

② 切剥铜屏蔽带。用于切割铜屏蔽带的工具是电工刀。切剥铜屏蔽带的方法如下:

首先，在铜屏蔽带切剥位置线的下方，用镀锡的铜丝绑扎铜屏蔽带两圈。

其次，用锋利的电工刀在铜屏蔽带的切剥位置线处环切铜屏蔽带，随后将切断后的铜屏蔽带剥除。但须注意，切割铜屏蔽带时不可一次加力切割到位，要分多次细心地切割，以免割伤在铜屏蔽带下面的外半导电层、绝缘层。

最后，拆除绑扎在铜屏蔽带上的镀锡铜丝绑扎线。

③ 在铜屏蔽带上焊上接地线和在接地线上焊防潮段。用于交联电缆终端的铜屏蔽带上的接地线须是带绝缘层的铜丝绞合导线（简称"接地绝缘导线"），其截面积应不小于 $25mm^2$。须在经过终端的密封胶段中间位置的接地绝缘导线上焊防潮段，其长度约为 20mm。将接地绝缘导线焊接在铜屏蔽带上的方法和在接地绝缘导线上焊防潮段的方法，与将接地绝缘导线焊接在钢铠上的方法和在接地绝缘导线上焊防潮段的方法相同。

④ 切剥外半导电层的方法。有两种外半导电层，一种是用挤塑方法制成的可直接剥离的外半导电层，另一种是不可直接剥离的外半导电层。切剥这两种半导电层的方法是不同的。

可直接剥离的外半导电层的切剥方法如下。

可采用切剥内护套的双线式切剥法来切剥可直接剥离的外半导电层。

首先，用电工刀沿半导电层的切剥位置线环切半导电层。

其次，用电工刀从环切线起向电缆端头方向沿电缆轴线方向切割外半导电层，要求切割两条，两条切割平行线之间的距离为 5~10mm。对半导电层作上述切割时，切割深度只能为外半导电层厚度的 1/2。

最后，用手将 5~10mm 宽的外半导电层的条带撕拉起来，并剥除需剥除的外半导电层。

不可直接剥离的外半导电层的切剥方法：可用刮除法和加热剥除法来切剥这种外半导电层。

刮除法的切剥方法：从外半导电层的切剥位置线起，用玻璃碎片或刀具刮除需剥除的外半导电层。刮除时要注意尽可能少地刮去外半导电层下方的绝缘层。

加热剥除法的切剥方法：首先，用喷枪（或喷灯）火焰均匀地加热外半导电层，使半导电层的温度达到可剥除半导电层时的温度；其次，在可直接剥除半导电层的状态下，直接剥除需剥除的外半导电层。

但需注意，采用加热剥除法时，要注意不能使外半导电层下面的绝缘层因过热而损坏其绝缘性能。DL/T 1253—2013《电力电缆运行规程》的附录 A 规定，交联聚乙烯电缆的导体在额定负荷时的最高允许运行温度为 90℃，在短路时的最高允许温度为 250℃。因电缆导体的允许温度取决于电缆绝缘层的耐受温度，由此可知，交联电缆绝缘层的额定允许温度不宜超过 90℃，短暂的最高允许温度不宜超过 250℃。

7）清洁绝缘层表面，在外半导电层端口处缠绕应力控制胶（黄色），在绝缘层表面涂少许硅脂。清洁绝缘层表面、缠绕应力控制胶、给绝缘层表面涂硅脂等是安装应力控制管、绝缘管、分支手套（三指手套）的前期准备工作。

① 清洁绝缘层表面的方法。如果电缆内部有水分、杂质、粉尘，将会大大地降低电缆的绝缘强度、耐压水平，为此制作工艺规定，在安装绝缘部件之前必须清洁绝缘层的表面，清除其表面上的水分、杂质、污垢。清洁绝缘层表面的操作方法如下：

首先，用专用砂纸砂平打光三根电缆线芯的绝缘层表面；其次，用酒棉纱蘸无水酒精（工业酒精）擦拭绝缘层表面；最后，用无水酒精纸巾擦拭绝缘层表面。

注意：若某块无水酒精纸巾曾擦拭过外半导电层，那么就不能再用该块无水酒精纸巾擦拭绝缘层表面了，因为该块无水酒精纸巾会把外半导电层中的粒子带到绝缘层表面上，这将会大大地降低电缆附件的绝缘水平。

② 在外半导电层端口处缠绕应力控制胶（黄色）的方法。外半导电层端口就是外半导电层的切剥位置线处，如图 9.1-36 所示。

在外半导电层端口处缠绕应力控制胶（黄色）的实质就是在端口处制作一个反应力锥，其目的是降低该处的应力集中。材料力学上的应力是材料截面上单位面积上承受的力（N/cm^2），而这里的应力是指电场中正、负极之间单位长度上承受的电压（V/cm）。简单地讲，反应力锥是削成或缠绕成铅笔头状（圆锥台状）的作为导电体绝缘的绝缘体。

首先，确定缠绕应力控制胶的范围。确定缠绕应力控制胶（又名应力疏散胶）范围的方法：在外半导电层切剥位置线以上 5~10mm 处的绝缘层上面画水平线 1，再在外半导电层切剥位置线以下 5~10mm 处的半导电层上面画水平线 2，于是在水平线 1 和水平线 2 之间的 10~20mm 线芯区域就是缠绕应力控制胶的范围。

其次，缠绕应力控制胶（黄色）。先将应力控制胶的端头沿水平线 1 黏在绝缘层的表面上，然后拉薄应力控制胶用半重叠法向下连续将拉薄的应力控制胶包绕至水平线 2 为止。要使包绕在绝缘层表面和外半导电层表面的应力控制胶的形状成铅笔头形状。

③ 在绝缘层表面涂少许硅脂的方法。硅脂具有一定的导电能力。在绝缘层表面涂少许硅脂（如 801 硅脂）相当于在绝缘层表面加上一层半导电层，其作用是使绝缘层与后面热缩上的应力控制管、绝缘管能产生良好的接触。

8）依序安装热缩应力控制管、绝缘管、分支手套。电缆每相缆芯上的应力控制管、绝缘管（将两管简称"热缩管"）的安装位置和电缆的分支手套的安装位置如图 9.1-37 所示。

首先说明，热缩应力控制管、绝缘管、分支手套（三指手套）热缩时，应注意三点。

注意一：要一根一根地将热缩管（应力控制管和绝缘管）套到线芯上并热缩，套一根热缩一根，完成热缩一根后再套一根热缩一根。

注意二：对热缩管做热缩时，一般从热缩管中间起先向热缩管的一端头方向均匀加热，完成一端的加热后再回到中间向另一端头方向加热。

注意三：当热缩后的热缩管的温度冷却到环境温度后，才可加力到该热缩管上。

现将热缩管、分支手套的热缩方法介绍如下：

① 热缩应力控制管（简称"应力管"）的方法。应力管实质上是在工厂预制而成的具有应力锥作用的热缩管。

应力锥是中间直径大两端直径小的橄榄状的在金属内护套或屏蔽层切断口附近包绕在金属内护套和绝缘层外面的绝缘体，其作用是降低该段绝缘层上的应力集中。

安装一根应力管的方法如下：

首先，将一根应力管套到按规定切剥过的线芯上，并使应力管的下端覆盖 20mm 长的铜屏蔽带。

其次，热缩应力管，先热缩一端再热缩另一端。具体的热缩方法是用喷枪黄色的火焰

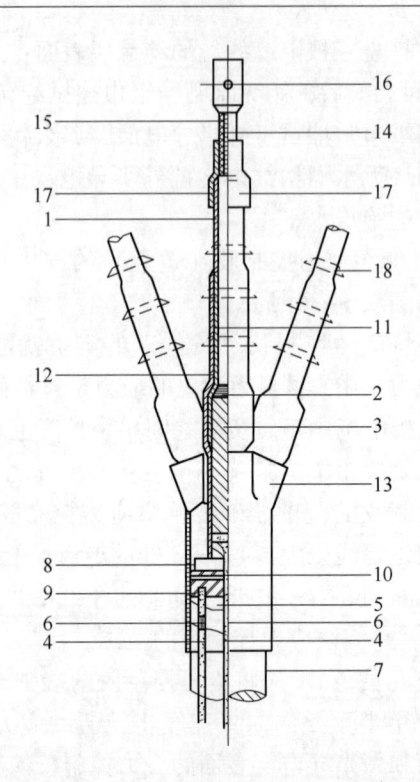

图 9.1-37　10kV 有铠装的交联电缆热缩终端制作总图

1—XLPE 绝缘层；2—外半导电层；3—铜屏蔽带；4—钢铠的绝缘接地线铜屏蔽带的绝缘接地线；5—密封胶；6—防潮段；7—外护层；8—内护层；9—钢铠层；10—钢铠上的绑扎线；11—应力控制管；12—绝缘管；13—分支手套；14—电缆芯线；15—接线端子的压接管；16—接线端子的连接管；17—接线端子的密封管；18—防雨裙

从应力管的中部起一边绕着应力管旋转一边向上方移动，使应力管由下向上逐渐热缩；然后将火焰回到中部继续热缩下端的应力管。当然，也可以先热缩下端的应力管，后热缩上端的应力管，其热缩效果是一样的。当完成上述的热缩后，应力管就紧密地覆盖在线芯的绝缘层、外半导电层、铜屏蔽带外面了。应力管热缩后的情况如图 9.1-37 所示。

② 热缩一根绝缘管的方法。首先，将一根热缩绝缘管套到线芯上，并将热缩绝缘管下端管口拉到接触内护套切剥位置线处（当电缆为铠装电缆时）或拉到接触外护套切剥位置线处（当电缆为无铠装电缆时）。

其次，热缩绝缘管的方法与热缩应力管的方法相同。热缩后的绝缘管的情况如图 9.1-37 所示。

最后，在三根热缩管热缩完毕后，在三根热缩管分叉处的空隙内填充热熔胶。

③ 热缩分支手套的方法。首先，像将手套戴到人的手掌一样，将绝缘三指手套戴到电缆的三根线芯上，并将三指手套的三指根部的汇合处拉到三线芯根部汇合处和将手套的套口边拉到密封胶段的底线处。

其次，热缩三指手套。即用喷枪黄色火焰从三指手套的三指根部的汇合处起一边绕着指套旋转一边向上移动火焰，使三指手套由下向上逐渐热缩。当三个指套热缩完毕后，再使火焰回到三指根部汇合处向下热缩三指手套的套口部分。当然，也可以反过来，先热缩手套的套口部分，后热缩手套的指套部分，其热缩效果与前面的热缩效果是一样的。热缩后的三指手套的情况如图 9.1-37 所示。

9）安装接线端子和端子密封管并在各相端子上做相别标记的方法。在介绍热缩管、分支手套的安装操作方法时曾讲过：每当热缩一种热缩管之后，都要等待该热缩管冷却至环境温度时才能在该热缩管上施力；换言之，才能用力触碰该热缩管和继续在该热缩终端上进行其他工作。因为接线端子的安装工作只能在完成热缩管、三指手套等工序之后才能进行，因为安装接线端子时必须切剥每根线芯端头的绝缘层，要压接接线端子的压接管，都要在经热缩后的热缩管上用力，为此，接线端子的安装工作必要在热缩上述热缩管和热缩管完全冷却之后才能进行。

① 安装接线端子的步骤与操作方法。安装接线端子应按以下步骤进行：

第一步：根据交联电缆的规格确定线芯端部绝缘层的切剥长度，即确定绝缘层的切剥位置线。

可从表 9.1-17 查得每根线芯端部绝缘层的切剥长度 K：

K = 接线端子孔深 + 5mm。根据该电缆接线端子的规格查得其孔深。

其中，5mm 是为端子的圆管被压接后所产生的伸长量的预留量。当知道绝缘层的切剥长度之后就能确定绝缘层上的切剥位置线。

确定绝缘层的切剥位置线的方法：从线芯端头起向绝缘管端头方向在绝缘层上量取 K 长度，于是在线芯上 K 长度的止点处就是绝缘层的切剥位置线（见图 9.1-36）。

第二步：切剥绝缘层。

可用电工刀作为切剥绝缘层的刀具。自线芯端头至切剥位置线之间的绝缘层就是为安装接线端子所要切剥的绝缘层的长度。

切剥绝缘层的方法：先沿切剥位置线环切绝缘层，再从环切线起顺着线芯轴线向线芯端头方向切割绝缘层。切割绝缘层时要小心，不能伤及绝缘层下面的芯线（导线），最后用手将切割后的绝缘层剥除，露出芯线。

第三步：将绝缘层切断口处的断面切削成铅笔头状（反应力堆）。

首先用电工刀斜切断口处的绝缘层一周，使斜切后的绝缘斜面与芯线之间的夹角（俗称为倒角）不小于 45°，呈一个粗糙的铅笔头。其次，用电工刀或碎玻璃片修整粗糙的铅笔头，再用砂纸砂平、打光铅笔头的斜面，使之成为精致的铅笔头。最后，用无水酒精纸巾清洁铅笔头。

第四步：用工业酒精（或汽油）清洗芯线和接线端子金属圆管内孔壁。但对于铝芯线，除用酒精（或汽油）清洗芯线之外，还应在芯线表面涂上少许硅脂，并用钢丝刷刷除铝芯表面的氧化膜，但刷后仍保留其硅脂。

第五步：将经清洗过的芯线插入接线端子的圆管孔内，并插入管底。将芯线插入圆管孔后，当管口外面只有 5mm 长的芯线时，就表示芯线已插至管底。

第六步：用压接钳围压接线端子的圆管。围压是用压接钳产生的压力从四周向内压缩金属圆管，使被压缩部位的横截面由圆形变成六角形，从而使导线与金属圆管连接成一体。

用压接钳围压电缆接线端子的金属连接圆管和直线接头的金属连接圆管时，施加在金属圆管上的压模之间的尺寸和压接顺序应符合图 9.1-38 和表 9.1-18 的规定。

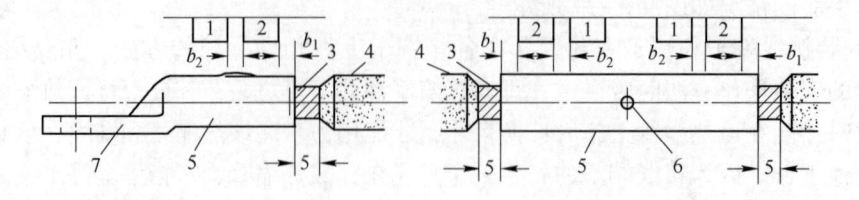

(a) 接线端子的圆管与平板　　　　　　(b) 接头的圆管

图 9.1-38　接线端子与接头的圆管的压模间距和压接顺序

| 1 | | 2 |—压模的位置与压接顺序；3—芯线；4—绝缘层；5—金属（铝或铜）压接圆管；
6—接头的压接圆管的截止坑；7—接线端子平板

表 9.1-18　压模间距及压模至管端的距离　　　　　　单位：mm

导体标称截面 /mm²	铜压接圆管 压模至管端距离 b_1	铜压接圆管 压模间距 b_2	铝压接圆管 压模至管端距离 b_1	铝压接圆管 压模间距 b_2
10	3	3	3	3
16	3	4	3	3
25	3	4	3	3
35	3	4	3	3
50	3	4	5	3
70	3	5	5	3
95	3	5	5	3
120	4	5	5	4
150	4	6	5	4
185	4	6	5	5
240	5	6	6	5
300	5	7	7	6
400	6	7	7	6

压接时的注意事项：一是每个压模压接到位后，须停留 10~15s 再拆除压模；二是围压后，每个压模位置部位应光滑、不应有裂纹和毛刺，所有压模边缘不应有尖端。

② 安装接线端子密封管和在密封管外面做相别标记。在接线端子的金属圆管（简称"圆管"）热缩密封管之前应做好以下两项准备工作：一是用工业酒精或汽油清洗经压接后的圆管的表面，二是在圆管的表面涂密封胶。涂密封胶就是涂热熔胶，冷却后的热熔胶就是密封胶（在图 9.1-37 的接线端子中没有画出密封胶），涂热熔胶的方法见图 9.1-35 热缩终端制作流程（5）的说明部分。涂密封胶的范围是圆管全长的表面和圆管下面的 2mm 长的绝缘层的表面。涂热熔胶时要用热熔胶填补圆管压模的下凹部位和绝缘层切断口处的下凹部分，使之恢复成圆管状。

做完上述准备工作之后,就可将接线端子使用的密封管热缩在涂了密封胶的圆管的外面。热缩方法与前面介绍的热缩管、分支手套的方法相同。

在密封管的外面做相别标记的方法有两种:一种是直接用黄、绿、红三种颜色的密封管热缩在A、B、C三个相别的圆管外面,同时完成热缩密封管和制作相别标记。二是先热缩密封管,后将黄、绿、红三种色带标记在A、B、C三个相别的密封管外面。

至此,就全部完成了10kV交联电缆户内热缩终端的制作。

10)在10kV终端每相的绝缘管上安装防雨裙(适用于户外终端)。在终端每相的绝缘管上要安装三个单孔防雨裙,第一个防雨裙至分支手套的指套口的距离为200mm,两个防雨裙之间的距离为60mm。不同相别的防雨裙之间的最小净距为10mm。

安装防雨裙的方法:首先将单孔防雨裙套在绝缘管外面,裙腰朝上,裙摆朝下;其次,热缩防雨裙。

至此,就完成了10kV交联电缆户外热缩终端的制作,其终端示意图如图9.1-37所示。

11)交接电气试验的试验项目和试验标准。在DL/T 1253—2013《电力电缆线路运行规程》附录E(规范性附录)电缆线路交接试验项目和方法中规定,橡塑电缆线路的交接电气试验项目为:

主绝缘及外护层绝缘电阻测量;

主绝缘交流耐压试验;

检查电缆线路两端的相位;

电缆系统的局部放电测量。

并规定,对于U_0/U为18/30kV及以下橡塑电缆,当不具备主绝缘交流耐压试验条件时,允许用直流耐压试验及泄漏电流测量代替交流耐压试验。

交联电缆属于橡塑电缆。现将上述电气试验项目的试验方法和标准简介如下。

① 主绝缘及外护层绝缘电阻的测量简介。对绝缘电阻表电压值的规定:测量电缆主绝缘时,用2500V绝缘电阻表;测量6/6kV及以上电缆主绝缘时,也可用5000V绝缘电阻表。测量橡塑电缆外护层、内衬层的绝缘电阻时,使用500V绝缘电阻表。

测量绝缘电阻的方法规定:在进行电缆耐压试验之前和试验之后,都要测量电缆的绝缘电阻。

对电缆主绝缘做绝缘电阻测量时,应在每一相上进行。其中,对于具有统包绝缘的三芯电缆,进行主绝缘的绝缘电阻测量时,分别对每相进行绝缘电阻测量;对一相做测量时,其他两相的导体、金属屏蔽或金属护层和铠装层一起接地。对于分相屏蔽的三芯电缆,进行主绝缘的绝缘电阻测量时,可以对一相或多相同时进行主绝缘的绝缘电阻测量;当分别对一相进行测量时,其他两相的导体、金属屏蔽或金属护层和铠装层一起接地;当对多相同时进行测量时,金属屏蔽或金属护层和铠装层一起接地。

对绝缘电阻值的规定:

在耐压试验前和试验后所测得的绝缘电阻值,两者应无明显变化;橡塑电缆的外护层、内衬层的绝缘电阻值应不低于0.5MΩ/km。

② 橡塑电缆主绝缘交流耐压试验简介。进行橡塑电缆交流耐压试验,应优先采用20~300Hz交流耐压试验,其试验电压和试验时间详见表9.1-19的规定。

表 9.1-19　橡塑电缆 20~300Hz 交流耐压试验电压和试验时间表

额定电压 U_0/U /kV	试验电压/kV	试验时间/ min
18/30 及以下	$2.5U_0(2U_0)$	5（或 60）
21/35 ~ 64/110	$2U_0$	60
127/220	$1.7U_0$(或 $1.4U_0$)	60
190/330	$1.7U_0$(或 $1.3U_0$)	60
290/500	$1.7U_0$(或 $1.1U_0$)	60

当不具备上述 20~300Hz 交流耐压试验条件或有特殊要求时，可采用施加正常系统对地电压 24h 方法代替交流耐压试验。

③ 检查电缆线路两端的相位的方法简介。检查电缆线路两端的相位就是从一根有三个线芯的首端与末端各有三个线头的电缆中，确认首端和末端中哪两个线头是属于同一根线芯的线头。

用于检查电缆线路相位的方法有多种，例如有直流电源—直流电压表法、万用表法、绝缘电阻法。因为测量电缆绝缘电阻必备有绝缘电阻表，不需另外配备，所以常用的是绝缘电阻表检查法。用绝缘电阻表判断电缆首、末两端哪两个线头属于同一线芯的方法如图 9.1-39 所示。

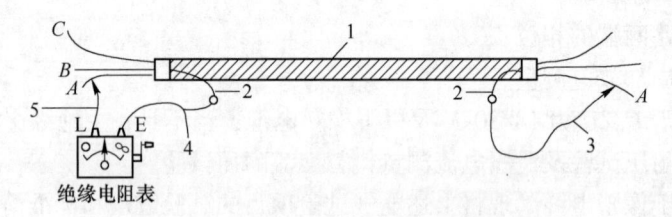

图 9.1-39　用绝缘电阻表检查电缆线芯相位

1—电缆屏蔽层或铠装层；2—与屏蔽层或铠装层连接的接地线；
3、4、5—绝缘软导线；L—绝缘电阻表的线路端钮；E—接地端钮

检查电缆线芯相位的方法（电缆左侧、右侧的工作人员应通信畅通）：

第一，将置于电缆左侧的绝缘电阻表上的 4 号线与电缆接地线连接，将置于电缆右侧的 3 号线与接地线连接。

第二，将绝缘电阻表的 5 号线与电缆左侧的 A 相线头连接，摇动绝缘电阻表，其表针将向"∞"方向移动（简称"指向'∞'"）。

第三，通知电缆右侧人员用 3 号线碰触电缆右侧线头，当线头不是 A 相时，表针指向"∞"；当线头是 A 相时，表针就指向"0"。这样就可判定表针指向"0"的右端的线头与左端的 A 相是同相位的线头。

第四，不变动电缆两侧的接地线，将绝缘电阻表的 5 号线改接到电缆左侧的 B 相线头上，重复"第三项"的操作，就可找出同是 B 相的两端的线头。

显然，剩下的未检查的左、右侧的两个线头，是属于 C 相的两个线头。

当上述操作完毕，将电缆充分对地放电，在两侧线头上做上记号，拆除全部接线后，整个检查相位工作就完成了。

进行上述检查相位的安全注意事项：在摇动绝缘电阻表状态下右侧工作人员在变动 3 号线的碰触线头时，要使用绝缘操作棒操作 3 号线；工作人员接触电缆之前要将电缆对地放电。

④ 电缆系统的局部放电测量。66kV 及以上电压的橡塑电力电缆线路，在安装完成后，可结合交流耐压试验进行局部放电测量。

35kV 及以下电压的橡塑电力电缆线路，在现场条件具备时，也可进行局部放电测量。

电缆内部放电量与电缆绝缘内部存在空隙大小有关。局部放电量（简称"局放"）就是绝缘中的空洞的放电量。局放小则说明绝缘中的空洞少，绝缘施工质量好。判断橡塑电缆局放指标好坏的方法是比较三根线芯的局放量。当局放量异常大或局放量已达到、超过提供局放测量仪的厂家推荐的极限值时，有关方面应研究解决办法；当局放量明显大时，应在 3 个月或 6 个月内用同样的试验方法进行复查，如发现局放量有明显的增大，应研究解决办法。

⑤ 直流耐压试验及泄漏电流的测量。18/30kV 及以下电压等级橡塑电缆的直流耐压的试验值为：$U_t = 4 \times U$。

试验时，可分 4~6 个阶段均匀地升高试验电压直至试验电压的规定值。当试验电压到达每个阶段的电压值时，停留 1min 并读取该电压值时的泄漏电流值。当试验电压到达规定电压值时，读取停留在该电压值 1min 时的泄漏电流值和停留在该电压值 15min 时的泄漏电流值。测量泄漏电流时应消除杂散电流的影响。

当电缆的泄漏电流具有下列情况之一者，电缆绝缘可能有缺陷，应找出缺陷部位并予以处理：

a. 泄漏电流很不稳定。

b. 泄漏电流随试验电压升高急剧上升。

c. 泄漏电流随试验停留时间的延长有上升现象。

12）检查电气试验的试验结果。附件绝缘被击穿和试验的实测值不符合试验标准即认为附件质量不合格。

如果电气试验结果不合格，则应重做电缆终端，重新回到图 9.1-35 中流程（1）准备工作阶段；如果电气试验结果为合格，则接着进入图 9.1-35 中流程（13）。

13）将终端三个相色的接线端子与相同相色的电气设备或线路连接点连接起来。

14）在电缆热缩终端上安装电缆标识牌。电缆终端的标识牌式样如图 9.1-40 所示。

2. 10kV 交联电缆冷缩终端的制作

10kV 有钢铠的交联电缆的户内和户外冷缩终端的制作流程如图 9.1-41 所示。

现将各步骤中的制作情况说明如下。

流程（1）：制作 10kV 交联电缆冷缩终端时，开始切剥外护层的位置就是外护层的切剥位置线（简称为"切剥线"），切剥外护层的长度分别是户内冷缩终端为 650mm，户外冷缩终端为 750mm。钢铠切剥线至外护层切剥线的距离是 30mm，内护层切剥线至钢铠切剥线的距离是 10mm。各切剥线的位置如图 9.1-36（b）所示。

流程（2）：依序切剥外护层、钢铠、内护层，使三根外包铜屏蔽带的单相电缆显露出来。切剥外护层、钢铠、内护层的方法与制作热缩终端时切剥对应层的切剥方法相同。

流程（3）：分别在钢铠和铜屏蔽带上安装接地线和在接地线上焊防潮段。钢铠接

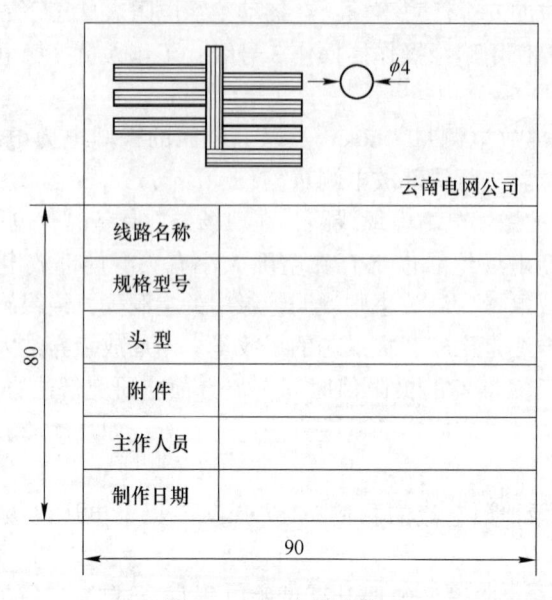

图 9.1-40　电缆头牌

线是截面面积不小于 10mm² 的绝缘软铜丝导线，铜屏蔽带接地线是截面面积不小于 25mm² 的绝缘软铜丝导线。两种接地线不能安装在电缆的同一侧，要分别安装在电缆的正面侧和背面侧。安装接地线的方法有两种：一种是锡焊法；另一种是专用恒力弹簧固定法。防潮段的长度为 20mm，设在接地线经过外护层的涂密封胶段之内。

在钢铠上安装好钢铠接地线之后，应在钢铠上面绕包一层自粘性绝缘带，同样在铜屏蔽带上安装好铜屏蔽带接地线之后，应在铜屏蔽带上面绕包一层自粘性绝缘带。最后在钢铠至铜屏蔽带之间的范围内用半重叠法绕包几层自粘性绝缘带。绕包时要将自粘性绝缘带拉长一倍。

流程（4）：首先，在外护层切剥线左侧的外护层上涂密封胶，涂胶长度为 50mm；其次，将冷缩分支手套套住三根单相电缆后向三芯电缆方向拉动，直到分支手套的颈套包住外护层的密封胶段，然后将分支手套冷缩；最后，将单相绝缘管（简称"绝缘管 1"）套住单相的铜屏蔽带外面并尽可能多地套在分支手套的指套外面，然后冷缩绝缘管 1。对三相都做同样处理后就形成了三根单相电缆。使绝缘管冷缩的方法是逆时针方向拉出管内的塑料芯绳，抽出芯绳后绝缘管就自行缩小其管径，下同。

流程（5）：在绝缘管 1 上确定标志带位置的方法是从绝缘管 1 的右管口向左边的绝缘管 1 上量取 40mm，在长度的止点处就是标示带位置，在该位置缠绕一圈 PVC 胶带，该 PVC 胶带就是标志带。它就是在后面要安装的冷缩终端（简称为"绝缘管 2"或"绝缘管 3"）的安装的起始点。

绝缘管 2 是户内冷缩终端，它由在外面的绝缘管和在里面的应力控制管两个部件组成。绝缘管 3 是户外冷缩终端，它由在外面的防雨裙、绝缘管、应力控制管三个部件组成。

铜屏蔽带的切剥线至绝缘管 2 或绝缘管 3 右侧管口的距离是 20mm，外半导电层切剥线至铜屏蔽带切剥线的距离是 20mm。单相电缆绝缘层的切剥线至单相电缆末端的距离是

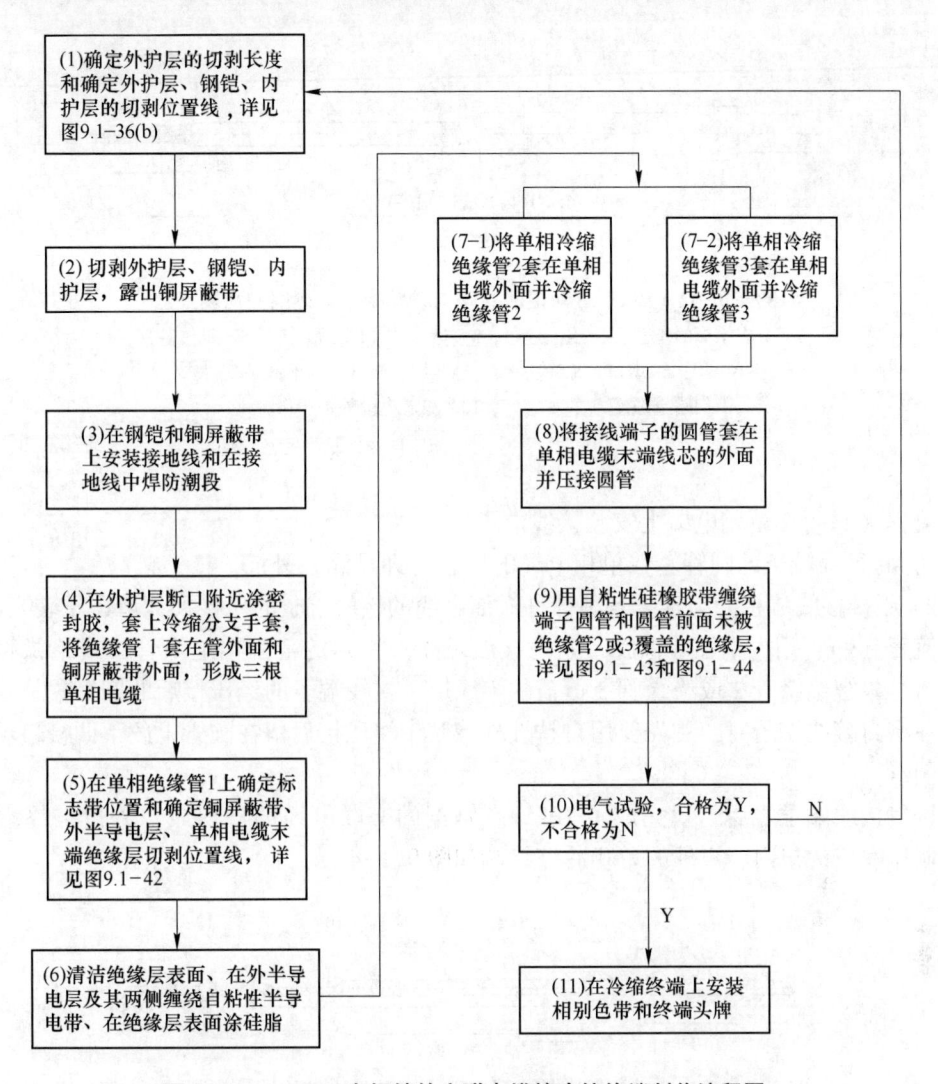

第9章 配电线路检修作业的综合作业技能

图 9.1-41　10kV 有钢铠的交联电缆的冷缩终端制作流程图

K 长度。K 等于接线端子压接圆管的孔深加 5mm。

切剥铜屏蔽带、外半导电层、绝缘层之后的单相电缆的形状示意图如图 9.1-42 所示。

流程（6）：将绝缘管 2 或绝缘管 3 安装在单芯电缆上之前，依序在单芯电缆上进行以下操作：①用清洁剂（工业酒精）清洁绝缘层表面；②在外半导电层及其左侧 5mm 长的铜屏蔽带上和右侧 5mm 长的绝缘层上面缠绕两层自粘性半导电带；③在 XLPE 绝缘层表面涂一层硅脂（例如 801 硅脂）。

流程（7-1）：安装户内冷缩终端（绝缘管 2，它含有应力控制管和绝缘管）。

1）将绝缘管 2 套在单相电缆的外面并将绝缘管 2 的左端头对齐标志带；2）冷缩绝缘管 2。

流程（7-2）：安装户外冷缩终端（绝缘管 3，它含有应力控制管、绝缘管、防雨裙）。

1）将绝缘管 3 套在单相电缆的外面并将绝缘管 3 的左端头对齐标志带；2）冷缩绝缘

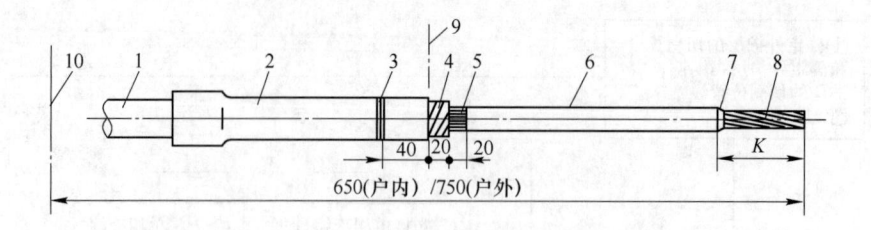

图 9.1-42　10kV 有钢铠的交联电缆单相冷缩终端的切剥尺寸
1—分支手套的指套；2—绝缘管 1；3—标志带（PVC 胶带）；4—钢屏蔽带；
5—外半导电层；6—XLPE 绝缘层；7—绝缘层切断口的倒角；8—线芯（导线）；
9—绝缘管 1 的右管口；10—三芯电缆外护层切剥线

管 3。

流程（8）：在单相电缆上安装接线端子。

1）将接线端子的圆管套在单相电缆的线芯（即导线）外面。

2）压接接线端子的圆管。各种标称截面电缆的接线端子的压接尺寸请详见表 9.1-18。

流程（9）：用自粘性硅橡胶带密封接线端子。密封的范围：绝缘管 2 或绝缘管 3 右端管口、未被绝缘管 2 或绝缘管 3 覆盖的绝缘层、接线端子的经压接后的圆管。

在密封接线端子时，首先要用自粘性硅橡胶带将压接后留在圆管上的下凹模口填平恢复成圆形。

密封接线端子之后，就完成了 10kV 有钢铠的交联电缆的户内或户外冷缩终端的制作。制作完成的户内、户外的单相冷缩终端如图 9.1-43 与图 9.1-44 所示。

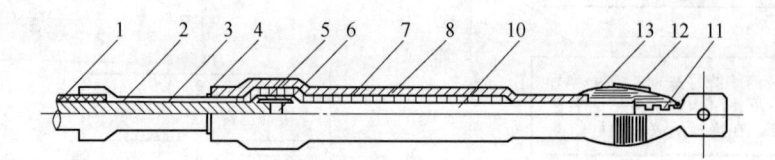

图 9.1-43　10kV 有钢铠的交联电缆户内单相冷缩终端结构图（一）

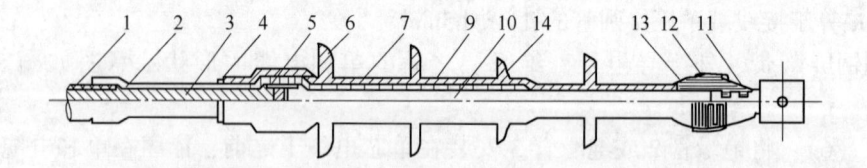

图 9.1-44　10kV 有钢铠的交联电缆户外单相冷缩终端结构图（二）
1—分支手套的指套；2—绝缘管 1；3—铜屏蔽带；4—标志带；5—自粘性半导电带；
6—外半导电层；7—应力控制管；8—绝缘管 2 的绝缘管；9—绝缘管 3 的绝缘管；
10—绝缘层；11—接线端子；12—相色；13—接线端子的密封，自粘性硅橡胶带；14—防雨裙

流程（10）：电气试验。冷缩终端电气试验的项目和标准与热缩终端的试验项目和标准相同。如果试验结果为不合格，则需重新制作终端。如果试验合格，则进入流程（11）。

流程（11）：在三个单相冷缩终端上分别标上相别 A（黄）、B（绿）、C（红）相色和在终端上安装终端头牌。

3. 10kV 交联电缆绕包型接头的制作

（1）10kV 交联聚乙烯电缆绕包型接头（即中间接头）的制作流程。

10kV 交联聚乙烯电缆的结构（按构造成分由外向里的顺序表示的结构）如下：

三芯电缆的共用结构顺序：外护层、钢铠层、内衬层（或内护层）。单相（芯）电缆的结构顺序：铜（屏蔽）带、外半导电层、交联绝缘层、内半导电层、线芯（导体）。

电缆接头是将两根分开的电缆连接成一根电缆的电缆附件。

10kV 交联电缆绕包型接头的制作流程可用图 9.1-45 表示如下。

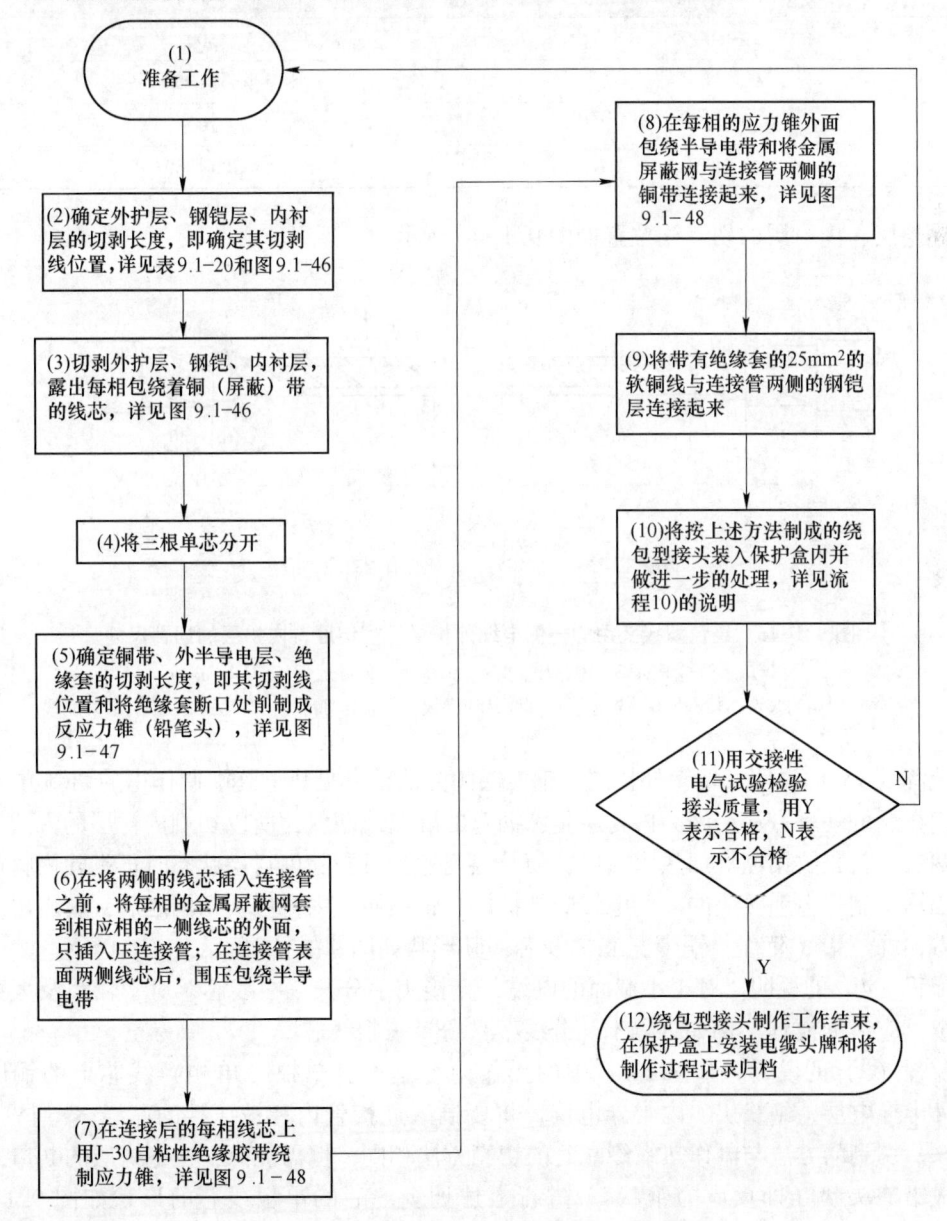

图 9.1-45　10kV 交联电缆绕包型接头制作流程

(2) 10kV 交联电缆绕包型接头制作流程的说明。

流程（1）的说明。制作接头的准备工作主要有：制作人员的准备、制作工具的准备、制作材料的准备。其他的准备工作还有：安全技术措施的准备、天气不良时搭建工棚的准备。具体的准备工作请参考"10kV 交联电缆热缩终端的制作"中的准备工作。

流程（2）的说明。流程（2）的操作内容是确定制作接头时所用的每一侧电缆的长度（外护层的切剥长度）和确定在该长度内钢铠层、内衬层的切剥线。

制作工艺要求，外护层的切剥长度按表 9.1-20 中所列的 T 尺寸确定。

表 9.1-20　10kV 交联电缆绕包接头的 T 尺寸

电缆截面/mm²	T/mm
25~50	500
95~120	600~700
150~185	700
240~400	700~800

钢铠层、内衬层的切剥线位置如图 9.1-46 所示。

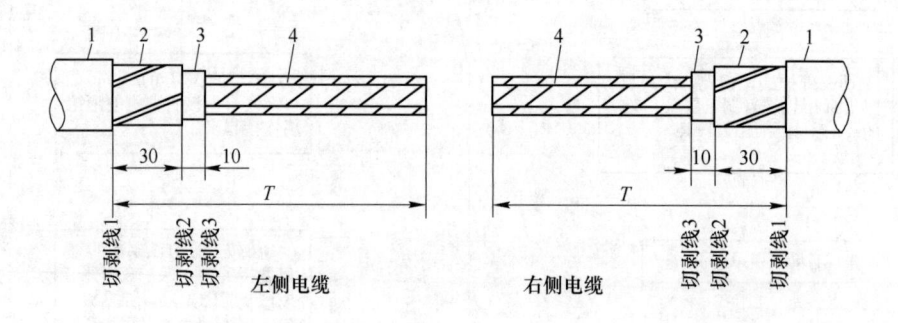

图 9.1-46　绕包型接头用的一侧电缆外护层、钢铠层、内护层的切剥尺寸
1—外护层；2—钢铠；3—内衬层；4—三根线芯的铜屏蔽带（简称"铜带"）
T—外护层切剥长度；切剥线 1—外护层切剥线；切剥线 2—钢铠切剥线；切剥线 3—内衬层切剥线

流程（3）的说明。切剥外护层、钢铠层的方法请参见热缩终端制作中的切剥方法。

内衬层的切剥方法：因为内衬层是涂沥青的麻布或塑料，所以切剥内衬层的方法是喷灯加热法，就是要用喷灯加热内衬层，使其温度达到可剥除内衬层状态时再剥除内衬层。

当用于制作电缆接头的一侧电缆的外护层、钢铠层、内衬层被切剥之后，就露出三根外包着铜屏蔽带（简称"铜带"）的线芯，其形状如图 9.1-46 所示。

流程（4）的说明。对于小截面的电缆，直接用手分开三根线芯。对于较大及大截面的电缆，应借助模具（例如分隔木、分线架）分开三根线芯。

流程（5）的说明。流程（5）中的操作内容是切剥单根（单相）线芯上的铜屏蔽带、外半导电层、绝缘层、内半导电层，将要插入连接管内和被压接的芯线（导体）显露出来。切剥的方法与制作热缩终端时的切剥方法相同，但需注意，在绝缘层的断口处要切剥成铅笔头状（即反应力锥状）。进行上述切剥之后的单根线芯的形状如图 9.1-47 所示。

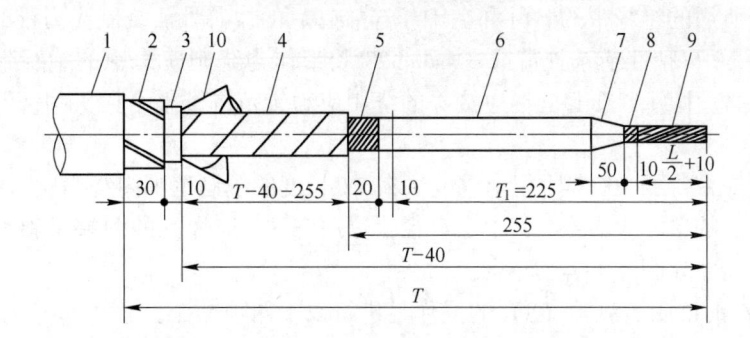

图 9.1-47　围压连接管之前一侧电缆一相线芯被切剥后的形状及尺寸

1—外护层；2—钢铠；3—内衬层；4—铜（屏蔽）带；5—外半导电层；6—绝缘层；
7—绝缘层的反应力锥；8—内半导电层；9—芯线（导体）；10—其他相的线芯
L—连接管长度；T——一侧电缆外护层的切剥长度

流程（6）的说明。流程（6）的操作包括两项工作。第一项工作是在用连接管连接两侧电缆芯线（导体）之前，将用作每相两侧铜带过桥线的金属屏蔽网套到每相任一侧的线芯上和将它移到不影响压接连接管的地方。如果不这样做，当用连接管连接两侧电缆的芯线之后，就无法将金属屏蔽网套到线芯上了。

第二项工作是围压连接管，用连接管将相同相别的两侧电缆的芯线连接起来。第二项工作包括以下工作内容：一是用无水酒精（或汽油）清洗接头两侧每相线芯上的铜带、外半导电层、绝缘层、芯线，然后在芯线表面涂上一层硅脂和用钢刷清除芯线表面的氧化膜；二是用无水酒精（或汽油）清洗连接管外表面和管内壁；三是将两侧芯线插入连接管内，两侧芯线的端头要到达连接管长度中点；四是用压接钳围压连接管；五是用锉刀、砂纸锉平砂光管表面和在管表面用半重叠法包绕两层半导电带。用连接管连接两侧芯线的情况如图 9.1-48 所示。

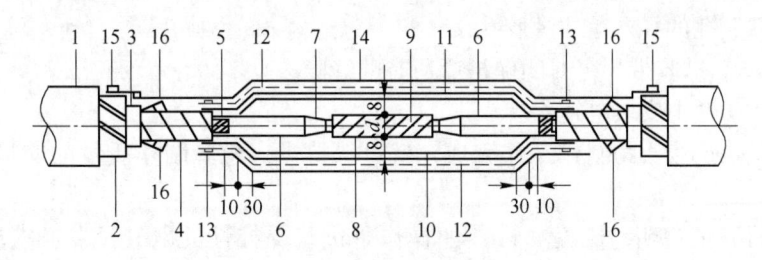

图 9.1-48　10kV 交联电缆绕包型接头的单相绕包接头结构示意图

1—外护层；2—钢铠；3—内衬层；4—铜带；5—外半导电层；6—绝缘层；7—反应力锥；
8—连接管；9—绕在连接管表面的半导电带，两层；10—用 J-30 绝缘带包绕而成的应力锥的外廓线，
其中点直径为 $d+16mm$；11—包绕在应力锥表面的半导电带，两层；12—金属屏蔽网；
13—用扎线、焊锡将金属屏蔽网固定在铜带上；14—带有绝缘套的钢铠过桥线；15—将钢铠过桥线与
钢铠、扎线、焊锡连在一起；16—其他相的线芯

流程（7）的说明。流程（7）的操作是用绝缘带在用连接管连接的每相线芯上面绕制应力锥，具体操作如下：

一是测量连接管中点的直径。现设其直径为 d。

二是确定所用的绝缘带的名称和在围压连接管后的线芯外面绕制应力锥的范围。

可选用 J-30 自粘性绝缘胶带或 3Msotch23 胶带作为绕制应力锥的绝缘带。根据工艺要求，图 9.1-47 中的 T 长度是半边接头的绕制应力锥范围，整个接头的绕制应力锥范围为 $2T$ 长度。

三是将绝缘带拉长 100% 后用半重叠法在 $2T$ 长度的绕制范围内绕制应力锥。

要求绕成后的单相应力锥，其中点直径为 $d+16mm$，应力锥的两端呈斜坡状。单相应力锥的形状与尺寸如图 9.1-48 所示。

流程（8）的说明。流程（8）的操作是进行以下两项操作：

一是在已绕绕而成的每相的应力锥外面包绕两层半导电带，其包绕方法是将半导电带拉长 100% 后用半重叠法进行包绕，如图 9.1-48 所示。

二是将预先套在每相线芯上的金属屏蔽网〔见流程（6）〕的中点移至应力锥的中点，两端包在两侧铜带外面，然后先用镀锡铜扎线（或恒力弹簧）将金属屏蔽网扎紧在铜带上面，再加锡焊。这样，金属屏蔽网就成为单相连接管两侧铜屏蔽带的过桥线。

流程（9）的说明。流程（9）的操作是安装接头中的钢铠过桥线。其操作方法如下：

一是用自粘性绝缘带将已绕制成单相接头的三根线芯捆绑在一起。

二是将带有绝缘套的 $10mm^2$ 的软铜线的两端分别锡焊在两侧电缆的钢铠上，再用扎线或恒力弹簧将软铜线扎紧在钢铠上。这样，与两侧钢铠连接在一起的软铜线就是钢铠的过桥线，钢铠过桥线与铜带过桥线是相互绝缘的。

流程（10）的说明。流程（10）的操作是将按上述方法绕包而成的三相接头装入保护盒内。其操作内容是：

一是将三相接头装入未加盖的敞开的保护盒内。

二是用密封泥填实单相接头之间的空隙和填实接头对盒壁之间的空隙。

三是用带有灌胶孔的盒盖盖住敞开的保护盒。

四是从灌胶孔向盒内灌入密封胶，要灌满，然后等待密封胶固化。

五是用灌胶孔的孔盖盖住灌胶孔。

六是用 PVC 黏胶带严密封闭保护盒所有的缝隙。

七是在保护盒上安装电缆头牌。

至此，绕包型接头的制作工作完成，就可等待进入检验制作质量的交接性电气试验流程。

流程（11）的说明。流程（11）的操作是进行交接性的电气试验，检验制作质量。交接电气试验的试验项目与判断质量是否合格的标准，请见"10kV 交联电缆热缩终端的制作"中的流程（11）和流程（12）的说明。

如果电气试验结果为合格（用符号 Y 表示），则向流程（12）方向进行操作；如果电气试验结果为不合格（用符号 N 表示），则返回流程（1），重新制作接头。

流程（12）的说明。进入流程（12），则表明接头的制作质量符合要求，就可将制作记录归档，按规定进入保存和移交。

4. 10kV 交联电缆热缩接头的制作

10kV 交联电缆热缩接头的制作流程如图 9.1-49 所示。

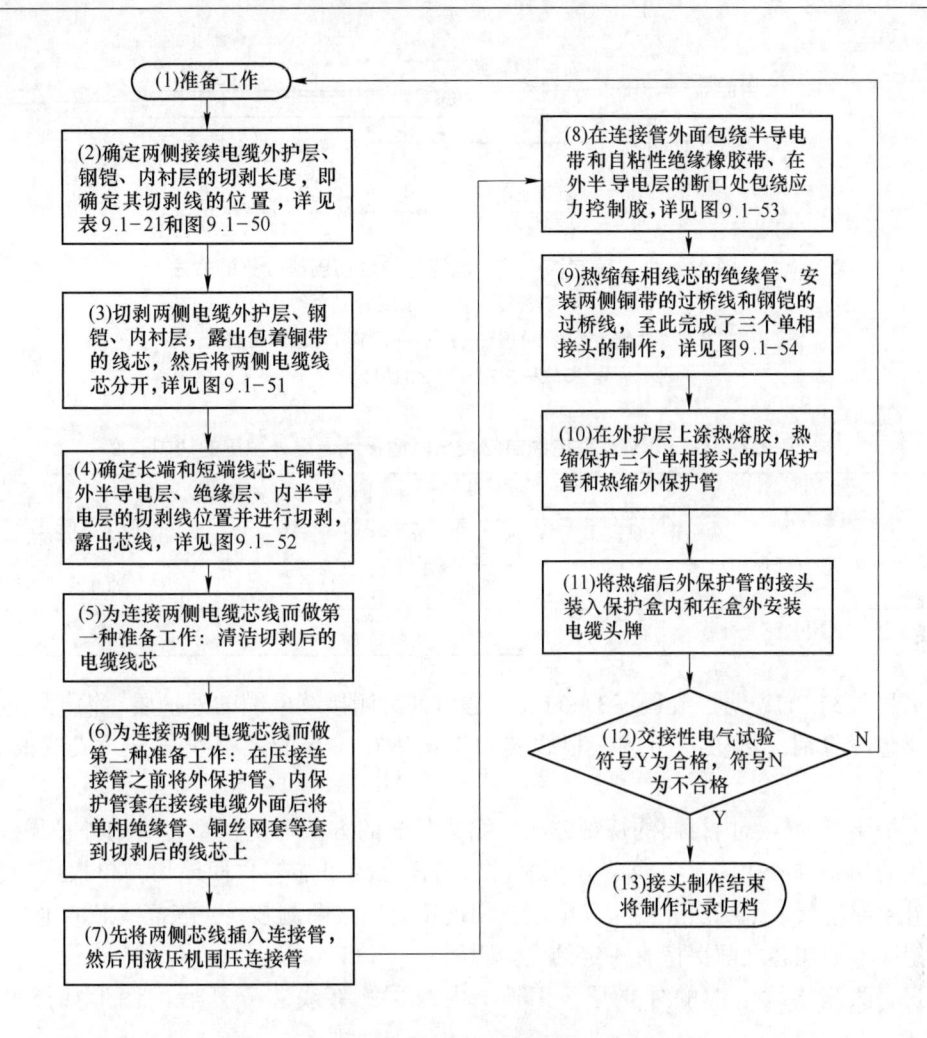

第9章 配电线路检修作业的综合作业技能

```
(1)准备工作
   ↓
(2)确定两侧接续电缆外护层、
   钢铠、内衬层的切剥长度，即
   确定其切剥线的位置，详见
   表9.1-21和图9.1-50
   ↓
(3)切剥两侧电缆外护层、钢
   铠、内衬层，露出包着铜带
   的线芯，然后将两侧电缆线
   芯分开，详见图9.1-51
   ↓
(4)确定长端和短端线芯上铜带、
   外半导电层、绝缘层、内半导
   电层的切剥线位置并进行切剥，
   露出芯线，详见图9.1-52
   ↓
(5)为连接两侧电缆芯线而做第
   一种准备工作：清洁切剥后的
   电缆线芯
   ↓
(6)为连接两侧电缆芯线而做
   第二种准备工作：在压接连
   接管之前将外保护管、内保
   护管套在接续电缆外面后将
   单相绝缘管、铜丝网套等套
   到切剥后的线芯上
   ↓
(7)先将两侧芯线插入连接管，
   然后用液压机围压连接管
   ↓
(8)在连接管外面包绕半导电
   带和自粘性绝缘橡胶带、在
   外半导电层的断口处包绕应
   力控制胶，详见图9.1-53
   ↓
(9)热缩每相线芯的绝缘管、安
   装两侧铜带的过桥线和钢铠的
   过桥线，至此完成了三个单相
   接头的制作，详见图9.1-54
   ↓
(10)在外护层上涂热熔胶，热
    缩保护三个单相接头的内保护
    管和热缩外保护管
   ↓
(11)将热缩后外保护管的接头
    装入保护盒内和在盒外安装
    电缆头牌
   ↓
(12)交接性电气试验 ──N──→(1)
    符号Y为合格，符号N
    为不合格
   ↓Y
(13)接头制作结束
    将制作记录归档
```

图9.1-49　10kV交联电缆热缩接头制作流程

10kV交联电缆热缩接头制作流程具体说明如下。

流程（1）的说明。制作热缩接头的主要准备工作是：制作人员的准备、制作工具的准备、制作材料的准备。其他准备工作是：安全技术措施的准备，搭建雨天时使用的工棚的准备。应准备以下主要的制作材料：半导电带、自粘性绝缘橡胶带、PVC黏胶带、应力控制胶、密封胶、3个铜丝网套、3根带有绝缘套的$25mm^2$的软铜丝导线、一根带有绝缘套的$10mm^2$的软铜丝导线、单相线芯使用的3根热缩绝缘管、三相线芯共用的一根热缩内保护管、一根热缩外保护管、一个接头保护盒等。

流程（2）的说明。用于制作热缩接头的两侧接续电缆的外护层的切剥长度是不相等的，下面将切剥长度较长的那一侧接续电缆称为长端（图9.1-50中的左侧电缆），切剥长度较短的那侧电缆称为短端（图9.1-50中的右侧电缆）。

根据制作工艺要求，应按表9.1-21选择长端和短端外护层的切剥长度和确定其切剥线。另外规定，钢铠的切剥长度比外护层的切剥长度短40mm，内衬层的切剥长度比钢铠的切剥长度短10mm。

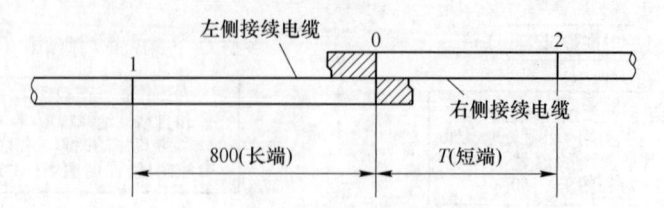

图 9.1-50 确定两侧接续电缆外护层切剥线位置的方法

注：阴影线段为应锯掉的多余的电缆
0 线—两侧接续电缆的端头；1 线—长端外护层的切剥线；
2 线—短端外护层的切剥线

表 9.1-21 10kV 交联电缆热缩接头两侧接续电缆外护层的切剥长度

电缆截面/mm²	外护层的切剥长度/mm	
	长端的切剥长度	短端的切剥长度
25~95	800	500
120~400	800	600

流程（3）的说明。流程（3）的工作是切剥两侧接续电缆的外护层、钢铠、内衬层，以露出包绕着铜（屏蔽）带的三根线芯和将聚集在一起的三根线芯分开成三根单独的线芯。

外护层、钢铠、内衬层的切剥方法、线芯分开的方法与绕包型接头的外护层、钢铠、内衬层的切剥方法相同。将线芯分开的目的同样是为了能够方便地切剥单根线芯上的铜带、外半导电层、绝缘层、内半导电层，用连接管连接两侧芯线，恢复线芯的绝缘以及使三根绝缘了的线芯之间保持有一定的安全距离。

切剥两侧接续电缆的外护层、钢铠、内衬层，将线芯分开后的图形如图 9.1-51 所示。

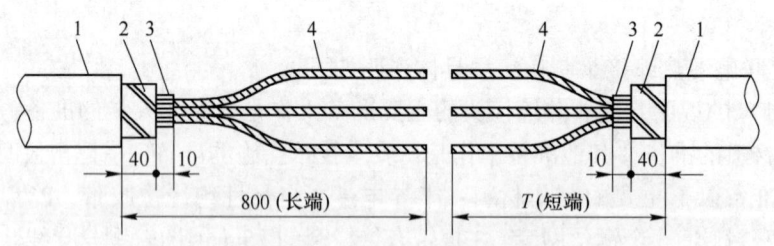

图 9.1-51 切剥外护层、钢铠、内衬层后线芯分开示意图

1—外护层；2—钢铠；3—内衬层；4—包着铜带的线芯；
T—短端外护层切剥长度

流程（4）的说明。流程（4）的工作是根据工艺要求确定左、右侧各线芯上铜带、外半导电层、绝缘层、内半导电层的切剥长度和对其进行切剥。

铜带、外半导电层、绝缘层、内半导电层的切剥方法详见"10kV 交联电缆热缩终端的制作"中对铜带等的切剥方法。

一相线芯的铜带、外半导电层、绝缘层、内半导电层的切剥长度（切剥线位置）和绝缘层的切剥长度，绝缘层断口处的铅笔头（反应力锥）的形状如图 9.1-52 所示。

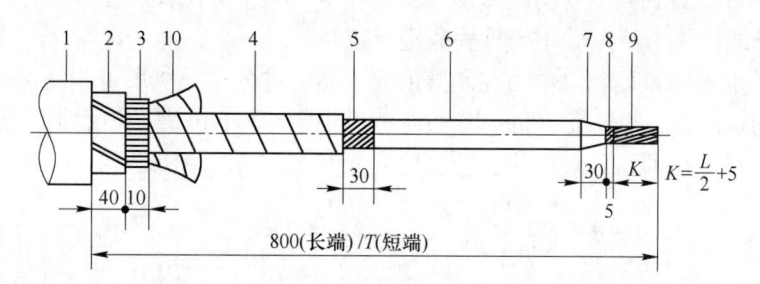

图 9.1-52　接续电缆铜带、外半导电层、绝缘层、内半导电层的切剥线及对其切剥后的形状示意图

1—外护层；2—钢铠；3—内衬层；4—铜（屏蔽）带；5—外半导电层；6—绝缘层；
7—反应力锥（铅笔头）；8—内半导电层；9—芯线（导体）；10—其他相的线芯
K—芯线长度；L—连接管长度；
T—短端外护层切剥长度（见表 9.1-21）；800—长端外护层切剥长度

流程（5）的说明。流程（5）的工作是在围压连接管连接相同相别的两侧接续电缆芯线（导体）之前须做的第一种准备工作：用无水工业酒精清洁连接管内壁和用无水工业酒精纸巾清洁已切剥的两侧线芯和芯线。但做清洁工作时须注意两点，一是不能用擦拭过半导电层的纸巾去擦拭绝缘层，因擦拭过半导电层的纸巾会粘上半导电层的导电粒子，若用此纸巾再擦拭绝缘层，就会把导电粒子粘到绝缘层上，从而影响接头质量；二是如果是铝芯电缆，要在铝质芯线上先涂一层硅脂，再用钢丝刷刷其表面，清除表面上的氧化膜，刷后仍保留硅脂在芯线上。

流程（6）的说明。流程（6）的工作是在围压连接管连接相同相别的两侧接续电缆芯线（导体）之前须做的第二种准备工作：事先将热缩三相线芯的外保护管套在长端接续电缆外护层外面，将热缩三相线芯的内保护管套在短端接续电缆外护层外面；事先将单相绝缘管、单相铜丝网套套在长端接续电缆的各相的线芯外面并将其移动到不影响压接连接管的地方。

流程（7）的说明。流程（7）的工作是用液压钳围压用于连接每相线芯的连接管。围压连接管的工作顺序是：

一是将相同相别的两侧接续电缆的芯线插入连接管内，芯线的端头要到达连接管的中点。

二是用液压钳围压连接管。压模的个数和压后尺寸应符合连接管说明书规定。围压时先从连接管中点处的压模开始，向连接管其中的一侧围压，一侧围压完毕后再回到连接管中点继续另一侧连接管的围压。围压时每个压模合拢到位后要停留 5~10s 才松模。

三是要用锉刀锉掉围压后留在连接管上的毛刺，要用砂纸砂滑连接管表面。

流程（8）的说明。流程（8）的工作是进行两项工作：一是在围压后的连接管外面先包绕半导电带，后包绕自粘性绝缘橡胶带；二是在两侧线芯上每相的外半导电层的断口处包绕应力控制胶（黄色）。

在连接管外面进行半导电带和绝缘橡胶带包绕的工作顺序是：首先，用无水工业酒精纸巾清洁连接管；其次，在连接管外面包绕半导电带两层；最后，在半导电带外面包绕自粘性绝缘橡胶带，直到其直径与绝缘层的直径相等。包绕方法是将半导电带、绝缘橡胶带拉长 100%（即拉长 1 倍）后用半重叠法进行包绕。

在外半导电层断口处包绕应力控制胶的要求是：在外半导电层上包绕 10mm 长，在绝缘层上包绕 10mm 长，共包绕 20mm 长。在一相的连接管上包绕半导电带，自粘性绝缘橡胶带，在外半导电层断口处包绕应力控制胶（黄色）的示意图如图 9.1-53 所示。

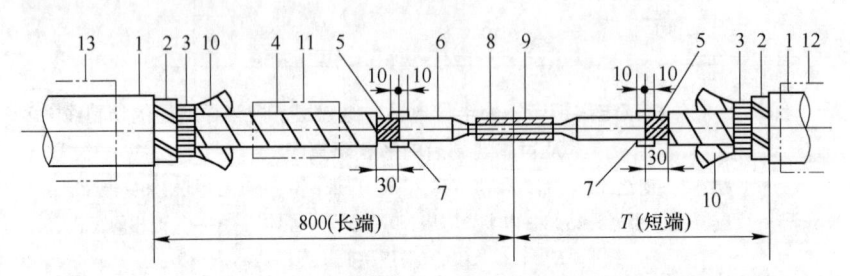

图 9.1-53 在线芯上包绕半导电带、绝缘橡胶带和应力控制胶示意图
1—外护层；2—钢铠；3—内衬层；4—铜带；5—外半导电层；6—绝缘层；
7—应力控制胶（黄色）；8—连接管；9—半导电带和绝缘橡胶带；
10—其他相的线芯；11—单相绝缘管；12—短保护管（内保护管）；13—长保护管（外保护管）；
T—短端的外护层切剥长度（见表 9.1-21）；800—长端的外护层切剥长度

流程（9）的说明。流程（9）的工作是热缩每相的绝缘管，然后制作每相铜带的过桥线，最后制作钢铠的过桥线。

热缩每相绝缘管的步骤、方法：首先，将预先套在长端每相线芯上的绝缘管［见流程（6）］移到每相已包绕半导电带、绝缘橡胶带的连接管外面，使绝缘管的中点对齐连接管的中点，然后用常规方法（即用喷灯黄色火焰，先从绝缘管中点向管的一端均匀热缩，再回到中点向管的另一端热缩）热缩绝缘管。

制作铜带过桥线的步骤、方法：首先，将预先套在长端每相线芯上的铜丝网套［见流程（6）］移至热缩了的绝缘管外面并套在两侧的铜带外面；其次，用焊锡和恒力弹簧将铜丝网套与铜带连接起来。此时的铜丝网套便是铜带的过桥线，它将单相连接管两侧的铜带连接起来。

制作钢铠过桥线的步骤、方法：首先，选用 10mm^2 的带绝缘套的软铜丝导线作为三个单相连接管两侧钢铠的连接导线；其次，用焊锡和恒力弹簧将连接导线的两端分别与两侧钢铠连接起来。此时连接在两侧钢铠上的导线便是钢铠的过桥线。制作过桥线时须注意铜带过桥线和钢铠过桥线要相互绝缘。

热缩每相绝缘管和制作两根过桥线之后的接头示意图如图 9.1-54 所示。

流程（10）的说明。流程（10）的工作：首先，在外护层上涂热熔胶和用绝缘带将热缩了绝缘管的三个单相接头和安装好了的铜屏蔽带过桥线、钢铠过桥线捆扎成一束；其次，用热缩内保护管将三个单相接头等包起来；最后，用热缩外保护管将内保护管包起来。

热缩内保护管的步骤、方法如下：

一是用绝缘带将三个相的热缩了绝缘管的接头捆扎在一起。

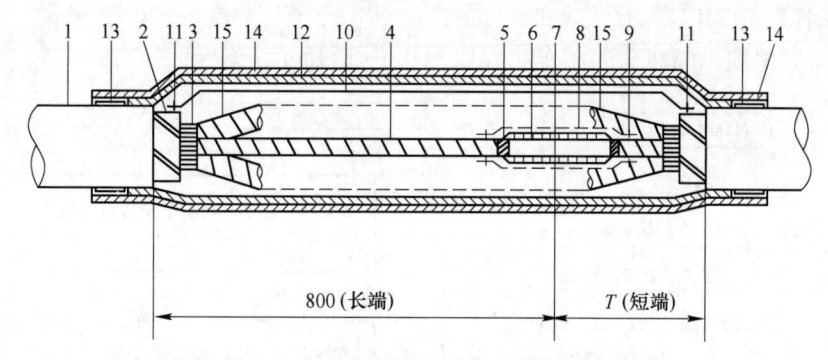

图 9.1-54 10kV 交联电缆热缩接头总装示意图

1—外护套；2—钢铠；3—内衬层；4——相的铜（屏蔽）带；5—外半导电层绝缘、应力控制胶；6—连接管及包绕在其表面的半导电带、绝缘橡胶带；7——相的绝缘管；8——相的铜丝网套；9—将铜丝网套连接在铜带上的焊锡、恒力弹簧；10—钢铠过桥线；11—将钢铠过桥线连接在钢铠上的焊锡、恒力弹簧；12—热缩内保护管；13—密封胶；14—热缩外保护管；15—其他相的热缩接头；
T—短端外护套切剥长度（见表 9.1-21）；800—长端外护套切剥长度

二是在外保护管要包住的外护层处用砂纸将外护层打毛，然后在打毛处涂热熔胶（密封胶）。

三是将预先套在短端接续电缆外护套外面的热缩内保护管［见流程（6）］移到三个相的接头外面，但热缩内保护管的两端不套住密封胶。

四是用常规方法热缩内保护管。

热缩内保护管的步骤、方法如下：热缩时采用喷枪黄色火焰。先从内保护管中点开始向一端均匀热缩，再回到内保护管中点向另一端热缩。

热缩外保护管的步骤、方法：先将外保护管移到内保护管外面并使两管的中点对齐，两端套住密封胶，然后用热缩内保护管的方法同样地热缩外保护管。

完成前述 10 个流程的工作后，制作而得热缩接头的安装示意图如图 9.1-54 所示。

将热缩接头装入保护盒内。流程（11）的工作是将制作完毕的热缩接头装入保护盒内，其安装要点是：

一是待热缩外保护管冷却至环境温度后才能将接头移入保护盒内。

二是要给保护盒加盖，并用 PVC 黏胶带包紧、密封保护盒。

三是在保护盒上安装电缆头牌。

流程（12）的说明。流程（12）的工作是对电缆线路作交接性电气试验，用电气试验来检验接头的制作质量。电气试验的项目和判断标准详见"10kV 交联电缆热缩终端的制作"子单元之电气试验流程。当电气试验合格（用符号 Y 表示）时转入结束流程；当电气试验不合格时（用符号 N 表示）则转向流程（1），重新制作接头。

流程（13）的说明。当电气试验通过时，则表明接头质量合格，接头制作工作结束，应将制作记录存档并移交。

5. 10kV 交联电缆冷缩接头的制作

(1) 10kV 交联电缆冷缩接头制作流程。

10kV 交联电缆结构中的共用部分和单相线芯部分的结构请参阅"10kV 交联电缆绕包

型接头的制作"相关内容。

10kV 交联电缆冷缩接头的制作流程如图 9.1-55 所示。

流程图内容：

(1) 准备工作

(2) 确定接续电缆外护层、钢铠、内护层切剥长度和进行切剥及将线芯分开，详见表 9.1-22 和图 9.1-56

(3) 确定每相线芯铜（屏蔽）带、外半导电层、绝缘层切剥长度和进行切剥，详见图 9.1-58

(4) 为用连接管连接两侧芯线(导体)做第一种准备，详见图 9.1-59

(5) 为用连接管连接两侧芯线作第二种准备，详见图 9.1-59

(6) 用连接管连接两侧芯线

(7) 为冷缩三个单相绝缘管做准备工作，详见图 9.1-59

(8) 制作三个单相接头的铜带过桥线和冷缩三个单相冷缩绝缘管

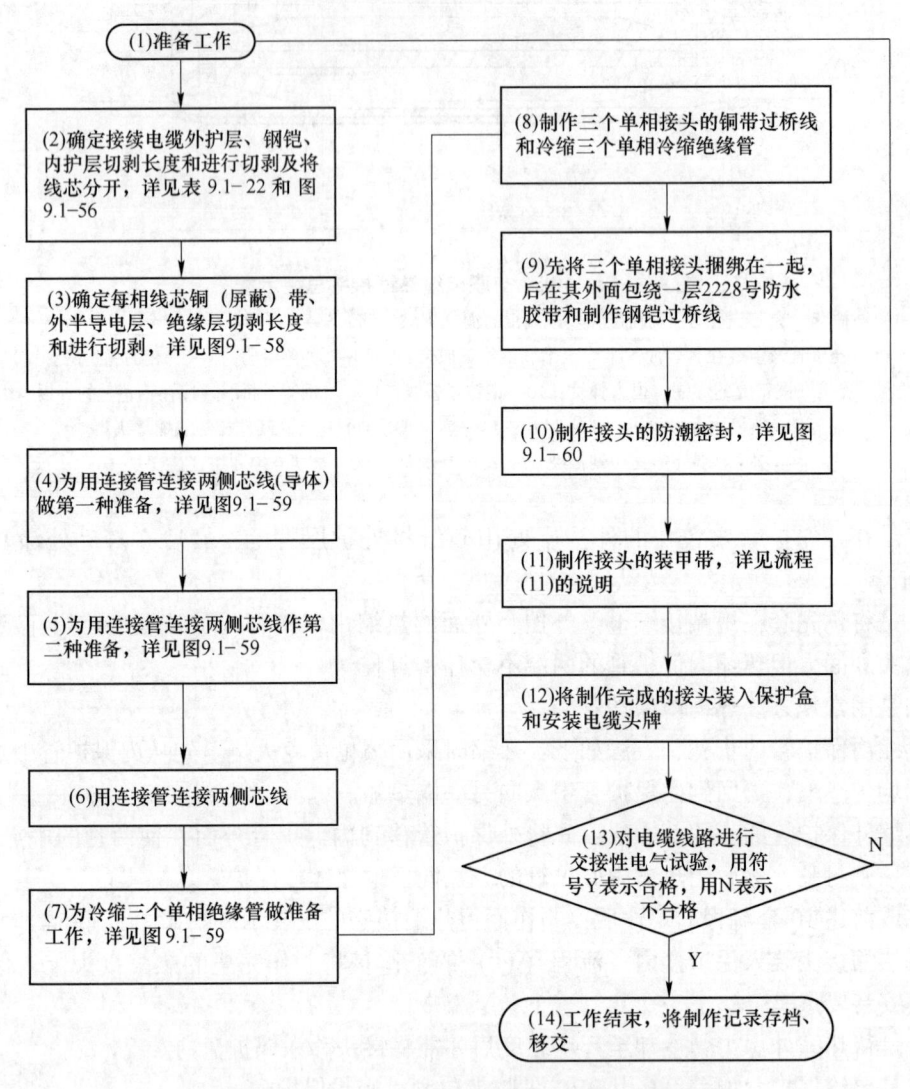

(9) 先将三个单相接头捆绑在一起，后在其外面包绕一层2228号防水胶带和制作钢铠过桥线

(10) 制作接头的防潮密封，详见图 9.1-60

(11) 制作接头的装甲带，详见流程 (11) 的说明

(12) 将制作完成的接头装入保护盒和安装电缆头牌

(13) 对电缆线路进行交接性电气试验，用符号Y表示合格，用N表示不合格

(14) 工作结束，将制作记录存档、移交

图 9.1-55　10kV 交联电缆冷缩接头制作流程图

（2）冷缩接头制作流程的说明。

流程（1）的说明。流程（1）的工作是制作冷缩接头之前应做的准备工作，其主要工作是制作人员的准备、制作工具的准备、制作材料的准备。准备制作材料时除准备一般的常用材料之外，应特别准备与电缆截面相匹配的冷缩接头所用的材料，例如三根单相冷缩绝缘管、2228 号防水胶带、Amorecast 装甲带。此外还有其他的准备工作，例如安全技术措施的准备，工棚的准备等。

流程（2）的说明。流程（2）的工作是根据制作工艺要求确定长端和短端两侧接续电缆外护层、钢铠、内衬层（或内护层）的切剥长度和进行切剥。长端接续电缆是指根据制作工艺要求在连接连接管之前就预先套入并临时存放待用单相冷缩绝缘管的哪侧接续电缆。

外护层切剥长度见表 9.1-22 的规定和图 9.1-56。

表 9.1-22　10kV 交联电缆冷缩接头用的电缆外护层切剥长度

电缆截面/mm²	外护层切剥长度/mm	
	长端	短端 T
25~95	700	500
120~400	700	600

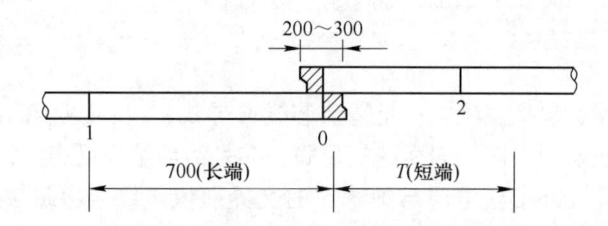

图 9.1-56　确定外护层切剥长度的方法
0—接续电缆端头；1—长端外护层切剥线；2—短端外护层切剥线；
T—短端外护层切剥长度，图中有阴影线段为废弃电缆须锯掉；
700—长端的外护层切剥长度

钢铠的切剥长度比外护层切剥长度短 30mm，内衬层的切剥长度比钢铠的切剥长度短 50mm。切剥长度的止点线即是切剥线。

切剥完毕外护层、钢铠、内衬层之后就会露出三根单相线芯，就可将三根单相线芯分开，以便开展后面的操作。完成切剥和将线芯分开后的电缆线芯形状如图 9.1-57 所示。切剥外护层等的切剥方法请参阅"10kV 交联电缆热缩终端的制作"介绍的方法，切剥内衬层的方法请参阅"10kV 交联电缆绕包型接头的制作"中流程（3）的介绍方法。分开线芯的常用方法是用手直接分开法和用分线模具分开法。

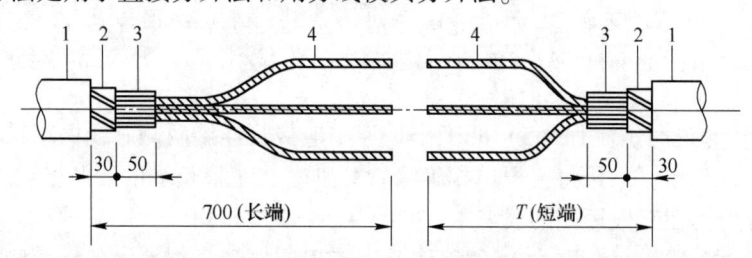

图 9.1-57　冷缩接头的外护层、钢铠、内衬层切剥线和线芯分开形状图
1—外护层；2—钢铠；3—内衬层；4—铜（屏蔽）带

流程（3）的说明。流程（3）的工作是按制作工艺要求确定每相线芯的铜带、外半导电层、绝缘层的切剥长度和进行切剥。

按上述要求切剥后的每相线芯形状、切剥线位置如图 9.1-58 所示。切剥铜屏蔽带、外半导电层、绝缘层的方法详见"10kV 交联电缆热缩终端的制作"相关内容。

流程（4）的说明。流程（4）的工作是为用连接管连接两侧芯线（导体）作第一种

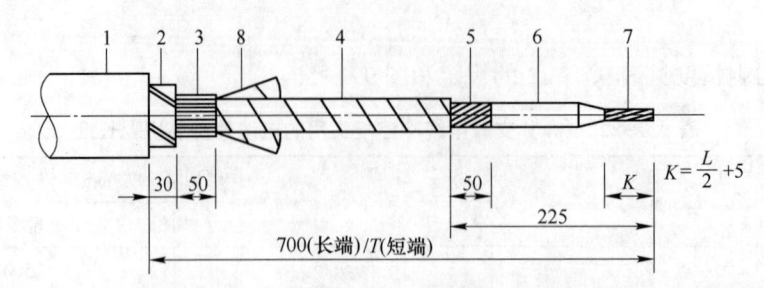

图 9.1-58　一相线芯的铜带、外半导电层、绝缘层的切剥线及切剥后的形状示意图
1—外护层；2—钢铠；3—内衬层；4—铜（屏蔽）带；5—外半导电层；6—绝缘层；
7—芯线（导体）；8—其他的单相线芯；L—连接管长度；T—短端外护层切剥长度

准备。

第一种准备工作，包括三项：一是清洁芯线（导线），用工业酒精清洗芯线，在芯线表面涂硅脂，用钢丝刷刷去芯线表面的氧化膜；二是清洁绝缘层表面；三是在外半导电层的切剥线的两侧，即在外半导电层与绝缘层的交界部位包绕应力疏散胶（也称应力控制胶），在外半导电层和绝缘层表面各包绕 10mm 应力疏散胶，如图 9.1-59 所示。

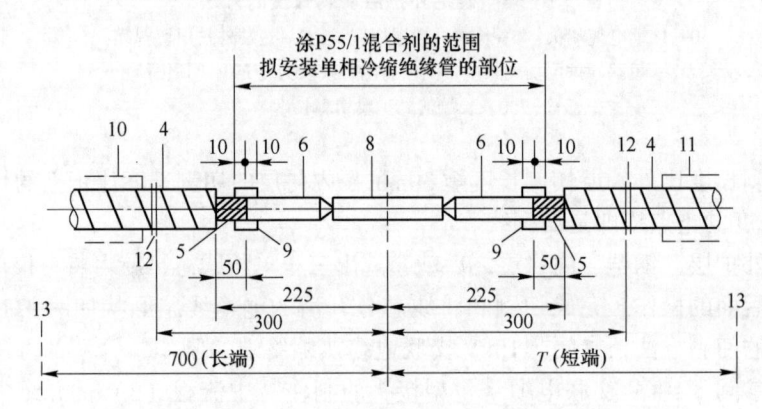

图 9.1-59　包绕应力疏散胶和涂 P55/1 混合剂的范围
4—铜带；5—外半导电层；6—绝缘层；8—围压后的连接管；
9—应力疏散胶；10—单相冷缩绝缘管；11—铜丝网套；12—标志带（PVC 带）；13—外护层切剥线

流程（5）的说明。流程（5）的工作是为用连接管连接两侧芯线做第二种准备。

第二种准备工作：一是将三根单相绝缘管分别套在三根长端的线芯上；二是将三个单相铜丝网套分别套在三根短端的线芯上，如图 9.1-59 所示。

流程（6）的说明。流程（6）的工作是用三根连接管分别连接各相两侧的芯线。

连接单相两侧芯线的操作顺序是：

首先，将两侧相同相别的芯线插入连接管，芯线端头要到达连接管中点。

其次，用液压钳围压连接管。

最后，用锉刀锉掉连接管上的毛刺，用砂纸砂光连接管表面。

流程（7）的说明。流程（7）的工作是为冷缩单相绝缘管做准备工作。

其准备工作是：一是再次清洁连接管两侧的绝缘层表面和连接管表面。二是在拟安装单相冷缩绝缘管的部位上涂 P55/1 混合剂，如图 9.1-59 所示。涂 P55/1（或 P55/R）混合剂的顺序：先将混合剂均匀地涂在外半导电层的切剥线处包绕着应力疏散胶的表面上，后将剩下的混合剂均匀地涂在绝缘层和连接管表面上。三是在铜带上包绕标志带，即包绕PVC胶带。标志带至连接管中点的距离是300mm。

流程（8）的说明。流程（8）的工作是首先制作三个单相接头的铜带过桥线，然后冷缩三个单相冷缩绝缘管。

制作单相接头铜带过桥线的操作如下：

① 将预先套在短端单相线芯铜带上的铜丝网套［见流程（5）的说明］移到已压接的连接管的外面并套在连接管两侧的铜带外面；

② 先用恒力弹簧将铜丝网套固定在铜带外面，再用焊锡加固其连接；

③ 用23号胶带将恒力弹簧和焊锡包绕起来。至此，铜丝网套就将单相连接管两侧的铜带连接起来，铜丝网套就成为单相铜带的过桥线。

冷缩单相绝缘管的操作如下：

① 将预先套在长端单相线芯铜带外面的单相冷缩绝缘管［见流程（5）的说明］向连接管方向移动，直至绝缘管的左端头对齐铜带上的标志带，此时绝缘管的中点就对齐了连接管的中点；

② 逆时针方向抽出绝缘管中的塑料芯绳，绝缘管就冷缩在连接管及其两侧的绝缘层和铜带的外面。

流程（9）的说明。流程（9）的工作有三项：一是用PVC绝缘带将已制作了铜带过桥线和在连接管外面冷缩了绝缘管的三个单相接头捆绑起来。二是在捆绑三个单相接头外面的PVC绑线的外面再包统一层2228防水胶带。三是制作钢铠过桥线。制作钢铠过桥线的方法如下：

① 将一根$10mm^2$的软铜丝线放在2228号防水胶带包绕层的外面，且使软铜丝线的放在三个单相接头两侧的接续电缆的钢铠外面；

② 用锡焊将软铜丝线的两端焊接在钢铠上，再用恒力弹簧将软铜丝线的两端固定在钢铠上；

③ 用23号胶带在钢铠处用半重叠法将恒力弹簧、锡焊点、钢铠全部包绕起来。但须注意，不能用23号胶带包绕2228号防水胶带的包绕层。至此，钢铠过桥线就制作完毕了。

流程（10）的说明。流程（10）的工作是制作冷缩接头的防潮密封，具体作法如下：

① 确定防潮密封的范围：防潮密封的范围如图9.1-60所示。

② 绕包防潮密封层：用一卷2228号防水胶带在防潮密封范围内用半重叠法对范围内的钢铠、内衬层、铜带、覆盖了连接管的冷缩绝缘管等进行包绕，一卷胶带要全部用完。由2228号防水胶带包绕而成的防水保护层即是防潮密封。

流程（11）的说明。流程（11）的工作是制作接头的装甲带。制作装甲带的范围与防潮密封的范围相同。用半重叠法将Amorecast包绕在防潮密封层的外面，所包绕上的Amorecast就是装甲带。注意：在制作完成装甲带后的30min内不得移动电缆。

流程（12）的说明。流程（12）的工作是将制作完成的冷缩接头装入保护盒内，并在加盒盖后用PVC黏胶带包紧、密封以及在盒外安装电缆头牌。

流程（13）的说明。流程（13）的工作是对电缆线路进行交接性电气试验，以检验

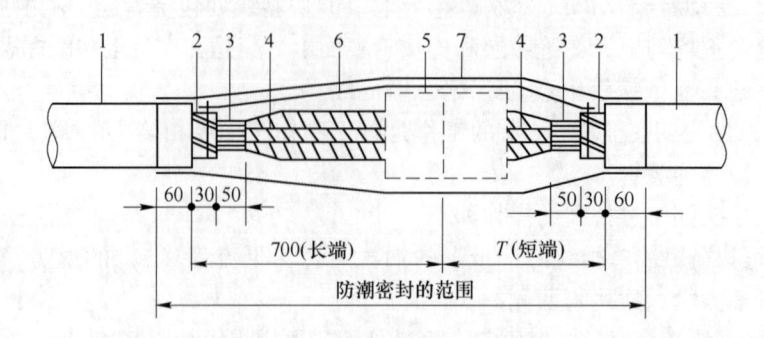

图 9.1-60 10kV 交联电缆冷缩接头的防潮密封示意图
1—外护层；2—钢铠；3—内衬层；4—铜带；5—捆绑在一起的三个单相冷缩绝缘管；
6—钢铠过桥线；7—防潮密封的外廓线；T—短端的外护层切剥长度

电缆及其附件（终端和接头）的制作质量。电气试验的试验项目和判断标准请见"10kV 交流电缆热缩终端的制作"中电气试验流程的说明，当电气试验合格时用符号 Y 表示，然后转入工作结束流程。当试验不合格时用符号 N 表示，重新近回流程（1），重新制作接头。

流程（14）的说明。流程（14）的工作就是结束工作，将试验记录存档、移交。

9.2 电力电缆配电线路检修作业的综合作业技能

9.2.1 10kV 交联电缆附件的应用简介

电缆附件是一种工业产品，是电缆工人按规定的质量标准、操作工艺要求，在附件的制作现场用手工操作的方式将由工厂预制、提供的材料、部件或组件安装到选定的电缆部位上而制作完成的独一无二的不可置换的工业产品。说它是不可置换的工业产品是指当某附件发生故障或事故后，不可用另一个现成的附件将原附件置换下来。

电缆附件是电缆终端（俗称电缆头）和电缆接头的统称。

电缆终端是安装在电力电缆线路的末端处，用它将电缆线路与其他电气设备连接起来的附件。

电缆接头是将两根分离的电力电缆连接成一根电力电缆的附件。

正因为每个电缆附件是独一无二的不可置换的工业产品，要求在工作过程中不能轻易发生事故，因此必须重视每个附件的制作质量。在制作附件方面，影响附件质量的因素有很多，除与电缆本体的质量、电缆附件制作的设计、用于制作附件的材料部件的性能等因素有关外，还与电缆工人对影响附件质量因素的了解，对附件质量标准的了解、对操作工艺的了解和操作时的认真程度等个人素质高低有关，由此可见，为了提高电缆附件的制作质量，加强电缆工人的培训，提高其个人素质是很有必要的。

随着电力电缆制造技术的进步和性能更优的新型绝缘材料的应用，橡塑电力电缆已是当今的主导电力电缆。橡塑电缆就是采用具有高绝缘强度的橡胶、聚氯乙烯、聚乙烯、交联聚乙烯等可塑性材料作为电力电缆的绝缘层而制成的电力电缆。交联聚乙烯绝缘材料是用高能射线或化学剂作用在聚乙烯绝缘材料上，使其分子结构由线状结构改变成三度空间的网状结构，极大地提高了材料的耐热性和机械性能。

因为在10~35kV中应用的主导电力电缆是交联聚乙烯电力电缆，所以相应制作的10kV电缆附件就是交联聚乙烯电缆附件。因此，下文只介绍10kV交联聚乙烯电缆（简称"交联电缆"，交联聚乙烯的代号为XLPE）的五种附件的制作方法，即10kV交联电缆热缩终端、10kV交联电缆冷缩终端、10kV交联电缆绕包型接头、10kV交联电缆热缩接头、10kV交联电缆冷缩接头的制作方法。

9.2.2 10kV交联电缆户内与户外热缩终端的制作

终端分为户内终端和户外终端。户内终端用于户内、户外终端用于户外。因用于制作附件的部件有热缩部件和冷缩部件两种，故又将附件分为热缩附件和冷缩附件。户内终端、户外终端的主要区别在于：户内终端没有防雨裙（俗称伞裙），户外终端安装有防雨裙（10kV户外终端每相安装有2~3个防雨裙）。除此之外，两者在制作工艺上基本相同。因此，将户内、户外热缩终端的制作方法综合在一起进行介绍。

10kV交联电缆户内与户外热缩终端制作的流程图如图9.2-1所示。流程图中的（a）电缆为无钢铠电缆，（b）电缆为有钢铠电缆。

现按流程图所列的作业项目顺序逐项说明其作业内容、制作方法、质量要求。

流程（1）：流程（1）是制作热缩终端之前要做的准备工作。

制作热缩终端的准备工作，主要包括人员准备工作、作业工具的准备工作、部件与材料的准备工作。此外，还包括安全技术措施的准备工作，例如工作票和作业工棚，当遇雨、大风、沙尘天气，应准备能遮风挡雨的作业工棚。

1) 人员的准备。

工作负责人1人，技术负责人1人，作业人员2人，辅助工4人。

2) 工具的准备。

应按表9.2-1的工具清单准备工具。

3) 材料的准备。

应按表9.2-2和表9.2-3的清单准备作业用的主要部件和辅助材料。

流程（2）：流程（2）的操作是确定（a）和（b）电缆外护层的切剥长度和切剥外护层。电缆外护层的切剥长度就是为了制作电缆终端而切剥电缆末端的外护层，使电缆中的钢铠、钢铠里面的内护层、铜屏蔽层、三根线芯能依次显露出来的长度。

1) 确定外护层的切剥长度。

在一般情况下，应按终端部件生产厂家提供的制作终端的说明书来确定电缆外护层的切剥长度和外护层内部的各个构造层的切剥位置线。但是当没有厂家的说明书时，可按表9.2-4所列的L和K值来确定10kV交联电缆热缩终端的外护层的切剥长度。外护层的切剥长度等于表中L长度和K长度之和，其切剥长度的位置线如图9.2-2所示。

2) 切剥外护层的方法。

首先，在外护层上加装卡子或绑扎线。卡子或绑扎线加装在外护层切剥位置线的下方，如图9.2-2所示。

```
(1) 制作(a)和(b)电缆热缩终
端之前的准备工作:人员准备
工作、作业工具的准备工作、
部件与材料的准备工作
           │
           ▼
(2) 确定外护层的切剥长度和
切剥外护层,(a)电缆露出铜
屏蔽带,(b)电缆露出钢铠,
见图9.2-2
           │
           ▼
(3) 确定(b)电缆钢铠的
切剥长度,见图9.2-2
           │
           ▼
(4) 切剥(b)电缆的钢铠,
露出内护层,再确定内
护层切剥长度和进行切
剥,露出铜屏蔽带,见
图9.2-2
           │
           ▼
(5) 在(a)和(b)电缆的外护层
切剥线下方的外护层表面涂
密封胶,涂胶长度为80mm,
见图9.2-2
           │
           ▼
(6) 先确定铜屏蔽带的切剥长度
和进行切剥,露出外半导
电层,再确定其切剥长度和
进行切剥,露出包着芯线的
绝缘层,最后在铜屏蔽带上
焊接地带和在接地线上焊防
潮段,见图9.2-2
           │
           ▼
(7) 清洁(a)或(b)电缆的绝缘
层表面,在切断外半导电层
的端口处缠绕应力控制胶带
(黄色),然后在绝缘层表面
涂少许硅脂
```

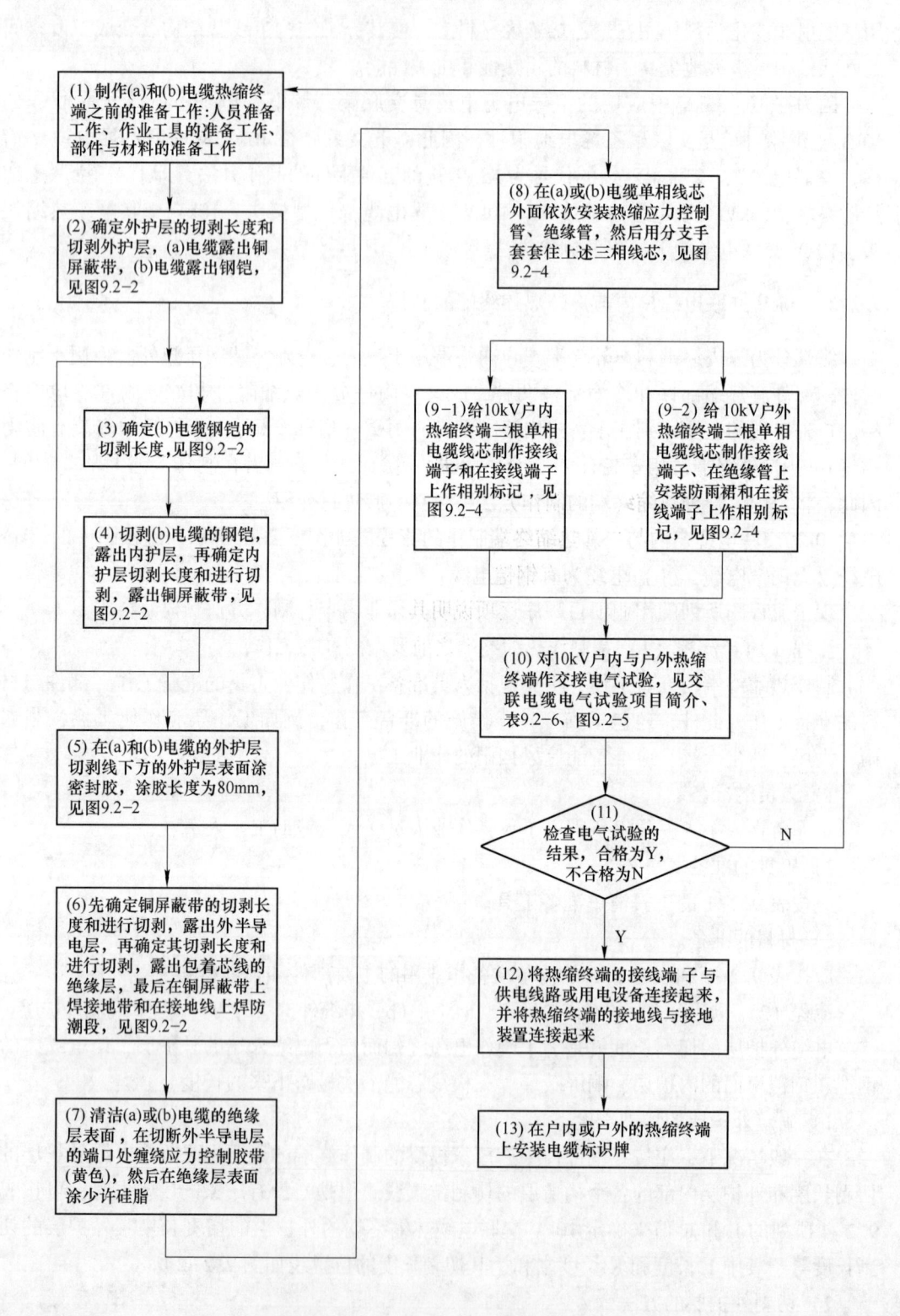

(8) 在(a)或(b)电缆单相线芯外面依次安装热缩应力控制管、绝缘管,然后用分支手套套住上述三相线芯,见图9.2-4

(9-1) 给10kV户内热缩终端三根单相电缆线芯制作接线端子和在接线端子上作相别标记,见图9.2-4

(9-2) 给10kV户外热缩终端三根单相电缆线芯制作接线端子、在绝缘管上安装防雨裙和在接线端子上作相别标记,见图9.2-4

(10) 对10kV户内与户外热缩终端作交接电气试验,见交联电缆电气试验项目简介、表9.2-6、图9.2-5

(11) 检查电气试验的结果,合格为Y,不合格为N

(12) 将热缩终端的接线端子与供电线路或用电设备连接起来,并将热缩终端的接地线与接地装置连接起来

(13) 在户内或户外的热缩终端上安装电缆标识牌

图 9.2-1　制作 10kV 交联电缆户内与户外热缩终端的流程图

表 9.2-1 工 具 清 单

序号	工具名称	规格	单位	数量	备 注
1	钢锯弓		把	1	
2	钢卷尺	2m	把	1	
3	一字螺钉旋具	1″	把	1	
4	电工刀		把	1	
5	裁纸刀		把	1	锯片另列在部件与材料清单中
6	木柄榔头（锤）		把	1	
7	液化气（丙烷）	5kg/罐	罐	1	
8	液化气喷枪		把	1	若无液化气与喷枪可用喷灯替代
9	高速电锯		把	1	
10	液压钳	≥40t	把	1	
11	锉刀		把	1	
12	烙铁		把	1	
13	钢丝钳		把	1	
14	油漆刷		把	2	
15	钢丝刷		把	1	

表 9.2-2 主要部件清单（一个终端使用的部件）

序号	部件名称	单位	数量	备 注
1	应力管	根	3	表中部件均为热缩型的户内或户外终端部件。部件尺寸必须与所用电缆的型号、规格相匹配。
2	绝缘管	根	3	
3	分支手套（三指手套）	副	1	
4	铜（或铝）接线端子	副	3	
5	接线端子的密封管	根	3	

表 9.2-3 辅助材料清单

序号	辅材名称	规格	单位	数量
1	工业酒精和无水酒精纸			
2	棉纱			
3	白布			
4	多股软铜线	10mm^2、25mm^2		
5	乙烯带			
6	焊铅			
7	焊锡膏			
8	专用砂纸			
9	钢锯架和锯片			
10	密封胶（热熔胶）			
11	801硅脂			

表 9.2-4　10kV 交联电缆热缩终端的 L 与 K 的切削尺寸　　　　单位：mm

名　　称	户内	户外
绝缘层的切剥长度 K	接线端子孔深+5	
无铠装电缆，直接连接时 L	300	650
无铠装电缆，交错连接时 L	450	750
有铠装电缆，直接连接时 L	350	700
有铠装电缆，交错连接时 L	500	800

注：1. 表中的 L 长度是最小要求的长度，实际长度根据实际情况确定。
　　2. 直接连接是指终端的接线端子直接连接到电气设备或电线的连接点上。交错连接是指终端的接线端子先与过渡导线的一端连接，再将过渡导线的另一端连接到电气设备或电线的连接点上。
　　3. 接线端子孔深就是用来制作接线端子的压接圆管的管内设有的供电缆芯线插入的管孔的长度。

其次，切割外护层。先在外护层切剥线处用电工刀环切外护层，再从环切线起向电缆端头方向沿外护层轴线切割外护层。为了防止伤及外护层下面的铜屏蔽带（对于无钢铠的电缆而言）或者伤及外护层下面的钢铠（对于有钢铠的电缆而言），切割外护层时要细心，不能一次切割到位，要进行多次试切，直到恰好切断外护层为准。

最后，剥除被切断了的外护层和拆除加装在外护层上的卡子或绑扎线。剥除外护层后，(a) 电缆，即无钢铠的电缆将露出铜屏蔽带，(b) 电缆，即有钢铠的电缆将露出钢铠，如图 9.2-2 所示。

流程（3）：流程（3）的操作是确定 (b) 电缆钢铠的切剥线，外护层切剥线至钢铠切剥线的距离是 30mm，如图 9.2-2 所示。

流程（4）：流程（4）的操作是切剥 (b) 电缆的钢铠，露出内护层，再确定内护层的切剥线和切剥内护层，露出包着线芯的三根铜屏蔽带。钢铠切剥线至内护层切剥线的距离是 10mm。然后，在钢铠上焊接地线和在该接地线上加焊防潮段，如图 9.2-2 所示。

1) 切剥钢铠的方法。

按以下方法切剥钢铠：

首先，在钢铠切剥线的下方加装专用卡子或绑扎线。

其次，沿钢铠切剥线用钢锯环锯钢铠，锯入深度为钢铠厚度的 1/2。

最后，将被锯过的每条钢铠带按其反螺旋方向回松到锯口处，再用钢丝钳将其折断。但保留加装在钢铠上的专用卡子或绑扎线。剥除钢铠后便露出内护层。

2) 切剥内护层的方法。

内护层分为金属内护层和非金属内护层。常用的金属内护层是铅内护层和铝内护层。常用的非金属内护层是聚氯乙烯内护层和聚乙烯内护层。

切剥铅内护层的工具是电工刀和钢丝钳。切剥铝内护层的工具是钢锯、铁锤和专用的剖铝刀。下文只介绍切剥铅内护层的方法，不介绍切剥铝内护层的切剥方法。

切剥铅内护层的方法如下：

首先，在铅内护层的切剥线处，用电工刀环切铅内护层。

其次，从环切线起向铅内护层端部（即向电缆端头方向）作双线式切割，即沿铅内护层平行切割两条线，两切线之间的距离为 5～10mm。注意，作环切割和双线式切割时，

(a)无铠装电缆 (b)有铠装电缆

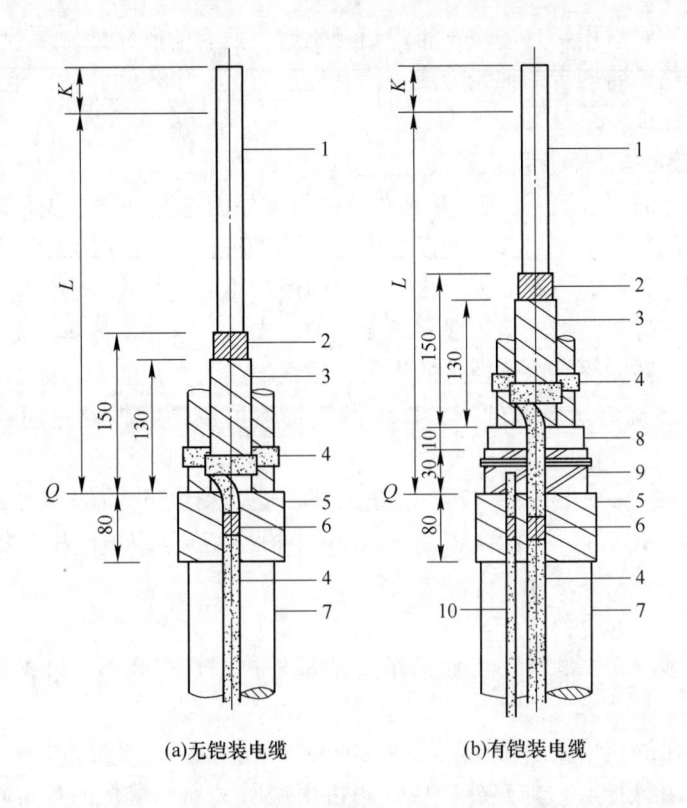

图 9.2-2 制作 10kV 交联电缆户内和户外热缩终端时的切剥位置线与接地处理示意图（长度单位为 mm）

1—绝缘层；2—外半导电层；3—铜屏蔽带；4——根单相铜屏蔽带的接地线；5—密封胶（红色）；
6—防潮段；7—外护层；8—内护层；9—钢铠；10—钢铠的接地线；
K—绝缘层的切剥长度；Q—外护层的切剥线

注：在图 9.2-2（b）图中，把钢铠和铜屏蔽带的接地线都安装在电缆的正面上，实际上钢铠的接地线安装在电缆的背面。用作钢铠电缆的铜屏蔽带的接地线必须是有绝缘层的导线。

切割深度不超过铅内护层厚度的 1/2。

最后，在铅内护层的端部，用钢丝钳夹住端部 5~10mm 的铅内护带的带端向环切线方向撕拉，将铅内护层的带条撕下，接着将剩下的全部铅内护带撕下，此时便露出三根包着外半导电层和线芯的铅屏蔽带。

切剥非金属内护层是用切剥外护层的方法切剥非金属内护层。这是因为用于制作非金属内护层的材料与制作外护层的材料是相同的。

3）在钢铠上焊接地线的方法。

用于交联电缆终端的钢铠上的接地线必须是带绝缘层的铜丝绞合导线（简称"绝缘导线"），其截面积应不小于 10mm^2。

在钢铠上焊接地线的位置如图 9.2-2（b）所示。

用于焊接地线的工具是烙铁和砂纸，所采用的焊料是焊铅和焊锡膏。

将用作接地线的绝缘导线焊接到钢铠上的方法：首先，剥除绝缘导线端头处一小段的绝缘层露出铜丝，用砂纸将要焊接地线的钢铠处和铜丝砂磨干净。其次，分别在两者的砂净处涂上少量焊锡膏，用烧热的烙铁将焊铅分别镀到两者的砂净处。最后，将两者的镀铅处放在一起，用烙铁将两者的镀铅熔成一体。经过以上三个步骤，就把绝缘导线焊接在钢铠上面了。

4）在钢铠接地线上焊接防潮段的方法。

如图9.2-2（b）所示，使钢铠接地线从密封胶外面通过（注：先作防潮段）钢铠接地线中的防潮段的位置是密封胶长度段的中部。防潮段的长度约20mm，须将绝缘线该长度段的绝缘层剥除。所谓防潮段就是将钢铠接地线使用的绝缘导线中的防潮段的绝缘层剥除露出铜丝段，用焊铅将铜丝熔焊成一段无孔隙的实体，这个实体具有阻止潮气顺着绝缘导线铜丝之间的孔隙向终端内部侵入的作用，使终端成为真正的密封体。如果不制作防潮段，最后制成的终端仍是虚假的密封体，潮气仍然可以顺着铜丝之间的孔隙进入终端内部。

流程（5）：在（a）电缆和（b）电缆的外护层切剥线下方的外护层表面涂密封胶，如图9.2-2（a）和（b）所示，密封胶涂在外护层切剥线的下方，涂密封胶的长度为80mm。

涂密封胶的方法如下：

首先，用棉纱蘸无水酒精（工业酒精）清洗外护层切剥线下方外护层的表面，清洗长度约150mm。

其次，将熔化的热熔胶涂在规定范围内的外护层的表面。涂胶的方法是一边用喷枪火焰（火焰不能对着外护层）加热外护层，一边用铁质灰刮将熔化的热熔胶均匀地涂在外护层的表面。

粘附在外护层表面的热熔胶冷却后形成的胶层就是密封胶。

流程（6）：先确定（a）电缆和（b）电缆中的铜屏蔽带的切剥线和切剥铜屏蔽带，露出外半导电层。接着确定外半导电层的切剥线和切剥外半导电层，露出三根包着芯线的绝缘层。铜屏蔽带切剥线至外半导电层切剥线的距离是20mm。最后在铜屏蔽带上焊接地线和在该接地线上焊防潮段。**注意**：在每个单相铜屏蔽带上都要焊接接地线和防潮段。上述操作的具体步骤如下：

1）确定铜屏蔽带和外半导电层的切剥线。

外半导电层是包绕在绝缘层外面的半导电层。从图9.2-2（a）和（b）可知，在无钢铠和有钢铠的10kV交联电缆的热缩终端中，对于无钢铠电缆而言自外护层切剥线至铜屏蔽带切剥线之间的距离是130mm。对于有钢铠电缆而言，自外护层至钢铠切剥线的距离是30mm，钢铠切剥线至内护层切剥线的距离是10mm，自内护层切剥线至铜屏蔽带切剥线的距离是130mm。

2）切剥铜屏蔽带。

用于切割铜屏蔽带的工具是电工刀。切剥铜屏蔽带的方法如下：

首先，在铜屏蔽带切剥线的下方，用镀锡的铜丝绑扎铜屏蔽带两圈。

其次，用锋利的电工刀在铜屏蔽带的切剥线处环切铜屏蔽带，随后将切断后的铜屏蔽带剥除。但须注意，切割铜屏蔽带时不可一次加力切割到位，要分多次细心地切割，以免割伤铜屏蔽带下的外半导电层、绝缘层。接着剥除包在绝缘层外面的半导电层。

最后，拆除绑扎在铜屏蔽带上的镀锡铜丝绑扎线。

3) 在三根单相的铜屏蔽带上焊绝缘接地线和在接地线上焊防潮段。

用于交联电缆终端的铜屏蔽带的接地线须是带绝缘层的铜丝绞合导线（简称"接地绝缘导线"），要将剥除了绝缘层的用于接地的铜丝环绕在每个单相的铜屏蔽带上，接地线的截面积应不小于 25mm²。该绝缘接地线从密封胶段外面通过，同时须在经过终端的密封胶段中间位置的接地绝缘导线上焊防潮段，其长度约为 20mm，要先剥除绝缘接地线该长度处的外绝缘层。将接地绝缘导线焊接在铜屏蔽带上的方法和在接地绝缘导线上焊防潮段的方法与将接地绝缘导线焊接在钢铠上的方法和在钢铠接地绝缘导线上焊防潮段的方法相同。

4) 切剥绝缘层外面的外半导电层的方法。

有两种外半导电层，一种是用挤塑方法制成的可直接剥离的外半导电层；另一种是不可直接剥离的外半导电层。切剥这两种外半导电层的方法是不同的。

可直接剥离的外半导电层可采用切剥内护套的双线式切剥法来切剥，具体的切剥法如下：

首先，用电工刀沿半导电层的切剥线环切半导电层。

其次，用电工刀从环切线起向电缆端头方向沿电缆轴线方向切割外半导电层，要求切割两条，两条切割平行线之间的距离为 5~10mm。对半导电层做上述切割时，切割深度只能为外半导电层厚度的 1/2。

最后，用手将 5~10mm 宽的外半导电层的条带撕拉起来，并剥除需剥除的外半导电层。

不可直接剥离的外半导电层可用刮除法和加热剥除法来切剥外半导电层。

刮除法的切剥方法如下：从外半导电层的切割线起，用玻璃碎片或刀具刮除需剥除的外半导电层。刮除时要注意尽可能少地刮去外半导电层下方的绝缘层。

加热剥除法的切剥方法如下：用喷枪（或喷灯）火焰均匀地加热外半导电层，使外半导电层的温度达到可剥除外半导电层时的温度。在达到可直接剥除外半导电层的状态下，直接剥除需剥除的外半导电层。

但需注意，采用加热剥除法时，要注意不能使外半导电层下面的绝缘层因过热而损坏其绝缘性能。DL/T 1253—2013《电力电缆运行规程》的附录 A 规定，交联聚乙烯电缆的导体在额定负荷时的最高允许运行温度为 90℃，在短路时的最高允许温度为 250℃。因为电缆导体的允许温度取决于电缆绝缘层的耐受温度，由此可知，并联电缆绝缘层的额定允许温度不宜超过 90℃，短暂的最高允许温度不宜超过 250℃。

流程（7）：清洁绝缘层表面，在切断外半导电层的端口处缠绕应力控制胶带（黄色），在绝缘层表面涂少许硅脂。

清洁绝缘层表面、缠绕应力控制胶带、在绝缘层表面涂硅脂是安装应力控制管、绝缘管、分支手套（三指手套）的前期准备工作。

1) 清洁绝缘层表面的方法。

如果电缆内部有水分、杂质、粉尘，将会大大地降低电缆的绝缘强度和耐压水平，为此制作工艺规定，在安装绝缘部件之前必须清洁绝缘层的表面，清除其表面上的水分、杂质、污垢。清洁绝缘层表面的操作方法如下：

首先，用专用砂纸砂平打光三根电缆线芯的绝缘层表面。

其次，用棉纱蘸无水酒精（工业酒精）擦拭绝缘层表面。

最后，用无水酒精纸巾擦拭绝缘层表面。

注意：若某张无水酒精纸巾曾擦拭过外半导电层，那么就不能再用该张无水酒精纸巾去擦拭绝缘层表面，因为该张无水酒精纸巾会把外半导电层中的粒子带到绝缘层表面，这将会大大降低电缆附件的绝缘水平。

2）在外半导电层端口处缠绕应力控制胶带（黄色）的方法。

外半导电层端口就是外半导电层的切剥位置线处，如图 9.2-2 所示。

在外半导电层端口处缠绕应力控制胶带（黄色）就是在端口处制作一个反应力锥。其目的是降低该处的应力集中。材料力学上的应力是材料截面上单位面积上承受的力（N/cm^2），而这里的应力是指电场中正、负极之间单位长度上承受的电压（V/cm）。简单地讲，反应力锥是削成或缠绕成铅笔头状（圆锥台状）的作为导电体绝缘的绝缘体。

在外半导电层端口处缠绕应力控制胶带（黄色）的方法如下：

首先，确定缠绕应力控制胶带的范围。

确定缠绕应力控制胶带（又名应力疏散胶带）范围的方法是在外半导电层切剥位置线以上 5~10mm 处的绝缘层上画一条水平线 1，再在外半导电层切剥位置线以下 5~10mm 处的外半导电层上带画水平线 2，于是在水平线 1 和水平线 2 之间的 10~20mm 线芯区域就是缠绕应力控制胶带的范围。说明：没有将缠绕应力控制胶带的范围标示在图 9.2-2 上。

其次，缠绕应力控制胶带（黄色）。

应力控制胶带就是缠绕在电缆屏蔽末端的绝缘层表面上改变该处电场分布的自粘性橡胶带。

先将应力控制胶带的端头沿水平线 1 粘在绝缘层的表面上，然后拉薄应力控制胶带用半重迭法向下连续将拉薄的应力控制胶带包绕至水平线 2 为止，要使包绕在绝缘层表面和外半导电层表面的应力控制胶带的形状呈铅笔头形状。

3）在绝缘层表面涂少许硅脂的方法。

硅脂具有一定的导电能力。在绝缘层表面涂少许硅脂（如 801 硅脂）相当于在绝缘层表面加上一层半导电层，其作用是使绝缘层与之后热缩的应力控制管、绝缘管能产生良好的接触。

流程（8）：依序安装热缩应力控制管、绝缘管、分支手套并依次进行热缩。

电缆每相绕芯上的应力控制管、绝缘管的安装位置和电缆的分支手套（即三指手套）的安装位置如图 9.2-4 所示。

首先说明，依次热缩应力控制管、绝缘管、分支手套（三指手套）等时，应注意以下四点：

注意一：截面积相同的电缆，其户内和户外的热缩终端都应安装上述相同的热缩管（即应力控制管和绝缘管）。

注意二：要一根一根地将热缩管（即应力控制管和绝缘管）套到线芯上并热缩。套一根热缩一根。完成热缩一根后再套一根，热缩一根。

注意三：对热缩管作热缩时，一般从热缩管中间起先向热缩管的一端头方向均匀加热，完成一端的加热后再回到中间向另一端头方向加热。

注意四：当热缩后的热缩管的温度冷却到环境温度后，才可加力到该热缩管上。

热缩应力控制管、绝缘管、分支手套的方法如下：

1）热缩应力控制管（简称应力管）的方法。

应力管是在工厂预制而成的具有应力锥作用的热缩管。

应力锥是中间直径大两端直径小的橄榄状的在电缆金属内护套或屏蔽层的切断口附近包绕在金属内护套和绝缘层外面的绝缘体，其作用是降低该段绝缘层的应力集中。

安装一根应力管的方法如下：

①将一根应力管套到如图9.2-2所示的按规定切剥和处理过的线芯上，并使应力管的下端覆盖20mm长的铜屏蔽带。

②热缩应力管，先热缩一端再热缩另一端。具体的热缩方法是用喷枪黄色的火焰从应力管的中部起一边绕着应力管旋转，一边向上方移动，使应力管由下向上逐渐热缩。然后将喷枪移到中部继续热缩下端的应力管。当然，也可以先热缩下端的应力管，再热缩上端的应力管，其热缩效果是一样的。当完成上述步骤后，应力管应紧密地覆盖在线芯的绝缘层、外半导电层、铜屏蔽带外面。应力管热缩后的情况如图9.2-4所示。

2）热缩一根绝缘管的方法。

首先，将一根热缩绝缘管套到已热缩在一根线芯上的应力管的外面，并将热缩绝缘管的下端管口拉到接触内护层切剥线处（当电缆为铠装电缆时）或拉到接触外护层切剥线处（当电缆为无铠装电缆时）。

其次，热缩绝缘管。其热缩方法与热缩应力管的方法相同。热缩后的绝缘管如图9.2-4所示。

最后，在三根热缩管热缩完毕后，在其分叉处的空隙内填充热熔胶。

3）热缩分支手套（即三指手套）的方法。

①像将手套戴到人的手掌一样，将绝缘三指手套戴到电缆的三根线芯上，并将三指手套的三指汇合处（即三指的根部）拉到三根线芯的根部汇合处，此时三指手套的套口边就到了密封胶段的底线处。

②热缩三指手套。用喷枪黄色火焰从三指手套的三指根部的汇合处起一边绕着指套旋转一边向上移动，使三指手套的指套由下向上逐渐热缩。当三个指套热缩完毕后，再将喷枪移到三指根部汇合处向下热缩三指手套的套口。当然，也可以反过来，先热缩手套的套口，后热缩手套的指套，其热缩效果是一样的。热缩后的三指手套（分支手套）的情况如图9.2-4所示。

流程（9-1）：给10kV户内热缩终端安装接线端子。

（9-1）的操作内容：安装接线端子，且在各相线芯端头处的绝缘层的切剥长度、切剥绝缘层、安装接线端子的圆管、在圆管上安装密封管、在密封管上作相别标记。

在介绍热缩应力控制管、绝缘管、分支手套的安装操作方法时曾讲过：每当热缩一种热缩管之后，都要等待该热缩管冷却至环境温度时才能在该热缩管上施力，换言之，只有当热缩管冷却至环境温度之后，才能用力触碰该热缩管，才能继续在该热缩终端上进行其他工作。因为接线端子的安装工作只能在完成热缩应力控制管、绝缘管、分支手套等工序之后才能进行，且在安装接线端子之前，在切剥每根线芯端头的绝缘层和压接接线端子的压接管时，都要在热缩后的热缩管上用力，所以，接线端子的安装工作必须在热缩上述热缩管和热缩管完全冷却之后才能进行。

下面是流程（9-1）安装接线端子的各步骤与操作方法。

1）确定绝缘层的切剥长度。

根据交联电缆的截面积规格确定线芯端部绝缘层的切剥长度 K，即确定绝缘层的切剥线和确定接线端子的规格。

可从表 9.2-4 查得每根线芯端部绝缘层的切剥长度 K。

K = 接线端子孔深 + 5mm。根据该电缆接线端子的规格查其孔深。

其中，5mm 是为端子的圆管被压接后所产生的伸长量的预留量。

确定绝缘层的切剥线的方法：从线芯上绝缘层端头起向外护层方向量取 K 长度，线芯上 K 长度的止点处就是绝缘层的切剥线，如图 9.2-2 所示。

2）切剥绝缘层。

可用电工刀作为切剥绝缘层的刀具。自线芯绝缘层端头至切剥线之间的绝缘层就是安装接线端子所要切剥的绝缘层的长度。

切剥绝缘层的方法：先沿切剥线环切绝缘层，再从环切线起顺着线芯轴线向线芯端头方向切割绝缘层。切割绝缘层时要小心，不能伤及绝缘层下面的芯线（导体），最后用手将切割后的绝缘层剥除，露出芯线（即导线）。

3）将绝缘层切断口处的断面切削成铅笔头状（反应力锥）。

首先，用电工刀斜切断口处的绝缘层一周，使斜切后的绝缘斜面与芯线之间的夹角（俗称为倒角）不小于 45°，成为一个粗糙的铅笔头。

其次，用电工刀或碎玻璃片修整粗糙的铅笔头，再用砂纸砂平，打光铅笔头的斜面，使之成为精致的铅笔头。

最后，用无水酒精纸巾清洁铅笔头。

4）用工业酒精（或汽油）清洗芯线（导线）和接线端子金属圆管内孔壁。对于铅芯线，除用工业酒精（或汽油）清洗芯线之外，还应在芯线表面涂上少许硅脂，并用钢丝刷刷除铅芯表面的氧化膜，但刷后仍保留其硅脂。

5）将经清洗过的芯线插入接线端子的圆管孔内，并插入到管底。将芯线插入圆管孔后，当管口外面只有 5mm 长的芯线时，就表示芯线已插至管底。

6）用压接钳围压接线端子的圆管。

围压是用压接钳产生的压力从四周向内压缩金属圆管，使被压缩部位的横截面由圆形变成六角形，从而使导线与金属圆管连接成一体。

用压接钳围压电缆终端的接线端子的金属连接圆管和直线接头的金属连接圆管时，施加在金属圆管上的压模之间的尺寸和压接顺序应符合图 9.2-3（a）和表 9.2-5 的规定。

(a) 接线端子的圆管与平板

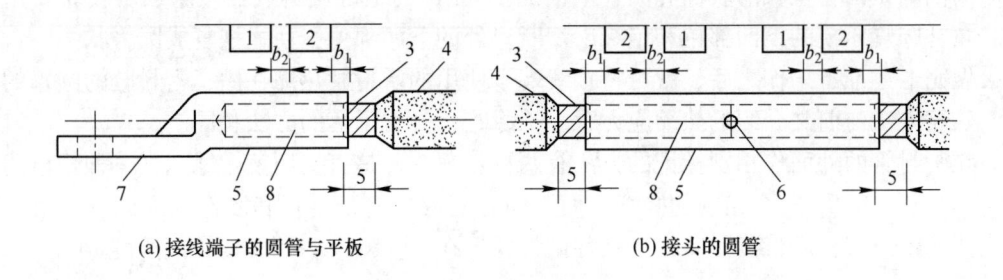

(b) 接头的圆管

图 9.2-3 接线端子与接头的圆管的压模间距和压接顺序
1、2—压模的位置与压接顺序；3—芯线；4—绝缘层；5—金属（铝或铜）压接圆管；
6—接头的压接圆管的截止坑；7—接线端子平板；8—管孔

表 9.2-5 压模间距及压模至管端的距离   单位：mm

导体标称截面 /mm²	铜压接圆管 压模至管端距离 b_1	铜压接圆管 压模间距 b_2	铝压接圆管 压模至管端距离 b_1	铝压接圆管 压模间距 b_2
10	3	3	3	3
16	3	4	3	3
25	3	4	3	3
35	3	4	3	3
50	3	4	5	3
70	3	5	5	3
95	3	5	5	3
120	4	5	5	4
150	4	6	5	4
185	4	6	5	5
240	5	6	6	5
300	5	7	7	6
400	5	7	7	6

压接时的注意事项：每个压模压接到位后，须停留 10~15s 再拆除压模；围压后，每个压模位置部位应光滑，不应有裂纹和毛刺，所有压模边缘不应有尖端。

7）安装接线端子密封管和在密封管外面作相别标记。

在接线端子的金属圆管（简称"圆管"）上面热缩密封管之前应做好以下两项准备工作：一是用工业酒精或汽油清洗经压接后的圆管的表面；二是在圆管的表面涂密封胶。涂密封胶就是涂热熔胶，冷却后的热熔胶就是密封胶（在图 9.2-4 的接线端子中没有画出密封胶），涂热熔胶的方法详见 9.2.2 节中热缩终端制作流程（5）的说明部份。涂密封胶的范围是圆管全长的表面和圆管下面的 2mm 长的绝缘层的表面。涂热熔胶时要用热熔胶填补圆管压模的下凹部位和绝缘层切断口处的下凹部位，使之恢复成圆管状。

做完上述准备工作之后，就可将接线端子使用的密封管热缩在涂了密封胶的圆管的外部。热缩方法与前文介绍的热缩应力管、绝缘管、分支手套的方法相同。

在密封管的外面作相别标记的方法有两种：第一种是直接用黄、绿、红三种颜色的密封管套在 A、B、C 三个相别的圆管外面，同时完成热缩密封管和制作相别标记。第二种是先热缩密封管，后将黄、绿、红三种色带标记在 A、B、C 三个相别的密封管外部。

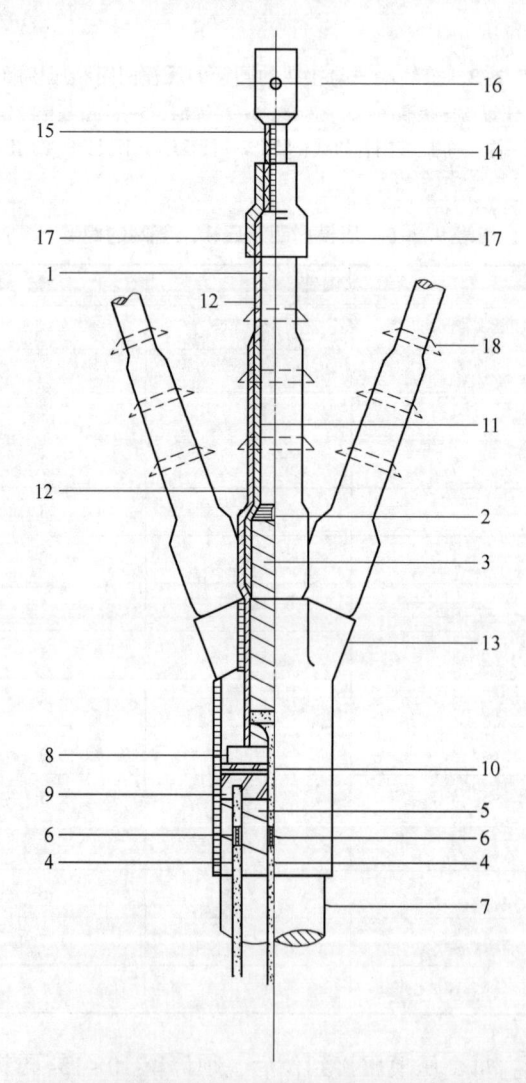

图 9.2-4　10kV 有铠装的交联电缆户内和户外热缩终端制作总图
1—XLPE 绝缘层；2—外半导电层；3—铜屏蔽带；4—钢铠的绝缘接地线（铜屏蔽带的绝缘接地线）；5—密封胶；6—防潮段；7—外护层；8—内护层；9—钢铠层；10—钢铠上的绑扎线；11—应力控制管；12—绝缘管；13—分支手套；14—电缆芯线；15—接线端子的压接管；16—接线端子的连接板；17—接线端子的密封管；18—防雨裙（户内终点站端无防雨裙）

流程（9-2）：给 10kV 户外热缩终端安装接线端子、防雨裙和作相别标记。

1）在 10kV 户外热缩终端每单相线芯上安装接线端子的方法与在户内热缩终端上安

装接线端子的方法相同。

2）在户外热缩终端的每个单相绝缘管上安装三个单孔防雨裙。

第一个防雨裙至分支手套的指套套口距离是 200mm，剩下两个防雨裙之间的距离是 60mm。不同相别的防雨裙之间的最小净距是 10mm。

安装防雨裙的方法：将单孔防雨裙套在绝缘管规定距离处的外面，裙腰朝上，裙摆朝下，接着热缩防雨裙。至此，就完成了户外热缩终端的制作。

流程（10）：对 10kV 户内与户外热缩终端作交接电气试验。

交接电气试验的试验项目和试验标准如下：

DL/T 1253—2013《电力电缆线路运行规程》（简称《电缆运行规程》）附录 E（规范性附录）电缆线路交接试验项目和方法的 E1 条规定，橡塑电缆线路的交接电气试验项目为：

1）主绝缘及外护层绝缘电阻测量。
2）主绝缘交流耐压试验。
3）检查电缆线路两端的相位。
4）电缆系统的局部放电测量。

E1 条还规定，对于 U_0/U 为 18/30kV 及以下橡塑电缆，当不具备主绝缘交流耐压试验条件时，允许用直流耐压试验和泄漏电流测量代替交流耐压试验。

交联电缆属于橡塑电缆。按照《电缆运行规程》附录 E（规范性附录）的规定对电气试验项目的试验方法和标准介绍如下：

1）主绝缘及外护层绝缘电阻的测量。

绝缘电阻表电压值的规定（根据 E3 条规定）：测量电缆绝缘时，用 2500V 绝缘电阻表；测量 6/6kV 及以上电缆绝缘时，也可用 5000V 绝缘电阻表；测量橡塑电缆外护层、内衬层的绝缘电阻时，使用 500V 绝缘电阻表。

测量绝缘电阻的方法（根据 E3 条、E2 条规定）：

E3 条规定：在进行电缆耐压试验之前和试验之后，都要测量电缆的绝缘电阻。

E2 条规定：对电缆主绝缘作绝缘电阻测量时，应在每一相上进行。其中，对于具有统包绝缘的三芯电缆，进行主绝缘的绝缘电阻测量时，分别对每相进行绝缘电阻测量，对一相作测量时，其他两相的导体、金属屏蔽或金属护层和铠装层一起接地。对于分相屏蔽的三芯电缆，进行主绝缘的绝缘电阻测量时，可以对一相或多相同时进行主绝缘的绝缘电阻测量，当对一相进行测量时，其他两相的导体、金属屏蔽或金属护层和铠装层一起接地；当对多相同时进行测量时，金属屏蔽或金属护层和铠装层一起接地。

绝缘电阻值的规定：

E3 条规定：在耐压试验之前和试验之后所测得的绝缘电阻值应无明显变化；橡塑电缆的外护层、内衬层的绝缘电阻值应不低于 $0.5M\Omega/km$。

2）橡塑电缆主绝缘交流耐压试验（根据 E5 条规定）。

E5 条规定：进行橡塑电缆交流耐压试验，应优先采用 20~300Hz 交流耐压试验，其试验电压和试验时间详见表 9.2-6 的规定。

当不具备上述 20~300Hz 交流耐压试验条件或有特殊要求时，可采用施加正常系统对地电压 24h 方法代替交流耐压试验。

3) 检查电缆线路两端的相位的方法。

检查电缆线路两端的相位就是在一根有三个线芯的首端与末端各有三个线头的电缆中，确认首端和末端中哪两个线头是属于同一根线芯的。

表 9.2-6　橡塑电缆 20~300Hz 交流耐压试验电压和试验时间表

额定电压 U_0/U（kV）	试验电压/kV	试验时间/min
18/30 及以下	$2.5U_0$（$2U_0$）	5（或 60）
21/35~64/110	$2U_0$	60
127/220	$1.7U_0$（或 $1.4U_0$）	60
190/330	$1.7U_0$（或 $1.3U_0$）	60
290/500	$1.7U_0$（或 $1.1U_0$）	60

检查电缆线路相位的方法有多种，例如有直流电源的直流电压表法、万用表法、兆欧表法。因为测量电缆绝缘电阻时已备有兆欧表，所以检查电缆线路相位的常用方法是兆欧表检查法。用兆欧表检查电缆线芯相位如图 9.2-5 所示。

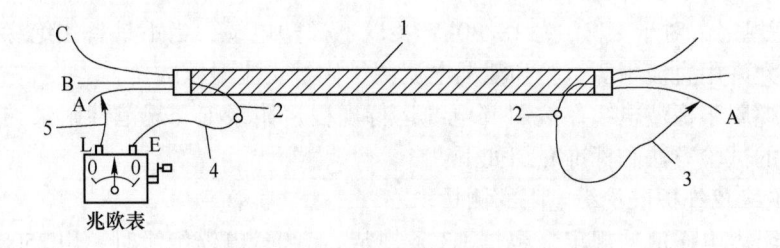

图 9.2-5　用兆欧表检查电缆线芯相位

1—电缆屏蔽层或铠装层；2—与屏蔽层或铠装层连接的接地线；
3、4、5—绝缘软导线；L—兆欧表的线路端钮；E—接地端钮

检查电缆线芯相位时需注意电缆左侧测量人与右侧的工作人员应通讯畅通以便相互告知测量情况和作标记。具体方法如下。

第一，将置于电缆左侧的兆欧表上的 4 号线与电缆接地线连接，将置于电缆右侧的 3 号线与接地线连接。

第二，测量人将兆欧表的 5 号线碰触电缆左侧的 A 相线头，同时摇动兆欧表，其表针将向"∞"方向移动（简称指向"∞"）。

第三，测量人通知电缆右侧人员用 3 号线碰触电缆右侧线头，同时摇动兆欧表，当碰触到的线头不是 A 相时，表针指向"∞"。当线头是 A 相时，表针就指向"0"。

这时就可判定表针指向"0"的右端的这个线头与左端的 A 相是同相位的线头。

第四，不变动电缆两侧的接地线，将兆欧表的 5 号线改接到电缆左侧的 B 相线头上，重复第三步的操作，就可找出同是 B 相的两端的线头。

显然，剩下的未检查的左、右侧的两个线头，是属于 C 相的两个线头。但是，为了可靠仍须进行确认操作。

当上述操作完毕和在两侧对应的线头上作好标记，以及将电缆充分对地放电，拆除全部接线后，整个检查相位工作才算完成。

安全注意事项：在摇动兆欧表状态下右侧工作人员在变动 3 号线去碰触线头时，要使用绝缘操作棒去操作 3 号线；工作人员接触电缆芯线之前要将电缆对地放电。

4）电缆系统的局部放电测量。

E9 条规定：66kV 及以上电压的橡塑电力电缆线路，在安装完成后，可结合交流耐压试验进行局部放电测量。35kV 及以下电压的橡塑电力电缆线路，在现场条件具备时，也可进行局部放电测量。

电缆内部放电量与电缆绝缘内部存在的空洞多少有关。局部放电量（简称"局放"）就是绝缘中的空洞的放电量。局放小则说明绝缘中的空洞少，绝缘施工质量好。判断橡塑电缆局放指标好坏的方法是比较三根线芯的局放。当局放异常大或局放已达到甚至超过提供局放测量仪的厂家推荐的极限值时，应研究解决办法；当局放明显大时，应在 3 个月或 6 个月内用同样的试验方法进行复查，如发现局放有明显的增大，应研究解决办法。

5）直流耐压试验及泄漏电流的测量（根据 E4 条规定）。

E4 条规定：18/30kV 及以下电压等级橡塑电缆的直流耐压的试验值为 $U_t = 4 \times U$。

E4 条规定：试验时，可分 4~6 个阶段均匀地升高试验电压直至试验电压的规定值。当试验电压到达每个阶段的电压值时，停留 1min 并读取该电压值时的泄漏电流值。当试验电压到达规定电压值时，读取停留在该电压值 1min 时的泄漏电流值，和停留在该电压值 15min 时的泄漏电流值。测量泄漏电流时应消除杂散电流的影响。

当电缆的泄漏电流具有下列情况，电缆绝缘可能有缺陷，应找出缺陷部位并予以处理。

①泄漏电流很不稳定。
②泄漏电流随试验电压升高急剧上升。
③泄漏电流随试验停留时间的延长有上升现象。

流程（11）：检查电气试验的结果。

电缆附件绝缘被击穿和试验的实测值不符合试验标准即认为附件质量不合格。

如果电气试验结果不合格，则应重作电缆终端，重新回到流程（1）准备工作阶段。如果电气试验结果为合格，则进入流程（12）。

流程（12）：将终端三个相色的接线端子与相同相色的电气设备或线路的连接点连接起来，并将终端的接地线与接地装置相连接。

流程（13）：在电缆终端上安装电缆标识牌。

电缆终端的标识牌式样如图 9.2-6 所示。

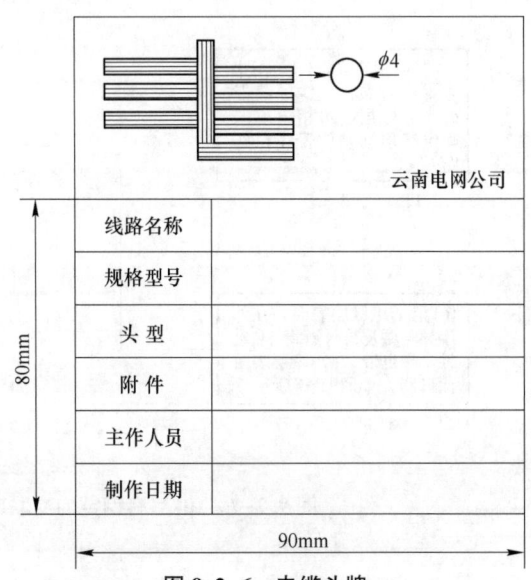

图 9.2-6　电缆头牌

9.2.3 10kV 交联电缆冷缩终端的制作

10kV 有钢铠的交联电缆的户内和户外冷缩终端的制作流程如图 9.2-7 所示。

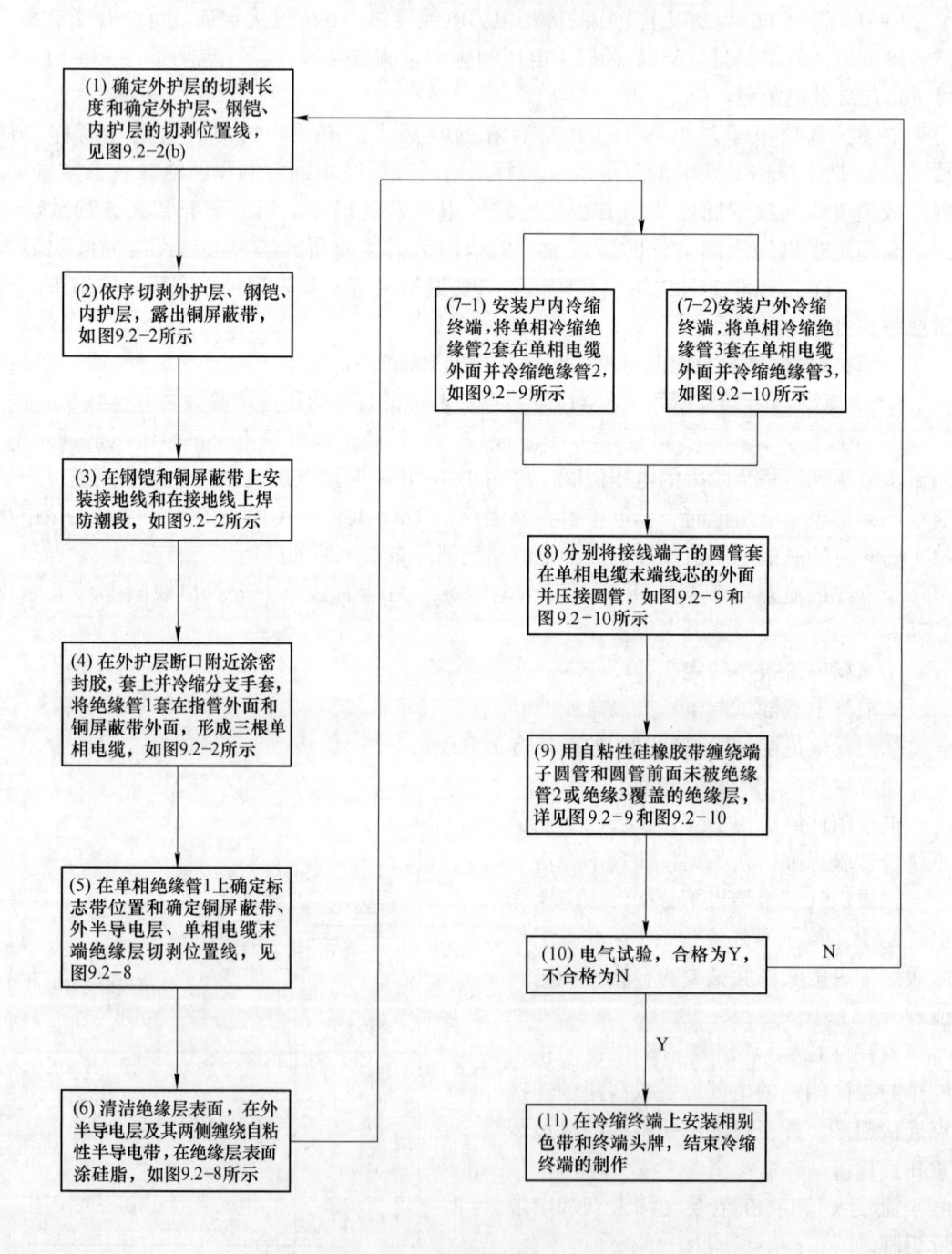

```
(1) 确定外护层的切剥长度和确定外护层、钢铠、内护层的切剥位置线，见图9.2-2(b)
      ↓
(2) 依序切剥外护层、钢铠、内护层，露出铜屏蔽带，如图9.2-2所示
      ↓
(3) 在钢铠和铜屏蔽带上安装接地线和在接地线上焊防潮段，如图9.2-2所示
      ↓
(4) 在外护层断口附近涂密封胶，套上并冷缩分支手套，将绝缘管1套在指管外面和铜屏蔽带外面，形成三根单相电缆，如图9.2-2所示
      ↓
(5) 在单相绝缘管1上确定标志带位置和确定铜屏蔽带、外半导电层、单相电缆末端绝缘层切剥位置线，见图9.2-8
      ↓
(6) 清洁绝缘层表面，在外半导电层及其两侧缠绕自粘性半导带，在绝缘层表面涂硅脂，如图9.2-8所示
      ↓
(7-1) 安装户内冷缩终端，将单相冷缩绝缘管2套在单相电缆外面并冷缩绝缘管2，如图9.2-9所示
  或
(7-2) 安装户外冷缩终端，将单相冷缩绝缘管3套在单相电缆外面并冷缩绝缘管3，如图9.2-10所示
      ↓
(8) 分别将接线端子的圆管套在单相电缆末端线芯的外面并压接圆管，如图9.2-9和图9.2-10所示
      ↓
(9) 用自粘性硅橡胶带缠绕端子圆管和圆管前面未被绝缘管2或绝缘3覆盖的绝缘层，详见图9.2-9和图9.2-10
      ↓
(10) 电气试验，合格为Y，不合格为N → N (返回)
      ↓ Y
(11) 在冷缩终端上安装相别色带和终端头牌，结束冷缩终端的制作
```

图 9.2-7 10kV 有钢铠的交联电缆的冷缩终端制作流程图

现将各流程的制作内容说明如下。

流程（1）：制作10kV有钢铠的交联电缆的冷缩终端，同制作10kV有钢铠的交联电缆的热缩终端一样，要首先确定电缆外护层、钢铠、内护层的切剥长度，确定切剥线的位置。制作电缆冷缩终端时，外护层的切剥长度，户内为650mm，户外为750mm。户内与户外的外护层的切剥位置线（简称"切剥线"）至钢铠切剥线的距离是30mm，钢铠切剥线至内护层切剥线的距离是10mm。上述切剥线的位置与热缩终端的切剥线位置相似，如图9.2-2（b）所示。

流程（2）：依序切剥外护层、钢铠、内护层，使三根外包着铜屏蔽带的单相电缆显露出来，如图9.2-2所示。

切剥外护层、钢铠、内护层的方法与制作热缩终端时切剥对应层的切剥方法相同。

流程（3）：分别在钢铠和铜屏蔽带上安装接地线和在接地线上焊防潮段，如图9.2-2所示。

钢铠接地线是截面面积不小于10mm^{2}的绝缘软铜丝导线。铜屏蔽带接地线是截面面积不小于25mm^{2}的绝缘软铜丝导线。两种接地线不能安装在电缆的同一侧，要分别安装在电缆的正面侧和背面侧。安装接地线的方法有两种：一种是锡焊法；另一种是专用恒力弹簧固定法。防潮段的长度为20mm，设在接地线经过外护层的涂密封胶段之内和外面。

在钢铠上安装好钢铠接地线之后，应在钢铠上面绕包一层自粘性绝缘带，同样在铜屏蔽带上面安装好铜屏蔽带的接地线之后，应在铜屏蔽带上面绕包一层自粘性绝缘带。在钢铠至铜屏蔽带之间的范围内用半重迭法绕包几层自粘性绝缘带。绕包时要将自粘性绝缘带拉长一倍。

流程（4）：首先，在外护层切剥线下方的外护层上涂密封胶，如图9.2-2所示。涂胶长度为50mm。其次，将冷缩分支手套套住三根单相电缆并拉动它直到分支手套的颈套包住外护层的密封胶段，然后将分支手套冷缩。最后，将单相绝缘管（简称"绝缘管1"）套住单相缆芯的铜屏蔽带外面并尽可能多地套在分支手套的一个指套外面，然后冷缩绝缘管1。对三相都作同样处理后就形成了三根单相电缆。绝缘管冷缩的方法是逆时针方向拉出管内的塑料芯绳，抽出芯绳后绝缘管就自行缩小其管径。

流程（5）：在绝缘管1上确定标志带，如图9.2-8所示。在绝缘管1上确定标志带位置的方法是从绝缘管1的右管口向绝缘管1的左边量取40mm，在长度的止点处就是标示带位置，在该位置缠绕一圈PVC胶带，该PVC胶带就是标志带。它就是在后面要安装的冷缩终端安装的起始点。

户内冷缩终端（即绝缘管2），它由在外面的绝缘管和在里面的应力控制管两个部件组成，是复合绝缘管。户外冷缩终端（即绝缘管3），它由在外面的防雨裙、绝缘管、应力控制管三个部件组成，是复合绝缘管。

铜屏蔽带的切剥线至绝缘管1右侧管口的距离是20mm，外半导电层切剥线至铜屏蔽带切剥线的距离是20mm。单相电缆绝缘层的切剥线至单相电缆末端的距离是K长度。K等于接线端子压接圆管的孔深加5mm。

切剥铜屏蔽带、外半导电层、绝缘层之后的单相电缆的形状示意图如图9.2-8所示。

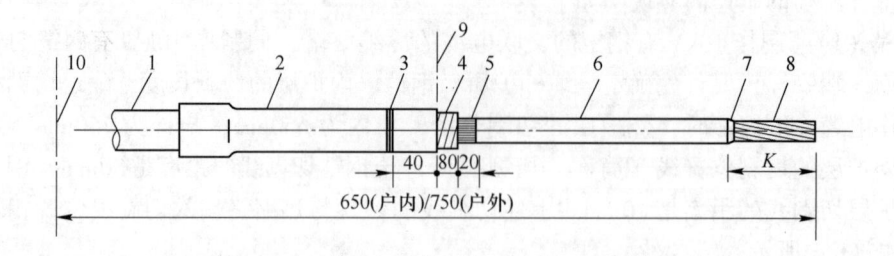

图 9.2-8　10kV 有钢铠的交联电缆单相冷缩终端的切剥尺寸

1—分支手套的指套；2—绝缘管 1；3—标志带（PVC 胶带）；4—铜屏蔽带；5—外半导电层；6—XLPE 绝缘层；7—绝缘层切断口的倒角；8—线芯（导线）；9—绝缘管 1 的右管口；10—三芯电缆外护层切剥线

流程（6）：在将绝缘管 2 或绝缘管 3 安装在单芯电缆上之前，依序在单芯电缆上进行以下操作：用清洁剂（工业酒精）清洁绝缘层表面；在外半导电层及其左侧 5mm 长的铜屏蔽带上和右侧 5mm 长的绝缘层上面缠绕两层自粘性半导电带；在 XLPE 绝缘层表面涂一层硅脂（如 801 硅脂）。

流程（7-1）：安装户内冷缩终端（它是应力控制管和绝缘管 2 的绝缘管的复合绝缘管），如图 9.2-9 所示。

将绝缘管 2 套在单相电缆的外面并将绝缘管 2 的左端头对齐标志带。接着冷缩绝缘管 2。

流程（7-2）：安装户外冷缩终端（它是应力控制管、绝缘管 3 的绝缘管、防雨裙的复合绝缘管），如图 9.2-10 所示。

将绝缘管 3 套在单相电缆的外面并将绝缘管 3 的左端头对齐标志带。接着冷缩绝缘管 3。

流程（8）：分别在单相电缆上安装接线端子。

将接线端子的圆管套在单相电缆的线芯（即导线）外面。压接接线端子的圆管。各种标称截面电缆的接线端子的压接尺寸见表 9.2-5。

流程（9）：用自粘性硅橡胶带密封接线端子。

密封的范围为绝缘管 2 或绝缘管 3 右端管口、未被绝缘管 2 或绝缘管 3 覆盖的绝缘层、接线端子的经压接后的圆管。

在密封接线端子时，首先要用自粘性硅橡胶带将压接后留在圆管上的下凹模口填平恢复成圆形，然后在密封范围上面缠绕自粘性硅橡胶带进行接线端子的密封。

密封接线端子后就完成了 10kV 有钢铠的交联电缆的户内或户外冷缩终端的制作。制作完成的户内、户外的一个单相冷缩终端如图 9.2-9 与图 9.2-10 所示。

流程（10）：电气试验。

冷缩终端电气试验的项目和标准与热缩终端的试验项目和标准相同。如果试验结果为不合格，则需重新制作终端。如果试验结果为合格，则进入流程（11）。

流程（11）：在三个单相冷缩终端上分别标上相别 A（黄）、B（绿）、C（红）相色和在终端上安装终端头牌，结束冷缩终端的制作。

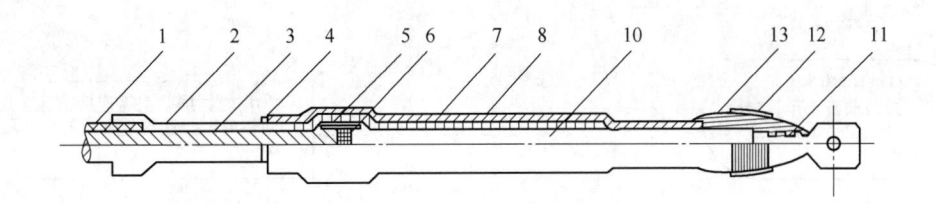

图 9.2-9　10kV 有钢铠的交联电缆户内单相冷缩终端结构图
1—分支指套的一个指套；2—绝缘管 1；3—钢屏蔽带；4—标志带；
5—自粘性半导电带；6—半导电层；7—应力控制管；8—绝缘管 2 的绝缘管；
10—绝缘层；11—接线端子；12—相色；13—接线端子的密封

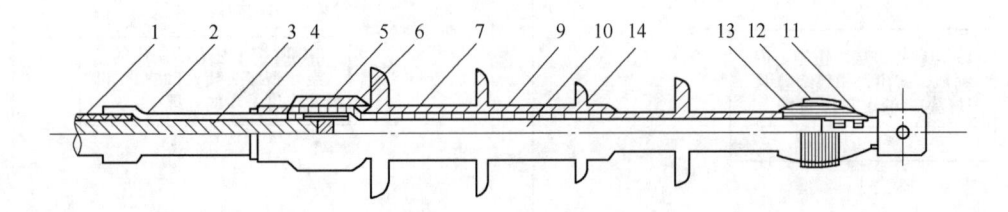

图 9.2-10　10kV 有钢铠的交联电缆户外单相冷缩终端结构图
1—分支手套的一个指套；2—绝缘管 1；3—铜屏蔽带；4—标志带；5—自粘性半导电带；
6—外半导电层；7—应力控制管；9—绝缘管 3 的绝缘管；10—绝缘层；11—接线端子；
12—相色；13—接线端子的密封，自粘性硅橡胶带；14—防雨裙

9.2.4　10kV 交联电缆绕包型接头的制作

交联电缆有多种，交联聚乙烯电缆是其中之一。下面将介绍 10kV 二芯交联聚乙烯电缆（简称交联电缆）的绕包型接头的制作方法。因制作方法与电缆结构有关，所以在介绍这种三芯电缆的绕包型接头的制作方法之前，需首先介绍这种电缆的结构。这种电缆由共用结构和单相电缆结构组成。每种结构都由若干个结构层组成。下面按由外到内的结构层顺序分别介绍共用结构和单相电缆结构。

三芯电缆的共用结构顺序：外护层、钢铠层、内衬层（或内护层）。在内衬层（或内护层）的里面是三根单相电缆。

单相（芯）电缆的结构顺序：铜（屏蔽）带、外半导电层、交联绝缘层内半导电层、线芯（导体）。

电缆接头是将两根分开的电缆连接成一根电缆的电缆附件。

10kV 交联电缆绕包型接头（即中间接头）的制作流程可用图 9.2-11 表示。

以下是 10kV 交联电缆绕包型接头制作各流程的操作内容的说明。

流程（1）：在制作接头之前要做的准备工作主要有制作人员的准备、制作工具的准备、制作材料的准备。其他的准备工作是安全技术措施的准备，天气不良时搭建工棚的准备。具体的准备工作参照 10kV 交联电缆户内与户外热缩终端的制作子单元中流程（1）

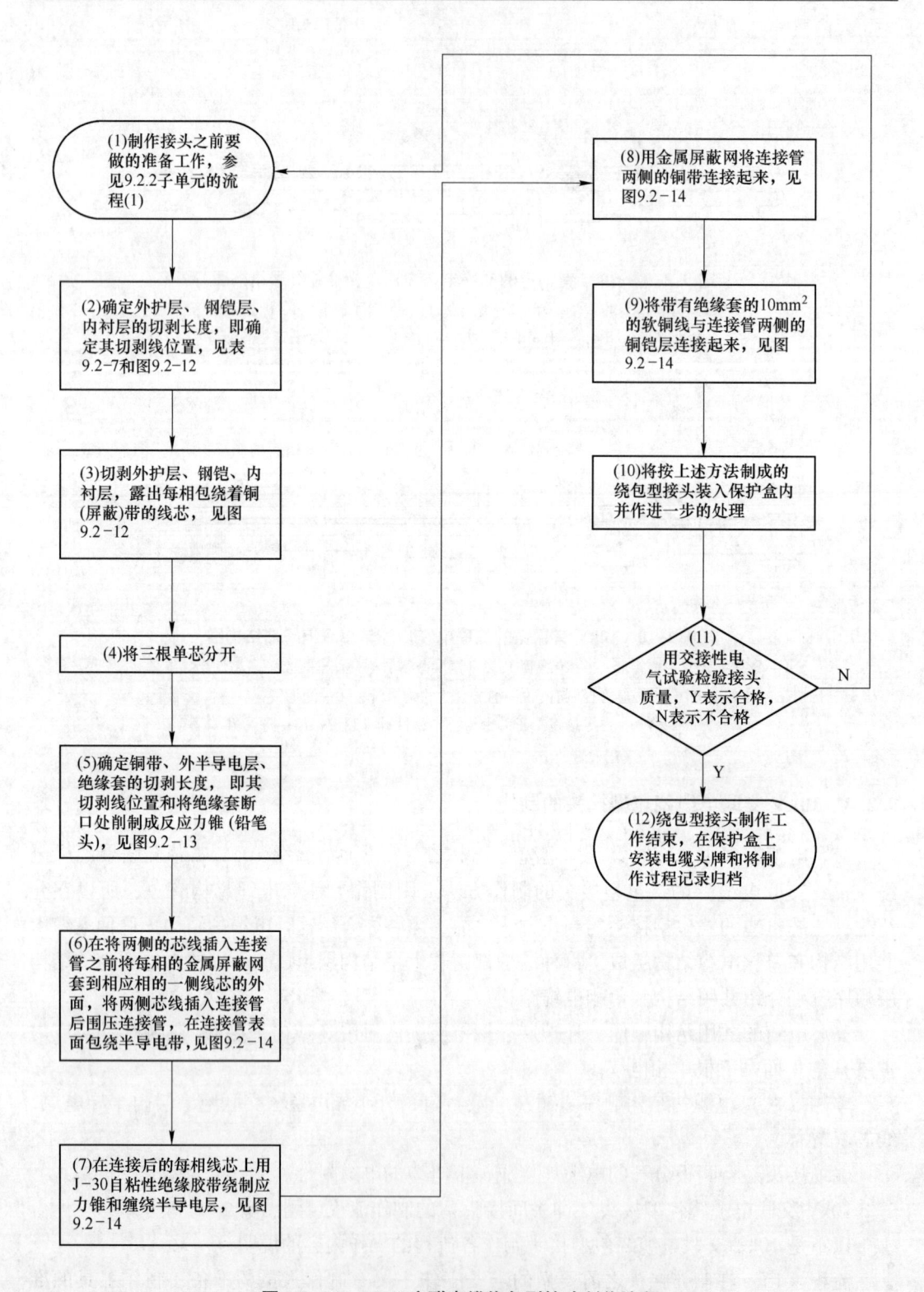

```
┌─────────────────────┐                    ┌─────────────────────┐
│ (1)制作接头之前要    │◄───────────────────│ (8)用金属屏蔽网将连接管│
│ 做的准备工作，参    │                    │ 两侧的铜带连接起来，见│
│ 见9.2.2子单元的流    │                    │ 图9.2-14            │
│ 程(1)               │                    │                     │
└──────────┬──────────┘                    └──────────▲──────────┘
           │                                          │
┌──────────▼──────────┐                    ┌──────────┴──────────┐
│ (2)确定外护层、钢铠层、│                    │ (9)将带有绝缘套的10mm² │
│ 内衬层的切剥长度，即确│                    │ 的软铜线与连接管两侧的│
│ 定其切剥线位置，见表  │                    │ 铜铠层连接起来，见图  │
│ 9.2-7和图9.2-12     │                    │ 9.2-14              │
└──────────┬──────────┘                    └──────────▲──────────┘
           │                                          │
┌──────────▼──────────┐                    ┌──────────┴──────────┐
│ (3)切剥外护层、钢铠、内│                   │ (10)将按上述方法制成的│
│ 衬层，露出每相包绕着铜│                   │ 绕包型接头装入保护盒内│
│ (屏蔽)带的线芯，见图  │                   │ 并作进一步的处理      │
│ 9.2-12              │                    │                     │
└──────────┬──────────┘                    └──────────▲──────────┘
           │                                          │
┌──────────▼──────────┐                              ◇
│ (4)将三根单芯分开   │                         (11)用交接性电
└──────────┬──────────┘                        气试验检验接头
           │                                  质量，Y表示合格，──N──┐
┌──────────▼──────────┐                        N表示不合格          │
│ (5)确定铜带、外半导电层、│                            ◇             │
│ 绝缘套的切剥长度，即其 │                            │Y            │
│ 切剥线位置和将绝缘套断 │                  ┌──────────▼──────────┐ │
│ 口处削制成反应力锥(铅笔│                  │ (12)绕包型接头制作工 │ │
│ 头)，见图9.2-13     │                    │ 作结束，在保护盒上   │ │
└──────────┬──────────┘                    │ 安装电缆头牌和将制   │ │
           │                                │ 作过程记录归档      │ │
┌──────────▼──────────┐                    └─────────────────────┘ │
│ (6)在将两侧的芯线插入连接│                                          │
│ 管之前将每相的金属屏蔽网│                                          │
│ 套到相应相的一侧线芯的外│                                          │
│ 面，将两侧芯线插入连接管│                                          │
│ 后围压连接管，在连接管表│                                          │
│ 面包绕半导带，见图9.2-14│                                          │
└──────────┬──────────┘                                              │
           │                                                         │
┌──────────▼──────────┐                                              │
│ (7)在连接后的每相线芯上用│                                          │
│ J-30自粘性绝缘胶带绕制应│─────────────────────────────────────────┘
│ 力锥和缠绕半导电层，见图│
│ 9.2-14              │
└─────────────────────┘
```

图 9.2-11　10kV 交联电缆绕包型接头制作流程

所述的准备工作。

流程（2）：确定共用结构中各结构层的切剥长度，其操作内容是确定制作接头时所用的每一侧电缆的外护层的切剥长度和确定在该长度内钢铠层、内衬层的切剥线。

用于连接的两根电缆（简称左、右侧电缆）的外护层的切剥长度按表9.2-7中所列的 T 尺寸确定。

表9.2-7　10kV 交联电缆绕包型接头的 T 尺寸

电缆截面/mm²	T/mm
25~50	500
95~120	600~700
150~185	700
240~400	700~800

钢铠、内衬层的切剥线位置线如图9.2-12所示。

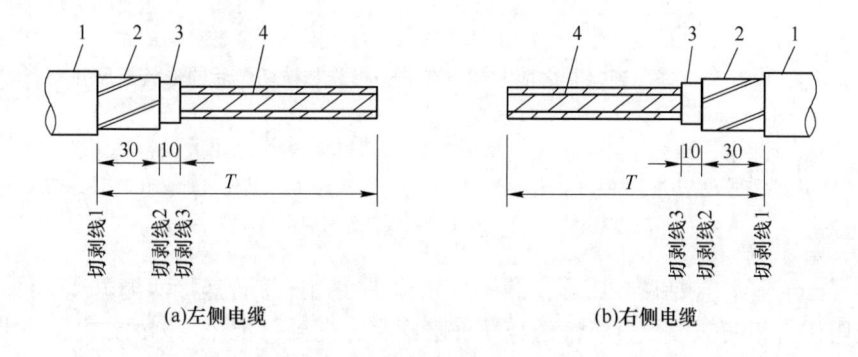

图9.2-12　绕包型接头用的一侧电缆外护层、钢铠、内护层的切剥尺寸

T—外护层切剥长度切剥线；切剥线1—外护层切剥线；切剥线2—钢铠切剥线；切剥线3—内衬层切剥线；
1—外护层；2—钢铠；3—内衬层；4—三根线芯的铜屏蔽带

流程（3）：切剥共用结构中的外护层、钢铠层、内衬层。

切剥外护层、钢铠层的方法请参照10kV 交联电缆户内与户外热缩终端的制作流程（2）和流程（4）的切剥方法。

因为内衬层是涂沥青的麻布或塑料，所以切剥内衬层的方法是喷灯加热法，就是用喷灯加热内衬层，使其温度达到可剥除内衬层状态时再剥除内衬层。

当用于制作电缆接头的一侧电缆的共用结构的外护层、钢铠层、内衬层被切剥之后，就露出三根外包着铜屏蔽带（简称"铜带"）的线芯。对左侧电缆进行上述切剥后露出的单相线芯的形状如图9.2-12所示。

流程（4）：将集中在内衬层里面的三根单相电缆线芯分开，以便对它们进行有关操作。

对于小截面的电缆，直接用手分开三根外包着铜屏蔽带的线芯。对于较大及大截面的电缆，应借助模具（如分隔木、分线架）分开三根线芯。

流程（5）：切剥单根（单相）线芯上的铜屏蔽带、外半导电层、绝缘层、内半导电层，使要插入连接管内的将被压接的芯线（导体）显露出来。切剥的方法与制作热缩终端时的切剥方法相同［参见9.2.2子单元的流程（6）的说明］，但需注意，在绝缘层的断口处要切剥成铅笔头状（即反应力锥状）。进行上述切剥之后的左侧电缆的单根线芯的形状如图9.2-13的右段图形所示。接头连接管的长度 L 是从表9.2-4查得的用于电缆终端的接线端子圆管的孔深的两倍。施工工艺要求自左侧电缆（或右侧电缆）的铜带切剥线至该侧电缆端头的长度是255mm，如图9.2-13所示。

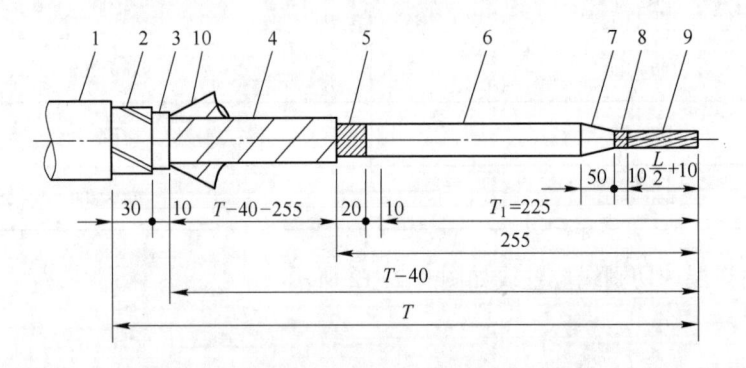

图 9.2-13　围压连接管之前左侧电缆的一相线芯被切剥后的形状及尺寸
（长度单位：mm）

1—外护层；2—钢铠；3—内衬层；4—铜（屏蔽）带；5—外半导电层；6—绝缘层；
7—绝缘层的反应力锥；8—内半导电层；9—芯线（导体）；10—其他相的线芯外面的铜带；
L—连接管长度；T—左侧电缆外护层的切剥长度

流程（6）：操作包括两项工作。第一项工作是在用连接管连接两侧电缆芯线（导体）之前，把用作每相两侧铜带过桥线的金属屏蔽网事先套到每相任一侧的线芯上和将它移到不影响压接连接管的地方。如果不事先将金属屏蔽网套在一侧的线芯上，当用连接管连接两侧电缆的芯线之后，就无法将金属屏蔽网套到线芯上。

第二项工作是将两侧线芯插入连接管内之后围压连接管，用连接管将相同相别的两侧电缆的芯线连接起来。第二项工作包括以下工作内容：一是用无水酒精（或汽油）清洗接头两侧每相线芯上的铜带、外半导电层、绝缘层、芯线，然后在芯线表面涂上一层硅脂和用钢刷清除芯线表面的氧化膜；二是用无水酒精（或汽油）清洗连接管外表面和管内壁；三是将两侧芯线插入连接管内，两侧芯线的端头要到达连接管长度中点；四是用压接钳围压连接管；五是用锉刀、砂纸锉平砂光连接管表面和在管表面用半重迭法包绕两层半导电带。用一相连接管连接该相两侧芯线的情况如图9.2-14所示。

流程（7）：缠绕应力锥和在应力锥外面缠绕半导电带。第一项操作是在围压连接管之后，在连接管两侧的外半导电层之间的每相线芯上面用绝缘带绕制应力锥。在其中一相的线芯上面用绝缘带绕制应力锥的具体操作如下：

一是测量连接管中点的直径，设其直径为 d。

二是确定所用的绝缘带的名称和在围压连接管后的线芯外面确定绕制应力锥的范围。

可选用 J-30 自粘性绝缘胶带或 3Msotch23 胶带作为绕制应力锥的绝缘带。

根据工艺要求，图 9.2-13 中的 T_1 长度是半边接头的绕制应力锥范围，整个接头的绕制应力锥范围为 $2T_1$ 长度。

三是将绝缘带拉长 100% 后用半重迭法在 $2T_1$ 长度的绕制范围内绕制应力锥。要求绕成后的单相应力锥，其中点直径为 d+16mm，应力锥的两端成斜坡状，单相应力锥的形状与尺寸如图 9.2-14 所示（说明：没有在应力锥外廓线内部画出缠绕的绝缘带）。

第二项操作是在每相连接管上的已绕制完成的应力锥外面包绕两层半导电带。其包绕方法是将半导电带拉长 100% 后用半重迭法进行包绕。

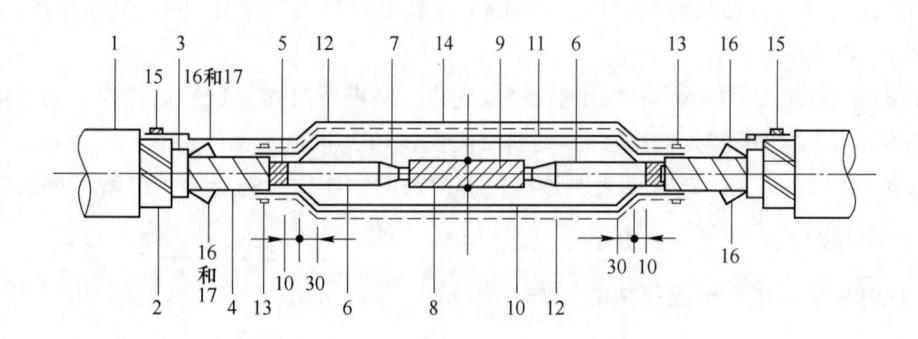

图 9.2-14　10kV 交联电缆绕包型接头的单相绕包接头结构示意图
1—外护层；2—钢铠；3—内衬层；4—铜带；5—外半导电层；6—绝缘层；7—反应力锥；
8—围压后的一相的连接管；9—绕在连接管表面的半导电带，两层；10—用 J-30 绝缘带包绕而成的应力锥的外廓线，其中点直径为 d+16mm；11—包绕在应力锥表面的半导电带，两层；12—已连接两侧铜带的金属屏蔽网；
13—用扎线、焊锡将金属屏蔽网固定在铜带上；14—带有绝缘套的钢铠过桥线；
15—将钢铠过桥线与钢铠、扎线、焊锡连在一起；16—其他相的线芯；
17—套在其他相左侧铜带外面的金属屏蔽网

流程（8）：用金属屏蔽网将每相连接管两侧的铜带连接起来。具体操作是将预先套在每相包着线芯的铜带外面的金属屏蔽网［见流程（6）］的中点移至应力锥的中点，且使金属屏蔽网的两端包在两侧铜带外面，然后先用镀锡铜扎线（或恒力弹簧）将金属屏蔽网扎紧在铜带上面，再加锡焊。这样，金属屏蔽网就成为单连接管两侧铜屏蔽带的过桥线，如图 9.2-14 所示。至此就完成了一个绕包型单相接头的制作。

流程（9）：安装接头中的钢铠过桥线。其操作方法如下：

一是用自粘性绝缘带将已绕制成单相接头的三根线芯捆绑在一起。

二是将带有绝缘套的 $10mm^2$ 的软铜线的两端分别锡焊在两侧电缆的钢铠上，再用扎线或恒力弹簧将软铜线扎紧在钢铠上。这样与两侧钢铠连接在一起的软铜线就是钢铠的过桥线，钢铠过桥线与铜带过桥线是相互绝缘的。

流程（10）：将按上述方法绕包而成的捆绑在一起的三相接头装入保护盒内。其操作内容是：

一是将三相接头装入未加盖的敞开的保护盒内。

二是用密封泥填实单相接头之间的空隙和填实接头对盒壁之间的空隙。

三是用带有灌胶孔的盒盖盖住敞开的保护盒。

四是从灌胶孔向盒内灌入密封胶，要灌满然后等待密封胶固化。

五是用灌胶孔的孔盒盖住灌胶孔。

六是用PVC粘胶带严密封闭保护盒所有的缝隙。

七是在保护盒上安装电缆头牌。

至此，绕包型接头的制作工作完成，下一步进入检验制作质量的交接性电气试验流程。

流程（11）：进行交接性的电气试验，检验制作质量。关于交接性电气试验的试验项目与判断质量是否合格的标准，请参照10kV交联电缆户内与户外热缩终端的制作中流程（10）和（11）的说明。

如果电气试验结果为合格（用符号Y表示），则进行流程（12）的操作；如果电气试验结果为不合格（用符号N表示），则返回流程（1），重新制作接头。

流程（12）：进入该流程则表明该绕包型接头的制作质量符合要求，就可将制作记录归档，按规定进入档案保存和移交运行单位。

9.2.5　10kV交联电缆热缩接头的制作

关于10kV三芯交联电缆结构中的共用部分和单相线芯部分的结构请参阅10kV交联电缆绕包型接头的制作相关内容。10kV交联电缆热缩接头的制作流程如图9.2-15所示。

以下是10kV交联电缆热缩接头制作流程的内容说明。

流程（1）：制作热缩接头之前的主要准备工作有制作人员的准备、制作工具的准备、制作材料的准备、其他准备（如安全技术措施的准备、搭建雨天时使用的工棚的准备）。关于人员、工具、其他准备请参阅9.2.2子单元中流程（1）的有关内容。应准备的制作材料有：半导电带、自粘性绝缘橡胶带、PVC粘胶带、应力控制胶、密封胶、3个铜丝网套、3根带有绝缘套的25mm^{2}的软铜丝导线、一根带有绝缘套的10mm^{2}的软铜线导线、单相线芯使用的3根热缩绝缘管、三相线芯共用的一根热缩内保护管、一根热缩外保护管、一个接头保护盒等。

流程（2）：用于制作热缩接头的两侧接续电缆的外护层的切剥长度是不相等的，下面将切剥长度较长的一侧接续电缆称为长端（在图9.2-16中的左侧接续电缆），切剥长度较短的一侧电缆称为短端（在图9.2-16中的右侧接续电缆）。

根据制作工艺要求，应按表9.2-8确定长端和短端外护层的切剥长度，即确定其切剥线。钢铠切剥线至外护层切剥线的距离是40mm，内衬层切剥线至钢铠切剥线的距离是10mm。

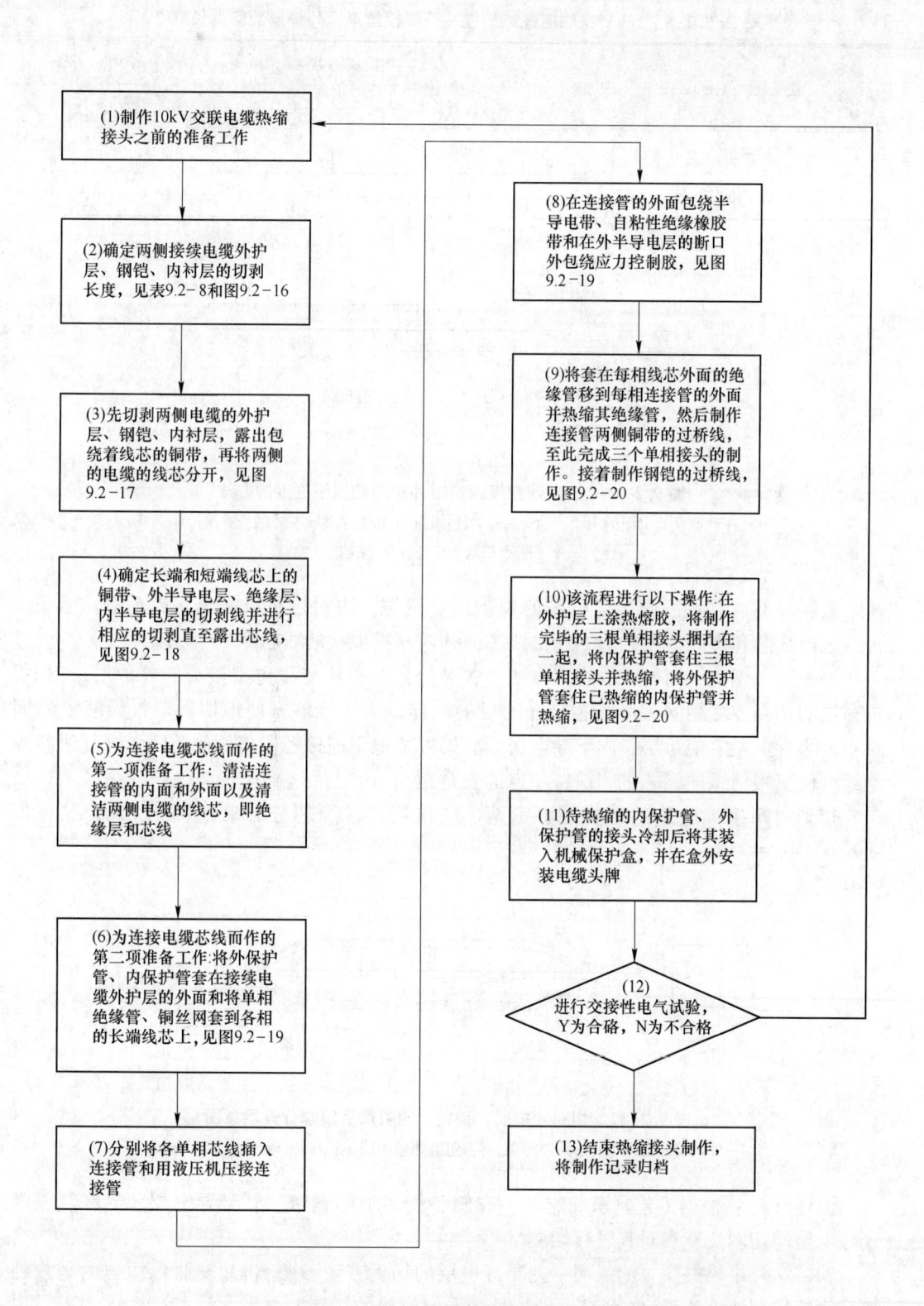

第9章 配电线路检修作业的综合作业技能

```
(1)制作10kV交联电缆热缩接头之前的准备工作
            ↓
(2)确定两侧接续电缆外护层、钢铠、内衬层的切剥长度,见表9.2-8和图9.2-16
            ↓
(3)先切剥两侧电缆的外护层、钢铠、内衬层,露出包绕着线芯的铜带,再将两侧的电缆的线芯分开,见图9.2-17
            ↓
(4)确定长端和短端线芯上的铜带、外半导电层、绝缘层、内半导电层的切剥长度并进行相应的切剥直至露出芯线,见图9.2-18
            ↓
(5)为连接电缆芯线而作的第一项准备工作:清洁连接管的内面和外面以及清洁两侧电缆的线芯,即绝缘层和芯线
            ↓
(6)为连接电缆芯线而作的第二项准备工作:将外保护管、内保护管套在接续电缆外护层的外面和将单相绝缘管、铜丝网套到各相的长端芯线上,见图9.2-19
            ↓
(7)分别将各单相芯线插入连接管和用液压机压接连接管
            ↓
(8)在连接管的外面包绕半导电带、自粘性绝缘橡胶带和在外半导电层的断口外包绕应力控制胶,见图9.2-19
            ↓
(9)将套在每相线芯外面的绝缘管移到每相连接管的外面并热缩其绝缘管,然后制作连接管两侧铜带的过桥线,至此完成三个单相接头的制作。接着制作钢铠的过桥线,见图9.2-20
            ↓
(10)该流程进行以下操作:在外护层上涂热熔胶,将制作完毕的三根单相接头捆扎在一起,将内保护管套住三根单相接头并热缩,将外保护管套住已热缩的内保护管并热缩,见图9.2-20
            ↓
(11)待热缩的内保护管、外保护管的接头冷却后将其装入机械保护盒,并在盒外安装电缆头牌
            ↓
(12)进行交接性电气试验,Y为合格,N为不合格
     Y↓          N→(回到(1))
(13)结束热缩接头制作,将制作记录归档
```

图 9.2-5 10kV 交联电缆热缩接头制作流程

表 9.2-8　10kV 交联电缆热缩接头两侧接续电缆外护层的切剥长度

电缆截面/mm²	外护层的切剥长度/mm	
	长端的切剥长度	短端的切剥长度
25~95	800	500
120~400	800	600

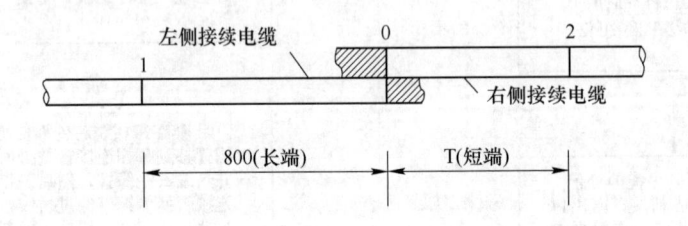

图 9.2-16　确定两侧接续电缆外护层切剥线位置的方法

0 线—两侧接续电缆的端头；1 线—长端外护层的切剥线；2 线—短端外护层的切剥线

注：图中的阴影线段为应锯掉的多余的电缆。

流程（3）：切剥两侧接续电缆的外护层、钢铠、内衬层，以露出包绕着铜（屏蔽）带的三根线芯和将聚集在一起的三根线芯分开成三根单独的线芯。

外护层、钢铠、内衬层的切剥方法、线芯分开的方法与绕包型接头的外护层、钢铠、内衬层的切剥方法相同。将线芯分开的目的同样是为了能够方便地切剥单根线芯上的铜带、外半导电层、绝缘层、内半导电层，能够方便地用连接管连接两侧芯线，恢复线芯的绝缘，使三根绝缘的线芯之间保持一定的安全距离。

切剥两侧接续电缆的外护层、钢铠、内衬层，将线芯分开后的图形如图 9.2-17 所示。

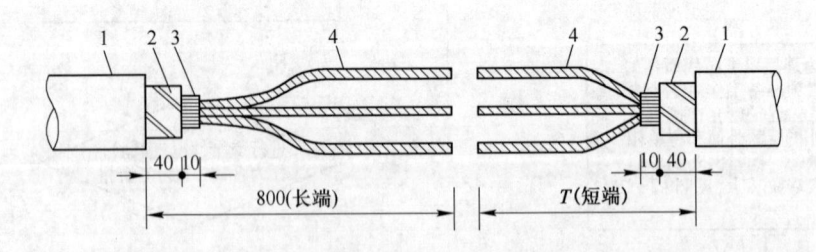

图 9.2-17　切剥外护层、钢铠、内衬层后线芯分开示意图

1—外护层；2—钢铠；3—内衬层；4—包着铜带的线芯；T—短端外护层切剥长度

流程（4）：根据工艺要求确定左、右侧各线芯上的铜带、外半导电层、绝缘层、内半导电层的切剥长度和对其进行切剥。

铜带、外半导电层、绝缘层、内半导电层的切剥方法参照 10kV 交联电缆户内与户外热缩终端的制作中流程（6）对铜带、外半导电层等的切剥方法。

一相线芯的铜带、外半导电层、绝缘层、内半导电层的切剥长度（切剥线位置）

和绝缘层的切剥长度，绝缘层断口处的铅笔头（反应力锥）的形状如图 9.2-18 所示。

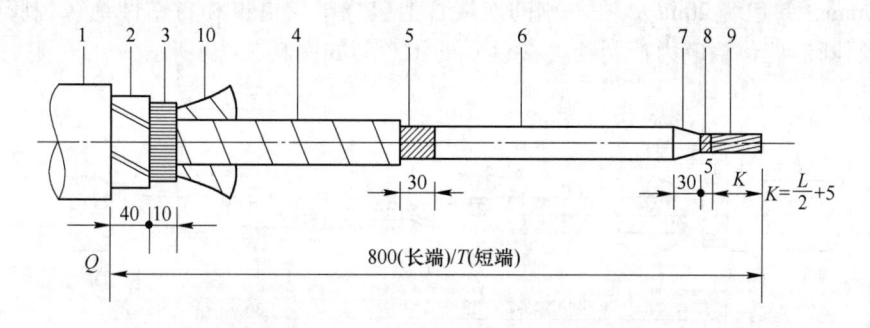

图 9.2-18 接续电缆铜带、外半导电层、绝缘层、内半导电层的切剥线及对其切剥后的形状示意图（长度单位：mm）

1—外护层；2—钢铠；3—内衬层；4—铜（屏蔽）带；5—外半导电层；6—绝缘层；
7—反应力锥（铅笔头）；8—内半导电层；9—芯线（导体）；10—其他相的线芯；
K—芯线长度；L—连接管长度；T—短端外护层切剥长度（见表 9.2-8）；
800—长端外护层的切剥长度；Q—外护层的切剥线

流程（5）：在围压连接管连接相同相别的两侧接续电缆芯线（导体）之前须作的第一项准备工作是用无水工业酒精清洁连接管内壁和外面，以及用无水工业酒精纸巾清洁切剥铜带、外半导电层露出的两侧线芯（绝缘层）和芯线。但作清洁工作时须注意两点，一是不能用擦拭过半导电层的纸巾去擦拭绝缘层，因擦拭过半导电层的纸巾会粘上半导电层的导电粒子，若用此纸巾再擦拭绝缘层，就会把导电粒子粘到绝缘层上，从而影响接头质量；二是如果是铝芯电缆，要在铝质芯线上先涂一层硅脂，再用钢丝刷刷其表面，清除表面上的氧化膜，刷后仍保留硅脂在芯线上。

流程（6）：围压连接管连接相同相别的两侧接续电缆芯线（导体）之前须作的第二项准备工作是事先将热缩三相线芯的外保护管套在长端接续电缆外护层外面和将热缩三相线芯的内保护管套在短端接续电缆外护层外面，以及事先将单相绝缘管、单相铜丝网套套在长端接续电缆的各相线芯外面，并将其移动到不影响围压连接管的地方。

流程（7）：用液压钳围压用于连接每相芯线的连接管。围压连接管的工作顺序：先将相同相别的两侧接续电缆的芯线插入连接管内，芯线的端头要到达连接管的中点。再用液压钳围压连接管。压模的个数和压后尺寸应符合连接管说明书规定。围压时先从连接管中点处的压模开始，向连接管其中的一侧围压，一侧围压完毕后再回到连接管中点继续另一侧连接管的围压。围压时每个压模合拢到位后要停留 5~10 秒才松模。最后要用锉刀锉掉围压后留在连接管上的毛刺，要用砂纸砂滑连接管表面。

流程（8）：主要进行两项工作，一是在围压后的连接管外面先包绕半导电带，后包绕自粘性绝缘橡胶带；二是在两侧线芯上每相的外半导电层的断口处包绕应力控制胶（黄色）。

在连接管外面进行半导电带和绝缘橡胶带包绕的工作顺序是：首先，用无水工业酒精纸巾清洁连接管；其次，在连接管外面包绕半导电带两层；最后，在半导电带外面包绕自粘性绝缘橡胶带，直到其直径与绝缘层的直径相等。包绕方法是将半导电带、绝缘橡胶带拉长100%（即拉长1倍）后用半重迭法进行包绕。

在外半导电层断口处包绕应力控制胶的要求是在外半导电层上包绕10mm，在绝缘层上包绕10mm，共包绕20mm。在一相的连接管上包绕半导电带和自粘性绝缘橡胶带，在外半导电层断口处包绕应力控制胶（黄色）的示意图如图9.2-19所示。

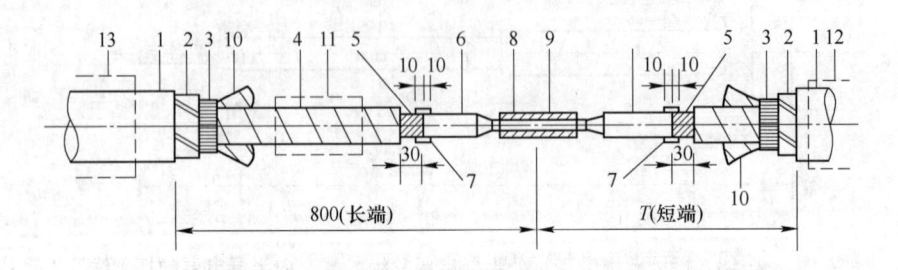

图9.2-19 在线芯上包绕半导电带、绝缘橡胶带和应力控制胶示意图
1—外护层；2—钢铠；3—内衬层；4—铜带；5—外半导电层；6—绝缘层；7—应力控制胶（黄色）；
8—连接管；9—半导电带和绝缘橡胶带；10—其他相的线芯；11—单相绝缘管；
12—短保护管（内保护管）；13—长保护管（外保护管）；
T—短端的外护层的切剥长度（表9.2-8）；800—长端的外护层的切剥长度

流程（9）：将每相的绝缘管移到每相的连接管的外面并热缩每相的绝缘管（绝缘管的作用是使连接管外面加上绝缘层），然后制作每相铜带的过桥线，至此完成三个单相接头的制作。最后制作钢铠的过桥线。

热缩每相绝缘管的步骤：先将预先套在长端每相线芯外面的绝缘管移到每相已包绕了半导电带和绝缘橡胶带的连接管的外面，使绝缘管的中点对齐连接管的中点，然后用常规方法（即用喷枪黄色火焰，先从绝缘管中点向管的一端均匀热缩，再回到中点向管的另一端热缩）热缩绝缘管。

制作铜带过桥线的步骤：先将预先套在长端每相线芯外面的铜丝网套移至热缩的绝缘管外面并套在两侧的铜带外面。再用焊锡和恒力弹簧将铜丝网套与铜带连接起来。此时的铜丝网套便是铜带的过桥线，它将单相连接管两侧的铜带连接起来。至此就完成了单相连接管的连接工作。接着重复流程（4）~流程（8），完成其他两单相连接管的连接工作。

制作钢铠过桥线的步骤：先选用合适长度的$10mm^2$的带绝缘套的软铜丝导线作为三个单相连接管两侧钢铠的连接导线并剥去两端的绝缘层露出铜丝；再用焊锡和恒力弹簧将连接导线两端的铜丝分别与两侧钢铠连接起来。此时连接在两侧钢铠上的导线便是钢铠的过桥线。制作过桥线时须注意铜带过桥线和钢铠过桥线要相互绝缘。

热缩每相绝缘管和制作两根过桥线之后的接头示意图如图9.2-20所示。

流程（10）：该流程要进行以下操作：

一是将制作热缩接头的长端和短端接续电缆的外护层切剥线附近的对护层打毛，然后涂热熔胶。涂热熔胶的长度约80mm。

二是用绝缘带将制作完毕的三根单相接头捆扎在一起。

三是将事先套在短端电缆外面的内保护管移到捆扎在一起的三根单相接头的外面，且使两端紧贴外护层的切剥线,然后热缩内保护管,如图9.2-20所示。

四是将事先套在长端电缆外面的外保护管,移到已热缩的内保护管的外面,且使两端覆盖热熔胶即密封胶。然后热缩外保护管,如图9.2-20所示。

热缩内保护管时采用喷枪黄色火焰。先从内保护管中点开始向一端均匀热缩,再回到内保护管中点向另一端热缩。

热缩外保护管时,先将外保护管移到内保护管外面并使两管的中点对齐,两端套住密封胶,然后用热缩内保护管的方法热缩外保护管。

完成前述10个流程的工作后,制作的热缩接头的安装示意图如图9.2-20所示。

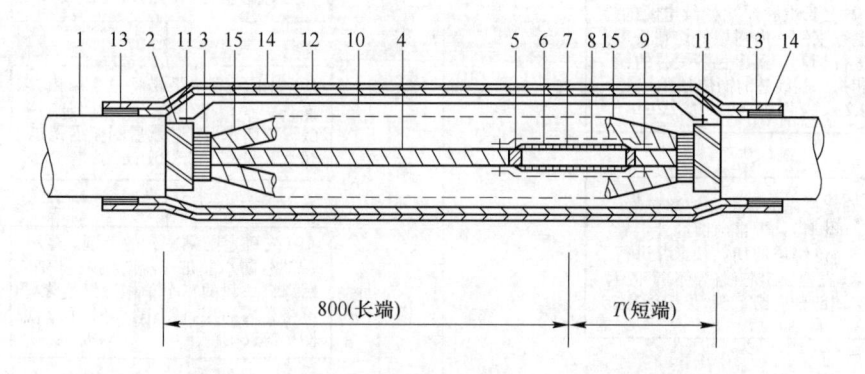

图9.2-20　10kV交联电缆热缩接头总装示意图
1—外护套;2—钢铠;3—内衬层;4——相的铜(屏蔽)带;5—外半导电层绝缘层、应力控制胶;6—连接管及包绕在其表面的半导电带、绝缘橡胶带;7——相的绝缘管;8——相的铜丝网套;9—将铜丝网套连接在铜带上的焊锡、恒力弹簧;10—钢铠过桥线;11—将钢铠过桥线连接在钢铠上的焊锡、恒力弹簧;12—热缩内保护管;13—密封胶;14—热缩外保护管;15—其他相的热缩接头;T—短端外保护套的切剥长度(见表9.2-8);800—长端的外护套的切剥长度

流程(11):将热缩接头装入保护盒。其安装要点是:
一是待热缩外保护管冷却至环境温度后才能将接头移入保护盒内。
二是要给保护盒加盖,并用PVC粘胶带包紧、密封保护盒。
三是在保护盒上安装电缆头牌。
流程(12):对电缆线路作交接性电气试验,用电气试验来检验接头的制作质量。电气试验的项目和判断标准参照10kV交联电缆户内与户外热缩终端的制作中的电气试验流程,即流程(10)。当电气试验合格(用符号Y表示)时转入结束流程;当电气试验不合格时(用符号N表示)则转向流程(1),重新制作接头。
流程(13):当电气试验通过时,则表明接头质量合格,接头制作工作结束,应将制作记录存档并移交运行单位。

9.2.6　10kV交联电缆冷缩接头的制作

关于10kV交联电缆结构中的共用部分和单相线芯部分的结构请参照10kV交联电缆绕包型接头的制作相关内容,10kV交联电缆冷缩接头的制作流程如图9.2-21所示。

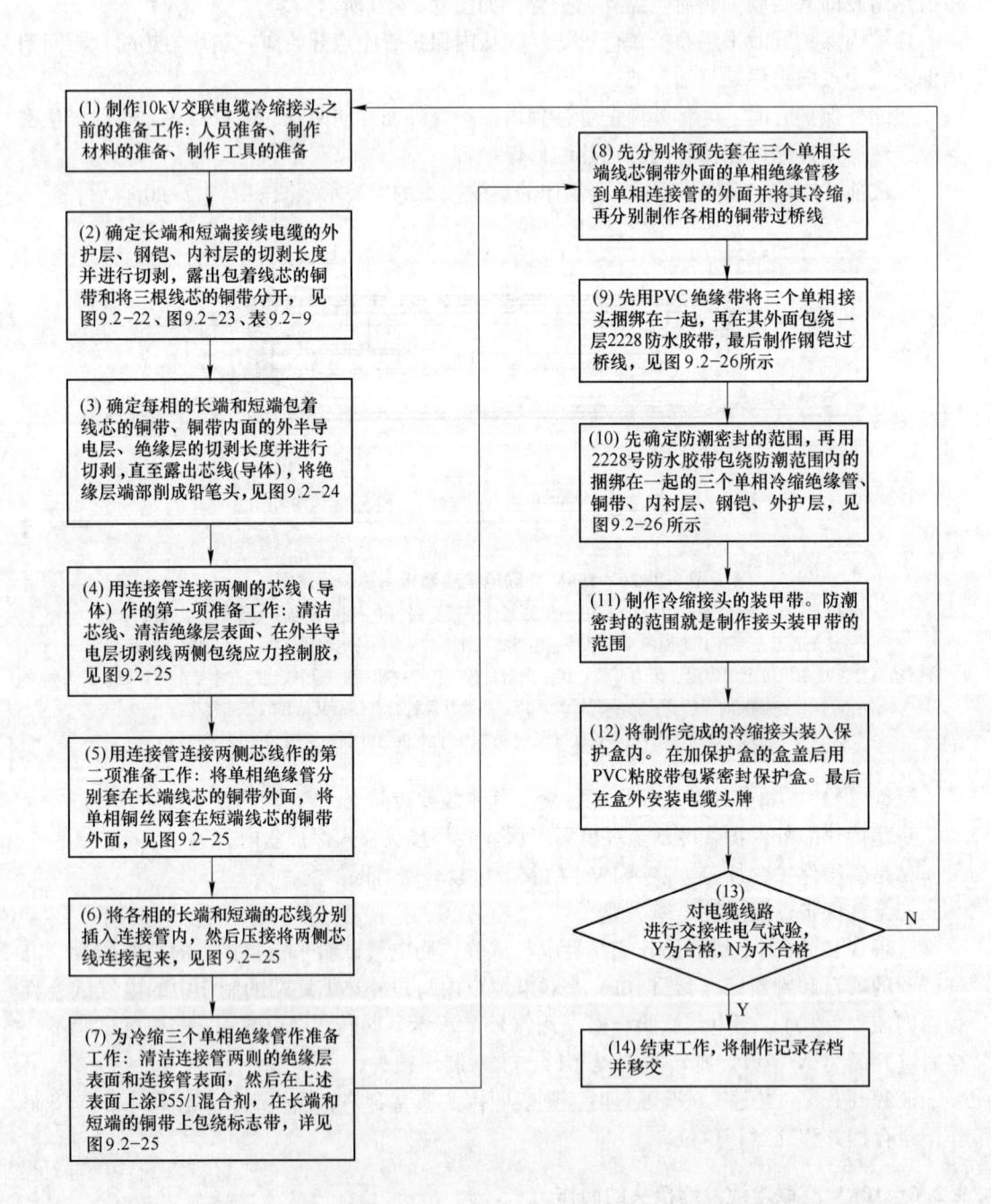

```
┌─────────────────────────────┐
│ (1) 制作10kV交联电缆冷缩接头之 │
│ 前的准备工作：人员准备、制作  │
│ 材料的准备、制作工具的准备    │
└──────────────┬──────────────┘
               ↓
┌─────────────────────────────┐       ┌─────────────────────────────┐
│ (2) 确定长端和短端接续电缆的外│       │ (8) 先分别将预先套在三个单相长│
│ 护层、钢铠、内衬层的切剥长度  │       │ 端线芯铜带外面的单相绝缘管移  │
│ 并进行切剥，露出包着线芯的铜  │       │ 到单相连接管的外面并将其冷缩，│
│ 带和将三根线芯的铜带分开，见  │       │ 再分别制作各相的铜带过桥线    │
│ 图9.2-22、图9.2-23、表9.2-9  │       └──────────────┬──────────────┘
└──────────────┬──────────────┘                      ↓
               ↓                        ┌─────────────────────────────┐
┌─────────────────────────────┐         │ (9) 先用PVC绝缘带将三个单相接 │
│ (3) 确定每相的长端和短端包着  │         │ 头捆绑在一起，再在其外面包绕一│
│ 线芯的铜带、铜带内面的外半导  │         │ 层2228防水胶带，最后制作钢铠过│
│ 电层、绝缘层的切剥长度并进行  │         │ 桥线，见图9.2-26所示          │
│ 切剥，直至露出芯线(导体)，将  │         └──────────────┬──────────────┘
│ 绝缘层端部削成铅笔头,见图9.2-24│                     ↓
└──────────────┬──────────────┘         ┌─────────────────────────────┐
               ↓                        │ (10) 先确定防潮密封的范围，再用│
┌─────────────────────────────┐         │ 2228号防水胶带包绕防潮范围内的│
│ (4) 用连接管连接两侧的芯线(导 │         │ 捆绑在一起的三个单相冷缩绝缘管│
│ 体)作的第一项准备工作：清洁   │         │ 、铜带、内衬层、钢铠、外护层，见│
│ 芯线、清洁绝缘层表面、在外半导│         │ 图9.2-26所示                  │
│ 电层切剥线两侧包绕应力控制胶，│         └──────────────┬──────────────┘
│ 见图9.2-25                  │                        ↓
└──────────────┬──────────────┘         ┌─────────────────────────────┐
               ↓                        │ (11) 制作冷缩接头的装甲带。防潮│
┌─────────────────────────────┐         │ 密封的范围就是制作接头装甲带的│
│ (5) 用连接管连接两侧芯线作的第│         │ 范围                          │
│ 二项准备工作：将单相绝缘管分  │         └──────────────┬──────────────┘
│ 别套在长端线芯的铜带外面，将  │                        ↓
│ 单相铜丝网套在短端线芯的铜带  │         ┌─────────────────────────────┐
│ 外面，见图9.2-25            │         │ (12) 将制作完成的冷缩接头装入保│
└──────────────┬──────────────┘         │ 护盒内。在加保护盒的盒盖后用  │
               ↓                        │ PVC粘胶带包紧密封保护盒。最后 │
┌─────────────────────────────┐         │ 在盒外安装电缆头牌            │
│ (6) 将各相的长端和短端的芯线分│         └──────────────┬──────────────┘
│ 别插入连接管内，然后压接将两侧│                        ↓
│ 芯线连接起来，见图9.2-25     │                    ◇─────────◇
└──────────────┬──────────────┘                   ╱   (13)    ╲
               ↓                                 ╱ 对电缆线路   ╲ N
┌─────────────────────────────┐                 ╱ 进行交接性电气试验,╲────
│ (7) 为冷缩三个单相绝缘管作准备│                 ╲ Y为合格，N为不合格 ╱
│ 工作：清洁连接管两则的绝缘层  │                  ╲               ╱
│ 表面和连接管表面，然后在上述  │                   ◇────┬────◇
│ 表面上涂P55/1混合剂，在长端和 │                        │Y
│ 短端的铜带上包绕标志带，详见  │                        ↓
│ 图9.2-25                   │         ┌─────────────────────────────┐
└──────────────┬──────────────┘         │ (14) 结束工作,将制作记录存档  │
               └──────────────────────→│ 并移交                        │
                                        └─────────────────────────────┘
```

图 9.2-21　10kV 交联电缆冷缩接头制作流程图

以下是冷缩接头制作流程的工作内容说明。

流程（1）：制作冷缩接头之前应作的准备工作有制作人员的准备、制作工具的准备、制作材料的准备。准备制作材料时除准备一般的常用材料（如三根连接管）之外，还应特别准备与电缆截面相匹配的冷缩接头所用的材料，如三根单相冷缩绝缘管、2228号防水胶带、Amorecast装甲带。此外还有其他的准备工作，例如安全技术措施的准备、工棚的准备等。

流程（2）：根据制作工艺要求确定长端和短端两侧接续电缆外护层、钢铠、内衬层（或内护层）的切剥长度并进行切剥。长端接续电缆是指根据制作工艺要求在连接连接管之前就预先套入并临时存放待用单相冷缩绝缘管的接续电缆。

外护层的切剥长度见表9.2-9的规定和如图9.2-22所示。

钢铠的切剥长度比外护层切剥长度短30mm，内衬层的切剥长度比钢铠的切剥长度短50mm。切剥长度从电缆的端头算起，长度的止点处即是切剥线。

切剥完毕外护层、钢铠、内衬层之后，就会露出三根被铜屏蔽带（简称"铜带"）包住的单相线芯（简称"线芯"），就可将三根单相线芯分开，以便开展后面的操作。完成上述切剥和将线芯分开后的电缆线芯的形状如图9.2-23所示。外护层、钢铠的切剥方法参照10kV交联电缆户内与户外热缩终端的制作介绍的方法。内衬层的切剥方法请参阅10kV交联电缆绕包型接头的制作中流程（3）的介绍方法。分开线芯的常用方法是用手直接分开法和用分线模具分开法。

表9.2-9　10kV交联电缆冷缩接头用的电缆外护层切剥长度

电缆截面/mm²	外护层切剥长度/mm	
	长端	短端 T
25~95	700	500
120~400	700	600

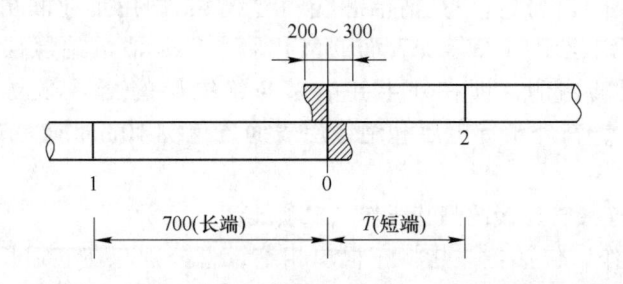

图9.2-22　确定外护层切剥长度的方法（长度单位：mm）
0—接续电缆端头；1—长端外护层切剥线；2—短端外护层切剥线；
T—短端外护层切剥长度，见表9.2-9；700—长端的外护层切剥长度
注：图中有阴影线段为废弃电缆须锯掉。

流程（3）：按制作工艺要求确定每相线芯的铜带、外半导电层、绝缘层的切剥长度并进行切剥。

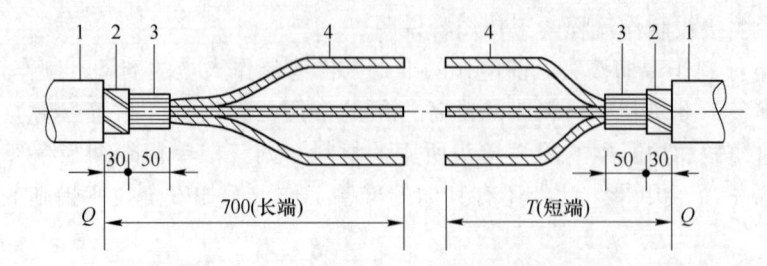

图 9.2-23　冷缩接头的外护层、钢铠、内衬层切剥线和线芯分开形状图
1—外护层；2—钢铠；3—内衬层；4—铜（屏蔽）带；Q—外护层的切剥线

按上述要求切剥后的每相左侧线芯形状、切剥线图 9.2-24 所示。切剥铜屏蔽带、外半导电层、绝缘层的方法参照 10kV 交联电缆户内与户外热缩终端的制作中流程（6）和流程（9）的说明部分。

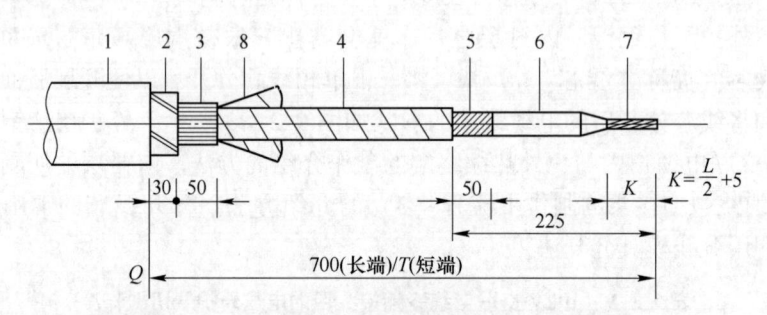

图 9.2-24　一相长端或短端线芯的铜带、外半导电层、
绝缘层的切剥线及切剥后的形状示意图（长度单位：mm）
1—外护层；2—钢铠；3—内衬层；4—铜（屏蔽）带；5—外半导电层；6—绝缘层；
7—芯线（导体）；8—其他的单相线芯；L—连接管长度；T—短端的外护层切剥长度；
700—长端的外护层切剥长度；Q—外护层的切剥线

流程（4）：用连接管连接两侧芯线（导体）作第一项准备。

第一项准备工作，包括：一是清洁芯线（导线），即用工业酒精清洗芯线，在芯线表面涂硅脂，用钢丝刷刷去芯线表面的氧化膜；二是清洁绝缘层表面；三是在外半导电层的切剥线的两侧，即在外半导电层与绝缘层的交界部位包绕应力疏散胶（也称应力控制胶），在外半导电层和绝缘层表面各包绕 10mm 应力疏散胶，如图 9.2-25 所示。

流程（5）：用连接管连接两侧芯线作第二项准备。

第二项准备工作，包括：一是将三根单相绝缘管分别套在三根长端的线芯的铜带外面；二是将三个单相铜丝网套分别套在三根短端的线芯的铜带外面，如图 9.2-25 所示。

流程（6）：用三根连接管分别连接各相两侧的芯线。

连接单相两侧芯线的操作顺序是：

首先，将两侧相同相别的芯线插入连接管，芯线端头要到达连接管中点。

其次，用液压钳围压连接管。

最后，用锉刀锉掉连接管上的毛刺，用砂纸砂光连接管表面。

流程（7）：为冷缩单相绝缘管作准备工作。

准备工作是：一是再次清洁已围压的连接管两侧的绝缘层表面和连接管表面。二是在上述绝缘层的表面和连接管的表面上涂 P55/1（或 P55/R）混合剂，如图 9.2-25 所示。涂 P55/1（或 P55/R）混合剂的顺序：先将混合剂均匀地涂在外半导电层的切剥线处包绕着应力疏散胶的表面上，后将剩下的混合剂均匀地涂在绝缘层和连接管表面上。三是在铜带上包绕标志带，即包绕 PVC 胶带。标志带至连接管中点的距离是 300mm。

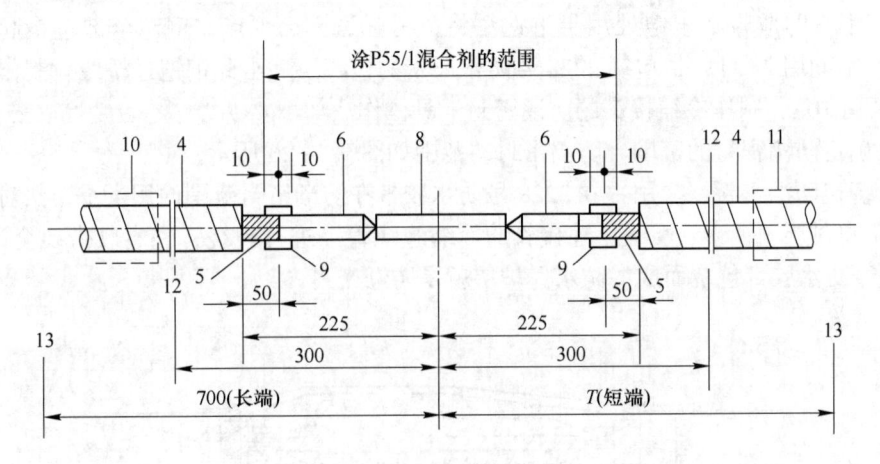

图 9.2-25 包绕应力疏散胶和涂 P55/1 混合剂的范围（长度单位：mm）
4—铜带；5—外半导电层；6—绝缘层；8—围压后的连接管；
9—应力疏散胶；10—套在铜带外面待用的单相冷缩绝缘管；11—套在铜带外面待用的铜丝网套；
12—标志带（PVC 带）；13—外护层切剥线

流程（8）：首先分别冷缩三个单相绝缘管，然后分别制作三个单相接头铜带的过桥线。

冷缩单相绝缘管的操作如下：

1）将预先套在长端单相线芯的铜带外面的单相冷缩绝缘管向连接管方向移动，直至绝缘管的左端头和右端头对齐铜带上的标志带，如图 9.2-25 所示。此时绝缘管的中点就对齐了连接管的中点。

2）逆时针方向抽出绝缘管中的塑料芯绳，一个单相绝缘管就冷缩在连接管及其两侧的绝缘层和铜带的外面。

制作单相接头的铜带过桥线的操作如下：

1）将预先套在短端单相线芯的铜带上的铜丝网套移到已压接的连接管的外面，并使铜丝网套的两端分别套在连接管两侧的铜带外面。

2）先用恒力弹簧将铜丝网套固定在铜带外面，再用焊锡加固其连接。

3）用 23 号胶带将恒力弹簧和焊锡包绕起来，此时铜丝网套就成为单相连接管两侧的铜带的过桥线。

流程（9）：该流程的工作有三项：一是用 PVC 绝缘带将已冷缩的绝缘管的三个单相连接管的单相接头和已制作的铜带过桥线捆绑起来。二是在 PVC 绑线的外面再包绕一层

2228 防水胶带。三是制作钢铠过桥线，如图 9.2-26 所示。

制作钢铠过桥线的方法如下：

1) 将一根 10mm² 绝缘导线的软铜丝线（剥除绝缘导线两端的绝缘层，两端露出铜丝线）放在 2228 号防水胶带包绕层的外面，且使软铜丝线的两端放在三个单相接头两侧的接续电缆的钢铠外面。

2) 用锡焊将软铜丝线的两端焊接在钢铠上，再用恒力弹簧将软铜丝线的两端固定在钢铠上。

3) 用 23 号胶带在钢铠处用半重迭法将恒力弹簧、锡焊点、钢铠全部包绕起来。但须注意，不能用 23 号胶带包绕 2228 号防水胶带的包绕层。至此钢铠过桥线就制作完成。

流程（10）：制作冷缩接头的防潮密封，具体作法如下：

1) 确定防潮密封的范围。防潮密封的范围如图 9.2-26 所示。

2) 绕包防潮密封层。用一卷 2228 号防水胶带在防潮密封范围内用半重迭法对范围内的钢铠、内衬层、铜带、覆盖了连接管的冷缩绝缘管等进行包绕，一卷胶带要全部用完。由 2228 号防水胶带包绕而成的防水保护层就是防潮密封。

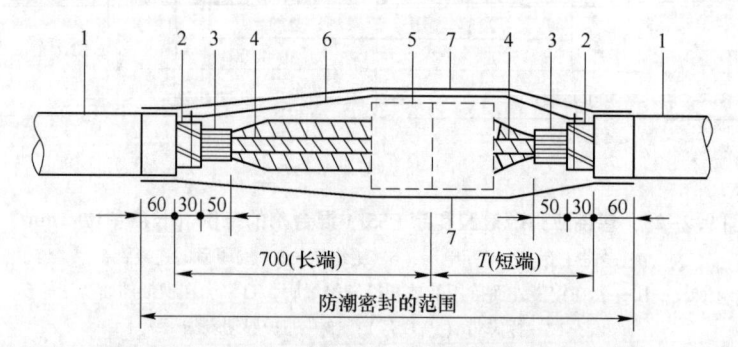

图 9.2-26 10kV 交联电缆冷缩接头的防潮密封示意图
1—外护层；2—钢铠；3—内衬层；4—铜带；5—捆绑在一起的三个单相冷缩绝缘管；
6—钢铠过桥线；7—防潮密封的外廓线；T—短端的外护层的切剥长度

流程（11）：制作接头的装甲带。制作装甲带的范围与防潮密封的范围相同。用半重迭法将 Amorecast 包绕在防潮密封层的外面，所包绕的 Amorecast 就是装甲带。

注意：在制作完成装甲带后的 30min 内不得移动电缆。

流程（12）：将制作完成的冷缩接头装入保护盒内，并在加盒盖后用 PVC 粘胶带包紧、密封，并在盒外安装电缆头牌。

流程（13）：对电缆线路进行交接性电气试验，以检验电缆及其附件（终端和接头）的制作质量。电气试验的试验项目和判断标准参照 10kV 交联电缆户内与户外热缩终端的制作中流程（11）的电气试验流程的说明。当电气试验合格时用符号 Y 表示，然后转入工作结束流程。当试验不合格时用符号 N 表示，重新返回流程（1），重新制作接头。

流程（14）：结束工作，将试验记录存档，移交运行单位。

第10章 配电线路的运行标准及验收知识

10.1 架空配电线路运行标准

10.1.1 杆塔与基础的运行标准

(1) 铁塔的浇制混凝土基础表面水泥应不脱落，钢筋应不外露；基础周围的土层稳定，无坍塌、缺土及突起现象；地（底）脚螺栓应采用双螺帽，螺帽拧紧后，螺栓墙部与螺帽至少持平。

(2) 拉线盘埋深符合设计要求，拉线盘周围土层稳定，无土壤突起、沉陷、缺土等现象。

(3) 拉线应采用镀锌钢绞线，拉线型号规格应符合设计要求，最小截面应不小于 $25mm^2$。钢绞线不应断股、锈蚀，锌层不应脱落。拉线张力均匀，不松弛。

(4) 跨越车路的水平拉线，对路边的垂直距离应不小于 6m；拉线柱对悬垂线的倾斜角一般采用 10°～20°。

(5) 钢筋混凝土电杆的拉线，一般不装拉线绝缘子；如拉线从导线间穿过，应装设拉线绝缘子，靠地面端的拉线绝缘子距地面应不小于 2.5m。

(6) 圆钢拉线棒应热镀锌，其直径应不小于 16mm。拉线棒无严重锈蚀，被锈蚀而减少的直径应不超过 2mm。

(7) 钢筋混凝土电杆的埋设深度应符合设计要求；无明确设计要求值时，电杆埋设深度应不小于表 10.1-1 的规定。

表 10.1-1 混凝土电杆埋深

杆高/m	8.0	9.0	10.0	11.0	12.0	13.0	15.0
埋深/m	1.5	1.6	1.7	1.8	1.9	2.0	2.3

(8) 整基杆塔和基础的地质环境应稳定，无滑坡、山洪冲刷，无被车辆碰撞及其他危及杆塔安全运行的现象。

(9) 普通钢筋混凝土杆不应有严重裂纹、流铁锈水等现象，保护层应不脱落、酥松、钢筋外露，不应有纵向裂纹，横向裂纹应不超过 1/3 电杆周长，裂纹宽度宜不大于 0.5mm。

预应力钢筋混凝土杆不应有纵向、横向裂纹。

(10) 铁塔不应有严重锈蚀，主材弯曲度不得超过 5‰，各螺栓应紧固。

(11) 钢筋混凝土杆的铁横担及铁件等无严重锈蚀，应不生锈起皮，应不出现严重麻点，锈蚀表面积不宜超过 1/2。

（12）直线杆的单横担应装于受电侧，分支杆、90°转角杆（上、下横担）及终端杆的单横担装于拉线侧。

横担上下倾斜、左右偏歪应不大于横担长度的2‰。

（13）10kV及以下多回路杆塔和不同电压级同杆架设的杆塔，横担间的最小距离应符合表10.1-2的规定。采用绝缘导线的线路，横担间的距离由地区运行经验确定。

表10.1-2　横担间最小垂直距离

组合方式	最小垂直距离/m	
	直线杆	转角或分支杆
10kV与10kV	0.8	0.45/0.6
10kV与0.38/0.22kV	1.2	1.0
0.38/0.22kV与0.38/0.22kV	0.6	0.3

注：表中0.45/0.6指距上面的横担0.45m，距下面的横担0.6m。

（14）杆塔偏离线路中心线应不大于0.1m。

（15）杆塔的倾斜度不应超过下列规定：

1）混凝土杆的倾斜度（包括挠度）：直线杆、转角杆倾斜度应不大于15‰；转角杆应不向内角侧倾斜；终端杆不应向导线侧（即受力侧）倾斜，可向拉线侧倾斜，向拉线侧倾斜应小于0.2m。

2）铁塔的倾斜度：高度在50m以下的铁塔，倾斜度应不大于10‰。

（16）接户线的支持构架应牢固，无严重锈蚀、腐朽。

（17）杆塔上的标志应齐全、清楚。杆塔上的主要标志有线路名称、杆塔编号、回路色标、相别的相色、接地线标识（涂黑色或黄绿相间的颜色）、安全警示标志牌（语）。

10.1.2　导线与地线的运行标准

（1）GB 50061—2010《66kV及以下架空电力线路设计规范》规定在多雷区，10kV混凝土杆线路可架设地线，或在三角排列的中线上装设避雷器；当采用铁横担时宜提高绝缘子电压等级，绝缘导线铁横担线路可不提高绝缘子电压等级。

（2）架空电力线路，在一般地区宜采用裸导线。但城市配电网10kV及以下架空电力线路，遇下列情况可采用绝缘导线：

1）线路走廊狭窄，与建筑物之间的距离不能满足安全要求的地段。

2）高层建筑邻近地段。

3）繁华地段或人口密集地区。

4）游览区和绿化区。

5）空气严重污秽地区。

6）建筑施工现场。

（3）通过导线的负荷电流不应超过其允许电流，线路的供电电压质量应符合规定。

（4）导（地）线接头无发热、变色和严重腐蚀，连接线夹螺栓应紧固（接头运行标准见10.1.4小节）。

（5）导（地）线断股损伤及腐蚀等应符合下列规定（依据DL/T 741—2001《架空送

电线路运行规程》和 DL/T 602—1996《架空绝缘配电线路施工及验收规程》）：

1）钢芯铝绞线、钢芯铝合金线：断股损伤面积在铝股或合金股总面积的 7% 以下时，用缠绕或护线预绞丝处理（简称"缠绕法"）；在 7%～25% 时，用补修管或补修预绞丝补修（简称"补修法"）；在 25% 以上和钢芯断股时，切断重接。

2）铝绞线、铝合金线：断股损伤面积在 7% 以下时，用缠绕法处理；在 7%～17% 时，用补修法处理；在 17% 以上时，切断重接。

3）架空地线镀锌钢绞线：19 股断 1 股时，用缠绕法处理；7 股断 1 股，19 股断 2 股时，用补修法处理；7 股断 2 股、19 股断 3 股时，切断重接。

4）导（地）线出现腐蚀、外层脱落或呈疲劳状态时，应取样进行强度试验。若试验值小于原破坏值的 80%，应换线。

绝缘铝绞线、绝缘钢芯铝绞线、绝缘铜绞线：

绝缘导线的绝缘层损伤，其损伤深度达到绝缘层厚度 10% 及以上时应进行绝缘修补。一个档距内，单根绝缘导线的绝缘损伤修补不宜超过三处。采用接续管、并沟线夹、T 型线夹等金具进行绝缘导线的有关连接而在连接处的绝缘导线上产生的绝缘层端头、导体裸露，都应对其进行绝缘护封，以防绝缘导线进水，并恢复导线绝缘。

绝缘导线的线芯截面损伤，其损伤截面在导线导电截面 6% 以内，线股损伤深度在单股直径 1/3 以内时，用缠绕法处理。损伤截面在 6%～17% 范围内时，用敷线修补法（即用预绞式补修条修补）处理。损伤截面在 17% 以上和钢芯断一股时，切断重接。在绝缘导线上经上述补修、补强处理的部位必须经绝缘处理，以恢复绝缘性能。

（6）导线过引线、引下线对电杆构件、拉线、电杆间的净空距离，10kV 不小于 0.2m，0.38/0.22kV 不小于 0.1m。

每相导线过引线、引下线对邻相导体、过引线、引下线的净空距离，10kV 不小于 0.3m，0.38/0.22kV 不小于 0.15m。

10kV 引下线与 0.38/0.22kV 的线间距离不小于 0.2m。

（7）10kV 架空配电线路三相导线弛度应力求一致，弛度误差应在设计值的 -5%～+5% 之内，同档内各相导线弛度宜一致，水平排列导线的弛度相差不应超过 50mm。

（8）10kV 及以下杆塔的裸导线最小线间距离应符合表 10.1-3 的规定。采用绝缘导线的杆塔，其最小线间距离可结合地区运行经验确定。

表 10.1-3 10kV 及以下杆塔最小线间距离

线路电压	最小线间距离/m 档距/m									
	40 及以下	50	60	70	80	90	100	110	120
10kV	0.6	0.65	0.7	0.75	0.85	0.9	1.0	1.05	1.15
0.38/0.22kV	0.3	0.4	0.45	0.5	—	—	—	—	—

0.38/0.22kV 线路，靠近电杆的两根裸导线间的水平距离应不小于 0.5m。

0.38/0.22kV 沿墙敷设的绝缘导线，当档距不大于 20m 时，其线间距不宜小于 0.2m。

（9）3～66kV 多回路杆塔，不同回路的导线间的最小距离，35kV 为 3.0m，10kV

为 1.0m。

采用绝缘导线时，不同回路的导线间距离可结合地区运行经验确定。

（10）35kV 与 10kV 同杆共架的线路，不同电压等级导线间的垂直距离应不小于 2m。

（11）10kV 及以下架空电力线路的档距，可采用表 10.1-4 的数值。

（12）35kV 及以下架空线路的导线距地面的最小距离，在最大计算弧度情况下，应符合表 10.1-5 的规定。

表 10.1-4　10kV 及以下架空电力线路的档距

区域	档距/m	
	线路电压 10kV	线路电压 0.38/0.22kV
市区	40～50	40～50
郊区	50～100	40～60

表 10.1-5　导线距地面的最小距离

线路经过区域	最小距离/m		
	线路电压 0.38/0.22kV	线路电压 10kV	线路电压 35kV
居民区	6.0	6.5	7.0
非居民区	5.0	5.5	6.0
交通困难地区	4.0	4.5	5.0

注：居民区即是人口密集地区；非居民区即是人口稀少地区。

（13）35kV 及以下架空线路的导线与山坡、峭壁、岩石之间的最小距离，在最大计算风偏情况下，应符合表 10.1-6 的规定。

表 10.1-6　导线与山坡、峭壁、岩石间的最小距离

线路经过地区	最小距离/m		
	线路电压 0.38/0.22kV	线路电压 10kV	线路电压 35kV
步行可以到达的山坡	3.0	4.5	5.0
步行不能到达的山坡、峭壁、岩石	1.0	1.5	3.0

（14）35kV 及以下架空线路的导线与建筑物之间的距离，在最大计算弧度情况下，应符合以下规定：0.38/0.22kV，为 2.5m；10kV，为 3.0m；35kV，为 4.0m。

（15）35kV 及以下架空线路在最大计算风偏情况下，边导线与城市多层建筑或规划建筑物间的最小水平距离，以及边导线与不在规划范围内的城市建筑物间的最小距离应符合以下规定：0.38/0.22kV，为 1.0m；10kV，为 1.5m；35kV，为 3.0m。

线路边导线与不在规划范围内的城市建筑物间的水平距离，在无风情况下应不小于上述数值的 50%，即：0.38/0.22kV，为 0.5m；10kV，为 0.75m；35kV，为 1.5m。

（16）35kV 及以下架空线路的导线与树木（考虑自然生长高度）之间的最小垂直距离应符合以下规定：0.38/0.22kV，为 3.0m；10kV，为 3.0m；35kV，为 4.0m。

（17）35kV 及以下架空线路的导线与公园、绿化区域或防护林带的树木之间的最小

距离，在最大计算风偏情况下应符合以下规定：0.38/0.22kV，为3.0m；10kV，为3.0m；35kV，为3.5m。

（18）35kV及以下架空线路的导线与果树、经济作物或城市绿化灌木之间的最小距离，在最大计算弛度情况下应符合下列规定：0.38/0.22kV，为1.5m；10kV，为1.5m；35kV，为3.0m。

（19）35kV及以下架空线路的导线与街道、行道树之间的最小距离应符合表10.1-7的规定。

表10.1-7　导线与街道、行道树之间的最小距离

检验状况	最小距离/m		
	线路电压0.38/0.22kV	线路电压10kV	线路电压35kV
最大计算弛度情况下的垂直距离	1.0	1.5	3.0
最大计算风偏情况下的水平距离	1.0	2.0	3.5

（20）35kV及以下架空线路的架空电力线路与铁路（指非电气化铁路，下同）、道路、河流、管道、索道及各种架空线路交叉时的最小垂直距离，应符合表10.1-8的规定。

表10.1-8　架空电力线路与铁路、道路等交叉时的最小垂直距离

被跨越的名称		最小垂直距离/m			备　注
		线路电压35kV	线路电压10kV	线路电压0.38/0.22kV	
标准轨铁路	轨顶	7.5	7.5	7.5	
	承力索或接触线	3.0	—	—	
窄轨铁路轨顶		7.5	6.0	6.0	
公路和道路		7.0	7.0	6.0	
电车道（有轨）	路面	10.0	9.0	9.0	
	承力索或接触线	3.0	3.0	3.0	
通航河流	至常年高水位	6.0	6.0	6.0	常年高水位为5年一遇洪水位
	至最高航行水位的最高船桅项	2.0	1.5	1.0	
不通航河流	至最高洪水位	3.0	3.0	3.0	35kV线路为百年一遇洪水位，10kV及以下为50年一遇洪水位
	冬季至冰面	6.0	5.0	5.0	
架空明线弱电线路		3.0	2.0	1.0	电力线路应架在上方，交叉点应靠近杆塔，但应不小于7m（城区除外）

续表 10.1-8

被跨越的名称		最小垂直距离/m			备 注
		线路电压 35kV	线路电压 10kV	线路电压 0.38/0.22kV	
电力线路		3.0	2.0	1.0	电压较高线路应架在电压较低线路上方。电压相同时公用线路应在架专用线上方
管道、索道	特殊管道	4.0	3.0	1.5	与索道交叉,如索道在上方,索道下方应装设保护措施。交叉点不应选在管道检查井(孔)处。与管、索道平行、交叉时,管、索道应接地
	一般管道、索道	3.0	2.0	1.5	

注：1. 公路和道路，包括高速公路和一、二级公路及城市一、二级道路；三、四级公路和城市三级道路。
2. 特殊管道是指架设在地面上输送易燃、易爆物的管道。
3. 管、索道上的附属实施，应视为管、索道的一部分。

（21）35kV 及以下架空电力线路与铁路（指非电气化铁路，下同）、道路、河流、管道、索道和各种架空线路交叉或接近的最小水平距离，应符合表 10.1-9 的规定。

表 10.1-9　架空电力线路与铁路、道路等交叉或接近的最小水平距离

被交叉或接近的物体名称		最小水平距离/m		
		线路电压 35kV	线路电压 10kV	线路电压 0.38/0.22kV
杆塔外缘至铁路轨道中心	交叉	30	5	5
	平行	最高杆（塔）高加 3m		
杆塔外缘至公路和道路路基边缘	开阔地区	交叉：8.0	0.5	0.5
		平行：最高杆塔高		
	路径受限制地区	5.0	0.5	0.5
	市区内	0.5	0.5	0.5
杆塔外缘至电车道路路基边缘	开阔地区	交叉：8.0	0.5	0.5
		平行：最高杆塔高		
	路径受限制地区	5.0	0.5	0.5
边导线至河流斜坡上缘（线路与拉纤小路平行）		最高杆塔高		
电力线路边导线与弱电线路边导线间	开阔地区	最高杆塔高		
	路径受限制地区	4.0	2.0	1.0
架空电力线至被跨越电力线	开阔地区	最高杆塔高		
	路径受限制地区	5.0	2.5	2.5

续表 10.1-9

被交叉或接近的物体名称		最小水平距离/m		
		线路电压 35kV	线路电压 10kV	线路电压 0.38/0.22kV
边导线至管道、索道的任何部分	开阔地区	最高杆塔高		
	路径受限制地区	4.0	2.0	1.0

(22) 在 10kV 及以下架空电力线路的无被跨越物（例如铁路等）的一个档距内，同一根导线（包括绝缘导线）上的接头应不超过一个，导线接头距导线固定点的距离应不小于 0.5m。当导线上有防振装置时，接头应在防振装置以外。在跨越标准轨距的铁路（指非电气化铁路，下同）、高速公路、一、二级公路及城市一、二级道路，电车道，通航河流，一级架空明线弱电线路，35kV 及以上电力线路，特殊管道的跨越档内，导（地）线不得有接头；在其他跨越档内，可有一个导（地）线接头。

(23) 在交叉跨越档内，电力线路的导线最小截面：35kV 及以上架空电力线路，采用钢芯铝绞线时为 35mm^2；10kV 及以下架空电力线路，采用铝绞线或铝合金线时为 35mm^2，采用其他导线时为 16mm^2。

(24) 各种架空电力线路在跨越铁路、高速公路和一、二级公路及城市一、二级道路，电车道，通航河流，特殊管道，一般管道，索道的跨越档时，两侧的直线杆塔上的导线必须采用双固定方式。

10kV 架空电力线路跨越一、二级架空明线弱电线路时，跨越档两侧直线杆塔的导线采用双固定方式。

10kV 及以下架空电力线路跨越 6~10kV 电力线路时，跨越档两侧直线杆塔的导线采用双固定方式。

(25) 接户线的绝缘层应完整，无剥落、开裂等现象；导线应不松弛，每根导线的接头应不多于 1 个，且应采用同一型号导线相连接。

(26) 架空绝缘配电线路下列杆塔的绝缘导线上应配置专用停电工作接地挂环：耐张杆上联络开关的两侧、T 型接杆分支开关的两侧、线路上变压器台架的一、二次侧、在直线段上需设置的停电工作接地点。

10.1.3 绝缘子的运行标准

(1) 应根据污秽等级和规定的爬电比距来选择绝缘子的型号，验算表面泄漏距离尺寸。

《中国南方电网城市配电网技术导则》规定：城市配电网 10kV 架空电力线路直线杆塔的绝缘子和其他杆塔的跳线绝缘子宜采用针式绝缘子或瓷横担绝缘子，城区宜选用防污绝缘子；在重污秽及沿海地区，采用绝缘导线铁横担时，其绝缘水平取 15kV，采取裸导线铁横担时，其绝缘水平取 20kV。

10kV 架空线路宜采用由 2 片 X-3c（或 X-4.5）型绝缘子组成的耐张绝缘子串。低压架空线路可采用 1 片 X-3c（或 X-4.5）型绝缘子作耐张绝缘子，低压架空线路小截面导线可用蝶形绝缘子做耐张绝缘子。

(2) 运行中的绝缘子、瓷横担应无裂纹、伞裙破损、瓷釉烧坏、严重污秽结垢，釉面剥落面积应不大于 100mm²；瓷横担槽外端头釉面剥落面积应不大于 200mm²；铁脚无弯曲，铁件无严重锈蚀。

10.1.4 金具的运行标准

(1) 拉线金具、耐张线夹、联板等金具本体应不出现变形、锈蚀、烧伤、裂纹，强度不应低于原值的 80%。

(2) 导线直线压接管和耐张压接管有下列现象即为不合格：

1) 外观鼓包、裂纹、烧伤、滑移或出口处断股、弯曲度超过管长 2% 等。

2) 与等长导线的电压降或电阻的比值大于 1.2。

3) 直线压接管的温度高于相邻导线温度 10℃。

4) 直线压接管距导线固定点的距离小于 0.5m，当有防振装置时，直线压接管应在防振装置以外。

(3) 导线并沟线夹、跳线引流连接板、不同金属导体连接过渡板、缠绕等接头的螺栓松动和螺栓扭矩值未达规定值（详见 DL/T 741—2010）、缠绕不实、导线断股、烧伤、过热变色，温度高于相邻导线 10℃，即认为接头不合格。

10.1.5 接地装置的运行标准

(1) 有地线的杆塔应接地，在多雷季节地面干燥时工频接地电阻不宜超过规程规定值：当土壤电阻率 $\rho<100\Omega\cdot m$ 时，为 10Ω；当 $100\Omega\cdot m\leqslant\rho<500\Omega\cdot m$ 时，为 15Ω；当 $500\Omega\cdot m\leqslant\rho<1000\Omega\cdot m$ 时，为 20Ω；当 $1000\Omega\cdot m\leqslant\rho<2000\Omega\cdot m$ 时，为 25Ω；当 $\rho\geqslant 2000\Omega\cdot m$ 时，为 30Ω。

小电流接地系统的 10kV、35kV 线路无地线的杆塔在居民区宜接地，工频接地电阻不宜超过 30Ω。

(2) 电气设备的金属外壳等应接地。电气设备金属外壳的外敷接地引下线可采用镀锌钢绞线，其截面应不小于 25mm²。

接地体的引出线的截面应不小于 50mm²（相当于直径为 8mm 的圆钢），并应采用热镀锌。

接地引下线不应与电气设备金属外壳断开或与接地体接触不良及断开。

(3) 接地体应不外露或出现严重腐蚀现象；被腐蚀后，其导体截面应不小于原截面的 80%。

(4) 10kV 柱上断路器、隔离开关、熔断器的防雷装置（如避雷器）的接地装置的工频接地电阻应不大于 10Ω。配变站的接地装置的工频接地电阻应不大于 4Ω。无避雷线的 10kV 架空配电线路（小电流接地系统）保护杆塔导线的避雷器的接地装置的工频接地电阻应不大于 10Ω。由配电变压器低压侧直接接地的中性点引出的中性线，其重复接地装置的工频接地电阻不应大于 10Ω。

10.2 配电电力电缆线路的运行标准

10.2.1 电力电缆线路应满足的基本要求

(1) 低油压充油电缆的长期允许油压为 4.9～29.4N/cm² (原计量单位为 0.5～3kgf/cm²,1kgf=9.80665N)。

(2) 电缆线路的最高点与最低点之间的允许高度差应不超过表 10.2-1 的规定。

(3) 电缆线路的最高点和最低点的水平差超过表 10.2-1 规定者,可采用塞止式接头。

表 10.2-1 电缆线路的最高点与最低点之间的最大允许高度差

电压/kV	有无铠装	最大允许高度差/m	
		铅包	铅包
1～3	铠装	25	25
	无铠装	20	25
6～10	铠装或无铠装	15	20
20～35		5	

注:1. 水底电缆线路的最低点是指最低水位的水平面。
    2. 橡胶和塑料电缆的允许高度差不受本表限制。
    3. 充油电缆的允许高度差根据其长期允许油压来确定。

(4) 多芯电缆的弯曲半径应不小于如下规定值:

1) 聚氯乙烯绝缘电缆:10D(D 为电缆外径,下同)。

2) 交联聚乙烯绝缘电缆:15D。

3) 油浸纸绝缘电力电缆:铅包 30D;铅包有铠装 15D;铅包无铠装 20D。

4) 橡皮绝缘电力电缆:无铅包、无钢铠护套 10D;裸铅包护套 15D;钢铠护套 20D。

(5) 不允许将三芯电缆中的一芯接地运行。在三相系统中用单芯电缆时,三根单芯电缆之间距离的确定,要结合金属护层或外屏蔽层的感应电压和由其产生的损耗、一相对地击穿时危及邻相的可能性、所占线路通道宽度以及便于检修等各种因素全面考虑。

除了充油电缆和水底电缆外,单芯电缆的排列应尽可能组成紧贴的正三角形。

(6) 单芯电缆的铅包只在一端接地时,在铅包的另一端的正常感应电压一般应不超过 65V;当铅包的正常感应电压超过 65V 时,应对易与人身接触的裸露的铅包及与其相连的设备加以适当的遮蔽,或采用将铅包分段绝缘后对三相铅包加以互连的方法。

单芯电缆如有加固铅包的金属加强带,则加强带应和铅包连接在一起,使两者处于同一电位;有铠装丝的单芯电缆如无可靠的外护层时,则这种单芯电缆在任何场合都应将铅包和铠装丝的两端接地。

(7) 单芯电缆线路的铅包只有一点接地时,其最大感应电压接近护层绝缘击穿强度的各点都应加装护层绝缘保护器,如采用非线性阀片、球间隙等。

单芯电缆线路如与架空线连接,而铅包只有一点接地时,应优先考虑在架空线的一侧接地。

单芯电缆线路的铅包只有一点接地时,宜考虑并行敷设一根两端接地的绝缘回流线。回流线的阻抗,尽可能匹配最大零序电流和其对回流线的感应电压。回流线的排列应使其在工作电流时形成的损耗最小。只有当对邻近通信线路无干扰影响时,才可不敷设回流线。

(8) 三相电缆线路使用单芯电缆或分相铅包电缆时,每相周围应无紧靠的铁件构成的铁磁环路。

(9) 电缆线路的正常工作电压,一般应不超过电缆额定电压的15%。电缆线路升压运行,必须经过试验、鉴定,并经上级主管部门批准。

(10) 在电缆中间接头和终端头处,电缆的铠装、铅包和金属接头盒应有良好的电气连接,使其处于同一电位。电缆两端终端盒的外壳和电缆的金属外皮应按GB 50169—2006《电气装置安装工程接地装置施工及验收规范》的规定接地。

10.2.2 电力电缆本体的运行标准

(1) 电缆本体无损伤、异常发热、老化、腐蚀、异常变形,电缆线路上无异物。

(2) 电缆本体在电缆支架上摆放稳固、整齐,没有交叉。

(3) 电缆本体不能浸没在水中。

(4) 架空的电力电缆线路不能悬空,也不能悬挂其他异物。电缆支架、承力钢索和电缆挂钩没有变形、生锈、腐蚀、老化和构件丢失。

(5) 原则上不允许电缆过负荷,即使在事故时出现的过负荷也应迅速恢复其正常电流。常用10kV电缆的长期允许载流量见表10.2-2;电缆导体的允许工作温度见表10.2-3。

表10.2-2 常用10kV电缆的长期允许载流量

规格型号	空气中(25℃)长期允许载流量/A
YJV22-8.7/10kV—3×300	552
YJV22-8.7/10kV—3×240	480
YJLV22-8.7/10kV—3×240	369
YJV22-8.7/10kV—3×185	398
YJLV22-8.7/10kV—3×185	317
YJV22-8.7/10V—3×150	360
YJLV22-8.7/10kV—3×150	283
YJV22-8.7/10kV—3×120	317
YJV22-8.7/10kV—3×95	273
YJV22-8.7/10kV—3×70	235

注:规格型号中各符号的含义见第6章配电线路常用的材料设备金具中的电力电缆型号规格表示法与参数。

表 10.2-3　电缆导体的允许工作温度

电缆种类	允许工作温度/℃			电缆种类	允许工作温度/℃		
	1kV	10kV	35kV		1kV	10kV	35kV
天然橡胶绝缘	65	—	—	聚乙烯绝缘	—	70	—
黏性纸绝缘	80	60	50	交联聚乙烯绝缘	90	90	80
聚氯乙烯绝缘	65	—	—	充油纸绝缘	—	—	75

10.2.3　电缆附件的运行标准

电缆附件就是电缆终端头和电缆接头。

（1）电缆附件上无异物、密封良好、无损伤、异常发热、老化、腐蚀、变形等。电缆接线盒、终端盒的金属外壳、电缆外皮等接地良好。

（2）电缆接头两侧的三相的金属屏蔽层和铠装层要用跨接线连接起来不得中断。电缆终端的三相金属屏蔽层和铠装层要分别焊接地线。电缆在电缆支架上受力合理，摆放稳固，电缆牌没有丢失。

（3）终端头带电裸露部分之间的距离及至接地部分的距离应满足表 10.2-4 的要求。接线端子没有异常发热，终端头与杆塔的连接构件没有脱落，连接牢固。

（4）电缆附件不能浸没在水中。

表 10.2-4　电缆终端头带电裸露部分之间的距离及至接地部分的距离

电压/kV	1	10	35
户内/mm	75	125	300
户外/mm	200	200	400

10.2.4　电缆线路辅助设施的运行标准

电缆线路辅助设施是指电缆终端支架、电缆支架、接地线、铸铁护管等。

要求电缆线路辅助设施无锈蚀、变形、裂纹、丢失、断脱等观象，各部构件连接牢固，没有脱落。

10.2.5　电缆分支箱的运行标准

（1）分支箱基座完好。

（2）分支箱的门锁完好。

（3）分支箱的通风和防漏情况良好。

（4）分支箱的箱体和金属部件连接牢固，无脱落、锈蚀、变形、裂纹、丢失现象。

10.2.6　电缆排管、沟道的运行标准

（1）电缆排管和沟道土建设施，其地表没有下陷、变形、积水等情况；水泥盖板、窨井盖板及其基座完好，排管工井和电缆沟内墙壁无变形、渗漏、积污积水。

（2）排管工井和沟道内及其周围，没有易燃、易爆或腐蚀性物品，也没有引起温度

持续升高的设施。

（3）排管和沟道的路径应保持畅通，如被建筑物占用或其他物体覆盖，应及时发放违章通知书，令其及时整改。

10.2.7　电缆线路防火和防腐蚀的运行标准

（1）在电缆隧道、电缆沟、电缆夹层、电缆桥等电缆穿墙或穿洞处，应用防火堵料紧密封堵。

（2）电缆应没有出现腐蚀现象。

10.3　配电设施和设备的运行标准

10.3.1　双柱式 H 形油浸式变压器台架的运行标准

（1）用于安装变压器台架的两根电杆埋深符合要求，电杆稳固。变压器台架的支架（固定变压器的底盘）高度应不小于 2.5m。变压器的底座应稳固安装在支架上，应用镀锌 8 号铁丝或用加有花篮螺丝的钢绞线将变压器油箱颈部和电杆捆绑在一起。两根电杆柱上应涂写线路名称和杆号、警告标志。

（2）安装在台架上的跌落式熔断器对地高应不小于 4.5m，熔断器之间的水平距离不小于 0.5m，熔丝管轴线与地面垂直线的夹角为 15°~30°。

（3）落地式变压器台架（安放变压器的砖石基础）的围墙（围栏）和门、门锁完好，并有安全警告标志。落地式变压器台架（基础）应高于当地最高洪水位，但不得低于 0.3m，基础完好，无倒塌可能。

（4）台架周围无丛生杂草，杂物堆积；无生长较高的可能接近带电体的农作物、蔓藤类植物。

10.3.2　油浸式配电变压器的运行标准

（1）配电变压器铭牌完好；变压器外壳上应悬挂名称、编号标识牌；变压器高、低压两侧的相导线应涂上相色。

（2）变压器套管清洁，无裂纹、损伤、放电痕迹。

（3）变压器油温、油色、油位正常，无异声、漏油、异味。

正常的油色是透明的淡黄色或浅红色；若呈深暗色、透明性差，表明油质变坏。正常的变压器油无味或略有煤油味；若有焦味，表明有水分；若有酸味，表明油已严重老化。

（4）变压器的呼吸器无堵塞现象，呼吸器中的变色硅胶颜色正常。干燥的硅胶（经氯化钴浸渍的硅胶）呈白色或蓝色；吸潮后变成粉红色，变成粉红色表明硅胶已失效，应更换。

（5）变压器分接开关指示正确、转换良好。

（6）变压器外壳无脱漆、锈蚀；焊口无裂纹、渗油现象。

（7）变压器的各部密封垫无老化、开裂，缝隙无渗油现象。

（8）变压器各部螺栓完整、无松动。

(9) 变压器低压侧中性点与变压器外壳连接良好并接地；各电气连接点无锈蚀、过热和烧伤现象。

(10) 变压器的一次熔断器齐备、熔丝大小合适。

(11) 变压器的一次、二次引线松紧合适，导线相线对地及相间距离符合以下要求：10kV 每相导线对电杆、拉线及对低压线的净空距离不小于 0.2m，相间的距离不小于 0.3m。

(12) 运行变压器所加上的一次电压一般不应高于变压器相应分接挡额定电压的 105%。最大负荷应不超过变压器额定容量（特殊情况除外）。变压器的运行温升应不高于额定温升。油浸式自然循环自冷、风冷变压器的顶层油温应不超过 95℃，一般不宜经常超过 85℃。配变站内的干式变压器的温度限值按制造厂的规定值执行。一般规定，F 级耐热等级的干式变压器，最高允许工作温度为 120℃，极限最高温度为 155℃；H 级耐热等级的干式变压器，最高允许工作温度为 145℃，极限最高温度为 180℃。

(13) 变压器低压侧三相负荷的不平衡度和电压应在正常范围内变化。

10.3.3 户内配变站的运行标准

配变站是指室内变电站和箱式变电站及台架式变压器。其中台架式变压器的台架运行标准详见 10.3.1 小节；配电变压器运行标准详见 10.3.2 小节油浸式配电变压器运行标准。本小节主要介绍室内变压器和箱式变电站的运行标准。

(1) 各种仪表、信号装置指示正常。

(2) 各种设备（包括变压器、开关等）的各个触点无过热、烧伤、接触不良、熔断等异常；导体（线）无断股、裂纹、损伤，熔断器接触良好；自动空气开关运行正常。

(3) 各种充油设备的油色、油温正常，无渗、漏油现象；呼吸器无堵塞，变色硅胶颜色正常。

(4) 各种设备的瓷件清洁，无裂纹、损坏、放电痕迹等异常现象。

(5) 开关指示器位置正确。

(6) 室内（箱内）的温度正常，无异声、异味，通风口无堵塞。

(7) 照明设备和防火设施完好。

(8) 变压器底座基础应高于当地最大洪水位，但不得低于 0.3m。建筑物及其门、窗无损坏，门锁良好；基础无下沉；室内天花板砂浆层无剥落现象；室顶无渗、漏水现象；防小动物设施良好、有效。

(9) 各种标志齐全、清晰。

(10) 接地连接和接地装置良好，无锈蚀、损坏现象；接地电阻合格。

10.3.4 柱上油断路器和负荷开关的运行标准

(1) 外壳无渗、漏油和锈蚀现象。

(2) 套管无破损、裂纹、严重脏污和闪络放电现象。

(3) 开关固定牢靠，电气连接和接地良好。相间和相对地距离符合规定。

(4) 油位正常。

(5) 开关分、合指示正确、清晰。

(6) 开关的绝缘电阻、每相导电回路电阻、工频耐压、绝缘油试验符合规程要求。

(7) 开关的额定电流大于负荷电流。断路器的额定开断容量大于安装点的短路容量。

10.3.5 隔离开关和跌落式熔断器的运行标准

(1) 瓷件无裂纹、闪络、破损及严重脏污。

(2) 熔丝管无弯曲、变形。

(3) 触头接触良好，无松动、脱落现象。

(4) 各部接点连接良好。

(5) 安装牢靠、相间距离、熔丝管的倾斜角符合规定。

(6) 操动机构灵活，无锈蚀、卡涩现象。隔离开关底座接地良好。

(7) 通过隔离开关和熔断器的负荷电流小于额定电流。隔离开关和熔断器的额定断流容量大于安装点的短路断流容量。

10.3.6 无功补偿电容器的运行标准

(1) 瓷件无闪络、裂纹、破损和严重脏污。

(2) 无渗、漏油。

(3) 外壳无鼓肚、锈蚀。

(4) 外壳接地良好。

(5) 放电回路和各引线接点良好。

(6) 带电体与各部之间的距离符合规定。

(7) 开关、熔断器正常、完好。

(8) 并联电容器的单台电容器熔丝不熔断。

(9) 串联补偿电容器的保护间隙无变形、异常和放电痕迹。

(10) 电容器的运行温度不得超过制造厂的规定值。

10.4 配电线路验收

把好质量验收关是实行质量全过程管理的重要环节，因而熟悉与掌握配电线路的运行标准和验收知识是配电线路检修人员应具备的基本条件之一。

10.4.1 架空配电线路的验收

1. 架空配电线路新建工程的竣工验收

供电企业有关部门应在新建工程投运之前按规定成立启动验收小组进行启动试运与验收工作。在启动验收小组内下设启动试运指挥组和工程验收检查组。启动验收小组中的工程验收检查组应负责对下列施工验收项目和移交的工程资料等两部分进行检查，经核实符合要求后向验收小组报告，以决定是否进行启动试运工作。启动试运指挥组负责联系调度部门，进行送电试运工作。

(1) 验收项目。

在验收时应对下列项目进行检查：

1）施工采用的器材型号、规格。要求符合标准。
2）线路设备标志。要求标志齐全。
3）电杆组立的各项误差。要求误差符合标准。
4）拉线的制作和安装。要求符合工艺标准。
5）导线的弧垂、相间距离、对地距离、交叉跨越距离及对建筑物的接近距离。要求符合运行标准。
6）电气设备外观。要求完整无缺陷。
7）相序和接地装置。要求相序正确、接地装置符合规定。
8）防护区及通道。要求沿线防护区内的堆积物，应拆除的构筑物、应砍的树及树枝等障碍物应清除完毕。

(2) 施工方应移交的资料。
1）竣工图（施工方加盖公章）。
2）变更设计的证明文件，包括施工内容明细表。
3）安装技术记录，包括隐蔽工程记录。
4）交叉跨越距离记录及有关协议文件。
5）调整试验记录。
6）接地电阻实测值记录。
7）有关的批准文件，如路径审批文件，杆塔占地、拆迁、青苗赔偿、林木砍伐等补偿文件，协议，合同等。

(3) 新建工程的验收标准。
详见 GB 50173—1992《35kV 及以下架空电力线路施工及验收规范》。

2. 架空配电线路检修项目的验收

通过运行巡视、检测等方式发现的缺陷有三种：一般缺陷、重大缺陷、紧急缺陷。对于重大缺陷和紧急缺陷，尤其紧急缺陷应及时安排检修（状态检修）。

对于运行缺陷的检修验收，由班长安排有关运行人员进行验收。

10.4.2 配电电缆线路的验收

配电电缆线路包括 10kV 电缆线路和低压电缆线路、整条电缆线路、架空与电缆混合线路。在城市中多数是混合线路。

1. 对新建混合线路工程电缆线路部分的验收

对于新建混合线路工程，在验收架空线路的同时，应对电缆线路验收，验收的标准是 GB 50168—2018《电缆线路施工及验收规范》。供电企业应成立启动验收小组进行验收与启动试运工作。启动试运前，工程验收检查组应对电缆线路的下列验收项目和移交的工程资料进行检查，经核实符合要求后向验收小组报告，以决定是否启动试运行工作。

(1) 验收项目。在验收新建混合线路工程电缆线路部分时应对下列项目进行检查：
1）电缆型号规格、排列、标志牌。要求电缆型号规格符合设计规定，排列应整齐、无机械损伤，标志牌应装设齐全、正确、清晰。
2）电缆的弯曲半径和电缆固定情况。要求电缆的固定、弯曲半径、有关距离等符合要求。

3) 电缆的终端头和接头。要求电缆终端头、接头安装牢固,制作工艺、金属护套和铠装接地、导线的相间与相导线对地距离、电缆的电气试验等符合规程规定。

4) 电缆的接地装置。要求接地装置、电缆附件及电缆金属支架等接地符合规程规定。

5) 电缆的相色和电缆支架等金属部件。要求电缆终端头的相色应正确,电缆支架等的金属部件安装牢固且防腐层完好。

6) 电缆沟。要求电缆沟内无杂物,盖板齐全;隧道内无杂物,照明、通风、排水等设施符合设计要求。

7) 电缆的路径。要求直埋电缆路径标志与实际路径相符;路径标志清晰、牢固、间距适当;直埋电缆在直线段每隔50~100m处、电缆接头处、转弯处、进入建筑物处,设有明显的方位标志或标桩。

8) 电缆的防火设施。要求防火设施符合设计,且施工质量合格。

9) 隐蔽工程情况。要求隐蔽工程在施工过程中应进行中间验收,并做好签证。

(2) 资料移交。在验收时,施工单位应移交下列资料和技术文件:

1) 线路路径的协议文件和占地等补偿文件、协议、合同等。

2) 设计资料图纸、电缆清册、变更设计的证明文件和竣工图。

3) 直埋电缆配电线路的敷设位置图比例宜为1:500。地下管线密集的地段敷设位置图比例应不小于1:100,在管线稀少、地形简单的地段可为1:1000;平行敷设的电缆线路,宜合用一张图纸。图上必须标明各线路的相对位置,并标明地下管线的剖面图。

4) 制造厂家提供的产品说明书、试验记录、合格证件及安装图纸等技术文件。

5) 隐蔽工程的技术记录。

6) 电缆线路的原始记录:

a. 电缆的型号、规格及实际敷设总长度和分段长度,电缆终端和接头的型号及安装日期等原始记录。

b. 电缆终端和接头中填充的绝缘材料名称、型号等原始记录。

7) 电缆的施工试验记录。

2. 电缆检修项目的验收

应针对电缆的检修项目,依据电缆运行规程和电气设备交接试验标准的相应规定对检修项目进行验收。经验收合格后方可恢复电缆运行。

对塑料电缆,包括橡胶绝缘电缆、聚氯乙烯、聚乙烯、交联聚乙烯绝缘电缆,进行电气故障检修时,例如制作电缆终端头和接头时,运行单位的验收人员除外观检查外,主要依据试验结果进行验收。可按GB 50150—2016《电气设备交接试验标准》进行试验。试验项目包括绝缘电阻、直流耐压及泄漏电流,检查电缆线路的相位。

此外,还应检查检修单位填写的故障测试记录及修理记录,并按规定存档。

专业知识模块的思考与问答题

1. 请简述裸导线的型号规格的表示法。
2. 请简述 10kV 和 1kV 及以下架空绝缘电缆的型号、规格表示法。
3. 请简述 10kV 电力电缆的型号、规格表示法。
4. 请简述低压针式、蝶形绝缘子的型号、规格表示法。
5. 请简述中压针式绝缘子的型号、规格表示法。
6. 请简述陶瓷横担的型号、规格表示法。
7. 请简述悬式绝缘子的旧型号、规格表示法，新型号、规格表示法及两种表示法的主要区别。
8. 请简述配电变压器的型号、规格表示法和主要技术参数名称。
9. 请简述中压断路器的型号、规格表示法和主要技术参数名称。
10. 请简述中压隔离开关的型号、规格表示法和主要技术参数名称。
11. 请简述中压熔断器的型号、规格表示法。
12. 什么是重合器、分段器？两者的主要区别是什么？什么是智能型故障指示器？
13. 我们将应用于输变、配电设备中的哪些附件统称为电力金具？
14. 在选择电力金具时应遵守哪两种优先选用的原则？
15. 请简述电力金具型号的格式。
16. 请说出 NLD-4 耐张线夹的各符号的含义。
17. 请说出 NLL-29 耐张线夹的各符号的含义。
18. 请说出 NE-2 楔型耐张线夹各符号的含义。
19. 请说出 NUT-2 楔型耐张线夹各符号的含义。
20. 请说出以下连接金具各符号的含义：QP-7、W-7A、W-7B、Z-7、U-7、U-1880、PH-7。
21. 请说出以下接续金具各符号的含义：JB-1、JBY-2、JBB-2、JK-1、JT-120/20、JT-70L、JL-35G、JL-120L、JL-120/20Q、JL-120B。
22. 请说出以下 T 型接金具型号的含义：TL-21、TL-22。
23. 请说出以下防护金具型号的含义：FD-1、FG-35。
24. 请说出以下接线端子型号的含义：DT-50、DL-50、DTL-50。
25. 在电力线路施工、检修中常用的纤维绳有哪三种？《南方电网公司安规》规定棕绳（白棕绳）仅限用于什么用途，不得用于什么用途？
26. 选择纤维绳、白棕绳的常用方法是哪三种？
27. 《南方电网公司安规》规定白棕绳干燥时和潮湿时许用应力是多少？
28. 拟将纤维绳（包括化纤绳）穿过单轮滑车后将其一端拴在一个质量为 45kg 的重物上，工作人员拉住纤维绳的另一端，然后手动牵引纤维绳将重物从地面起吊到 5m 高的平台上。现选用一根直径为 8mm、破断力为 3185N 的纤维绳作为起吊绳，设起吊绳的安全系数 $K=5$，作用在重物上的动荷系数 $k_1=1.2$，不平衡系数 $k_2=1.0$，请问：用此起吊纤维绳起吊该重物是否符合安全要求？（参考答案：纤维绳的许用拉力 $[T]=3185N/5=637N$；重物动态载荷 $P_D=k_1k_2P=1.2×1×45×9.8=529N$，可知 $P_D<[T]$，因此用此纤维绳起吊该重物是安全的）

29. 钢丝绳是用什么材料制造而成的绳索？它具有哪些主要特点？

30. 怎样捻制的钢丝绳称为顺捻钢丝绳？怎样捻制的钢丝绳称为逆捻钢丝绳？

31. 请说出各种用途下的钢丝绳的安全系数。

32. 请写出破断应力为 $1372N/mm^2$ 的钢丝绳的破断力的估算公式和安全系数为 5 时的许用起吊力公式。

33. 选择钢丝绳的常用方法有三种，请问：是哪三种方法？

34. 用牵引钢丝绳（简称"牵引绳"）牵引倒落式人字抱杆起立水泥电杆，已知电杆作用在牵引绳上的静态载荷 $P=7546N$，现选用直径为 11mm、破断力为 51060N 的钢丝绳作为牵引绳，并取钢丝绳的安全系数 $k=5$，电杆作用在牵引绳上的动荷系数 $k_1=1.2$，不平衡系数 $k_2=1.0$，请问：所选用的牵引钢丝绳的强度是否满足安全要求？（参考答案：作用在牵引绳上的静态载荷 $P=7546N$，动态载荷 $P_D=9055N$，而牵引绳的许用拉力 $[T]=10212N$。因 $P_D<[T]$，故所选用的钢丝绳满足安全要求）

35. 按耐久条件选择钢丝绳就是要求在不同驱动方式下滑车轮底部直径与钢丝绳直径的比值要大于规程规定的相应的最小比值。请写出在机械驱动、人力驱动、人力在绞磨卷筒上使用等驱动方式下的最小比值。

36. 哪种滑车称为定滑车？哪种滑车称为动滑车？哪种滑车称为滑车组？

37. 活头是从滑车组中最后引出的绳索。请写出不考虑滑车组摩擦力和考虑摩擦力的滑车组牵引重物时活头拉力的计算公式和公式中有效绳索数目 n 的取值方法。

38. 选择起重滑车、滑车组时应注意哪些要求？

39. 在电力线路施工、检修时经常会使用临时地锚，常用的临时地锚是哪三种？

40. 在计算深埋式地锚（简称"坑锚"）的极限承载力时，是假设地锚将把地锚上方的一个土体拔出地面，被拔出的土体体积的土壤的重量就是地锚的极限承载力。请问：将一段圆木水平地深埋在地中，当它被拔出时的土体是一个什么样形状体积的土体？

41. 有一斜向受力的深埋式地锚，已知用作坑锚的圆木水平埋深 $h=1.2m$，圆木直径 $d=20cm$，长度 $L=1.2m$，地锚绳对地夹角（锐角部分）$\alpha=45°$，土壤安息角 $\phi=20°$，土壤容重 $V=15.7kN/m^3$，坑锚的抗拉安全系数 $k=2$，圆木的许用应力 $[\sigma]=1176N/cm^2$，请问：将一个静态拉力 $P=20kN$，负荷系数 $k_0=1.3$ 的动态拉力 P_D 施加在该坑锚上，坑锚是否能安全工作？（参考答案：坑锚极限承载力 $Q_J=47.03kN$，许用承载 $[Q]=23.52kN$，当施加坑锚上的动态载荷 $P_D=[Q]$ 时，$\sigma=450N/cm^2<1176N/cm^2$，$[Q]=23.52kN$ 可用。但实际施加在坑锚上的动态载荷 $P_D=24kN$。因 $P_D>[Q]$，故该坑锚不能安全地工作）

42. 有一插洞型杠杆式圆木板桩（简称"二联圆木板桩"），其前圆木桩长度 $L=150cm$，直径 $d=28cm$，后桩的许用承载力 $[F]=8780N$，该二联圆木板桩的安装情况如下图所示。图中 k_0P 为施加在前圆木桩上的动态载荷；F 为后桩施加在前圆木桩 A 点上的拉力，后桩的许用承载力 $[F]=8780\text{N}$；Q 为土壤反作用于前圆木桩地下部分中点上的合力，土壤的许用应力 $[\sigma_r]=29.4\text{N}/\text{cm}^2$，圆木的许用应力 $[\sigma]=1176\text{N}/\text{cm}^2$，请计算该二联圆木板桩的许用承载力 $[P]$。（参考答案：上述二联圆木板桩的许用承载力 $[P]=36\,583\text{N}$。因当以 $k_oP=[P]=36583\text{N}$ 作用于前圆木桩时，圆木桩的弯曲应力 $\sigma=380\text{N}/\text{cm}^2$，$\sigma<[\sigma]=1176\text{ N}/\text{cm}^2$；同时土壤反作用于前圆木地下部分的合力 $Q=27803\text{N}$，$Q<[Q]=dh_1[\sigma_r]=41160\text{N}$。）

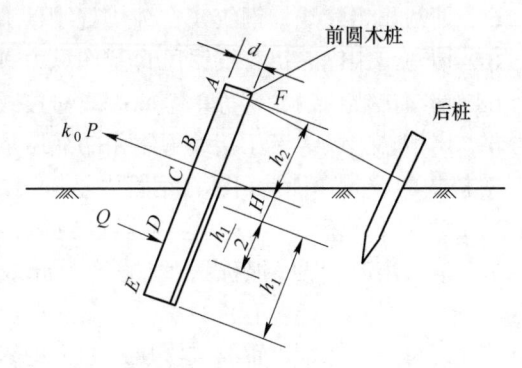

注：图中 $h_1=50\text{cm}$，$H=5\text{cm}$，$h_2=95\text{cm}$，$d=28\text{cm}$。

43. 请写出一根抱杆的稳定许用承载力的计算步骤、方法。
44. 选择抱杆时应遵守哪些要求？
45. 请想一想，为什么只适宜用双钩紧线器、螺丝扣（俗称花篮螺丝）来承受拉力，而不能用它们来顶举重物承受压力？
46. 在电力线路施工、检修时经常要使用绳索及其绳扣，拴绳扣时应遵守哪两个原则？
47. 在电力线路施工、检修时经常会使用一些简单的绳扣，请说出其中的 5 种和它们有什么用途？
48. 砍伐树木或树枝时常用哪两种控制树木、树枝倒落方向的方法？
49. 请简述编制一个 b+1 钢绳绳套（绳卷）的方法。
50. 在将钢筋混凝土电杆装载在 4m 长铁车厢的货车上时应遵守哪三点要求？
51. 用汽车运输钢筋混凝土电杆时应注意哪些安全事项？
52. 用汽车运输线盘（导线盘、电缆盘），在将线盘装在车上时应遵守哪几点要求？
53. 分坑是什么含义？怎样的分坑法是皮尺分坑法？
54. 开挖 10kV 架空配电线路基坑时应配备哪些开挖工具？
55. 开挖架空配电线路基坑时应配备哪些开挖工具？
56. 将底、拉盘安放在基坑内常用哪四种方法？
57. 基坑操平是什么含义？
58. 常用于基坑操平的方法有几种？
59. 在水桶操平法中如何制作水平基准线？
60. 进行架空线路施工时所称的排杆是什么含义？
61. 常用于排杆的方法是哪两种方法？
62. 用倒落式人字抱杆起立单杆进行起立现场布置时应遵守哪三个原则？
63. 请简述转动竖立的单电杆的条件和方法。
64. 常用哪两种方法为放线现场准备放线电线？
65. 规程规定制作完成的直线接续管在机械强度、接续管的电阻、通过最大负荷电流时接续管的允许温度等方面应符合什么要求？

66. 请写出铝绞线、铜绞线自缠式直线接头的制作步骤与方法。
67. 请写出用钢芯铝绞线钳压管制作承力直线接续管的步骤与方法。
68. 请写出铝、铜、钢等单金属绞线对接式承力直线接续管的制作步骤与方法。
69. 用钢芯铝绞线液压接续管制作的液压承力直线接续管有两种：一种是钢芯在钢管内是对接式的，另一种是钢芯在钢管内是搭接式的。请写出用钢芯铝绞线液压接续管制作的钢芯为对接式的液压承力直线接续管的步骤与方法。
70. 请写出芯线为钢芯铝绞线的绝缘导线的钳压式承力直线接续管的制作步骤与方法。
71. 请写出绝缘铜、铝绞线液压式承力绝缘直线接续管的制作步骤与方法。
72. 请写出绝缘钢芯铝绞线液压式直线接续管的制作步骤与方法。
73. 在架设架空电力线路时要对电线进行画印。画印是什么含义？
74. 可将画印的方法划分为直接画印法和间接画印法。如何进行直接画印？
75. 螺栓型耐张线夹有正装型和倒装型两种，应优先选用哪种？
76. 请写出安装裸导线用的螺栓型耐张线夹的一般方法和注意事项。
77. 请写出裸导线用的螺栓型耐张线夹作为绝缘导线耐张线夹的安装方法。
78. 请写出用绝缘型楔型耐张线夹安装绝缘线的方法。
79. 请分别写出裸绞线导线损伤时用不做补修、缠绕或预绞丝补修、补修管补修、用接续管制作接头等方法处理导线损伤的判断标准。
80. 请写出钢绞线避雷线损伤的补修与开断重接的判断标准。
81. 请写出架空绝缘导线绝缘层损伤时可不作绝缘层补修和应做绝缘层补修的判断标准和用于做绝缘层补修的方法。
82. 请简要写出架空绝缘导线的线芯损伤时，补修线芯时需要采用的三个处理步骤。
83. 请写出深埋式地锚、单铁桩地锚、双联地锚等临时地锚的安装方法。
84. 绞磨和转向滑车经常配套使用，使用它们时一般将它们安置在什么地方？
85. 使用临时拉线的目的是什么？用作临时拉线的材料是哪两种？经常被采用的是哪种？
86. 安装临时拉线时应遵守哪三个原则？
87. 哪些拉线称为永久性拉线？
88. 在架空配电线路杆塔上常用的拉线形式有四种，请写出这四种拉线形式的名称。
89. 一根无拉线绝缘子的钢绞线单拉线由哪三个部件组成？
90. 如何制作与安装一根由拉线金具制作的钢绞线单拉线？
91. 哪种钢绞线拉线称为绑扎式钢绞线拉线？
92. 如何制作与安装一根有拉线绝缘子但无花篮螺丝的绑扎式拉线？
93. 安装电杆永久性钢绞线拉线时应遵守哪些注意事项？
94. 在电杆的地下部分安装卡盘的目的是什么？
95. 在直线单杆上安装上卡盘时，应如何安装该卡盘？
96. 架线时所要观测的弧垂是指档距中什么地方的弧垂？它的具体含义是什么？
97. 如何计算观测档弧垂？
98. 用等长法观测弧垂时如何观测弧垂？

99. 当要临时将原计算的观测挡弧垂增加 Δf 值弧垂，在用等长法观测弧垂时可采用什么方法来增长这个 Δf 弧垂值？

100. 有两种将导线绑扎在 10kV 架空线路直线杆的针式绝缘子或陶瓷横担绝缘子上的方法：一种是顶扎法，另一种是颈扎法。请写出只有一个十字绑线的顶扎法和只有一个十字绑线的颈扎法。

101. 在 10kV 裸导线的架空配电线路中，常见的附件安装项目有几种？

102. 在裸导线的架空配电线路中如何用连接金具进行引流线和 T 型接等非张力接头的电气连接？如何用铜铝设备线夹进行铝导线与铜接线柱的开关进行电气连接？

103. 在多大导线截面以下的架空配电线路中才允许用绑扎法进行非张力接头的电气连接？

104. 如何用绑扎法在裸导线的架空配电线路中进行引流线和 T 型接等非张力接头的电气连接？

105. 绝缘导线架空配电线路上的附件安装与裸导线架空配电线路上的附件安装，在安装项目与方法上两者基本相同，但也有几点不同，请说出不同点。

106. 接地装置是指哪两个部分的总和？

107. 请说出放射式水平敷设接地装置的敷设方法。

108. 请说出混合式接地装置的敷设方法。

109. 进行电力电缆线路施工之前要对线路进行现场勘察，进行现场勘察的目的是什么？应勘察哪些主要内容？

110. 将电力电缆施放在电力电缆线路通道上时应遵守哪些规定？

111. 分别用牵引头法和钢丝套法牵引电缆施放电缆时，牵引电缆的最大允许牵引力分别是多少？

112. 施放电力电缆时要使电缆的弯曲半径大于允许最小弯曲半径，各种常用的电缆的允许最小弯曲半径是多少？

113. 施放电力电缆时电缆的温度不得低于规定的最低值，允许敷设电缆的最低温度是多少？

114. 在一般情况下可认为环境温度等于电缆温度。当环境温度低于电缆的允许敷设最低温度时，为了能够敷设电力电缆，可采用哪些方法来提高电缆的温度，以满足电缆温度不低于电缆的允许敷设最低温度要求？

115. 在敷设电力电缆的作业现场进行电缆的短距离搬运时可采用哪两种的搬运方法？

116. 请简述钢筋混凝土电杆的承载力检验弯矩、开裂检验弯矩、初裂弯矩的含义。

117. 请算出按 GB 4623—2014 标准生产的梢径为 ϕ190mm、长度为 15m 的在距杆梢端 0.25m 处施加荷载 $P = 3.0$kN·m（即代号为总工型）的钢筋混凝土电杆在距杆梢端的距离为 7m 处的开裂检验弯矩 M_k 值。（参考答案：$M_k = 20.25$kN·m）

118. 在配电架空线路施工中，应具备哪些安全作业条件后才能起立电杆？

119. 在配电架空线路中，起立电杆的常用方法有几种？

120. 请叙述当选定单吊点位置后计算水泥电杆上各长度点处截面弯矩的步骤。

121. 请叙述用计算法设计水泥电杆的多起吊点起立方案的步骤与方法。

122. 用旧杆作抱杆起立新杆时常用的具体的立杆方法是哪两种？

123. 请简述用旧杆立新杆方法中的直吊法。

124. 请简述用旧杆立新杆方法中的扳立法。

125. 用旧杆立新杆时应遵守哪些安全注意事项？

126. 用汽车吊起立水泥电杆时应注意哪些安全事项？

127. 哪两种抱杆是常用的固定式抱杆？

128. 在固定抱杆中用钢丝绳起吊电杆时常用哪两种起吊方法？

129. 请画出用固定式独抱杆立单杆的示意图。

130. 请画出用固定式人字抱杆立单杆的示意图。

131. 请简述采用固定式抱杆立单杆时的安全注意事项。

132. 请简述顶叉杆的立杆方法。

133. 用顶叉杆立杆时应遵守哪些安全规定？

134. 用倒落式人字抱杆立杆时，立杆指挥人应掌握哪些基本的指挥技能？

135. 用倒落式人字抱杆立杆时应遵守哪些一般安全注意事项？

136. 请简述人力放线方法。

137. 请简述人力放线时应做的准备工作。

138. 在进行人力放线时应遵守哪些安全注意事项？

139. 对一个耐张段的导线进行紧线时，将哪基耐张杆称为固定杆？将哪基耐张杆称为操作杆？

140. 在紧线之前为什么要在固定杆和操作杆上安装临时拉线？在哪种情况下的固定杆不必安装临时拉线？应在固定杆和操作杆上的哪个方向上安装临时拉线？应如何安装临时拉线？

141. 请简述弧垂的定义。

142. 在考虑初伸长对导线弧垂的影响而采用减少弧垂法时，应如何计算观测档的弧垂？

143. 在考虑初伸长对导线弧垂的影响而采用降温法时，应如何计算观测档弧垂？

144. 采用单线紧线法时如何估算牵引钢丝绳的静态牵引力？

145. 观测弧垂的最常用的方法是等长法和异长法，请分别简介如何在观测档的两端按等长法和异长法安装弧垂板。

146. 事先已按预计的弧垂值在观测档的两端安装了弧垂板，但到实际观测弧垂时又需要临时改变其观测弧垂值，此时为了改变其弧垂值，可采用什么方法来改变弧垂板的安装位置？

147. 用直观法观测弧垂时，为了确保所观测到的弧垂就是预定的弧垂，应如何观测其弧垂？

148. 请简述单线紧线的含义。

149. 请简述三线紧线的含义。

150. 请简述紧线钳单线紧线的步骤与方法。

151. 请简述绞磨单线紧线的步骤与方法。

152. 请简述单线紧线时应遵守的安全注意事项。

153. 现有一根 8mϕ190mm 锥形水泥杆，已知杆重 $Q = 6661.75$N，重心至杆顶的距离为 4.363m。拟用两抬点用人力将电杆抬运到山坡上的杆位点，现设抬点 A 至杆顶距离 $x_1 = 0.5$m，每个抬杆人的静态承重值约为 300N，请计算抬杆总人数、抬点 A 人数、抬点 B 人数、抬点 B 至杆根的距离 x_2。（参考答案：抬杆人共 24 人、A 点 8 人、B 点 16 人，$x_2 = 1.705$m）

154. 人力抬运电杆时应遵守哪些安全注意事项？

155. 请分别介绍用钢丝绳单滑车法和钢丝绳滑车组法将配电变压器吊装到 H 形变压器台架上的主要步骤。

156. 将配电变压器吊装到 H 形变压器台架上应遵守哪些安全注意事项？

157. 请简述撤线作业的常规步骤。

158. 进行撤线作业时应遵守哪些安全注意事项？

159. 请简述撤除按废弃处理的旧水泥杆的步骤。

160. 请简述撤除按留用处理的旧水泥杆的步骤。

161. 撤除旧水泥杆时应遵守哪些安全注意事项？

162. 请简述短距离滑移 10kV 整基直线水泥杆的施工布置图。

163. 在完成滑移 10kV 整基直线水泥杆的施工布置之后，如何将其滑移至新杆位？

164. 常用垫高法调正因未正确操平基础而造成向一侧歪斜的直线门型杆。请简介调正该种电杆的步骤。

165. 电缆附件是指安装在电力电缆线路上的哪两种部件？

166. 电缆终端是起什么作用的附件？

167. 电缆接头是起什么作用的附件？

168. 请分别画出 10kV 无钢铠和有钢铠的交联电缆户外热缩终端的制作流程图。

169. 为什么要在电缆终端的接地线中设置防潮段？

170. 请画出 10kV 有钢铠的交联电缆的户内与户外冷缩终端的制作流程图。

171. 请画出 10kV 有钢铠的交联电缆的绕包型接头的制作流程图。

172. 请画出 10kV 有钢铠的交联电缆的热缩接头的制作流程图。

173. 请画出 10kV 有钢铠的交联电缆的冷缩接头的制作流程图。

174. 在设计图纸不明确架空配电线路水泥杆埋深的情况下，10kV 架空配电线路中各种杆高的水泥杆的埋深应不少于多少米？

175. 运行中的水泥杆应无严重的裂纹，那么对于普通水泥杆允许存在什么样的裂纹？对于预应力水泥杆允许存在什么样的裂纹？

176. 在城市 10kV 架空配电网中，在什么样的条件下应采用绝缘导线？

177. 当运行中的架空导线、地线出现什么状态时应对其进行强度试验？当其强度试验值小至什么程度时应进行换线？

178. 10kV 架空配电线路的导线，在居民区、非居民区、交通困难地区所允许的导线的最小对地距离分别是多少米？

179. 在城市 10kV 配电网裸导线或绝缘导线的架空配电线路中，在直线杆上宜选用针式或瓷横担绝缘子，在直线杆上应选用什么形式的针式绝缘子？在重污秽及沿海地区的直线杆上应选用多高绝缘水平的针式绝缘子？

180. 在 10kV 裸导线或绝缘导线的架空配电线路中，其耐张绝缘子串应选用几片什么形式的绝缘子？

181. 当拉线金具、耐张线夹、联板等金具出现什么现象时，即认为上述金具不合格？

182. 在对导线直线压接管进行检查、检测时，当发现直线压接管存在什么现象时即认为直线压接管不合格？

183. 在对导线并沟线夹、引流连接板、不同金属导体连接过渡板、缠绕等接头进行检查、检测时，当发现它们存在什么现象时即认为上述接头不合格？

184. 无架空地线的10kV架空配电线路的杆塔在居民区宜接地，其工频接地电阻应当多少欧姆？

185. 10kV配电站接地装置的工频接地电阻应不大于多少欧姆？

186. 在10kV电力电缆线路中，电缆的最高点与最低点之间的最大允许高差是多少米？

187. 下列三芯电力电缆的最小弯曲半径不允许小于电缆外径的多少倍：聚氯乙烯绝缘电力电缆、交联聚乙烯电力电缆？

188. 请说出YJV22-8.7/10 3×240（即交联聚乙烯绝缘聚氯乙烯内护套双钢带铠装聚氯乙烯外护套铜芯电力电缆，额定电压为8.7/10kV、三芯、标称截面240mm^2）电力电缆在空气中的长期允许载流量和长期允许工作温度。（参考答案：480A，90℃）

189. 请说出YJLV22-8.7/10 3×240（即交联聚乙烯绝缘聚氯乙烯内护套双钢带铠装氯乙烯外护套铝芯电力电缆，额定电压8.7/10kV、三芯、标准截面240mm^2）电力电缆在空气中的长期允许载流量和长期允许工作温度。（参考答案：369A，90℃）

190. 请简述10kV双柱式H形油浸式配电变压器台架的运行标准。

191. 请简述10kV油浸式配电变压器的运行标准。

参 考 文 献

[1] 董吉谔. 电力金具手册 [M]. 3版. 北京：中国电力出版社，2010.
[2] 中国电力企业家协会供电分会. 全国供用电工人技能培训教材：电力电缆（初级工）[M]. 北京：中国电力出版社，1998.
[3] 中国电力企业家协会供电分会. 全国供用电工人技能培训教材：电力电缆（高级工）[M]. 北京：中国电力出版社，1998.
[4] 云南电网公司，云南省急救中心. 电网企业员工现场生命自救互救培训教材 [M]. 北京：中国水利水电出版社，2009.